Springer-Lehrbuch

Günter Gottstein

Physikalische Grundlagen der Materialkunde

3. Auflage

Mit 476 Abbildungen und 28 Tabellen

Prof. Dr. Günter Gottstein
Institut für Metallkunde und Metallphysik
RWTH Aachen
Kopernikusstraße 14
52056 Aachen
E-mail: gottstein@imm.rwth-aachen.de

Bibliografische Information der Deutschen Nationalbibliothek

Die Deutsche Nationalbibliothek verzeichnet diese Publikation in der Deutschen Nationalbibliografie; detaillierte bibliografische Daten sind im Internet über http://dnb.d-nb.de abrufbar.

MSC-Nummer: 0937-7433

ISBN 978-3-540-71104-9 Springer Berlin Heidelberg New York

Springer ist ein Unternehmen von Springer Science+Business Media

springer.de

Satz: Digitale Druckvorlage des Autors
Herstellung: LE-TEX Jelonek, Schmidt & Vöckler GbR, Leipzig
Umschlaggestaltung: WMXDesign GmbH, Heidelberg

Gedruckt auf säurefreiem Papier SPIN: 12217458 60/3180/YL - 5 4 3 2 1

Vorwort

Jede wissenschaftliche Disziplin und Epoche hat ihre Standardwerke, die das klassische Fundament des jeweiligen Fachgebiets gründen. Dazu gehören bspw. in der Physik der „Pohl" (Experimentalphysik), die „Feynman Lectures" (Physikalische Grundlagen) und der „Kittel" (Festkörperphysik). Das trifft ebenso auf die Materialwissenschaften zu, deren wissenschaftliche Wurzel die Metallkunde ist. Das Lehrbuch der Metallkunde von Georg Masing hat der deutschen Nachkriegsgeneration die physikalischen Grundlagen der Werkstoffe vermittelt und die Konzeptionen der Materialwissenschaft bis heute in seinen Fundamenten geprägt. Das Buch war bereits in den 50er Jahren vergriffen, aber auf seiner Basis hat die „Göttinger Schule" die Metallkunde in Deutschland weiter geprägt. Es hat auch nicht an Versuchen gefehlt, den „Masing" neu aufzulegen, doch erst (der jüngst verstorbene) Prof. Haasen (Nachfolger von Georg Masing, Schüler von Richard Becker) hat in seinem Lehrbuch „Physikalische Metallkunde" die Tradition fortgesetzt. Obwohl Haasens Lehrbuch viele Liebhaber gefunden hat, eignet es sich aber nur bedingt als Lehrbuch der Metallkunde speziell für Werkstoffingenieure, denn es setzt die grundlegenden Kenntnisse der Metallkunde bereits voraus und ist anspruchsvoll in der Darstellung. Damit kommt es für einführende Lehrveranstaltungen oder gar zum Selbststudium der Metallkunde praktisch nicht in Frage.

Das vorliegende Buch hat dagegen zum Ziel, die Grundlagen zum Verständnis materialwissenschaftlicher Probleme zu vermitteln und zum Studium weiterführender Literatur zu befähigen. Andererseits will es sich deutlich von den vielen Büchern über „Materials Science" abheben, in denen vorrangig die Phänomene vorgestellt werden oder ein Verständnis auf rein phänomenologischer und daher zwangsläufig oberflächlicher Basis geboten wird. Mit dem vorliegenden Lehrbuch soll der Versuch unternommen werden, die Brücke von den atomistischen Mechanismen zu den Phänomenen und Eigenschaften der Werkstoffe zu schlagen. Das Buch erhebt keinen Anspruch auf Vollständigkeit oder umfassende Darstellung. Als Lehrbuch muß es notgedrungen einen angemessenen Kompromiß zwischen Vollständigkeit und Tiefe der Darstellung eingehen, wobei der gewählte Kompromiß eine Frage der persönlichen Einschätzung ist, der für jede Person anders ausfallen mag. Das trifft speziell für das Kapitel „Physikalische Eigenschaften" zu, das sich gezielt an Ingenieurstudenten richtet, die erfahrungsgemäß geringe Vorkenntnisse der Festkörperphysik mitbringen.

Das Lehrbuch wurde zunächst als Vorlesungsmanuskript zur Einführung in die Materialkunde für Studenten sowohl der Metallurgie und Werkstofftechnik als auch der Metallphysik konzipiert und über die Jahre entwickelt. Dem Trend zur umfassenderen Behandlung der Werkstoffe über die Metalle hinaus wurde im Rahmen der metallkundlichen Konzepte Rechnung getragen.

Danksagung zur 3. Auflage

In dieser dritten Auflage wurden Anregungen kritischer Leser verarbeitet, schwierige Textpassagen geglättet, modernes Bildmaterial eingesetzt und wesentliche Erweiterungen speziell im Abschnitt über quantitative Kristallographie vorgenommen, um modernen Entwicklungen Rechnung zu tragen.

Meinen Assistentinnen Sijia Mu, MSc, und Dipl.-Ing. Xenia Molodova bin ich für ihr äußerst sorgfältiges Korrekturlesen dankbar. Ohne das besondere persönliche Engagement von Frau Irene Zeferer, die das Typoskript nun von Wordformat auf Latexformat umgestellt und damit das Layout erheblich verbessert hat, wäre diese Auflage nicht rechtzeitig zustande gekommen. Frau Barbara Eigelshoven hat mit einer wesentlichen Verfeinerung der graphischen Qualität der Abbildungen erheblich zu einer Verbesserung des Erscheinungsbildes beigetragen. Allen Mitarbeitern und Mitarbeiterinnen, die bei der Fertigstellung dieser 3. Auflage mitgeholfen haben, möchte ich an dieser Stelle herzlich danken.

Einführung

„Die Entwicklung neuer Materialien wird international als Schlüsseltechnologie mit Querschnittscharakter und Schrittmacherfunktion für viele industrielle Bereiche eingestuft. Die Fähigkeit zur Herstellung, Verarbeitung und Anwendung leistungsfähiger Materialien ist Voraussetzung für neue, international wettbewerbsfähige Produkte und Verfahren und ein Schlüssel zu mehr Ressourceneffizienz und Umweltschutz.“ schrieb eine Gutachterkommission, die im Jahre 1996 die Materialforschung in Nordrhein-Westfalen zu beurteilen hatte [0.1].

Die genannten Fertigkeiten setzen naturgemäß eine Kenntnis der physikalischen Grundlagen als Schlüssel zum Verständnis der Eigenschaften von Materialien voraus. Diese Grundlagen sind Gegenstand der Materialkunde, und ihnen ist dieses Lehrbuch gewidmet. Der Begriff „Materialkunde“ ist relativ jung und auch nur unpräzise definiert. Manchmal wird darunter eine Erweiterung der Metallkunde auf nichtmetallische Werkstoffe verstanden. Speziell von den Naturwissenschaftlern werden die Materialwissenschaften häufig ausschließlich in bezug auf neuartige oder gar exotische Funktionswerkstoffe gesehen. Bezieht man diese Materialien aber ein in die große Gruppe der technisch nutzbaren Stoffe, dann wird Materialkunde ein modernes Synonym zur Werkstoffwissenschaft, in Anlehnung an den eindeutig besetzten englischen Begriff „Materials Science“.

Die Materialkunde ist damit die Lehre vom Zusammenhang zwischen mikroskopischem Aufbau und makroskopischen Eigenschaften technisch nutzbarer Materialien. Sie führt das große Spektrum technologisch einsatzfähiger Festkörper von Metallen über Keramiken, Gläser und Kunststoffe bis hin zu den Verbundwerkstoffen unter einem Dach zusammen.

Die technisch wohl bedeutendste Werkstoffgruppe, sowohl was gegenwärtige Produktion und Verwendung als auch Tradition und systematische Entwicklung betrifft, sind die Metalle. Ihre vorzügliche Kombination von Formbarkeit und Festigkeit empfiehlt sie als Konstruktionswerkstoffe, und ihre gute elektrische Leitfähigkeit macht sie für die Elektroindustrie unentbehrlich. Metalle haben daher über Jahrtausende hinweg — ganze geologische Zeiträume sind nach ihnen benannt — die Werkstoffgeschichte und -entwicklung bestimmt. Im technologisch ausgerichteten „industriellen Zeitalter“ mit Bedarf für preisgünstige Massengüter und Bauteile für extreme Anforderungen haben aber Hochleistungskeramik, Kunststoffe und schließlich Verbundwerkstoffe als Konstruktionswerkstoffe in steigendem Maße Verwendung gefunden.

Die werkstoffwissenschaftliche Behandlung von Keramiken und Kunststoffen ist verhältnismäßig jung im Vergleich zur Metallkunde. In den grundsätzlichen Zusammenhängen lassen sich aber Metalle, Keramiken und Kunststoffe überwiegend in einem einheitlichen Rahmen beschreiben, der sich im wesentlichen aus den Grundlagen der Metallkunde ableitet. Die Metallkunde ist in dieser Hinsicht die Mutter der Werkstoffwissenschaften, was sich aus der umfangreichen Beschäftigung vieler Forschergenerationen mit dieser Werkstoffgruppe erklärt. Die Metallkunde selbst ist aber trotz der sehr langen Tradition metallischer Werkstoffe keine klassische Wissenschaftsdisziplin. Die Gewinnung und Verarbeitung von Metallen galt lange Zeit als geschätztes Geheimnis und wurde durch mündliche Überlieferung und praktische Aneignung von Generation zu Generation vererbt. Erst im Mittelalter hat ein Gelehrter namens Bauer (ins Lateinische übersetzt als „Agricola“ bezeichnet) die Rezepte der Metallverarbeitung aufgeschrieben, in seinem Werk „De Re Metallica“ [0.2]. Das Buch liest sich wie eine mystische Anleitung zur Metallverarbeitung, von Stierblut und klaren Mondnächten ist u.a. die Rede, Kobolde und Nickel treiben ihr Unwesen (daher die Bezeichnung Kobalt und Nickel), was alles seine praktische Bewandtnis hat und heute eine wissenschaftliche Erklärung findet. Tatsächlich war die Metallkunde im Mittelalter eine Richtung der Alchemie, die mit einer Mischung aus empirischen Rezepten und Aberglauben ihre Kunst betrieb. Mit der immer stärker werdenden wissenschaftlichen Orientierung in der Neuzeit wurde die Metallkunde eine Richtung der Chemie, wo sie auch heute noch an vielen Universitäten beheimatet ist. Die rasche Entwicklung im Verständnis der Eigenschaften, insbesondere durch die Entdeckung der Röntgenstrahlen und ihre Anwendung für die Kristallstrukturanalyse, zeigte bald, daß im Gegensatz zur damals herrschenden Auffassung die Eigenschaften der Metalle nicht nur durch die chemische Zusammensetzung bestimmt waren. Damit wurde die Metallkunde nun in der physikalischen Chemie angesiedelt. Die Entwicklung der atomistischen Grundlagen für das Verständnis der mechanischen und elektronischen Eigenschaften metallischer Werkstoffe im Rahmen der Versetzungstheorie bzw. der Elektronentheorie der Metalle hat den Schwerpunkt der Metallkunde zu Anfang dieses Jahrhunderts immer stärker zur Physik verschoben und schließlich zur Disziplin der Metallphysik geführt, die die wissenschaftliche Entwicklung der Metallkunde in den letzten 50 Jahren entscheidend geprägt hat. Unser heutiges tieferes Verständnis metallischer Werkstoffe auf der Basis atomistischer Modelle ist im wesentlichen in den vergangenen 50 Jahren metallphysikalischer Forschung entwickelt worden. Ziel dieser Forschung war und ist eine Beschreibung der Werkstoffeigenschaften auf der Basis atomistischer physikalischer Modelle, die sich in Zustandsgleichungen formulieren läßt, somit eine Prognose des Werkstoffverhaltens auf theoretischer Basis zuläßt und damit die aufwendigen Experimentierphasen der Werkstoffentwicklung verkürzt oder im Idealfall überflüssig macht.

In den sechziger und siebziger Jahren unseres Jahrhunderts wurde immer deutlicher, daß der dringende Bedarf nach Werkstoffen für eine Vielfalt von teilweise extremen Anwendungen und wettbewerbsfähigen Massengütern auch die Entwicklung nichtmetallischer Werkstoffe einschließen muß, beispielsweise Keramiken für Hochtemperaturbauteile und Kunststoffe zur Gewichtsersparnis in Automobilen und Flugzeugen. Die werkstoffphysikalische Forschung machte aber bald deutlich, daß die grundlegenden Konzepte der physikalischen Metallkunde unter Berücksichtigung gewisser Einschränkungen relativ einfach auf andere Werkstoffe, insbesondere die kristallinen Festkörper, zu übertragen waren. Kristallographie, Konstitutionslehre, Diffusion, Phasenumwandlungen, Physikalische Eigenschaften etc. sind die Grundlagen, die zum Verständnis der technologisch anwendbaren Materialien aller Art, also der Werkstoffe insgesamt, notwendig sind.

Natürlich gibt es auch spezifische Unterschiede. Zum Beispiel die zum Verständnis der plastischen Verformung von Metallen so wichtige Versetzungstheorie hat bei den spröden Keramiken wenig Bedeutung, aber sie macht den Grund für die Sprödigkeit klar und öffnet damit Perspektiven für ihre Handhabung. Für die zumeist nichtkristallinen Polymere ist ein geeignetes Versetzungskonzept oft noch zu kompliziert und die Beschreibung der Verformung von Kunststoffen muß daher vorläufig auf phänomenologische Modelle beschränkt bleiben.

Die Möglichkeit zu einer umfassenden Beschreibung der verschiedenen Werkstoffklassen und die zunehmende Kombination verschiedener Werkstoffe zu Werkstoffverbunden und schließlich Verbundwerkstoffen hat zu dem weltweiten Trend geführt, die klassischen selbständigen Gebiete der Metallkunde, Keramik und Kunststoffe zur Werkstoffwissenschaft oder Materialkunde zu vereinigen. Im angelsächsischen Sprachraum wird die neue Disziplin vielleicht etwas präziser als „Materials Science and Engineering“ bezeichnet, was sowohl den naturwissenschaftlichen als auch den ingenieurwissenschaftlichen Aspekt umfaßt.

Inhaltsverzeichnis

1

Gefüge und Mikrostruktur

Bei einem fertigen Bauteil fällt zunächst nur seine Funktion oder äußere Erscheinungsform ins Auge, zum Beispiel ein Schmuckstück aus Edelmetall, der Motor eines PKW, das Seil einer Hängebrücke, der Draht eines elektrischen Kabels, die dunklen wärmedämmenden Scheiben eines modernen Bürogebäudes oder die dekorative Gebrauchskeramik und Metallarmatur eines modernen Bades. Die Gebrauchsfähigkeit eines Gegenstandes für eine bestimmte Anwendung wird aber durch die Eigenschaften des Werkstoffs bestimmt, aus dem das Bauteil gefertigt wurde. Wir verlassen uns unbewußt auf die Festigkeit des mächtigen Stahlseiles, das eine Brücke hält, auf die Stoßunempfindlichkeit der keramischen Ofenplatte oder die Zuverlässigkeit der kleinen metallischen Schaufeln, die bei Temperaturen von über 1000°C der Flugturbine ihre mächtige Schubkraft verleihen. Moderne Werkstoffe erhalten ihre speziellen Eigenschaften weniger durch ihre chemische Zusammensetzung als vielmehr durch eine spezielle Anordnung ihrer spezifischen Bauelemente, die sich in der Regel unserer direkten Beobachtung entziehen, und die wir in der Werkstofftechnik unter den Begriffen Gefüge oder Mikrostruktur zusammenfassen.

An Gußstücken oder an verzinkten Blechen kann man mit bloßem Auge erkennen, daß das Werkstück aus vielen Blöcken lückenlos zusammengesetzt ist. Wir nennen diese Blöcke Körner oder Kristallite, wenn das Material kristalliner Natur ist, wie Metalle, Minerale oder keramische Werkstoffe. Üblicherweise entzieht sich die Kornstruktur der Werkstoffe der Beobachtung durch das bloße Auge, weil die Körner zu klein sind. Durch sorgfältige Oberflächenbehandlung mittels Schleifen, Polieren und chemischer Ätzung kann man aber die Kristallite unter dem Lichtmikroskop sichtbar machen (Abb. 1.1). Das so erhaltene mikroskopische Bild wird in Anlehnung an die ihm vorausgehende Probenpräparation als Schliffbild bezeichnet. Die lichtoptische Untersuchung metallischer Werkstoffe ist bis heute eine wichtige Stufe ihrer Charakterisierung, und die damit verbundenen Schritte der Probenbehandlung bis hin zur Lichtmikroskopie werden unter dem Begriff Metallographie zusammengefaßt. Die metallographisch sichtbare Struktur des Werkstoffs wird gemeinhin als Gefüge bezeichnet. Der Begriff Gefüge umfaßt also die Kornstruktur eines

Werkstoffs und, wenn das Material aus mehreren chemisch unterschiedlichen Bestandteilen, seinen Phasen, besteht, auch seine Zusammensetzung aus unterschiedlichen Phasen, wenn man sie unter dem Mikroskop erkennen kann.

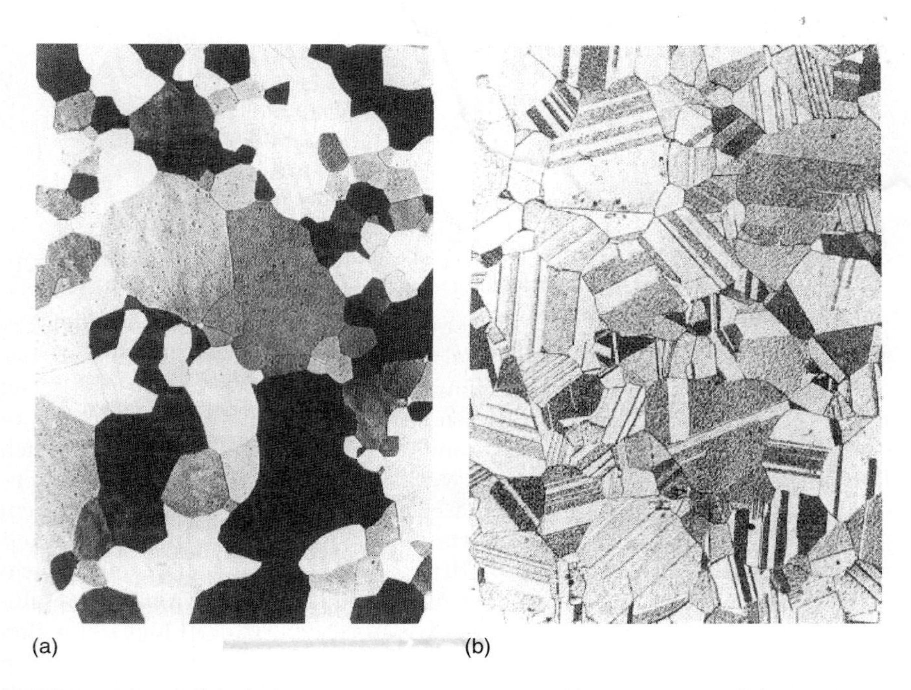

Abbildung 1.1. (a) Gefüge von rekristallisiertem Aluminium und (b) α-Messing. Die typischen gradlinigen Korngrenzen (Zwillingsgrenzen) fehlen beim Aluminium und lassen beide Gefüge ganz unterschiedlich erscheinen.

Das metallographisch erkennbare Gefüge ist aber nur eine grobe (makroskopische) Charakterisierung des Werkstoffzustands. Bei höherer Vergrößerung im Elektronenmikroskop erkennt man, daß ein makroskopisch homogen und perfekt erscheinender Werkstoff eine Mikrostruktur enthält, nämlich Kristallbaufehler, insbesondere Versetzungen (vgl. Kap. 3), die häufig in charakteristischen Mustern angeordnet sind, ferner Stapelfehler und in den meisten kommerziellen Werkstoffen auch fein verteilte zweite Phasen (Abb. 1.2). In speziellen Werkstoffen findet man darüberhinaus weitere Mikrostrukturbestandteile, bspw. Domänengrenzen in Magnetwerkstoffen, oder Antiphasengrenzen in geordneten Mischkristallen. Durch chemische Analyse in mikroskopisch kleinen Bereichen kann man häufig auch lokale Schwankungen der chemischen Zusammensetzung nachweisen. Neuere Werkstoffentwicklungen haben zu Materialien mit Korndimensionen im Submikrometer- ($1\mu m = 10^{-6} m$) oder sogar Nanometerbereich ($1 nm = 10^{-9} m$) geführt, die nur noch unter hoher Vergrößerung im Elektronenmikroskop aufgelöst werden können. Die Abbildung und ebenso die chemische Mikrobereichsanalyse im Elektronenmikroskop oder mit der Elektronenstrahlmikrosonde sind daher heute zu Standardmethoden einer erweiterten Metallographie, d.h. der modernen Mikrostrukturcharakterisierung, avanciert.

Abbildung 1.2. Mikrostruktur eines technischen Werkstoffs (Al-Legierung 2014), wie sie im Elektronenmikroskop erscheint. Man erkennt Teilchen zweiter Phasen und linienhafte Kristallbaufehler (Versetzungen).

Die Charakterisierung von Gefüge und Mikrostruktur kann sich nicht in einer qualitativen Beschreibung erschöpfen, sondern verlangt zur Verknüpfung mit den mit ihr verbundenen Eigenschaften eine quantitative Darstellung. Die elementarste Information über ein Gefüge ist die Angabe der Korndimension, d.h. des Korndurchmessers. Dabei stellt sich aber heraus, daß es in aller Regel gar keine einheitliche Korngröße gibt, sondern daß stets eine Verteilung von Korngrößen existiert. Als einfachste Größe definiert man daher den Mittelwert der gemessenen Korndurchmesser, den man auch als mittlere Korngröße bezeichnet. Dieser Wert läßt sich durch einfache stereologische Verfahren (Stereologie = Lehre der Raumkörper), bspw. durch das Abzählen der Schnittpunkte von metallographisch im Schliffbild sichtbaren Korngrenzen mit speziellen geometrischen Kurven, im einfachsten Fall mit geraden Linien oder mit Spiralen, ermitteln. Man kann mathematisch zeigen, daß der aus dem Schliffbild, also dem zweidimensionalen Schnitt einer dreidimensio-

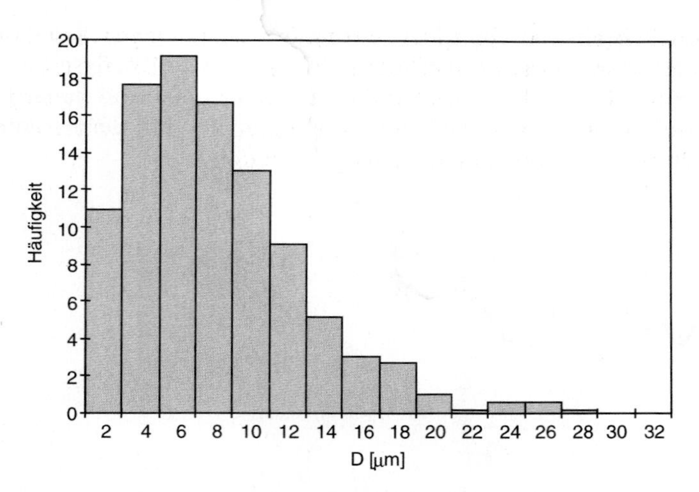

Abbildung 1.3. Histogramm der Korngrößenverteilung in rekristallisierten Fe-17%Cr-Industrie-blechen (70% gewalzt, 250 min bei 1050°C geglüht). Die Verteilung ist nicht symmetrisch.

nalen Probe, erhaltene mittlere Korndurchmesser bis auf einen Faktor der Größenordnung eins auch dem dreidimensionalen mittleren Korndurchmesser entspricht. Eine genauere Angabe des Gefüges liefert aber die Korngrößenverteilung. Die Korngrößenverteilungsfunktion gibt die Häufigkeit an, mit der ein gewisser Korndurchmesser statistisch vorkommt. Da ein mathematisch exakt vorgegebener Korndurchmesser vermutlich überhaupt nicht vorkommt, ist es sinnvoll und üblich, die Häufigkeit von Körnern mit einem Durchmesser innerhalb eines sinnvoll gewählten Korngrößenintervalls anzugeben. So faßt man bspw. alle Körner mit Korndurchmessern von 0 bis 10 μm, von 10 bis 20 μm, von 20 bis 30 μm usw. jeweils zusammen. Eine entsprechende Darstellung der Häufigkeit von solchen Intervallgrößen nennt man auch Histogramm (Abb. 1.3).

Die so erhaltene Verteilung ist nicht symmetrisch zum Mittelwert, d.h. der am häufigsten vorkommende Wert (Medianwert), also der Korndurchmesser D_m, bei dem die Häufigkeitsverteilung ihr Maximum hat, ist nicht mit dem Mittelwert D_0 identisch. Insofern unterscheiden sich Korngrößenverteilungen von der in der Statistik gewöhnlich gefundenen Normalverteilung (Gauß-Verteilung), die in Abb. 1.4 dargestellt ist und sich für eine Variable x mathematisch folgendermaßen ausdrücken läßt:

$$w\left(x\right)dx = \frac{1}{\sqrt{2\pi\sigma}} \cdot \exp\left(-\frac{1}{2}\left(\frac{x-x_0}{\sigma}\right)^2\right)dx \tag{1.1}$$

Dabei ist $w(x)dx$ die Wahrscheinlichkeit die gemessene Größe im Intervall $[x, x+dx]$ zu finden; x_0 bezeichnet den Mittelwert und σ die Standardabweichung, also die Breite der Verteilung. Korngrößenverteilungen lassen sich aber in eine symmetrische Gestalt überführen, wenn man die Häufigkeit statt über der Korngröße D über dem Logarithmus der Korngröße $\ln D$ aufträgt (Abb. 1.5). Eine solche Verteilung nennt man logarithmische Normalverteilung und läßt sich für eine Variable x mathematisch formulieren als

$$w(x)\,dx = \frac{1}{\sqrt{2\pi}\sigma} \cdot \frac{1}{x} \exp\left(-\frac{1}{2}\left(\frac{\ln(x/x_m)}{\sigma}\right)^2\right) dx \tag{1.2}$$

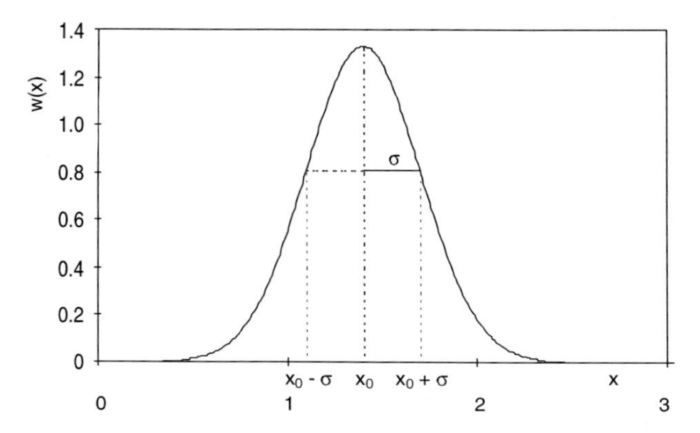

Abbildung 1.4. Verlauf der idealen Normalverteilung gemäß Gl. (1.1) mit dem Mittelwert $x_0 = 1.4$ und der Standardabweichung $\sigma = 0.3$.

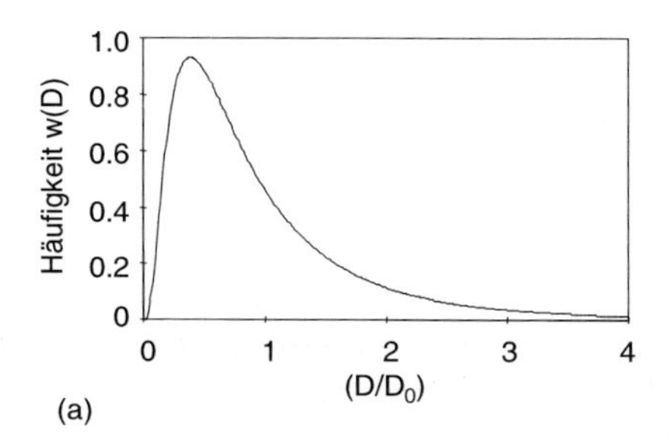

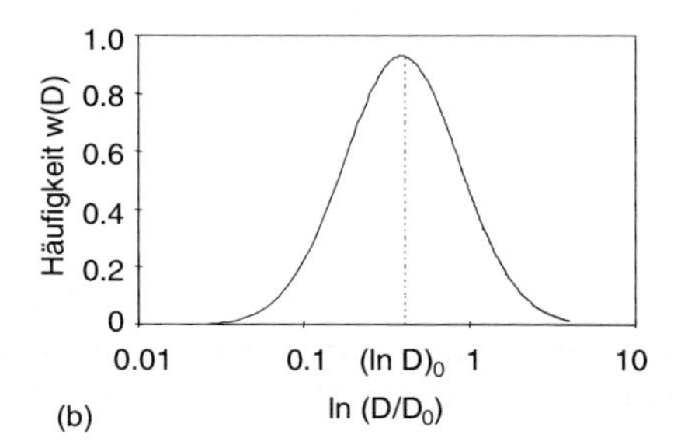

Abbildung 1.5. (a) Logarithmische Normalverteilung gemäß Gl. (1.2) in linearer Auftragung (normiert auf die mittlere Korngröße). Das Maximum wird nicht bei D_0 (d.h. $D/D_0 = 1$) angenommen. (b) Auftragung der Verteilung aus (a) über den Logarithmus der Korngröße. Die Verteilung ist symmetrisch und daher $(\ln D)_0 = \ln D_m$.

Angewandt auf Korngrößen, also $x = D$, bezeichnet $(\ln D)_0$ jetzt den Mittelwert der logarithmischen Korngrößenverteilung, d.h. $(\ln D)_0 = \ln D_m$. Dieser empirische Befund entzieht sich bisher einer tieferen wissenschaftlichen Begründung, obwohl es nicht an Versuchen gefehlt hat, die logarithmische Normalverteilung aus elementaren Voraussetzungen herzuleiten. Da Korngrößen, nicht nur im Festkörper, sondern bspw. auch die Größe von Sandkörnern in einem Sandhaufen, also logarithmisch normal verteilt sind, muß man bei einer linearen Auftragung $w(D)$ zwischen dem mittleren Durchmesser D_0 und dem am häufigsten auftretenden Durchmesser D_m unterscheiden. Für eine logarithmisch normalverteilte Variable x sind Medianwert x_m und Mittelwert x_0 folgendermaßen miteinander verknüpft:

$$x_m = \exp\left(\ln x_0 - \sigma^2\right) \tag{1.3}$$

Neben dem Mittelwert einer Verteilung ist natürlich auch die Breite der Verteilung (Streubreite) wichtig. Sie wird in der Regel als Standardabweichung σ angegeben, d.h. als die Abweichung vom Mittelwert, bei der die Häufigkeit auf den Bruchteil $1/e$ (e – Eulersche Zahl) des Maximalwertes abgefallen ist. Bei einer Normalverteilung liegen innerhalb der Standardabweichung 68.3% aller Meßwerte.

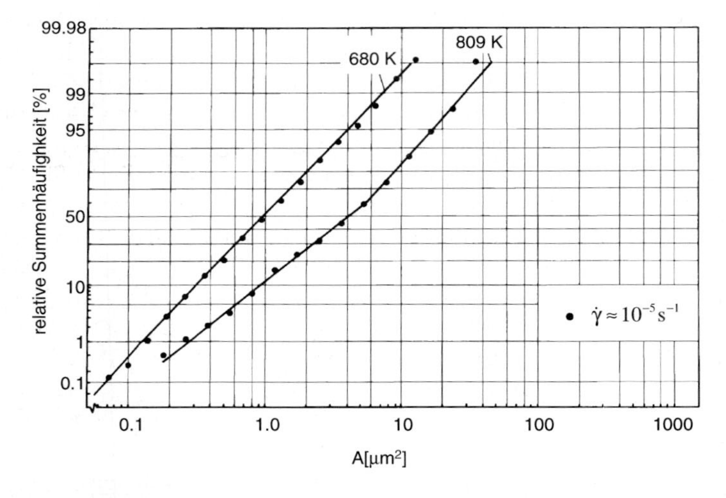

Abbildung 1.6. Summenhäufigkeit von gemessenen (Sub)korngrößenverteilungen in Kupfer. Bei 680 K liegt nur eine, bei 809 K liegen dagegen zwei Verteilungen nebeneinander vor.

Bei breiten Verteilungen ist häufig nicht einfach zu erkennen, ob sie aus einer einzigen oder der Überlagerung mehrerer Verteilungen besteht. Dann ist es sinnvoll, das Integral dieser Verteilung (Summenhäufigkeit) in einem sog. Wahrscheinlichkeitsdiagramm aufzutragen, das bei einer exakten Normalverteilung vollständig geradlinig verläuft. Abweichungen von der Geradlinigkeit in Form von Knicken oder Krümmungen lassen auf Überlagerung mehrerer Verteilungen schließen, die durch geeignete Methoden entflochten werden können (Abb. 1.6).

Kommerzielle Werkstoffe enthalten in der Regel mehrere Phasen, so daß neben der Angabe der Korngröße auch eine Information zur Phasenverteilung für eine Gefügecharakterisierung erforderlich ist. Dabei spielt neben dem Volumenanteil der Phasen auch ihre räumliche Anordnung und für die jeweilige Phase ebenfalls die Größenverteilung seiner Bestandteile (bspw. Teilchendurchmesser) eine Rolle. Grundsätzlich ist zu unterscheiden, ob eine zweite (oder weitere) Phase einen vergleichbaren Volumenanteil wie die Mutterphase (die vielfach auch als Matrix bezeichnet wird) besitzt, oder nur einen geringen Bruchteil des Gesamtvolumens ausmacht. Wir werden speziell bei den mechanischen Eigenschaften noch lernen, daß damit nicht nur ein quantitativer Unterschied verbunden ist, denn ein geringer Volumenbruchteil einer zweiten Phase beeinflußt primär die Eigenschaften der Mutterphase, während bei einer massiven zweiten Phase die Eigenschaften beider Phasen das Eignungsprofil des Werkstoffs bestimmen.

Je nach der räumlichen Anordnung von massiven Phasen unterscheidet man typische Gefüge. Liegen beide Phasen getrennt voneinander aber ähnlich in der Anordnung vor, so spricht man von einem Duplexgefüge (Abb. 1.7a). Bei bestimmten Umwandlungen im festen Zustand, bei denen die Kristallographie der Phasen eine bestimmende Rolle spielt, verlaufen die Phasengrenzen entlang bevorzugter kristallographischer Ebenen, was sich makroskopisch in linienförmigen Mustern äußert (Abb. 1.7b). Solche Strukturen bezeichnet man auch Widmannstättengefüge als Widmannstättengefüge. Martensitische Gefüge (vgl. Kap. 9) erscheinen typischerweise platten- oder linsenförmig (Abb. 1.7c), während die Struktur des Bainits sich wie feine Federn zusammensetzt. Häufig beschränkt sich das Auftreten der zweiten Phasen auf Korngrenzen, insbesondere deren Tripelpunkte, bspw. bei der diskontinuierlichen Ausscheidung (vgl. Kap. 7 und 9). Tritt eine solche Struktur im Schliffbild massiv auf, so spricht man von einem Dual-Phasen-Gefüge. Ganz charakteristische Gefüge ergeben sich bei der Erstarrung von Legierungen. Typische Beispiele sind eutektische Gefüge, bei der beide Phasen lamellenhaft nebeneinander angeordnet sind (Abb. 1.7e). Darauf wird im Kapitel über Erstarrung noch näher eingegangen.

Mit einiger Übung kann man in einem Schliffbild die typischen Gefüge leicht erkennen und unterscheiden und daher Rückschlüsse auf den Werkstoffzustand gewinnen. Deshalb wurden früher in speziellen Schulen (den Lettenschulen) Metallographen bzw. Metallographinnen ausgebildet, die Schliffbilder hoher Qualität herstellen konnten. Das richtige Schleifen, Polieren und Ätzen ist für jeden Werkstoff anders und erfordert viel Erfahrung und Erfindungsgabe, und metallographische Grundkenntnisse gehören noch immer zu den wichtigsten Werkzeugen des Metallkundlers und Werkstoffwissenschaftlers.

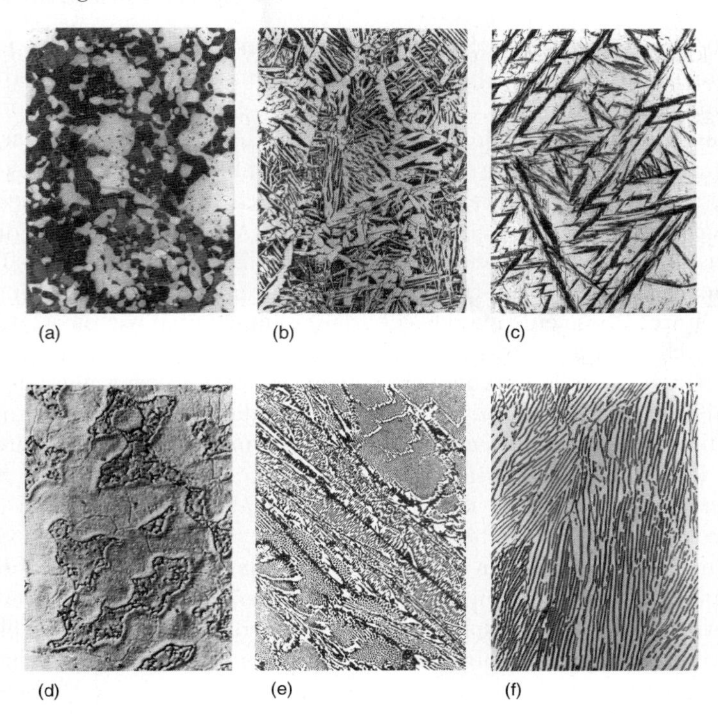

Abbildung 1.7. Typische Gefüge in metallischen Werkstoffen [1.1]. (a) Duplexgefüge aus Austenit (hell) und Ferrit (dunkel). Material: X2 CrNiMo N 2253; (b) Widmannstättengefüge in C35 Stahlguß; (c) martensitisches Gefüge (Plattenmartensit) in Cl50; (d) Dual-Phasen-Gefüge eines Stahls. Man erkennt ferritische Inseln in einer austenitischen Matrix; (e) eutektisches Gefüge in weißem Roheisen (Kohlenstoffgehalt 4.3%); (f) eutektoides Gefüge (Perlit) in Stahl C80.

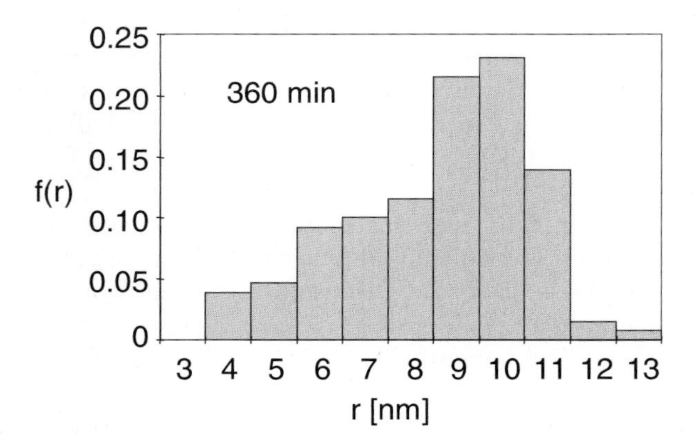

Abbildung 1.8. Verteilung der Teilchengröße der metastabilen δ'-Phase in Al-7at.%Li nach Alterungsglühung bei 190°C (nach [1.2]).

Bei kleinen Volumenanteilen zweiter Phasen sind ihre Bestandteile zumeist im Schliffbild nicht mehr erkennbar, sondern zeigen sich nur unter hoher Vergrößerung im Elektronenmikroskop (Abb. 1.2). In diesem Fall sind die physikalisch-chemischen Eigenschaften der zweiten Phase in der Regel nur insofern von Wichtigkeit, als sie die Eigenschaften der Matrix beeinflussen. Das ist speziell von Bedeutung für die mechanischen Eigenschaften und für Rekristallisationsvorgänge (vgl. Kap. 6 und 7). Bei solchen Gefügebestandteilen kommt es hauptsächlich auf die Größe ihrer Teilchen und deren Abstand an. Die Teilchengrößen sind gewöhnlich aber nicht logarithmisch normalverteilt, sondern folgen im stationären Fall einer Verteilung, die bei großen Teilchengrößen stärker abfällt (Abb. 1.8). Beträgt der Volumenbruchteil der zweiten Phase f und setzt man der Einfachheit halber würfelförmige Teilchen der Kantenlänge d_0 voraus, dann ergibt sich der mittlere Teilchenabstand

$$R = d_0/\sqrt{f} \tag{1.4}$$

Für andere Gestalt der Teilchen sind entsprechende Geometriefaktoren zu berücksichtigen. Bei speziellen Problemstellungen ist auch der Abstand der Teilchen längs bestimmter Ebenen oder Richtungen von Bedeutung. Diese werden in getrennten Betrachtungen bei der entsprechenden Problemstellung im Text behandelt.

2

Der atomistische Aufbau der Festkörper

2.1 Atomare Bindung

Die Bausteine der festen Materie sind die Atome, die aus dem Atomkern und der Elektronenhülle bestehen. Die Eigenschaften der Festkörper werden dabei ganz überwiegend von der Elektronenhülle bestimmt. Nach dem Bohrschen Atommodell sind die Elektronen auf Schalen angeordnet (Abb. 2.1), deren Konfiguration, d.h. Elektronenbesetzung und räumliche Anordnung, sich nach den Gesetzen der Quantenmechanik bestimmt. Die für Festkörpereigenschaften wichtigste Schale ist die äußere Schale, die noch Elektronen besitzt, denn sie bestimmt die Wechselwirkung mit anderen gleichartigen oder ungleichartigen Atomen. Dabei dominiert das Prinzip, daß ein Atom in Kontakt mit anderen Atomen sich so verhält, daß seine äußere Schale mit acht Elektronen gefüllt wird. Dieses einfache Prinzip ist die Grundlage der chemischen Bindung. Hat ein Atom bereits eine vollständige äußere Achterschale, wie die Edelgase (daher auch Edelgaskonfiguration genannt), dann ist die Tendenz zur Wechselwirkung, d.h. zur chemischen Bindung oder auch zur Erstarrung als Festkörper, sehr gering. Bei Helium muß man bis 0.1K abkühlen, damit die Wechselwirkungskräfte zur Bildung eines Festkörpers ausreichen. Bei allen Atomsorten, die keine Edelgaskonfiguration besitzen, besteht die Tendenz, d.h. ist mit Energiegewinn verbunden, in Kontakt mit anderen Atomen die äußeren Elektronen, die auch als Valenzelektronen bezeichnet werden, aufzunehmen, abzugeben oder zu teilen. Damit ergeben sich die grundlegenden Bindungstypen (Abb. 2.2), nämlich:

i) Heteropolare oder Ionenpaar-Bindung (a): Die Anzahl der Valenzelektronen (Wertigkeit) der Partner addiert sich zu acht. Der geringerwertige Partner gibt seine Valenzelektronen an das höherwertige Element ab. Beide Elemente haben dann eine Edelgaskonfiguration, aber die Atome sind nicht mehr elektrisch neutral. Beispiel: Na^+Cl^-; das einwertige Natrium gibt sein Elektron an das siebenwertige Chlor ab. Es können aber auch

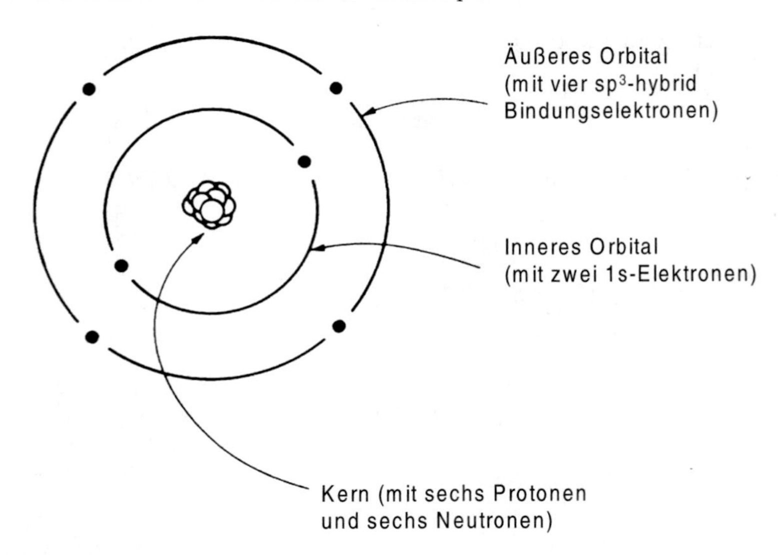

Abbildung 2.1. Schematische Darstellung der Elektronenkonfiguration des ^{12}C-Atoms nach dem Bohrschen Atommodell.

mehr als zwei Atome an der Bildung eines Moleküls beteiligt sein, z.B. $Ca^{2+}(F^-)_2$, wobei jedes Atom dadurch die Edelgaskonfiguration gewinnt.

ii) Homöopolare oder kovalente oder Elektronenpaar-Bindung (b): Gelingt der Austausch von Elektronen, um die Edelgaskonfiguration (α) einzustellen, nicht, weil die Summe der Valenzelektronen sich nicht zu acht addiert, so kann die stabile Anordnung auch durch Bildung von Elektronenpaaren erzielt werden. Zum Beispiel bilden zwei siebenwertige Chloratome ein stabiles Chlormolekül Cl_2 durch Erzeugung eines Elektronenpaares (β), das beiden Cl-Atomen gemeinsam gehört, wodurch beide die Edelgaskonfiguration annähern. Bei sechswertigen Atomen müssen sich pro Atom zwei Elektronenpaare bilden. Dieses führt zur Erzeugung von Kettenmolekülen (γ), wie bspw. beim Schwefel. Bei fünfwertiger Valenz sind drei Elektronenpaare pro Atom erforderlich, was sich nur durch eine flächenhafte Anordnung verwirklichen läßt (δ), z.B. beim Arsen. Bei Wertigkeit vier muß schließlich ein Raumgitter eingestellt werden, um die vier Elektronenpaare pro Atom ordnungsmäßig zu verwirklichen (ε). Beispiele sind die vierwertigen Halbleiter Silizium und Germanium.

iii) Metallische Bindung (c): Beträgt die Anzahl der Valenzelektronen weniger als vier, dann ist auch im Raumgitter keine Elektronenpaar-Bildung mehr möglich. In diesem Fall geben die Atome ihre Valenzelektronen an ein gemeinsames „Elektronengas“ ab (Abb. 2.3), so daß die Ionenrümpfe die Edelgaskonfiguration haben und die Elektronen im Elektronengas nicht an ein spezielles Atom gebunden sind. Die damit erreichte Bindung nennt man metallische Bindung. Sie ist die weitaus häufigste unter den

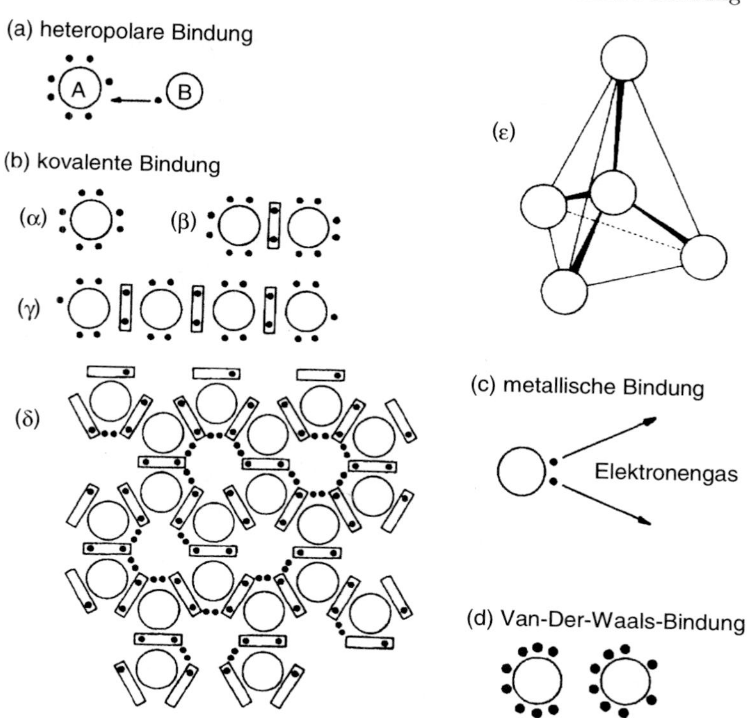

Abbildung 2.2. Grundarten der chemischen Bindung. Bei kovalenter Bindung von gleichartigen Atomen kommt es zu speziellen Anordnungen.

Elementen, denn etwa 3/4 aller natürlichen Elemente sind Metalle. Den Übergang von der kovalenten zur metallischen Bindung kann man sich so vorstellen, daß bei der kovalenten Bindung die Valenzelektronen am Atom lokalisiert sind – oder quantenmechanisch gesehen, sich dort bevorzugt aufhalten – während bei der metallischen Bindung das Elektron unlokalisiert ist und quasi allen Atomen gemeinsam gehört. Die geringe Lokalisierung der Elektronen bei der metallischen Bindung führt dazu, daß die metallische Bindung im Vergleich zu den anderen Bindungstypen schwach ist. Das ist einer der Gründe für die hohe Versetzungsbeweglichkeit in Metallen und damit ihre gute Formbarkeit, die sie zu den bevorzugten Konstruktionswerkstoffen gemacht hat.

iv) Van-Der-Waals-Bindung (d): Schließlich gibt es noch eine Bindung, die nicht auf dem Austausch von Elektronen beruht, nämlich die sogenannte Van-Der-Waals-Bindung. Sie wird dadurch verursacht, daß der Ladungsschwerpunkt der Elektronenhülle nicht mit dem Mittelpunkt des Atomkerns zusammenfällt. Dadurch erhalten die Atome ein Dipolmoment, über das eine anziehende Wechselwirkung mit anderen Atomen verbunden ist (Abb. 2.4). Diese Anziehung ist die Ursache der Bindung in Edelgasmole-

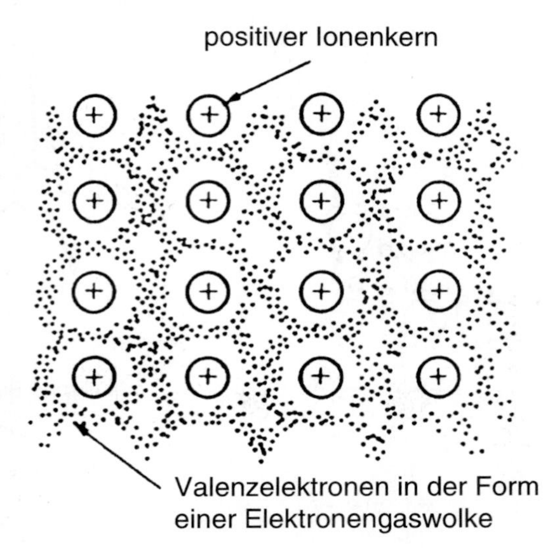

Abbildung 2.3. Prinzip der metallischen Bindung. Die Ionenrümpfe werden von einer Elektronengaswolke der Valenzelektronen umgeben.

külen und die Wechselwirkung von weit entfernten Atomen, wo kein Elektronenaustausch stattfinden kann.

Die Molekülbildung und damit auch die Bildung der kristallinen Phase kann man sich so vorstellen, daß über weite Distanzen hinweg die Atome durch van-der-Waals-Kräfte angezogen werden. Erst wenn sie sich auf eine Entfernung genähert haben, in der die Elektronenhüllen anfangen, sich zu berühren, kommt es zu den Elektronentransferprozessen, die zur Bindung führen. Bei weiterer Annäherung kommt es schließlich zur Überlappung der Elektronenhüllen und damit zu starker Abstoßung infolge des Pauli-Prinzips, was in Kap. 10 näher erläutert wird. Die Kraft-Abstands-Kurve zwischen zwei Atomen hat daher den in Abb. 2.5a skizzierten Verlauf, aus dem sich die betreffende potentielle Energie (Abb. 2.5b) durch Integration ergibt. Der Abstand, bei dem die Kraft zwischen den Atomen verschwindet, d.h. abstoßende und anziehende Kräfte sich kompensieren, ist der Gleichgewichtsabstand (hier a_0). Bei Erweiterung der Betrachtung von zwei Atomen auf sehr viele Atome erhält man so die periodische Anordnung eines Elementes als kristalliner Festkörper, wobei der Gleichgewichtsabstand die Distanz zwischen den am nächsten benachbarten (sich berührenden) Atomen angibt.

Für Metalle beschreibt sich die Anordnung im Festkörper am einfachsten. Ihre Bindung ist praktisch nicht richtungsabhängig, so daß man die Metallatome einfach wie harte Kugeln behandeln kann, die sich möglichst dicht anordnen wollen, um der Anziehung der Atome untereinander gerecht zu werden. Das „harte Kugelmodell" des metallischen Festkörpers ist ein sehr einfaches, aber für sehr viele Fragestellungen hinreichend aussagekräftiges Modell. Da-

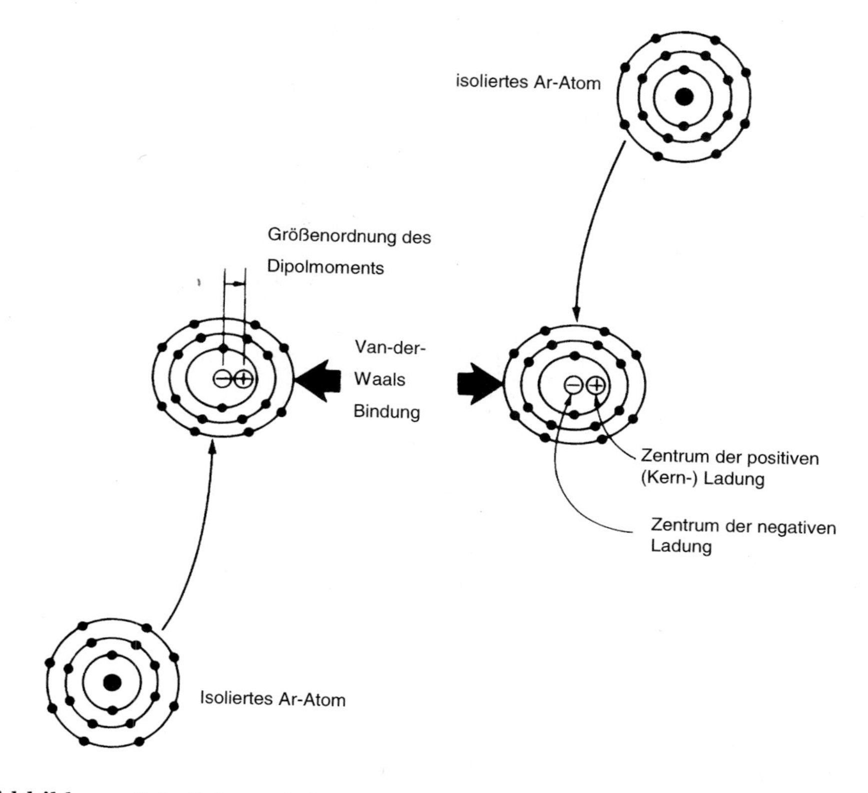

Abbildung 2.4. Schematische Darstellung zur Entstehung der Van-Der-Waals-Bindung durch induzierte Dipolwechselwirkung.

nach ist zu erwarten, daß metallische Festkörper maximal dicht aus Kugeln aufgebaut sind, was einer Packung von Atomlagen mit hexagonal dichter Anordnung der Atome entspricht.

Das wird tatsächlich auch in etwa 2/3 aller metallischen Elemente beobachtet. Aber auch etwas weniger dichte Anordnungen treten auf, wenn noch andere elektronische Einflüsse eine Rolle spielen, denn Bindungen sind häufig Mischtypen. Wir werden im nächsten Abschnitt behandeln, zu welchen Kristallstrukturen diese Anordnungen führen.

Die kovalente Bindung ist stark richtungsabhängig, weil die miteinander paarbildenden Elektronen gerichtete Bahnen haben und der Ladungsschwerpunkt im Zentrum des Atoms bleiben muß. Beim Kohlenstoff beispielsweise – und entsprechend bei anderen vierwertigen Elementen – sind die paarbildenden Elektronen zur Symmetrie längs der Ecken eines gleichseitigen Tetraeders ausgerichtet, d.h. mit einem Tetraederwinkel von 109.5° zueinander (Abb. 2.6). In diesen Richtungen werden die Bindungen installiert. Ein aus C-Atomen bestehender Kristall muß daher die Anordnung der Atome so vor-

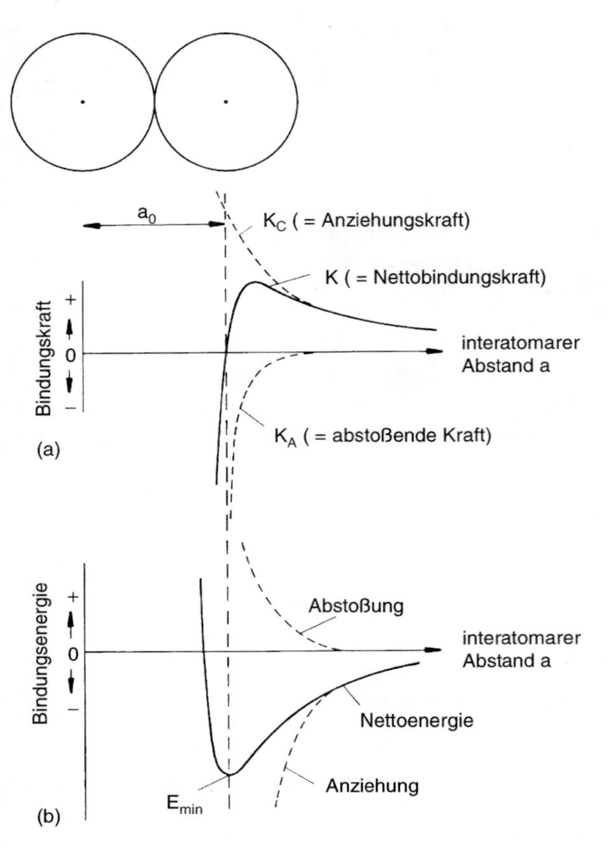

Abbildung 2.5. Verlauf von Bindungskraft und Bindungsenergie eines Atom-Paares als Funktion des Atomabstandes.

nehmen, daß diese tetraedrische Umgebung für jedes Atom erhalten bleibt. Das wird im Diamantgitter (Abb. 2.6b) erreicht – der Diamant ist reiner kristalliner Kohlenstoff – was später noch besprochen wird. Die Packungsdichte spielt hier wegen der dominierenden Richtungsabhängigkeit der Bindung eine untergeordnete Rolle. Sind die Atome ungleich, wie beispielsweise beim Ethylen C_2H_4, dann wird die Elektronenstruktur durch die Wasserstoffatome verzerrt, und es kommt zur linearen Verkettung mehrerer Atome; es bildet sich Polyethylen $(C_2H_4)n$ (Abb. 2.7).

Die Ionenbindung schließlich ist nicht gerichtet, findet aber zwischen ungleichartigen Atomen statt. Die abstoßende Wirkung der Elektronenhüllen bevorzugt die Ausbildung spezieller räumlicher Strukturen, die sich aus der Optimierung von Berührung der ungleichartigen Atome und Nichtüberlappung der gleichartigen Atome ergibt (Abb. 2.8). Die entsprechende Anordnung, d.h. die Zahl der möglichen nächsten Nachbarn (Koordinationszahl) hängt mit dem

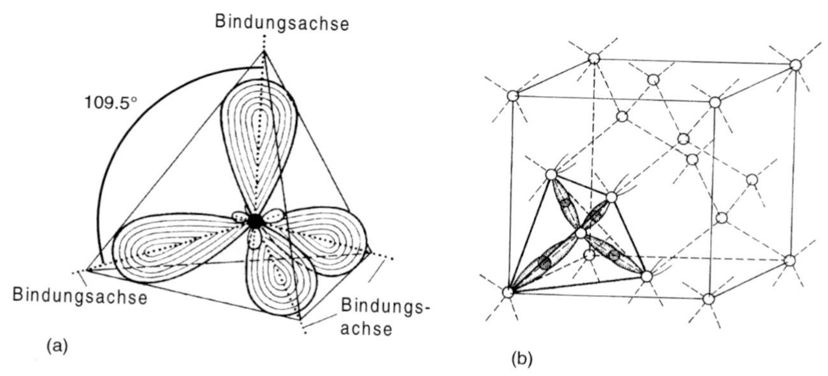

Abbildung 2.6. Die tetraedrischen Orbitale der Valenzelektronen des C-Atoms führen zur tetraedrischen Anordnung der Atome (a) und zur Entstehung des räumlichen Diamantgitters (b).

Ethylen-Molekül

Ethylen-Baustein (Ethylenmer)

Polyethylen-Molekül

(a) (b)

Abbildung 2.7. (a) Ethylen-Molekül (C_2H_4) mit Doppelbindung; (b) Polyethylen-Molekül $(C_2H_4)_n$, welches aus der Umwandlung der C=C-Doppelbindung in zwei C-C-Einfachbindungen entsteht (Polymerisation).

Atomgrößenverhältnis zusammen. Sind alle Atome gleich groß, so kann eine maximal dichte Packung mit 12 nächsten Nachbarn hergestellt werden (Abb. 2.8b). Ist das Atomradienverhältnis (d.h. kugelförmige Atomgestalt vorausgesetzt) kleiner als eins, so nimmt die Koordinationszahl sprunghaft bei gewissen Werten ab, wenn nämlich bei Unterschreitung des betreffenden Verhältnisses r/R eine überlappung der Atomhüllen verursacht wird. Bei $r/R < 0.155$ ist schließlich nur noch eine kettenförmige Anordnung möglich.

Die Bindungen in Festkörpern sind gewöhnlich Mischtypen, wobei der eine oder andere Bindungscharakter überwiegen kann. Klassifizieren wir die Festkörper nach Werkstoffklassen, so kann man ihnen Bindungsverhältnisse gemäß Abb. 2.9 oder Tabelle 2.1 zuordnen. Bei Metallen hat man ganz überwiegend metallische Bindung mit leichten kovalenten oder heteropolaren Anteilen. Bei

Verbindungen von Metallen (intermetallische Phasen, s. Kap. 4) können aber die kovalenten Anteile stark zunehmen, was sich beispielsweise in einer drastischen Verschlechterung der Verformbarkeit niederschlägt. Bei Keramiken oder Polymeren herrschen zumeist Mischtypen vor. Bei Polymeren bspw. wirken kovalente Bindungen entlang der Ketten und Van-Der-Waals-Bindungen zwischen den Ketten.

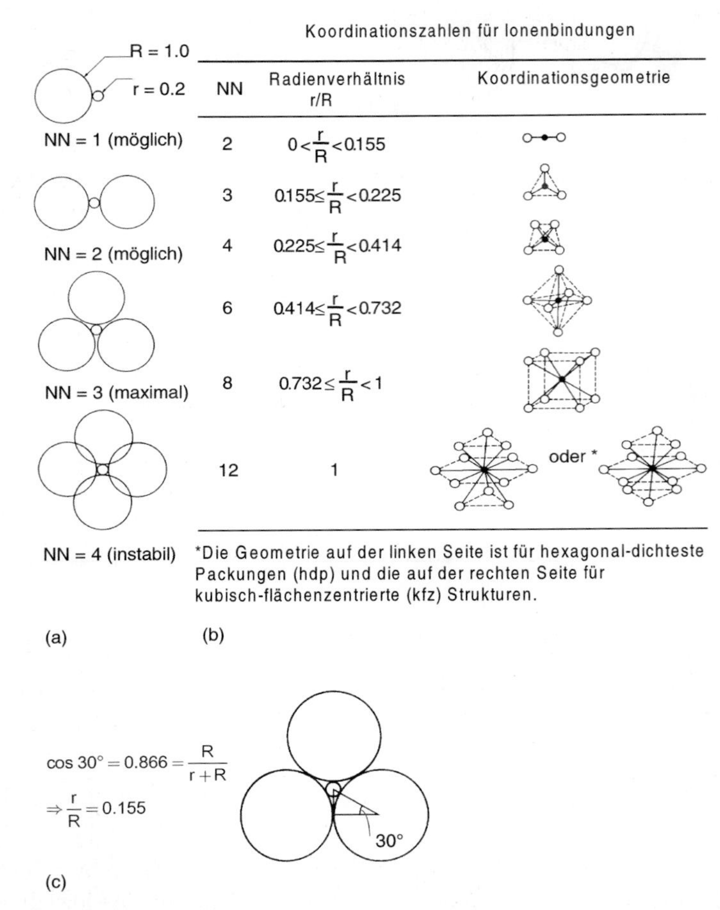

Koordinationszahlen für Ionenbindungen

NN	Radienverhältnis r/R	Koordinationsgeometrie
2	$0 < \frac{r}{R} < 0.155$	
3	$0.155 \leq \frac{r}{R} < 0.225$	
4	$0.225 \leq \frac{r}{R} < 0.414$	
6	$0.414 \leq \frac{r}{R} < 0.732$	
8	$0.732 \leq \frac{r}{R} < 1$	
12	1	oder *

*Die Geometrie auf der linken Seite ist für hexagonal-dichteste Packungen (hdp) und die auf der rechten Seite für kubisch-flächenzentrierte (kfz) Strukturen.

Abbildung 2.8. Zahl der nächsten Nachbarn NN (Koordinationszahl) in Abhängigkeit vom Atomgrößenverhältnis. (a) Die größtmögliche Anzahl nächster Nachbarn bei einem Atomradienverhältnis von $r/R = 0.2$ ist drei. (b) Koordinationszahl in Abhängigkeit vom Atomradienverhältnis und die sich einstellende Koordinationsgeometrie. (c) Der minimale Radienquotient r/R, welcher zu einer Koordinationszahl von drei führt, ist 0.155.

Tabelle 2.1. Bindungscharakter der vier wichtigsten technischen Materialklassen.

Material	Bindungscharakter	Beispiel
Metalle	metallisch	Eisen (Fe) und Eisenlegierungen
Keramiken und Gläser	ionisch/kovalent	Kieselerde (SiO_2): kristallin und unkristallin
Polymere	kovalent und Van-Der-Waals	Polyethylene $(C_2H_4)_n$
Halbleiter	kovalent und kovalent/ionisch	Silizium (Si) und Kadmiumsulfid (CdS)

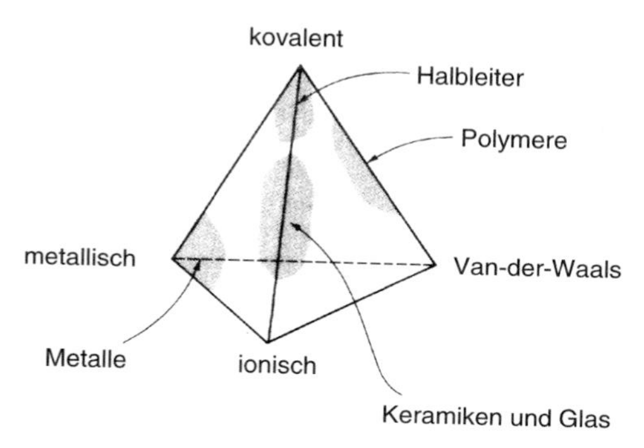

Abbildung 2.9. Anteil der Bindungstypen bei den technisch wichtigsten Werkstoffgruppen (schematisch).

2.2 Kristallstruktur

2.2.1 Kristallsysteme und Raumgitter

Metallische und keramische Werkstoffe sind in aller Regel kristallin. Auch bei Polymeren kann es zur teilweisen Kristallisation kommen, worauf in Kap. 8 noch näher eingegangen wird. Gläser sind per Definition nicht kristallin.

Kristalline Struktur bedeutet im modernen Verständnis eine streng periodische Anordnung der Atome. Aber lange bevor der atomistische Aufbau der Festkörper bekannt war, wurden die Kristalle der Mineralien geschätzt und wissenschaftlich beschrieben. Das herausragende Merkmal mineraler Kristalle ist ihre äußere Form mit ebenen Facetten, die für das jeweilige Mineral ganz typisch sind. Es gelang den Kristallographen, alle auftretenden Formen und Symmetrien der Kristalle in 32 Klassen (auch Punktgruppen genannt) zu unterteilen, die wiederum auf nur sieben Kristallsystemen aufgebaut waren. Diese sieben Kristallsysteme lassen sich durch die Wahl geeigneter Koordinatensysteme definieren, die die makroskopische Lage der Kristalloberflächen und ihrer Schnittkanten wiedergeben (Abb. 2.10). Bei gar keiner Symmetrie liegt ein triklines System vor, in dem die Richtungen zwischen den Koordinatenachsen und die Länge der Kristallachsen alle verschieden sind. Die höchste

System	Achsenlänge und Winkel *	Geometrie der Einheitszelle
kubisch	$a = b = c,\ \alpha = \beta = \gamma = 90°$	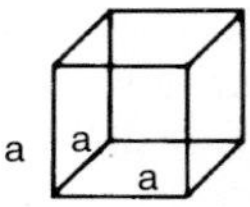
tetragonal	$a = b \neq c,\ \alpha = \beta = \gamma = 90°$	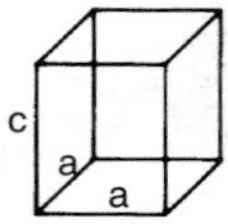
orthorhombisch	$a \neq b \neq c,\ \alpha = \beta = \gamma = 90°$	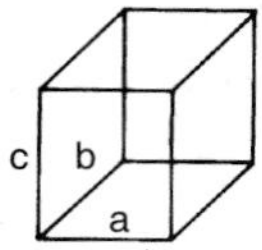
rhomboedrisch (trigonal)	$a = b = c,\ \alpha = \beta = \gamma \neq 90°$	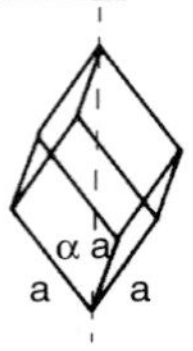
hexagonal	$a = b \neq c,\ \alpha = \beta = 90°,\ \gamma = 120°$	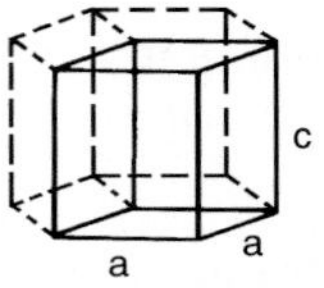
monoklin	$a \neq b \neq c,\ \alpha = \gamma = 90° \neq \beta$	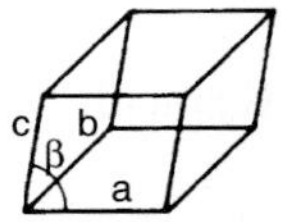
triklin	$a \neq b \neq c,\ \alpha \neq \beta \neq \gamma \neq 90°$	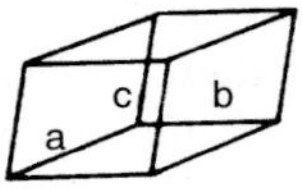

*Die Gitterparameter a, b und c sind Einheitszellenkantenlängen. Die Gittergrößen α β und γ sind Winkel zwischen angrenzenden Zellachsen, wobei z.B. α der Winkel zwischen der b- und der c-Achse ist. Das Ungleichheitszeichen bedeutet, daß Gleichheit nicht erforderlich ist. Zufällige Gleichheit ergibt sich gelegentlich bei einigen Strukturen.

Abbildung 2.10. Definition der sieben Kristallsysteme.

Symmetrie wird bei kubischen Kristallen erreicht, bei der alle Kristallachsen gleich lang sind und ihre Winkel zueinander alle 90° betragen.

Die Einführung des atomistischen Aufbaus der Kristalle zwingt zu einer Verbindung der atomistischen Anordnung mit den beobachteten Symmetrien. Dazu wurde von Bravais das Konzept des Raumgitters eingeführt, ein räumliches mathematisches Punktmuster, wobei man zur physikalischen Vorstellung jeden Punkt mit dem Mittelpunkt eines Atoms oder einer Molekülgruppe identifizieren kann. Das Punktmuster muß streng periodisch sein und kann daher auf eine Elementarzelle reduziert werden, deren Aneinanderreihung das Raumgitter ergibt. Bravais konnte zeigen, daß es nur vierzehn verschiedene Gitter geben kann (Abb. 2.11). Neben den primitiven Strukturen, bei denen sich jeweils nur auf den Ecken der Elementarzelle, die auf dem Koordinatensystem der entsprechenden Kristallklasse aufgebaut ist, ein Gitterpunkt befindet, kann sich aus Symmetriegründen nur noch ein Punkt im Zentrum der Zelle (raumzentriert, innenzentriert) oder auf einander gegenüberliegenden Flächenmitten (flächenzentriert) befinden. Nicht für jede Kristallklasse lassen sich ohne Verlust der betreffenden Symmetrie alle Anordnungen verwirklichen. Eine flächenzentrierte Version des tetragonalen Gitters mit Gitterpunkten auf den Flächenmitten der Basisebenen (Abb. 2.12) wäre ja nichts anderes als ein primitives tetragonales Gitter mit der Basislänge $a' = a/\sqrt{2}$ statt a.

Die Gitterpunkte können die Mittelpunkte von Atomen darstellen, aber auch von Atomgruppen bzw. Molekülgruppen. Die Möglichkeiten der unterscheidbaren räumlich periodischen Anordnung von Atomen in Einklang mit den behandelten Symmetrieforderungen ist sehr variantenreich, aber nicht unbegrenzt. Es gibt 230 verschiedene mögliche Anordnungen, zu der jeder Kristall mindestens einmal gehören muß. Diese als Raumgruppen bezeichneten Anordnungen unterscheiden sich von den als Punktgruppen bezeichneten Kristallklassen dadurch, daß sie sich nicht auf die Symmetriebeziehungen an einem Punkt, also bezüglich des Ursprungs des gewählten Kristallsystems beschränken, sondern sich auf jeden Punkt des Raumgitters beziehen.

Die verschiedenen Raumgruppen sind vielfach tabelliert und gemäß ihren Symmetrien mit Symbolen bezeichnet worden, bspw. durch Schoenflies oder Hermann-Mauguin. Für die Werkstoffkunde hat sich die vereinfachte Bezeichnung der Strukturberichte eingebürgert, in der in regelmäßigen Abständen die Strukturen neuer Substanzen veröffentlicht wurden. Der Herausgeber des Strukturberichts fand es bequemer, für die häufig gefundenen Kristallstrukturen eine einfache Bezeichnung einzuführen, geordnet nach Substanzen und chemischer Zusammensetzung mit einem Buchstaben (Tabelle 2.2) und einer fortlaufenden Zahl, also bspw. für ein kubisch-flächenzentriertes (kfz) Element, die Bezeichnung A1.

Letztlich sei hierzu bemerkt, daß man unter Kristallstruktur die atomistische Anordnung der Atome versteht, was nicht mit dem Kristallgitter hinreichend beschrieben wird. Häufig werden diese beiden Begriffe synonym verwendet, was im Fall von Legierungen aber zu Mißverständnissen führen kann.

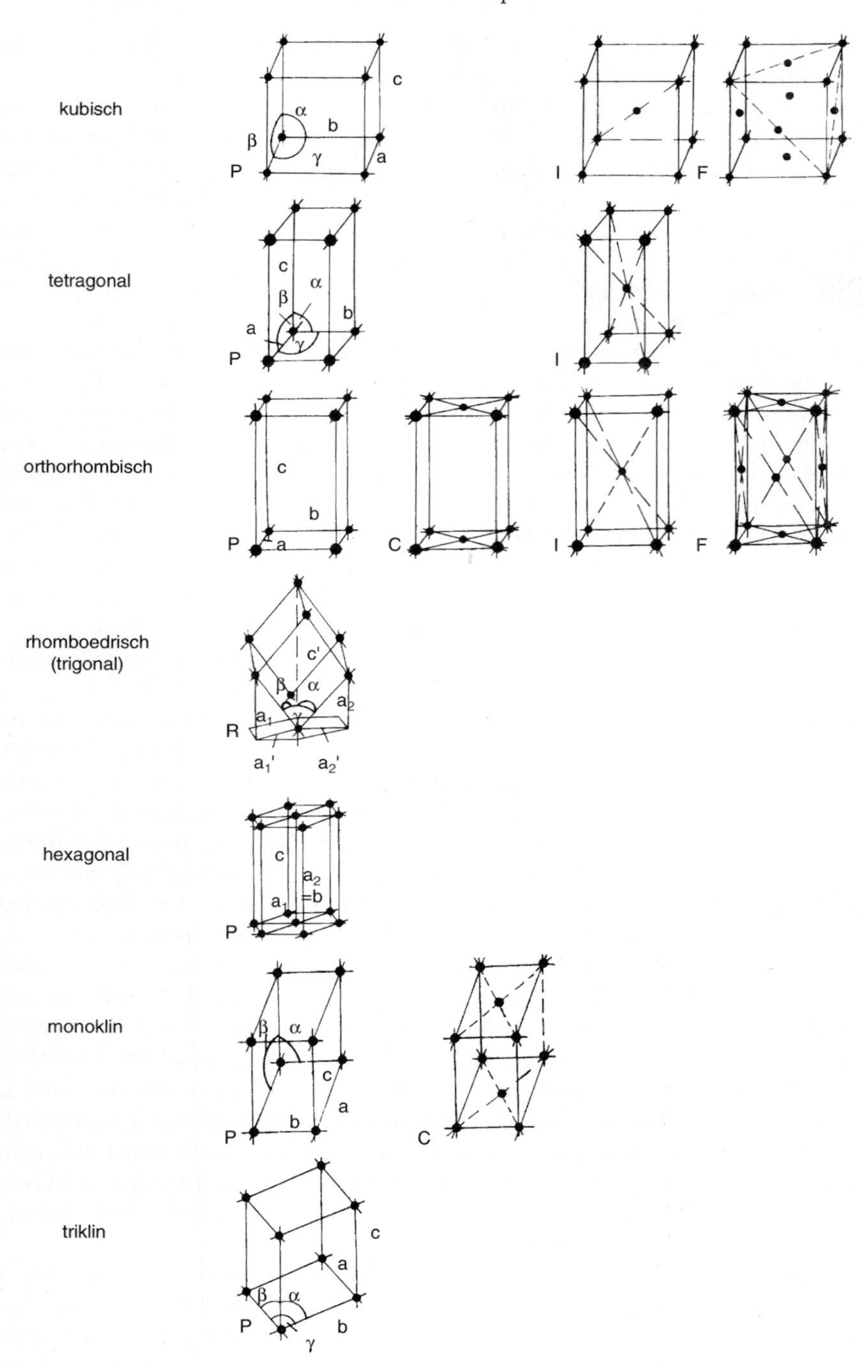

Abbildung 2.11. Die Elementarzellen der 14 verschiedenen Bravais-Gitter.

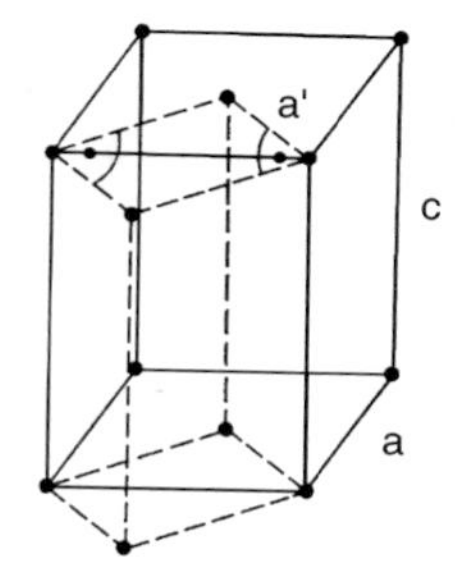

Abbildung 2.12. Äquivalenz einer tetragonal-basiszentrierten Zelle mit einer primitiv-tetragonalen Struktur (gestrichelt).

Tabelle 2.2. Strukturberichtsklassen: Einfache Nomenklatur der häufig vorkommenden Kristallstrukturtypen.

A-Typ	Elemente
B-Typ	AB-Verbindung
C-Typ	AB_2-Verbindung
D-Typ	A_mB_n-Verbindung
E....K-Typ	kompliziertere Verbindungen
L-Typ	Legierungen
O-Typ	organische Verbindungen
S-Typ	Silikate

2.2.2 Kristallstrukturen von Metallen

Die metallischen Elemente kristallisieren zum überwiegenden Teil in drei Gittertypen: krz, kfz und hexagonal, und zwar zu etwa gleichen Teilen. Viele Eigenschaften, insbesondere die mechanischen, hängen mit der Kristallstruktur zusammen. Deshalb sollen diese drei wichtigen Gittertypen hier etwas ausführlicher behandelt werden.

Im kubisch-raumzentrierten (krz) Gitter befinden sich die Atome auf den Würfelecken und in der Würfelmitte (Abb. 2.13). Man kann es daher auch als zwei ineinandergestellte kubisch primitive Gitter beschreiben. Stellt man sich die Atome als harte Kugeln vor, so berühren sie sich längs der Raumdiagonalen. Der Atomabstand b ist der Abstand zwischen den Mittelpunkten der Atome, d.h. längs der dichtest gepackten Richtungen identisch mit dem zweifachen Atomradius R. Entsprechend Abb. 2.13c ergibt sich für das krz-Gitter

$$R = \frac{a}{4}\sqrt{3} \tag{2.1a}$$

$$b = 2R = \frac{a}{2}\sqrt{3} \tag{2.1b}$$

wobei a der Gitterparameter ist.

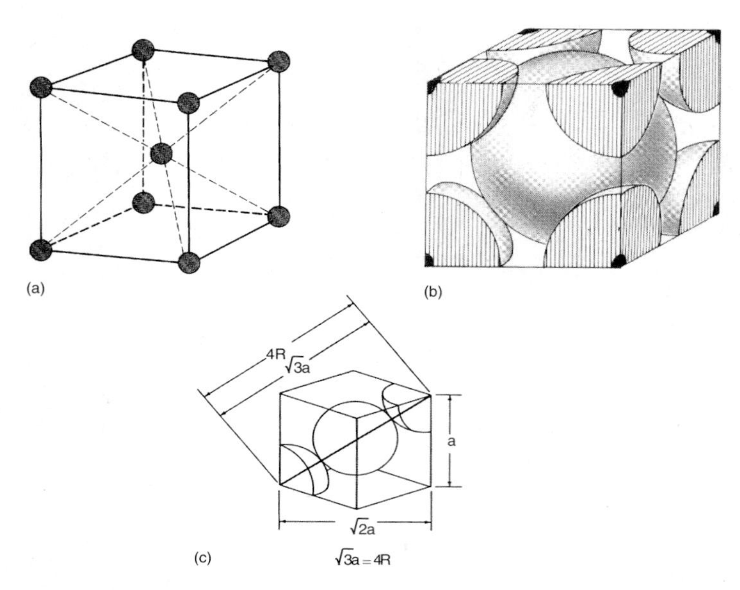

Abbildung 2.13. Kubisch-raumzentrierte Struktur. (a) Elementarzelle des krz-Punktgitters; (b) Elementarzelle nach dem Kugelmodell; (c) die Atome berühren sich entlang der Raumdiagonalen.

Die Kugeln erfüllen den Raum nicht vollständig. Dazwischen verbleiben Gitterlücken. Pro Elementarzelle hat das krz-Gitter zwei Atome, nämlich das Atom in der Würfelmitte und zu je 1/8 die acht Atome auf den Würfelecken, da sich 8 Elementarzellen die Eckatome teilen (Abb. 2.13b). Die Raumerfüllung ist dann das Verhältnis von zwei Kugelvolumen zum Würfelvolumen, also

$$V_f^{krz} = \frac{2 \cdot \frac{4}{3}\pi R^3}{a^3} = \frac{\frac{8}{3}\pi\left(\frac{a}{4}\sqrt{3}\right)^3}{a^3} = \frac{\pi\sqrt{3}}{8} = 68\% \tag{2.2}$$

Es gibt zwei Arten von Gitterlücken, nämlich die Oktaederlücken und die Tetraederlücken, wobei diese Bezeichnungen die geometrische Anordnung der umgebenden Atome angibt (Abb. 2.14). Die Mittelpunkte der Oktaederlücken (Abb. 2.14a) sind die Flächenmitten und Kantenmitten der Elementarzelle. Es gibt also sechs Oktaederlücken pro Elementarzelle, d.h. dreimal soviel wie Atome. Die Tetraederlücke ist von dem Tetraeder aus zwei Eckatomen und zwei Würfelmittenatomen umgeben, liegt also auf den Würfelflächen, mit den Mittelpunktskoordinaten [0, 1/2, 1/4] bzw. kristallographisch äquivalente (Abb. 2.14b). Es gibt vier Tetraederlücken auf jeder Würfelfläche, also pro Elementarzelle insgesamt 12 Tetraederlücken, d.h. sechsmal soviel wie Atome und doppelt so viel wie Oktaederlücken. Die Größe der Gitterlücken wird beschrieben durch den Radius der Kugel, der gerade noch in die Lücke hineinpaßt. Man erhält für die Größe der

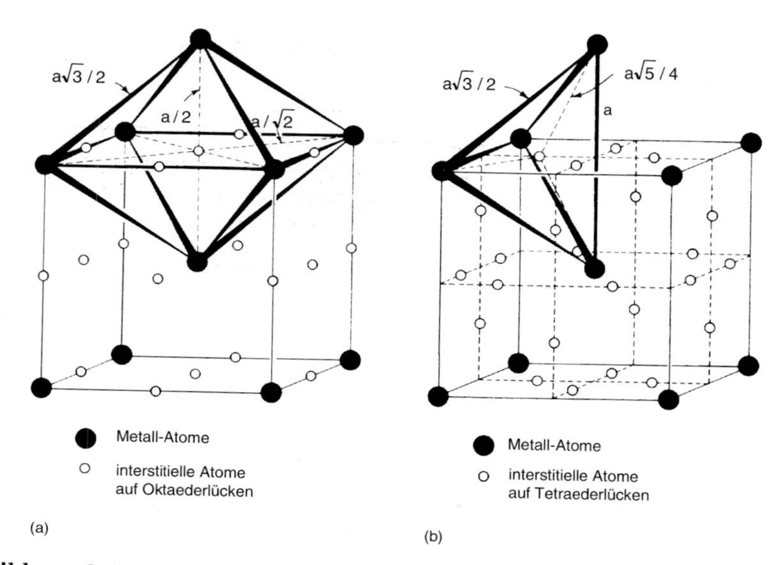

Abbildung 2.14. Lücken des krz-Gitters. (a) Oktaederlücken; (b) Tetraederlücken.

$$\text{Oktaederlücke } \frac{r}{R} = 0.155 \tag{2.3a}$$

$$\text{Tetraederlücke } \frac{r}{R} = 0.291 \tag{2.3b}$$

Gitterlücken sind im Zusammenhang mit Mischkristallen sehr wichtig und ihre Eigenschaften werden deshalb in dem Zusammenhang (Kap. 4) näher behandelt.

Das kubisch-flächenzentrierte (kfz) Gitter hat Atome auf allen Würfelecken und Flächenmitten (Abb. 2.15), also vier Atome pro Elementarzelle, d.h. entsprechend vier ineinandergestellten einfach kubischen Gittern. Die Atome als harte Kugeln berühren sich längs der Flächendiagonalen. Entsprechend sind Radius R und Abstand b der Atome mit dem Gitterparameter a verknüpft

$$R = \frac{a}{4}\sqrt{2} \tag{2.4a}$$

$$b = \frac{a}{2}\sqrt{2} \tag{2.4b}$$

Damit berechnet sich die Raumerfüllung

$$V_f^{kfz} = \frac{4 \cdot \frac{4}{3}\pi \left[\frac{a}{4}\sqrt{2}\right]^3}{a^3} = \pi\frac{\sqrt{2}}{6} = 74\% \tag{2.5}$$

Die Oktaederlücken befinden sich in der Würfelmitte und auf den Kantenmitten (Abb. 2.16a). Es gibt also vier Oktaederlücken pro Elementarzelle, d.h. gleich viele wie Atome. Die Tetraederlücken befinden sich jeweils auf 1/4

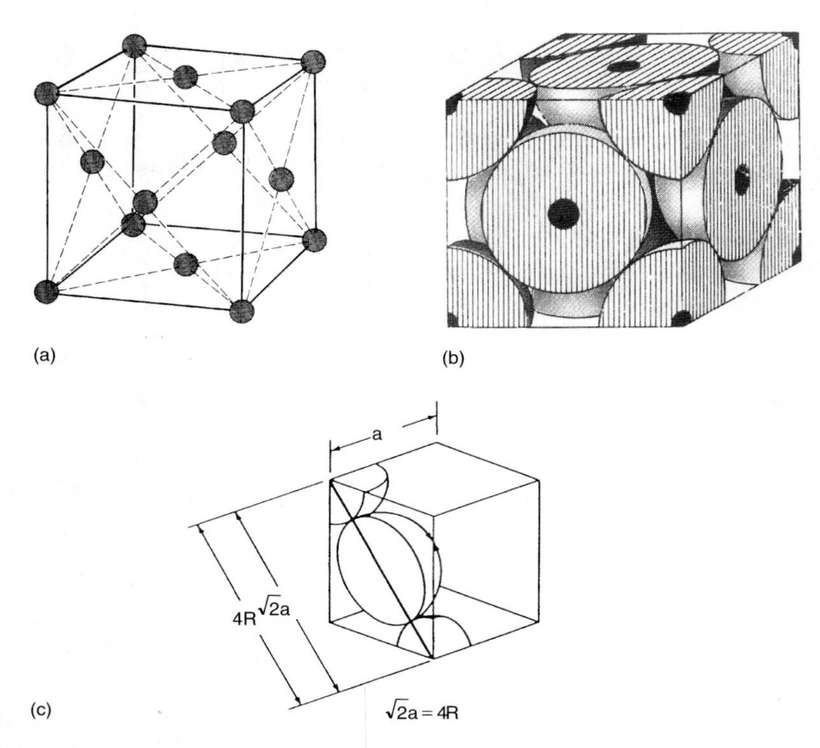

Abbildung 2.15. Kubisch-flächenzentrierte Struktur. (a) Elementarzelle des kfz-Punktgitters; (b) Elementarzelle nach dem Kugelmodell; (c) Die Atome berühren sich entlang der Flächendiagonalen.

der Raumdiagonalen von den Ecken entfernt (Abb. 2.16b). Es gibt also acht Tetraederlücken, doppelt so viele wie Atome oder Oktaederlücken. Ihre Größe berechnet sich für

$$\text{Oktaederlücken } \frac{r}{R} = 0.41 \tag{2.6a}$$

$$\text{Letraederlücken } \frac{r}{R} = 0.22 \tag{2.6b}$$

Im Vergleich zum krz-Gitter hat das kfz-Gitter weniger, aber dafür größere Oktaederlücken. Das hat entscheidende Konsequenzen für die Struktur von Legierungen (Kap. 4).

Das hexagonale Gitter besteht aus Schichten hexagonaler Gitterpunkte. Die c-Achse ist in der Länge verschieden von der a-Achse (Abb. 2.17). Die eigentliche Elementarzelle ist in Abb. 2.17a schattiert. Sie enthält zwei Atome. Um die hexagonale Symmetrie hervorzuheben, wird aber gewöhnlich eine Anordnung von drei Elementarzellen zur Struktureinheit des hexagonalen Gitters zusammengefaßt.

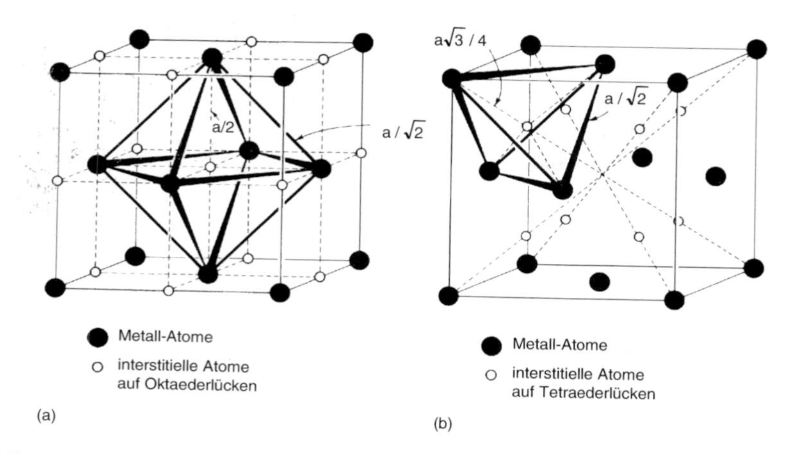

Abbildung 2.16. Lücken des kfz-Gitters. (a) Oktaederlücken; (b) Tetraederlücken.

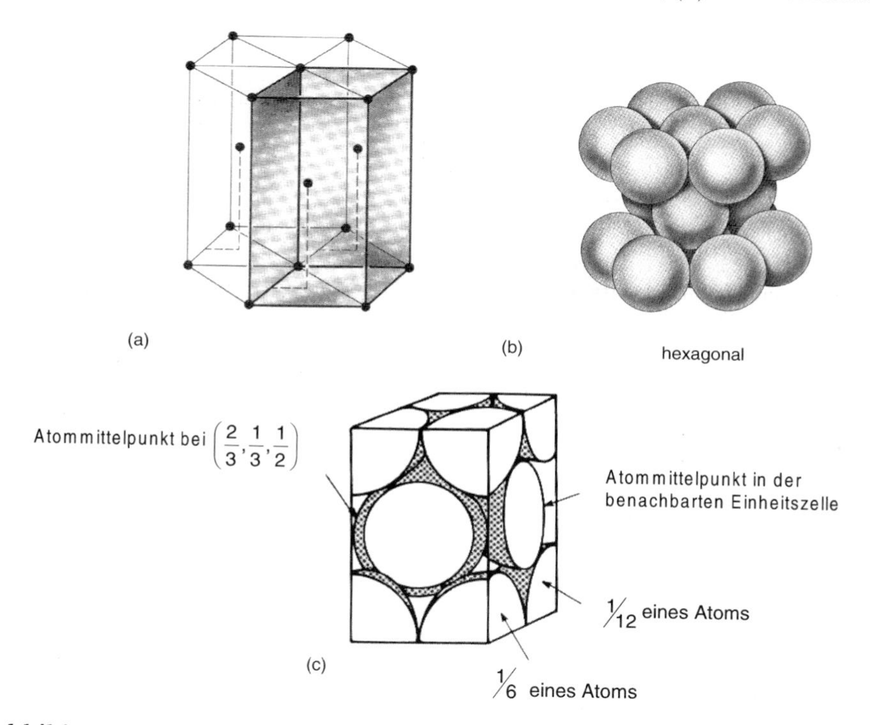

Abbildung 2.17. Hexagonale Struktur. (a) (Dreifache) Elementarzelle des hexagonalen Punktgitters; (b) Aufbau nach dem Kugelmodell; (c) Elementarzelle nach dem Kugelmodell.

Ist die Struktur aus gleich großen Kugeln aufgebaut, dann berühren sich die Kugeln in der hexagonalen Basisebene und in benachbarten Schichten. Dann ist das Verhältnis der Länge von c- und a-Achse festgelegt zu

$$\frac{c}{a} = \sqrt{\frac{8}{3}} = 1.63 \tag{2.7}$$

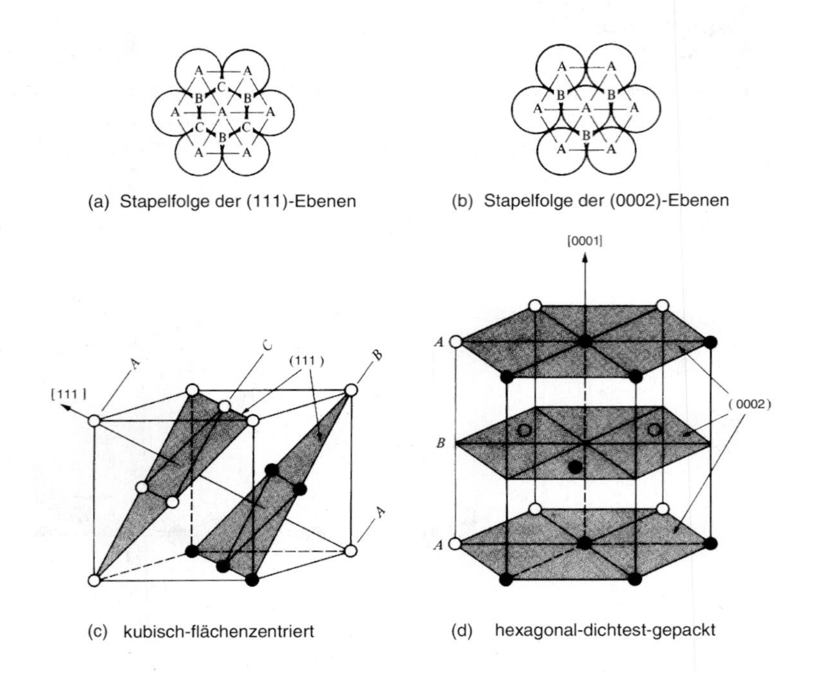

Abbildung 2.18. Vergleich der beiden dichtestgepackten Strukturen: kfz und hdp. Die {111}-Ebene des kfz-Gitters entspricht der (0002)-Ebene des hdp-Gitters. Beide Strukturen unterscheiden sich nur durch die Stapelfolge dieser Ebenen.

Diese Struktur nennt man hexagonal dichtest gepackt (hdp). Für Magnesium wird dieses c/a-Verhältnis in etwa beobachtet, für viele andere hexagonale Metalle weicht es aber erheblich von dem idealen Verhältnis, nach oben wie nach unten, ab (Tabelle 2.3).

Tabelle 2.3. c/a-Verhältnisse einiger Elemente mit hexagonaler Kristallstruktur.

	Cd	Zn	Mg	Co	Zr	Ti	Be
c/a	1.88	1.86	1.62	1.62	1.59	1.58	1.57

Das hexagonal dichtest gepackte Gitter ist dem kfz-Gitter sehr verwandt (Abb. 2.18). Beim kfz-Gitter hat die von drei Flächendiagonalen aufgespannte Ebene auch eine hexagonale Struktur und das kfz-Gitter entspricht vollständig einer Schichtung solcher hexagonaler Ebenen. Der Unterschied zwischen kfz- und hdp-Gitter beruht darin, daß die Stapelfolge der Schichten unterschiedlich ist. Eine hexagonale Schicht hat zwei – als B und C in Abb. 2.18 bezeichnete – verschiedene Lücken, auf denen sich die Atome der nächsten Schicht befinden können. Wählt man in der übernächsten (dritten) Schicht wieder die gleiche Position wie in der ersten Schicht, und in der vierten Schicht die gleiche Position wie in der zweiten Schicht, d.h. die Stapelfolge ...ABAB..., dann erhält man das hdp-Gitter. Besetzt die dritte Schicht die Position über den C-Lücken der ersten Schicht, also Stapelfolge ...ABCABC..., dann wird ein kfz-Gitter erzeugt. Wegen der gleichen Packung von kfz- und hdp-Gitter sind die Volumenerfüllung und die Größe der Gitterlücken (Abb. 2.19) im kfz und hdp-Gitter gleich.

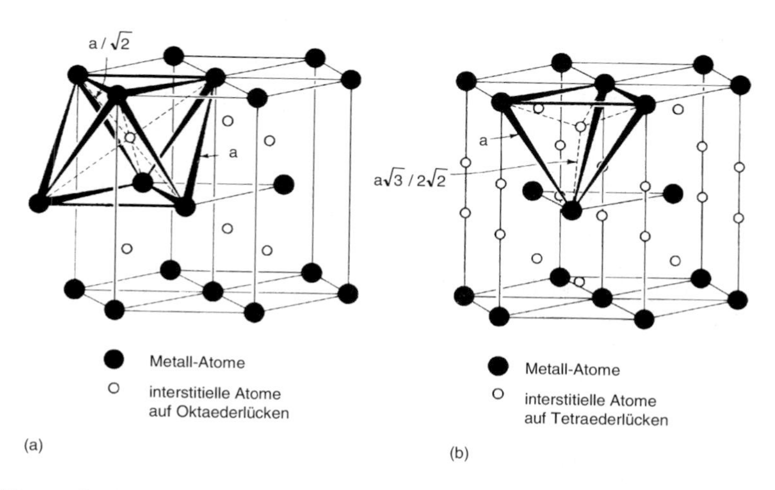

Abbildung 2.19. Lücken im hdp-Gitter. (a) Oktaederlücken; (b) Tetraederlücken.

2.2.3 Kristallstruktur keramischer Werkstoffe

Keramische Werkstoffe sind überwiegend heteropolare Verbindungen von Metallen mit Nichtmetallen, insbesondere mit Sauerstoff (Oxide) und Stickstoff (Nitride). Wie in Abschn. 2.1 behandelt, hängt die Kristallstruktur von einer Reihe von Faktoren ab, speziell von der Zusammensetzung und der Atomgröße, die die Koordination bestimmt. Daher gibt es eine große Anzahl von keramischen Kristallstrukturen. Wir wollen uns hier auf die einfachsten beschränken, insbesondere auf kubische Kristallsymmetrie.

Die CsCl-Struktur (Abb. 2.20) verlangt eine gleiche Anzahl von Cs^+- und

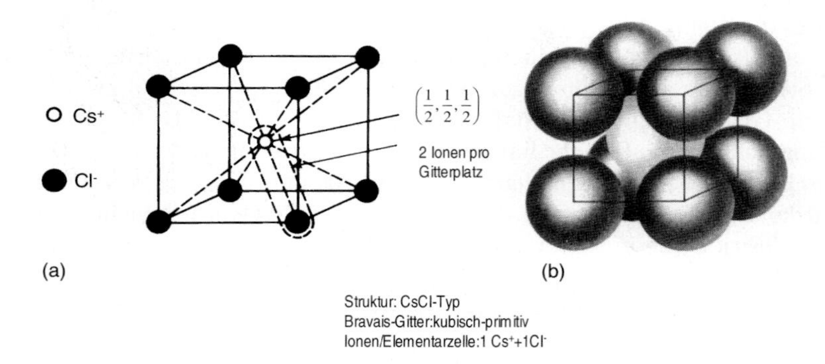

Abbildung 2.20. Elementarzelle von Cäsiumchlorid (CsCl); (a) Lage der Atome im Gitter; (b) Modell der harten Kugeln.

Cl^--Ionen zur Erhaltung der Ladungsneutralität. Das wird am einfachsten bewerkstelligt durch zwei Atome pro Elementarzelle. Die Struktur besteht aus einem Cs^+-Ion in der Würfelmitte und den Cl^--Ionen auf den Würfelecken. Trotz seiner Ähnlichkeit mit dem krz-Gitter ist die Gitterstruktur einfach kubisch, denn die Würfelmitte ist nun von einer anderen Atomsorte besetzt. Jedem Gitterplatz auf der Würfelecke muß ein CsCl-Molekül zugeordnet werden, damit die kubische Symmetrie erhalten bleibt. Die CsCl-Struktur tritt aber nur auf, wenn die beiden Atomsorten etwa gleich groß sind. Ist eine Atomsorte viel kleiner als die andere, so erhält man die kfz-NaCl-Struktur (Abb. 2.21). Sowohl die Na^+-Ionen als auch die Cl^--Ionen bilden jeweils für sich eine kfz-Struktur. Vom Aufbau mit harten Kugeln gesehen befinden sich die Na^+-Ionen auf den Oktaederlücken des kfz-Cl^--Gitters. Jeder Gitterplatz der Struktur wird von einem Na^+Cl^--Molekül besetzt. Typische Beispiele sind MgO, CaO, FeO oder NiO.

Die Na^+Cl^--Struktur eignet sich nicht für Verbindungen aus Ionen mit unterschiedlicher Valenz, wie bspw. das $Ca^{2+}F_2^-$ (Abb. 2.22). Hier spannen die Ca^{2+}-Ionen ebenfalls ein kfz-Gitter auf, aber die F^--Ionen sitzen nun auf den Tetraederplätzen des kfz-Ca^{2+}-Gitters. Da es doppelt so viele Tetraederplätze wie Gitterplätze im kfz-Gitter gibt, ist die Stöchiometrie der Zusammensetzung gewährleistet. Typische Beispiele für diese Kristallstruktur sind UO_2, ThO_2 und TeO_2.

Die starke Richtungsabhängigkeit der Bindungen mit kovalenten Anteilen kann dazu führen, daß die kristalline Struktur nicht eingestellt werden kann. Dann entstehen keine kristallinen, sondern amorphe Festkörper, bspw. die Gläser. Das wohl wichtigste Beispiel sind die Silikate mit der Baugruppe $Si^{4+}O_2^{2-}$. Hier gelingt bei der Erstarrung die streng periodische Anordnung in der Regel nicht, sondern nur eine kettenförmige Vernetzung der Moleküle (vgl. Kap.8) (Abb. 2.23).

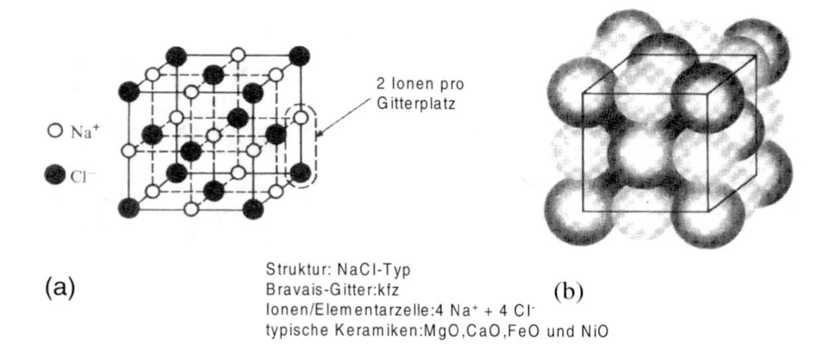

Abbildung 2.21. Elementarzelle von Natriumchlorid (NaCl); (a) Lage der Atome im Gitter; (b) Modell der harten Kugeln.

2.2.4 Kristallstruktur polymerer Werkstoffe

Die Kettenstrukturen von Polymeren haben aufgrund von Van-Der-Waals-Wechselwirkung zwischen den Wasserstoffatomen die Tendenz, sogenannte Wasserstoffbrücken zu bilden und damit eine geordnete räumliche Struktur einzustellen (Abb. 2.24). Das wird durch Faltung der Polymerketten erreicht, wodurch sich periodische Molekülanordnungen ausbilden, die man durch ein Raumgitter beschreiben kann. Gewöhnlich beinhaltet die Elementarzelle eines

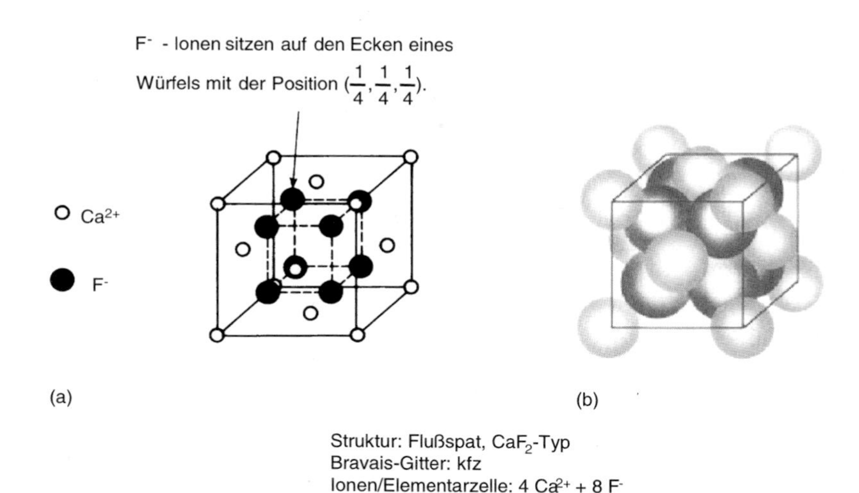

Abbildung 2.22. Elementarzelle von Flußspat (CaF_2). (a) Lage der Atome im Gitter; (b) Modell der harten Kugeln.

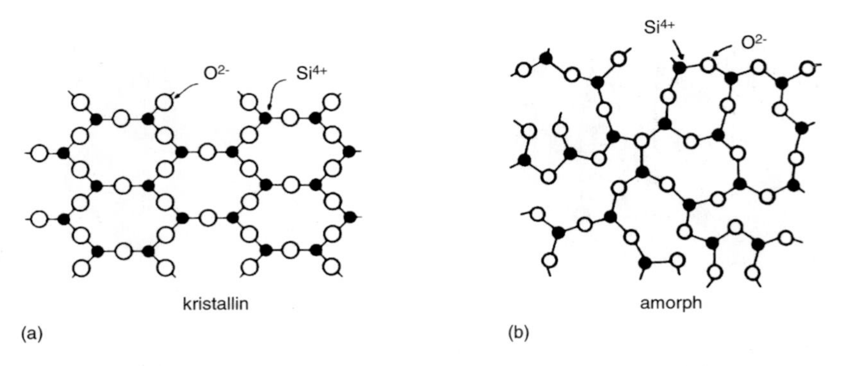

Abbildung 2.23. Festkörperstrukturen von SiO_2. (a) kristallin; (b) amorph.

solchen Gitters aber sehr viele Atome (50 und mehr), so daß die Symmetrie des Raumgitters damit sehr gering ist. Die Kristallstruktur des Polyhexamethylänapidamids (besser unter Nylon 66 bekannt) (Abb. 2.25) ist bspw. triklin, also von geringster Kristallsymmetrie.

2.3 Indizierung kristallographischer Ebenen und Richtungen

Zu einer quantitativen Beschreibung kristallographischer Verhältnisse ist es notwendig, die Ebenen und Richtungen des Kristallgitters mathematisch zu beschreiben und die Position der Atome in der Elementarzelle quantitativ anzugeben. Die Position der Atome in der Elementarzelle wird gekennzeichnet durch ihre Koordinaten bezüglich des Gitterursprungs (Abb. 2.26, innere Koordinaten). Den Maßstab bilden die Gitterkonstanten in Richtung der Koordinatenachsen. Atome innerhalb der Elementarzelle haben deshalb Koordinaten mit Wert kleiner als eins, bspw. (1/2, 1/2, 1/2) für die Würfelmitte in kubischen Kristallen. Positionen von Atomen in anderen Elementarzellen erhält man durch Addition der inneren Koordinaten mit dem Translationsvektor zwischen Gitterursprung und dem entsprechenden Eckpunkt der betreffenden Elementarzelle. Zur quantitativen Angabe von kristallographischen Ebenen und Richtungen dienen die Millerschen-Indizes q_a. Sie werden wie folgt ermittelt. Von einer kristallographischen Ebene, die nicht durch den Koordinatenursprung verläuft, werden die Achsenabschnitte in Vielfachen der Achseneinheiten (Gitterparameter) bestimmt (Abb. 2.27). Hat man bspw. ein Gitter mit den Achsen a, b und c, die alle unterschiedlich lang sein können, dann mögen die Achsenabschnitte einer bestimmten Ebene (ma, nb, qc) sein. Bildet man nun den Kehrwert ($1/m$, $1/n$, $1/q$), so erhält man daraus die Miller-Indizes durch Multiplikation mit einem Faktor r, dem kleinsten gemeinsamen Vielfachen von m, n und q, also

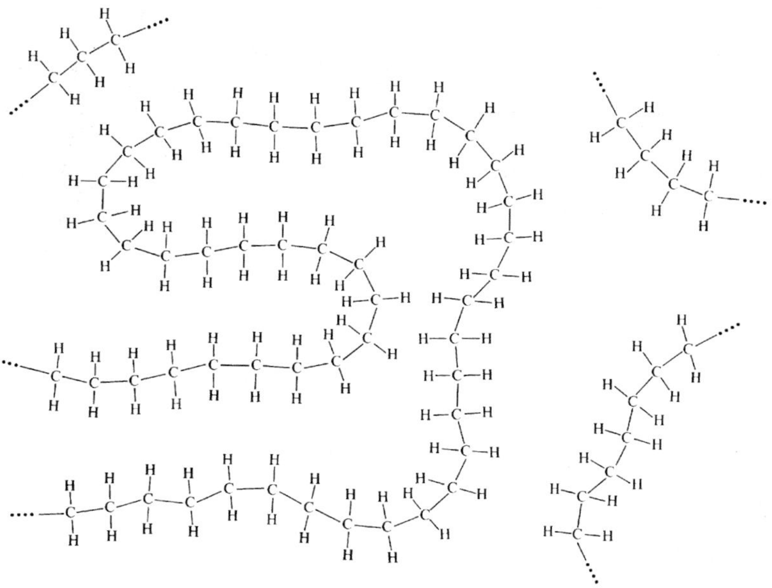

Abbildung 2.24. (a) Schematische Darstellung der Kettenstruktur von festem Polyethylen. (b) Gefaltene Polymerketten in kristallinen Polyethylenebenen.

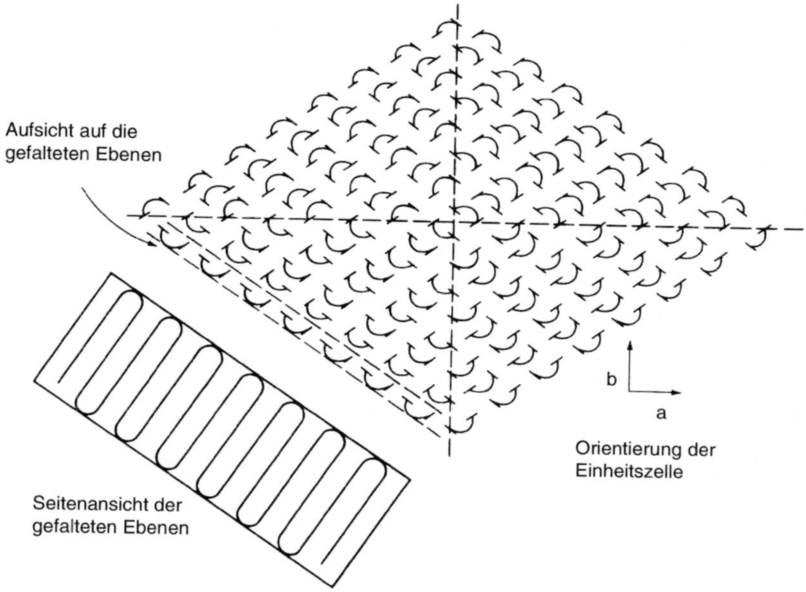

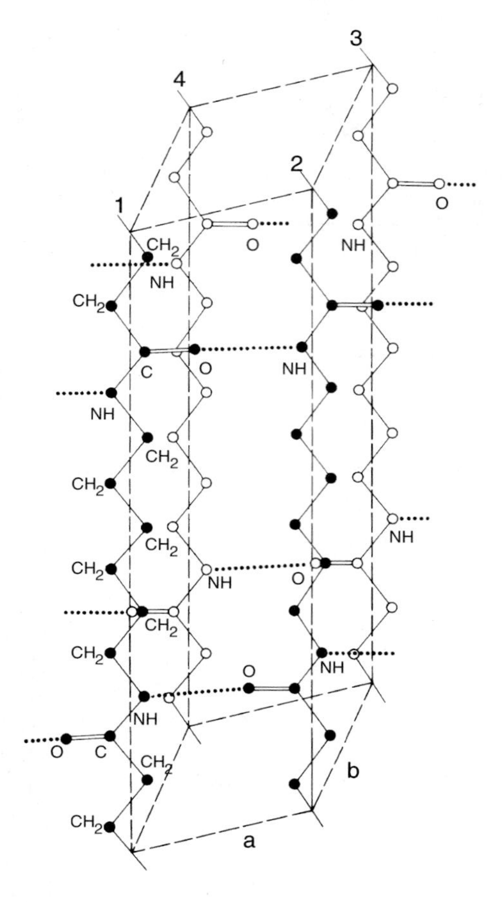

Abbildung 2.25. Einheitszelle von Polyhexamethylänapidamid (Nylon 66). Die Nylonmoleküle sind in einer triklinen Elementarzelle angeordnet.

$$r \cdot \left[\frac{1}{m}, \frac{1}{n}, \frac{1}{q}\right] = (\mathrm{hkl}) \tag{2.8}$$

wobei h,k,l ganze Zahlen sind.

Hat z.B. (Abb. 2.27d) im kubischen Gitter eine Ebene die Achsenabschnitte (in Vielfachen des Gitterparameters) (1, 2/3, 1/3), so ergeben sich die Miller-Indizes als

$$2 \cdot \left[\frac{1}{1}, \frac{3}{2}, \frac{3}{1}\right] = (236) \tag{2.9}$$

Mathematisch etwas unsauber wird die Zahl unendlich bei fehlendem Achsenabschnitt mit in die Betrachtung einbezogen. Beispielsweise schneidet die Würfelfläche in Abb. 2.27a weder die y-Achse noch die z-Achse, die Achsenabschnitte sind also $(1,\infty,\infty)$. Folglich erhält man die Miller-Indizes

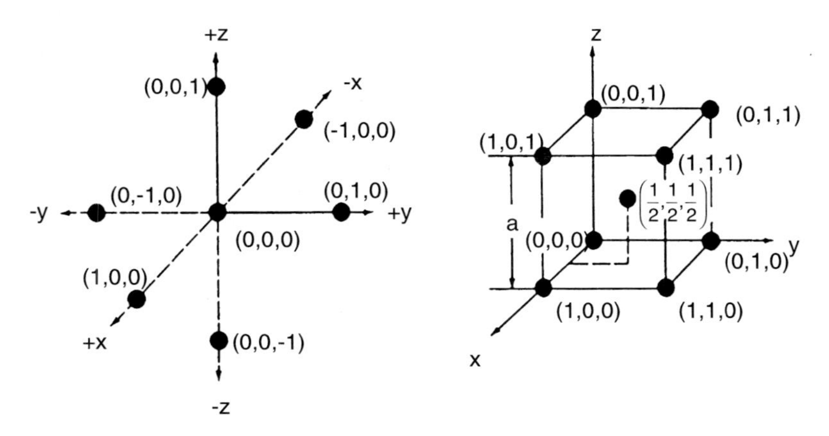

Abbildung 2.26. Beschreibung der Atompositionen innerhalb einer Elementarzelle.

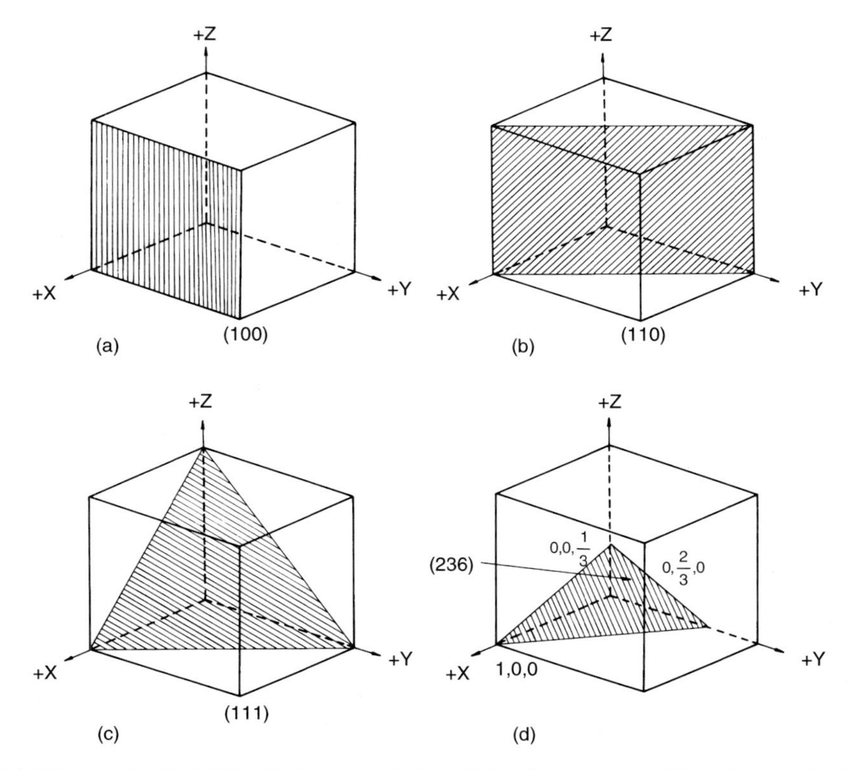

Abbildung 2.27. Miller-Indizes und räumliche Lage einiger Netzebenen in kubischen Kristallen. (a) (100)-Ebene; (b) (110)-Ebene; (c) (111)-Ebene; (d) (236)-Ebene.

$$1 \cdot \left[\frac{1}{1}, \frac{1}{\infty}, \frac{1}{\infty}\right] = (100) \tag{2.10}$$

Man erkennt, daß im kubischen Fall die Miller-Indizes einer kristallographischen Ebene mit den Komponenten eines Vektors senkrecht zur Ebene (Ebenennormale) identisch sind. Die Miller-Indizes der Richtungen sind nichts anderes als die Vektorkomponenten der entsprechenden Richtung, erweitert auf die kleinsten ganzen Zahlen, also der Vektor mit den Komponenten [1/2, 1/2, 1] wird zu den Miller-Indizes [112] der betreffenden Richtung (Abb. 2.28b).

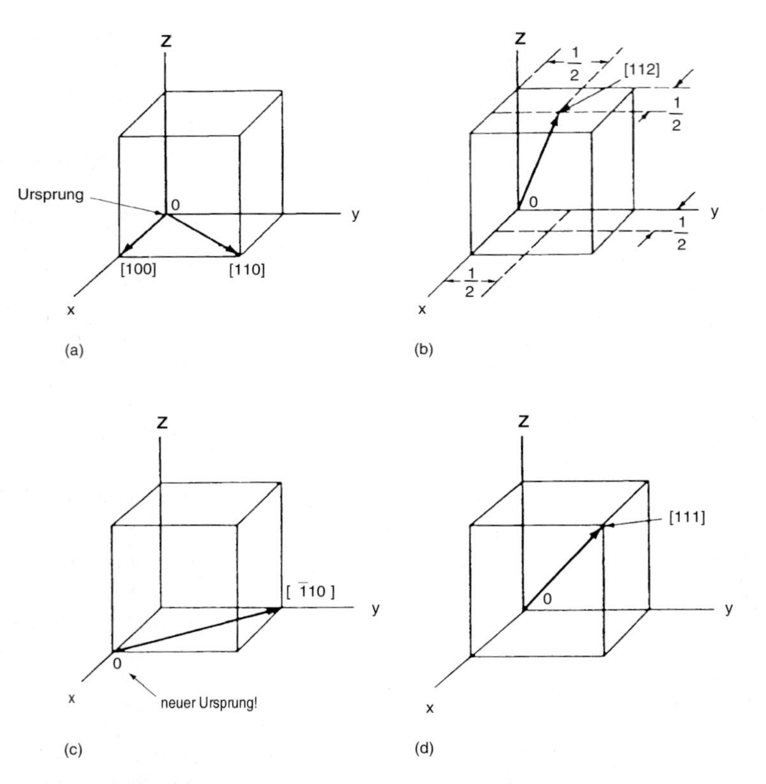

Abbildung 2.28. Miller-Indizes einiger Richtungen des kubischen Kristalls.

Die Symmetrie des kubischen Gitters macht die atomistische Anordnung von Ebenen und Richtungen mit permutierten oder vorzeichenverkehrten Miller-Indizes ununterscheidbar. Nur durch die feste Vorgabe der Lage des Koordinatensystems werden diese Ebenen und Richtungen unterschiedlich. Beispielsweise führt eine Rotation von 90° um eine Würfelachse zur identisch gleichen Anordnung der Gitterpunkte. Hätte man aber das Koordinatensystem zunächst festgelegt, so wäre bspw. die [100]-Richtung durch Drehung um die z-Richtung [001] in [010] übergegangen. Für physikalische Eigenschaften spielt aber in aller Regel nur die atomistische Anordnung eine Rolle, während die Festlegung des Koordinatensystems ganz willkürlich ist. Deshalb faßt man in diesem Fall alle kristallographisch äquivalenten Richtungen und Ebenen zu einer Familie zusammen und kennzeichnet sie durch geschweifte Klammern { } für Ebenen und spitze Klammern < > für Richtungen. Dagegen werden festgelegte Ebenen und Richtungen durch runde ( ) bzw. eckige [ ] Klammern gekennzeichnet. Zum Beispiel umfaßt die Ebenenfamilie {111} die Ebenen (111), $(\bar{1}11)$, $(1\bar{1}1)$, $(\bar{1}\bar{1}1)$ bzw. die entsprechenden vorzeichenverkehrten Ebenen, also z.B. $(\bar{1}\bar{1}\bar{1})$ statt (111), wodurch aber keine neuen Ebenen bezeichnet werden. Entsprechend beinhaltet die Richtungsfamilie <111> die Richtungen [111] u.s.w. (s.o.) und auch die vorzeichenverkehrten, wenn man den entgegengesetzten Richtungssinn unterscheiden will. Im Fall kubischer Symmetrie bezeichnet eine Ebene {h k l} (mit $h \neq k \neq l$) 24 verschiedene (mit Vorzeichenumkehrung 48 verschiedene) Ebenen. Bei geringerer Gittersymmetrie gilt diese Vielfalt jedoch nicht mehr, da dann die Kristallachsen nicht beliebig vertauschbar sind.

Die Miller-Indizes lassen sich für jedes Kristallsystem definieren. Beim Hexagonalen nimmt man jedoch dabei den Nachteil in Kauf, daß die hexagonale Symmetrie in der Basisebene durch die Auswahl von zwei Achsen bspw. a_1 und a_2 aus den drei äquivalenten Achsen (a_1, a_2, a_3) (Abb. 2.29b), nicht klar erkennbar ist (s. Beispiel unten). Deshalb benutzt man bei hexagonaler Kristallstruktur Miller-Bravais-Indizes, die aus vier Komponenten bestehen (h k i l), wobei die Nebenbedingung gilt

$$h + k + i = 0 \tag{2.11}$$

Die Indizes h, k, i und l sind also wieder die ganzzahligen reziproken Achsenabschnitte der vier Kristallachsen a_1, a_2, a_3 und c.

Die Miller-Bravais-Indizes lassen sich in Miller-Indizes mit den Achsen $\mathbf{a}_1$, $\mathbf{a}_2$ und $\mathbf{c}$ umrechnen und umgekehrt. Bezeichnen wir die Miller-Indizes zur Unterscheidung mit Großbuchstaben und die Miller-Bravais-Indizes mit Kleinbuchstaben, so gilt trivialerweise für Ebenen

$$(HKL) \rightarrow (hkil) = (H, K, -(H+K), L) \tag{2.12}$$

Der Vorteil der Miller-Bravais-Indizes liegt darin, daß kristallographisch gleichwertige Ebenen nun auch mit äquivalenten Indizes bezeichnet werden. Zum Beispiel sind in Abb. 2.29b die Prismenebenen ADEB und A'D'DA kristallographisch äquivalent, werden aber durch verschiedene Miller-Indizes, nämlich (100) bzw. $(1\bar{1}0)$ gekennzeichnet. Ihre Miller-Bravais-Indizes lauten hingegen $(10\bar{1}0)$ und $(1\bar{1}00)$. Manchmal findet man auch die Schreibweise (h k . l) für Miller-Bravais-Indizes. Diese verdeckt jedoch die gewonnene kristallographische Äquivalenz durch Miller-Bravais-Indizes. Etwas schwieriger gestaltet sich die Umrechnung von Miller- in Miller-Bravais-Indizes für Richtungen. In Miller-Indizes schreibt sich eine Richtung

$$\mathbf{r}_{UVW} = U\mathbf{a}_1 + V\mathbf{a}_2 + W\mathbf{c} \tag{2.13}$$

in Miller-Bravais-Indizes dagegen

$$\mathbf{r}_{uvtw} = u\mathbf{a}_1 + v\mathbf{a}_2 + t\mathbf{a}_3 + w\mathbf{c} \tag{2.14}$$

Mit

$$\mathbf{a}_1 + \mathbf{a}_2 + \mathbf{a}_3 = 0 \tag{2.15}$$

$$\mathbf{r}_{uvtw} = u\mathbf{a}_1 + v\mathbf{a}_2 + t\left(-\mathbf{a}_1 - \mathbf{a}_2\right) + w\mathbf{c} \tag{2.16}$$

Durch Koeffizientenvergleich von Gl. (2.13) und Gl. (2.16) erhält man

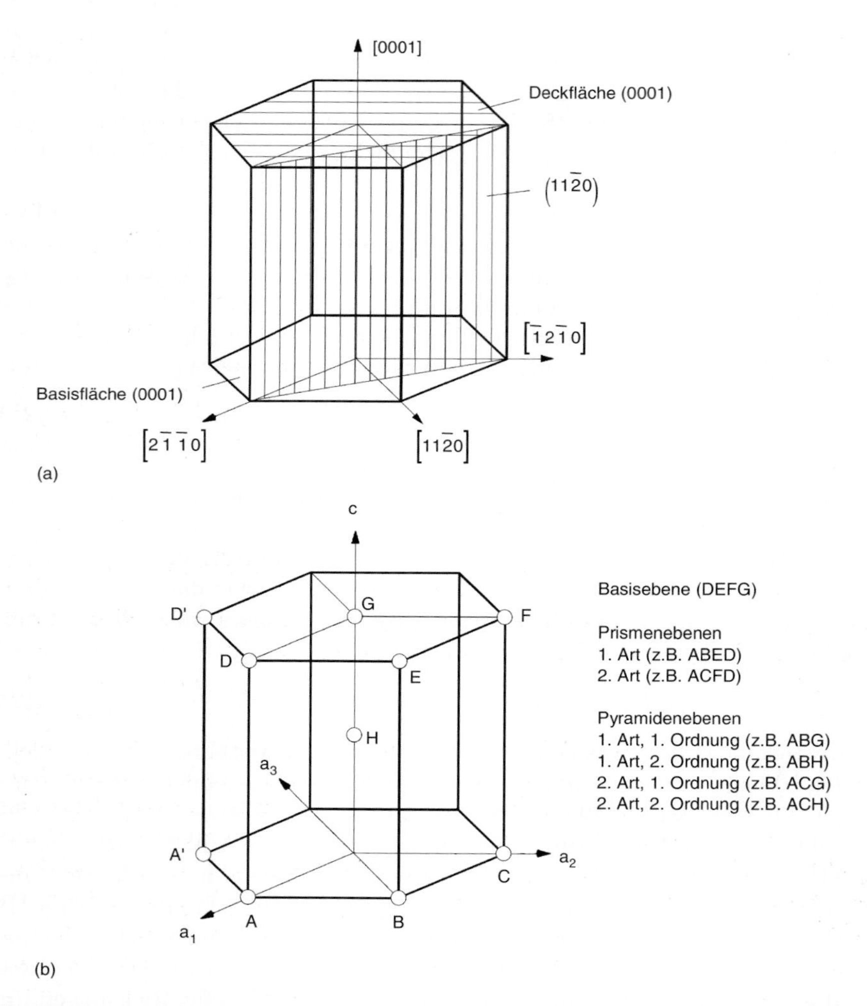

Abbildung 2.29. Indizierung und räumliche Lage von Ebenen und Richtungen im hexagonalen Gitter (a); Lage der Basisebene sowie der Prismen- und Pyramidenebenen (b).

$$\begin{aligned} U &= u - t \\ V &= v - t \\ W &= w \end{aligned} \tag{2.17}$$

setzt man nun noch zur Erhaltung der Symmetrie

$$u + v + t = 0 \tag{2.18}$$

so ergibt sich aus Gl. (2.17), (2.18) und durch Umkehrung

$$\begin{aligned} U &= 2u + v \\ V &= 2v + u \end{aligned} \tag{2.19}$$

$$\begin{aligned} u &= \frac{1}{3}(2U - V) \\ v &= \frac{1}{3}(2V - U) \\ t &= -\frac{1}{3}(U + V) \\ w &= W \end{aligned} \tag{2.20}$$

Für ganzzahlige Indizes wird mit drei multipliziert, so daß

$$[UVW] \rightarrow [uvtw] = [2U - V, 2V - U, -(U + V), 3W] \tag{2.21}$$

2.4 Kristallographische Orientierungen

2.4.1 Definition einer kristallographischen Orientierung

Unter der Orientierung eines Kristalls versteht man die räumliche Lage seiner Elementarzelle bezüglich eines äußeren Referenzsystems. Dieses Referenzsystem ist in der Regel das Probenkoordinatenssystem. Im Falle eines gewalzten Blechs würde es beispielsweise von den drei zueinander senkrecht stehenden Vektoren parallel zu Walzrichtung, Blechnormale und Querrichtung aufgespannt (Abb. 2.30). Da sich die Elementarzelle durch das Kristallkoordinatensystem definiert, das durch die drei Einheitsvektoren des Kristallsystems aufgespannt wird, besteht die Orientierung in der mathematischen Beziehung zwischen dem Kristall- und des Probenkoordinatensystem. Beide Koordinatensysteme sind orthonormal, d.h. die Basisvektoren stehen zueinander senkrecht und sind von der Länge 1. Deshalb ist die mathematische Beziehung zwischen ihnen eine reine Rotation. Konkret wird daher die Orientierung eines Kristalls durch die Rotation beschrieben, die das Probenkoordinatensystem in das Kristallkoordinatensystem überführt. Eine Rotation wird mathematisch durch eine (3x3) Rotationsmatrix definiert. Wird ein Vektor $\mathbf{r}$ in einen Vektor $\mathbf{r}'$ durch eine Rotation $\mathbf{A}$ überführt, so gilt

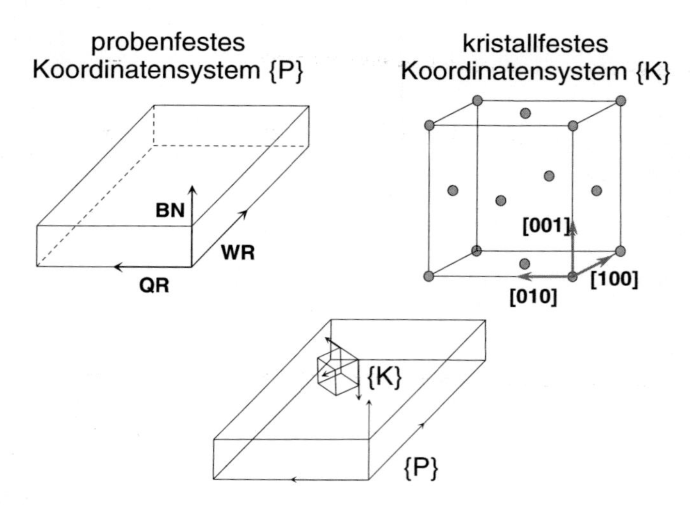

Abbildung 2.30. Definition Proben- und Kristallkoordinatensystem.

$$\mathbf{r}' = \mathbf{A}\mathbf{r} \tag{2.22}$$

Die Zeilen und Spalten der Rotationsmatrix **A** geben die Richtungscosinus der Koordinatenachsen des gedrehten Koordinatensystems im ungedrehten Koordinationssystems wieder, die Zeilen der Rotationsmatrix bestehen entsprechend aus den Richtungscosinus der ungedrehten Koordinatenachsen im gedrehten System. Deshalb wird die umgekehrte Rotation $\mathbf{A}^{-1}$ durch die transponierte Rotationsmatrix A' beschrieben, also $A^{-1} = A'$.

Während die Rotationsmatrix für eine vorgegebene Drehung eindeutig festgelegt ist, kann diese Drehung auf verschiedene Weise beschrieben werden. Traditionell haben sich in der Kristallographie drei verschiedene Darstellungen entwickelt, a) die Angabe der Kristallrichtungen parallel zu den Probenachen, b) die Angabe von Rotationsachse und -winkel oder c) die Angabe der drei Eulerwinkel.

(a) Läge beispielsweise die Kristallrichtung [uvw] parallel zur Walzrichtung, und ist die Kristallebene (hkl) parallel zur Blechebene, wird eine Orientierung häufig angegeben durch die Bezeichnung (hkl)[uvw]. Die Rotationsmatrix berechnet sich hieraus als

$$\mathbf{A} = \begin{bmatrix} \frac{u}{N_1} & q & \frac{h}{N_2} \\ \frac{v}{N_1} & r & \frac{k}{N_2} \\ \frac{w}{N_1} & s & \frac{l}{N_2} \end{bmatrix} \tag{2.23}$$

wobei $N_1 = \sqrt{u^2 + v^2 + w^2}$, $N_2 = \sqrt{h^2 + k^2 + l^2}$ und $(q, r, s) = (h, k, l)$ $\mathrm{x}(u, v, w)/\,(N_1 N_2)$ der zu Blechnormale und Walzrichtung senkrechte Einheitsvektor ist. Da alle drei Vektoren senkrecht aufeinander stehen und die Vektoren Einheitsvektoren sind, gibt es nur 3 unabhängige Parameter.

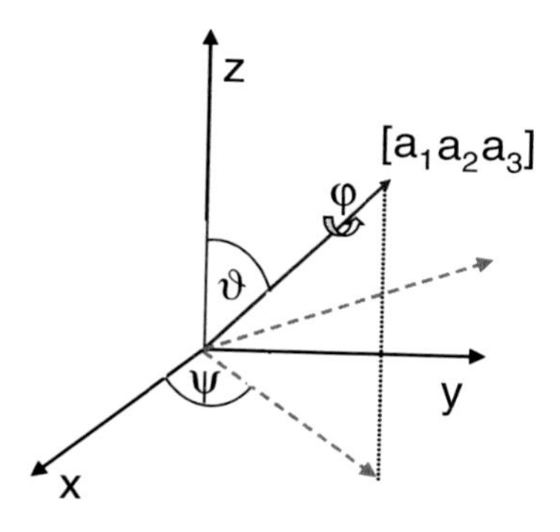

Abbildung 2.31. Definition von Rotationsachse und -Winkel.

(b) Bei einer Rotation gibt es immer eine Richtung, die im gedrehten und ungedrehten Koordinatensystem die selben Koordinaten hat. Diese Richtung wird als Drehachse bezeichnet (Abb. 2.31). Gibt man ihr die Bezeichnung $\mathbf{a} = (a_1, a_2, a_3)$, und ist der Rotationswinkel φ, so erhält man daraus die Rotationsmatrix

$$\mathbf{A}(\mathbf{a},\varphi)=\begin{bmatrix} \left(1-a_1^2\right)\cos\varphi+a_1^2 & a_1a_2(1-\cos\varphi)+a_3\sin\varphi & a_1a_3(1-\cos\varphi)-a_2\sin\varphi \\ a_1a_2(1-\cos\varphi)-a_3\sin\varphi & \left(1-a_2^2\right)\cos\varphi+a_2^2 & a_2a_3(1-\cos\varphi)+a_1\sin\varphi \\ a_2a_3(1-\cos\varphi)+a_2\sin\varphi & a_1a_3(1-\cos\varphi)-a_1\sin\varphi & \left(1-a_3^2\right)\cos\varphi+a_3^2 \end{bmatrix} \tag{2.24}$$

Man bemerke, daß es auch hier nur 3 unabhängige Parameter gibt, da $\mathbf{a}$ die Länge 1 hat.

(c) Die drei Eulerwinkel (Abb. 2.32) sind durch eine spezielle Vorschrift definiert, das Probenkoordinatensystem $\{P\}$, aufgespannt durch die Vektoren $\mathbf{x_1}, \mathbf{y_1}, \mathbf{z_1}$, in das Kristallkoordinatensystem $\{K\}$, aufgespannt durch die Vektoren $\mathbf{x_2}, \mathbf{y_2}, \mathbf{z_2}$ zu überführen. Dazu rotiert man zunächst um $\mathbf{z_1}$ mit Winkel φ_1, damit die $\mathbf{x_1'}$ Achse in der $(\mathbf{x_2}, \mathbf{y_2})$ Ebene liegt. Dann kann man durch Drehung um die $\mathbf{x_1'}$ Achse mit Winkel ϕ die $\mathbf{z_1}$ Achse in die $\mathbf{z_2}$ Achse überführen. Eine Drehung um diese $\mathbf{z_2'}$ Achse mit Winkel φ_2 sorgt schließlich dafür, daß auch die gedrehten $\mathbf{x_1}$ und $\mathbf{y_1}$ Achsen parallel zu $\mathbf{x_2}$ und $\mathbf{y_2}$ liegen. Mit diesen Eulerwinkeln $(\varphi_1, \phi, \varphi_2)$ schreibt sich die Rotationsmatrix

$$\mathbf{R}=\begin{bmatrix} \cos\varphi_1\cos\varphi_2-\sin\varphi_1\sin\varphi_2\cos\phi & \sin\varphi_1\cos\varphi_2+\cos\varphi_1\sin\varphi_2\cos\phi & \sin\varphi_2\sin\phi \\ -\cos\varphi_1\sin\varphi_2-\sin\varphi_1\cos\varphi_2\cos\phi & -\sin\varphi_1\cos\varphi_2+\cos\varphi_1\cos\varphi_2\cos\phi & \cos\varphi_2\sin\phi \\ \sin\varphi_1\sin\phi & -\cos\varphi_1\sin\phi & \cos\phi \end{bmatrix} \tag{2.25}$$

Trotz der unterschiedlichen Definition der Drehvorschrift ist die Rotationsmatrix in allen drei Schreibweisen die selbe. Daher kann man aus der Rotationsmatrix alle drei Schreibweisen ableiten bzw. ineinander umrechnen. So erhält man für einen — bezüglich des Probenkoordinatensystems — auf der Kante stehenden Würfel, der durch eine 45° Rotation um die $\mathbf{x_1}$ Achse aus der unrotierten Lage erzeugt wurde (Abb. 2.33), die Beschreibungen (011)[100] oder

45° [100] oder (0, 45, 0) und die Rotationsmatrix

$$A = \begin{bmatrix} 1 & 0 & 0 \\ 0 & \cos 45° & -\sin 45° \\ 0 & \sin 45° & \cos 45° \end{bmatrix}$$

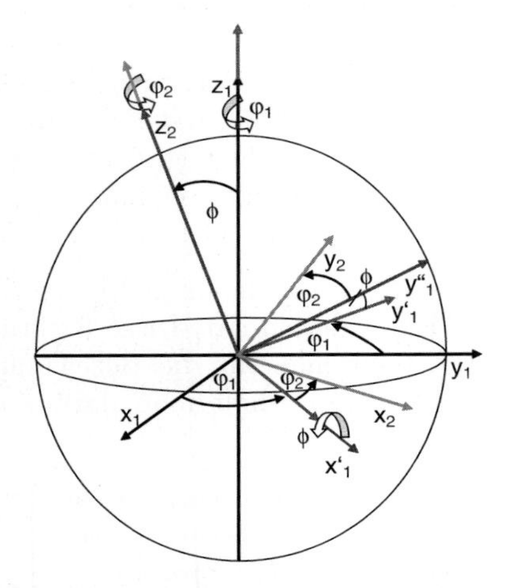

Rotiere um z_1 mit φ_1, so dass x'_1 in x_2-y_2-Ebene liegen. $z'_1 = z_1$.

Rotiere um x'_1 mit ϕ, so dass $z_2 = z'_1$ $x'_1 = x''_1$.

Rotiere um z_2 mit φ_2, so dass $x_2 = x''$ und $y_2 = y'''_1$.

Abbildung 2.32. Definition der Eulerwinkel.

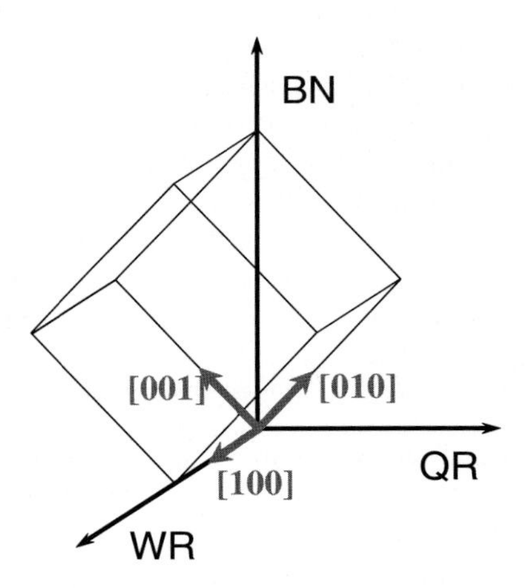

Abbildung 2.33. Beispiel: Goss-Lage.

2.4.2 Darstellung von Orientierungen: Stereographische Projektion

Zur Darstellung von Orientierungen, d.h. der räumlichen Lage der kristallographischen Achsen eignet sich am besten die Orientierungskugel, auf der jeder Punkt der Durchstoßpunkt einer Ebenennormalen ist. Allerdings eignet sich die Orientierungskugel wenig zur Reproduktion auf Papier, da nur zweidimensionale Darstellungen möglich sind. Man muß also die Orientierungskugel auf eine Ebene projizieren. Unter mehreren mathematisch möglichen Projektionen hat sich die stereographische Projektion (Abb. 2.34) zur Abbildung von Orientierungen durchgesetzt. Dazu denkt man sich um den Kristall eine Kugel (Referenzkugel) gelegt. Die Normale einer Ebene E durchstößt im Punkt P die Kugeloberfläche. Verbindet man den Punkt P mit dem Projektionszentrum, dem Südpol der Kugel, so durchstößt die Verbindungslinie im Punkt P' die Äquatorebene[1] der Kugel. P' wird als Pol der Ebene E bezeichnet. Der Pol ist durch zwei Winkel, α und β in Abb. 2.34 eindeutig festgelegt. Ebenen, deren Normalen auf der Südhalbkugel liegen, werden durch diese Projektion nicht abgebildet, denn sie lägen außerhalb des Äquators. Allerdings werden diese Ebenen völlig gleichwertig durch die Normalen mit umgekehrtem Richtungssinn wiedergegeben.

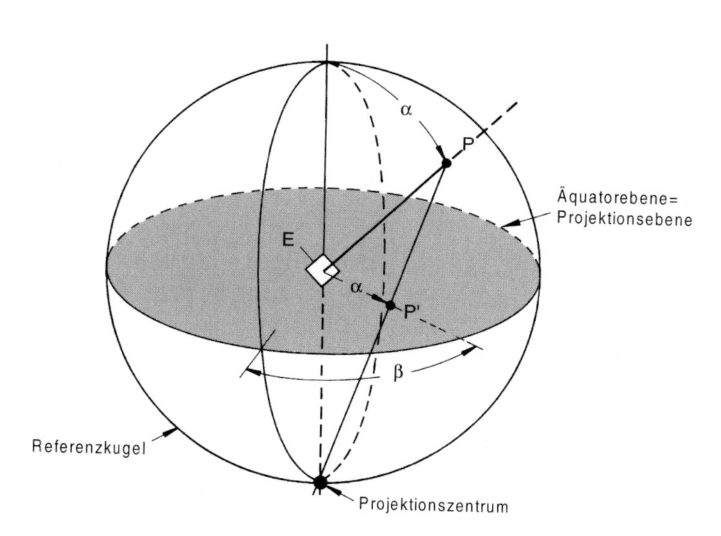

Abbildung 2.34. Prinzip der Stereographischen Projektion: E – kristallographische Ebene, P' – Pol von E in der stereographischen Projektion.

Nimmt man beispielsweise eine Orientierung, deren [001]-Achse die Referenzkugel im Nordpol durchstößt, deren Pol sich also im Zentrum der Pro-

[1] Häufig wird statt der Äquatorebene auch die Tangentialebene am Kugelnordpol benutzt. Das Ergebnis ist das gleiche, nur in anderem Maßstab.

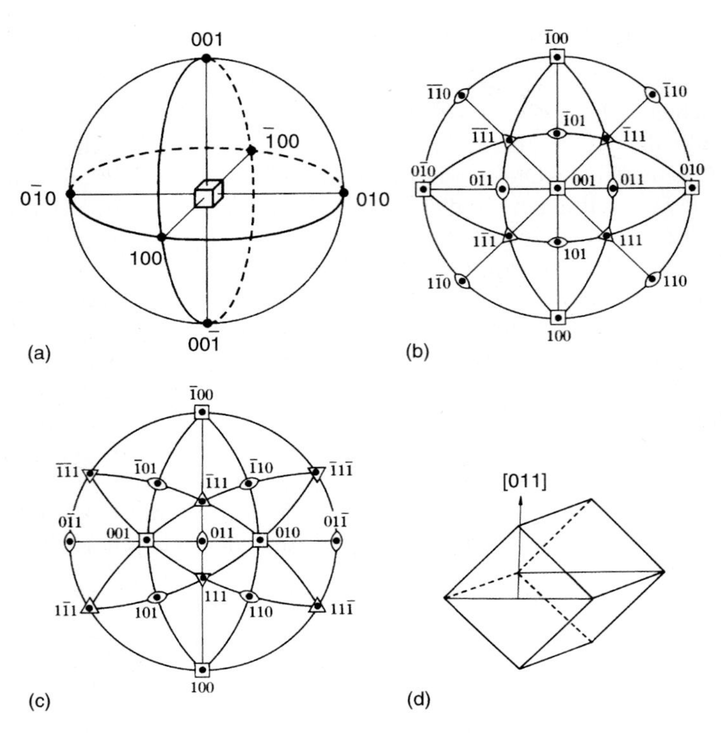

Abbildung 2.35. (a) Räumliche Lage der {100}-Ebenen bei (001)-Projektion; (b) Standard-Projektion eines kubischen Kristalls in (001) und (c) (011)-Lage sowie räumliche Lage der (011)-Ebene bei (011)-Projektion (d).

jektion befindet, so erhält man die (001)-Projektion. Bildet man alle {100}-, {110}- und {111}-Ebenen ab (Abb. 2.35), so erkennt man, daß die Projektion der nördlichen Halbkugel in 24 Dreiecke zerlegt wird, die jeweils von {100}-, {110}- und {111}-Polen begrenzt sind. Diese 24 Dreiecke spiegeln die 24fache kubische Symmetrie wieder. Zu jedem Pol in irgendeinem Dreieck gibt es einen kristallographisch äquivalenten (d.h. permutierte und/oder vorzeichenvertauschte Indizes, jedoch $\ell \geq 0$ wegen Beschränkung auf die nördliche Halbkugel) in einem anderen Dreieck. Bei kubischer Kristallsymmetrie genügt es daher zur Bezeichnung von Ebenen oder Richtungen, sich auf ein einziges Dreieck, das stereographische Standarddreieck, zu beschränken. Gewöhnlich wird das Dreieck (001)-(011)-($\bar{1}11$) gewählt (Abb. 2.36), aber jedes andere ist möglich.

Die (011)-Projektion (Abb. 2.35c) erhält man, wenn der (011)-Pol in der Projektionsmitte liegt (Würfel auf Kante). Man kann die (011)-Projektion aus der (001)-Projektion durch Rotation des (011)-Pols ins Zentrum der stereographischen Projektion erhalten. Zur Durchführung solcher Rotationen bedient man sich der Bequemlichkeit halber des Wulffschen Netzes, das nichts anderes

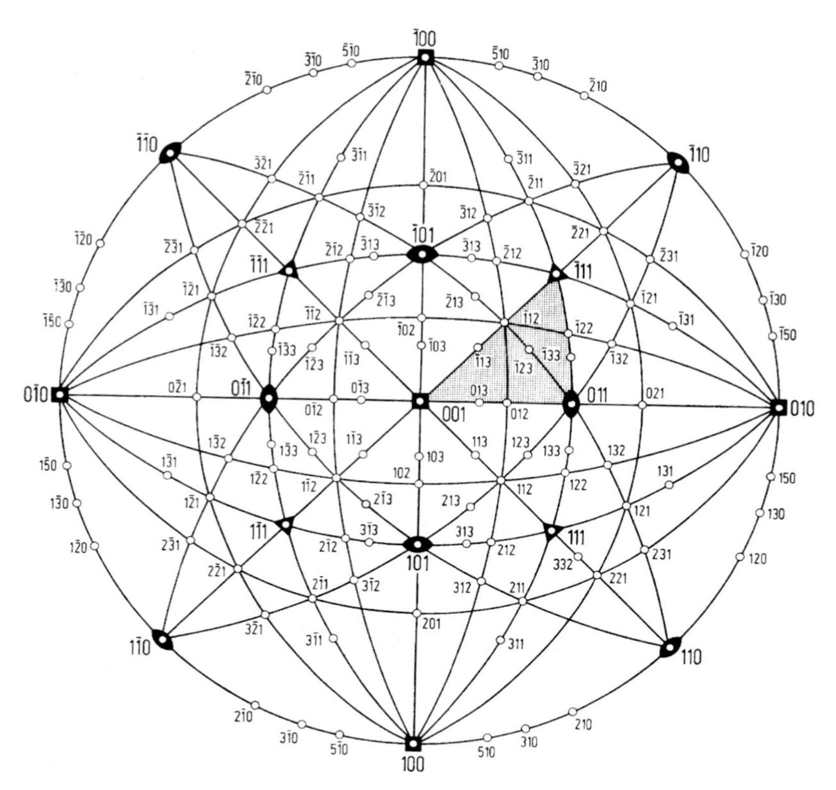

Abbildung 2.36. Standard (001)-Projektion einiger niedrig indizierter Ebenen und Zonen des kubischen Gitters. Das Standarddreieck ist dunkel hinterlegt.

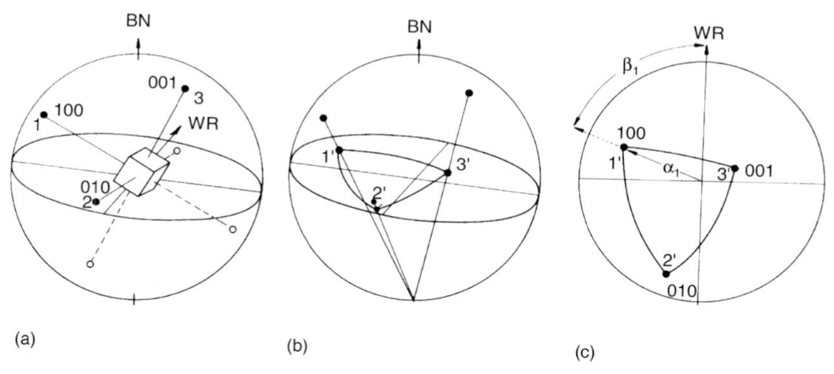

Abbildung 2.37. Darstellung der {100}-Achsen einer Orientierung in der stereographischen Projektion. (a) Lage des Kristalls im Zentrum der Lagenkugel; (b) Stereographische Projektion der Würfelachsen; (c) {100}-Polfigur der Orientierung und Definition der zu Pol 1 gehörenden Winkel α_1, β_1.

als eine stereographische Abbildung von Kreisen auf der Referenzkugel ist, wobei die einzelnen Kreise einen konstanten Winkelgrad-Abstand (zumeist 2°) voneinander haben.

Wegen der festen Winkelbeziehung zwischen den Ebenen und Richtungen im kubischen Gitter braucht man gar nicht alle Pole zur Bestimmung einer Orientierung. Vielmehr genügt die Angabe der Lage von mindestens zwei Polen {hkl} bspw. zwei {100}-Pole oder zwei {111}-Pole. Die Lage einer Kristallorientierung kann daher hinreichend durch eine Polfigur beschrieben werden. Eine {hkl}-Polfigur gibt nur die Lage der {hkl}-Pole in der stereographischen Projektion des Probenkoordinatensystems wieder, bspw. die {100}-Polfigur in Abb. 2.37. Aus den Winkeln α_i und β_i der {100}-Pole können diejenigen kristallographischen Richtungen bestimmt werden, die parallel zu den Probenachsen liegen, bspw. zur Blechnormalen und Walzrichtung eines gewalzten Blechs, wodurch nach Gl. (2.23) sofort die Orientierungsbeziehung in Form der Rotationsmatrix angegeben werden kann. Polfiguren haben große technische Bedeutung und können direkt röntgenographisch oder durch Neutronenbeugung bestimmt werden, wie in Abschn. 2.5 näher erläutert wird. Während die Polfigur die Lage der Kristallachsen im Probenkoordinatensystem angibt, beschreibt die inverse Polfigur die Lage der Probenachsen bezüglich des Kristallkoordinatensystems (Abb. 2.38). Genügt die Betrachtung nur einer Probenachse, bspw. die Achse eines Drahtes oder einer Zugprobe, so kann man die Darstellung auf das Standarddreieck reduzieren, in der die Lage der betreffenden Achse eingetragen ist (Abb. 2.38b).

2.5 Verfahren zur Struktur- und Orientierungsbestimmung

2.5.1 Das Braggsche Gesetz

Die Grundlage der Untersuchung von Kristallen mit Röntgen-, Neutronen- oder Elektronenstrahlen bildet das Braggsche Gesetz. Es beschreibt die Reflektion (d.h. elastische Streuung) der Strahlen am Kristallgitter und lautet

$$n\lambda = 2d \sin \Theta \tag{2.26}$$

wobei λ – Wellenlänge; d – Netzebenenabstand; Θ – Einfalls- und Reflektionswinkel; n – Ordnung der Beugung bedeuten.

Wenn also ein Röntgenstrahl mit der Wellenlänge λ unter dem Winkel Θ auf eine Gitterebene mit dem Ebenenabstand d fällt, kommt es zur Reflexion des Strahls. Genauer gesagt, nur dann, wenn diese Bedingung erfüllt ist, kommt es zur Reflexion. Die Reflexion elektromagnetischer Strahlung in Kristallen beruht auf der Wechselwirkung der Strahlung mit der Elektronenhülle, die im Detail sehr komplex ist. Zum Verständnis der Braggschen Gleichung genügt es aber, die Gitterebenen als halbdurchlässigen Spiegel für die Röntgenstrahlen zu betrachten (Abb. 2.39). Dann und nur dann, wenn die gebeugte

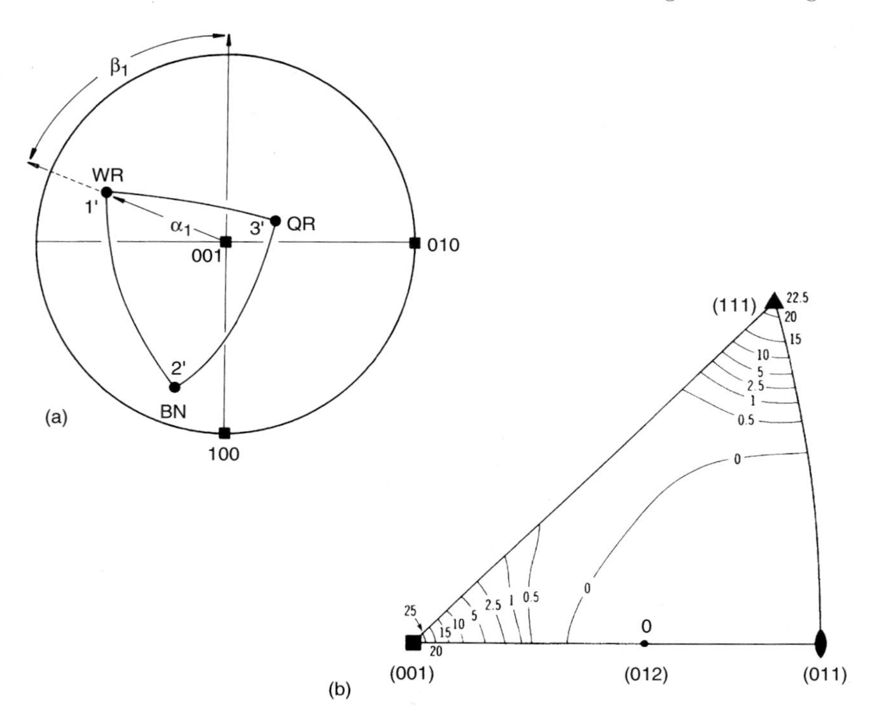

Abbildung 2.38. (a) Prinzipskizze der inversen Polfigur einer Walzprobe. (b) Inverse Polfigur eines stranggepreßten Aluminiumdrahtes (Probenrichtung = Drahtachse). Die eingezeichneten Linien sind Höhenlinien gleicher gemessener Intensität (nach [2.1]).

Strahlung von parallelen Ebenen sich in Phase befindet, kommt es zu einer reflektierten Intensität (Abb. 2.39b). Gibt es einen Phasenunterschied zwischen gebeugten Strahlen von parallelen Ebenen (Abb. 2.39a), dann gibt es wegen der vielen Netzebenen, an der Beugung erfolgt, immer auch eine zweite gebeugte Welle, die sich mit der ersten bei Überlagerung auslöscht (Abb. 2.40).

Zwei Wellen, die an parallelen Ebenen gebeugt werden, können nur dann in Phase sein, wenn der Laufwegunterschied ein ganzzahliges Vielfaches der Wellenlänge beträgt. Das ist aber genau dann der Fall, wenn das Braggsche Gesetz erfüllt ist (Abb. 2.39). In der Regel sieht man nur die Beugung 1. Ordnung, d.h. wenn gebeugte Strahlen von benachbarten Netzebenen sich gerade um eine Wellenlänge unterscheiden.

Der Netzebenenabstand d hängt von der Kristallstruktur und von den Miller-Indizes $\{h\ k\ l\}$ der kristallographischen Ebenenschar ab.

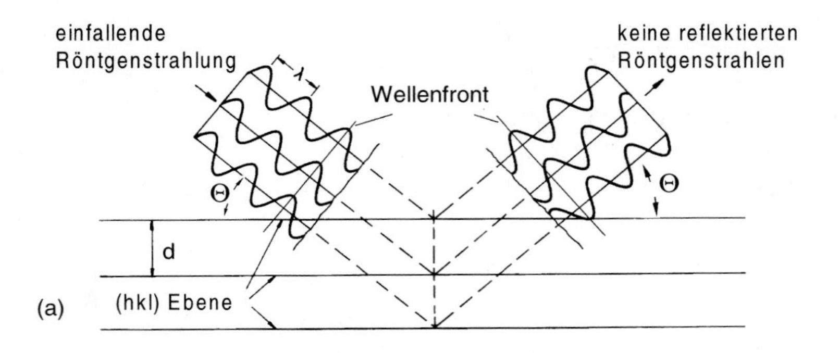

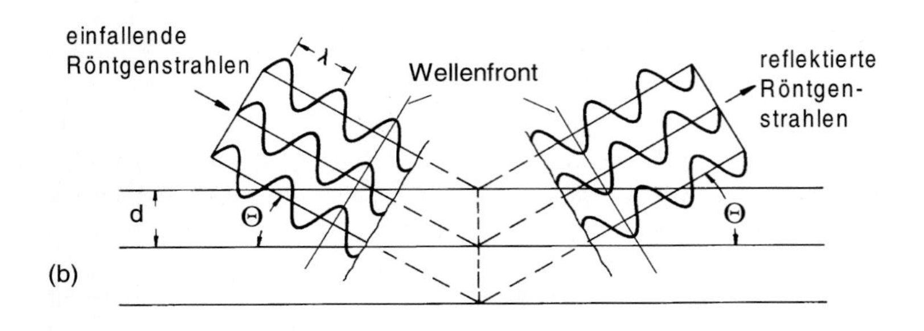

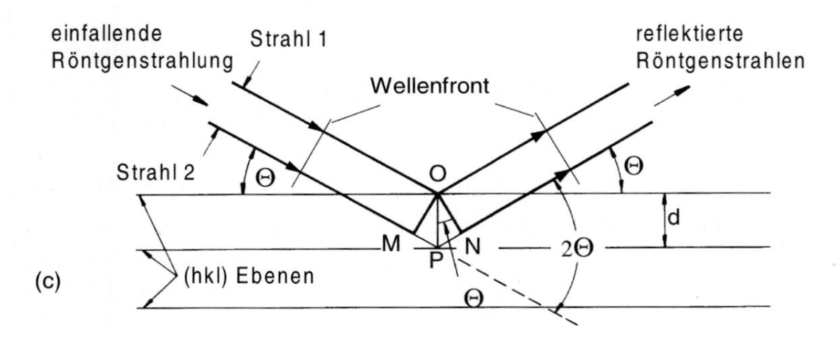

Abbildung 2.39. Röntgenbeugung am Kristallgitter kann man wie Reflexion an einem halbdurchlässigen Spiegel behandeln. Nur wenn die an parallelen Ebenen gebeugten Strahlen in Phase (gleiche Phasenlage in jeder Ebene senkrecht zur Ausbreitungsrichtung) sind (b), so löschen sie sich gemäß Abb. 2.40 nicht aus, sondern führen zur Reflexion. Gleiche Phasenlage erhält man nur dann, wenn der Laufwegunterschied benachbarter Ebenen (MPN in (c)) ein ganzzahliges Vielfaches der Wellenlänge beträgt. Diese Bedingung führt zur Braggschen Gleichung.

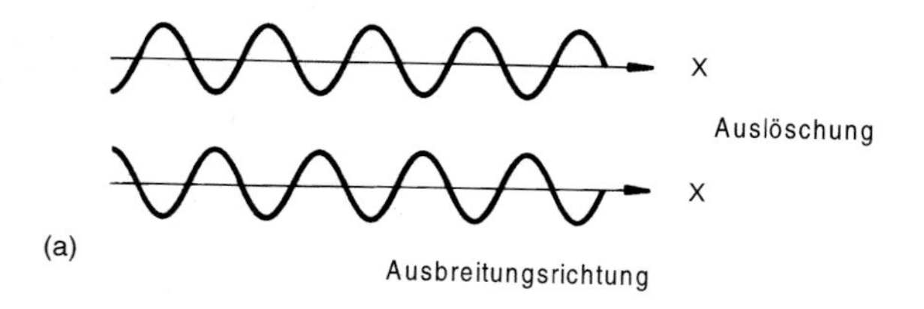

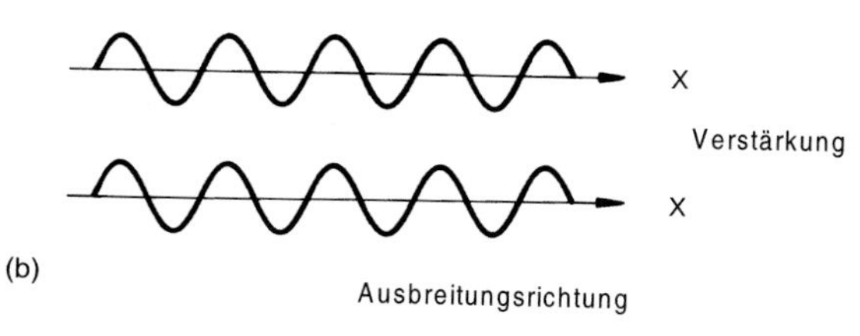

Abbildung 2.40. (a) Aufgrund der Phasenunterschiede der beiden Wellen um π kommt es durch Überlagerung zur Auslöschung. (b) Sind beide Wellen genau in Phase, kommt es zur Verstärkung der Amplitude.

Es gilt für

$$\text{kubische Struktur } d = \frac{a}{\sqrt{h^2 + k^2 + l^2}} \tag{2.27}$$

$$\text{hexagonale Struktur } d = \frac{a}{\sqrt{\frac{4}{3}\left(h^2 + k^2 + h \cdot k\right) + l^2/\left(c/a\right)^2}} \tag{2.28}$$

wobei a, bzw. a und c die Gitterparameter sind. Die Braggsche Gleichung [Gl. (2.26)] liefert nur eine Lösung, d.h. Beugung, wenn

$$\frac{n\lambda}{2d} \leq 1 \tag{2.29}$$

wegen $\sin x \leq 1$. Da der Netzebenenabstand d gemäß Gl. (2.27) und Gl. (2.28) kleiner als der Gitterparameter ist, erhält man Beugung am Kristallgitter nur, wenn die Wellenlänge von gleicher Größenordnung oder kleiner als der Gitterparameter ist. Das ist nur für harte Röntgenstrahlen oder Materiestrahlen aus Elektronen oder Neutronen der Fall. Die Wellenlänge von Röntgenstrahlen aus konventionellen Röntgenröhren liegt bei etwa 0.1 nm. Hochenergetische Elektronen z.B. im Elektronenmikroskop mit einer Beschleunigungsspannung von $U = 100$ kV haben eine Wellenlänge $\lambda = 0.0037$ nm.

2.5.2 Röntgenmethoden

Röntgenstrahlen werden erzeugt, indem man ein Material mit beschleunigten Elektronen beschießt. Abbildung 2.41 zeigt den Aufbau einer Röntgenröhre.

Elektronen, die durch Glühemission aus einer Glühwendel (Kathode) austreten, werden über eine Hochspannung (etwa 20 - 30 kV) beschleunigt und treffen auf ein Target (Anode), die aus einem reinen Material besteht. Durch das Abbremsen der Elektronen wird Bremsstrahlung erzeugt, eine Röntgenstrahlung mit einem weiten Wellenlängenbereich, die sogenannte kontinuierliche Strahlung (Abb. 2.42). Darüber erheben sich die scharfen Peaks der charakteristischen Strahlung, die durch Anregung von Elektronen der Elektronenhülle von Atomen des Targetmaterials entstehen. Ihre Wellenlänge hängt allein vom Targetmaterial ab. Röntgenstrahlung mit nur einer Wellenlänge wird monochromatische Röntgenstrahlung genannt. Man erzeugt sie, indem man durch ein Filtermaterial (bspw. Ni für Cu-Strahlung) das kontinuierliche Spektrum unterhalb der charakteristischen Strahlung absorbieren läßt. Die kontinuierliche Strahlung bei größeren Wellenlängen ist gegenüber der charakteristischen Strahlung sehr schwach und kann deshalb praktisch vernachlässigt werden. Noch bessere Monochromatie erhält man durch Verwendung von Monochromator-Kristallen.

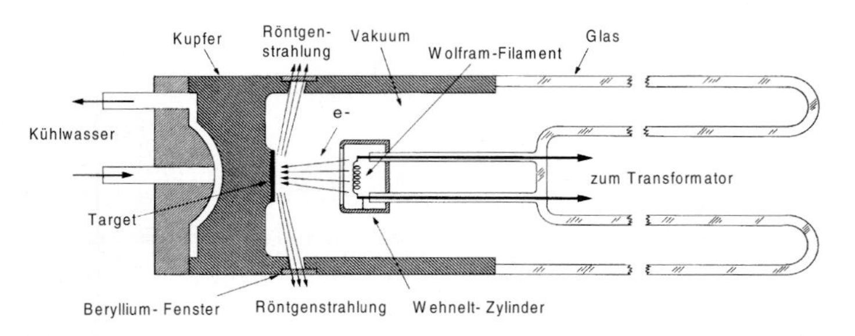

Abbildung 2.41. Aufbau einer Röntgenröhre (Querschnitt).

Zur Strukturbestimmung oder auch zur chemischen Analyse verwendet man Röntgenpulverdiffraktometrie (Abb. 2.43a). Dabei wird ein Pulver der Substanz oder auch ein Vielkristall mit regelloser Orientierungsverteilung mit monochromatischer Röntgenstrahlung beleuchtet. Ein Röntgendetektor wird nun so bewegt, daß er den Winkelbereich $0 \leq 2\Theta \leq 2\Theta_{max} \cong 120°$ abfährt. So erhält man ein Diffraktogramm, in dem peakförmige Intensitäten bei bestimmten Werten von 2Θ auftreten (Abb. 2.43b), nämlich immer dann, wenn es in der Kristallstruktur der Substanz eine Ebene gibt, die mit der gewählten Wellenlänge die Braggsche Gleichung erfüllt. Aus dem Auftreten der Reflexe bei bekannter Wellenlänge kann man auf die Kristallstruktur schließen. Dabei muß man einen Strukturfaktor berücksichtigen, der für gewisse Kristallebenen verschwindet. Beispielsweise gibt es in kfz-Kristallen nur dann Reflexion, wenn alle Miller-Indizes entweder gerade oder alle ungerade sind. Deshalb gibt es für eine kfz-Struktur keinen $\{100\}$-Reflex, wohl aber einen $\{200\}$-Reflex (Abb.

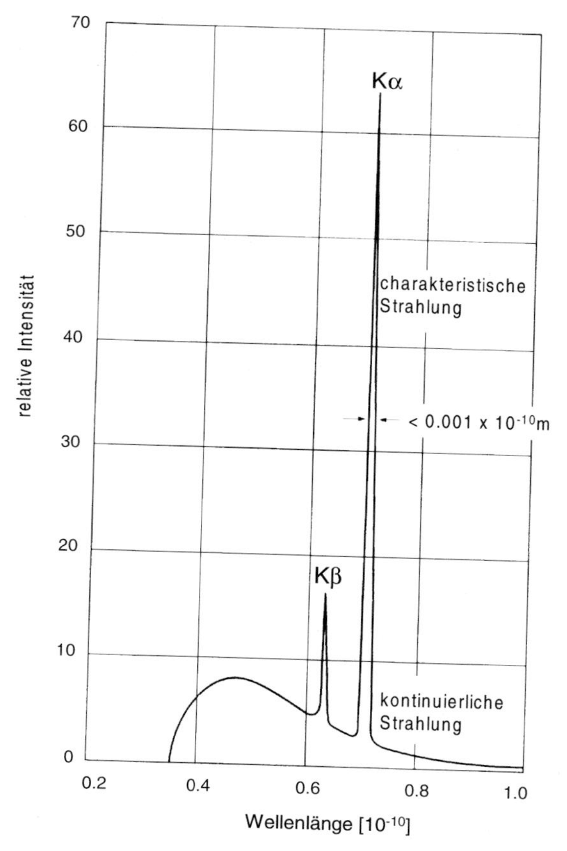

Abbildung 2.42. Röntgenspektrum von Mo bei 35kV (schematisch).

2.44). Die an {200}-Ebenen reflektierte Strahlung hat zu den an {100}-Ebenen gebeugten Strahlen eine Phasenverschiebung von π, was zur Auslöschung des {100}-Reflexes führt. Von diesen Auslöschungsregeln abgesehen sind aber die Reflexionswinkel 2Θ für jede Substanz eindeutig festgelegt. Durch Vergleich der gemessenen 2Θ-Werte mit tabellierten Werten kann eine Substanz identifiziert werden.

Anstatt eines Röntgendetektors kann man sich auch eines Films als Detektormedium bedienen (Debye-Scherrer-Methode), wobei man sinnvollerweise den Film zylinderförmig um die Probe anordnet. Die reflektierten Röntgenintensitäten bilden einen Kegel mit Öffnungswinkel 2Θ (Abb. 2.45). Bei einer regellosen Pulverprobe sind Kristalle mit jeder Orientierung zu finden, speziell solche, die durch eine Drehung um die Richtung des einfallenden Strahles miteinander verknüpft sind. Trifft auf einen Kristall für den Winkel 2Θ die Braggsche Gleichung zu, so trifft sie auch auf alle derartigen anderen zu,

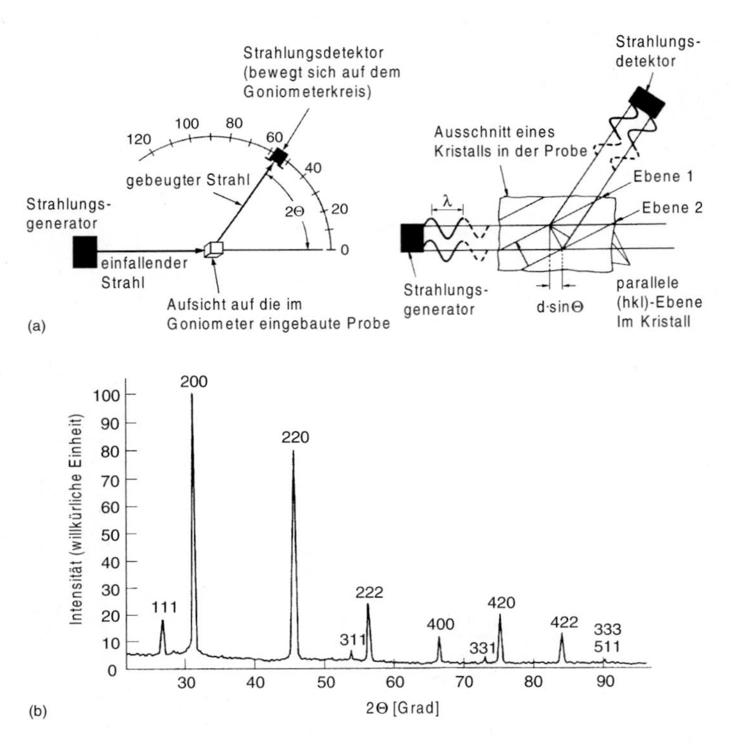

Abbildung 2.43. (a) Röntgenpulverdiffraktometer (schematisch) und Beugungs-Geometrie in der Probe; (b) Diffraktogramm von NaCl-Pulver; Cu-K_α-Strahlung, Ni-Filter.

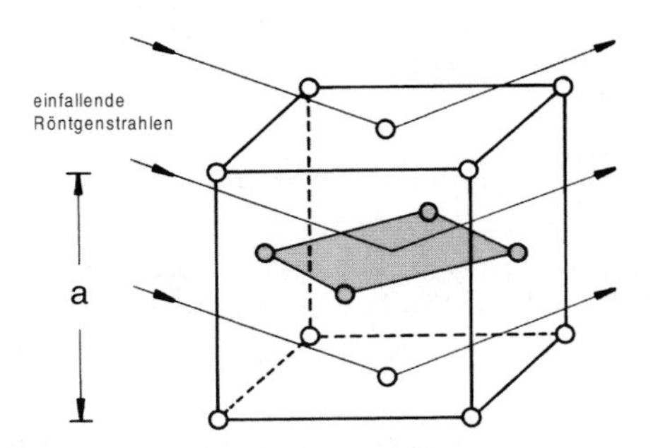

Abbildung 2.44. Schematische Erklärung der {100} - {200} Auslöschung im kfz-Gitter.

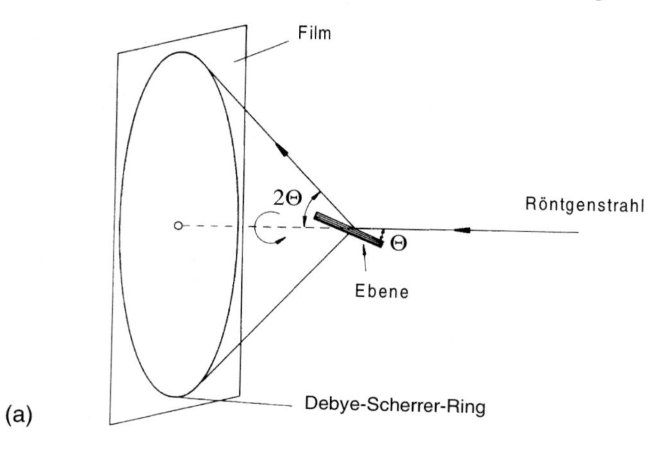

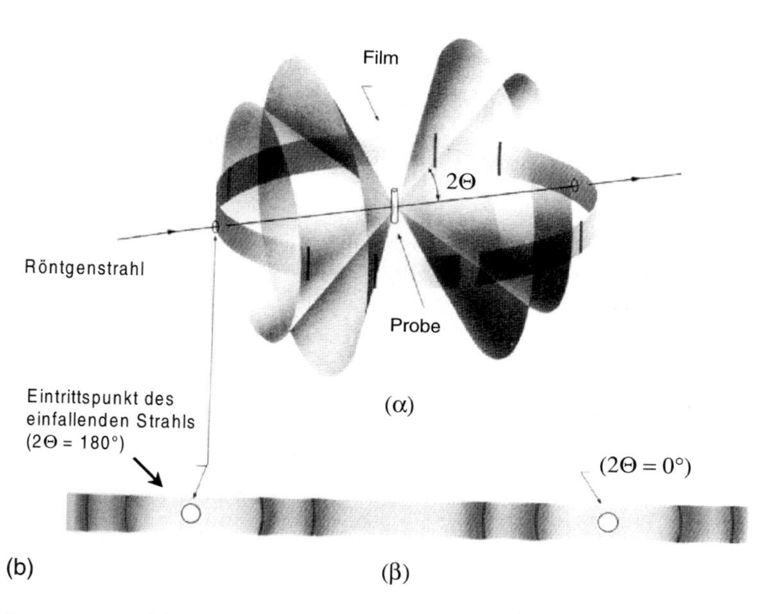

Abbildung 2.45. (a) Schematische Darstellung einer Debye-Scherrer-Aufnahme mit ebenem Film. (b) Bei Rotation des Kristalls um die Einfallsrichtung bildet die reflektierte Strahlung eine Kegelfläche mit öffnungswinkel 4Θ.

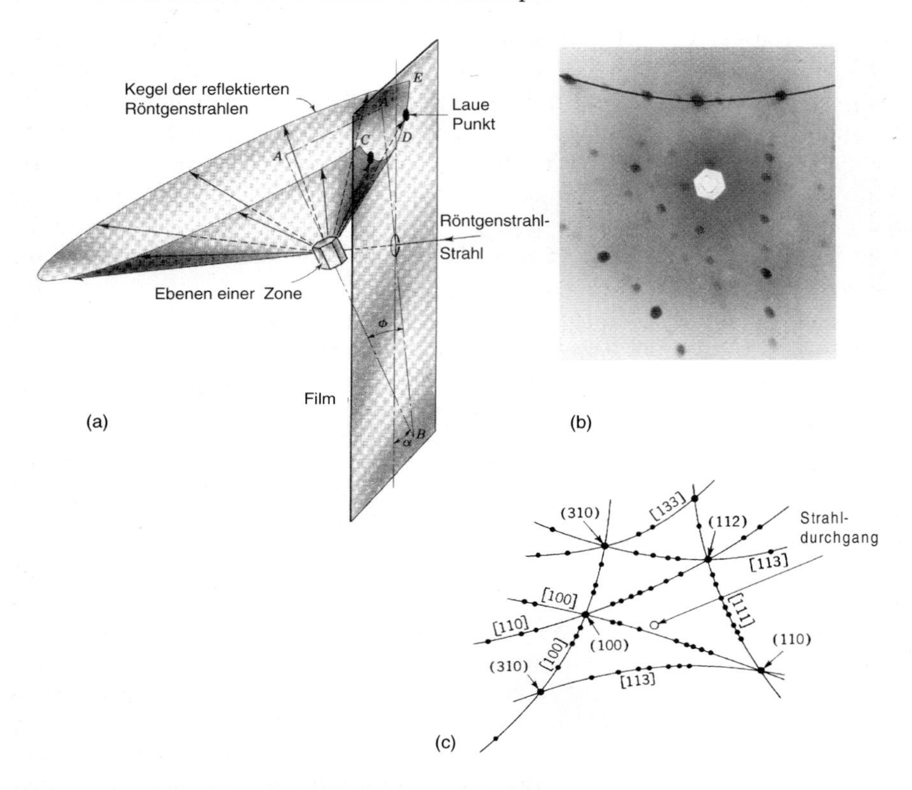

Abbildung 2.46. Laue-Rückstrahl-Aufnahme. (a) Schematisch: Reflexe einer Zone liegen auf dem Film auf einer Hyperbel; (b) Beispiel: Aluminium (Wolframstrahlung 30 kV, 19 mA); (c) Beispiel: α-Eisen; die Zonen und wichtigsten Reflexe wurden indiziert.

was einer Reflexion längs einer Kegeloberfläche entspricht. Auf einem ebenen Film senkrecht zur Strahlrichtung ergeben die Schnitte mit dem Kegel Kreise, die sogenannten Debye-Scherrer-Ringe (Abb. 2.45a). Auf einem zylindrischen Film um die Probe erhält man kleine Kreisausschnitte (Abb. 2.45b). Wegen der äußerst genauen Bestimmung des Winkels 2Θ mit der Debye-Scherrer-Methode wird sie auch zu Präzisionsmessungen der Gitterkonstanten verwendet.

Bei Beleuchtung eines Einkristalls mit monochromatischer Röntgenstrahlung würde man in der Regel gar keine reflektierte Intensität finden, es sei denn, der Einkristall wäre gerade so orientiert, daß die Geometrie die Braggsche Gleichung erfüllt. Verwendet man statt monochromatischer Strahlung aber sog. „weißes" Röntgenlicht, also das ganze kontinuierliche Spektrum, dann gibt es für praktisch jede Netzebene eine Wellenlänge, die der Braggschen Gleichung genügt (Laue-Verfahren). Ein zwischen Einkristall und Röntgenquelle postierter Film erhält auf diese Weise ein Punktmuster von reflektierten Röntgenintensitäten (Abb.2.46). Aus der Anordnung der Röntgenreflexe auf einer solchen Laue-Aufnahme kann bei Kenntnis der Kristallstruktur die Orientierung des Einkristalls ermittelt werden. Bei dünnen Proben kann die gebeugte Strahlung auch in Transmission bestimmt werden. Alle kristallographischen Ebenen, die durch Drehung um eine gemeinsame Achse (Zonenachse) auseinander hervorgehen, bilden eine Zone. Die Reflexe der Ebenen einer Zone liegen auf einem Kegelmantel; die Schnittlinie des Kegelmantels mit einem Film ist eine Hyperbel (Abb. 2.46). In einer Laue-Aufnahme erhält man daher eine Vielzahl von sich schneidenden Hyperbeln (Abb. 2.46c). Durch richtige Zuordnung der Zonen erhält man die kristallographische Richtung parallel zur Einstrahlrichtung oder einer anderen Probenrichtung, die man zumeist in einer inversen Polfigur darstellt.

2.5.3 Elektronenmikroskopie

Statt Röntgenstrahlen kann man auch Elektronen zur Struktur- und Orientierungsbestimmung benutzen. Elektronen haben wie alle Elementarteilchen (und im Prinzip jede Materie) eine Wellennatur und verhalten sich entsprechend, z.B. durch Beugung am Kristallgitter. Elektronenbeugung nimmt man im Transmissionselektronenmikroskop (TEM) vor. Die Bilderzeugung im TEM durch Elektronen erfolgt ganz analog dem Lichtmikroskop mit sichtbarem Licht (Abb. 2.47). Beim Durchgang eines monochromatischen Elektronenstrahls durch ein dünnes Kristallvolumen kommt es zur Elektronenbeugung (Abb. 2.48). Bei einem Einkristall bilden sich typische Punktmuster aus, aus denen Gitterparameter und Orientierung bestimmt werden können. Erfaßt der Elektronenstrahl viele Körner in einem Vielkristall, erhält man ringförmige Beugungsmuster, analog den Debye-Scherrer-Ringen bei Röntgenbeugung. Eine amorphe oder glasartige Substanz erzeugt diffuse Ringmuster. Auch die Beugungsmuster im TEM werden durch die Braggsche Bedingung [Gl. (2.26)] bestimmt. Sie bilden die Basis für die Abbildung im TEM, bspw. zur Sichtbarmachung von Kristallbaufehlern, wie den Versetzungen (vgl. Kap. 3).

2.5.4 Kristallographische Texturen

Die Orientierungen in einem Vielkristall müssen nicht immer regellos verteilt sein, wie bei einem Pulver. Das Gegenteil ist vielmehr der Fall. Durch technische Formgebungs- und Wärmebehandlungen haben metallische Werkstoffe zumeist keine regellose Orientierungsverteilung, sondern sie besitzen Vorzugsorientierungen. Die Orientierungsverteilung wird als kristallographische Textur bezeichnet. Eine nicht regellose Textur macht sich bspw. dadurch bemerkbar, daß ein Debye-Scherrer-Ring nicht gleichmäßig belegt ist (Abb. 2.49). Die quantitative Bestimmung der Textur erfolgt mit einem Röntgentexturgoniometer (Abb. 2.50). Dabei wird monochromatische Röntgenstrahlung benutzt und bei fester Anordnung von Röntgenquelle und Zählrohr wird die

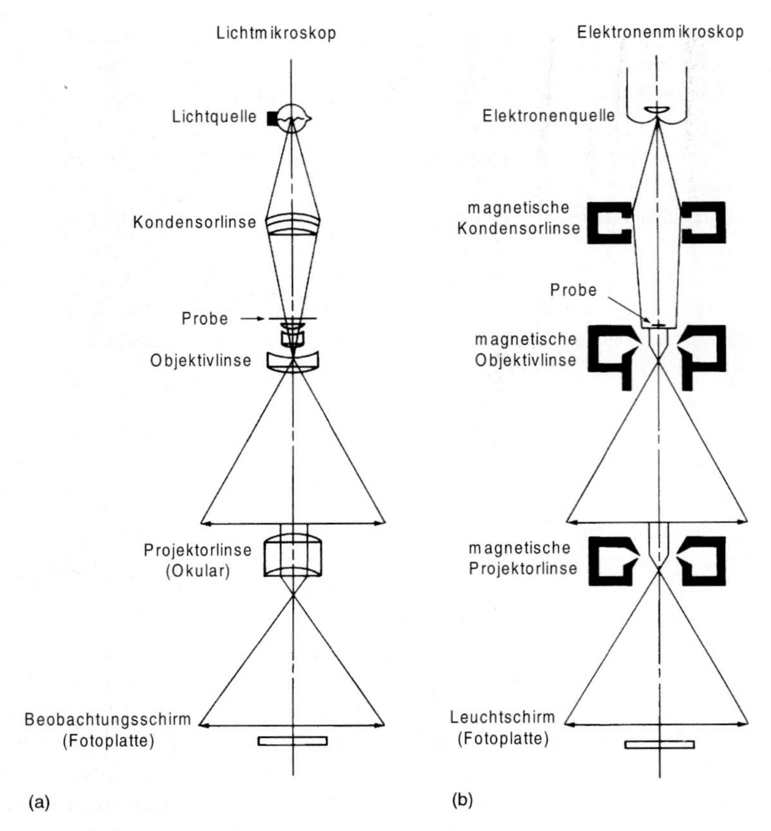

Abbildung 2.47. Vergleich von Aufbau und Strahlengang eines Lichtmikroskops (a) und eines Transmissions-Elektronenmikroskops (b).

Probe durch Drehung um zwei zueinander senkrechte Achsen in praktisch jede Lage bezüglich des einfallenden Röntgenstrahls gebracht. Wegen der festen Geometrie von Quelle und Zählrohr tritt Reflektion nur dann auf, wenn eine bestimmte Ebenenschar {h k l}, bspw. {111}, in Reflektionsstellung ist. Durch die Bewegung der Probe wird so die räumliche Lage der entsprechenden Pole {h k l} aufgedeckt. In der stereographischen Projektion ergibt die gemessene Intensitätsverteilung die {h k l}-Polfigur. Sind in einem Einkristall die Würfelachsen parallel zu den Probenachsen, bspw. in einer Walzprobe, so ergeben sich die in Abb. 2.51 dargestellten {200}- bzw. {111}-Polfiguren. Bei einem Vielkristall mißt man ganz entsprechend die Verteilung der {h k l}-Pole in der Probe, bspw. nach starker Walzverformung in Kupfer oder Messing (Abb. 2.2.52). Diese Verteilung erlaubt es allerdings nicht, die betreffenden Orientierungen, aus der sie besteht, zu identifizieren, denn eine Orientierung ist durch drei {100}-Pole oder vier {111}-Pole gegeben, deren Zuordnung man in der

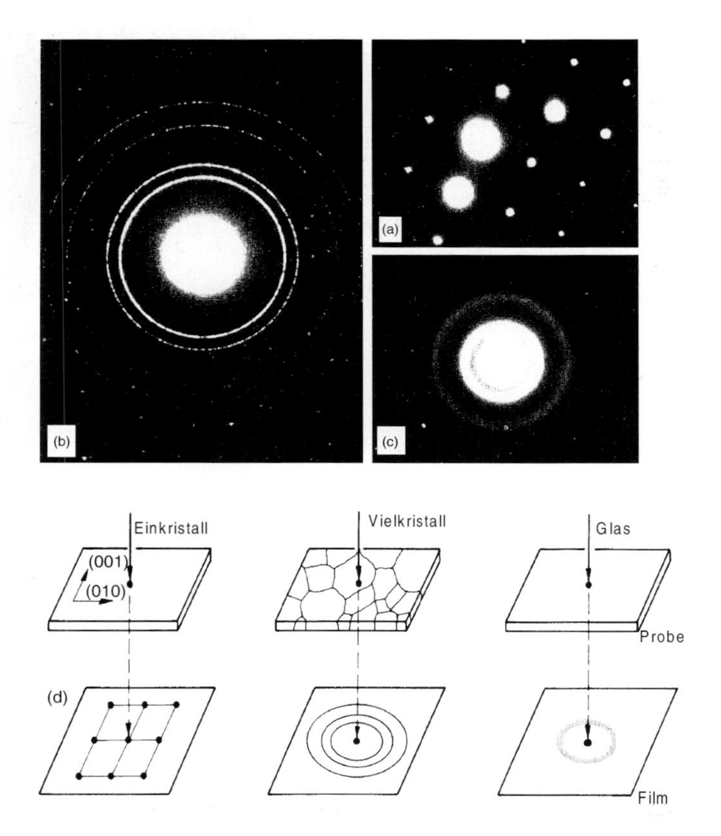

Abbildung 2.48. Beugungsmuster von Röntgen- oder Elektronenstrahlen bei (a) einkristallinem; (b) vielkristallinem; (c) amorphen Werkstoff, wie schematisch in (d) gezeigt [2.2].

Polfigur eines Vielkristalls — im Gegensatz zu der des Einkristalls — nicht kennt. Dann kann man aber aus der Messung mehrerer Polfiguren und entsprechenden Rechenverfahren die Orientierungsverteilungsfunktion (OVF) bestimmen. Sie wird in einem Raum dargestellt, in dem jede Orientierung durch einen Punkt repräsentiert wird. Ein solcher Raum wird als Orientierungsraum bezeichnet. Ein möglicher — und sehr gebräuchlicher — Orientierungsraum wird deshalb durch die drei Euler-Winkel aufgespannt (Euler-Raum). Die Orientierungsverteilungsfunktion (OVF) der in Abb. 2.52 gezeigten Polfigur des gewalzten Kupfers ist in Abb. 2.53a im Euler-Raum dargestellt. Zur zweidimensionalen Darstellung dieser räumlichen Verteilung auf Papier werden gewöhnlich Schnitte durch den Euler-Raum im Abstand von 5° parallel zum Winkel φ_2 nebeneinandergelegt (Abb. 2.53b).

Texturen gewinnen in modernen Werkstoffen immer stärker an Bedeutung. Ein wichtiges Beispiel ist die Zipfelbildung beim Tiefziehen von textu-

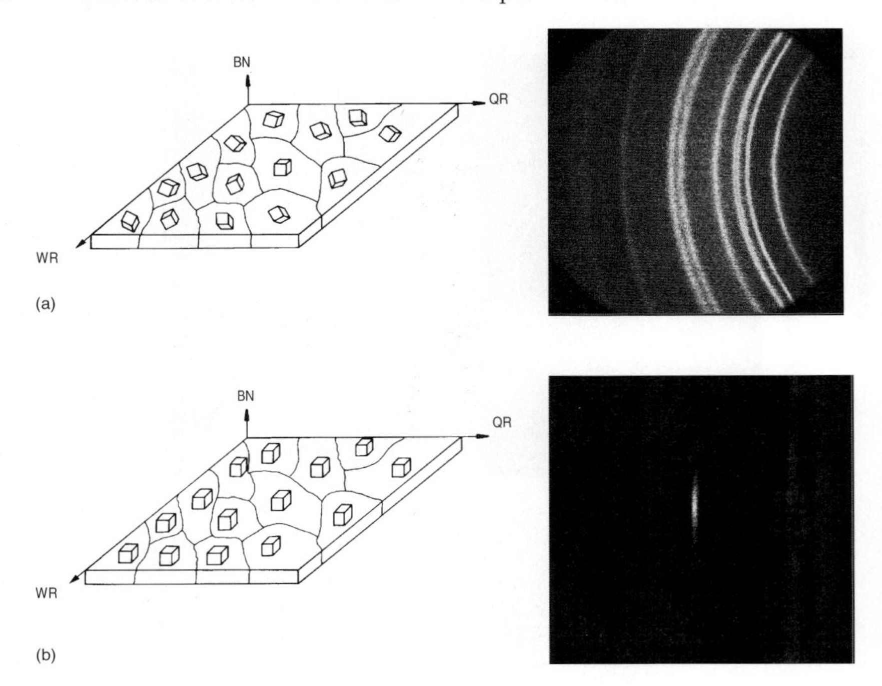

Abbildung 2.49. Schematische Darstellung der Orientierungsverteilung und der entsprechenden Debye-Scherrer-Aufnahmen in Blechen (a) bei regelloser Orientierungsverteilung; (b) bei Auftreten einer Vorzugsrichtung (hier: Würfeltextur) in gewalztem und rekristallisiertem Al-Blech. Nur ein kleiner Ausschnitt des Rings verbleibt (Debye-Scherrer-Aufnahmen mit 2D-Röntgendetektor [2.3] .

rierten Blechen (Abb. 2.54), was beim Herstellen von Karosserieblechen für Kraftfahrzeuge oder beim Herstellen von Getränkedosen vorkommen kann. Die Ausbildung von Zipfeln ist eine Folge der Textur. Sie führt zu einer inhomogenen Wandstärke, zu einem zusätzlichen Arbeitsgang, dem Besäumen des ungleichmäßigen Randes und zu einer verlustreichen Unterbrechung der Massenproduktion durch Verklemmen der Zipfel in einer Tiefziehanlage. Die Textur ist in diesem Fall sehr unerwünscht. Für andere Anwendungen kann eine Textur sehr erwünscht sein, bspw. bei Transformatorblechen zur Verringerung der Ummagnetisierungsverluste (vgl. Kap. 10).

Scharfe Texturen sind auch eine notwendige Voraussetzung zur Herstellung von Bändern aus Hochtemperatursupraleitern (HTSL). Die kritische Stromdichte eines Supraleiters, bei der die Supraleitfähigkeit zusammenbricht, ist bei gewöhnlichen vielkristallinen HTSL sehr klein. Die Schwachstellen sind die Großwinkelkorngrenzen, an denen die Supraleitfähigkeit gestört wird. Durch eine scharfe Texturierung, d.h. der Vermeidung von Großwinkelkorngrenzen können kritische Stromdichten erreicht werden, die sich für ingenieurmäßige Anwendungen eignen (Abb. 2.55).

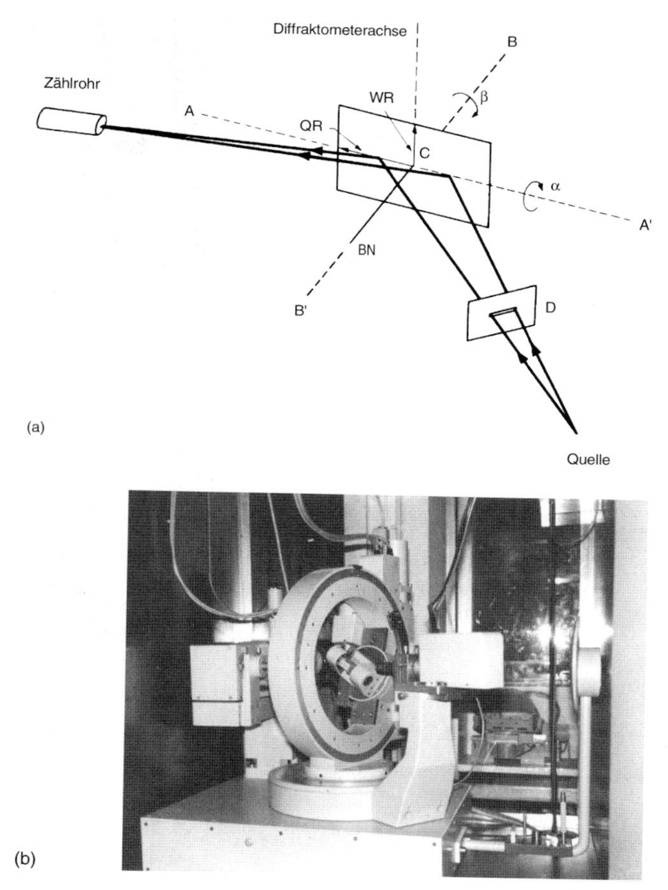

Abbildung 2.50. (a) Strahlengang und Probenrotation in einem Röntgentexturgoniometer (hier: Schulz-Reflexionsmethode). (b) Aufnahme eines Röntgentexturgoniometers aus dem IMM.

Mit Röntgenpolfiguren werden Mittelwerte der Intensität gemessen, die sich aus der Beugung an vielen Körnern ergibt, in technischen Werkstoffen typischerweise 10^5 Körner. Die entsprechende Textur wird daher Makrotextur genannt. Im Gegensatz dazu wird die Mikrotextur durch die Orientierungsmessung an den einzelnen Körnern eines Vielkristalls bestimmt. Dazu ist es erforderlich, die Orientierung sehr kleiner Volumina zu messen, was mittels Beugung rückgestreuter Elektronen oder EBSD (electron back scatter diffraction) in einem Rasterelektronenmikroskop (REM) heute möglich ist (Abb. 2.56). Moderne REM und ausgeklügelte EBSD-Technik erlauben heutzutage die vollautomatische Bestimmung von bis zu 100000 Orientierungen pro Stunde bei einer Ortsauflösung von besser als 50 nm. Daher ist es heute nicht unüb-

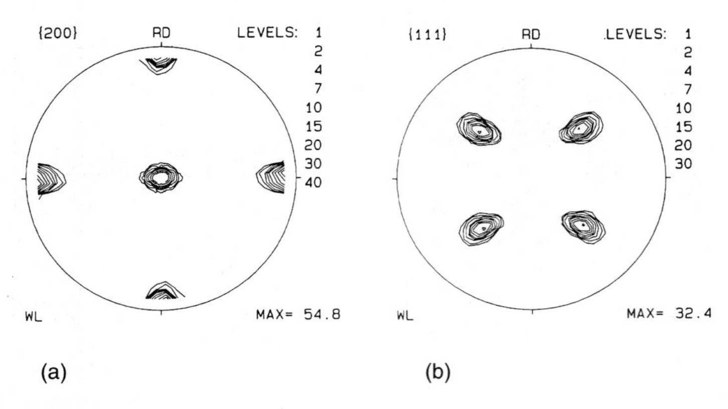

Abbildung 2.51. Darstellung der Würfellage in einer Polfigur. (a) Die {200}-Netzebenennormalen häufen sich bevorzugt in WR, BN und QR. (b) Entsprechende Lage der {111}-Pole. Vergleiche mit (001)-Projektion (Abb. 2.35b).

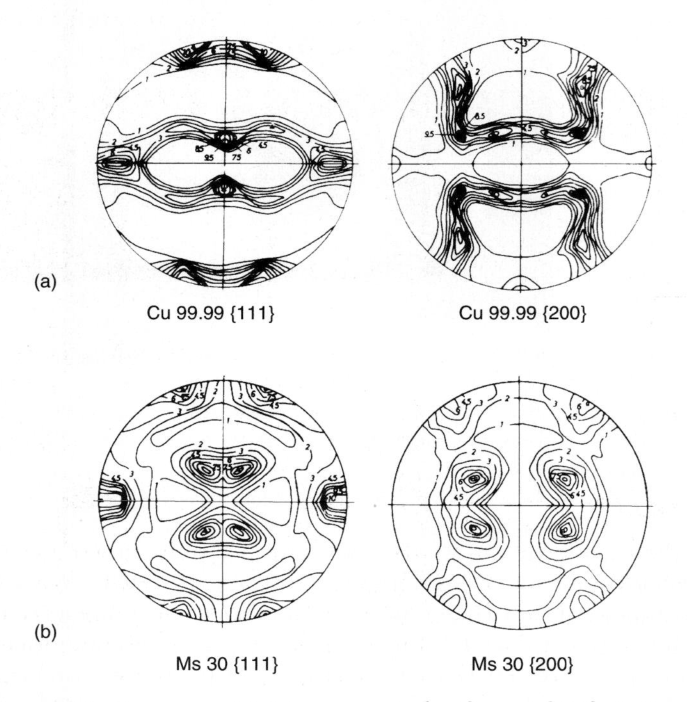

Abbildung 2.52. Gemessene Walztexturen als {111}- und {200}-Polfigur. (a) Kupfer mit 99.99% Reinheit (bei RT gewalzt); (b) Kupfer mit 30% Zn (α-Messing) (bei RT gewalzt).

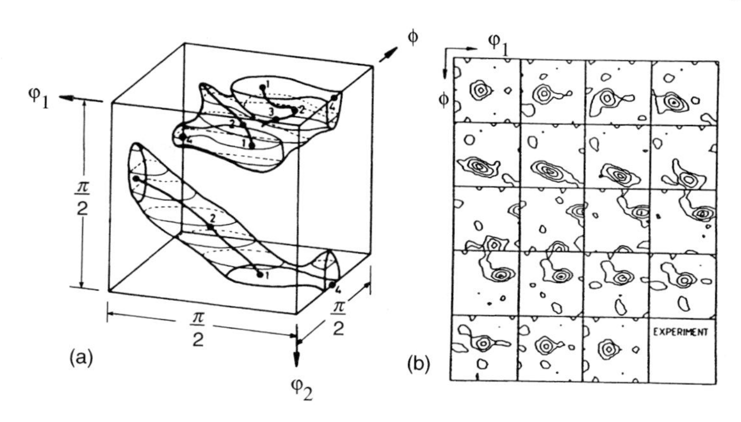

Abbildung 2.53. (a) 3-dimensionale Darstellung der Orientierungsverteilung von gewalztem Reinst-Cu (Abb. 2.52a) im Euler-Raum. Im Gegensatz zur 2-dimensionalen Polfigur ist hier die Orientierung durch drei Koordinaten (drei Euler-Winkel) eindeutig festgelegt. (b) Wiedergabe der Orientierungsverteilung durch Schnitte im Abstand von 5° senkrecht zum Winkel φ_2.

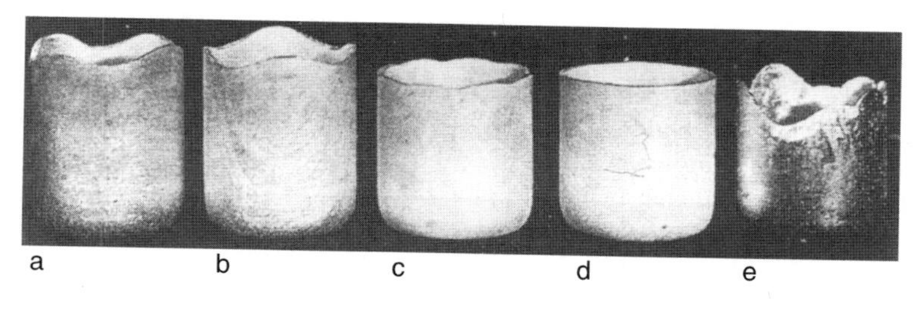

Abbildung 2.54. Zipfelbildung beim Tiefziehen von Reinstaluminiumblechen. (a) Zipfel unter ±45°; (b) Zipfel unter 0° und 90°; (c) acht Zipfel; (d) zipfelfreie Proben; (e) Zipfelbildung durch Grobkorn (kein Textureffekt).

lich, Orientierungslandkarten (Abb. 2.57c,d) von Vielkristallen durch EBSD-Messung größerer Flächen herzustellen. Man nennt dieses Verfahren auch Orientierungsmikroskopie, oder im englischen Sprachgebrauch OIM (Orientation Imaging Microscopy). Außer der lokalen Orientierung erhält man aus solchen Messungen auch Informationen über die Korngrenzencharakterverteilung, da die Desorientierung an einer Korngrenze aus den Kornorientierungen berechnet werden kann. Das ist eine wertvolle Information für das sogenannte „grain boundary engineering“, bei dem man versucht, die Eigenschaften von Werkstoffen durch Optimierung der Korngrenzencharakterverteilung zu verbessern. Wichtige Beispiele hierzu sind die Vermeidung von Korngrenzenkorrosion oder die Herstellung von HTSL mit hohen kritischen Stromdichten wie aus Abb. 2.55 ersichtlich.

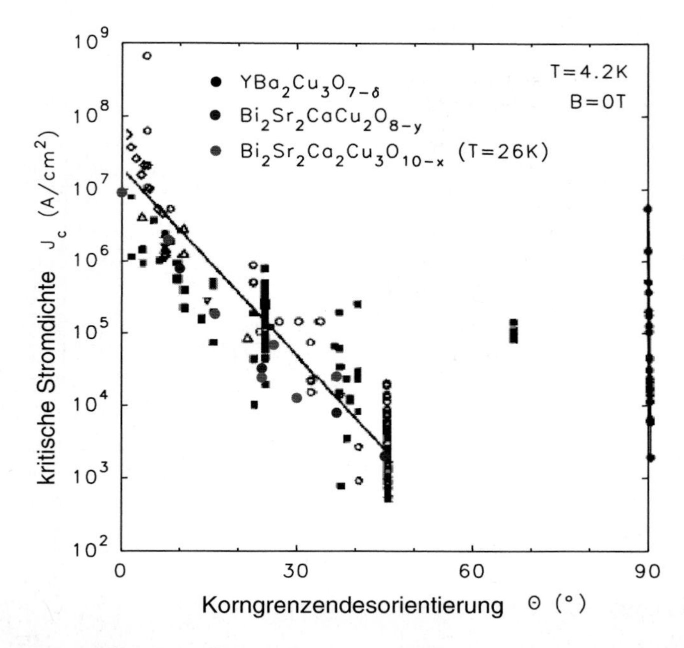

Abbildung 2.55. Kritische Stromdichte einiger Hochtemperatursupraleiter in Abhängigkeit von der Korngrenzendesorientierung. Nur für Desorientierungen unter 5° ist die kritische Stromdichte ausreichend hoch für technische Anwendungen. Solch niedrige Desorientierungen benötigen eine sehr scharfe Textur [2.4].

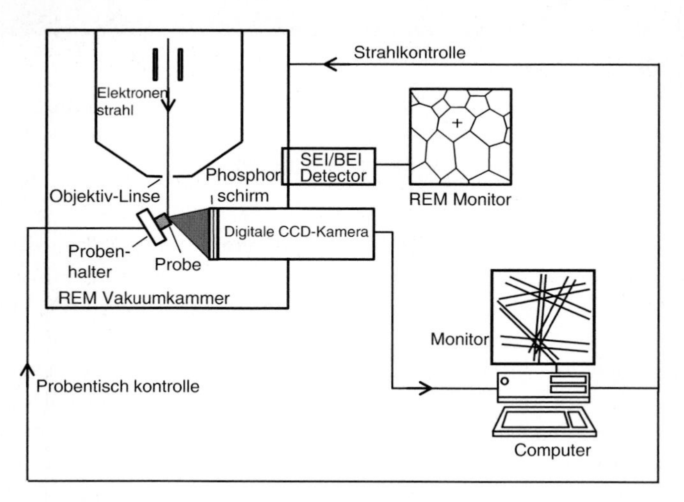

Abbildung 2.56. REM-Konfiguration für die Orientierungsmikroskopie nach der EBSD-Methode. Die Probenoberfläche wird punktuell vom Elektronenstrahl abgerastert. Dabei wird pro Meßpunkt die Orientierung automatisch bestimmt.

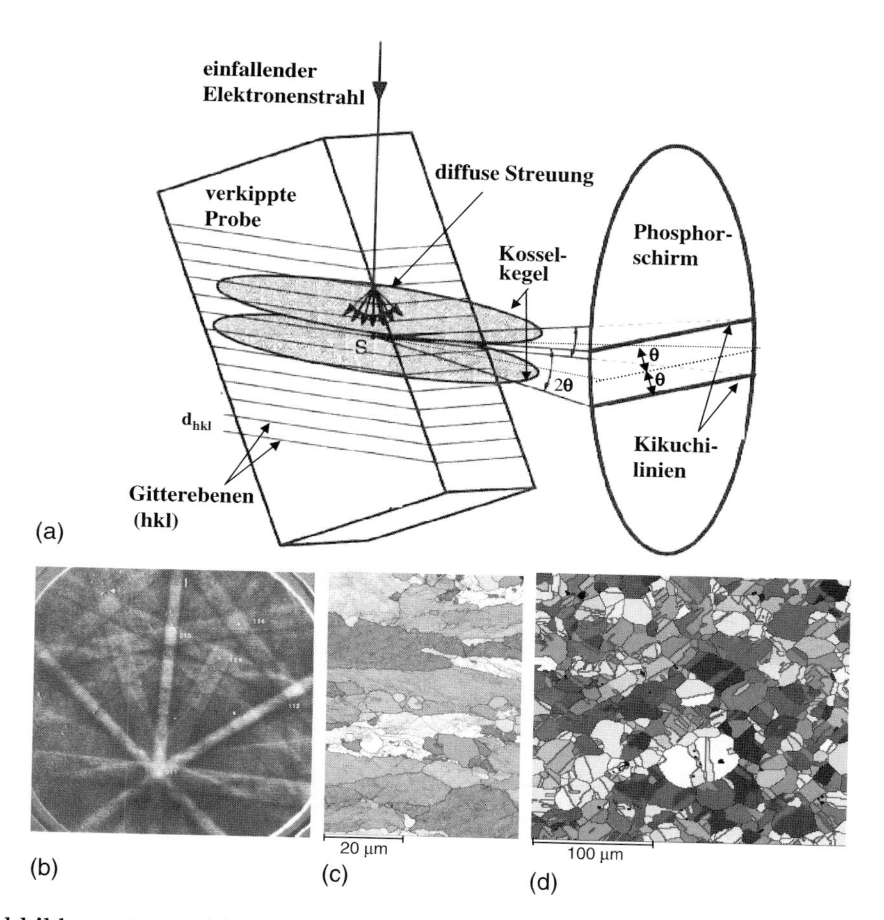

Abbildung 2.57. (a) Prinzip der Bildung von Kikuchi-Bändern bei der Beugung rückgestreuter Elektronen (EBSD). (b) EBSD-Beugungsbild eines Aluminium-Kristalls. (c) Orientierungskarte eines 41% kaltgewalzten und anschließend 70 S bei 300°C geglühten Al-4.5%Mg0.14%Mn Polykristalls. (d) Rekristallisiertes Gefüge einer Invar-Legierung (Fe-36%Ni).

3

Kristallbaufehler

3.1 Überblick

Kristalle sind niemals fehlerfrei. Das folgt ganz fundamental aus den thermodynamischen Gesetzmäßigkeiten, was wir in Abschn. 3.2.2 zeigen werden. Realkristalle weichen allerdings in ihrer Fehlordnung weit vom thermodynamischen Gleichgewicht ab, weil es gewöhnlich an Mechanismen fehlt, das thermodynamische Gleichgewicht einzustellen. Wir unterscheiden verschiedene Arten von Kristallbaufehlern, die wir am einfachsten nach ihren Dimensionen klassifizieren können: die Leerstellen und Zwischengitteratome (nulldimensionale Punktfehler), die Versetzungen (eindimensionale Linienfehler) und die Korn- und Phasengrenzen (zweidimensionale Flächenfehler). Häufig werden auch andere Phasen als dreidimensionale Fehler eingeführt. Allerdings sind diese Phasen Bestandteil des thermischen Gleichgewichts und der eigentliche Fehler, die Phasengrenzfläche, kann unter den zweidimensionalen Fehlern subsummiert werden.

So paradox es klingt, aber es sind diese Kristallbaufehler, die metallische Werkstoffe mit Eigenschaften versehen, die sie zu den wichtigsten Strukturwerkstoffen gemacht haben. Denn die plastische Verformung besteht in der Erzeugung und Bewegung von Versetzungen, die diffusionsgesteuerten Phasenumwandlungen benötigen Leerstellen zur Diffusion und die Rekristallisation, also die Entfestigung bei Wärmebehandlung verformter Werkstoffe, vollzieht sich durch die Erzeugung und Bewegung von Korngrenzen. In diesem Kapitel werden die thermodynamischen Grundlagen und die Struktur der Kristallbaufehler behandelt. Ihre Eigenschaften werden Gegenstand der betreffenden Kapitel sein, in denen sie eine grundsätzliche Rolle spielen, also Diffusion, Plastizität, Rekristallisation und Umwandlungen im festen Zustand.

3.2 Punktfehler

3.2.1 Typen von Punktfehlern

Wenn man von Verunreinigungen absieht, die ja auch eine Fehlordnung darstellen, gibt es prinzipiell zwei Arten von Punktfehlern, nämlich einen unbesetzten Gitterplatz (Leerstelle) oder die Besetzung eines Zwischengitterplatzes (Zwischengitteratom). Allerdings können die Punktdefekte auch in Kombinationen oder in speziellen Anordnungen auftreten. Der wohl bedeutendste Punktfehler ist die Leerstelle, die für die Diffusion sehr wichtig ist (vgl. Kap. 5). In Metallen kann eine Leerstelle als Einzeldefekt auftreten. Ihre Entstehung kann man sich so vorstellen, daß ein oberflächennahes Atom an die Oberfläche springt und einen leeren Gitterplatz zurückläßt, der sich durch weitere Platzwechselvorgänge schließlich zum Inneren des Kristalls begibt. Wird ein Atom dagegen von einem Gitterplatz auf einen Zwischengitterplatz befördert, so entsteht ein Puntkdefektpaar, nämlich Leerstelle und Zwischengitteratom. Dieses Paar wird als Frenkel-Defekt bezeichnet. In Ionenkristallen kann wegen des Zwangs zur Ladungsneutralität keine Einzelleerstelle auftreten, sondern es kommen immer entweder ein Frenkel-Defekt oder ein Leerstellenpaar (Anionen- und Kationenleerstelle) vor, was als Schottky-Defekt bezeichnet wird. Die verschiedenen Arten von Punktfehlern sind in Abb. 3.1 schematisch dargestellt, allerdings ist ihre Struktur in Wirklichkeit erheblich komplizierter.

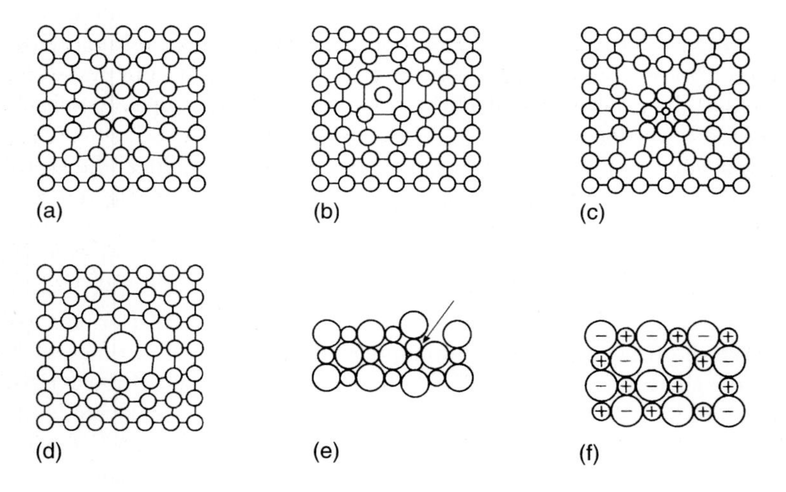

Abbildung 3.1. Überblick über die verschiedenen Typen von Punktfehlern. (a) Leerstelle; (b) Zwischengitteratom; (c) kleineres Fremdatom; (d) größeres Fremdatom; (e) Frenkel-Defekt; (f) Schottky-Defekt (Anionen-Kationen-Leerstellenpaar).

In der Umgebung eines Punktdefektes verschieben sich die Atome etwas, um sich der Fehlstelle anzupassen. Das Zwischengitteratom tritt praktisch nicht als einzelnes Atom auf einem Zwischengitterplatz auf, sondern zumeist teilen sich zwei Atome einen Gitterplatz, was als „Zwischengitterhantel" bezeichnet wird (Abb. 3.2). Man kann sich auch vorstellen, daß sich ein Zwischengitteratom in eine dichtestgepackte kristallographische Richtung hineinzwängt (Crowdion), allerdings ist das tatsächliche Auftreten dieser Konfiguration nicht unstrittig.

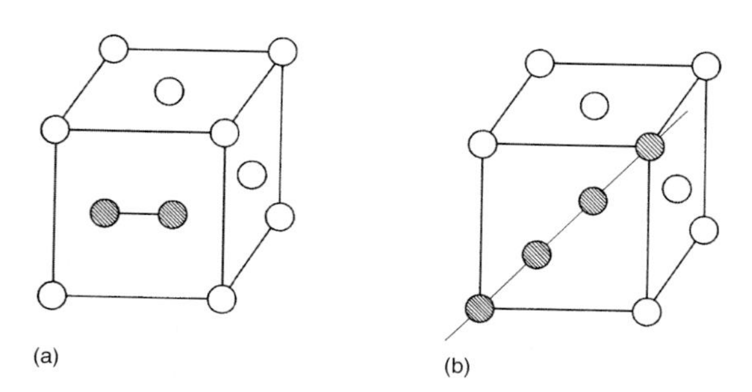

Abbildung 3.2. Konfigurationen des Zwischengitteratoms. (a) ⟨100⟩-Hantel; (b) Crowdion.

3.2.2 Thermodynamik der Punktdefekte

Im folgenden wollen wir die Anzahl n von Punktdefekten im thermischen Gleichgewicht exemplarisch am Beispiel der Leerstellen in einem Kristall aus N Atomen bestimmen. Das Verhältnis $n/N \equiv c^a$ wird als (atomare) Konzentration von Punktfehlern bezeichnet. Nach dem 1. Hauptsatz der Thermodynamik ist

$$\delta Q = dU + pdV \tag{3.1}$$

Die Zufuhr einer Wärmemenge δQ wird umgesetzt in eine Änderung der inneren Energie dU und der vom System beim Druck p geleisteten Ausdehnungsarbeit pdV. Der zweite Hauptsatz der Thermodynamik

$$dS \geq \frac{\delta Q}{T} \tag{3.2}$$

definiert die Entropie S, wobei das Gleichheitszeichen im thermodynamischen Gleichgewicht gilt. Kombination von Gl. (3.1) und Gl. (3.2) liefert

$$dU + pdV - TdS \leq 0 \tag{3.3}$$

Definieren wir die freie Enthalpie G als

$$G = U + pV - TS \tag{3.4}$$

so ist

$$dG = dU - TdS - SdT + pdV + Vdp \tag{3.5}$$

Bei konstantem Druck p und konstanter Temperatur T, d.h. dT, $dp = 0$, gilt wegen Gl. (3.3)

$$dG = dU - TdS + pdV \leq 0 \tag{3.6}$$

Die freie Enthalpie G nimmt demnach ständig ab, und hat im thermischen Gleichgewicht ein Minimum, d.h. $dG = 0$, also

$$dG = dU + pdV - TdS \equiv dH - TdS = 0 \tag{3.7}$$

Erzeugen wir nun n Leerstellen, indem wir die entsprechende Anzahl von Atomen aus dem Volumen an die Oberfläche befördern (Abb. 3.3), so verändert sich die freie Enthalpie um

$$\Delta G = nH_B^L - T\left(nS_v^L + S_k\right) \tag{3.8}$$

wobei H_B^L die Enthalpie für die Bildung einer Leerstelle, S_v^L die Änderung der Schwingungsentropie pro Leerstelle und S_k die Konfigurationsentropie ist. Letztere ist nach Boltzmann durch die Anordnungsvielfalt ω_n von n Leerstellen auf N Gitterplätzen gegeben

$$S_k = k \ln \omega_n \tag{3.9}$$

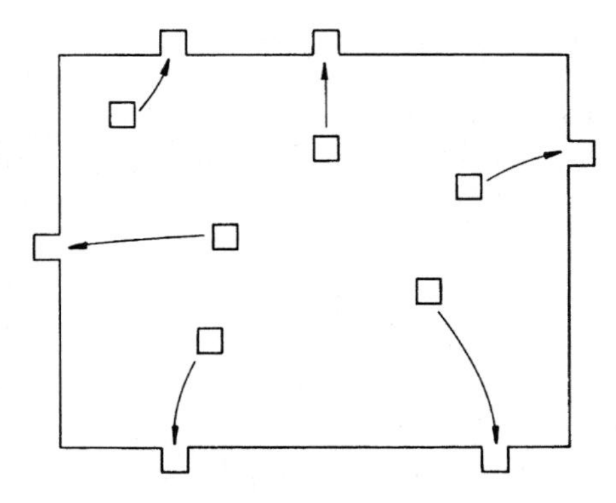

Abbildung 3.3. Prinzip der Leerstellenbildung. Atome begeben sich an die Oberfläche.

mit der Boltzmann-Konstanten $k = 8.62 \cdot 10^{-5}$eV/K. Die Anordnungsvielfalt für eine einzelne Leerstelle ist so groß wie die Anzahl der verschiedenen Gitterplätze, also $\omega_1 = N$. Für zwei Leerstellen ist entsprechend $\omega_2 = N(N-1)/2$ und für n Leerstellen

$$\omega_n = \frac{N(N-1)(N-2)\dots(N-n+1)}{1\cdot 2\cdot 3\cdot 4\dots n} = \frac{N!}{(N-n)!n!} \tag{3.10}$$

Das Produkt im Nenner berücksichtigt die Ununterscheidbarkeit der Leerstellen, d.h. die Vertauschung von zwei Leerstellen gibt keine neue Anordnung. Die Funktion $f(x) = x!$ ist analytisch schwierig zu handhaben, aber für $x \geq 5$ kann man sie nähern (Stirlingsche Formel)

$$\ln x! \cong x \ln x - x \tag{3.11}$$

Die Gleichgewichtsanzahl n von Leerstellen ergibt sich nun aus der Bedingung Gl. (3.7) in Verbindung mit Gl. (3.8).

$$\frac{d(\Delta G)}{dn} = H_B^L - TS_v^L - T\frac{dS_k}{dn} = 0 \tag{3.12}$$

Aus den Gl. (3.9) bis (3.11) folgt

$$\frac{dS_k}{dn} = -k\{[\ln n + 1 - 1] - [\ln(N-n) + 1 - 1]\} = -k \ln\frac{n}{N-n} \tag{3.13}$$

Wegen $n \ll N$, gilt

$$\frac{dS_k}{dn} \cong -k \ln\frac{n}{N} = -k \ln c_L^a \tag{3.14}$$

(c_L^a = atomare Leerstellen-Konzentration).

Mit Gl. (3.12) wird

$$H_B^L - TS_v^L + kT \ln c_L^a = 0 \tag{3.15}$$

Bezeichnen wir mit $H_B^L - TS_v^L = G_B^L$ die freie Bildungsenthalpie der Leerstelle[1], so erhalten wir schließlich die Gleichgewichtskonzentration von Leerstellen

$$c_L^a = \exp\left(-\frac{G_B^L}{kT}\right) \tag{3.16a}$$

oder

$$c_L^a = \exp\left(\frac{S_v^L}{k}\right)\exp\left(-\frac{H_B^L}{kT}\right) \tag{3.16b}$$

Gl. (3.16a) gilt entsprechend für jede andere Art von Punktdefekten mit den zugehörigen freien Bildungsenthalpien.

Die Größe der Konzentration wird im wesentlichen durch die Bildungsenthalpie H_B^L bestimmt. Tabelle 3.1 gibt für einige Metalle Werte der Leerstellenbildungsenthalpie und die Leerstellenkonzentration am Schmelzpunkt an,

[1] Diese Beziehung ist in sofern etwas unrichtig, als die freie Enthalpie zur Bildung der Leerstelle genau genommen auch die Konfigurationsentropie enthält.

die unabhängig vom Material etwa 10^{-4} beträgt.

Leerstellen sind daher in nennenswerter Konzentration immer im Material vorhanden. Ihre Existenz läßt sich nicht vermeiden. Für $T \to 0$ geht zwar auch $c_L^a \to 0$, aber wegen mangelnder Beweglichkeit lassen sich die Leerstellen bei tiefen Temperaturen nicht mehr ausheilen, so daß stets eine endliche, wenn auch sehr kleine Anzahl von Leerstellen im Kristall verbleibt. Die Bildungsenergie für Zwischengitteratome ist erheblich höher (etwa um einen Faktor 3) als für Leerstellen. Zwischengitteratome kommen daher im thermodynamischen Gleichgewicht praktisch nicht vor.

Tabelle 3.1. Leerstellenbildungsenthalpie, Schwingungsentropie (in Vielfachen der Boltzmann-Konstanten k) und Gleichgewichtsleerstellenkonzentration am Schmelzpunkt für verschiedene Metalle.

	Au	Al	Cu	W	Cd
H_B^L [eV]	0.94	0.66	1.27	3.6	0.41
S_ν^L [k]	0.7	0.7	2.4	2.0	0.4
c_L^a [10^{-4}]	7.2	9.4	2.0	1.0	5.0

3.2.3 Experimenteller Nachweis von Punktdefekten

Punktfehler stören den idealen Kristallaufbau. Sie verursachen deshalb eine Änderung der physikalischen Eigenschaften. Am einfachsten ist ihr Einfluß auf den elektrischen Widerstand zu messen. Schreckt man eine Probe von einer hohen Temperatur T_q ab, dann friert man die Gitterfehler ein und kann ihren Widerstandsbeitrag $\Delta\rho$ als Erhöhung des Restwiderstandes (vgl. Kap. 10) leicht messen. Bezeichnet ρ_p die Widerstandserhöhung pro Punktdefekt, N die Anzahl der Gitterplätze und ist die Widerstandserhöhung $\Delta\rho$ der Punktfehlerkonzentration c^a proportional:

$$\Delta\rho = Nc^a \cdot \rho_p = N\rho_p \cdot \exp\left(-\frac{G_B}{kT}\right) = N\rho_p \cdot \exp\left(\frac{S_B}{k}\right)\exp\left(-\frac{H_B}{kT}\right) \quad (3.17)$$

so kann man die Bildungsenthalpie H_B bestimmen, wenn man die Widerstandserhöhung nach Abschrecken von verschiedenen Temperaturen T_q mißt (Abb. 3.4). Die Widerstandserhöhung gibt allerdings keine Auskunft über die Art des Punktdefektes, denn sowohl ein Zwischengitteratom als auch eine Leerstelle führen zu einer Widerstandserhöhung.

Simmons und Balluffi haben in einem klassischen Experiment nachgewiesen, daß Leerstellen und nicht Zwischengitteratome im thermischen Gleichgewicht überwiegen. Dazu haben sie an einem Goldbarren gleichzeitig die Längenänderung und die Gitterparameteränderung als Funktion der Temperatur gemessen. Werden Leerstellen gebildet, so werden gemäß Abb. 3.3 Atome aus

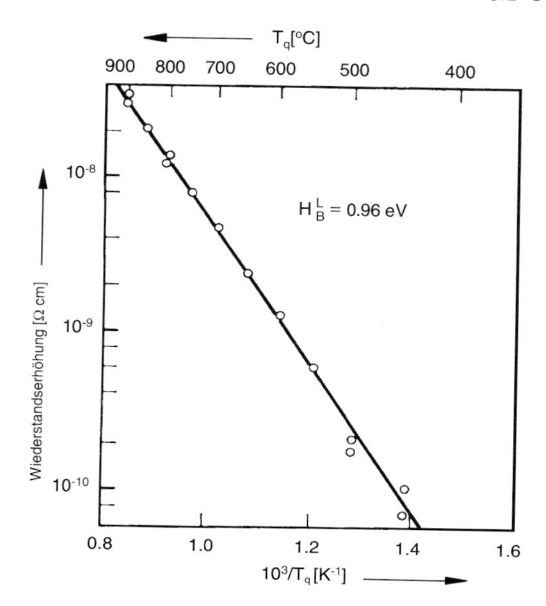

Abbildung 3.4. Widerstandsänderung durch eingeschreckte Leerstellen in Au. Aus der Steigung der Arrhenius-Auftragung erhält man die Bildungsenthalpie der Leerstelle H_B^L (nach [3.1]).

dem Kristallinneren an die Oberfläche befördert. Am Ort der Leerstelle relaxieren die benachbarten Atome in das freie Volumen, wodurch das Volumen pro Defekt ΔV_D um ΔV_{LSr} verringert wird. Ist Ω das Atomvolumen, so ist die Gesamtvolumenänderung pro Defekt

$$\Delta V_D = \Delta V_{LSr} + \Omega \tag{3.18}$$

Der Gitterparameter wird aber nur durch ΔV_{LSr} beeinflußt, denn er mißt nur das Volumen der Elementarzelle und wird durch die an die Oberfläche gesetzten Atome nicht verändert.

Für die Änderung ΔV des äußeren Volumens V_0 durch n Leerstellen gilt, Würfelform mit Kantenlänge L_0 vorausgesetzt,

$$\begin{aligned} \frac{\Delta V}{V_0} &= \frac{n\,(\Delta V_{LSr} + \Omega)}{V_0} = \frac{V - V_0}{V_0} = \frac{(L_0 + \Delta L)^3 - L_0^3}{L_0^3} \\ &= \frac{L_0^3 + 3L_0^2 \Delta L + 3L_0\,(\Delta L)^2 + (\Delta L)^3 - L_0^3}{L_0^3} \cong 3\frac{\Delta L}{L_0} \end{aligned} \tag{3.19a}$$

wenn man sich auf lineare Näherung beschränkt.

Besteht V_0 aus m Elementarzellen, also $V_0 = m \cdot V_{EZ}$, so ist n/m die Anzahl Leerstellen pro Elementarzelle. Die mittlere Volumenänderung einer Elementarzelle durch n Leerstellen im Gesamtvolumen ist dann $\Delta V_{EZ} = n/m \cdot \Delta V_{LSr}$, und man erhält

$$\frac{n \cdot \Delta V_{LSr}}{V_0} = \frac{m \cdot \Delta V_{EZ}}{V_0} = \frac{\Delta V_{EZ}}{V_{EZ}} = \frac{(a_0 + \Delta a)^3 - a_0^3}{a_0^3} \cong \frac{3\Delta a}{a_0} \tag{3.19b}$$

und

$$\frac{\Delta V}{V_0} - \frac{n \cdot \Delta V_{LSr}}{V_0} = \frac{n\,(\Delta V_{LSr} + \Omega)}{V_0} - \frac{n\Delta V_{LSr}}{V_0} = \frac{n\Omega}{V_0} = 3\left(\frac{\Delta L}{L_0} - \frac{\Delta a}{a_0}\right) \tag{3.20a}$$

Die Anzahl der Gitterplätze ist $N = V_0/\Omega$ und somit die Leerstellenkonzentration

$$c_L^a = \frac{n}{N} = 3\left(\frac{\Delta L}{L} - \frac{\Delta a}{a}\right) \tag{3.20b}$$

Bei Leerstellen muß also $\frac{\Delta L}{L} > \frac{\Delta a}{a}$ gelten. Würden statt Leerstellen Zwischengitteratome gebildet, so wäre die makroskopische Volumenänderung, da ein Atom von der Oberfläche entfernt wird,

$$\Delta V = n\,(\Delta V_{LSr} - \Omega) < 0 \tag{3.21}$$

und damit $\frac{\Delta L}{L} < \frac{\Delta a}{a}$.

Simmons and Balluffi haben ΔL und Δa als Funktion der Temperatur an einem Goldbarren gemessen. Die experimentellen Ergebnisse (Abb. 3.5) belegen deutlich, daß im thermischen Gleichgewicht Leerstellen gebildet werden. Aus Gl. (3.20b) und Gl. (3.16b) kann die Bildungsenthalpie der Leerstelle bestimmt werden. Sie stimmt mit Ergebnissen aus Messungen des elektrischen Widerstandes gut überein.

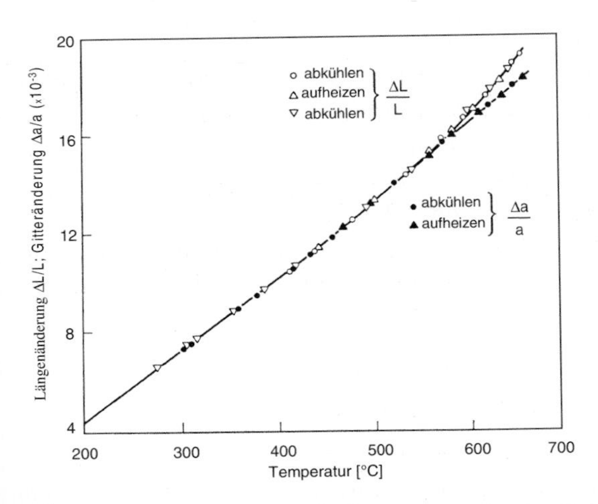

Abbildung 3.5. Änderung von Länge und Gitterparameter in Gold mit der Temperatur. Die Differenz ist der Leerstellenkonzentration proportional (nach [3.2]).

Neuerdings wird zur sehr genauen Bestimmung der Leerstellenkonzentration das Verfahren der Positronenvernichtung benutzt. Ein Positron ist das Antiteilchen des Elektrons (gleiche Masse, entgegengesetzte Ladung). Trifft es auf ein Elektron, so zerstrahlen beide in Gammaquanten (harte Röntgenstrahlen). Die Wechselwirkung einer Leerstelle mit einem Positron (Abb. 3.6) führt zu einer Verlängerung der Lebensdauer des Positrons. Das läßt sich in der emittierten Gammastrahlung sehr genau nachweisen, so daß die Leerstellenkonzentration exakt bestimmt werden kann.

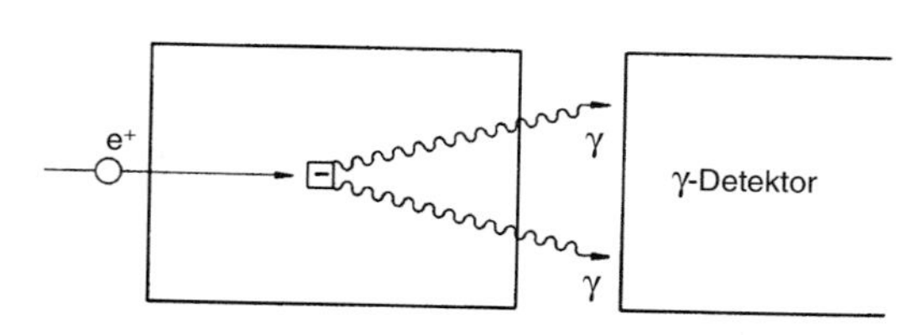

Abbildung 3.6. Prinzip der Untersuchung von Leerstellen mit Positronen. Eine Leerstelle wirkt wie ein fehlender Ionenrumpf und entspricht daher einer freien negativen Ladung, die mit einem Positron reagiert.

Nicht nur durch die Temperaturbewegung werden Punktdefekte erzeugt. Auch durch Bestrahlung von Materie mit hochenergetischen Elementarteilchen, bspw. Elektronen, Protonen, Neutronen oder Schwerionen werden Fehlordnungen im Kristall erzeugt. Bei Beschuß mit Elektronen oberhalb einer gewissen Schwellenspannung (bspw. etwa 400 kV bei Kupfer) wird pro Elektron etwa ein Frenkelpaar erzeugt. Bei energiereichen schwereren Elementarteilchen entstehen sog. Stoßkaskaden mit komplizierten Punktdefektanordnungen. Diese Defekte treten bspw. in Kernreaktoren auf und schädigen das Material des Reaktorbehälters. Die Erzeugung, Eigenschaften und Beeinflussung von Punktdefekten sind in diesem Fall verständlicherweise von besonderem Interesse, und wurden in den 60er Jahren intensiv untersucht.

Neben diesen strukturellen Punktdefekten kommt es in Isolatoren noch zu einer speziellen Fehlererscheinung, den sog. Farbzentren, da sie die farbliche Erscheinung eines Isolators beeinflussen. Diese Farbzentren werden in Kap. 10 in Zusammenhang mit den optischen Eigenschaften von Festkörpern behandelt.

3.3 Versetzungen

3.3.1 Geometrie der Versetzungen

Ist der perfekte Kristallaufbau entlang von Linien gestört, so spricht man von Versetzungen. Am einfachsten kann man sich eine Versetzung vorstellen, die dort entsteht, wo eine Ebene im Kristall endet (Abb. 3.7). Die Begrenzungslinie dieser Teilebene im Kristall wird als Stufenversetzung bezeichnet. Man kann sich die Stufenversetzung auch so entstanden denken, daß man den Kristall teilweise längs einer Ebene aufschneidet, die beiden Teilkristalle senkrecht zur Begrenzungslinie des Schnitts verschiebt und die beiden Kristallhälften danach wieder zusammenfügt. Eine andere Art von Versetzung erhält man, wenn man die beiden Trennflächen nicht senkrecht sondern parallel zur Begrenzungslinie des Schnitts um einen Atomabstand verschiebt. Auf diese Art erhalten wir eine Schraubenversetzung (Abb. 3.8). Geht man auf einer Ebene senkrecht zur Versetzungslinie um eine Schraubenversetzung herum, so kommt man nicht zum Ausgangspunkt zurück, sondern bewegt sich auf einer Schraubenlinie. Man kann die Verschiebung der getrennten Kristallite auch geneigt, also weder senkrecht noch parallel zur Schnittbegrenzung vornehmen (Abb. 3.9). Eine solche gemischte Versetzung kann man sich aber aus den beiden Grundtypen Stufenversetzung und Schraubenversetzung zusammengesetzt denken.

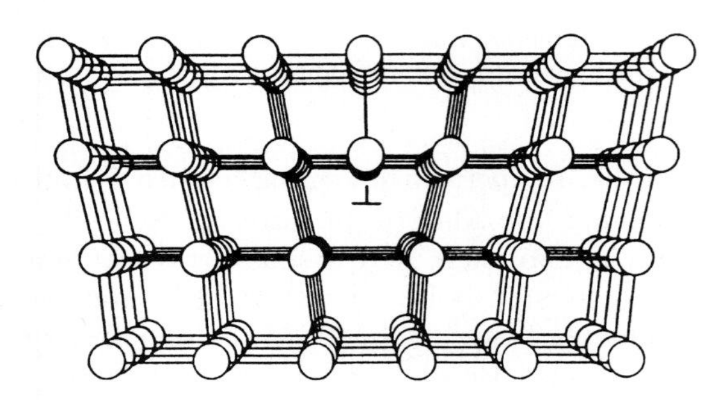

Abbildung 3.7. Atomistische Anordnung einer Stufenversetzung.

Eine Versetzung wird charakterisiert durch ihr Linienelement **s** und ihren Burgers-Vektor **b**. Das Linienelement ist der Einheitsvektor tangential zur Versetzungslinie. Ist die Versetzungslinie gekrümmt, ändert sich **s** mit dem Ort entlang der Versetzungslinie. Der Burgers-Vektor ist nach Betrag und Richtung der Vektor, um den die Kristallteile sich gegeneinander verschieben, wenn eine Versetzung sich bewegt. Er wird exakt definiert durch den Burgers-Umlauf (Abb. 3.10). Dazu zeichnet man die Anordnung der Gitterplätze in einer Ebene senkrecht zur Versetzungslinie sowohl im gestörten wie im perfekten Kristall. Dann legt man die Richtung der Versetzungslinie fest und wählt einen geschlossenen Umlauf im Uhrzeigersinn (Rechtsschraube) um die positive Richtung der Versetzungslinie (Abb. 3.10a).

Vollzieht man den gleichen Umlauf im perfekten Kristall (Abb. 3.10b), so sind Anfangs- und Endpunkt des Umlaufs nicht identisch. Der Vektor zwischen Endpunkt und Startpunkt ist der Burgersvektor. In der Literatur findet man

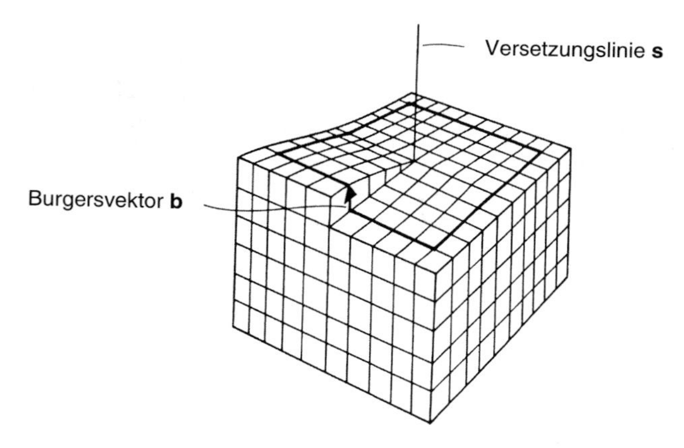

Abbildung 3.8. Atomistische Anordnung um eine Schraubenversetzung.

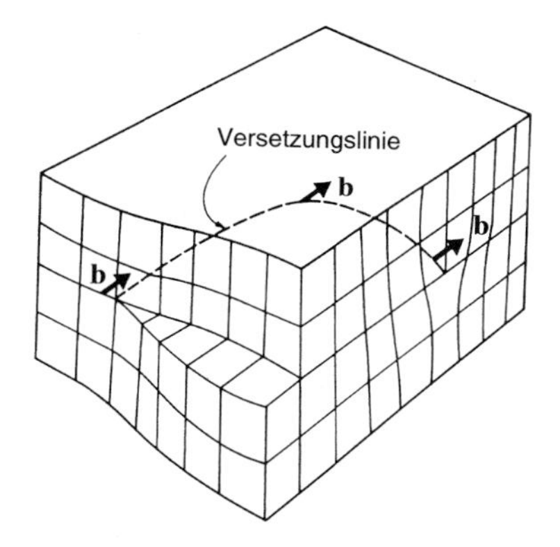

Abbildung 3.9. Eine Versetzungslinie mit ortsabhängigem Versetzungscharakter von Schraubenversetzung zu Stufenversetzung.

die Vorschrift auch als FS/RH-Regel (Finish-Start/Right Hand). Der Burgers-Vektor ändert sich längs einer Versetzungslinie nicht. Bei der Stufenversetzung steht der Burgers-Vektor senkrecht zur Versetzungslinie, bei der Schraubenversetzung sind Burgers-Vektor und Linienelement parallel zueinander. Sind entweder Burgers-Vektor oder Linienelement von parallel verlaufenden Versetzungslinien im Vorzeichen verschieden, spricht man von antiparallelen Versetzungen. Antiparallele Stufenversetzungen kann man sich als Teilebenen von oben und von unten eingeschoben vorstellen. Antiparallele Schraubenversetzungen unterscheiden sich in ihrem Schraubensinn. Treffen sich zwei antiparallele Versetzungen, so löschen sie sich aus (vgl. Kap. 7).

Da sich das Linienelement längs der Versetzungslinie ändern kann, der Burgers-Vektor aber konstant bleibt, ist auch der Charakter der Versetzung

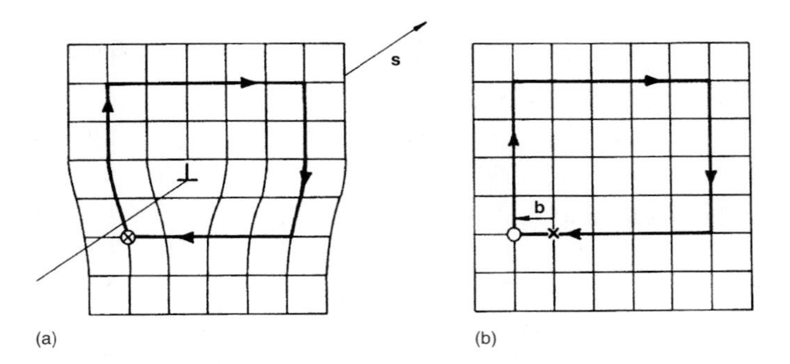

Abbildung 3.10. Definition des Burgers-Vektors **b** mit einem Burgers-Umlauf. (a) **s** gibt die Richtung der Versetzungslinie an. (b) Kreis und Kreuz markieren den Anfang bzw. das Ende des Umlaufs.

längs ihrer Linie veränderlich (Abb. 3.11). Die Stufenanteile ($\mathbf{b}_e$) und Schraubenanteile ($\mathbf{b}_s$) einer Versetzung bestimmen sich aus der Lage von Burgers-Vektor und Linienelement zueinander (Abb. 3.11). Schließen beide den Winkel φ ein, so ist

$$\mathbf{b}_S = \mathbf{s} \cdot (\mathbf{b} \cdot \mathbf{s}) = (|\mathbf{b}| \cdot \cos\varphi) \cdot \mathbf{s} \tag{3.22a}$$

$$\mathbf{b}_e = \mathbf{s} \times (\mathbf{b} \times \mathbf{s}) = (|\mathbf{b}| \cdot \sin\varphi) \cdot \mathbf{n} \tag{3.22b}$$

wobei **n** der Einheitsvektor senkrecht zur Versetzungslinie ist. Aus der Definition der Versetzungslinien als Begrenzungslinien von Schnittflächen oder Teilebenen folgt, daß eine Versetzungslinie niemals im Kristall enden kann. Allerdings kann eine Versetzung als geschlossener Ring im Kristall vorliegen, ohne die Oberfläche zu berühren. Bei der plastischen Verformung werden Versetzungen vorwiegend als Ringe erzeugt (vgl. Kap. 6). Die Entstehung eines Versetzungsrings kann man sich so vorstellen, daß ein Teil einer Ebene ganz im Innern des Kristalls von der benachbarten Ebene getrennt wird, bspw. die Fläche begrenzt durch ABCD in Abb. 3.12a, der obere Teil der Trennfläche um einen Vektor **b** gegenüber dem unteren Schnittufer verschoben wird und die Trennfläche dann wieder verschweißt wird. Die Begrenzungslinie der Trennfläche (also ABCD in Abb. 3.12a) stellt einen Versetzungsring dar. Die gesamte Versetzung hat denselben Burgers-Vektor, nämlich den Vektor der Trennflächenverschiebung **b**. Der Charakter der Versetzungslinie wird bestimmt durch die Lage der Versetzungslinie zum Burgers-Vektor.

Beispielsweise besteht der Ring in Abb. 3.12 aus den Stufenversetzungen AB und CD (Abb. 3.12b) sowie den Schraubenversetzungen BC und DA (Abb. 3.12c). Die beiden Stufen- und Schraubensegmente sind antiparallele Versetzungen. Folgt man nämlich im gleichen Richtungssinn, bspw. im Uhrzeigersinn der Versetzungslinie, so sind die Linienelemente im Abschnitt AB und CD sowie BC und DA entgegengesetzt, während der Burgers-Vektor einheitlich ist.

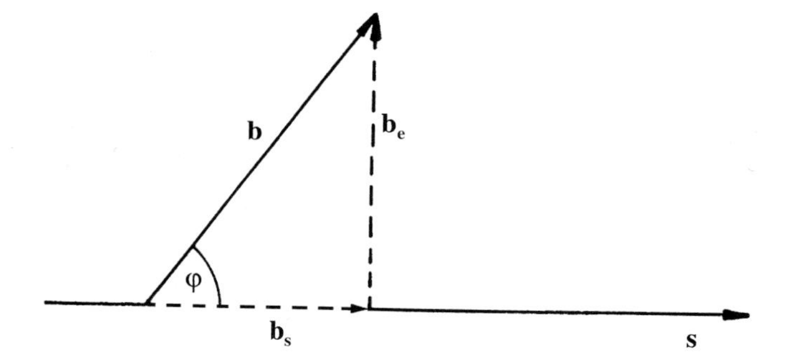

Abbildung 3.11. Der Burgers-Vektor **b** läßt sich in seine Schrauben- ($\mathbf{b}_s$) und Stufenanteile ($\mathbf{b}_e$) zerlegen.

Weil ein geschlossener Versetzungsring in mindestens zwei Punkten seine Richtung ändern muß, aber für den gesamten Ring der Burgers-Vektor konstant ist, kann ein Versetzungsring niemals ausschließlich aus Schraubenversetzungen bestehen. Dagegen kann ein Versetzungsring vollständig aus Stufenversetzungen zusammengesetzt sein, wenn der Burgers-Vektor senkrecht zur Ebene des Ringes steht. Ein solcher Versetzungsring entspricht einer eingefügten oder herausgenommenen Teilebene (Abb. 3.13). Derartige Versetzungen

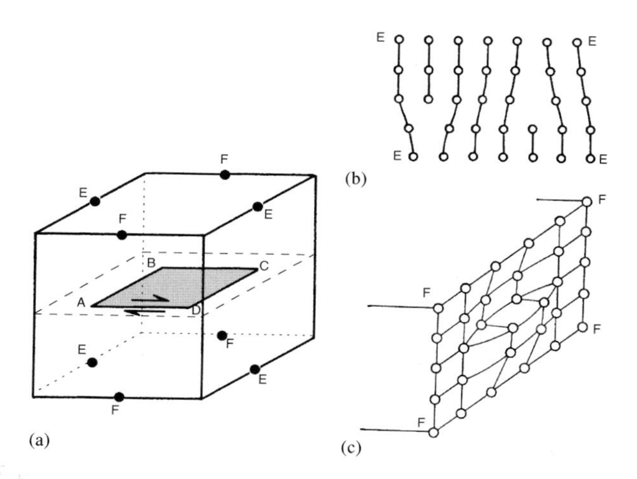

Abbildung 3.12. (a) Darstellung eines geschlossenen Versetzungsrings in Form eines Rechtecks. Es wird ein Schnitt in der Fläche ABCD vorgenommen, und die Atome auf beiden Seiten des Schnitts werden parallel zur Schnittebene verschoben. Anschließend werden die Schnittflächen wieder zusammengesetzt. (b) Darstellung der Atomanordnung entlang der Ebene EEEE. (c) Darstellung der Atomanordnung entlang der Ebene FFFF.

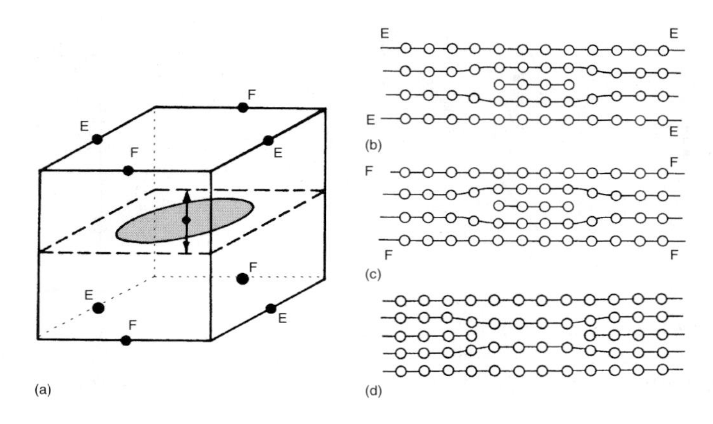

Abbildung 3.13. (a) Darstellung eines prismatischen Versetzungsrings. Es wird ein Schnitt in der schraffierten Fläche vorgenommen und die Oberfläche beider Schnittflächen voneinander getrennt. Der Zwischenraum wird mit Atomen aufgefüllt. (b) Darstellung der Atomanordnung entlang der Ebene EEEE. (c) Darstellung der Atomanordnung entlang der Ebene FFFF. (d) Schnitt durch einen Bereich eines prismatischen Versetzungsrings umgekehrten Vorzeichens, bei dem die Atome aus der Schnittfläche entfernt wurden.

werden als Franksche Versetzungen oder prismatische Versetzungsringe bezeichnet.

Versetzungen können sich bewegen. Ihre Bewegung verursacht die plastische Verformung in kristallinen Festkörpern (s. Kap. 6). Die Ebene, längs der sich die Versetzungslinie verschiebt, wird Gleitebene genannt, und ihre Normale $\mathbf{m}$ ist bestimmt durch

$$\mathbf{m} = \mathbf{s} \times \mathbf{b} \tag{3.23}$$

Danach haben Schraubenversetzungen ($\mathbf{s}||\mathbf{b}$) keine definierte Gleitebene und können die Gleitebene wechseln (Quergleitung) (Abb. 3.14). Prismatische Versetzungen haben längs der Versetzungslinie unterschiedliche Gleitebenen und sind daher unbeweglich. Stufenversetzungen und gemischte Versetzungen haben eine definierte Gleitebene gemäß Gl. (3.23). Sie können diese Gleitebene nur verlassen (klettern) durch Anlagern von Punktdefekten, bspw. Leerstellen (Abb. 3.15). Die angelagerten Leerstellen werden damit dem Volumen entzogen. Versetzungen sind daher Senken für Leerstellen. Durch Umkehr des Vorgangs können an der Versetzung auch Leerstellen erzeugt werden (Leerstellenquellen). Weil mit der Erzeugung und Vernichtung von Punktfehlern eine Volumenänderung des Kristalls verbunden ist, spricht man beim Klettern auch von nichtkonservativer Versetzungsbewegung. Wir werden auf die Bewegung der Versetzungen und ihre elastischen Eigenschaften ausführlich in Kap. 6 eingehen.

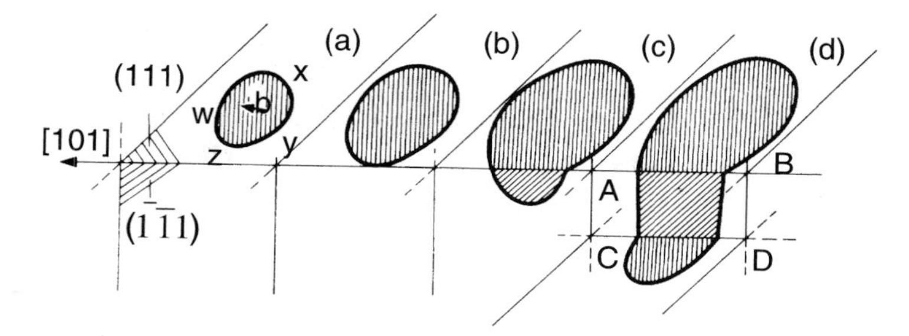

Abbildung 3.14. Schematische Darstellung des Quergleitens einer Versetzung. Eine Schraubenversetzung bei „z“ kann sowohl auf (111) als auch auf $(1\bar{1}1)$ gleiten. In (d) ist schematisch der Mechanismus des Doppelquergleitens dargestellt.

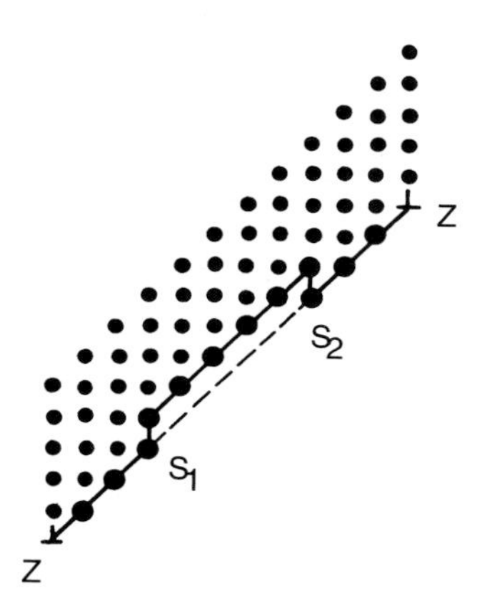

Abbildung 3.15. Klettern einer Stufenversetzung durch Anlagerung von Leerstellen.

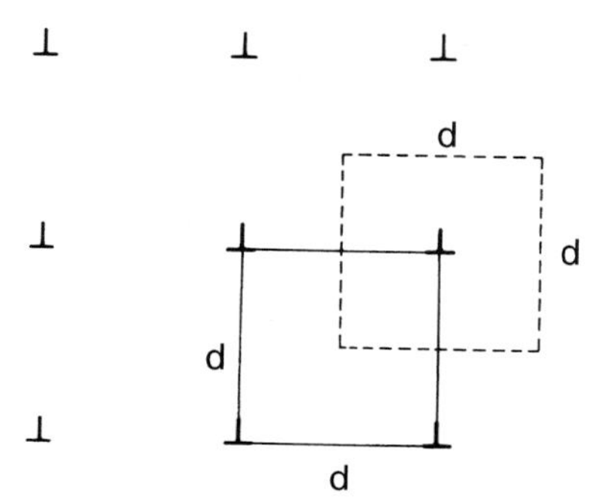

Abbildung 3.16. Haben Versetzungen den mittleren Abstand d voneinander, so beträgt die Versetzungsdichte $\rho = 1/d^2$.

Die Anzahl der Versetzungen wird durch die Versetzungsdichte ρ gegeben. Darunter versteht man die Gesamtlänge der Versetzungslinien pro Volumeneinheit. Die Versetzungsdichte hat deshalb die Dimension $[m/m^3] = [\mathrm{m}^{-2}]$. Sind alle Versetzungslinien geradlinig und parallel, dann wird die Versetzungsdichte auch durch die Anzahl der Durchstoßpunkte von Versetzungen durch die Kristalloberfläche gegeben. In diesem Fall ist die Versetzungsdichte ρ mit dem Versetzungsabstand d durch $\rho = 1/d^2$ verknüpft (Abb. 3.16). Diese Voraussetzung wird gewöhnlich gemacht, wenn die Versetzungsdichte mit Ätzgrübchenmethoden bestimmt wird (vgl. Abschn. 3.3.2). Die Versetzungsdichte ist allerdings sehr schwierig genau zu bestimmen, insbesondere nach Verformung. Insofern sind die Unsicherheiten bei der Messung von Versetzungsdichten mit Ätzgrübchenmethoden von untergeordneter Bedeutung.

Eigentlich sollte ein geglühter Kristall gar keine Versetzungen enthalten, denn die Energie pro Atom der Versetzungslinie ist mindestens so groß wie die Bildungsenergie für Zwischengitteratome (bspw. etwa 5 eV für Cu, vgl. Kap. 5). Gemäß Gl. (3.16) sollte die Konzentration c_v^a von Versetzungsatomen daher vernachlässigbar klein sein. Beträgt der Abstand der Atome voneinander b und bezeichnet ρ die Versetzungsdichte, so ist

$$c_v^a = \frac{\rho/b}{1/b^3} = \rho b^2 \tag{3.24}$$

Wegen der hohen Bildungsenthalpie sollte c_v^a und damit auch ρ im thermischen Gleichgewicht verschwindend klein sein. Trotzdem werden aber in sorgfältig gezüchteten und geglühten Kristallen Versetzungsdichten in der Größenordnung von 10^{10} m^{-2} gemessen. Der Grund für die Existenz dieser Versetzungen ist ihre Bedeutung für den Mechanismus des Kristallwachstums und die Schwierigkeit, die Versetzungen zu beseitigen; denn sind sie einmal erzeugt, so befinden sie sich in einem mechanischen Gleichgewicht. Ein Realkristall befindet sich deshalb praktisch nie im thermischen Gleichgewicht.

3.3.2 Nachweis von Versetzungen

Durch hochauflösende Abbildungstechniken können wir heute die atomistische Struktur von Kristallen und Oberflächen und deshalb auch Versetzungen abbilden (Abb. 3.17). Stufenversetzungen können durch hochauflösende Transmissionselektronenmikroskopie (Abb. 3.17a) abgebildet werden; Schraubenversetzungen lassen sich durch Rasterelektronenmikroskopie von Kristalloberflächen bildlich darstellen. Solche Messungen erfordern eine aufwendigen Probenpräparation und werden deshalb nur durchgeführt, wenn sie unerläßlich sind. Aber bereits mit konventioneller Transmissionselektronenmikroskopie können Versetzungen auch ohne großen Aufwand sichtbar gemacht werden (Abb. 3.18a), denn sie erscheinen als dunkle Linien in der Hellfeldaufnahme. Der Grund für diese dunklen Linien ist die Verzerrung der Gitterebenen in der Umgebung des Versetzungskerns, wodurch lokal die Braggsche Reflektionsbedingung erfüllt wird (Abb. 3.18b). Der gebeugte Strahl fehlt als Intensität

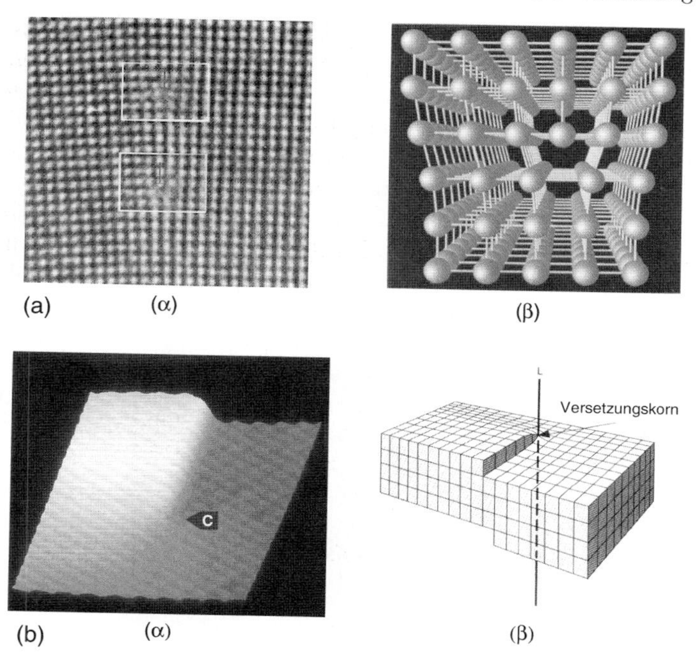

Abbildung 3.17. a: (α) Hochauflösungs-TEM-Aufnahme eines $SrTiO_3$-Kristalls mit 2 Stufenversetzungen (markiert) [3.3]; (β) schematische atomistische Anordnung einer Stufenversetzung. b: (α) Hochauflösungsaufnahme einer Schraubenversetzung am Ort c mit einem Rastertunnelmikroskop [3.4]; (β) schematische atomistische Anordnung einer Schraubenversetzung (die Anordnung in (β) ist gegenüber dem Bild (α) gedreht).

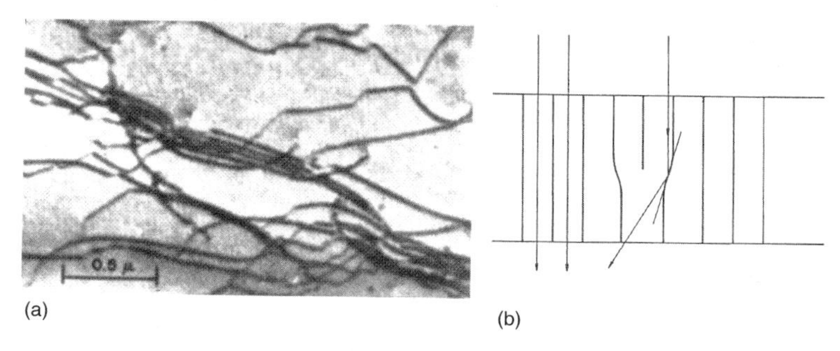

Abbildung 3.18. Abbildung von Versetzungen mit Amplitudenkontrast im TEM. (a) Die schwarzen Linien im Hellfeld sind Versetzungslinien in einer um 1% verformten Aluminiumprobe. (b) Prinzip der Kontrastbildung an Versetzungskernen. An der Krümmung der Netzebenen nahe der Versetzung werden Elektronen gebeugt. Dadurch wird der sonst durchgehende Primärstrahl geschwächt.

im Durchstrahlbild, so daß der betreffende Ort im Durchstrahlbild dunkel erscheint.

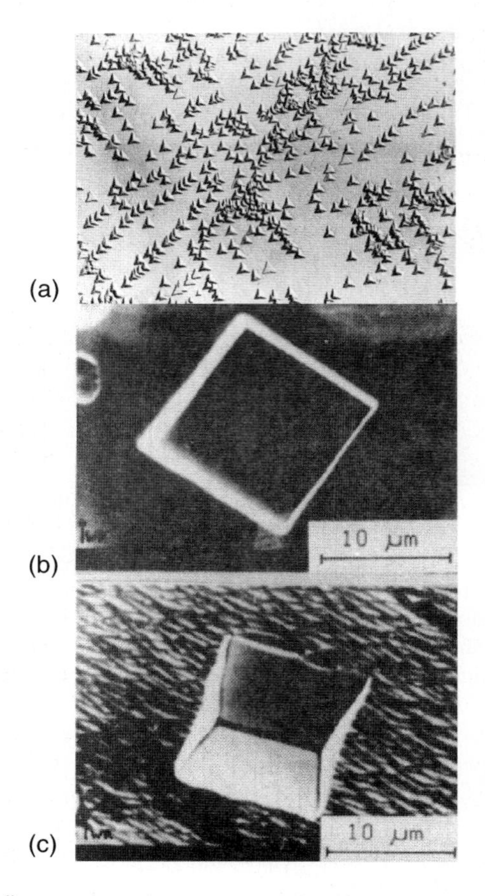

Abbildung 3.19. Ätzgrübchen auf einer {111}-Oberfläche von biegeverformtem Kupfer (a); auf einer {100}- (b); sowie auf einer {110}-Oberfläche; (c) in rekristallisiertem Al-0.5% Mn.

Auch mittels Lichtmikroskopie lassen sich Versetzungen sichtbar machen. Durch den bevorzugten Ätzangriff geeigneter Chemikalien entstehen an den Durchstoßpunkten der Versetzungslinien auf der Oberfläche sog. Ätzgrübchen, die man im Lichtmikroskop erkennen kann (Abb. 3.19). Diese Ätzgrübchen nehmen eine Gestalt an, die typisch ist für die Kristallographie der angeätzten Oberfläche. So bilden sie ein gleichseitiges Dreieck auf {111}-Ebenen, Quadrate auf {100}-Ebenen und eine keilförmige Vertiefung auf {110}-Ebenen von kubischen Kristallen (Abb. 3.19). Bei Abweichungen von den idealen Orientierungen wird die Geometrie der Ätzgrübchen charakteristisch verzerrt, so daß man aus der Form der Ätzgrübchen auf die Orientierung schließen kann. Ätzgrübchen bieten bei nicht zu hohen Versetzungsdichten, bspw. bei geglühten oder schwach verformten Kristallen eine einfache Methode zur Bestimmung der Versetzungsdichte.

3.4 Korngrenzen

3.4.1 Grundbegriffe und Definitionen

Die Korngrenze ist der am längsten bekannte, aber auch am wenigsten verstandene Gitterfehler. Eine Korngrenze trennt Bereiche gleicher Kristallstruktur aber unterschiedlicher Orientierung. Sie ist bei entsprechender Ätzung bereits mit dem bloßen Auge auf der Oberfläche eines grobkörnigen Werkstoffes auszumachen. Bei feinkörnigem Gefüge kann man sie im Lichtmikroskop leicht erkennen (Abb. 3.20a). Der Mangel an physikalischem Verständnis von Korngrenzen ist ihrer komplexen Struktur zuzuschreiben, die bereits eine aufwendige mathematische Beschreibung zur makroskopischen Festlegung erfordert. Schon im zweidimensionalen Fall benötigt man vier Parameter zur mathematischen Definition der Korngrenze (Abb. 3.20b), nämlich einen Winkel φ zur Beschreibung der Lage der angrenzenden Kristallite relativ zueinander (Orientierungsbeziehung), einen Winkel Ψ zur Angabe der räumlichen Lage der Korngrenze (Korngrenzenlage) und die beiden Komponenten t_1, t_2 des Vektors $\mathbf{t}$ der Verschiebung der angrenzenden Kristallite relativ zueinander (Translationsvektor). Im dreidimensionalen Fall (Realfall) benötigt man sogar acht Parameter zur Festlegung der Korngrenze, nämlich wie weiter unten erklärt, drei für die Orientierungsbeziehung, bspw. die drei Euler-Winkel $\varphi_1, \Phi, \varphi_2$, zwei weitere für die räumliche Lage der Korngrenze anhand der Normalen zur Korngrenzenebene $\mathbf{n} = (n_1, n_2, n_3)$ bezüglich eines der angrenzenden Kristallgitter mit $|\mathbf{n}| = 1$ und schließlich die drei Komponenten des Translationsvektors $\mathbf{t} = [t_1, t_2, t_3]$. Die Eigenschaften, insbesondere die Energie einer Korngrenze, sind also prinzipiell eine Funktion von acht Variablen. Dabei können wir fünf beeinflussen, nämlich Orientierungsbeziehung und Korngrenzenlage. Der Translationsvektor wird vom Kristall so gewählt, daß die Korngrenzenenergie minimal ist, allerdings muß $\mathbf{t}$ nicht immer eindeutig sein, wie neuere Computersimulationen zeigen. Zur Bestimmung der Abhängigkeit der Korngrenzeneigenschaften, bspw. der Korngrenzenenergie, von einer der makroskopischen Variablen, muß man also alle Parameter bis auf einen festhalten und diese Variable systematisch ändern.

Die Korngrenzenenergie in Abhängigkeit von der Korngrenzenlage bei fester Orientierungsbeziehung wird im „Wulff-Plot“ dargestellt. Dazu wird längs der Richtung der Korngrenzennormalen, vom Ursprung ausgehend, die Größe der Korngrenzenenergie abgetragen (Abb. 3.21). Punkte des Wulff-Plots mit

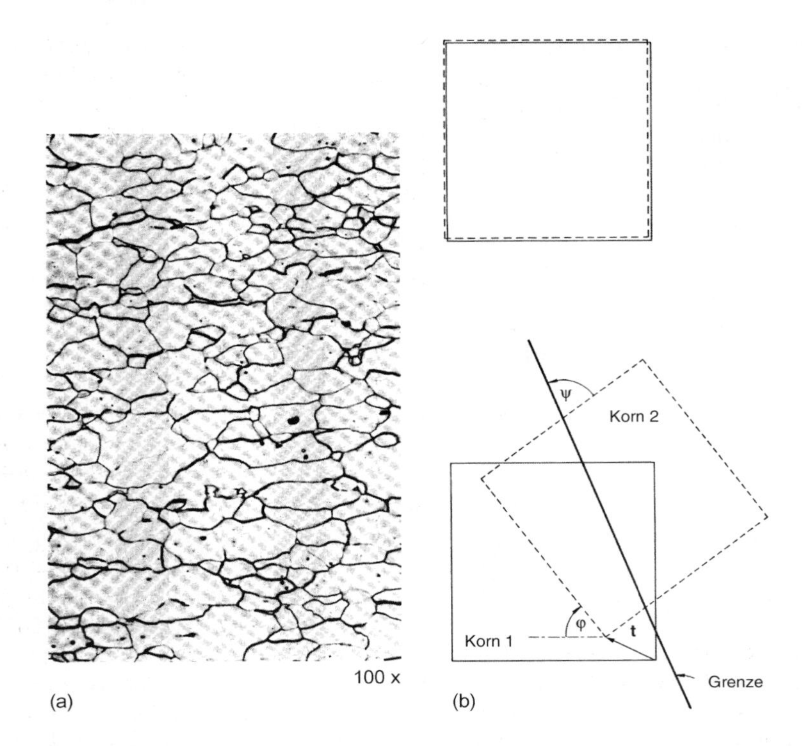

Abbildung 3.20. (a) Angeätzte Korngrenzen in Stahl. (b) Zur mathematischen Beschreibung einer Korngrenze benötigt man bereits im Zweidimensionalen vier Parameter.

dem kleinsten Abstand zum Ursprung stellen daher niederenergetische Korngrenzen dar. Wenn es Korngrenzenlagen mit sehr niedrigen Energien gibt, bspw. die kohärente Zwillingsgrenze, dann ist zu erwarten, daß zur Minimierung der Gesamtenergie die Korngrenze bestrebt ist, zumindest stückweise entlang dieser Richtungen zu verlaufen (Facettierung).

Die Orientierungsbeziehung zwischen zwei Kristallgittern ist die Transformation, die man anwenden muß, um eines der Kristallgitter (beschrieben durch sein Koordinatensystem) in das andere zu überführen, wobei ein gemeinsamer Ursprung vorausgesetzt wird. Diese Transformation ist eine reine Rotation, weil ja die relative Lage der Kristallachsen zueinander in beiden Kristallen die gleiche ist. Eine Orientierungsbeziehung kann in beliebig vielen Darstellungen angegeben werden. Häufig werden die drei Euler-Winkel verwendet. Am einfachsten vorstellbar ist die Darstellung in Form von Drehachse und Drehwinkel. Physikalisch sehr wichtig ist die Drehwinkelabhängigkeit einer Eigenschaft bei gegebener Drehachse. Dabei wäre es wünschenswert, die Korngrenzenebene festzulegen, um allein die Abhängigkeit vom Drehwinkel zu bestimmen. Bei der Ebene senkrecht zur Drehachse, die als Drehkorn-

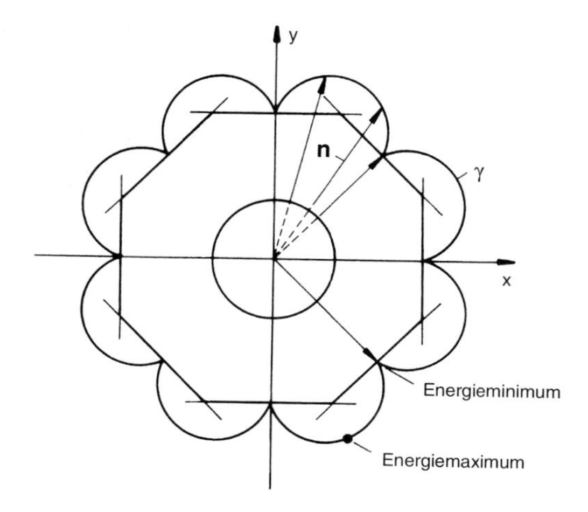

Abbildung 3.21. Zweidimensionaler „Wulff-Plot". Der innere Kreis ist der Orientierungskreis der Korngrenzennormalen. Die äußere Kurve gibt die betreffende Größe der Korngrenzenenergie γ an. Das innere 8-Eck stellt die energetisch günstigste Kornform bei gegebenem Korngrenzenenergieverlauf dar (Facettierung).

grenze bezeichnet wird (Abb. 3.22a), ist diese Wahl eindeutig. Dagegen gibt es unendlich viele Ebenen, die parallel zur Drehachse liegen (Abb. 3.22b), nämlich alle Ebenen, die durch Drehung einer solchen Ebene um die Drehachse entstehen. Wir bezeichnen solche Korngrenzen, die parallel zur Drehachse liegen, als Kippkorngrenzen. Liegen die kristallographischen Richtungen in beiden angrenzenden Gittern spiegelbildlich zueinander mit der Korngrenze als Spiegelebene, sind also die beiden Kristallite vorstellungsmäßig aus dem perfekten Kristall durch Drehung um den halben Drehwinkel ($\Theta/2$), aber unterschiedlichem Drehsinn bezüglich der Korngrenzenebene erzeugt worden (Abb. 3.22c), so spricht man von einer symmetrischen Kippkorngrenze. Alle anderen Kippkorngrenzen werden als asymmetrische Kippkorngrenzen bezeichnet. In einer symmetrischen Kippkorngrenze hat die Korngrenzennormale kristallographisch äquivalente Miller-Indizes bezüglich beider angrenzender Kristalle, bspw. $(310)_1$ und $(\bar{3}10)_2$ für eine 36.9°[001] symmetrische Kippkorngrenze (entsprechend Abb. 3.22c mit $\Theta = 36.9°$). Definitionsgemäß muß bei Kippkorngrenzen die Korngrenzennormale senkrecht zur Drehachse liegen. Für Kippkorngrenzen ist es prinzipiell unmöglich, bei Änderung des Drehwinkels diejenigen kristallographischen Ebenen, die parallel zur Korngrenze liegen, in beiden Kristallen beizubehalten. Daher ist es dann sinnvoller, sich zunächst auf symmetrische Kippkorngrenzen zu beschränken und dann asymmetrische Kippkorngrenzen durch ihre Abweichung von der symmetrischen Lage zu charakterisieren.

Auch in Abhängigkeit vom Drehwinkel bei fester Drehachse zeigt die Korngrenzenenergie häufig spitze Minima („Cusps") (Abb. 3.23). Offenbar gibt

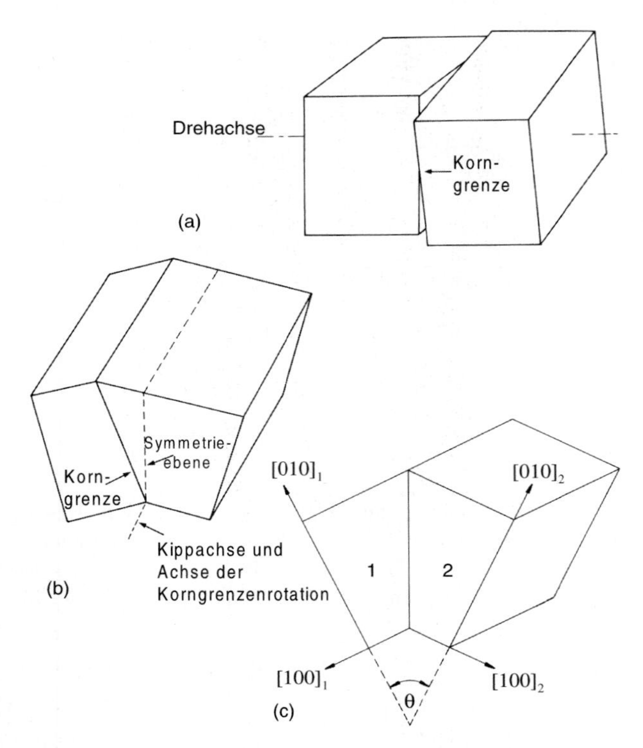

Abbildung 3.22. Anordnung von Korngrenze und Rotationsachse zueinander bei verschiedenen Korngrenzentypen. (a) Drehkorngrenze; (b) asymmetrische Kippkorngrenze; (c) symmetrische Kippkorngrenze.

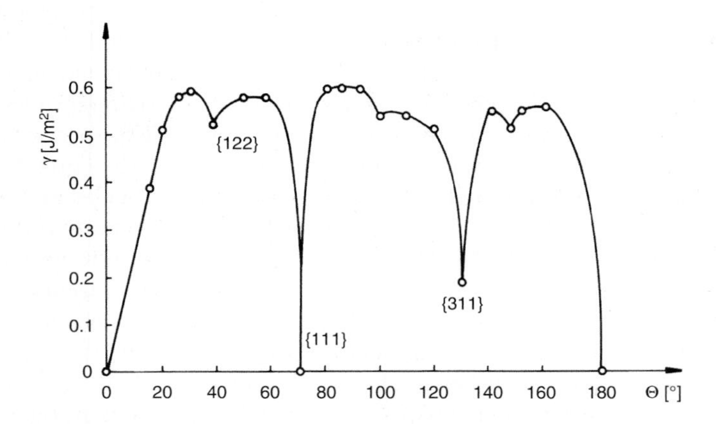

Abbildung 3.23. Energie von symmetrischen ⟨110⟩-Kippkorngrenzen in Al in Abhängigkeit vom Kippwinkel Θ. Die angegebenen Indizes sind die Miller-Indizes der betreffenden Korngrenzenebenen (s. Text) (nach [3.5]).

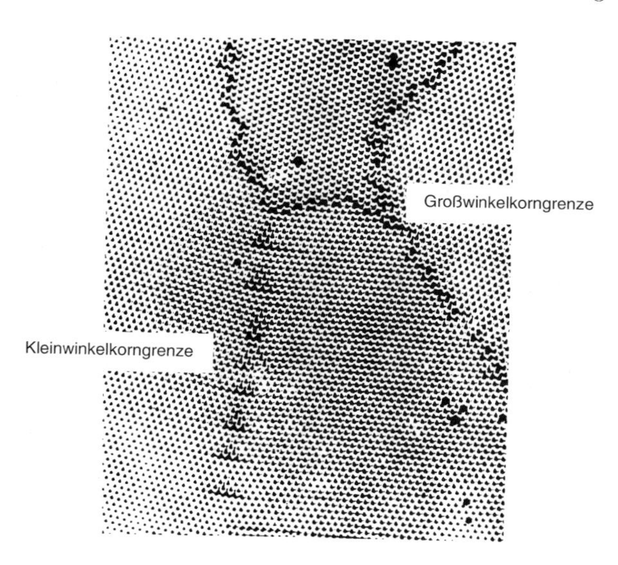

Abbildung 3.24. Großwinkel- und Kleinwinkelkorngrenzen im Seifenblasenmodell.

es Orientierungsbeziehungen, die zu besonders niederenergetischen Grenzen führen. Ein Beispiel ist die 70.5°⟨110⟩-Orientierungsbeziehung, die eine besonders niederenergetische symmetrische Kippkorngrenze besitzt, nämlich die kohärente Zwillingsgrenze. Aber auch wenn in beiden Kristallen eine {311}-Ebene parallel zur Korngrenze liegt, kommt es zu einer starken Verringerung der Korngrenzenenergie (Abb. 3.23).

3.4.2 Struktur der Korngrenzen

Bei nur kleinen Orientierungsunterschieden (Kleinwinkelkorngrenze) ist eine Korngrenze vollständig aus Versetzungen aufgebaut. Das kann man bereits am Seifenblasenmodell des Kristalls erkennen (Abb. 3.24), aber auch mit hochauflösender TEM nachweisen. Symmetrische Kleinwinkelkippkorngrenzen sind aus einer einzigen Schar von Stufenversetzungen (Burgers-Vektor **b**) aufgebaut (Abb. 3.25a), wobei der Abstand D der Versetzungen mit zunehmendem Drehwinkel Θ abnimmt (Abb. 3.25b).

$$\frac{b}{D} = 2\sin\frac{\Theta}{2} \approx \Theta \tag{3.25}$$

Für unsymmetrische Kleinwinkelkippkorngrenzen sind mindestens zwei Scharen von Stufenversetzungen mit zueinander senkrechten Burgers-Vektoren erforderlich (Abb. 3.26a). Dabei nimmt die Zahl der Versetzungen der zweiten Schar mit zunehmender Abweichung von der symmetrischen Korngrenzenlage zu. Schließlich besteht die Korngrenze allein aus Versetzungen der

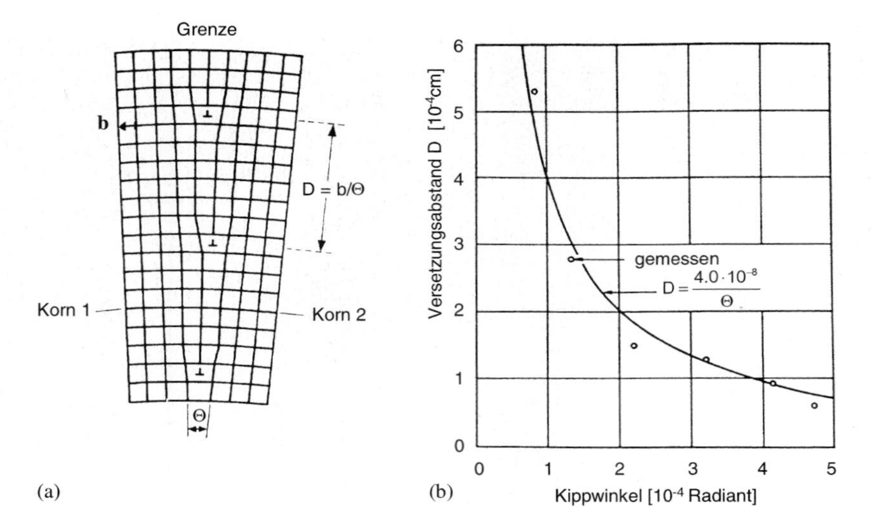

Abbildung 3.25. (a) Versetzungsstruktur einer symmetrischen ⟨100⟩ Kleinwinkelkorngrenze mit Kippwinkel Θ in einem einfach kubischen Kristall. (b) Gemessene und berechnete Werte des Versetzungsabstandes in einer symmetrischen Kleinwinkelkippkorngrenze in Germanium.

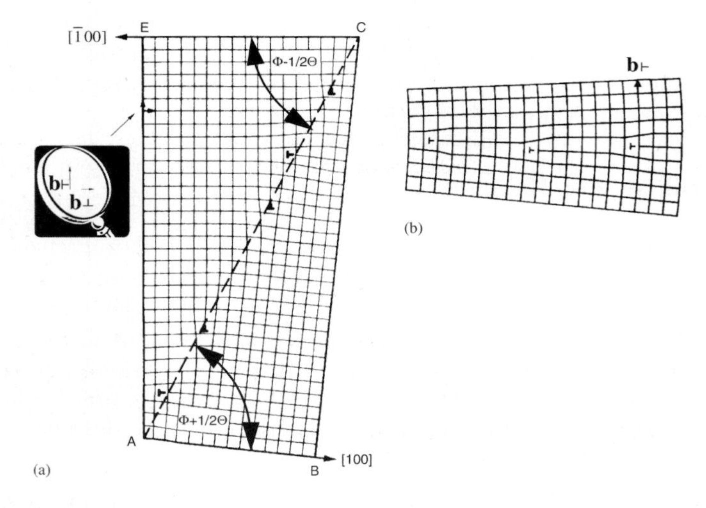

Abbildung 3.26. (a) Versetzungsstruktur einer asymmetrischen Kleinwinkelkippkorngrenze mit Kippwinkel Θ und Neigungswinkel Φ. (b) Symmetrische Kleinwinkelkippkorngrenze, aufgebaut allein aus Versetzungen der 2. Schar.

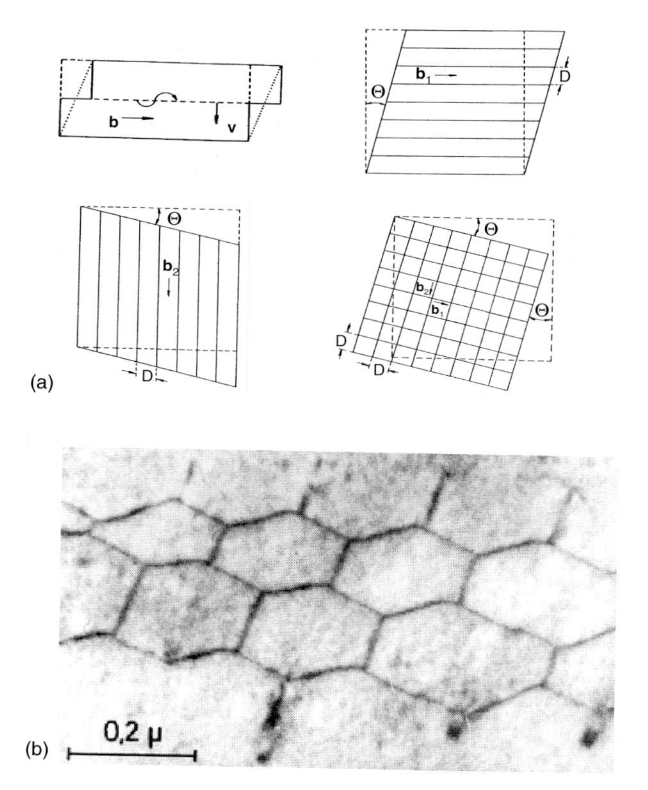

Abbildung 3.27. (a) Zum Verständnis der Versetzungsstruktur einer Kleinwinkeldrehkorngrenze. Eine einzelne Schar von parallelen Schraubenversetzungen erzeugt eine Scherung. Lediglich zwei zueinander senkrechte Scharen verursachen eine Rotation. (b) TEM-Abbildung einer Kleinwinkel-Drehkorngrenze in α-Fe. Die hexagonale Versetzungsstruktur ist aus Schraubenversetzungen mit drei unterschiedlichen Burgersvektoren aufgebaut [3.6].

zweiten Schar; sie nimmt somit eine weitere symmetrische Lage ein (Abb. 3.26b) und steht damit senkrecht zu derjenigen symmetrischen Korngrenze, die allein aus Versetzungen der ersten Schar aufgebaut ist (Abb. 3.25a). Kleinwinkel-Drehkorngrenzen benötigen grundsätzlich mindestens zwei Scharen von Schraubenversetzungen (Abb. 3.27a).

Das Versetzungskonzept der Kleinwinkelkorngrenzen wird auch durch Messungen der Korngrenzenenergie bestätigt. Für kleine Rotationswinkel steigt die spezifische Korngrenzenenergie an, wie nach dem Versetzungsmodell berechnet (Abb. 3.28). Bei Drehwinkeln von mehr als etwa 15° bleibt allerdings die gemessene Korngrenzenenergie im wesentlichen konstant, während nach dem Versetzungsmodell ein Abfall erwartet wird. Das Versetzungsmodell versagt also bei größeren Drehwinkeln ($\Theta > 15°$), weil sich dann die

Versetzungskerne überlappen und die Versetzungen ihre Identität verlieren. Korngrenzen mit Drehwinkeln über 15° werden als Großwinkelkorngrenzen bezeichnet. Die Struktur der Großwinkelkorngrenze erscheint bei oberflächlicher Betrachtung wie eine regellose, gestörte Zone (Abb. 3.24). Letztlich kann das Versetzungsmodell auch deshalb keine für alle Korngrenzen gültige Beschreibung der Korngrenzenstruktur liefern, weil die Versetzungen streng periodisch mit Abstand D angeordnet sein müssen. Der Abstand kann sich aber nur diskret, nämlich in ganzzahligen Vielfachen des Atomabstandes b ändern. Damit ändert sich auch der Winkel $\Theta \cong b/D$ diskret. Bei kleinen Winkeln ist $b \ll D$, so daß Θ sich quasi-kontinuierlich ändert. Bei größeren Winkeln allerdings wird der Orientierungsunterschied zwischen aufeinanderfolgenden periodischen Versetzungsanordnungen beträchtlich. Kommt z.B. eine Versetzung auf alle vier Atomabstände $D = 4b$, so ist $\Theta = 14.3°$, beim Versetzungsabstand $D = 3b$ ist $\Theta = 19.2°$.

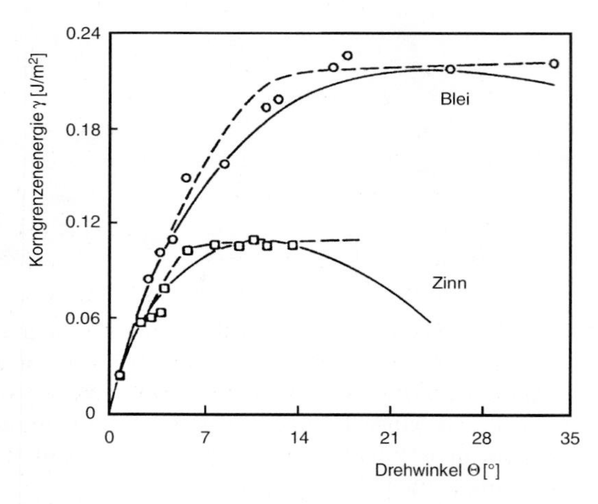

Abbildung 3.28. Gemessene (Punkte und gestrichelte Linien) und nach dem Versetzungsmodell berechnete (durchgezogene Kurven) Energie von Kippkorngrenzen in Blei und Zinn (nach [3.7]).

In einem perfekten Kristall haben die Atome eine bestimmte Position, die durch das Minimum der Energie festgelegt wird. Jede Auslenkung von dieser Position ist zwangsläufig mit einer Energieerhöhung verbunden. Man kann deshalb davon ausgehen, daß die Korngrenze versuchen wird, die Atompositionen möglichst wenig von ihrer Idealposition zu verschieben. Das ist insbesondere dann möglich, wenn die Orientierungsbeziehung es erlaubt, daß sich einige Atomebenen beider Kristalle stetig und unverzerrt in die Korngrenze fortsetzen können, d.h., daß es in der Korngrenze Atompositionen gibt, die beiden ungestörten Kristallgittern gleichzeitig gehören. Solche Punkte nennt man Koinzidenzpunkte. Da die Orientierungsbeziehung der angrenzenden Kristallite durch eine Rotation beschrieben wird, kann man untersuchen, bei welchen Rotationsbeziehungen Koinzidenzpunkte vorkommen. Ein einfaches Beispiel (Abb. 3.29) ist eine Rotation von 36.87° um eine $\langle 100 \rangle$-Achse im kubischen Gitter (bzw. -53.13° wegen der 90° $\langle 100 \rangle$-Kristallsymmetrie). Betrachten wir die Atompositionen beider angrenzenden Gitter in einer $\{100\}$-Korngrenzenebene, also senkrecht zur Drehachse (rechtes Teilbild Abb. 3.29), so erkennt man das Auftreten vieler Koinzidenzpunkte. Weil beide Kristallgitter periodisch sind, müssen auch die Koinzidenzpunkte periodisch sein, d.h. sie spannen ebenfalls ein Gitter auf. Wir nennen dieses Gitter das Koinzidenzgitter oder englisch „coincidence site lattice" (CSL). Seine Elementarzelle ist natürlich größer als die Elementarzelle des Kristallgitters. Als ein Maß für die Dichte der Koinzidenzpunkte bzw. die Größe der Koinzidenzgitterzelle, definieren wir die Größe

$$\Sigma = \frac{\text{Volumen Elementarzelle des Koinzidenzgitters}}{\text{Volumen Elementarzelle des Kristallgitters}} \tag{3.26}$$

Für die Rotation 36.87°$\langle 100 \rangle$ ist $\Sigma = a(a\sqrt{5})^2/a^3 = 5$, d.h. jeder fünfte Gitterpunkt ist ein Koinzidenzpunkt (Abb. 3.29).

Abb. 3.29 veranschaulicht aber nur einen besonders einfachen Spezialfall. In Wirklichkeit ist das Koinzidenzgitter ein dreidimensionales Gebilde, dessen Erzeugung man sich wie folgt vorstellen kann. Wir nehmen ein Kristallgitter und besetzen jeden Gitterpunkt mit zwei Atomen, zur Veranschaulichung mit einer runden und einer dreieckigen Atomsorte wie in Abb. 3.29. Nun führen wir die Rotation mit der dreieckigen Atomsorte durch, während die runde Atomsorte unverändert bleibt. Natürlich wählen wir als Ursprung der Rotation einen Gitterpunkt. Nach durchgeführter Rotation gibt es nun wiederum Punkte, wo dreieckige und runde Atome zusammenfallen. Das sind die Koinzidenzpunkte, und sie spannen naturgemäß ein dreidimensionales Gitter auf. Zur Anwendung auf Korngrenzenprobleme müssen wir nun noch die räumliche Lage der Korngrenze festlegen. Dazu greifen wir die gewünschte Ebene in der gemeinsamen zweisymbolischen Anordnung aus runden und dreieckigen Atome heraus und vergessen nun auf der einen Seite der Ebene die runden, auf der anderen Seite der Ebene die dreieckigen Atome. Damit haben wir einen Bikristall mit einer Korngrenze konstruiert.

Wenn Atome guter Passung — und Koinzidenzpunkte sind Atome idealer Passung — mit einer geringen Energie verbunden sind, so ist davon auszugehen, daß die Korngrenze bestrebt ist, durch möglichst viele Koinzidenzpunkte zu verlaufen. Korngrenzen zwischen Kristalliten, die eine Rotationsbeziehung zueinander haben, welche eine hohe Zahl von Koinzidenzpunkten erzeugt, nennt man Koinzidenzkorngrenzen oder spezielle Korngrenzen. Je kleiner Σ (was immer ganzzahlig und ungerade sein muß) desto besser geordnet ist die Korngrenze. Kleinwinkelkorngrenzen kann man mit $\Sigma = 1$ bezeichnen, da nahezu alle Gitterpunkte — bis auf die Atome der Versetzungskerne — Koinzidenzpunkte sind. Korngrenzen zwischen Kristalliten mit

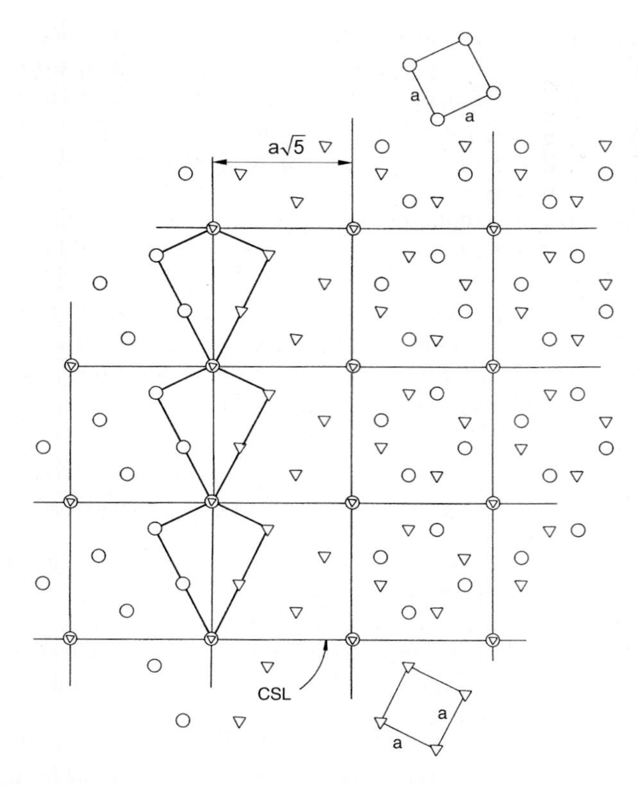

Abbildung 3.29. Koinzidenzgitter (CSL) und Struktur einer 36.9°⟨100⟩ (Σ=5) Korngrenze in einer kubischen Kristallstruktur. Rechte Bildhälfte: Korngrenzenebene || Papierebene (Drehkorngrenze); linke Bildhälfte: Korngrenzenebene ⊥ zur Papierebene (Kippkorngrenze).

Zwillingsbeziehung zueinander sind durch $\Sigma = 3$ gekennzeichnet, speziell auch die kohärente Zwillingsgrenze. Das mag zunächst widersprüchlich erscheinen, da ja alle Punkte in der Korngrenze zu beiden Gittern gleichzeitig gehören, aber man muß bedenken, daß das Koinzidenzgitter ja ein Raumgitter ist, das auch senkrecht zur Korngrenze eine Ausdehnung hat, so daß nicht in allen Ebenen parallel zur Zwillingsgrenze Koinzidenzpunkte vorliegen. Speziell im kubisch-flächenzentrierten Fall ist wegen der Stapelfolge ABC (vgl. Kap. 2) eine Raumgitterkoinzidenz nur in jeder dritten Parallelebene zur kohärenten Zwillingsgrenze möglich, und daher $\Sigma = 3$.

Ein grundsätzliches Problem besteht nun darin, daß Koinzidenzgitter nur bei ganz wenigen, bestimmten Rotationsbeziehungen auftreten, wodurch Σ sich nicht kontinuierlich mit dem Drehwinkel ändert (Tabelle 3.2). Diese Problematik entspricht vollständig der sprunghaften Änderung des Drehwinkels bei periodischen Versetzungsanordnungen, wie zuvor beschrieben. Eine

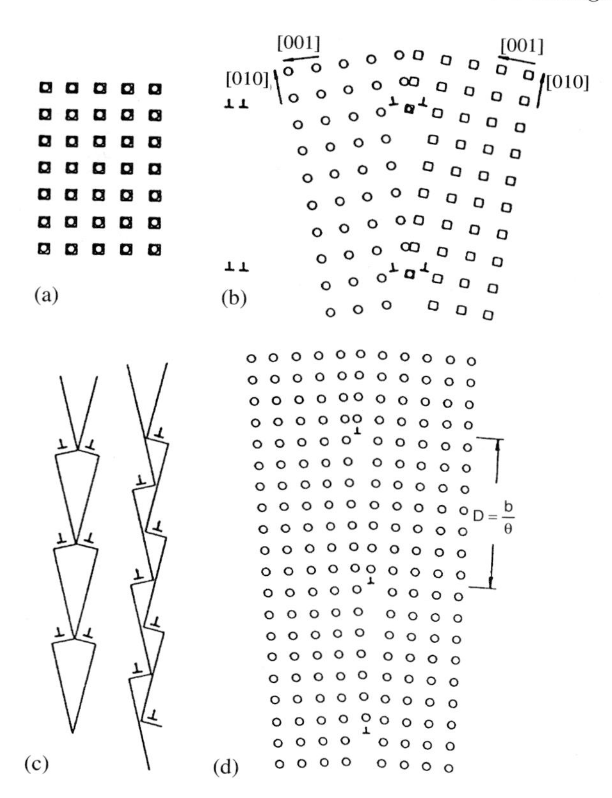

Abbildung 3.30. Zusammenhang des Koinzidenzgitters mit der primären Versetzungsstruktur in einer Korngrenze. Wenn zwei identische, ineinander liegende Gitter (a) symmetrisch gegeneinander um eine Achse senkrecht zur Papierebene verdreht werden (b), bildet sich ein Koinzidenzgitter. Die Koinzidenzpunkte sind erkennbar durch die überlappung von Kreis und Quadrat. Die zugehörige Anordnung der entstehenden Doppelversetzungen relaxiert entlang der Grenze (c), und es bildet sich die Struktur einer symmetrischen Kleinwinkelkippkorngrenze (d).

Tabelle 3.2. Rotationswinkel Θ für Gitterkoinzidenzen mit Σ<100 im kubischen Gitter mit $\langle 100 \rangle$-Drehachse.

Θ	Σ	Θ	Σ
8.80	85	25.99	89
10.39	61	28.07	17
12.68	41	30.51	65
14.25	65	31.89	53
16.26	25	36.87	5
18.92	37	41.11	73
22.62	13	42.08	97
25.06	85	43.60	29

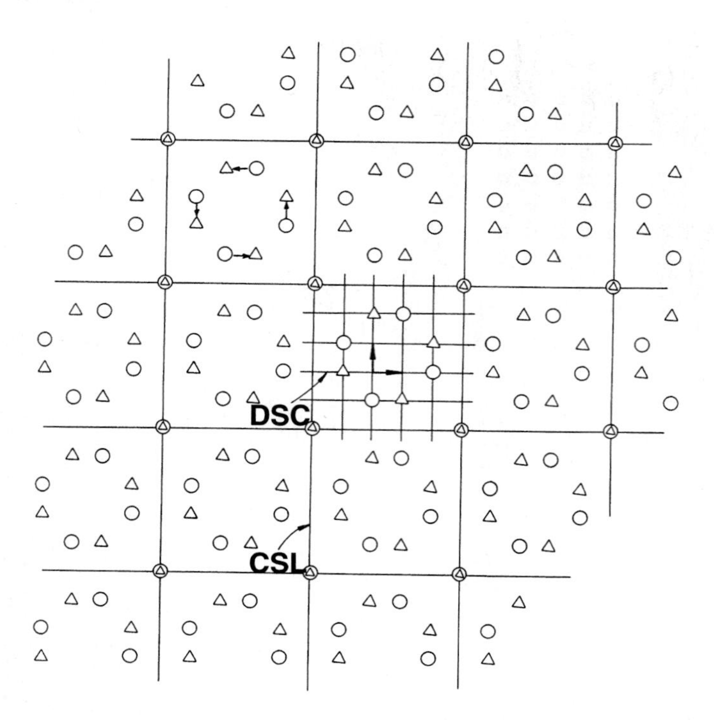

Abbildung 3.31. Koinzidenzgitter (CSL) und DSC-Gitter bei einer 36.9° ⟨100⟩ Rotation im kubischen Gitter.

solche streng periodische Versetzungsanordnung ist nämlich nichts anderes als die relaxierte Struktur einer Koinzidenzkorngrenze (Abb. 3.30). Bei noch so kleinen Abweichungen von der exakten Rotationsbeziehung geht die Koinzidenz verloren. Wir werden aber erwarten, daß der Kristall versuchen wird, die ideale Passung möglichst zu erhalten und Abweichungen von dieser Passung in entsprechenden Störungen zu konzentrieren. Von der Kleinwinkelkorngrenze wissen wir, daß kleine Orientierungsunterschiede zwischen perfekten Kristallen durch Versetzungsanordnungen kompensiert werden können. Entsprechend können wir vermuten, daß auch die Großwinkelkorngrenze Versetzungen einbauen wird, um das Koinzidenzgitter aufrecht zu erhalten. Die Versetzungen müssen also einen Burgers-Vektor haben, der das Koinzidenzgitter nicht zerstört, so wie in Kleinwinkelkorngrenzen die Gitterversetzungen das Kristallgitter in der Korngrenze erhalten. Trivialerweise wird das Koinzidenzgitter nicht verändert, wenn Versetzungen eingeführt werden, deren Burgers-Vektor ein Gittervektor des Koinzidenzgitters ist. Ebenso ist es möglich, daß der Burgers-Vektor ein Vektor des Kristallgitters ist. Allerdings nimmt die elastische Energie der Versetzungen quadratisch mit dem Burgers-Vektor zu (vgl. Kap. 6.4). Daher würde die Energie der Korngrenze drastisch ansteigen, wenn Versetzungen mit den sehr großen Burgers-Vektoren des Koinzidenzgitters ein-

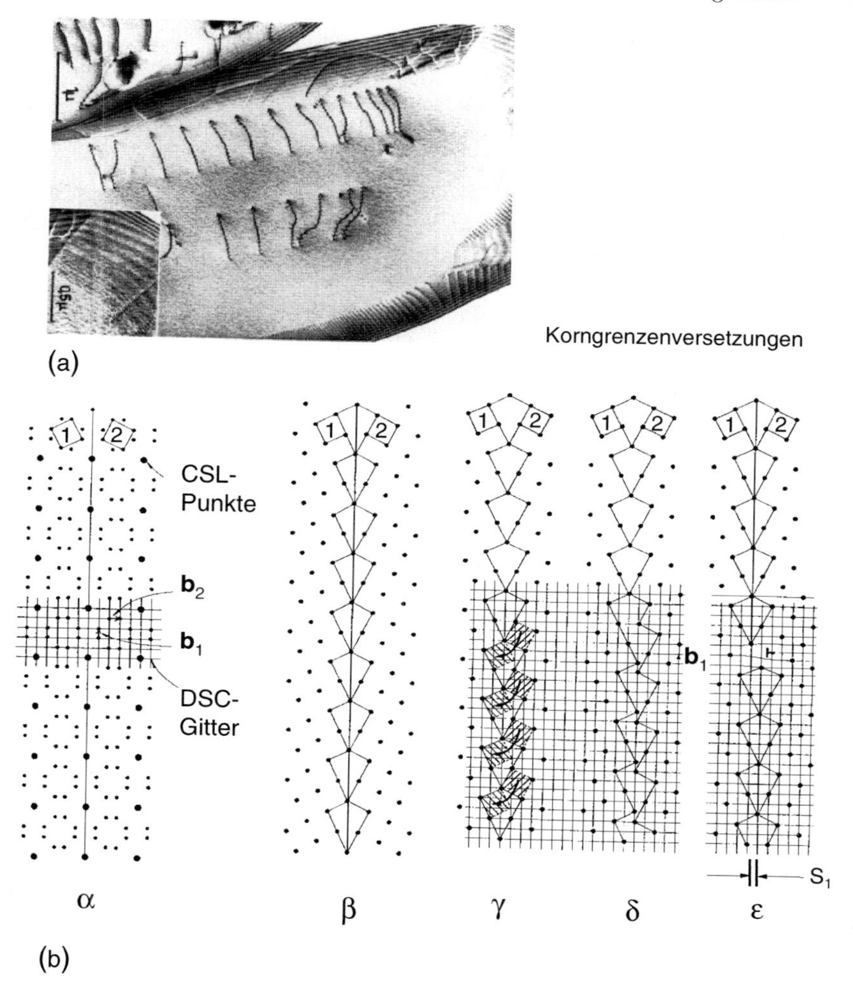

Abbildung 3.32. (a) Korngrenzenversetzungen in einer Kippkorngrenze in rostfreiem Stahl (nach [3.8]). (b) Schema der Erzeugung einer Korngrenzen-Stufenversetzung. (α) Position der Atome (kleine Punkte), Koinzidenzpunkte (große Punkte) und DSC-Gitter. (β) Lage der Korngrenze und Atompositionen an der Korngrenze. (γ) Materialumschichtung zur abschnittsweisen Verlegung der Korngrenze. (δ) Partiell verlegte Korngrenze. (ε) Erzeugung der Korngrenzen-Stufenversetzung durch Verschiebung der Atome längs der Korngrenze.

gebaut würden. Nun ist es allerdings gar nicht notwendig, daß die Koinzidenzpunkte an ihrem Ort erhalten bleiben, sondern nur, daß sich ihre Dichte, also Σ nicht verändert. Es genügen aber sehr kleine Vektoren, um die Größe des Koinzidenzgitters zu erhalten, wenn der Ort der Koinzidenzgitterpunkte nicht festgelegt ist. Diejenigen Verschiebungsvektoren, die diese Bedingung erfüllen, spannen das sog. DSC-Gitter[2] auf. Das DSC-Gitter ist das gröbste Raster, das durch alle Gitterpunkte der beiden angrenzenden Kristalle verläuft (Abb. 3.31). Natürlich sind auch die Translationsvektoren des Koinzidenzgitters und des Kristallgitters gleichzeitig Vektoren des DSC-Gitters, aber die Basisvektoren des DSC-Gitters sind viel kleiner. Da die Versetzungsenergie quadratisch mit dem Burgers-Vektor zunimmt (vgl. Kap. 6.4), kommen nur Basisvektoren des DSC-Gitters als Burgers-Vektoren für sog. „Korngrenzenversetzungen" in Betracht. Versetzungen mit DSC-Gittervektoren als Burgers-Vektoren werden als „Sekundäre Korngrenzenversetzung" (SKGV) bezeichnet, in Abgrenzung zu primären Versetzungen, die einen Kristallgittervektor als Burgers-Vektor besitzen und deren periodische Anordnung das CSL-Gitter erzeugt.

Sekundäre Korngrenzenversetzungen können sich nur in der Korngrenze aufhalten, da ihre Burgersvektoren keine Translationsvektoren des Kristallgitters sind und ihr Einbau in das Kristallgitter zu einer Zerstörung des Kristallgitters führen würde. Bezüglich ihrer Geometrie (und damit ihrer elastischen Eigenschaften) können aber SKGV wie primäre Versetzungen behandelt werden. So wie primäre Versetzungen eine Orientierungsänderung des perfekten Kristalls in einer Kleinwinkelkorngrenze kompensieren, so erzeugen entsprechende Anordnungen von SKGV Orientierungsänderungen zu einer Koinzidenzbeziehung unter Erhaltung des Koinzidenzgitters. Da SKGV wie alle Versetzungen ein elastisches Verzerrungsfeld besitzen, können sie im TEM abgebildet werden (Abb. 3.32a). Je größer die Orientierungsdifferenz zur exakten Koinzidenzbeziehung ist, desto kleiner der Abstand der SKGV gemäß Gl. (3.25). Ebenso wie man sich eine primäre Stufenversetzung durch Aufschneiden eines perfekten Kristalls und Einfügen einer Teilebene erzeugt denken kann (vgl. Abschn. 3.3.1), läßt sich eine SKGV-Stufenversetzungen durch Aufschneiden längs der Korngrenze herstellen (Abb. 3.32b).

Eine Besonderheit der SKGV ist, daß die Korngrenze am Ort des Versetzungskerns eine Stufe besitzt. Diese Stufe ist eine Folge davon, daß mit der Einführung der Versetzung eine Verschiebung des Koinzidenzgitters, d.h. der Position der Koinzidenzpunkte verbunden ist. Bewegt sich nun eine SKGV längs der Korngrenze, so ist damit eine Bewegung der Korngrenze parallel zur Korngrenzennormale, d.h. eine Korngrenzenwanderung um den Betrag der Stufenhöhe verbunden. Andererseits führt die Bewegung von Versetzungen immer zu einer Abgleitung der beiden Kristallite. Die Bewegung einer

[2] DSC ist die Abkürzung von Displacement Shift Complete. Diese englische Bezeichnung rührt daher, daß sich das Koinzidenzgitter vollständig (complete) verschiebt (shift), wenn man eines der beiden angrenzenden Kristallgitter um einen Translationsvektor des DSC-Gitters bewegt (displacement).

Korngrenzenversetzung verursacht daher immer eine Kombination von Korngrenzenwanderung und Korngrenzengleitung. In Sonderfällen kann eine SKGV vollständig durch Gleitung beweglich sein, wenn ihr Burgers-Vektor in der Korngrenzenebene liegt (Abb. 3.33a). Ist das nicht der Fall, muß die Versetzung klettern (Abb. 3.33b), wozu bekanntlich Diffusionsvorgänge, d.h. Leerstellen erforderlich sind (vgl. Kap. 5).

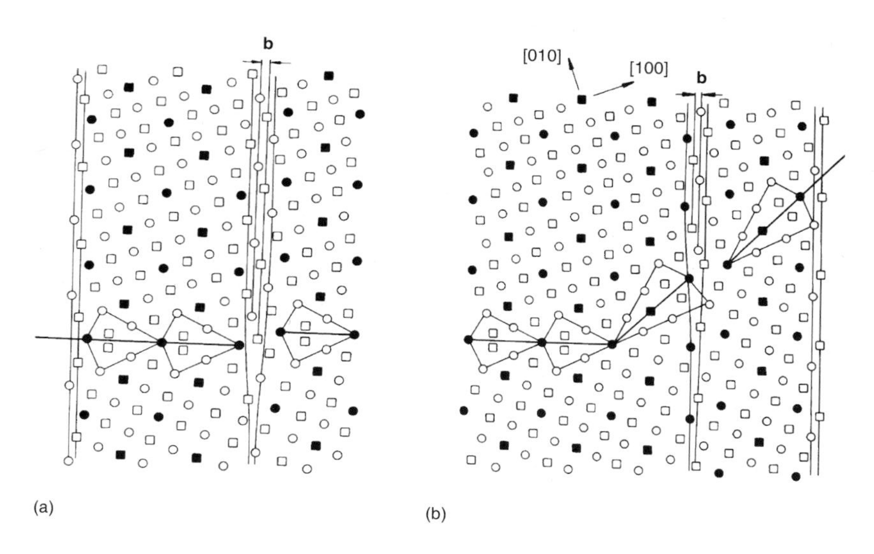

Abbildung 3.33. Atomistische Anordnung einer Korngrenzen-Stufenversetzung in einer $\Sigma = 5$ Korngrenze im kfz-Gitter. (a) Burgersvektor parallel zur Korngrenze. (b) Burgersvektor geneigt zur Korngrenze.

Die vorgestellten Betrachtungen beruhen lediglich auf geometrischen Argumenten. Es ist aber keinesfalls selbstverständlich, daß die so entstandenen Anordnungen der Atome auch tatsächlich ein Kraftgleichgewicht, d.h. ein Minimum der Energie, darstellen. Das kann man nur durch Computersimulation ermitteln (Abb. 3.34), bei denen die Positionen der Atome im Gleichgewicht der interatomaren Kräfte (Relaxation) berechnet werden. In der relaxierten Korngrenze geht fast immer die Koinzidenz verloren, aber die Periodizität bleibt erhalten, und damit bleibt das Konzept richtig. Genauere Untersuchungen ergeben, daß die Anordnung der Atome in der Korngrenze durch Polyeder beschrieben werden kann, wobei für alle denkbar möglichen Strukturen nur sieben verschiedene Polyeder notwendig sind, die man auch als Struktureinheit bezeichnet (Abb. 3.35). Computersimulationen haben gezeigt, daß besonders niederenergetische Korngrenzen aus nur einer einzigen Art Polyeder bestehen. Ändert man die Orientierungsbeziehung geringfügig, so werden andere Struktureinheiten (Polyeder) eingebaut, die nichts anderes als die Korngren-

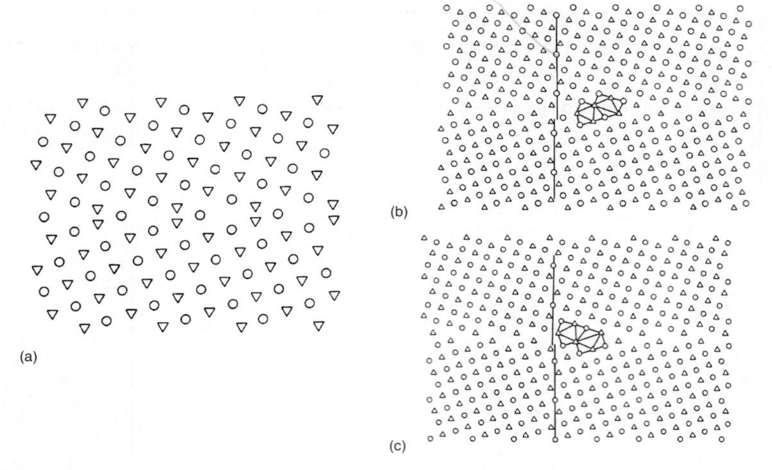

Abbildung 3.34. Durch Computersimulation berechnete Struktur einer symmetrischen 36.9°⟨100⟩ ($\Sigma = 5$) Kippkorngrenze in Aluminium. (a) Konfiguration nach starrer Rotation der Kristallite. (b) und (c) Relaxierte Strukturen der Korngrenze. Der Versatz der senkrechten Linie in der Korngrenze zeigt die Verschiebung der Kristallite an. Es kann also für eine Orientierungsbeziehung mehr als eine Struktur geben ([3.9]).

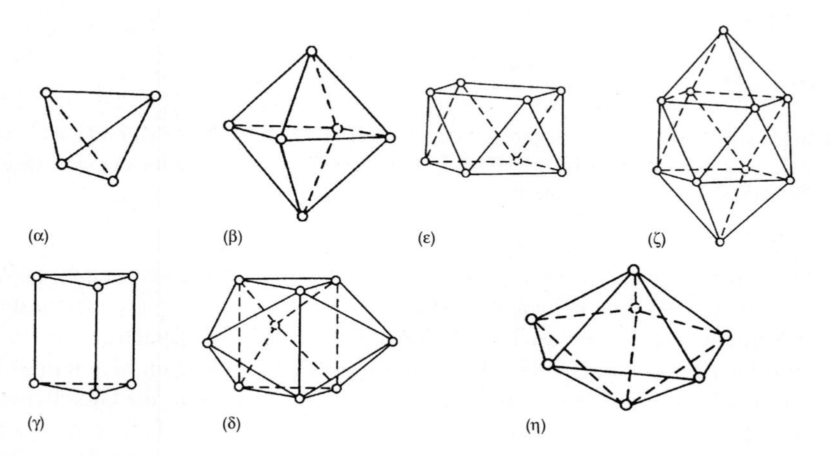

Abbildung 3.35. Die sieben verschiedenen Bernal-Strukturen, aus denen eine (aus harten Kugeln aufgebaute) Korngrenze bestehen kann: (α) Tetraeder; (β) Oktaeder; (γ) trigonales Prisma; (δ) abgeschnittenes trigonales Prisma; (ε) archimedisches quadratisches Antiprisma; (ξ) abgeschnittenes archimedisches quadratisches Antiprisma; (η) fünfeckige Doppelpyramide.

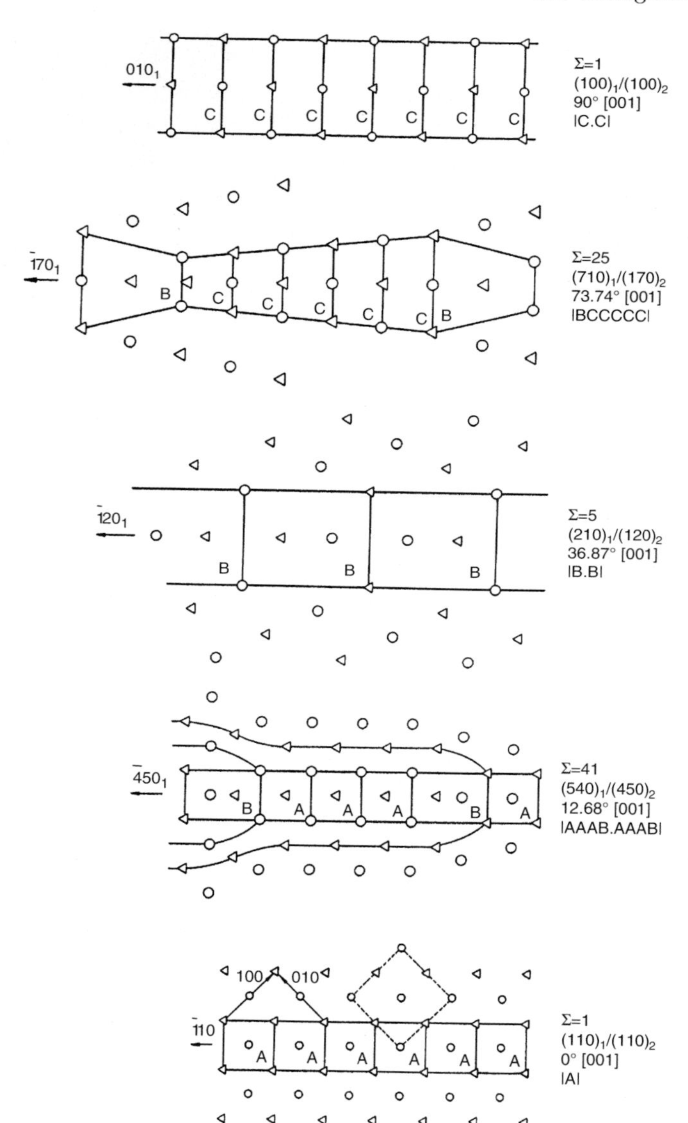

Abbildung 3.36. Berechnete Veränderung der Korngrenzenstruktur mit dem Kippwinkel einer symmetrischen ⟨100⟩-Kippgrenze in Aluminium für verschiedene Kippwinkel. Für jeden Kippwinkel gibt es eine bestimmte Anordnung von Struktureinheiten (A,B,C), deren Unterbrechung einer Korngrenzenversetzung entspricht, wie für $\Sigma = 41$ eingezeichnet.

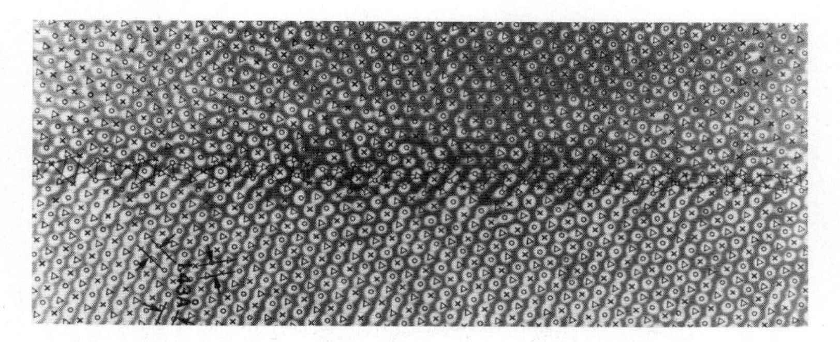

Abbildung 3.37. Die durch Computersimulation berechnete Struktur (Symbole) und im TEM abgebildete Struktur einer 21.8° ⟨111⟩ ($\Sigma = 21$) Korngrenze in Gold zeigen eine gute Übereinstimmung [3.10].

zenversetzungen sind. Mit steigender Desorientierung nimmt die Dichte der anderen Struktureinheiten zu, bis sie schließlich die Mehrzahl ausmachen, und die Korngrenze letztlich bei einer bestimmten anderen Orientierungsbeziehung nur noch aus dieser anderen Sorte von Polyedern besteht. So kann man die Struktur der Korngrenze in Abhängigkeit von der Orientierungsbeziehung geschlossen beschreiben (Abb. 3.36). Diese berechneten Strukturen werden auch durch hochauflösende Elektronenmikroskopie gut bestätigt (Abb. 3.37).

3.5 Phasengrenzflächen

3.5.1 Klassifizierung der Phasengrenzen

Die Struktur von Phasengrenzflächen ist gegenüber Korngrenzen dadurch kompliziert, daß die angrenzenden Kristallite nicht nur anders orientiert sein können, sondern auch noch eine andere Gitterstruktur haben. Im einfachsten Fall sind nur die Gitterkonstanten der beiden Phasen etwas verschieden. Dann entsteht bei Fehlen eines Orientierungsunterschieds eine kohärente Phasengrenze, bei der sich alle Gitterebenen durch die Phasengrenzfläche stetig fortsetzen (Abb. 3.38). Eine kohärente Grenzfläche erhält man ebenfalls, wenn bei gleicher Kristallstruktur beide Phasen in Zwillingsbeziehung zueinander stehen, weil auch in diesem Fall alle Gitterplätze beiden angrenzenden Kristalliten gemeinsam gehören. Mit wachsendem Unterschied der Gitterkonstanten erhöht sich die elastische Energie der Phasengrenze infolge der Fehlpassung. Schließlich wird es energetisch günstiger, die Fehlpassung durch Einbau von Stufenversetzungen zu kompensieren und damit die sog. Kohärenzspannungen herabzusetzen (Abb. 3.39a,b). Da sich nicht alle Gitterebenen stetig durch die Grenzfläche fortsetzen, wird diese Grenze als teilkohärent bezeichnet.

Haben beide Phasen verschiedene Gitterstrukturen, so geht die Kohärenz in der Grenze vollständig verloren, und man erhält eine inkohärente Phasengrenze (Abb. 3.40). Auch in diesem Fall kann man aber davon ausgehen, daß

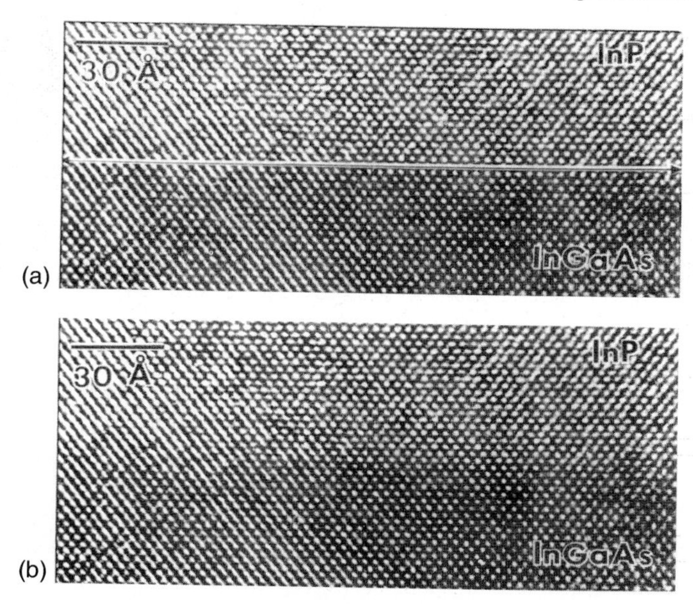

Abbildung 3.38. Atomistische Struktur einer kohärenten Phasengrenze zwischen InP und InGaAs. In Teilbild (a) ist die Lage der Phasengrenze eingezeichnet, in (b) ist sie praktisch nicht zu erkennen [3.11].

die Natur Anordnungen bevorzugen wird, die energetisch günstig sind. Spielt die elastische Energie eine wesentliche Rolle, so werden Anordnungen mit guter Passung in der Grenzfläche bevorzugt.

Reale Grenzflächen, insbesondere solche, die synthetisch geschaffen wurden, z.B. in Verbundwerkstoffen, befinden sich zumeist nicht im Gleichgewicht und können sehr komplizierte Strukturen ausbilden. Insbesondere kann es dann zu gestörten Grenzflächen und zu Inhomogenitäten im angrenzenden Gitter kommen (Abb. 3.41).

3.5.2 Phänomenologische Beschreibung der Phasengrenzfläche

Wegen der komplizierten und im Detail noch ungeklärten Struktur der Phasengrenzflächen ist es häufig nicht möglich, die Eigenschaften der Grenzfläche auf der Basis ihrer atomistischen Anordnung zu erklären. Dann bieten sich phänomenologische Modelle an, bei denen das Verhalten einer Grenzfläche mit einer makroskopischen Eigenschaft verknüpft wird. Eine solche Eigenschaft ist bspw. die Grenzflächenspannung γ, die etwa mit der spezifischen Grenzflächenenergie identisch ist. Sie hat die Dimension $[\mathrm{J/m^2}] = [\mathrm{N/m}]$, also Kraft pro Längeneinheit. Anschaulich kann man sich diese Spannung klarmachen, wenn man sich die Grenzfläche wie einen aufgeblasenen Luftballon vorstellt. Würde man den Luftballon an einer Stelle aufschneiden, so wür-

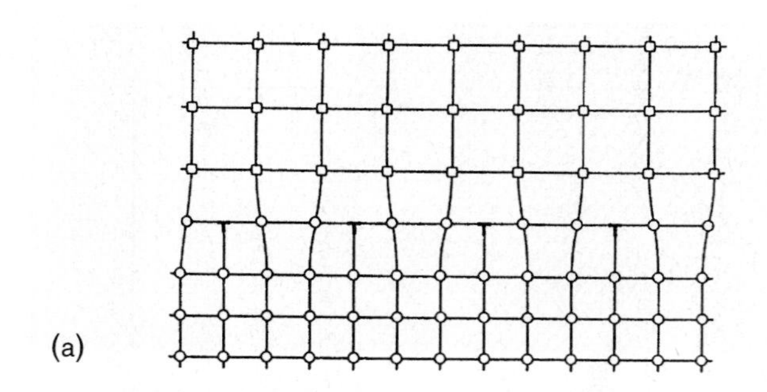

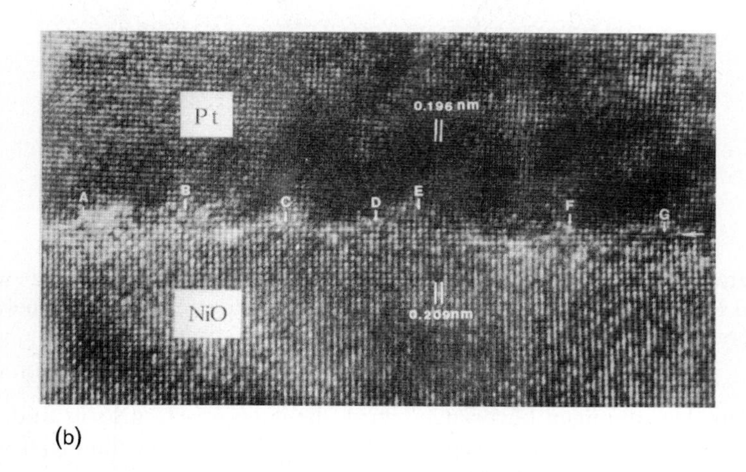

Abbildung 3.39. Teilkohärente Phasengrenze. (a) Schematisch; (b) TEM-Aufnahme einer teilkohärenten Phasengrenze zwischen Pt und NiO. An den mit Buchstaben bezeichneten Stellen endet eine Gitterebene, d.h. existiert eine Stufenversetzung [3.12].

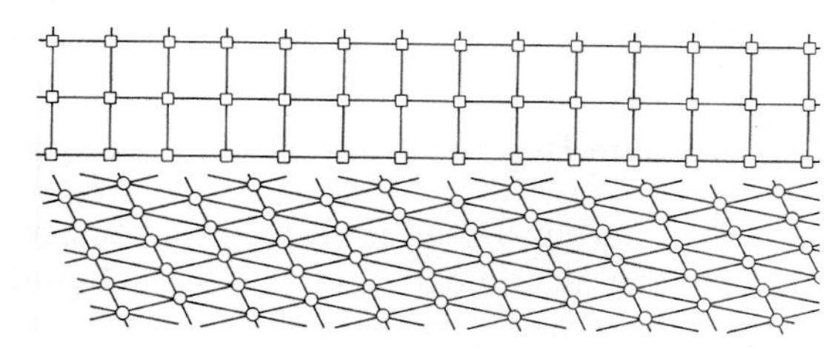

Abbildung 3.40. Struktur einer inkohärenten Phasengrenze (schematisch).

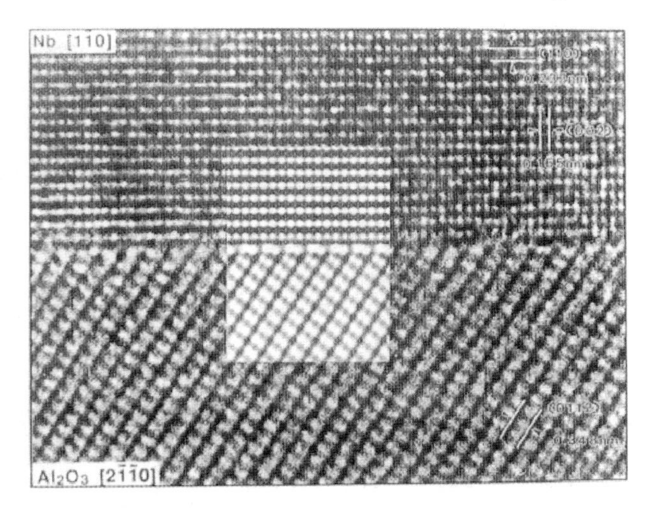

Abbildung 3.41. Struktur einer inkohärenten Phasengrenzfläche zwischen Nb und Al_2O_3, abgebildet mit hochauflösender Transmissionselektronenmikroskopie [3.13].

de der Riß sich rasch öffnen und der Ballon platzen. Die Kraft, die wir pro Längeneinheit aufwenden müßten, um die Schnittstelle zusammenzuhalten, ist nichts anderes als die Oberflächenspannung, bzw. Grenzflächenspannung.

Die Grenzflächenspannung bestimmt die Gleichgewichtsgestalt von Grenzflächen in Phasengemengen. Betrachten wir bspw. die Gleichgewichtsform eines Tröpfchens auf einer festen Oberfläche (Abb. 3.42), so greifen längs der Berührungslinien der Phasen die Oberflächenspannungen als Kräfte an, um die Anordnung der geringsten Energie einzustellen. Für das Kraftgleichgewicht entlang der festen Oberfläche gilt

$$\gamma_{GF} = \gamma_{SF} + \gamma_{SG} \cdot \cos\alpha \tag{3.27}$$

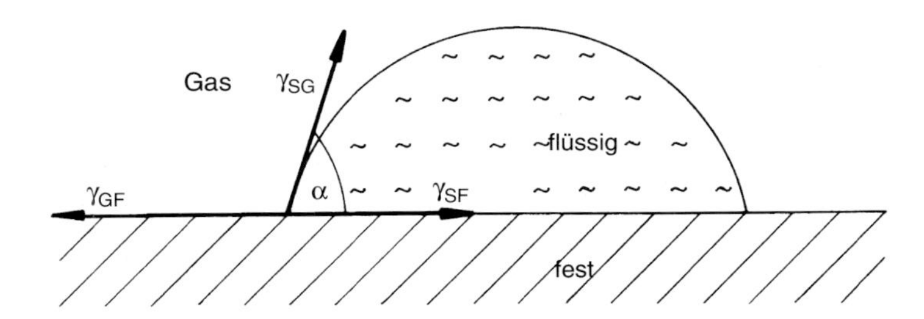

Abbildung 3.42. Gleichgewichtsform und Benetzungswinkel α eines Flüssigkeitströpfchens auf einer festen Oberfläche.

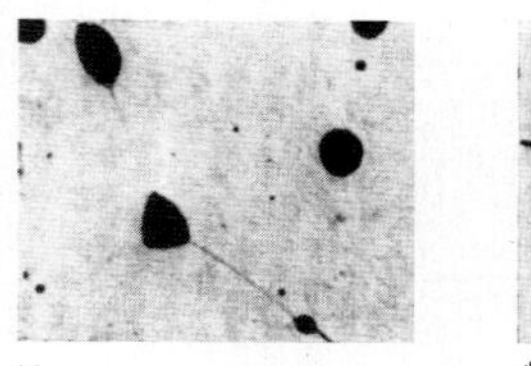

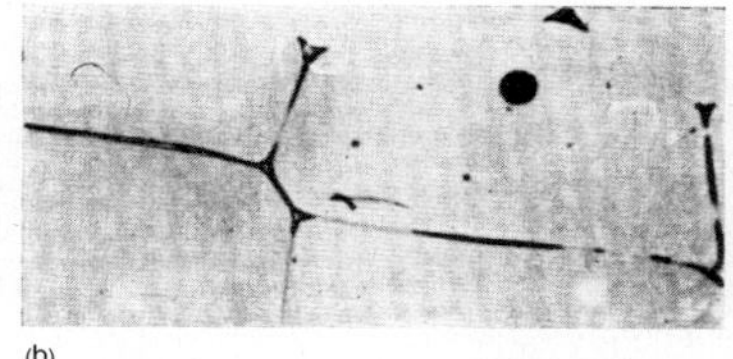

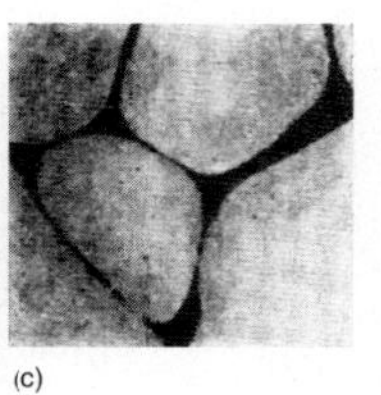

Abbildung 3.43. Korngrenzenbenetzung durch feste und flüssige Phasen. (a) Feste Blei-Einschlüsse in Messing. (b) Ein flüssiger Wismutfilm benetzt vollständig die Korngrenzen in Kupfer. (c) FeS-Schmelze auf Korngrenzen in Stahl [3.14].

woraus sich der Benetzungswinkel α bestimmt. Für $\alpha = 0°$ breitet sich das Tröpfchen als Film auf der Oberfläche aus, und man erhält vollständige Benetzung. Bei $\alpha = 180°$ hat das Tröpfchen Kugelform. Das ist der Fall vollständiger Unbenetzbarkeit. Der Realfall liegt in der Regel dazwischen, aber je nach Anwendung sind größere oder kleinere Benetzungswinkel wünschenswert. Dabei läßt sich die Größe von α durch die Zusammensetzung beeinflussen. Bei unmischbaren Systemen ist α in der Regel groß. Neigen die Phasen dagegen zu chemischen Reaktionen, so ist α zumeist sehr klein. Kleine Werte von α sind erwünscht bei Verbundwerkstoffen, denn das bedeutet gute Haftung zwischen Faser und Matrix. Andererseits ist die damit oft verbundene Tendenz zur Bildung chemischer Verbindungen wegen deren Sprödigkeit für die mechanischen Eigenschaften bei metallischen und keramischen Verbundwerkstoffen nachteilig. Bei völliger Unbenetzbarkeit ergibt sich nur eine sehr schlechte Haftung und damit bei Langfaserverstärkung meist nur unbefriedigende Lastübertragung auf die Faser.

Sehr kleine Benetzungswinkel können in manchen Fällen ebenfalls sehr unerwünscht sein, bspw. bei niedrigschmelzenden Einschlüssen. Beispiele sind Bi in Messing oder FeS in Stahl. Das Wismut befindet sich auf den Korngrenzen des Messings. Erhöht man die Temperatur über den Schmelzpunkt des Wismuts hinaus, dann schiebt sich wegen der geringen Grenzflächenspannung des Wismuts die Schmelze zwischen die Körner und verursacht die bekannte Warmbrüchigkeit. Ein anderes technisch sehr wichtiges Beispiel sind FeS-Einschlüsse in Stahl (Abb. 3.43). Die Warmbrüchigkeit des α-Messings läßt sich aber durch Bleizusatz beheben, da die Grenzflächenspannung zwischen Schmelze und Korn mit steigendem Bleigehalt zunimmt und deshalb der Benetzungswinkel größer wird (Abb. 3.44).

$$\begin{aligned} &\frac{\gamma_{23}}{(1+\varepsilon_2\cdot\varepsilon_3)\sin\alpha_1+(\varepsilon_3-\varepsilon_1)\cos\alpha_1} \\ =&\frac{\gamma_{13}}{(1+\varepsilon_1\cdot\varepsilon_3)\sin\alpha_2+(\varepsilon_1-\varepsilon_2)\cos\alpha_2} \\ =&\frac{\gamma_{12}}{(1+\varepsilon_1\cdot\varepsilon_2)\sin\alpha_3+(\varepsilon_2-\varepsilon_3)\cos\alpha_3} \end{aligned} \tag{3.28a}$$

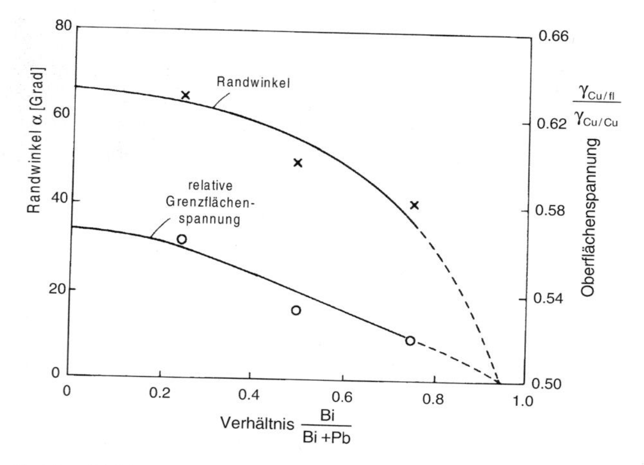

Abbildung 3.44. Abhängigkeit der Oberflächenspannung (Grenzflächenenergie) von der Zusammensetzung im System Cu-Pb-Bi (nach [3.15]).

Der Fall des flüssigen Tröpfchens auf einer festen Oberfläche, Gl. (3.27), ist der Sonderfall eines Dreiphasengleichgewichts (Abb. 3.45). Im allgemeinen Fall kann man zeigen, daß (Herringsche Gleichung)
wobei $\varepsilon_i = \frac{\partial ln \gamma_{hkl}}{\partial \theta_i}$ die Abhängigkeit der Grenzflächenenergie von der räumlichen Lage der Grenzfläche (Abb. 3.46) angibt. Das ist bspw. wichtig, wenn in kristallinen Phasen bei gewisser räumlicher Lage der Grenzfläche die Grenzflächenenergie besonders gering ist, bspw. bei kohärenten Zwillingsgrenzen im Fall von Korngrenzen. Ist die Energie der Phasengrenze von der räumlichen Lage praktisch unabhängig, so gilt vereinfacht (Youngsche Gleichung)

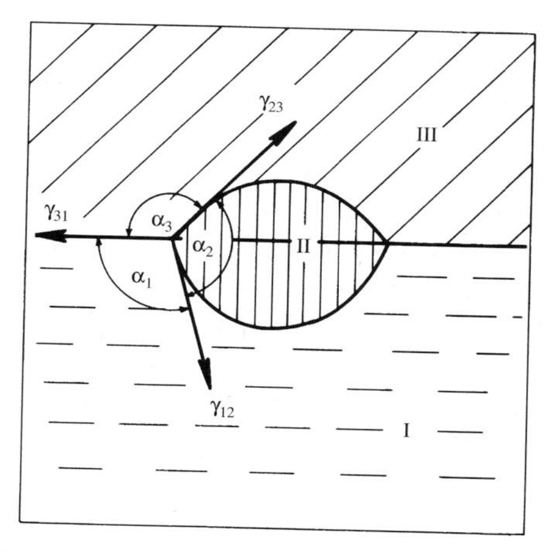

Abbildung 3.45. Gleichgewicht der Oberflächenspannungen γ_{ij} und der entsprechenden Berührwinkel α_k in einem Dreiphasengleichgewicht.

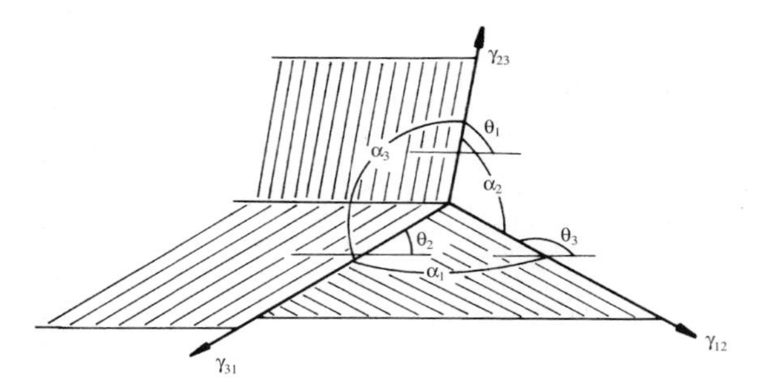

Abbildung 3.46. Kraftgleichgewicht an einer Kornkante. Die Gleichgewichtswinkel α_i hängen sowohl von der Korngrenzenenergie γ_{ij} als auch von der Korngrenzenlage Θ_k ab.

Abbildung 3.47. Gefüge eines geglühten Aluminium-Vielkristalls. Die meisten Berührwinkel sind nahe 120°.

$$\frac{\gamma_{ij}}{\sin \alpha_k} = \text{const.}\ (i, j, k = 1, 2, 3; \quad i \neq j \neq k) \qquad (3.28b)$$

Im Fall von Großwinkelkorngrenzen ist die Energie zumeist unabhängig von der Orientierungsbeziehung. Dann ist γ_{ij} = const und daher $\alpha_k = 120°$. In Gleichgewichtsgefügen von homogenen Phasen findet man daher überwiegend den Gleichgewichtswinkel 120° (Abb. 3.47). In zweiphasigen Gefügen tritt an Korngrenzen die linsenförmige Gestalt der zweiten Phase entsprechend Gl. (3.28b) und Abb. 3.45 in Erscheinung. Ein Beispiel für das Gleichgewicht von Einschlüssen unmischbarer Phasen gibt Blei in Messing (Abb. 3.43a). Im Korninnern liegt das Blei kugelförmig vor, weil damit die Oberfläche und somit die Gesamtgrenzflächenenergie minimal wird. An den Tripelpunkten ist die Form des Bleieinschlusses durch das Kraftgleichgewicht gemäß Gl. (3.28b) gegeben.

4

Legierungen

4.1 Konstitutionslehre

Materie kann bekanntlich in drei verschiedenen Aggregatzuständen vorliegen, nämlich gasförmig, flüssig oder fest. Wir sind gewohnt, die Existenz dieser Aggregatzustände bestimmten, für das jeweilige Material spezifischen Temperaturbereichen zuzuordnen, wobei die Schmelztemperatur T_m den Fest-Flüssig-Bereich und die Siedetemperatur T_b den Flüssig-Gasförmigen Bereich trennt. Bei T_m und T_b sind zwei Aggregatzustände miteinander im Gleichgewicht. Schmelz- und Siedetemperatur sind druckabhängig, wenn auch bei den meisten Metallen nur geringfügig. Die Existenz eines Aggregatzustandes (Phase) wird also durch einen Bereich im p-T-Diagramm (Abb. 4.1.) beschrieben.

Längs der Linien in diesem Diagramm sind zwei Phasen im Gleichgewicht. Am Knotenpunkt (Tripelpunkt) befinden sich alle drei Phasen miteinander im Gleichgewicht. Vom Tripelpunkt bis zum kritischen Punkt (kr.P.) ist der Übergang vom flüssigen zum gasförmigen Bereich unstetig. Jenseits des kritischen Punktes verläuft der Phasenübergang flüssig-gasförmig kontinuierlich. Für einen festen Druck erhält man eine feste Schmelztemperatur und eine feste Siedetemperatur, nämlich die Schnittpunkte der betreffenden Isobaren (Linie konstanten Drucks) mit den Begrenzungslinien des Phasendiagramms (Abb. 4.1). Die Existenzbereiche der Phasen im Gleichgewicht lassen sich qualitativ mit der Gibbsschen Phasenregel beschreiben

$$f = n - P + 2 \tag{4.1a}$$

wobei n die Zahl der Komponenten, P die Zahl der Phasen und f die Zahl der Freiheitsgrade darstellt. Unter Komponenten versteht man dabei die verschiedenen betrachteten Bausteine des Systems, also Atomsorten im Fall von Elementen und ihrer Gemische, oder stabile chemische Verbindungen in komplexeren Systemen. Für ein reines Element ist $n = 1$. Unter Phasen versteht man physikalisch einheitliche Substanzen, wobei die chemische Zusammensetzung nicht notwendigerweise einheitlich sein muß, bspw. bei einer Lösung.

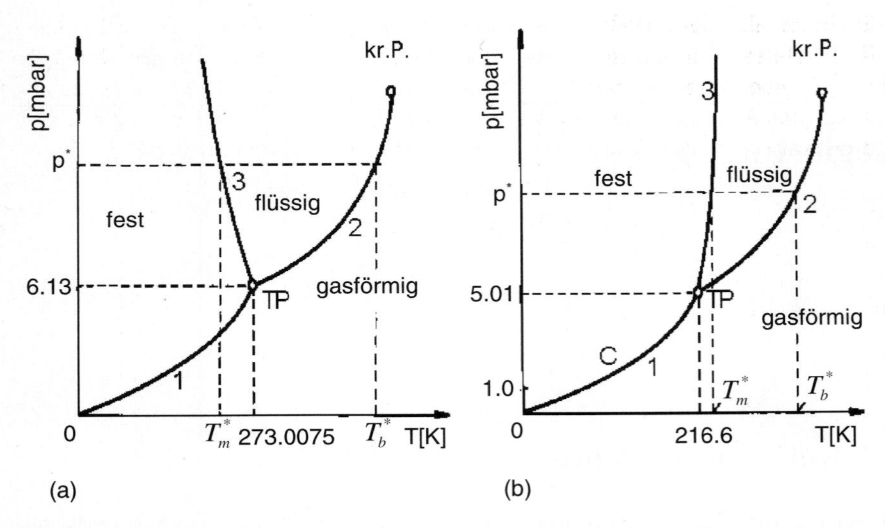

Abbildung 4.1. Zustandsdiagramme von Wasser (a) und (b) Kohlendioxyd. Bei einem festen Druck p* erhält man den Schmelzpunkt T_m^* und den Siedepunkt T_b^*. Die Abnahme von T_m mit steigendem Druck ist eine Besonderheit des Wassers. TP — Tripelpunkt, kr.P. — kritischer Punkt.

Bei einem Element sind die verschiedenen Aggregatzustände die möglichen Phasen. Kommt es zur Bildung oder Auflösung von chemischen Verbindungen in Mehrstoffsystemen, so treten weitere Phasen hinzu. Die Freiheitsgrade geben die Anzahl der Systemgrößen an, die unter den gegebenen Bedingungen noch frei wählbar sind. Im Einstoffsystem ($n = 1$) bedeutet die Gibbssche Phasenregel, daß man bei Existenz nur einer Phase ($P = 1$) zwei Parameter verändern kann, nämlich Druck und Temperatur. Am Tripelpunkt dagegen ist $P = 3$ und $f = 0$, d.h. nur bei einem festen Wert von Druck und Temperatur sind alle drei Phasen miteinander im Gleichgewicht.

Da Schmelz- und Siedepunkt von Metallen nur wenig vom Druck abhängen, und der Druck in der Regel der Atmosphärendruck ist und nicht verändert wird, wird die Gibbssche Phasenregel zumeist in der Form

$$f = n - P + 1 \text{ (p = const.)} \tag{4.1b}$$

verwendet, was, wie erwähnt, dem isobaren Schnitt in Abb. 4.1 entspricht. Entsprechend dieser Regel ist am Schmelzpunkt $f = 0$, d.h. nur am Schmelzpunkt stehen flüssige und feste Phasen im Gleichgewicht.

Bei binären Legierungen (Zweistoffsysteme) ist $n = 2$. Als möglicher Freiheitsgrad tritt nun neben der Temperatur und dem als konstant betrachteten Druck auch die Zusammensetzung, d.h. die Konzentration, auf. Die Konzentration wird je nach Anwendung in verschiedenen Definitionen verwendet. Für technische Zwecke ist gewöhnlich die Gewichtskonzentration c_B [Gew.%] gebräuchlich, also der Bruchteil des Elementes B am Gesamtgewicht. Für physikalische Betrachtungen ist zumeist die Atomkonzentration, d.h. der Bruchteil der B-Atome unter allen (A + B) Atomen (c_B [Atom%] oder c_B^a) üblich. Beträgt das Atomgewicht von A und B, Y_A bzw. Y_B, so erhält man die Atomkonzentration c_A^a der Atomsorte A aus der Gewichtskonzentration c_A^g als

$$c_A^a = \frac{c_A^g/Y_A}{c_A^g/Y_A + c_B^g/Y_B} = \frac{c_A^g}{c_A^g + c_B^g\left(\frac{Y_A}{Y_B}\right)}$$

und entsprechend c_B^a.

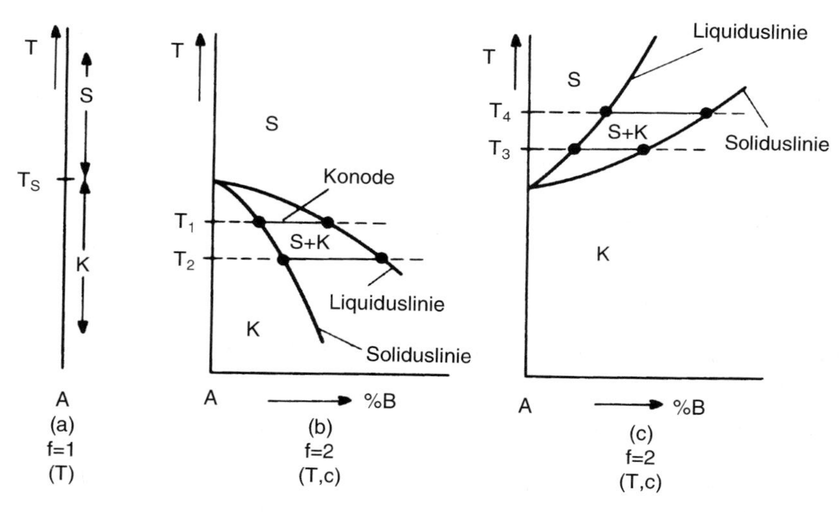

Abbildung 4.2. Bei festem Druck gibt es in Einstoffsystemen (a) einen festen Schmelzpunkt, in Zweistoffsystemen dagegen einen Schmelzbereich, der durch Liquidus- und Soliduslinie begrenzt wird. Beide können mit der Konzentration abnehmen (b) oder ansteigen (c). Die Konode verbindet die miteinander im Gleichgewicht stehenden Konzentrationen.

Die Existenz der Gleichgewichtsphasen im Zweistoffsystem wird in $T-c$-Diagrammen (Zustandsdiagrammen) dargestellt. Für $P = 1$ sind nun zwei Freiheitsgrade, nämlich Temperatur und Konzentration nicht fest vorgegeben. Der entscheidende Unterschied zu Einstoffsystemen ergibt sich aber bei $P = 2$, also beim Gleichgewicht von flüssiger und fester Phase, nämlich $f = 1$. Bei konstanter Konzentration ist nun die Temperatur nicht festgelegt, d.h. es gibt einen endlichen Schmelzbereich (Abb. 4.2) und keine feste Schmelztemperatur. Entsprechend müssen in diesem Bereich bei fester Temperatur die flüssige und feste Phase nicht die gleiche Konzentration haben. Diejenige Linie, die die

Zusammensetzung der flüssigen Phase bei veränderlicher Temperatur im T-c-Diagramm verbindet, wird als Liquiduslinie bezeichnet. Die entsprechende Linie für die feste Phase heißt Soliduslinie.

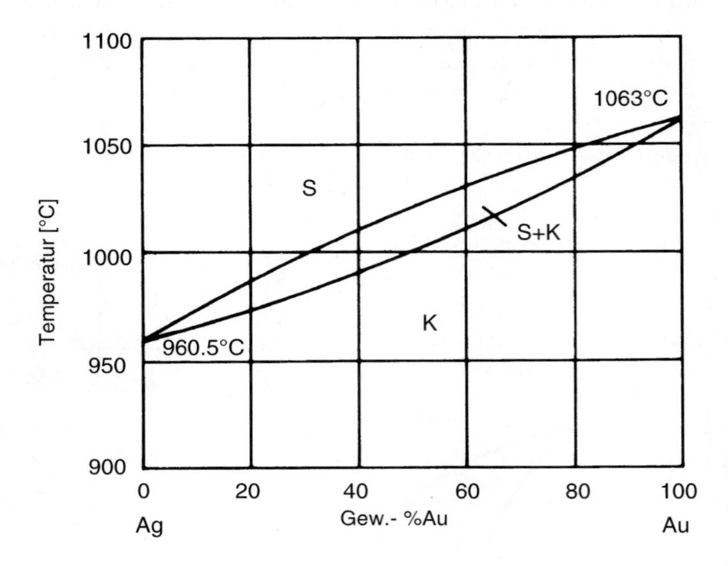

Abbildung 4.3. Zustandsdiagramm des Systems Ag-Au, das lückenlose Mischkristallbildung zeigt [4.1].

Tabelle 4.1. Einige Beispiele von binären Systemen mit lückenloser Mischbarkeit.

Binäre Systeme mit lückenloser Mischkristallbildung			
Au-Ag	Co-Re	α-Fe-V	Ni-Pd
Ag-Pd	Co-Rh	γ-Fe-Co	Ni-Pt
As-Sb	Co-Ru	α-Fe-Ni	Pd-Rh
Au-Cu	Cr-α-Fe	α-Fe-Pd	Pd-Pt
Au-Ni	Cr-Mo	γ-Fe-Pt	Pt-Rh
Au-Pd	Cr-Ti	Hf-Zr	Se-Te
Au-Pt	Cr-W	Ir-Pt	Si-Ge
Bi-Sb	Cs-K	K-Rb	Ta-β-Ti
Ca-Sr	Cs-Rb	Mn-Ni	Ta-W
Co-Ir	Cu-Mn	Mo-Ta	Ti-Mo
Co-Ni	Cu-Ni	Mo-W	Ti-Nb
Co-Os	Cu-Pd	Nb-Ta	Ti-V
Co-Pd	Cu-Pt	Nb-Mo	Ti-Zr
Co-Pt	Cu-Rh	Nb-W	

Kühlt man eine Legierung mit Konzentration c aus der Schmelze ab, so beginnt die Erstarrung bei Erreichen der Liquidustemperatur und ist abgeschlossen bei Erreichen der Solidustemperatur. Zwischen Liquidus- und Solidustemperatur liegt ein Gemenge aus flüssiger und fester Phase vor. Die Verbindungslinie der Konzentrationen von fester und flüssiger Phase bei konstanter Temperatur wird als Konode bezeichnet (Abb. 4.2). Die Konzentration der flüssigen Phase kann größer oder kleiner sein als die der festen Phase. Entsprechend fällt die Liquiduslinie (und die Soliduslinie) mit steigender Konzentration ab oder steigt an.

Der Verlauf des Zustandsdiagramms hängt von den Phasen ab, die sich innerhalb der Aggregatzustände bilden können. Wir werden die verschiedenen Fälle im Einzelnen behandeln. Zunächst wollen wir den Fall betrachten, daß stets völlige Löslichkeit im flüssigen wie im festen Zustand herrscht, d.h. es gibt in Schmelze und Kristall jeweils nur eine Phase. Im festen Zustand spricht man dann von einer festen Lösung oder vom Mischkristall. Bei vollständiger Löslichkeit verläuft das Zweiphasengebiet der teilerstarrten Schmelze kontinuierlich zwischen beiden reinen Komponenten. Ein Beispiel ist das System Ag-Au (Abb. 4.3). Es existieren in allen wichtigen Gittertypen viele weitere binäre Systeme mit völliger Löslichkeit (Tabelle 4.1). Neben dem „zigarrenförmigen" Verlauf des Zustandsdiagramms kommen auch die Fälle vor, bei denen die Liquidustemperatur (und Solidustemperatur) von beiden reinen Komponenten ausgehend ansteigt oder abfällt. Dann erhält man ein Zustandsdiagramm mit Maximum, bzw. Minimum (Abb. 4.4 und Abb. 4.5). Ein Maximum tritt meist in komplexen Systemen mit intermetallischen Phasen auf. Am Extremum müssen Solidus- und Liquiduslinie sich berühren, man erhält also einen festen Schmelzpunkt.

Die Erhöhung bzw. Erniedrigung des Schmelzpunktes entspricht qualitativ einer Stärkung oder Schwächung der Bindungskräfte, so daß im festen Zustand Tendenz zur Bildung intermetallischer Phasen bzw. zur Entmischung oder Ausscheidung besteht. Bei Wahl von Legierungspartnern, die diese Tendenz verstärken, kommt es dann in der Regel zur Mischungslücke. Mischungslücke bedeutet, daß es einen Konzentrationsbereich gibt, in dem sich die Komponenten nicht vollständig mischen, sondern als zwei oder mehrere Phasen (Phasengemenge) vorliegen. Ein Beispiel bilden die binären Legierungen des Kupfers mit Gold (Abb. 4.5) oder Silber (Abb. 4.6). In diesem Fall spielt der Atomgrößenunterschied von Gold und Silber, obgleich sehr gering, eine entscheidende Rolle (vgl. Abschn. 4.3), so daß bei Cu-Au lückenlose Mischkristallbildung, im System Cu-Ag jedoch eine Mischungslücke auftritt.

In binären Systemen mit begrenzter Löslichkeit kann eine sowohl im Festen als auch im Flüssigen vorliegen. Ein solches System wird als monotektisch bezeichnet. Ein Beispiel für völlige Unlöslichkeit in Schmelze und Festkörper ist das System Fe-Pb (Abb. 4.7). Sowohl im Festen wie im Flüssigen liegen reines Blei und reines Eisen getrennt nebeneinander vor. Zwischen den Schmelzpunkten der Komponenten stehen flüssiges Blei und festes Eisen im Gleichgewicht.

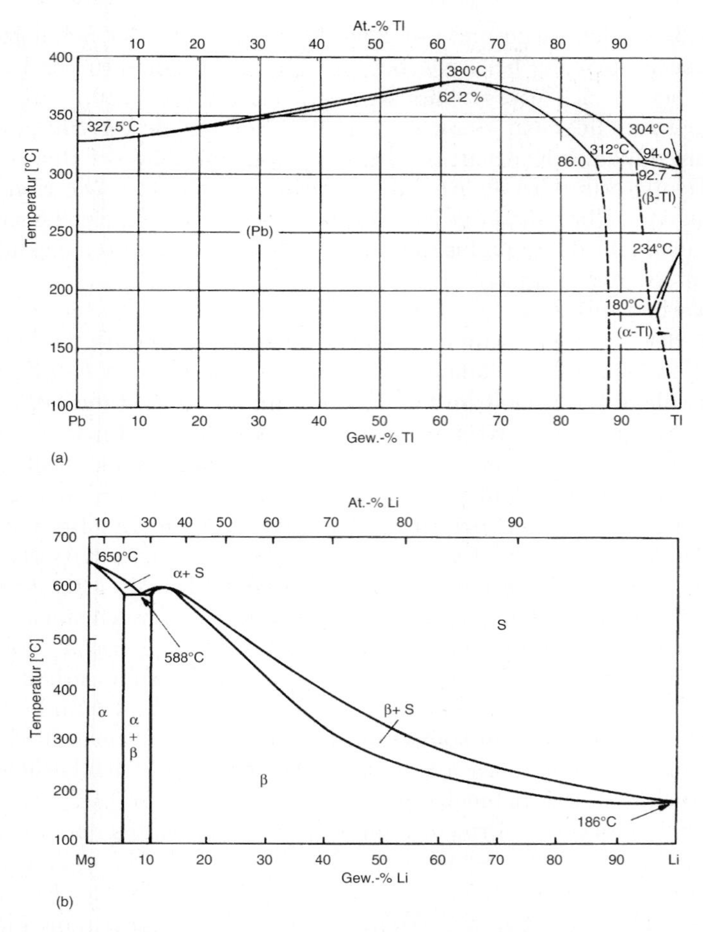

Abbildung 4.4. Zustandsdiagramm mit Maximum am Beispiel von Pb-Tl (a) und Mg-Li (b). In beiden Fällen erhält man eine Mischungslücke im festen Zustand, was typisch für Zustandsdiagramme mit Maximum ist [4.1].

Die überwiegende Zahl metallischer Systeme ist aber im flüssigen Zustand vollständig mischbar. Dagegen tritt im festen Zustand häufig der Fall begrenzter Löslichkeit auf. Durch thermische Aktivierung wird die Tendenz zur Lösung mit steigender Temperatur begünstigt. Liegt die Mischungslücke nur bei tiefen Temperaturen vor, so erstarrt die Schmelze stets zum Mischkristall und erst bei weiterer Abkühlung zerfällt die Lösung in ein Phasengemenge, wie beim System Au-Ni (Abb. 4.8). Liegt die Maximaltemperatur der Mischungslücke aber oberhalb der Soliduslinie, dann kommt es zu einer neuen Form des Zustandsdiagramms. Am Schnittpunkt der „Zigarre“ mit der Mischungslücke stehen nämlich drei Phasen (Schmelze und beide feste Phasen)

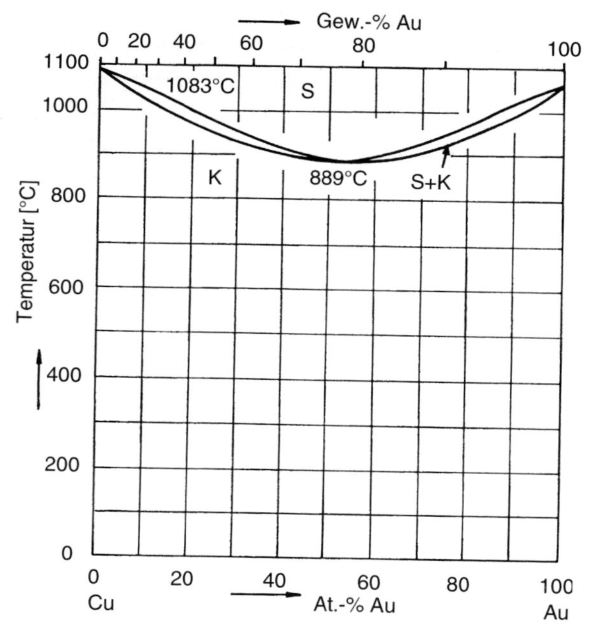

Abbildung 4.5. Zustandsdiagramm mit Minimum am Beispiel von Cu-Au. Im festen Zustand erhält man lückenlose Mischkristallbildung [4.1].

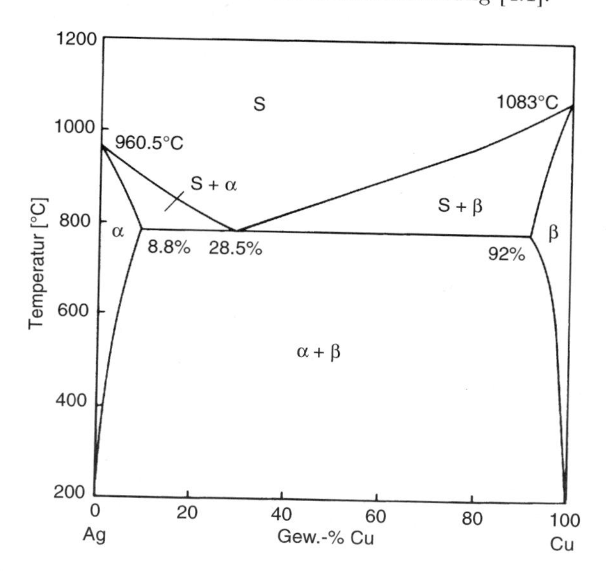

Abbildung 4.6. Eutektisches Zustandsdiagramm am Beispiel Ag-Cu [4.1].

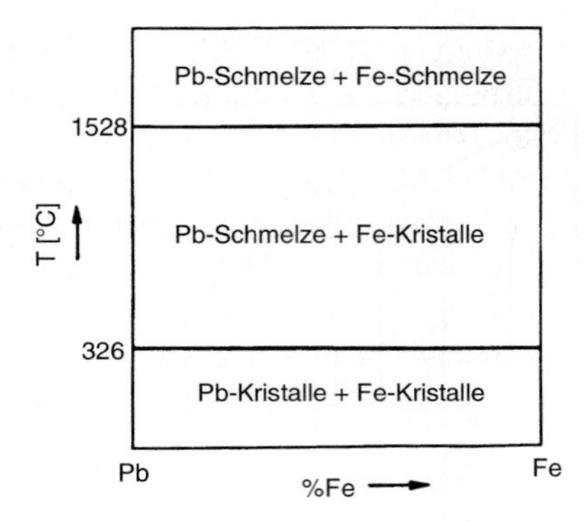

Abbildung 4.7. Monotektisches Zustandsdiagramm bei Pb-Fe [4.1].

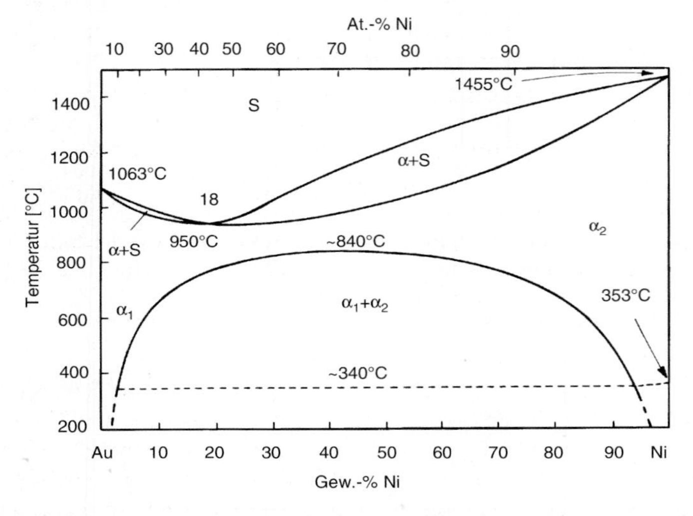

Abbildung 4.8. Zustandsdiagramm mit Mischungslücke im Festen. Zwischen 840°C und 950°C erhält man lückenlose Mischkristallbildung, bei tieferer Temperatur zwei Phasen (α_1 und α_2) im festen Zustand [4.1].

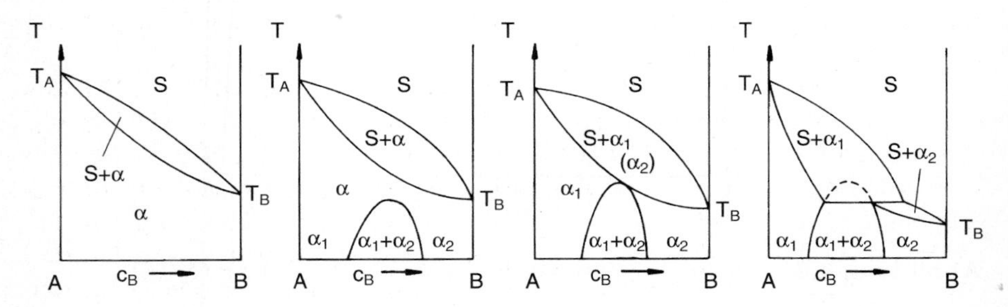

Abbildung 4.9. Schematische Entwicklung zum Verständnis des peritektischen Zustandsdiagramms bei zunehmender Mischungslücke im Festen.

miteinander im Gleichgewicht, und es wird gemäß Gl. (4.1b) $f = 0$. Es gibt also eine bestimmte Temperatur, bei der die Schmelze vollständig erstarrt. Der Konzentrationsbereich, für den dieses Erstarrungsverhalten zutrifft, wird durch die Schnittpunkte von Mischungslücke und Soliduslinie gegeben. Hat das Phasendiagramm der Erstarrung einen zigarrenförmigen Verlauf (monoton fallend), erhält man so ein „peritektisches“ Zustandsdiagramm, wie Abb. 4.9 systematisch erläutert. Ein peritektisches System ist dadurch gekennzeichnet, daß eine feste Phase α_2 mit der Konzentration c_p bei der peritektischen Temperatur T_p unter Zersetzung schmilzt. Das kann durch die peritektische Reaktion[1]

$$S + \alpha_1 \rightarrow \alpha_2$$

beschrieben werden. Die peritektische Temperatur liegt zwischen den Schmelzpunkten der reinen Komponenten. Peritektische Systeme entstehen gewöhnlich dann, wenn die Schmelzpunkte der Komponenten sehr verschieden sind. Ein Beispiel ist das System Pt-Re (Abb. 4.10).

Hat die Soliduslinie ein Minimum, erhält man bei begrenzter Mischbarkeit ein „eutektisches“ Zustandsdiagramm. Am Schnittpunkt von Mischungslücke und Soliduslinie ergibt sich ebenfalls ein Dreiphasengleichgewicht und daher eine feste Temperatur, die eutektische Temperatur T_E, bei der die Schmelze mit der eutektischen Konzentration c_E vollständig in zwei feste Phasen α_1 und α_2 erstarrt (Abb. 4.11). Die eutektische Reaktion lautet daher

$$S \rightarrow \alpha_1 + \alpha_2$$

Ein Beispiel ist das System Cu-Ag (Abb. 4.6).

Hat die Soliduslinie ein Maximum, so besteht Tendenz zur Bildung einer intermetallischen Phase bei der Erstarrung der Schmelze (Abb. 4.12). Die intermetallische Phase kann entweder einen endlichen Löslichkeitsbereich haben, also Grenzen variabler Zusammensetzung wie beim Sb_2Te_3 (Abb. 4.13a), oder nur in der streng stöchiometrischen Zusammensetzung auftreten bspw. des $CaMg_2$ (Abb. 4.13b). Intermetallische Phasen können aber auch peritektoid, also nicht direkt aus der Schmelze entstehen. Auch hier kann die intermetallische Phase wieder mit endlichem Konzentrationsbereich oder streng stöchiometrisch vorliegen. Beispiele bilden das δ-Messing (Abb. 4.14) und $NiBi_3$ (Abb. 4.15).

Alle anderen möglichen Formen von Zustandsdiagrammen lassen sich aus diesen Grundtypen herleiten, die kompliziert zusammengesetzt sein können. Das System Cu-Zn (Abb. 4.14) ist ein prägnantes Beispiel dafür.

Das Phasendiagramm wird verständlicher, wenn man den Erstarrungsvorgang einer binären Legierung und die dabei auftretenden Phasen und Konzentrationsverhältnisse betrachtet. Unser System aus A und B möge die Konzentration c_0 an B-Atomen besitzen. Bei zigarrenförmigen Zustandsdiagrammen

[1] In der Literatur werden die unterschiedlichen Phasen gewöhnlich auch als α und β bezeichnet.

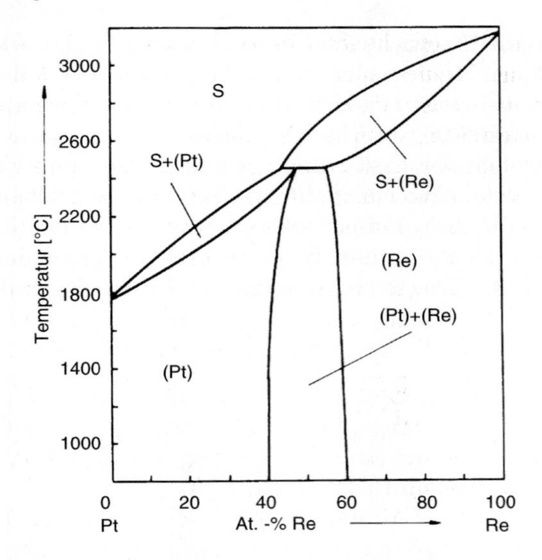

Abbildung 4.10. Beispiel eines peritektischen Zustandsdiagramms, Pt-Re [4.1].

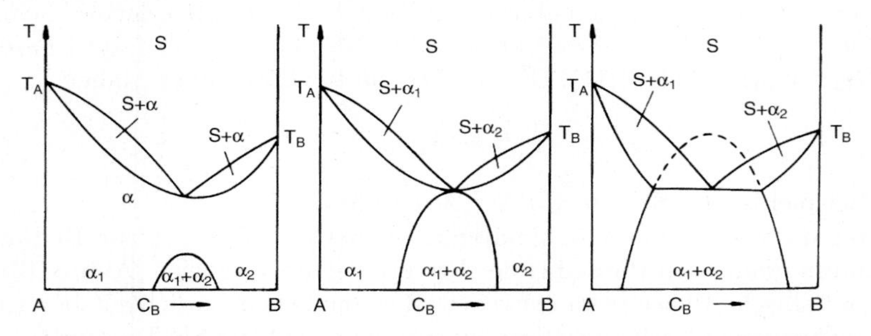

Abbildung 4.11. Schematische Entwicklung zum Verständnis des eutektischen Zustandsdiagramms bei zunehmender Mischungslücke im Festen.

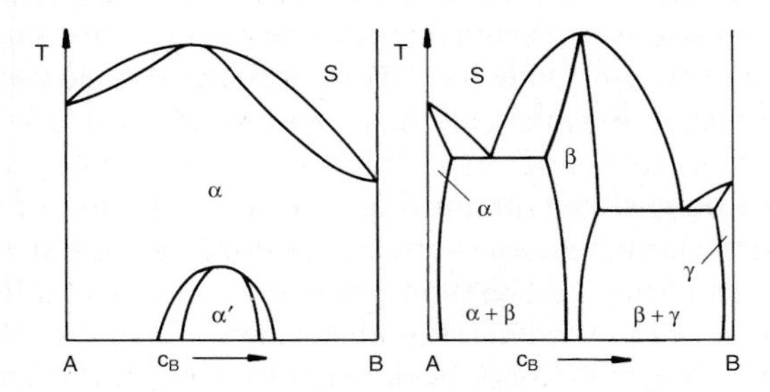

Abbildung 4.12. Schematik zum Verständnis des Auftretens intermetallischer Phasen bei zunehmender Mischungslücke im Festen.

(Abb. 4.16) liegt bei sehr hohen Temperaturen nur die Schmelze vor. Bei Abkühlung auf die Liquidustemperatur T_1 beginnt ein Mischkristall α mit der Konzentration c_1 auszukristallisieren. Bei weiterer Abkühlung vergrößert sich der Mengenanteil an α in der Schmelze. Aber auch die Zusammensetzungen von Mischkristall und Schmelze ändern sich und zwar derart, daß die Konzentration von B-Atomen in Mischkristall und Schmelze mit abnehmender Temperatur kleiner wird, entsprechend der Temperaturabhängigkeit von Solidus- und Liquiduslinie. Bei einer mittleren Temperatur T_1' hat der Mischkristall die Konzentration c_1' und die Schmelze die Zusammensetzung c_2'. Wird schließlich die Solidustemperatur erreicht, so steht die Restschmelze mit der Konzentration c''_2 mit einem Mischkristall der Zusammensetzung c_0 im Gleichgewicht. Der nun völlig feste Zustand ändert bei weiterer Abkühlung seine Zusammensetzung nicht mehr. Im Zweiphasengebiet ändert sich sowohl der Mengenanteil als auch die Konzentration der Phasen.

Der Mengenanteil der jeweiligen Phasen bei gegebener Temperatur und Konzentration wird durch die sog. Hebelbeziehung (in Anlehnung an das Momentengleichgewicht in der Mechanik) gegeben. Bei einer Temperatur T_1' (Abb. 4.16) sei die Konzentration des Mischkristalls durch c_1' und die Zusammensetzung der Schmelze durch c_2' gegeben. Beträgt die mittlere Zusammensetzung c_0, so sind der Mengenanteil m_S der Schmelze und der Anteil des α-Mischkristalls m_α gegeben durch

$$m_\alpha = \frac{c_0 - c\prime_2}{c\prime_1 - c\prime_2}$$

$$m_s = \frac{c\prime_1 - c_0}{c\prime_1 - c\prime_2}$$

$$\frac{m_\alpha}{m_s} = \frac{c_0 - c\prime_2}{c\prime_1 - c_0}$$

Diese Gesetzmäßigkeiten treffen auf alle Zweiphasengebiete zu, gelten also auch für das Mengenverhältnis von zwei festen Phasen, wobei c_1' und c_2' dann die Zusammensetzung der im Gleichgewicht stehenden Phasen bezeichnet.

In einem eutektischen System, beispielsweise bei einer Konzentration $c_a < c_0 < c_E$ (Abb. 4.17), verläuft die Erstarrung zunächst genau so wie im Fall der völligen Mischbarkeit. Zuerst scheidet sich der Mischkristall α mit der Konzentration c_1 aus der Schmelze mit Konzentration c_0 aus. Mit sinkender Temperatur ändern sich Mengenanteile und Konzentration der Phasen gemäß des Verlaufs von Solidus- und Liquiduslinie. Wenn die eutektische Temperatur erreicht wird, haben Mischkristall α und Schmelze nun die Konzentration c_α bzw. c_E und stehen im Gleichgewicht mit dem Mischkristall β mit der Konzentration c_β. Im weiteren Verlauf erstarrt die Restschmelze mit c_E gleichzeitig in α und β mit c_α bzw. c_β, bis der feste Zustand vollständig vorliegt. Wegen der gleichzeitigen Erstarrung zweier Phasen mit unterschiedlicher Zusammensetzung kommt es zu einer lamellenhaften Erstarrungsmorphologie, wobei der Lamellenabstand von der Abkühlgeschwindigkeit abhängt (s. Kap. 8). Das erstarrte Gefüge besteht demnach aus primär ausgeschiedenen α-Mischkristallen, zwischen denen sich eine lamellare Struktur ausgebildet hat. Nimmt man die Erstarrung bei der eutektischen Konzentration c_E vor, so bildet sich ein vollständig lamellenhaftes Gefüge ohne Primärkristalle (Abb. 4.18). Im festen Zustand hängt die Zusammensetzung der Phasen im Zweiphasengebiet von der Temperatur ab, so daß sich bei weiterer Abkühlung die Zusammensetzung und evtl. der Mengenanteil beider Phasen ändern, soweit die physikalischen Mechanismen (Diffusion, vergl. Kap. 5) dies erlauben.

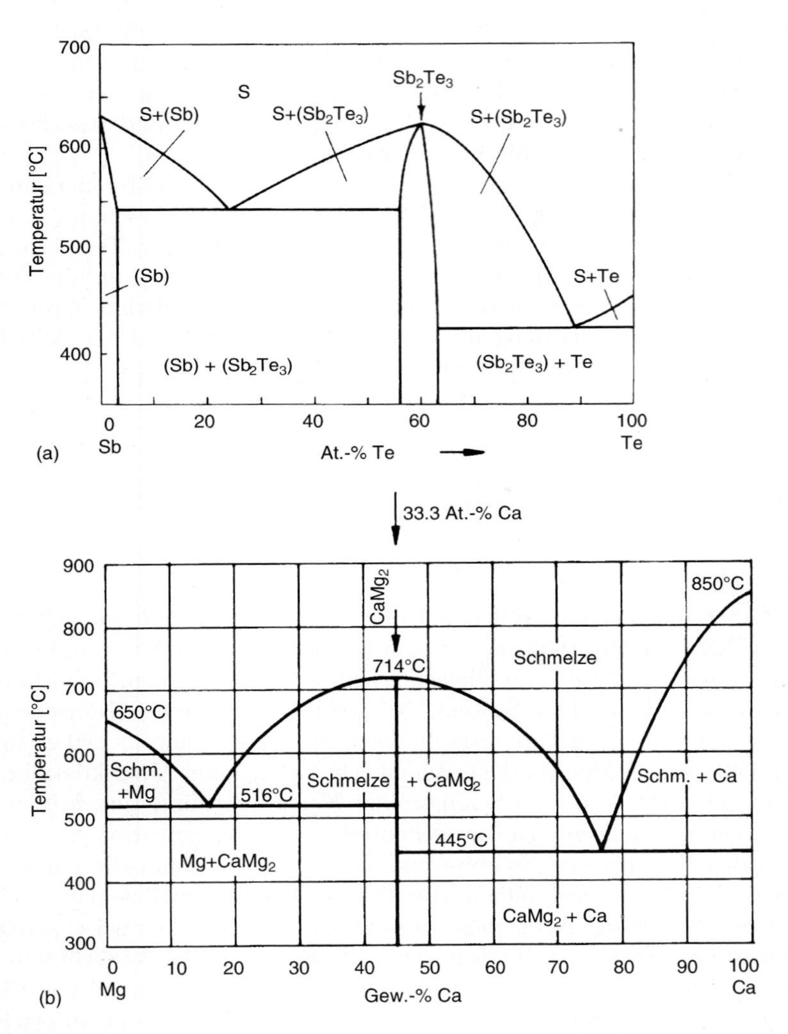

Abbildung 4.13. Beispiele von Zustandsdiagrammen mit intermetallischen Phasen, die einen ausgedehnten Konzentrationsbereich haben können, wie beim Sb-Te (a) oder nur streng stöchiometrisch auftreten (Strichphase) wie beim Mg-Ca (b) [4.1].

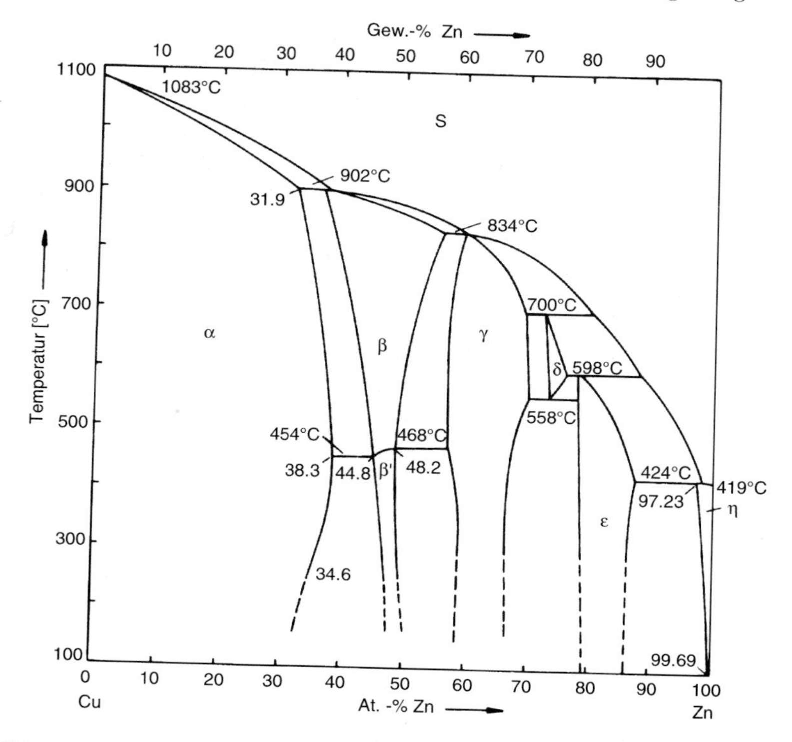

Abbildung 4.14. Zustandsdiagramm des Systems Cu-Zn (Messing), bei dem mehrere intermetallische Phasen auftreten [4.1].

4.2 Thermodynamik der Legierungen

Die Zustandsdiagramme lassen sich prinzipiell thermodynamisch herleiten und deuten. Bei fester Temperatur und konstantem Druck wird das thermodynamische Gleichgewicht durch ein Minimum der freien Enthalpie G bestimmt, wobei

$$G = H - TS \quad G = G_{min} \quad (\text{T, p} = \text{const.}) \tag{4.2}$$

H — Enthalpie, S — Entropie , T — Temperatur, p — Druck.

In Kap. 9 werden wir im Rahmen des quasi-chemischen Modells einer regulären Lösung die freie Enthalpie einer Legierung im Detail besprechen. Im folgenden werden die wichtigsten Ergebnisse ohne Beweis vorweggenommen, um qualitativ den Verlauf der Zustandsdiagramme zu erklären.

Zentrale Bedeutung kommt hierbei der Entropie zu, da bei wachsender Temperatur T gemäß Gl. (4.2) der Term $(-TS)$ immer bestimmender wird, denn je größer TS desto kleiner G ($S > 0$; s. unten), welches ja minimal sein

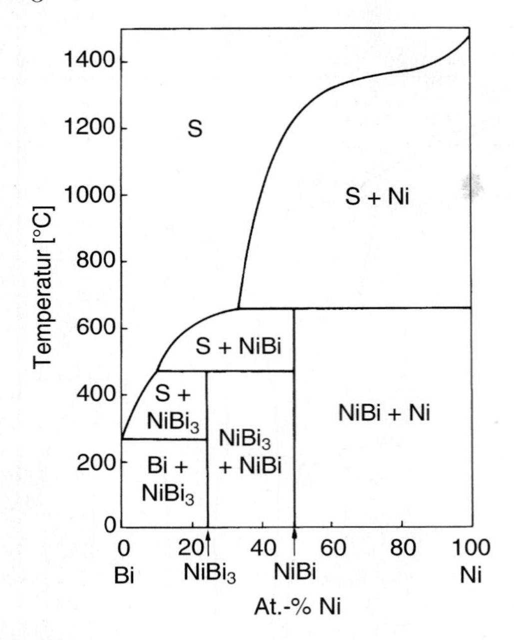

Abbildung 4.15. Beipiel eines Zustandsdiagramms mit verdeckt schmelzenden intermetallischen (Strich-)Phasen [4.1].

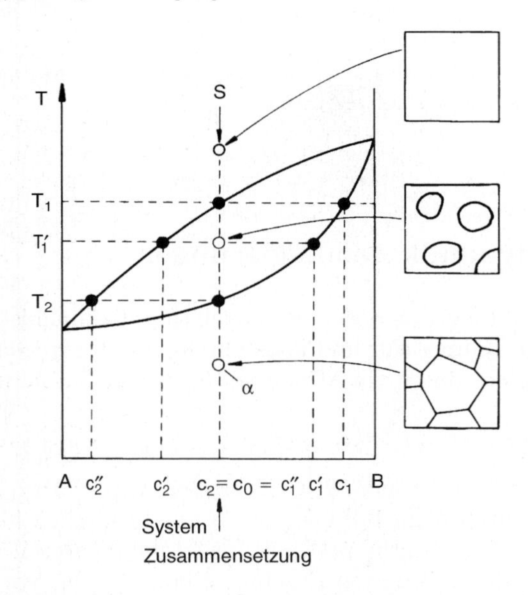

Abbildung 4.16. Zum Verständnis des Erstarrungsvorgangs bei binären Legierungen. Die Gefüge in den drei Zuständen flüssig, teilweise erstarrt und fest sind skizziert (s. Text).

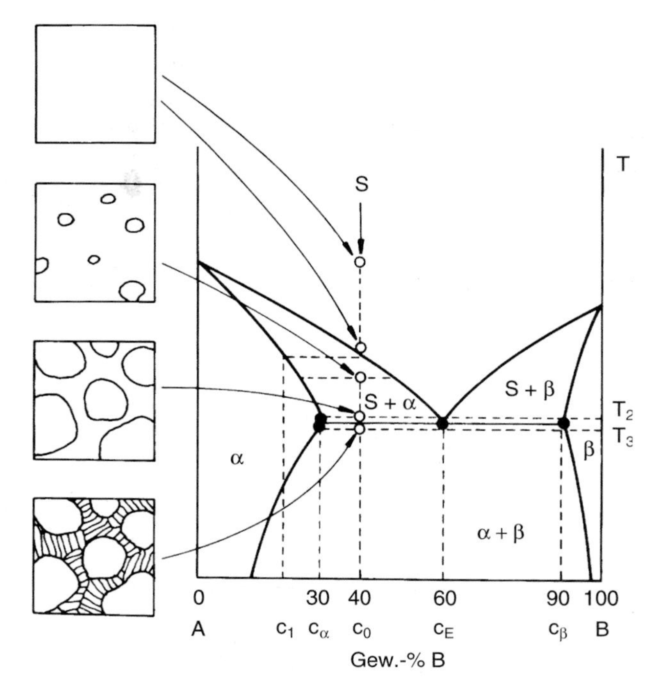

Abbildung 4.17. Schematische Gefügeentwicklung bei der Erstarrung einer untereutektischen Legierung ($c_1 < c_E$).

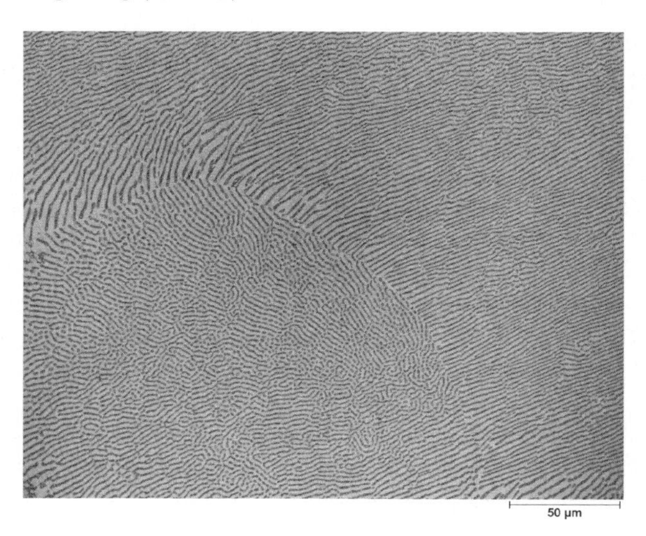

Abbildung 4.18. Beispiel eines eutektisch erstarrten Gefüges ($c = c_E$) im System Al-Zn (95.16 Gew.%Zn, 4.84 Gew.%Al) [4.2].

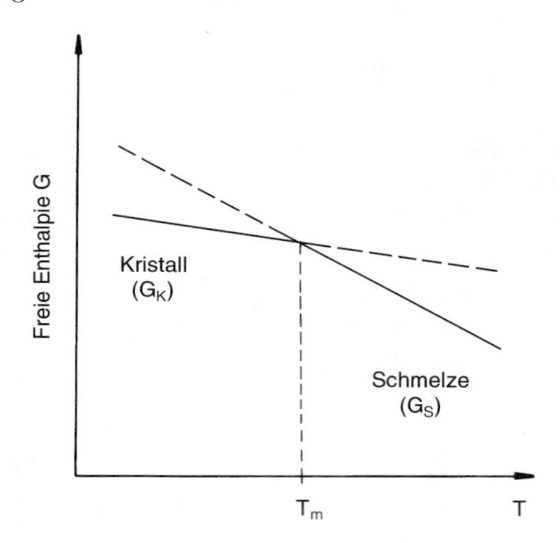

Abbildung 4.19. Schematischer Verlauf der freien Enthalpie als Funktion der Temperatur für die feste und die flüssige Phase. Am Schmelzpunkt T_m ist $G_K = G_S$.

soll. Die zunehmende Bedeutung der Entropie mit steigender Temperatur ist der tiefere Grund für den Schmelzvorgang, den man sich in thermodynamischer Betrachtungsweise für reine Metalle prinzipiell am Temperaturgang der freien Enthalpie klar machen kann (Abb. 4.19). Der Verlauf der freien Enthalpie mit der Temperatur ist für Schmelze G_S und Kristall G_K unterschiedlich, so daß die beiden Kurven sich schneiden. Die Phase mit der jeweils kleinsten freien Enthalpie wird auftreten, also die kristalline Phase bei tiefen Temperaturen, der flüssige Zustand bei hohen Temperaturen. Am Schmelzpunkt ist $G_S = G_K$; beide Phasen koexistieren im Gleichgewicht. Bei reinen Elementen wird die Entropie allein durch die Temperaturbewegung der Atome verursacht. Das ist anders bei den Legierungen. Die Entropie besteht hier generell aus zwei Beiträgen, der Schwingungsentropie S_v der Atome und der weit wichtigeren Konfigurationsentropie S_k, die sich aus der Anordnungsvielfalt der verschiedenen Atomsorten ergibt. Sie wird bei Legierungen gewöhnlich als Mischungsentropie bezeichnet. Bei $N_A + N_B = N$ Atomen, also den atomaren Konzentrationen $c_A^a = N_A/N$, $c_B^a = N_B/N \equiv c$ erhält man für die Mischungsentropie (s. Kap. 9)

$$S_m = -Nk\,\{c\ \ln\ c + (1-c)\ \ln\ (1-c)\} \tag{4.3}$$

$S_m > 0$ weil $c < 1$, und entsprechend $-TS = -T(S_v + S_m) \approx -TS_m < 0$. Die Kurve $S_m(c)$ (Abb. 4.20) ist symmetrisch zu $S_m(c = 0.5)$, und mündet in die reinen Komponenten mit unendlicher Steigung[2]

[2] Gl. (4.4) ist im übrigen der Grund für die Unmöglichkeit der Herstellung absolut reiner Elemente aus Legieurngen. Wegen $\frac{\partial H}{\partial c}\big|_{c=0} < \infty$ wird nämlich $\lim_{c\to 0} \frac{\partial G}{\partial c} = -\infty$, d.h. mit zunehmender Reinheit steigt die freie Enthalpie immer steiler an, bei $c \to 0$ sogar unendlich steil, so daß der letzte Reinigungsschritt nicht vollziehbar ist.

$$\lim_{c \to 0;1} \frac{\partial S}{\partial c} = \pm \infty \qquad (4.4)$$

Der Verlauf von $G(c)$ hängt von $H(c)$ ab. Unter vereinfachenden Annahmen (quasichemisches Modell der regulären Lösung, vergl. Kap. 9) kann $H(c)$ als Parabel beschrieben werden. Je nach Stärke der Parabel und Höhe der Temperatur überwiegt in $G(c)$ der Einfluß von H oder S. Bei sehr hohen Temperaturen (also in der Schmelze) dominiert stets S, und $G(c)$ wird durch eine durchhängende Kurve beschrieben. Bei niedrigen Temperaturen, also in der festen Phase, hat $G(c)$ einen ähnlichen Verlauf wie bei hohen Temperaturen, wenn völlige Mischbarkeit vorliegt; bei begrenzter Löslichkeit entspricht der Verlauf von $G(c)$ einer Kurve mit zwei Minima (Abb. 4.20).

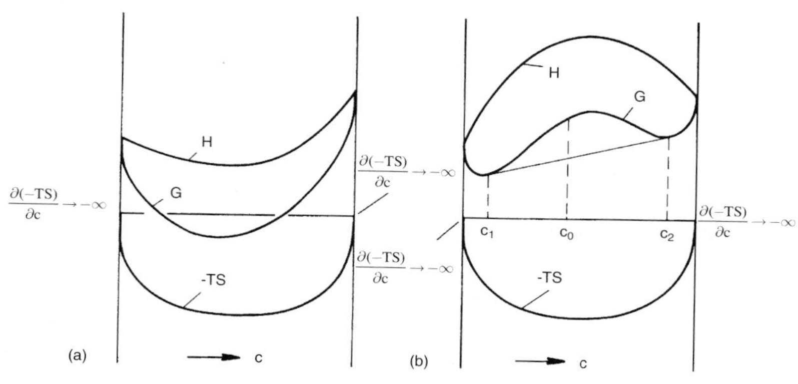

Abbildung 4.20. Verlauf der freien Enthalpie G und ihrer Summanden H und $(-TS)$ als Funktion der Konzentration (T = const.) bei (a) völliger Mischbarkeit (b) Mischungslücke für $c_1 \leq c \leq c_2$.

Die Art und Gestalt der Zustandsdiagramme kann man nun aus dem qualitativen Verlauf der $G(c)$-Kurven für die auftretenden Phasen bei verschiedenen Temperaturen herleiten. Da H nicht wesentlich von der Temperatur abhängt, wird durch den Term $(-TS)$ die Kurve $G(c)$ bei variierender Temperatur nur parallel verschoben. Da es allein auf die relative Lage der $G(c)$-Kurve ankommt, genügt es zur qualitativen Diskussion, nur die $G(c)$-Kurve einer Phase zu variieren und die zweite unverändert zu lassen. Wir wollen im folgenden $G(c)$ der Schmelze als Referenz konstant halten und $G(c)$ des Kristalls relativ zu $G(c)$ der Schmelze ändern, d.h. mit fallender Temperatur zu kleineren Werten verschieben.

Betrachten wir zunächst den Fall der vollständigen Löslichkeit (Abb. 4.21). Bei sehr hohen Temperaturen ist $G_S < G_K$ für alle Konzentrationen, und das System liegt im gesamten Konzentrationsbereich in der flüssigen Phase vor. Mit abnehmender Temperatur tritt einmal der Fall ein, daß $G_K = G_S$

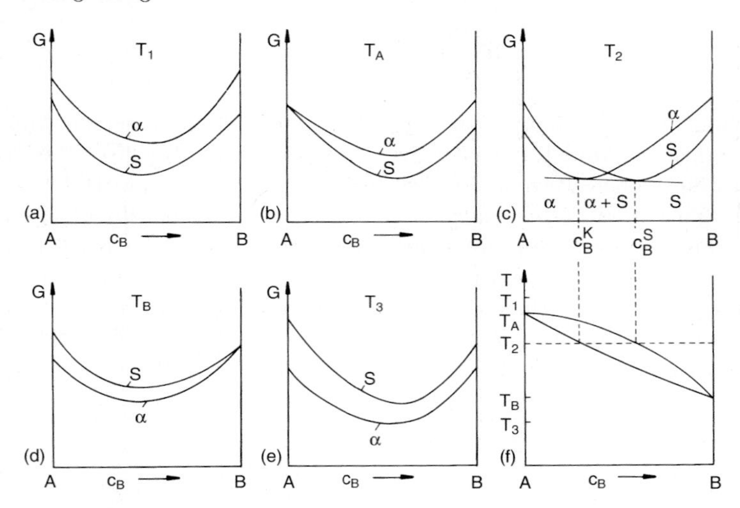

Abbildung 4.21. Verlauf der freien Enthalpie von Kristall und Schmelze einer binären Legierung mit völliger Mischbarkeit bei verschiedenen Temperaturen. (a) in der Schmelze $T_1 > T_A$; (b) am Schmelzpunkt von A, T_A; (c) für $T_B < T < T_A$, zwischen c_B^K und c_B^S ist das System zweiphasig; (d) am Schmelzpunkt von B, T_B; (e) im festen Zustand $T_3 < T_B$. Die Konzentrationsbereiche der auftretenden Phasen entsprechen einem isothermen Schnitt durch das Zustandsdiagramms (f) (s. Text).

für $c = 0$ oder $c = 1$, d.h. man befindet sich am Schmelzpunkt einer der Komponenten. Bei weiterer Absenkung der Temperatur erhält man getrennte Konzentrationsbereiche, in denen jeweils die Schmelze oder der Kristall die geringere freie Enthalpie haben. Zwischen diesen Bereichen wird die kleinste freie Enthalpie durch ein Gemenge aus Schmelze und Kristall erreicht (Tangentenregel, vgl. Kap. 9). Die freie Enthalpie des Gemenges ist durch die gemeinsame Tangente an die Kurven von Schmelze und Kristall bestimmt. Der Existenzbereich der auftretenden Phasen gemäß dem $G(c)$-Verlauf entspricht einem isothermen Schnitt durch das Zweiphasengebiet eines zigarrenförmigen Zustandsdiagramms. Bei weiterer Temperaturabsenkung verlagern sich die Berührungspunkte der Tangente, d.h. der Konzentrationsbereich des Zweiphasengebietes verschiebt sich, bis schließlich bei Erreichen der Schmelztemperatur der niedriger schmelzenden Komponente $G_K < G_S$ für $0 \leq c < 1$ und $G_S = G_K$ für $c = 1$ vorliegt. Unterhalb dieser Temperatur gilt $G_K < G_S$ im gesamten Konzentrationsbereich, und deshalb tritt nur die feste Phase auf. Durch konsequente Anwendung dieser Betrachtung für verschiedene Temperaturen kann schließlich das Zustandsdiagramm konstruiert werden.

Liegt eine Mischungslücke im festen Zustand vor, so hat die $G(c)$-Kurve des Festkörpers zwei Minima. Unter Anwendung der gleichen Prinzipien wie beim Fall vollständiger Mischbarkeit erhält man ein eutektisches oder ein peritektisches Zustandsdiagramm (Abb. 4.22 und Abb. 4.23). Beim Auftreten intermetallischer Phasen tritt noch ein drittes Minimum im Festen hinzu. Je

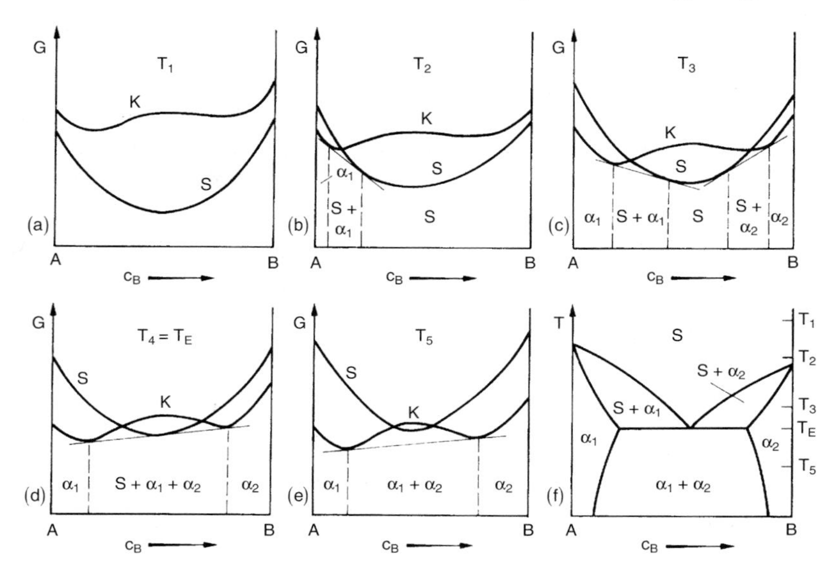

Abbildung 4.22. Zusammenhang von freier Enthalpie und Zustandsdiagramm in einem eutektischen System (vgl. Abb. 4.6 und Text).

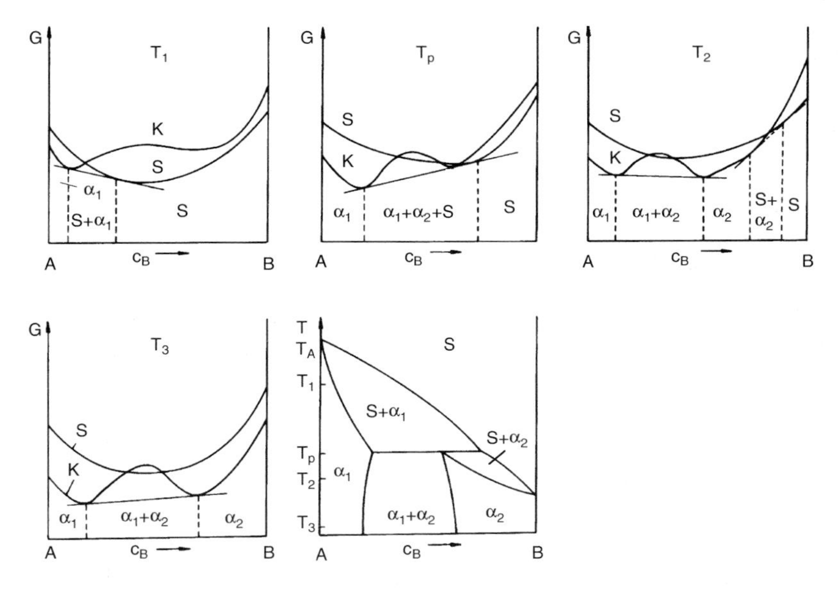

Abbildung 4.23. Zusammenhang von freier Enthalpie und Zustandsdiagramm in einem peritektischen System (vgl. Abb. 4.4 und Text).

nach Lage der Minima zueinander erhält man intermetallische Phasen direkt aus der Schmelze oder peritektisch (Abb. 4.24 und Abb. 4.25).

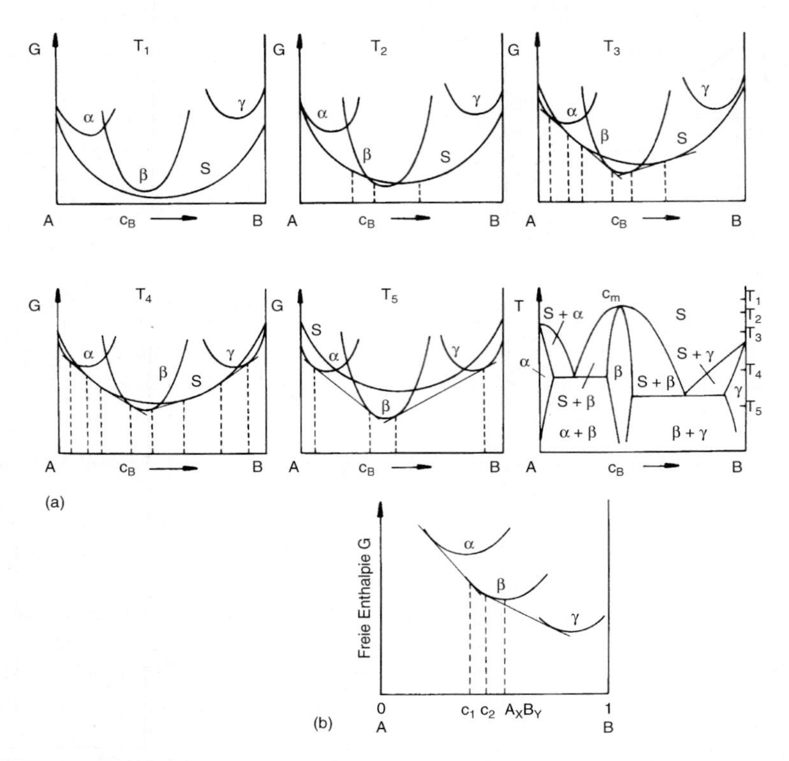

Abbildung 4.24. (a) Zusammenhang von freier Enthalpie und Zustandsdiagramm bei einem System mit intermetallischer Phase, die aus der Schmelze entsteht (vgl. Abb. 4.21 und Text). (b) Freie Enthalpie dreier Phasen α, β, γ. Die Phase β ist zwischen c_1 und c_2 stabil, nicht aber bei ihrer stabilsten Zusammensetzung A_xB_y.

4.3 Mischkristalle

Beim Legieren von Metallen kommt es im festen Zustand zunächst grundsätzlich zur Ausbildung von „festen Lösungen" aufgrund der in Kap. 4.2 erläuterten Mischungsentropie S_k. Dabei kann Löslichkeitsbereich von praktischer Unlöslichkeit bis zu vollständiger Mischbarkeit der Legierungselemente im gesamten Konzentrationsbereich reichen. Der Begriff „Lösung" bedeutet dabei, daß die hinzulegierte Komponente in das Matrixgitter eingebaut wird, also eine Mischung der Legierungselemente im atomaren Bereich vorliegt.

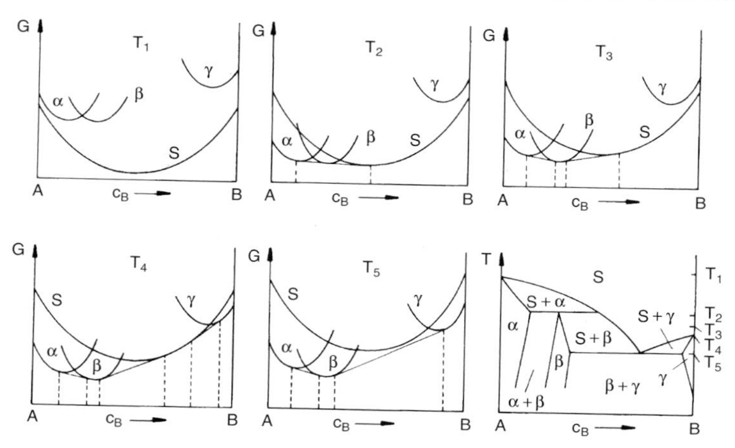

Abbildung 4.25. Zusammenhang von freier Enthalpie und Zustandsdiagramm bei einem System mit verdeckt schmelzender intermetallischer Phase.

Da die feste Phase in metallischen Werkstoffen kristallin ist, bezeichnet man die feste Lösung als Mischkristall. Setzt sich der Löslichkeitsbereich einer Phase bis zur reinen Komponente, d.h. dem Rand des Zustandsdiagrammes fort, spricht man von primären Mischkristallen , bzw. von Randlöslichkeit. Intermetallische Phasen mit endlichem Konzentrationsbereich bezeichnet man zur Unterscheidung von den primären Mischkristallen auch als intermediäre Mischkristalle.

Entsprechend ihrer atomaren Anordnung unterscheidet man systematisch zwei Arten von Mischkristallen, nämlich die interstitiellen und die substitutionellen Mischkristalle (Abb. 4.26). Bei interstitiellen Mischkristallen befinden sich die Legierungsatome auf den Gitterlücken (Zwischengitterplätzen) des Matrixgitters; bei Substitutionsmischkristallen besetzen die Legierungsatome reguläre Gitterplätze der Matrix.

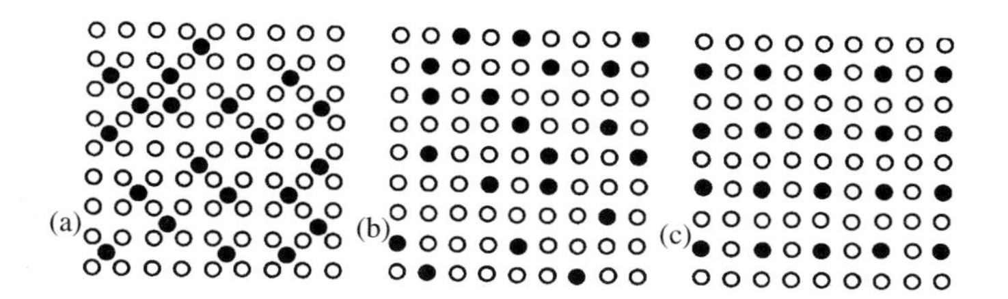

Abbildung 4.26. Unterschiedliche Form von Mischkristallen: (a) interstitielle Mischkristalle; (b) Substitutionsmischkristalle mit regelloser Verteilung; (c) geordnete Substitutionsmischkristalle.

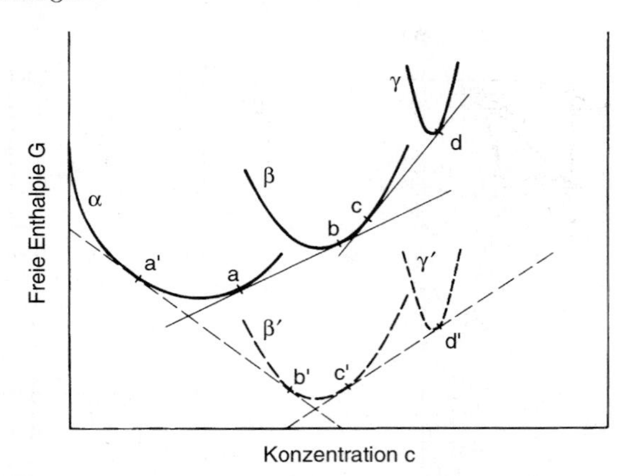

Abbildung 4.27. Existenz- und Löslichkeitsbereiche von Phasen hängen von der relativen Lage ihrer freien Enthalpien ab. Tritt bspw. die Phase $\beta\prime$ auf, so ist die Löslichkeitsgrenze der α-Phase viel geringer als beim Auftreten von β, und α kommt nicht einmal in ihrer stabilsten Zusammensetzung vor.

Wegen der geringen Größe der Gitterlücken treten interstitielle Mischkristalle nur bei Legierungsatomen mit kleinen Atomradien auf, bei technischen Legierungen im wesentlichen die Elemente H, B, C und N. Trotzdem sind die Gitterlücken in der Regel kleiner als die Größe der Legierungsatome, so daß es um die eingelagerten Atome zu elastischen Verzerrungen kommt, deren Energie rasch mit zunehmender Atomgröße ansteigt. Dadurch wird natürlich die Löslichkeitsgrenze stark herabgesetzt, denn die elastische Verzerrungsenergie erhöht die freie Enthalpie des Mischkristalls und destabilisiert den Mischkristall zugunsten anderer Phasen. Beim Auftreten von weiteren Phasen wird die Randlöslichkeit grundsätzlich durch die relative Lage der freien Enthalpie-Kurven $G(c)$ bestimmt, weil die Löslichkeitsgrenze durch den Berührpunkt der Tangente an die $G(c)$-Kurve festgelegt wird (Abb. 4.27). Dieser Einfluß zeigt sich deutlich am System Fe-C. Die Kohlenstoffatome befinden sich auf den Oktaederlücken des kfz Gitters des γ-Fe und des krz Gitters des α-Fe (Abb. 4.28). Die Oktaederlücke im kfz Gitter ist mit $r^{\gamma}_{okt.}/R_{Fe} = 0.41$ aber viel größer als im raumzentrierten Gitter mit $r^{\alpha}_{okt.}/R_{Fe} = 0.16$. Das Atomradienverhältnis von Kohlenstoff zu Eisenatomen beträgt $r_c/R_{Fe} = 0.61$. Das C-Atom beansprucht also ein größeres Volumen als die verfügbare Lücke, besonders drastisch im α-Fe. Das Zustandsdiagramm (Abb. 4.29) zeigt den dramatischen Effekt dieses Unterschiedes auf die Löslichkeit. Die Löslichkeitsgrenze ist im kfz γ-Fe ($c^{\gamma}_{max} = 2.08$ Gew.%) um zwei Zehnerpotenzen größer als im krz α-Fe ($c^{\alpha}_{max} = 0.02$ Gew.%).

Die Temperaturabhängigkeit der Randlöslichkeit läßt sich durch eine Arrheniusbeziehung beschreiben (Q — Lösungswärme)

$$c_{max} = c_0 \; e^{-\frac{Q}{kT}} \tag{4.5}$$

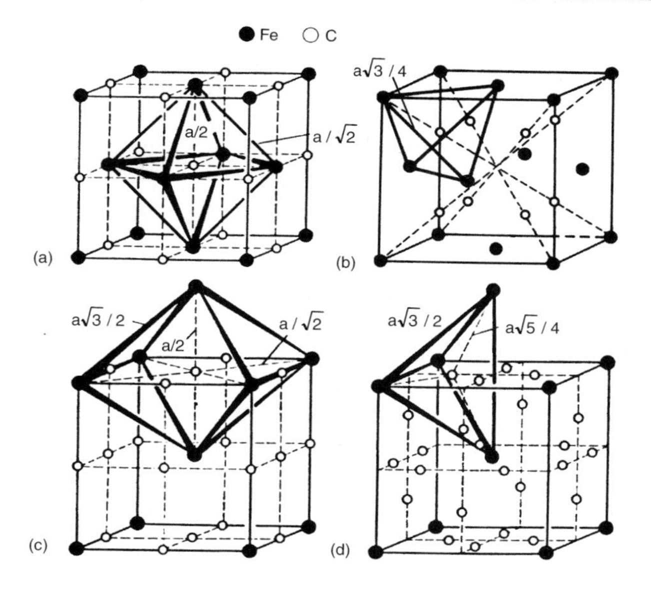

Abbildung 4.28. Gitterlücken im kfz und krz Gitter. (a) Oktaederlücke kfz; (b) Tetraederlücke kfz; (c) Oktaederlücke krz; (d) Tetraederlücke krz. Die offenen Kreise geben die verschiedenen aber äquivalenten Positionen der Gitterlücken an.

wie Abb. 4.30 anhand von C in Fe für interstitielle und Kupfer in Zink für substitutionelle Mischkristalle zeigt. Diese Abhängigkeit läßt sich zwanglos durch die Mischungsentropie deuten, wie in Kap. 9 näher erläutert wird.

Die überwiegende Zahl binärer Systeme bildet Substitutionsmischkristalle. Viele davon zeigen Löslichkeit im gesamten Konzentrationsbereich, aber eine Großzahl von Systemen zeigt eine Mischungslücke im Festen, hat also nur eine Randlöslichkeit. Trivialerweise ist das immer der Fall, wenn beide Legierungspartner in verschiedenen Gittern kristallisieren. Die Begrenzung der Löslichkeit kann aber unabhängig von der Kristallstruktur viele verschiedene Gründe haben. Aus den Studien einer großen Anzahl von binären Legierungen hat Hume-Rothery einen Satz von Regeln abgeleitet, die die Voraussetzungen zu ausgeprägter Löslichkeit formulieren:

(a) Der Atomradienunterschied sollte nicht mehr als 15% betragen.
(b) Der Elektronegativitätsunterschied (chemische Affinität) sollte klein sein.
(c) Die Valenzelektronenzahl sollte nicht sehr unterschiedlich sein.

Entsprechend ist die Verletzung zumindest einer Regel mit einer stark eingeschränkten Löslichkeit und häufig auch mit dem Auftreten intermetallischer Phasen (Abschn. 4.4) verbunden.

Das Argument der Atomgröße ist leicht zu verstehen anhand der damit verbundenen elastischen Energie zum Einpassen des Fremdatoms in das Matrixgitter, ganz analog den zuvor behandelten Einlagerungsmischkristallen. Die Grenzlinie von vollständiger Löslichkeit zu ausgedehnter Mischungslücke

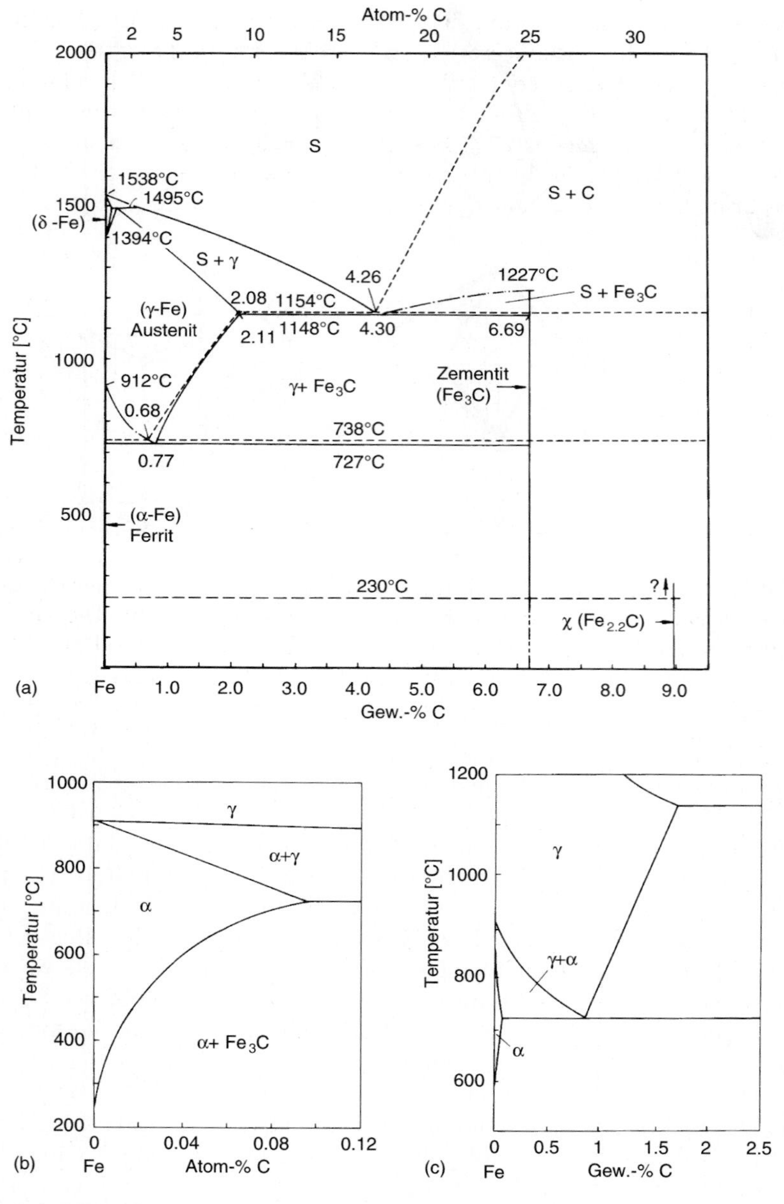

Abbildung 4.29. Ausschnitt aus dem Zustandsdiagramm des Fe-C-Systems (a). Die primäre Löslichkeit des Kohlenstoffs nimmt sowohl in α-Fe als auch in γ-Fe mit zunehmender Temperatur zu (b). Die Löslichkeit von C in γ-Fe ist aber beträchtlich größer als in α-Fe, da die oktaedrischen Gitterlücken des krz Gitters viel kleiner sind als die des kfz Gitters (c) (nach [4.1]).

ist häufig sehr scharf, wie am Beispiel von Cu-Au und Cu-Ag schon in Abschn. 4.1 gezeigt wurde. Alle drei Metalle kristallisieren im kfz Gitter. Ag und Au sind vollständig ineinander löslich. Cu und Au zeigen ein Minimum im Zustandsdiagramm. Obwohl Kupfer und Silber sich chemisch sehr ähnlich sind, beträgt aber die gegenseitige Löslichkeit bei Raumtemperatur weit weniger als 1%. Der Unterschied liegt in der geringfügig verschiedenen Größe der Gitterparameter von Gold und Silber:

$$a_{Au} = 4.0786 Å; \quad a_{Ag} = 4.0863 Å; \quad a_{Cu} = 3.6148 Å$$

Der Gitterparameterunterschied von (a) Silber zu Gold beträgt 0.19%, von (b) Gold zu Kupfer 12.8% und von (c) Silber zu Kupfer 13%. Dieser kleine Gitterparameterunterschied zwischen Fall (b) und (c) führt zum völligen Umschlag der Löslichkeitsverhältnisse. Die Situation wird bereits dadurch angedeutet, daß bei Cu-Au das Zustandsdiagramm ein Minimum zeigt, also gerade noch vollständige Löslichkeit erreicht wird. Bei geringfügiger weiterer Verschlechterung der atomaren Passung schlägt die Tendenz um zum Phasengemenge.

Die Atomgröße ist aber keine hinreichende Bedingung für ausgeprägte Löslichkeit, wie die beiden anderen Regeln von Hume-Rothery belegen. Der Einfluß der Elektronegativität erklärt sich daher, daß bei zunehmendem Elektronegativitätsunterschied eine steigende Tendenz zur Bildung von stöchiometrischen intermetallischen Phasen besteht, weil der heteropolare Charakter der Bindung zunimmt. Das Auftreten solcher Phasen begrenzt natürlich die Löslichkeit, und bei entsprechender Stabilität intermediärer Phasen kann die Randlöslichkeit sehr klein werden (vgl. Abschn. 4.4).

Der Einfluß der Valenzelektronenzahl hat ganz andere Ursachen. Die Erfahrung lehrt, daß häufig die Löslichkeit von Elementen mit größerer Valenzelektronenzahl, bspw. bei Lösung eines zweiwertigen Elementes in einer Matrix mit Wertigkeit eins, viel geringer ist als umgekehrt. Der Grund hierfür liegt in der elektronentheoretischen Bänderstruktur der Festkörper, genau genommen im Pauli-Prinzip der Quantentheorie (vgl. Kap. 10). Da die Elektronen Elementarteilchen mit Spin 1/2 (also Fermionen) sind, unterliegen sie dem Pauli-Prinzip, wonach jeder Elektronenzustand von nur jeweils einem Elektron angenommen werden kann. Hinzugefügte Elektronen müssen also neue, d.h. höherenergetische Zustände annehmen. In Kristallen nimmt bei Erreichen gewisser kritischer Valenzelektronendichten (Valenzelektronen pro Atom) die Energie zur Aufnahme weiterer Elektronen stark zu. Diese kritische Elektronendichte hängt aber von der Kristallstruktur ab. Sie ist bspw. beim krz Gitter größer als im kfz Gitter. Wird daher in einem kfz Mischkristall durch Zulegieren mit einem höherwertigen Element (z.B. Zn in Cu) die kritische Valenzelektronenkonzentration (VEK) für das kfz Gitter erreicht, wird bei weiterer Konzentrationserhöhung die krz Struktur energetisch günstiger und damit stabiler als die kfz Struktur. Das Ändern der Kristallstruktur bedeutet das Auftreten einer neuen Phase, wobei die primäre Löslichkeit durch die Stabilität der intermediären Phase entsprechend der Tangentenkonstruktion

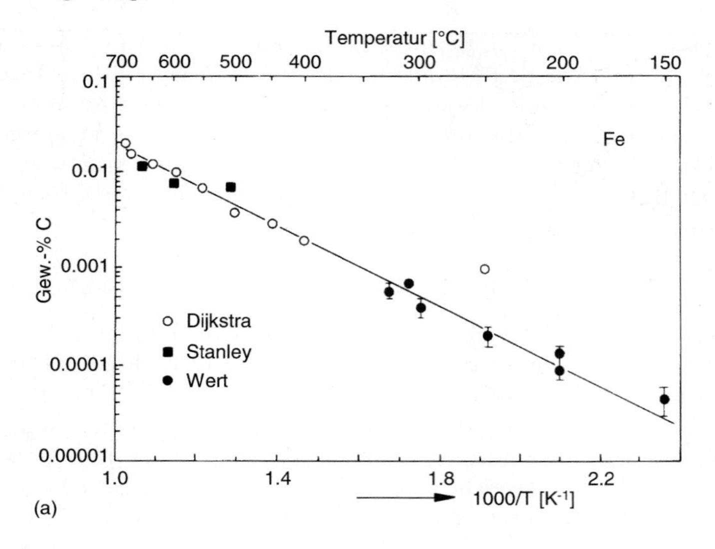

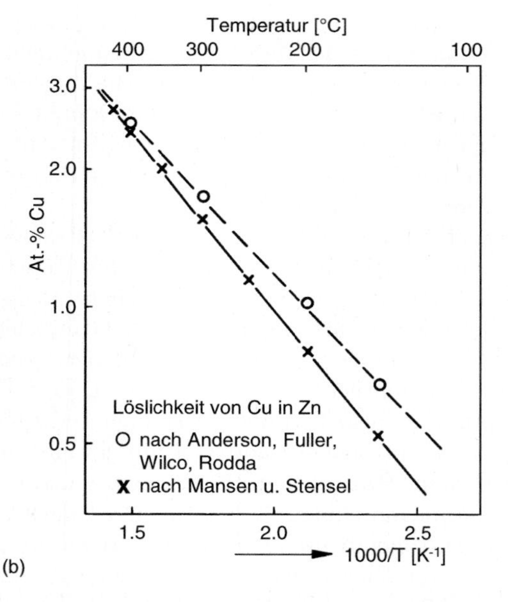

Abbildung 4.30. Arrheniusauftragung der primären Löslichkeit von (a) C in Fe (interstitielle Mischkristalle) (nach [4.3]) und (b) Cu in Zn (substitutionelle Mischkristalle). In beiden Fällen hängt die Löslichkeit über einen Boltzmannfaktor [$\exp(-Q/kT)$] von der Temperatur ab und nimmt deshalb mit steigender Temperatur stark zu (nach [4.4]).

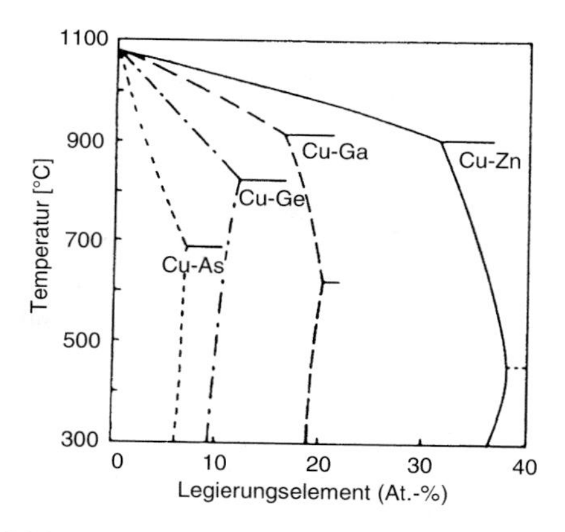

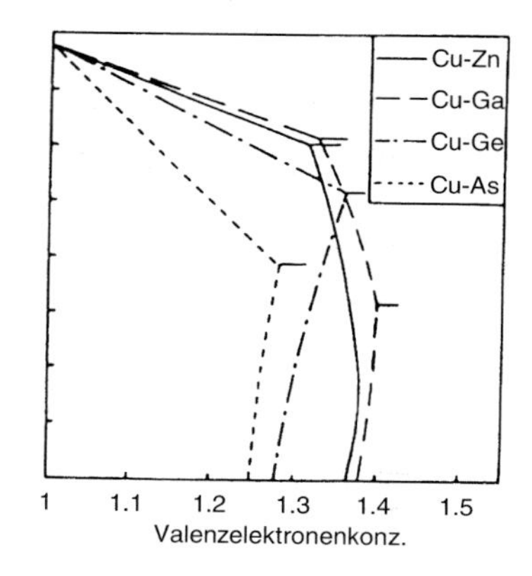

Abbildung 4.31. Primäre Löslichkeitsgrenze von einigen Cu-Legierungen mit verschiedenen höherwertigen Elementen. Die sehr unterschiedliche primäre Löslichkeit wird für alle Elemente recht ähnlich ($\approx 21/15 = 1.4$), wenn man über der VEK statt über der atomaren Konzentration aufträgt.

im Freie-Enthalpie-Diagramm bestimmt wird. Auf diese durch die VEK bedingten Phasen wird in Abschn. 4.4 näher eingegangen. Die Bedeutung der VEK erkennt man, wenn man den primären Löslichkeitsbereich eines Basismetalls bei steigender Wertigkeit der Legierungselemente betrachtet, z.B. Cu mit Zn, Ga, Ge und As (Abb. 4.31). Cu ist einwertig, Zn zweiwertig und As hat schließlich die Wertigkeit fünf. Mit zunehmender Wertigkeit wird die Löslichkeit kleiner. Trägt man dagegen das Zustandsdiagramm über der VEK statt über der atomaren Konzentration auf, so ergibt sich eine recht gute Übereinstimmung der maximalen Löslichkeit. Die verbleibenden Unterschiede resultieren wiederum aus der Stabilität der sich anschließenden Phasen, die die Randlöslichkeit beeinflussen.

4.4 Intermetallische Phasen

4.4.1 Überblick

In vielen binären metallischen Systemen treten bei mittleren Konzentrationen neue Phasen auf, deren Existenzbereich sich nicht zu den reinen Komponenten fortsetzt. Sie zeichnen sich häufig durch zwei Besonderheiten aus, nämlich einmal durch ihre völlig wertigkeitsfremde Zusammensetzung und zum andern durch ihren endlichen Homogenitätsbereich. Die häufig verwendete Bezeichnung intermetallische Verbindung ist daher irreführend, denn sie assoziiert, wie bei chemischen Verbindungen, eine streng stöchiometrische und wertigkeitsgerechte Zusammensetzung. Die Begriffe intermetallische Phasen oder sogar intermediäre Mischkristalle kennzeichnen den Sachverhalt weitaus angemessener und sollen im folgenden ausschließlich verwendet werden. Der Grund für die „unchemische“ Natur der intermetallischen Phasen ist gleichzeitig die ursächliche Schwierigkeit ihrer wissenschaftlichen Behandlung. Sie können nämlich aus vielen verschiedenen Gründen entstehen, und häufig sind es mehrere Ursachen und Umstände, die ihr Auftreten veranlassen. Im folgenden soll versucht werden, strukturelle Argumente anzugeben, die die häufig auftretenden intermetallischen Phasen in ihrer Existenz und Zusammensetzung begründen. Grundsätzlich gilt auch hier wieder, daß die Existenz und der Löslichkeitsbereich von intermetallischen Phasen durch die relative Lage ihrer freien Enthalpiekurven (Abb. 4.32) bestimmt wird. Infolge der Tangentenkonstruktion kommen daher bei einer festen Temperatur manche Phasen gar nicht (δ) oder zumindest nicht in ihrer stärksten (bspw. stöchiometrischen) Zusammensetzung ($\alpha, \gamma, \varepsilon$) vor.

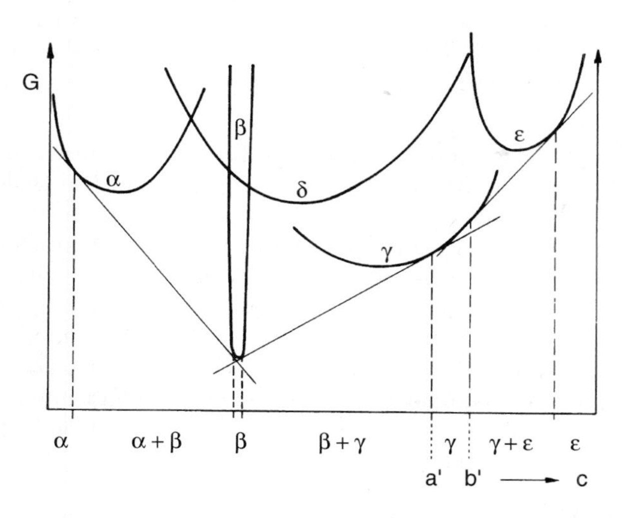

Abbildung 4.32. Auch beim Auftreten von intermetallischen Phasen hängen Existenz und Löslichkeit von der relativen Lage der freien Enthalpiekurven zueinander ab. Hier tritt α nicht in seiner stabilsten Zusammensetzung auf und die Phase δ wird nicht gebildet.

4.4.2 Geordnete Substitutionsmischkristalle

Besteht zwischen ungleichen Legierungspartnern eine stärkere Bindung als zwischen gleichartigen Atomen, dann ist jedes Atom bestrebt, sich mit möglichst vielen ungleichen Atomen zu umgeben. Dies entspricht dem in Kap. 9 behandelten Fall der regulären Lösung bei großer negativer Vertauschungsenergie:

$$H_0 = H_{AB} - (H_{AA} + H_{BB})/2 \ll 0.$$

Bei bestimmten ganzzahligen Zusammensetzungen kommt es dabei zu streng periodischen Anordnungen der Atome, bei denen sich jedes Atom mit einer maximalen Zahl der Legierungsatome umgeben kann und umgekehrt. Das ist bspw. bei einer atomaren Konzentration von $c^a = 0.5$, d.h. einer Zusammensetzung vom Typ AB, in einem krz Gitter der Fall, das ja bekanntlich aus zwei ineinandergestellten einfach kubischen Teilgittern besteht. Wird jedes Teilgitter von nur einer Atomsorte besetzt, so ist jedes A-Atom ausschließlich von B-Atomen umgeben und umgekehrt (Abb. 4.33a). Eine derart streng geordnete Atomverteilung wird als Überstruktur oder auch als Fernordnung bezeichnet, da sie sich über viele Elementarzellen hinweg, d.h. in makroskopischen Dimensionen erstreckt. Entsprechend eignet sich das kfz Gitter für eine Zusammensetzung 25:75, d.h. Typ AB_3 (Abb. 4.33b), denn ein kfz Gitter besteht aus vier ineinandergestellten Teilgittern, so daß drei Teilgitter mit Atomsorte B und ein Teilgitter mit Atomsorte A besetzt werden kann.

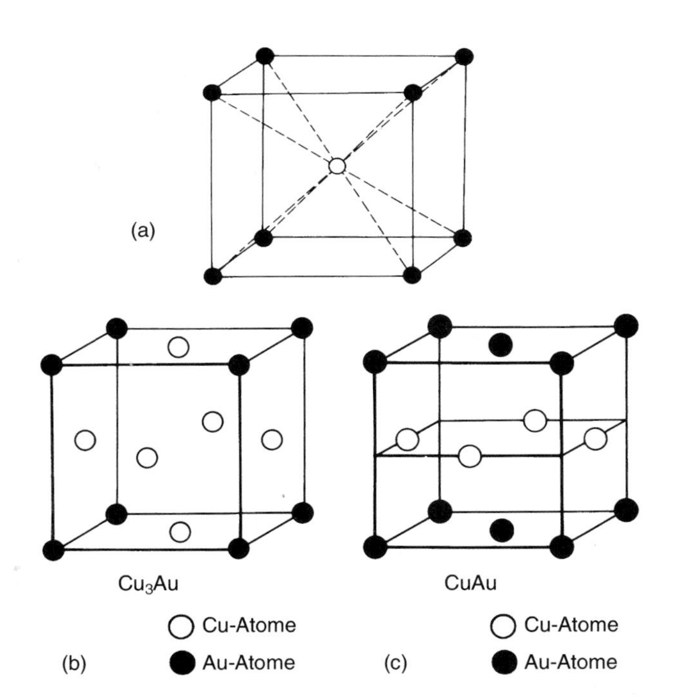

Abbildung 4.33. Geordnete Atomverteilungen vom Typ AB lassen sich im CsCl-Gitter (a) (B2-Struktur), solche vom Typ AB_3 im Cu_3Au-Gitter (b) ($L1_2$-Struktur) verwirklichen, die mit einem krz bzw. kfz Mischkristall bei regelloser Atomverteilung verträglich sind. Ein kubisch flächenzentrierter Mischkristall vom Typ AB (c) kann nicht ordnen ohne seine kubische Struktur zu verlieren. Bei einer Unterteilung des kfz Gitters in je zwei Untergitter für A und B kommt es zur Schichtenbildung und damit wegen der unterschiedlichen Atomradien A und B zu einer tetragonalen Kristallstruktur.

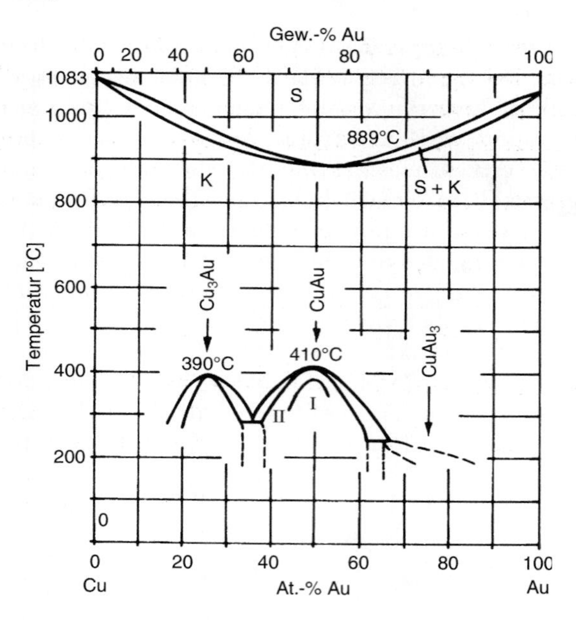

Abbildung 4.34. Zustandsdiagramm des Systems Cu-Au, das bei tieferen Temperaturen verschiedene geordnete Phasen im festen Zustand bildet, die aber bereits weit unterhalb des Schmelzpunktes wieder in eine regellose Verteilung übergehen [4.1].

Dagegen eignet sich das kfz Gitter nicht für eine Überstruktur vom Typ AB. Zwar könnten je zwei Teilgitter mit A- und B-Atomen besetzt werden, jedoch erhält man, gleich wie die Teilgitter verteilt werden, immer eine Schichtstruktur (Abb. 4.33c), wodurch die kubische Symmetrie verloren geht und durch eine tetragonale Kristallstruktur ($a = b \neq c$) ersetzt wird. Dieser Fall ist beim Au-Cu tatsächlich realisiert, woraus erkennbar ist, daß durch Ordnungserscheinungen auch Phasen mit anderer Kristallstruktur[3] entstehen.

Die Temperaturbewegung der Atome und damit die Entropie wirken einer geordneten Atomverteilung entgegen. Deshalb wird bei höheren Temperaturen die Ordnung herabgesetzt. Ist die Vertauschungsenergie sehr klein (s. Kap. 9), also das Ordnungsbestreben nicht so stark ausgeprägt, so kommt es bereits bei Temperaturen weit unterhalb des Schmelzpunktes zum vollständigen Verlust der Fernordnung. Beispiele liefern die verschiedenen Ordnungsphasen im System Cu-Au. So liegt das Cu_3Au nur bei Temperaturen unterhalb 390°C

[3] In diesem Zusammenhang ist zu beachten, daß die Cu_3Au ($L1_2$) und die CsC1 (B2) Strukturen keine kfz bzw. krz Strukturen mehr sind, im Gegensatz zu den ungeordneten Mischkristallen gleicher Zusammensetzung. Insofern ist also Fernordnung immer mit einer Änderung der Gitterstruktur verbunden, obgleich die Gitterplätze sich vom ungeordneten Zustand nicht unterscheiden, aber nun nicht mehr äquivalent sind

geordnet, bei höheren Temperaturen jedoch als Mischkristall vor (Abb. 4.34). Die Temperatur, bei der der geordnete Zustand in den regellosen Zustand übergeht, bezeichnet man als kritische Temperatur. Dagegen bleiben andere geordnete Phasen, bspw. des wichtigen Systems Ni-Al, nämlich Ni_3Al und insbesondere das hochschmelzende NiAl bis zum Schmelzpunkt geordnet, die kritische Temperatur liegt also oberhalb des Schmelzpunktes (Abb. 4.35).

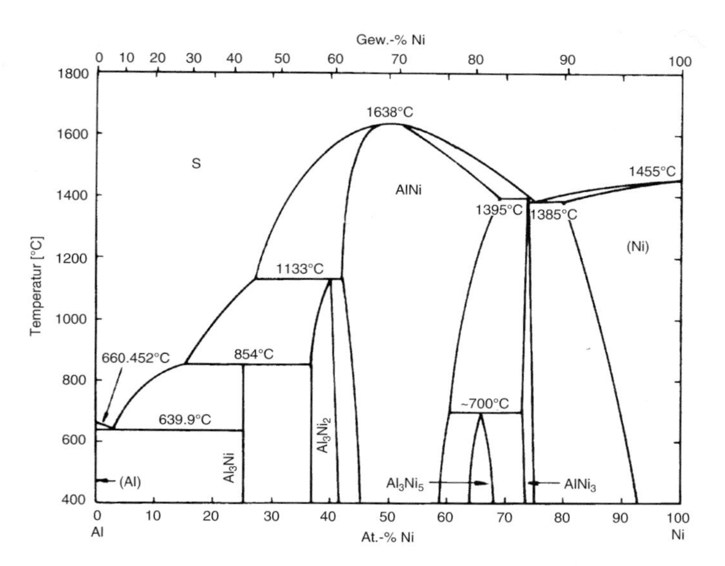

Abbildung 4.35. Zustandsdiagramm des Systems Ni-Al. Die Phasen Ni_3Al ($L1_2$) und NiAl (B2) sind bis zum Schmelzpunkt geordnet [4.1].

Quantitativ läßt sich der Grad der Fernordnung nach einem Vorschlag von Bragg-Williams durch einen Fernordnungsparameter

$$s = \frac{p - x}{1 - x} \tag{4.6a}$$

beschreiben, wobei p der Bruchteil von A-Atomen auf dem A-Teilgitter und x der Bruchteil von A-Atomen in der Legierung ist.

Besonders einfach gestaltet sich die Betrachtung für eine Legierung vom Typ AB, wenn der Mischkristall eine krz Struktur hat. Dann kann man jeder Atomsorte ein Teilgitter zuordnen und der Fernordnungsparameter läßt sich durch

$$s = 2p - 1 \tag{4.6b}$$

beschreiben, wobei p wieder der Bruchteil von A-Atomen auf dem A-Teilgitter ist. Damit ist der Wertebereich von s

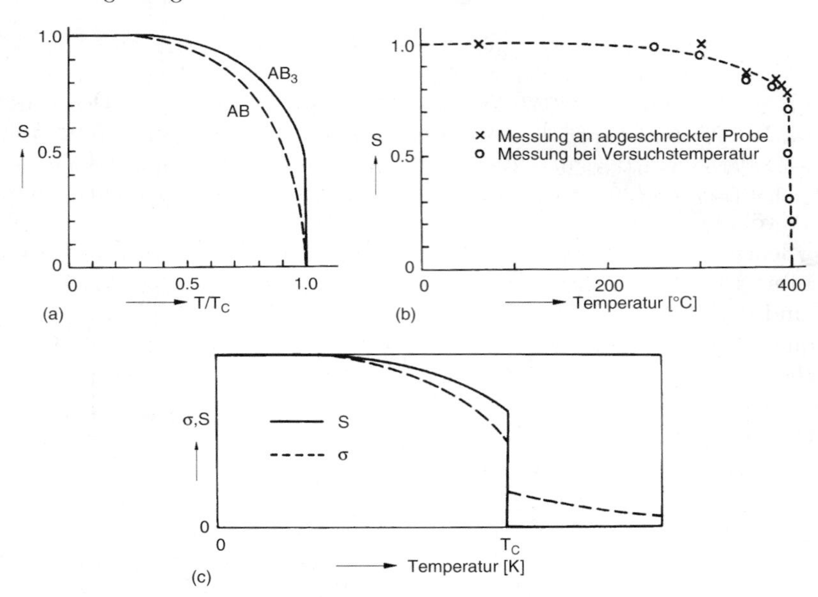

Abbildung 4.36. Verlauf der Ordnungsparameter als Funktion der Temperatur (a) Fernordnungsparameter s für geordnete Legierungen vom Typ AB und AB_3. Oberhalb einer Temperatur T_c (kritische Temperatur) ist das System entordnet. Für AB_3 ändert sich s bei T_c diskontinuierlich (Phasenübergang 1. Ordnung). (b) Gemessener Verlauf von $s(T)$ für Cu_3Au. Die Meßwerte stimmen mit dem berechneten Verlauf (gestrichelt) gut überein. (c) Vergleich des Temperaturverlaufs von Fernordnungsparameter s und Nahordnungsparameter σ. Auch oberhalb T_c ist $\sigma > 0$ (nach [4.5]).

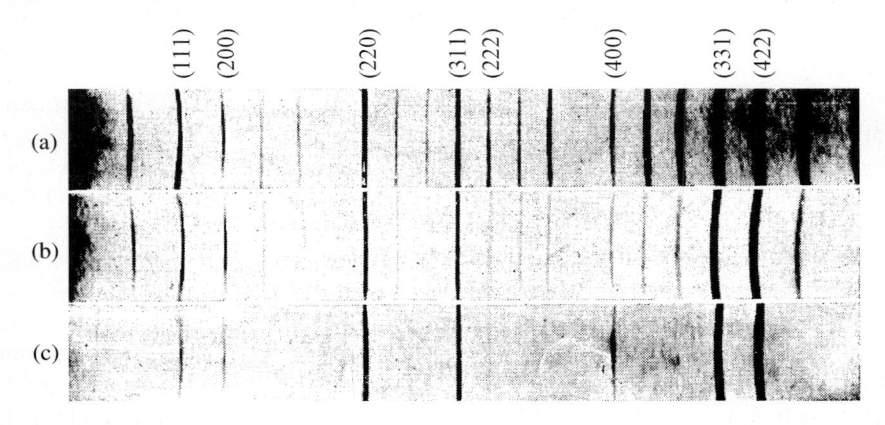

Abbildung 4.37. Das Auftreten von ferngeordneten Phasen (hier: Cu_3Au) kann man durch Überstrukturlinien im Debye-Scherrer-Diagramm nachweisen. (a) $T \ll T_c$; (b) $T < T_c$; (c) $T > T_c$.

$$-1 \leq s \leq 1,$$

denn bei vollständiger Ordnung ist $p = 1$ und daher $s = 1$. Der Zustand völliger Regellosigkeit wird beschrieben durch $s = 0$, also $p = 0.5$ im Fall einer Zusammensetzung AB, d.h. statistische Atomverteilung. Der Fall $s = -1$ entspricht der falschen Besetzung der Teilgitter und entsprechend ebenfalls einem völlig geordneten Zustand. Er hat somit keinerlei besondere physikalische Bedeutung, führt aber in gewissen Fällen zu Problemen, wie später näher erläutert wird. Die Größe von s hängt erwartungsgemäß von der Temperatur und der Vertauschungsenergie H_0 ab. Man kann $s(T)$ berechnen, bspw. im quasi-chemischen Modell, indem man $G(s)$ ermittelt und das Ordnungsgleichgewicht durch $dG/ds = 0$ bestimmt. Damit ergibt sich der in Abb. 4.36 skizzierte Verlauf.

Der Fernordnungsgrad läßt sich durch verschiedene physikalische Methoden bestimmen, bspw. durch das Auftreten der sog. Überstrukturlinien im Debye-Scherrer Diagramm.

Infolge der unterschiedlichen Streueigenschaften der beiden beteiligten Atomsorten verlieren die Auslöschungsregeln der Röntgenbeugung ihre strenge Gültigkeit (vgl. Kap. 2), und es kommt zum Auftreten von Röntgenreflexen, die im ungeordneten Mischkristall verboten sind (Abb. 4.37). Man kann sich das auch so klar machen, daß durch das Auftreten der Überstruktur eine neue, größere Elementarzelle entsteht (Abb. 4.38), die entsprechend dem Braggschen Gesetz einen Beugungsreflex bei kleineren Winkeln verursacht. Überstrukturen zeigen sich auch in einem drastischen Abfall des elektrischen Widerstandes (Abb. 4.39), da der Widerstand primär von Störungen der Periodizität bestimmt wird, bspw. durch Fremdatome in einem Mischkristall. Eine Überstruktur ist dagegen streng periodisch und hat trotz gleicher Zahl von beiden Atomsorten einen erheblich geringeren elektrischen Widerstand zur Folge.

Die Definition des Fernordnungsparameters führt zu unsinnigen Ergebnissen, wenn in verschiedenen Kristallbereichen unterschiedliche Teilgitter mit der gleichen Atomsorte besetzt sind (Abb. 4.40). Das kann bspw. vorkommen, wenn beim Übergang vom ungeordneten zum geordneten Zustand die Keimbildung in verschiedenen Gebieten beginnt, wobei die Wahl der Teilgitter zufällig und daher unterschiedlich ausfällt. Wachsen diese unterschiedlich geordneten Gebiete zusammen, so ändert sich an den Grenzflächen die Teilgitterbesetzung sprungartig. Diese Grenzflächen werden als Antiphasengrenzen bezeichnet, und die perfekt aber teilgittermäßig unterschiedlich geordneten Kristallbereiche heißen Domänen. Sie lassen sich im TEM sichtbar machen (Abb. 4.41). Im statistischen Mittel treten die verschiedenen Teilgitterbesetzungen gleich häufig auf, so daß der mittlere Fernordnungsgrad $s = 0$ wäre, was aber physikalisch völlig unsinnig ist, denn alle Teilgebiete des Kristalls sind vollständig geordnet.

Eine diese konzeptionelle Schwierigkeit vermeidende physikalisch sinnvollere Definition der Ordnung bildet der Nahordnungsparameter

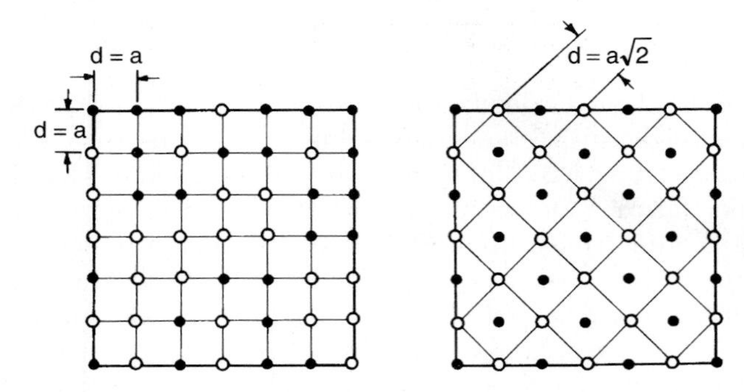

Abbildung 4.38. Die Überstrukturlinien kann man sich am einfachen Fall des quadratischen Gitters klar machen. Bei regelloser Atomverteilung ist der größte Netzebenenabstand $d = a$. Bei geordneter Verteilung (AB in diesem Fall) ändert sich die Elementarzelle, und der größte Netzebenenabstand wird $d = a\sqrt{2}$. Dadurch tritt nach dem Braggschen Gesetz ein zusätzlicher Reflex bei kleineren Winkeln auf.

$$\sigma = \frac{q - q_u}{q_m - q_u} \tag{4.7}$$

wobei q der Bruchteil B-Atome als Nachbar von A, q_u der Bruchteil B-Atome als Nachbar von A im völlig ungeordneten Zustand, q_m der Bruchteil B-Atome als Nachbar von A im völlig geordneten Zustand darstellen. Für die jeweilige Legierung ist q_m konstant, z.B. für AB-Legierungen ist $q_m = 1$.

Der Nahordnungsparameter σ gibt die Nachbarschaftsverhältnisse eines beliebig herausgegriffenen A-Atoms an, und hat den Vorteil, daß er von der

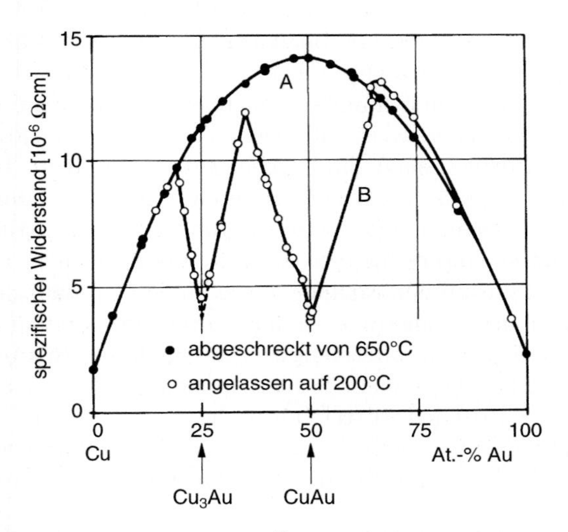

Abbildung 4.39. Das Auftreten von Überstrukturen führt zur starken Verringerung des elektrischen Widerstandes, bspw. für Cu_3Au und CuAu (nach [4.6]).

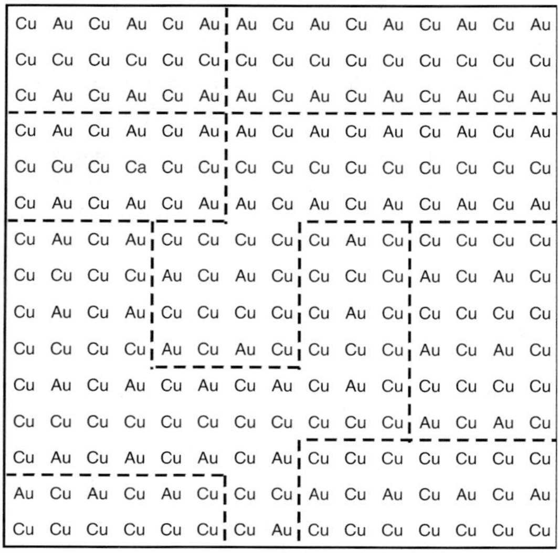

Cu Au Cu Au Cu Au Au Cu Au Cu Au Cu Au Cu Au
Cu Cu Cu Cu Cu Cu Cu Cu Cu Cu Cu Cu Cu Cu Cu
Cu Au Cu Au Cu Au Au Cu Au Cu Au Cu Au Cu Au
Cu Au Cu Au Cu Au Au Cu Au Cu Au Cu Au Cu Au
Cu Cu Cu Ca Cu Cu Cu Cu Cu Cu Cu Cu Cu Cu Cu
Cu Au Cu Au Cu Au Au Cu Au Cu Au Cu Au Cu Au
Cu Au Cu Au Cu Cu Cu Cu Cu Au Cu Cu Cu Cu Cu
Cu Cu Cu Cu Au Cu Au Cu Cu Cu Cu Au Cu Au Cu
Cu Au Cu Au Cu Cu Cu Cu Cu Au Cu Cu Cu Cu Cu
Cu Cu Cu Cu Au Cu Au Cu Cu Cu Cu Au Cu Au Cu
Cu Au Cu Au Cu Au Cu Au Cu Au Cu Cu Cu Cu Cu
Cu Cu Cu Cu Cu Cu Cu Cu Cu Cu Cu Au Cu Au Cu
Cu Au Cu Au Cu Au Cu Au Cu Cu Cu Cu Cu Cu Cu
Au Cu Au Cu Au Cu Cu Cu Au Cu Au Cu Au Cu Au
Cu Cu Cu Cu Cu Cu Cu Au Cu Cu Cu Cu Cu Cu Cu

Abbildung 4.40. Ein ferngeordneter Kristall kann in Bereiche (Domänen) unterteilt sein, die alle vollständige Fernordnung zeigen, bei denen die Besetzung der Teilgitter aber unterschiedlich ist. Die Bereichsgrenzen werden als Antiphasengrenzen bezeichnet.

langreichweitigen Korrelation unabhängig ist, für jede Konzentration, auch nicht stöchiometrisch, definiert ist und auch auf weiter entfernte Nachbarn (Schalen) angewendet werden kann. Treten Überstrukturen auf, d.h. $s = 1$, so wird auch $\sigma = 1$, allerdings ist bei σ der Wertebereich auf $0 \leq \sigma \leq 1$ beschränkt. Auch für σ kann die Temperaturabhängigkeit $\sigma(T)$ berechnet werden. Sie zeigt für $T \ll T_c$ einen ähnlichen Verlauf wie $s(T)$ (Abb. 4.36), geht aber nicht zu Null bei $T = T_c$, sondern bleibt sogar oberhalb T_c endlich, d.h. $\sigma(T) > 0$ für $T \geq T_c$.

Nahordnung bei fehlender Überstruktur ist erheblich komplizierter nachzuweisen, bspw. durch Röntgen- oder Neutronenstreuung. Im Gegensatz zu ferngeordneten Legierungen nimmt der Widerstand mit steigendem Nahordnungsgrad bei vielen Systemen zu statt ab, obgleich es auch Gegenbeispiele gibt. Die Einstellung der Nahordnung kann man verfolgen, wenn man durch Abschrecken von hohen Temperaturen oder durch Bestrahlung mit hochenergetischen Teilchen die Diffusion bei niedrigen Anlaßtemperaturen ermöglicht und dadurch die Nahordnung einstellt. Wie man an der Widerstandsänderung am System Gold-Silber in Abb. 4.42 erkennen kann, nimmt mit steigender Temperatur der Nahordnungsgrad (ersichtlich am Maximalwert des Widerstandes) ab.

Abbildung 4.41. Die Antiphasengrenzen können im TEM sichtbar gemacht werden, hier am Bsp. von Cu_3Au.

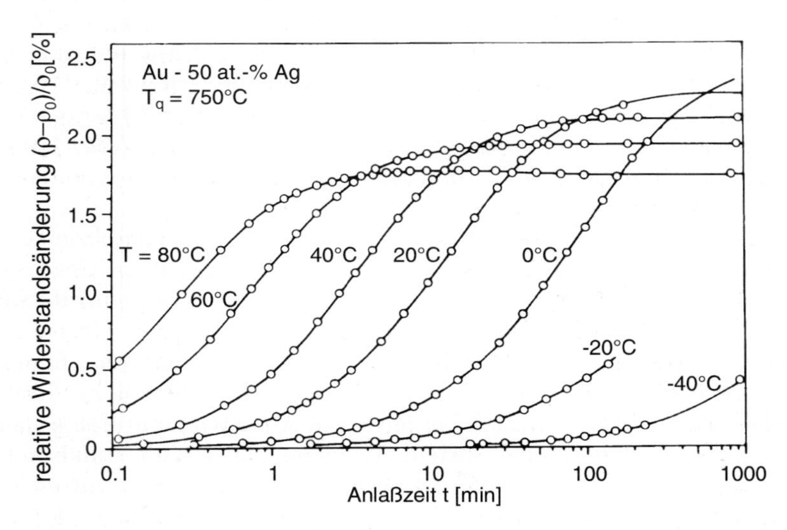

Abbildung 4.42. Im System Au-Ag nimmt der elektrische Widerstand bei Auftreten von Nahordnung zu. Läßt man von hohen Temperaturen abgeschreckte Proben bei niedriger Temperatur an, so stellt sich Nahordnung ein, wobei der Nahordnungsgrad mit abnehmender Anlaßtemperatur zunimmt (nach [4.7]).

4.4.3 Wertigkeitsbestimmte Phasen

Bei Metallen geht man davon aus, daß ihre Bindung räumlich isotrop ist, hohe Volumenerfüllung angestrebt wird und keine besonderen Strukturprinzipien vorherrschen. Das ist bei Legierungen allerdings keineswegs der Fall. Nur in den seltensten Fällen lassen sich Elemente ideal mischen, d.h. $H_0 = 0$, auch wenn das binäre System völlige Mischbarkeit zeigt. Stets sind Tendenzen zur Ordnung oder Entmischung, die in Kap. 9 näher behandelt werden, vorhanden. Das beruht auf dem Bindungscharakter zwischen den Atomen und ist daher von den Legierungspartnern abhängig, denn reale Bindungen sind fast immer Mischtypen, wobei der eine oder andere Bindungstyp je nach Wahl der Komponenten dominiert. Genau dies ist der Grund für die Hume-Rothery-Regeln der Löslichkeit, und der Verstoß gegen jede Einzelne der Regeln stärkt die Tendenz zur Bildung von intermetallischen Phasen. Ein heteropolarer Charakter der Bindung wird natürlich verstärkt, wenn die Polarität der Atome, d.h. ihre Gruppenzugehörigkeit im Periodensystem sehr unterschiedlich ist. Dabei gibt es für den anionischen Partner eine recht scharf definierte Grenze, die sog. Zintl-Grenze, nämlich zwischen der dritten und vierten Hauptgruppe (IIIA-IVA) des Periodensystems. Jenseits dieser Grenze überwiegt der heteropolare Bindungscharakter, und es treten streng stöchiometrische, salzartige Verbindungen auf, die Zintl-Phasen, die je nach Stöchiometrie und Atomradienverhältnis (vgl. Kap. 2) in ganz spezifischen Gitterstrukturen vorkommen. Die Schärfe der Zintl-Grenze ist erkennbar, wenn man die auftretenden Phasen eines Basismetalls mit Elementen der unterschiedlichen Gruppen vergleicht, wie in Abb. 4.43 am Beispiel der Mg-Legierungen. Legierungen mit Partnern der Gruppen IVA-VIIA führen zu ganz spezifischen, wertigkeitsgerechten Verbindungen. Dagegen findet man bei Magnesium-Legierungen mit Elementen aus allen anderen Gruppen eine Vielzahl verschiedener und gewöhnlich völlig wertigkeitsfremd zusammengesetzter Phasen. Die Stärke der Polarität, d.h. des heteropolaren Bindungscharakters nimmt mit abnehmender Elektronegativität des Anions bzw. mit abnehmender Elektropositivität des Kations ab. Das wird ersichtlich aus der Stabilität der auftretenden Zintl-Phasen, wobei die Höhe des Schmelzpunktes ein Maß für die Stabilität ist (Abb. 4.44). Die Elektronegativität nimmt in der Regel innerhalb einer Periode mit steigender Gruppenzahl zu und innerhalb einer Gruppe mit steigender Periode ab. Entsprechend wirkt sich eine Änderung der Elektropositivität des Kations aus (Abb. 4.44b), welche mit fallender Gruppenzahl und steigender Periode zunimmt. Die Stabilität der Phase wird also durch den Elektronegativitätsunterschied bestimmt.

Bei entsprechender Elektronenkonfiguration kann auch der kovalente Bindungsanteil überwiegen. Bei reinen Elementen wird der kovalente Bindungstyp im Diamantgitter realisiert, da dort die gerichtete Bindung mit den geeigneten Nachbarschaftsverhältnissen im Einklang steht. Bei Verbindungen vom Typ AB treten entsprechend verwandte Gittertypen auf, das Zinkblende und das Wurtzitgitter (Abb. 4.45). Das Zinkblende-Gitter ist ein Diamantgitter mit

Zintl-Grenze

								Mg_4Al_3	Mg_2Si	Mg_3P_2	MgS	$MgCl_2$
								MgAl				
					Mg_2Co			Mg_3Al_4				
Mg_2Ca			MgCr	Mg_3Mn	Mg_2Ni	Mg_2Cu	Mg_7Zn_3	Mg_5Ga_2	Mg_2Ge	Mg_3As_2	MgSe	$MgBr_2$
			Mg_3Cr_2		$MgNi_2$	$MgCu_2$	MgZn	Mg_2Ga				
			Mg_3Cr				Mg_2Zn_3	MgGa				
			Mg_4Cr				$MgZn_2$	$MgGa_{1+x}$				
							Mg_2Zn_{11}					
Mg_9Sr		Mg_2Zr				Mg_3Ag	Mg_3Cd	Mg_5In_2	Mg_2Sn	Mg_3Sb_2	MgTe	MgI_2
Mg_4Sr						MgAg	MgCd	Mg_2In				
Mg_3Sr							$MgCd_3$	MgIn				
Mg_2Sr								$MgIn_2$				
Mg_9Ba	Mg_9La				Mg_2Pt	Mg_3Au	Mg_3Hg	Mg_5Tl_2	Mg_2Pb	Mg_3Bi_2		
Mg_4Ba	Mg_3La					Mg_5Au_2	Mg_2Hg	Mg_2Tl				
Mg_2Ba	Mg_2La					Mg_2Au	MgHg	MgTl				
	MgLa					MgAu	$MgHg_2$					

Strukturen typisch für metallische Verbindungen

Strukturen typisch für salzartigeVerbindungen

(a)

IA	IIA	IIIB	IVB	VB	VIB	VIIB	VIIIB			IB	IIB	IIIA	IVA	VA	VIA	VIIA	VIIIA
1 H																	2 He
3 Li	4 Be											5 B	6 C	7 N	8 O	9 F	10 Ne
11 Na	12 Mg											13 Al	14 Si	15 P	16 S	17 Cl	18 Ar
19 K	20 Ca	21 Sc	22 Ti	23 V	24 Cr	25 Mn	26 Fe	27 Co	28 Ni	29 Cu	30 Zn	31 Ga	32 Ge	33 As	34 Se	35 Br	36 Kr
37 Rb	38 Sr	39 Y	40 Zr	41 Nb	42 Mo	43 Tc	44 Ru	45 Rh	46 Pd	47 Ag	48 Cd	49 In	50 Sn	51 Sb	52 Te	53 I	54 Xe
55 Cs	56 Ba	57 La	72 Hf	73 Ta	74 W	75 Re	76 Os	77 Ir	78 Pt	79 Au	80 Hg	81 Tl	82 Pb	83 Bi	84 Po	85 At	86 Rn
87 Fr	88 Ra	89 Ac	104 Rf	105 Ha													

Zintl-Grenze

(b)

Abbildung 4.43. (a) Intermetallische Phasen des Magnesiums. Bei Verbindungen mit Elementen der Gruppe IVA, VA, VIA und VIIA treten wertigkeitsgerechte salzartige Verbindungen auf, bei kleinerer Gruppenzahl im erweiterten periodischen System (b) treten dagegen wertigkeitsfremde intermetallische Phasen auf. Die Zintl-Grenze zwischen Gruppe IIIA und IVA trennt diese unterschiedlichen Typen intermetallischer Phasen.

Überstruktur. Darin spannen die Anionen ein kfz Gitter auf, in dem die Kationen jede zweite Tetraederlücke besetzen. Jedes Kation ist dabei von vier Anionen umgeben und umgekehrt. Man kann sich die Anordnung auch vorstellen als zwei ineinandergestellte kfz Gitter, die jeweils eine Ionensorte enthalten. Das Wurtzitgitter ist dem Zinkblende-Gitter sehr verwandt. Es besteht ebenfalls aus einem Diamantgitter mit Überstruktur. Hier bilden aber die Anionen ein hexagonales Gitter. Beispiele von stöchiometrischen Verbindungen mit ihren entsprechenden Gittertypen sind in Tabelle 4.2 zusammengestellt.

Tabelle 4.2. Einige intermetallische Phasen mit wertigkeitsgerechten Zusammensetzungen.

Steinsalz Struktur	Cäsium-chlorid-Struktur	Flußspat-Struktur		Zinkblende Struktur		Wurtzite-Struktur
MgSe	CuZn	Be_2C	Li_3AlN_2	SiC	HgS	AlN
CaSe	AgZn	Mg_2Si	Li_5SiN_3	AlP	MnS	GaN
SrSe	AgCd	Mg_2Ge	$PtSn_2$	GaP	BeSe	InN
BaSe	AuZn	Mg_2Sn	Pt_2P	InP	ZnSe	β-ZnS
MnSe	AuCd	Mg_2Pb	$PtIn_2$	AlAs	CdSe	β-CdS
PbSe	MnHg	Li_2S	Ir_2P	GaAs	HgSe	MnS
CaTe	MnAl	Na_2S	$AuAl_2$	InAs	MnSe	CdSe
SrTe	FeAl	Cu_2S	Al_2Ca	AlSb	BeTe	MnSe
BaTe	CoAl	Cu_2Se		GaSb	ZnTe	MgTe
SnTe	NiZn	LiMgN		InSb	CdTe	α-AgI
PbTe	NiAl	LiMgSb		GeSb	HgTe	
	NiGa	CuCdSb		BeS	CuBr	
	NiIn			α-ZnS	CuI	
				α-CdS	β-AgI	

4.4.4 Phasen hoher Raumerfüllung

Haben die Bindungen mehr metallischen Charakter, so spielt die Raumerfüllung eine bedeutende Rolle. Gitterstrukturen mit hoher Volumendichte lassen sich allerdings nicht bei jedem Mengen- und Atomradienverhältnis der Legierungspartner einstellen. Unter speziellen Bedingungen kommt es allerdings zu sehr hohen Packungsdichten der Legierungsatome. Eine solche Phase ist die sog. Laves-Phase. Sie ist ein Beispiel für Phasen der Zusammensetzung AB_2, wenn die Atomradienverhältnisse der beiden Komponenten etwa 1.225 betragen, wobei B die Komponente mit dem kleineren Atomradius ist. Man erhält dann bei speziellen Kristallstrukturen eine sehr hohe Raumerfüllung. Ein Beispiel gibt Abb. 4.46 für das System $MgCu_2$. Die Magnesiumatome sind in einem Diamantgitter angeordnet, während die Kupferatome als Tetraeder

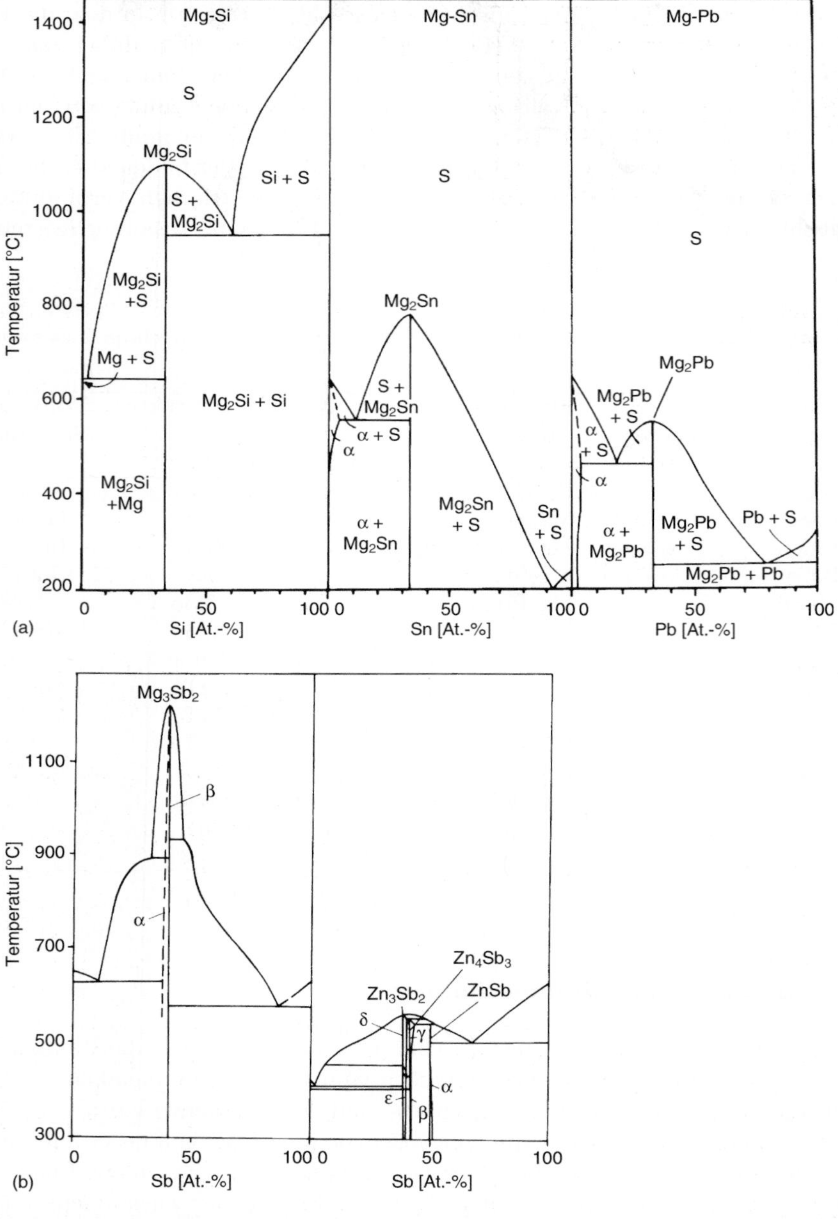

Abbildung 4.44. Die Stabilität intermetallischer Phasen wird in erster Näherung durch ihren Schmelzpunkt charakterisiert. Man erkennt, daß die Stabilität der Phasen mit zunehmender Elektronegativität der Anionen (zunehmende Gruppenzahl, abnehmende Periodenzahl) (a) und zunehmender Elektropositivität der Kationen (abnehmende Gruppenzahl, zunehmende Periodenzahl) (b) zunimmt [4.1].

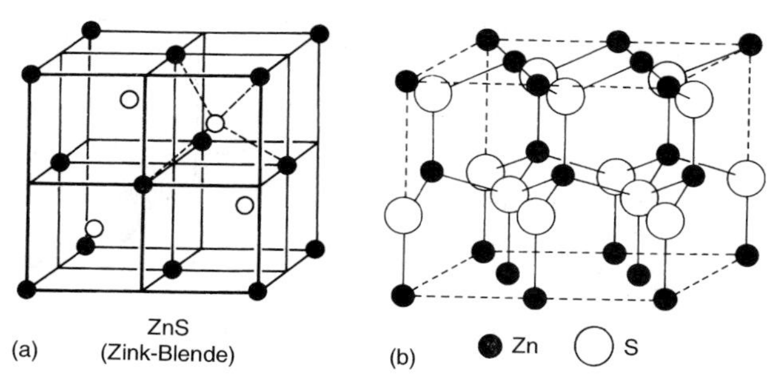

Abbildung 4.45. (a) Elementarzelle der Zinkblende-Struktur; (b) Elementarzelle des Wurtzitgitters.

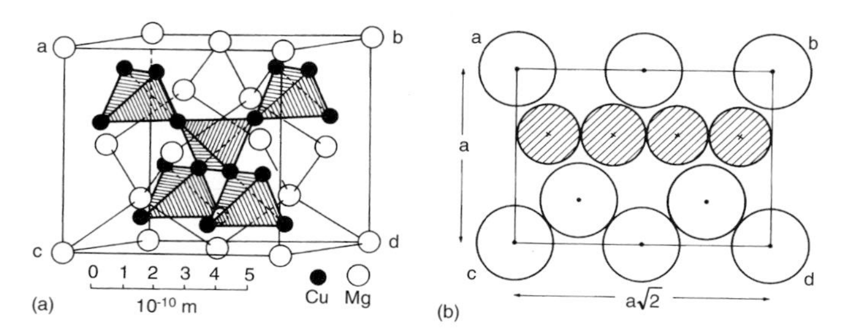

Abbildung 4.46. (a) Elementarzelle des $MgCu_2$-Gitters (Laves-Phase); (b) atomistische Anordnung in der (110)-Ebene des $MgCu_2$-Gitters bei dichtester Packung.

die großen Lücken des Diamantgitters besetzen. Die Elementarzelle ist sehr groß und enthält 24 Atome. Zeichnet man die Anordnung der (110)-Ebene heraus, so erkennt man, daß alle Kupferatome sich berühren, wenn ihr Abstand $(a/4) \cdot \sqrt{2}$ beträgt, und die Mg-Atome sich berühren, wenn ihr Abstand $(a/4) \cdot \sqrt{3}$ beträgt. Die höchste Raumerfüllung erhält man, wenn sich sowohl die Cu-Atome als auch die Mg-Atome berühren. Das ist der Fall für ein Radienverhältnis $R_{Mg}/R_{Cu} = \sqrt{(3/2)} = 1.225$. Die Raumerfüllung beträgt in diesem Fall 71%. Laves-Phasen kommen in vielen metallischen Systemen vor, wobei, neben dem in Abb. 4.46 vorgestellten $MgCu_2$-Gitter, auch noch die hexagonalen $MgZn_2$- und $MgNi_2$-Gitter auftreten können, die ebenfalls beim Radienverhältnis 1.225 die höchste Raumerfüllung haben. Anhand von Tabelle 4.3 erkennt man, daß die beobachteten Radienverhältnisse nicht mehr als 10% vom Idealwert abweichen.

Phasen hoher Raumerfüllung entstehen auch, wenn ein Legierungspartner sehr klein ist, so daß er auf den Gitterlücken der anderen Komponente Platz findet. Das ist bei einem Radienverhältnis von $r/R \leq 0.59$ der Fall. Beispielsweise entstehen Zusammensetzungen vom Typ AB durch Besetzen aller oktaedrischen Zwischengitterplätze im kfz Gitter (NaCl-Gitter). Diese interstitiellen Phasen zeichnen sich durch eine scharfe obere Löslichkeitsgrenze aus, weil bei Besetzung aller Gitterlücken keine weiteren Legierungsatome

Tabelle 4.3. Einige Beispiele von Laves-Phasen und den Atomradienverhältnissen ihrer Komponenten.

Laves-Phasen					
$MgCu_2$-type	Radien-ver-hältnis	$MgNi_2$-type	Radien-ver-hältnis	$MgZn_2$-type	Radien-ver-hältnis
$CaAl_2$	1.38	$MgNi_2$	1.29	KNa_2	1.23
$MgCu_2$	1.25	Mg(CuAl)	1.18	$MgZn_2$	1.17
Mg(NiZn)	1.23	Mg(ZnCu)	1.21	Mg(CuAl)	1.18
$Mg(Co_{0.7}Zn_{1.3})$	1.21	$Mg(Ag_{0.4}Zn_{1.6})$	1.16	$Mg(Cu_{1.5}Si_{0.5})$	1.24
$Mg(Ni_{1.8}Si_{0.2})$	1.30	$Mg(Cu_{1.4}Si_{0.6})$	1.23	$Mg(Ag_{0.9}Al_{1.1})$	1.12
$Mg(Ag_{0.8}Zn_{1.2})$	1.14	β-$TiCo_2$	1.15	$CaMg_2$	1.23
$CeAl_2$	1.27	$Zr_{0.8}Fe_{2.2}$	1.26	Ca(AgAl)	1.37
$LaAl_2$	1.30	$Nb_{0.8}Co_{2.2}$	1.17	$CrBe_2$	1.13
$TiBe_2$	1.28	$Ta_{0.8}Co_{2.2}$	1.16	$MnBe_2$	1.16
$(FeBe)Be_4$	1.06			$FeBe_2$	1.12
$(PdBe)Be_4$	1.11			VBe_2	1.20
$CuBe_{2.35}$	1.13			$ReBe_2$	1.21
$AgBe_2$	1.27			$MoBe_2$	1.24
$(AuBe)Be_4$	1.14			WBe_2	1.25
Cd(CuZn)	1.15			WFe_2	1.11
α-$TiCo_2$	1.15			$TiFe_2$	1.14
$ZrFe_2$	1.26			$TiMn_2$	1.11
$ZrCo_2$	1.27			$ZrMn_2$	1.21
ZrW_2	1.13			$ZrCr_2$	1.25
$NbCo_2$	1.17			ZrV_2	1.18
$TaCo_2$	1.16			$ZrRe_2$	1.17
$BiAu_2$	1.26			$ZrOs_2$	1.20
$PbAu_2$	1.22			$ZrRu_2$	1.21
$NaAu_2$	1.33			$ZrIr_2$	1.19
KBi_2	1.30			$TaMn_2$	1.11
$CeNi_2$	1.47			$TaFe_2$	1.15
$CeCo_2$	1.44			$NbMn_2$	1.12
$CeMg_2$	1.14			$NbFe_2$	1.16
$GdMn_2$	1.37			$CaLi_2$	1.25
$GdFe_2$	1.41			$SrMg_2$	1.35
$LaMg_2$	1.16			$BaMg_2$	1.40
CuZnCd				$CaCd_2$	1.29
$Mg(Cu,Si)_2$	1.23			$CaAg_{1.9}Mg_{0.1}$	1.37
				$CaAg_{1.5}Mg_{0.5}$	
				$CaMg_{1.3}Ag_{0.7}$	

mehr untergebracht werden können. Solche Phasen werden als Hägg-Phasen bezeichnet und zeichnen sich häufig durch hohe Stabilität aus. Zum Beispiel hat die Hägg-Phase TaC (Abb. 4.47a) den höchsten Schmelzpunkt unter allen Festkörpern, nämlich 3983°C. Das Matrixgitter entspricht dabei oft nicht dem Gitter der reinen Komponente. So ist z.B. Tantal kubisch raumzentriert, tritt im TaC aber im kfz Gitter auf, und die C-Atome besetzen alle Oktaederlücken des kfz Gitters (Abb. 4.47b). Hägg-Phasen treten auch durch Besetzung von Teilgittern der Zwischengitterplätze auf. Sind bspw. nur die Plätze in den Würfelmitten der kfz Elementarzelle besetzt (nur die Oktaederlücke in der Mitte der kfz Elementarzelle), entsteht eine Phase AB_4. Auch die Phase Ta_2C (Abb. 4.47) ist eine Hägg-Phase, allerdings mit hexagonaler Struktur.

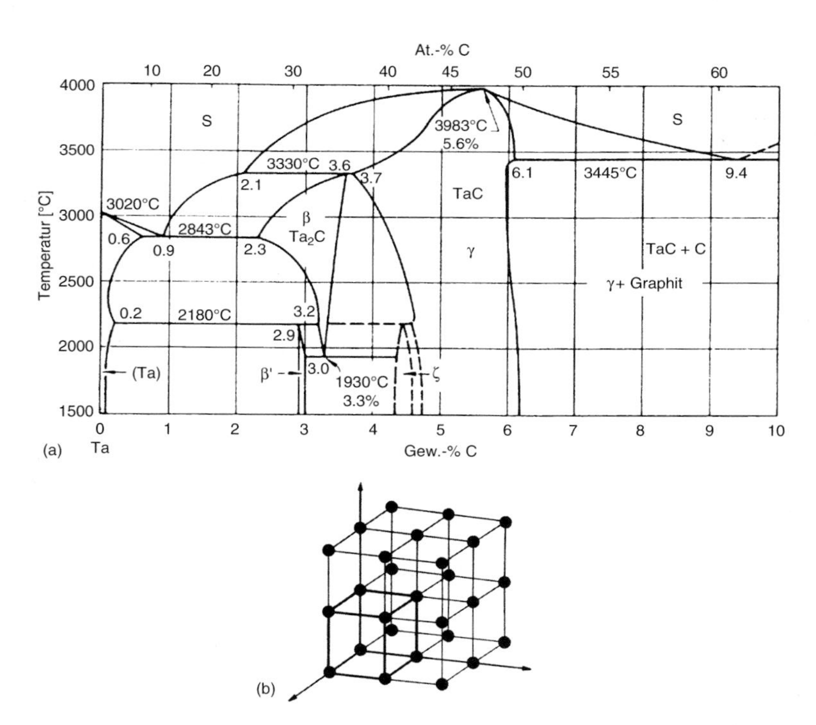

Abbildung 4.47. (a) Zustandsdiagramm des Systems Ta-C mit den Hägg-Phasen TaC (kfz) und Ta_2C (hexagonal). (b) Gitter des TaC; die C-Atome sitzen auf allen oktaedrischen Zwischengitterplätzen im kfz Gitter (NaCl-Struktur) [4.1].

4.4.5 Phasen maximaler Elektronendichte (Hume-Rothery-Phasen)

Hume-Rothery fand bei seinen Untersuchungen über Strukturen intermetallischer Phasen eine Vielzahl von Beispielen zwischen Partnern ungleicher Valenz, bei denen mit zunehmender Konzentration Phasen mit der gleichen Abfolge von Gitterstrukturen, obgleich unterschiedlicher Zusammensetzung, auftraten, die er, ausgehend von der Komponente mit der kleineren Wertigkeit mit der Sequenz $\alpha, \beta, \gamma, \delta, \varepsilon$ belegte, wie am Beispiel des Messings in Abb. 4.14 gezeigt (α=kfz). Dabei hat die β-Phase eine CsCl-Struktur, die γ-Phase die γ-Messing-Struktur und ε eine hexagonal dichte Packung. Eine Erklärung für diese Phasenabfolge läßt sich nicht aus einfachen Strukturargumenten ableiten. Vielmehr hängt die Stabilität dieser Phasen von der Wertigkeit über die Valenzelektronenkonzentration (VEK) ab. Die VEK in binären Systemen ist definiert durch

$$\text{VEK} = c_A \cdot N_{VA} + (1 - c_A) \cdot N_{VB} \tag{4.8}$$

worin c_A die atomare Konzentration der A-Atome, und N_{VA} und N_{VB} die Anzahl der Valenzelektronen von A und B bedeuten. Z.B. ist Cu einwertig ($N_{VA} = 1$) und Zn zweiwertig ($N_{VB} = 2$). Eine Zusammensetzung CuZn entspricht also einer VEK $= 3/2$. Werden durch Zulegieren mit höherwertigen Legierungspartnern gewisse Werte der VEK erreicht, wird eine Kristallstruktur instabil. Bei weiterer Konzentrationserhöhung gibt es einen weiteren kritischen Wert der VEK, bei dem eine dritte Kristallstruktur stabiler ist, usw. Tabelle 4.4 gibt einen Überblick über die Hume-Rothery-Phasen in verschiedenen binären Systemen und ihre entsprechende VEK.

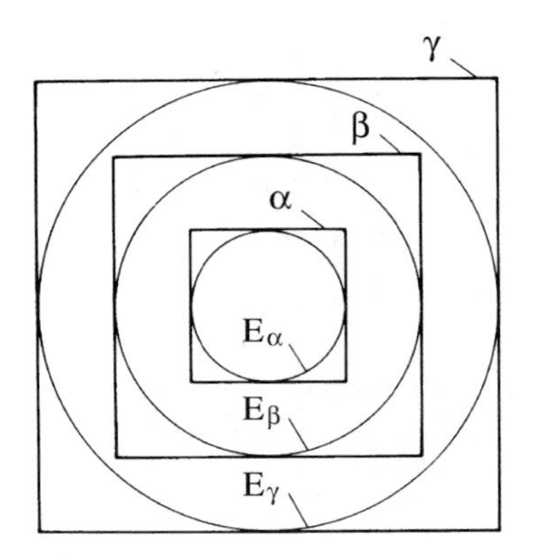

Abbildung 4.48. Maximale Fermikugel ($E_\alpha, E_\beta, E_\gamma$) und Größe der ersten Brillouinzone sind für verschiedene Kristallgitter (α, β, γ) verschieden (schematisch).

Tabelle 4.4. Beispiele von Hume-Rothery-Phasen, die sich bei verschiedener Zusammensetzung durch die gleiche Valenzelektronenkonzentration auszeichnen.

Valenzelektronen pro Atom						
$= 3/2$ $= 21/14$				$= 21/13$		$= 7/4$ $= 21/12$
CsCl Struktur (β)		β-Mangan Struktur (ζ)	Hexagonal dichteste Kugelpackung(μ)	γ-Messing Struktur (γ)		Hexagonal dichteste Kugelpackung (ε)
CuBe	AuMg	Cu_5Si	Cu_3Ga	Cu_5Zn_8	Au_5Cd_8	$CuZn_3$
CuZn	AuZn	AgHg	Cu_5Ge	Cu_5Cd_8	Au_9In_4	$CuCd_3$
Cu_3Al	AuCd	Ag_3Al	AgZn	Cu_5Hg_8	Mn_5Zn_{21}	Cu_3Sn
Cu_3Ga	FeAl	Au_3Al	AgCd	Cu_9Al_4	Fe_5Zn_{21}	Cu_3Ge
Cu_3In	CoAl	$CoZn_3$	Ag_3Al	Cu_9Ga_4	Co_5Zn_{21}	Cu_3Si
Cu_5Si	NiAl		Ag_3Ga	Cu_9In_4	Ni_5Be_{21}	$AgZn_3$
Cu_5Sn	NiIn		Ag_3In	$Cu_{31}Si_8$	Ni_5Zn_{21}	$AgCd_3$
AgMg	PdIn		Ag_5Sn	$Cu_{31}Sn_8$	Ni_5Cd_{21}	Ag_3Sn
AgZn			Ag_7Sb	Ag_5Zn_8	Rh_5Zn_{21}	Ag_5Al_3
AgCd			Au_3In	Ag_5Cd_8	Pd_5Zn_{21}	$AuZn_3$
Ag_3Al			Au_5Sn	Ag_5Hg_8	Pt_5Be_{21}	$AuCd_3$
Ag_3In				Ag_9In_4	Pt_5Zn_{21}	Au_3Sn
				Au_5Zn_8	$Na_{31}Pb_8$	Au_5Al_3

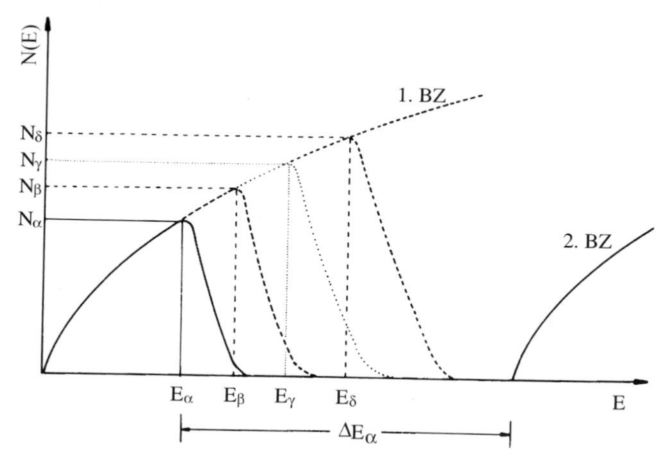

Abbildung 4.49. Erreicht die Fermikugel mit E_α die Grenze der Brillouinzone für die Kristallstruktur α, so nimmt die Dichte N der noch in dieser Brillouinzone unterzubringenden Elektronen stark ab. Zum Einbau in die nächste Brillouinzone muß die zusätzliche Energie ΔE_α aufgebracht werden. Dagegen ist für Kristallstruktur β eine höhere Dichte möglich, ohne die nächste Brillouinzone zu besetzen. Bei Überschreiten bestimmter Valenzelektronenkonzentrationen werden daher Gitter mit größeren Brillouinzonen energetisch günstiger.

Grob vereinfacht kann man sich die Bedeutung der VEK für die Phasenstabilität folgendermaßen erklären. Wie in Abschn. 4.3 bereits angeschnitten, nehmen bei steigender VEK beim Zulegieren die dem Gittergas zugeführten Valenzelektronen immer höhere Energien ein. Für freie Elektronen in einem Festkörper läßt sich die Energie schreiben

$$E \sim \left(n_x^2 + n_y^2 + n_z^2\right) \tag{4.9}$$

wobei n_x, n_y und n_z die Hauptquantenzahlen für den betreffenden Zustand sind (vgl. Kap. 10). Im **n**-Raum, aufgespannt mit den Achsen n_x, n_y, n_z, liegen alle Zustände gleicher Energie auf der Oberfläche einer Kugel mit dem Radius $|\mathbf{r}| = \left(n_x^2 + n_y^2 + n_z^2\right)^{1/2}$ und alle besetzten Zustände mit einer kleineren Energie liegen innerhalb dieser Kugel. Die höchste Energie ist die sog. Fermienergie und die entsprechende Kugel heißt Fermikugel. In Kristallgittern sind aber nur bestimmte Energiebereiche erlaubt, deren jeweilige **n**-Vektoren Bereiche im **n**-Raum aufspannen, die als Brillouinzonen bezeichnet werden. An den Grenzen der Brillouinzonen ändert sich die Elektronenenergie diskontinuierlich. Man kann sich eine Brillouinzone im einfachsten Fall wie einen Würfel vorstellen. Liegt die Fermikugel innerhalb des Würfels, können weitere Elektronen problemlos aufgenommen werden, wodurch die Fermikugel wächst. Berührt sie schließlich die Grenze der Brillouinzone, so nimmt die Anzahl der noch besetzbaren Zustände in der Brillouinzone rasch ab, und bei weiterer Zufuhr von Elektronen müssen diese schließlich Zustände viel höherer Energie in der nächsten Brillouinzone einnehmen. In Abb. 4.48 sind die Verhältnisse schematisch im Zweidimensionalen (Kreis und Quadrat statt Kugel und Würfel) dargestellt. Abbildung 4.49 zeigt die Dichte der Zustände in Abhängigkeit von der Energie. Nach Erreichen der Grenze einer Brillouinzone nimmt die Dichte der verfügbaren Zustände in dieser Zone stark ab. Die Größe der Brillouinzone hängt aber von der Kristallstruktur ab. Sie ist bspw. größer bei jeder sukzessiv auftretenden Hume-Rothery-Phase. Können aber mehr Elektronen in einer niedrigeren Brillouinzone untergebracht werden, so ist die Gesamtenergie des Kristalls niedriger und entsprechend die Phase stabiler. Die Dichte der freien Elektronen in einem Kristall wird durch die VEK beschrieben. Daher erklärt sich das Auftreten der betreffenden Kristallstrukturen bei ganz spezifischen Werten der VEK wie in Tabelle 4.4 aufgelistet. In Wirklichkeit stellt sich das elektronentheoretische Problem natürlich erheblich komplizierter dar und läßt sich häufig rechnerisch nicht geschlossen lösen.

4.5 Mehrstoffsysteme

Die grundsätzlichen Überlegungen für Zweistoffsysteme können auch auf Mehrstoffsysteme übertragen werden. Bei Dreistoffsystemen erhält man eine sinnvolle Darstellung dadurch, daß man die binären Legierungen als Randsysteme wählt. Der Zusammensetzungsbereich wird damit zweidimensional und

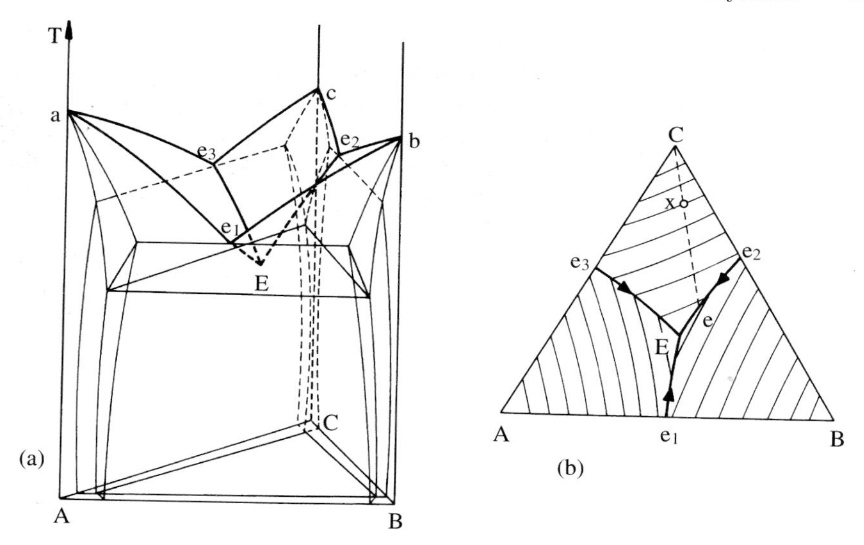

Abbildung 4.50. (a) Schematische Darstellung eines Dreistoffsystems; (b) Projektion der Liquidusfläche auf das Konzentrationsdreieck.

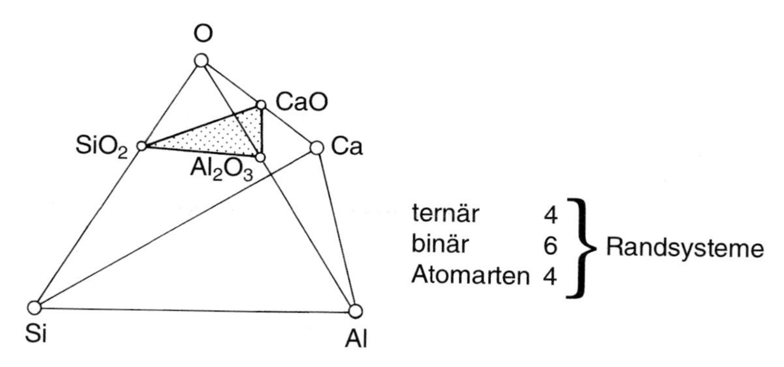

Abbildung 4.51. Schematische Darstellung eines quasiternären Systems wichtiger Keramiken.

sinnvollerweise in Form eines gleichseitigen Dreiecks gewählt, über dem sich die Temperatur in der dritten Dimension erhebt. In dem so aufgespannten Raum werden die Existenzbereiche der Phasen eingezeichnet (Abb. 4.50a). Zur zweidimensionalen Darstellung werden Grenzflächen zwischen den Phasenbereichen bspw. die Liquidusfläche (Abb. 4.50b) auf das Konzentrationsdreieck projiziert.

Besonders für keramische Werkstoffe sind Vierstoffsysteme von Bedeutung. Hier ist bereits der Konzentrationsbereich dreidimensional, d.h. ein gleichseitiger Tetraeder, und eine Darstellung der Phasenbereiche mit der Temperatur nicht mehr möglich. Kommt es zur Bildung von chemischen Verbindungen, wird der Raum unterteilt. Dann ist es sinnvoll quasiternäre oder quasibinäre Systeme zu betrachten, in denen die Komponenten aus Verbindungen bestehen (Abb. 4.51). Quasibinäre Systeme unterliegen den gleichen Prinzipien wie echte binäre Systeme, wie Abb. 4.52 für einige wichtige keramische Systeme zeigt.

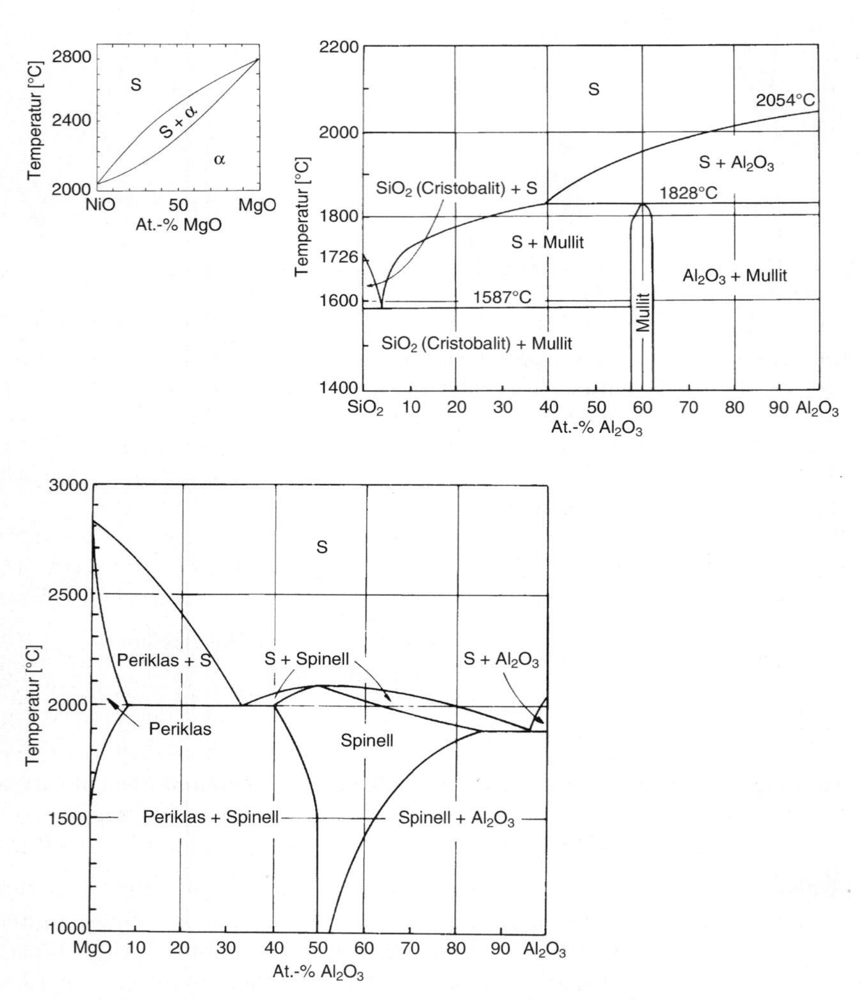

Abbildung 4.52. Quasibinäre Systeme einiger wichtiger Keramiken [4.8].

5

Diffusion

5.1 Phänomenologie und Gesetzmäßigkeiten

Jedem ist die Erfahrung geläufig, daß ein Tropfen Tinte in Wasser oder Rauchschwaden in der Luft sich schnell gleichmäßig verteilen. Die Ursache hierfür ist die Bewegung der Gas- oder Flüssigkeitsmoleküle. Obwohl weniger offensichtlich sind durch die thermische Anregung auch Atome in einem Festkörper in der Lage, ihren Gitterplatz zu verlassen, um sich über andere geeignete Plätze durch den Kristall zu bewegen. All diese Vorgänge werden unter dem Begriff Festkörperdiffusion zusammengefaßt.

Zunächst ist klarzustellen, daß die Diffusion ein Vorgang ist, der nicht auf eine Krafteinwirkung zurückzuführen ist, sondern sich aus der regellosen Bewegung der diffundierenden Teilchen ergibt, also ein statistisches Problem darstellt. Zur allgemeinen Betrachtung wollen wir zunächst die Natur der diffundierenden Teilchen außer Acht lassen und ihre Menge durch die Konzentration c $[\mathrm{cm}^{-3}]$ beschreiben, die durch ihre Anzahl pro Volumeneinheit definiert ist.

Nach den Beobachtungen von Fick führt ein Konzentrationsunterschied zu einem Teilchenstrom derart, daß sich der Konzentrationsunterschied ausgleicht. Die Diffusionsstromdichte $\mathbf{j}_D[\mathrm{cm}^{-2}\mathrm{s}^{-1}]$, also die Anzahl der Teilchen, die pro Zeiteinheit durch die Flächeneinheit fließen (Abb. 5.1a), ist dabei dem Konzentrationsgradienten (Abb. 5.1b) proportional (1. Ficksches Gesetz)

$$\mathbf{j}_D = -D\frac{dc}{dx} \tag{5.1a}$$

oder mehrdimensional mit dem Vektor $\nabla c = \left(\frac{\partial c}{\partial x}, \frac{\partial c}{\partial y}, \frac{\partial c}{\partial z}\right)$

$$\mathbf{j}_D = -D \text{ grad } c \equiv -D\nabla c \tag{5.1b}$$

Der Proportionalitätsfaktor D wird als Diffusionskonstante oder Diffusionskoeffizient bezeichnet und hat die Dimension $[\mathrm{cm}^2/\mathrm{s}]$. Die Größe der Diffusionskonstanten bestimmt also bei gegebenem Konzentrationsgradienten die

Diffusionsstromdichte. Das negative Vorzeichen berücksichtigt, daß der Strom von hoher zu niedriger Konzentration, also dem Konzentrationsgradienten entgegen fließt.

Für die meisten Anwendungen ist weniger der Teilchenfluß als vielmehr die Konzentrationsänderung in Abhängigkeit von Ort und Zeit von Bedeutung. Diese erhält man aus dem ersten Fickschen Gesetz unter Einbeziehung der Kontinuitätsgleichung, die im Ein- bzw. im Mehrdimensionalen

$$\frac{\partial c}{\partial t} + \frac{\partial j}{\partial x} = 0 \quad \text{bzw.} \quad \frac{\partial c}{\partial t} + \operatorname{div} \mathbf{j} = 0 \tag{5.2}$$

lautet, wobei der Skalar $\operatorname{div} \mathbf{j} \equiv \nabla \cdot \mathbf{j} \equiv \frac{\partial j_x}{\partial x} + \frac{\partial j_y}{\partial y} + \frac{\partial j_z}{\partial z}$, wenn $\mathbf{j}$ der Vektor (j_x, j_y, j_z) ist.

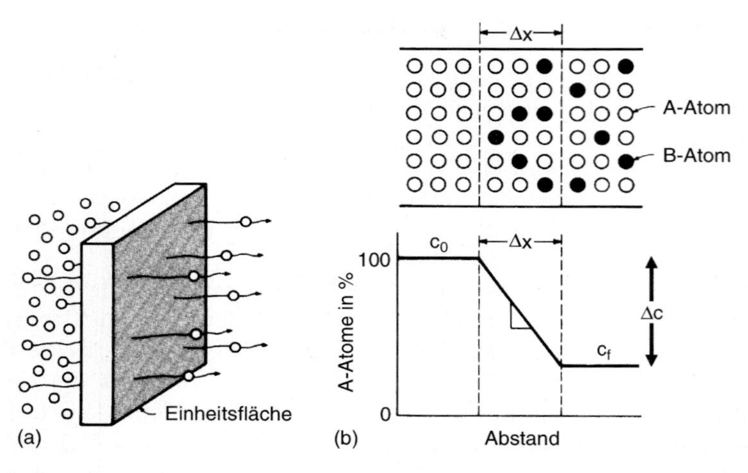

Abbildung 5.1. Zur Definition des Diffusionsstroms. (a) Die Stromdichte ist die pro Zeiteinheit durch die Einheitsfläche tretende Anzahl von Teilchen. (b) Die Diffusionsstromdichte ist dem Konzentrationsgradienten $\Delta c/\Delta x = (c_0 - c_f)/\Delta x$ proportional (1. Ficksches Gesetz).

Gleichung (5.2) besagt, daß die Differenz der Ströme, die in ein Volumenelement hinein- und hinausfließen, der Konzentrationsänderung im Volumenelement entsprechen muß (Abb. 5.2), d.h. die Gesamtzahl der Teilchen ändert sich nicht. Damit erhält man das 2. Ficksche Gesetz im Ein- bzw. Mehrdimensionalen

$$\frac{\partial c}{\partial t} = \frac{\partial}{\partial x}\left(D\frac{\partial c}{\partial x}\right) \quad \text{bzw.} \quad \frac{\partial c}{\partial t} = \nabla \cdot (D \cdot \nabla c) \tag{5.3}$$

Hängt die Diffusionskonstante nicht vom Ort ab $[D \neq D(x)]$, so kann man auch schreiben im Eindimensionalen

$$\frac{\partial c}{\partial t} = D \frac{\partial^2 c}{\partial x^2} \tag{5.4a}$$

bzw. mehrdimensional $[D \neq D(x, y, z)]$

$$\frac{\partial c}{\partial t} = D \nabla \cdot (\nabla c) = D \Delta c \equiv D \left(\frac{\partial^2 c}{\partial x^2} + \frac{\partial^2 c}{\partial y^2} + \frac{\partial^2 c}{\partial z^2} \right) \tag{5.4b}$$

mit dem Delta Operator

$$\Delta \equiv \left(\frac{\partial^2}{\partial x^2} + \frac{\partial^2}{\partial y^2} + \frac{\partial^2}{\partial z^2} \right) \tag{5.4c}$$

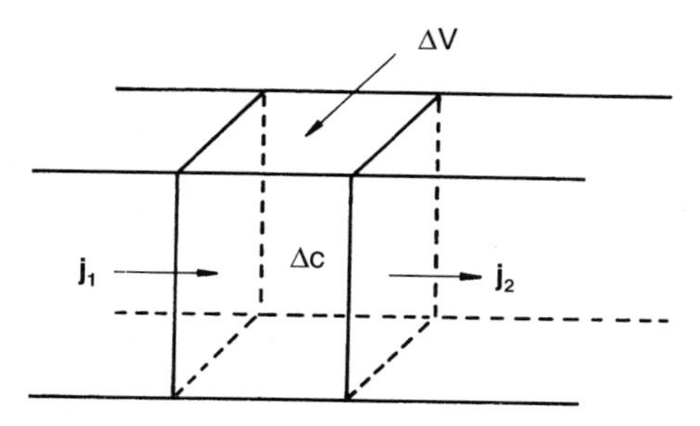

Abbildung 5.2. Die Konzentrationsänderung Δc pro Zeiteinheit Δt in einem Volumenelement ΔV ist gleich der Differenz des hineinfließenden Stromes $\mathbf{j}_1$ und herausfließenden Stromes $\mathbf{j}_2$ (Kontinuitätsgleichung oder Massenerhaltungssatz).

Ein Beispiel soll den Sachverhalt verdeutlichen. Betrachten wir zwei Stäbe mit unterschiedlicher Konzentration c_1 und c_2, die bei $x = 0$ zusammengefügt und sehr lang sind, so daß man sie mathematisch als unendlich lang betrachten kann (Abb. 5.3). Der Konzentrationsverlauf bei $t = 0$ ändert sich also diskontinuierlich bei $x = 0$. Das Konzentrationsprofil als Funktion von Ort und Zeit $c(x, t)$ erhält man durch Lösung von Gl. (5.4a) unter Berücksichtigung der Randbedingungen $t = 0$: $c = c_1$ für $x < 0$, $c = c_2$ für $x > 0$ als

$$c(x,\ t) - c_1 = \frac{c_2 - c_1}{\sqrt{\pi}} \int_{-\infty}^{\frac{x}{2\sqrt{Dt}}} e^{-\xi^2}\, d\xi = \frac{c_2 - c_1}{2} \cdot \left(1 + \operatorname{erf}\left(\frac{x}{2\sqrt{Dt}} \right) \right) \tag{5.5}$$

wobei

$$\operatorname{erf}(z) = \frac{2}{\sqrt{\pi}} \int_0^z e^{-\xi^2} d\xi \tag{5.6}$$

als Fehlerfunktion bezeichnet wird (Abb. 5.4).

Abb. 5.3b zeigt den Konzentrationsverlauf $c(x)$ für verschiedene Zeiten. Die Kurven werden mit zunehmender Zeit immer flacher, und bei unendlich großen Zeiten wird die Konzentration einheitlich $1/2\,(c_1 + c_2)$. Illustriert mit

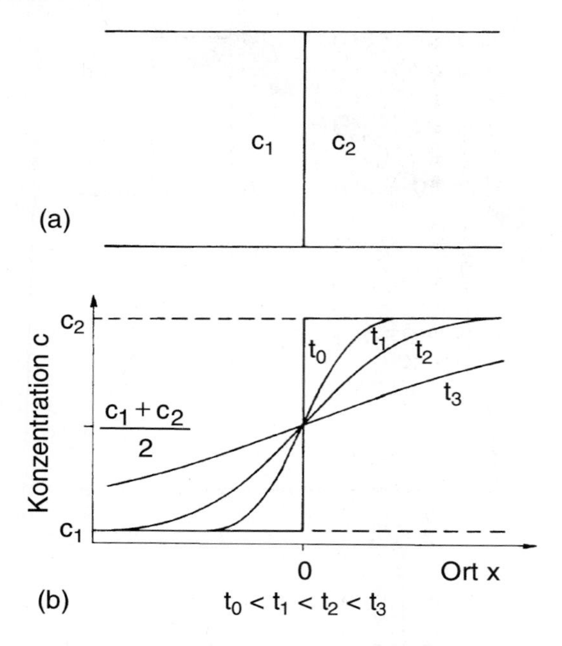

Abbildung 5.3. Konzentrationsverlauf in zwei halbunendlichen Stäben für verschiedene Diffusionszeiten.

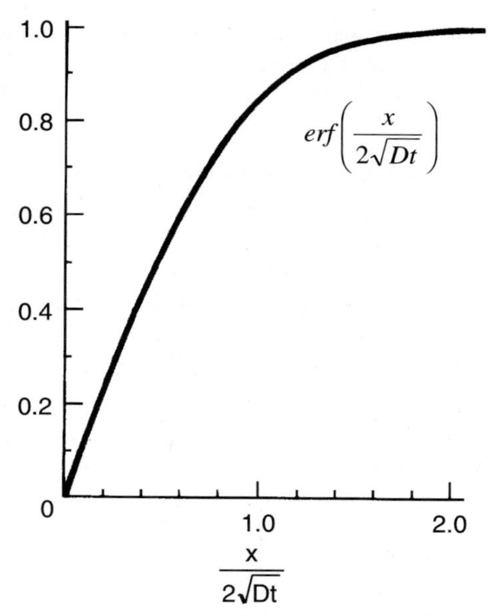

Abbildung 5.4. Verlauf der Fehlerfunktion erf(z) mit $z = x/\left(2 \cdot \sqrt{Dt}\right)$.

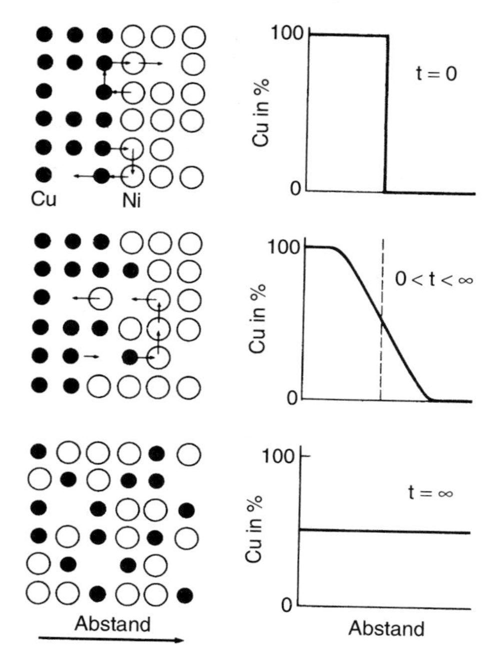

Abbildung 5.5. Konzentrationsänderung durch Diffusion in zwei halbunendlichen Stäben aus Cu und Ni. Durch Platzwechsel kommt es zur Vermischung der ursprünglich getrennten Atomsorten (linkes Teilbild). Konzentrationsgradienten werden abgebaut und bei sehr langen Zeiten erhält man eine Gleichverteilung (rechtes Teilbild).

der zugehörigen atomistischen Anordnung zeigt Abb. 5.5 den gleichen Sachverhalt am Beispiel CuNi, mit $c_1 = 1$ und $c_2 = 0$.

Die Ermittlung des Konzentrationsverlaufs reduziert sich daher auf die Lösung der partiellen Differentialgleichung [Gl. (5.4)] unter den gegebenen Randbedingungen[1]. Oft sind die Problemstellungen so kompliziert, daß es keine geschlossene Lösung wie im gewählten Beispiel gibt, sondern numerische Näherungsverfahren oder Computersimulationen angewendet werden müssen.

Wir hatten zuvor erwähnt, daß der Diffusionsstrom lediglich auf die regellose Temperaturbewegung der Atome zurückgeht und nicht etwa die Folge einer Krafteinwirkung ist. Findet Diffusion in einem Potentialgradienten statt, bspw. durch Wirkung einer ortsabhängigen elastischen Spannung, durch elektrostatische Wechselwirkung oder durch lokale Änderungen des chemischen

[1] Die Diffusionsgleichung [Gl. (5.4)] ist im übrigen mathematisch äquivalent mit der Wärmeleitungsgleichung, so daß die Lösungen für beide Problemstellungen austauschbar sind. Lösungen für eine Vielzahl von Problemen findet man im Werk von H.S. Carslav und J.C. Jaeger „Conduction of Heat in Solids“ (1959) oder J. Crank „Mathematics of Diffusion“ (1956).

Potentials, dann überlagert sich dem Diffusionsstrom ein Konvektionsstrom durch die Einwirkung der Kraft **K**, die mit dem Potential Φ verbunden ist durch

$$\mathbf{K} = -\nabla\Phi \tag{5.7}$$

Der entsprechende Konvektionsstrom ist ein Strom infolge einer homogenen Bewegung der Atome. Beträgt die Driftgeschwindigkeit $\boldsymbol{v}$, dann treten pro Zeiteinheit $v \cdot c$ Atome durch eine Einheitsfläche, also

$$\mathbf{j}_K = \mathbf{v}c \tag{5.8}$$

Die Driftgeschwindigkeit ist proportional zur einwirkenden Kraft,

$$\mathbf{v} = B\mathbf{K} \tag{5.9}$$

wobei die Beweglichkeit B durch die sog. Nernst-Einstein-Beziehung

$$B = \frac{D}{kT} \tag{5.10}$$

mit der Diffusionskonstanten verknüpft ist (vgl. Kap. 5.6). Damit erhält man

$$\mathbf{j}_K = \frac{D}{kT} \cdot (-\nabla\Phi) \cdot c \tag{5.11}$$

und den Gesamtstrom

$$\mathbf{j} = \mathbf{j}_D + \mathbf{j}_K = -D\left(\nabla c + \frac{c\nabla\Phi}{kT}\right) \tag{5.12}$$

Gl. (5.12) erweitert also das 1. Ficksche Gesetz. Entsprechend erhält man mit der Kontinuitätsgleichung Gl. (5.2), vorausgesetzt $D \neq D(x, y, z)$ für die Diffusion in einem Potentialgradienten

$$\frac{\partial c}{\partial t} = D\nabla \cdot \left(\nabla c + \frac{c\nabla\Phi}{kT}\right) \tag{5.13a}$$

oder eindimensional

$$\frac{\partial c}{\partial t} = D\frac{\partial^2 c}{\partial x^2} + \frac{D}{kT}\frac{\partial}{\partial x}\left(c\frac{\partial\Phi}{\partial x}\right) \tag{5.13b}$$

Die partielle Differentialgleichung des 2. Fickschen Gesetzes wird also nicht unerheblich verkompliziert, und eine geschlossene Lösung ist nur in Sonderfällen möglich.

Die in Gl. (5.5) gegebene Lösung zeigt bereits eine Besonderheit, die allen Lösungen von Gl. (5.4a,b) gemein ist. Die Lösung $c(x, t)$ hängt nämlich nicht getrennt von x und t, sondern immer nur vom Ausdruck $(x/\sqrt{t})$ ab. Der mathematische Grund liegt darin, daß man die partielle Differentialgleichung der Variablen x und t, Gl. (5.4a), auch als gewöhnliche Differentialgleichung der

Variablen $\eta = x/\sqrt{t}$ schreiben kann. Diese Tatsache erlaubt es nun, den Vorgang der Diffusion vereinfacht so zu beschreiben, daß sich eine Diffusionsfront, die durch eine konstante Konzentration $c(x,t) = K_R$ bestimmt ist („R" steht für Reichweite), mit der Zeit verschiebt. Die genaue Lage der Diffusionsfront ist durch den willkürlich festgelegten Wert der Konstanten K_R bestimmt, aber bei einmal getroffener Wahl von K_R läßt sich die Kinetik der Diffusion gut beschreiben. Die Definition einer solchen Diffusionsfront ist auch physikalisch sinnvoll, denn es gibt zwar für jedes x eine mathematische Lösung $c(x,t)$, die Konzentration kann jedoch so klein sein, daß sie unterhalb der Nachweisgrenze liegt oder sogar physikalisch unsinnig wird, wenn sie weniger als ein Atom im Kristall ausmacht. Eine Größenordnung von $K_R = 1\%$ ist für technische Prozesse sinnvoll, d.h. innerhalb des durch die Diffusionsfront begrenzten Gebietes liegen 99 % aller diffundierenden Teilchen. Die Lage der Diffusionsfront zu einem Zeitpunkt t bezeichnet die Reichweite X der Diffusion. Mit $K_R = 1\%$ erhält man $c(x,t) = 0.01$ für

$$\frac{X}{2\sqrt{Dt}} \cong \sqrt{1.5}$$

oder

$$X^2 = 6 \cdot Dt \tag{5.14}$$

Diese Definition der Reichweite und die Wahl der Konstanten „6" in Gl. (5.14) empfiehlt sich auch aus der Analogie zu atomistischen Betrachtungen (vgl. Abschn. 5.3). Die physikalische Problematik der Diffusion reduziert sich damit auf die Analyse der Diffusionskonstanten D.

Die Fickschen Gesetze beziehen sich auf den Ausgleich von Konzentrationsunterschieden. Der physikalische Grund für diese Phänomene ist die Temperaturbewegung der Atome. Diese Temperaturbewegung ist natürlich nicht auf Atome in einem Konzentrationsgradienten beschränkt, sondern findet auch in einem reinen Metall oder einer homogenen Legierung statt. Könnten wir die Atome kennzeichnen, so wären wir in der Lage, die Platzwechsel als Funktion der Zeit zu verfolgen, und die Position eines herausgegriffenen Atoms würde sich mit der Zeit ändern. Dabei ist der Nettostrom durch eine gewählte Fläche gleich Null, weil der Strom in beiden Richtungen gleich groß ist. Wir bezeichnen den Vorgang als Selbstdiffusion, der in seiner Größe charakterisiert wird durch den Selbstdiffusionskoeffizienten D^*. Durch direkte Messungen ist D^* nicht zu bestimmen, da die Atome voneinander ununterscheidbar sind. Dem Selbstdiffusionskoeffizienten sehr verwandt ist der experimentell gut bestimmbare Tracerdiffusionskoeffizient D^T. Dabei verfolgt man die Bewegung eines radioaktiven Isotops (Tracer) des reinen Metalls, welches chemisch identisch und physikalisch nahezu äquivalent ist. Durch Messung der Radioaktivität in Abhängigkeit von Ort und Zeit kann man D^T bestimmen. Zwischen D^T und D^* besteht nur ein geringer Unterschied, der sich aus dem geringfügig verschiedenen Atomgewicht ergibt, was sich aber korrigieren läßt. Werte der Selbstdiffusion werden daher zumeist durch Tracer-Experimente bestimmt.

5.2 Die Diffusionskonstante

Genau genommen ist die Diffusionskonstante keine Zahl, sondern ein Tensor 2. Stufe, d.h. richtungsabhängig. In den hochsymmetrischen kubischen Gittern, in denen die meisten metallischen Werkstoffe kristallisieren, spielt das keine Rolle, denn die Diffusionskonstante ist isotrop. Dagegen beobachtet man in Kristallstrukturen mit niedriger Symmetrie durchaus eine Richtungsabhängigkeit der Diffusionskonstanten. Dann schreibt sich das 1. Ficksche Gesetz als

$$\mathbf{j}_D = -\mathbf{D}\nabla c \quad \text{mit } \mathbf{D} = \begin{bmatrix} D_{11} & D_{12} & D_{13} \\ D_{21} & D_{22} & D_{23} \\ D_{31} & D_{32} & D_{33} \end{bmatrix} \tag{5.15}$$

oder ausgeschrieben

$$\begin{aligned} j_x &= -D_{11}\frac{\partial c}{\partial x} - D_{12}\frac{\partial c}{\partial y} - D_{13}\frac{\partial c}{\partial z} \\ j_y &= -D_{21}\frac{\partial c}{\partial x} - D_{22}\frac{\partial c}{\partial y} - D_{23}\frac{\partial c}{\partial z} \\ j_z &= -D_{31}\frac{\partial c}{\partial x} - D_{32}\frac{\partial c}{\partial y} - D_{33}\frac{\partial c}{\partial z} \end{aligned}$$

$D_{ij} \neq 0$ für $i \neq j$ bedeutet einen Strom in Richtung i bei einem Gradienten in Richtung j. Das kann in Strukturen geringer Symmetrie durchaus vorkommen. In Tabelle 5.1 sind die Tensorelemente für einige wichtige Kristallsysteme zusammengestellt, wobei das Koordinatensystem parallel zu den Kristallachsen gewählt wurde. Bei Änderung des Koordinatensystems würden natürlich auch die gemischten Elemente auftreten. Tabelle 5.2 gibt einige Beispiele für anisotrope Diffusionskoeffizienten in nichtkubischen Metallen.

Tabelle 5.1. Tensordarstellung der Diffusionskonstanten für Kristalle mit kubischer, hexagonaler und orthorhombischer Symmetrie.

$$D_{kub.} = \begin{bmatrix} D_1 & 0 & 0 \\ 0 & D_1 & 0 \\ 0 & 0 & D_1 \end{bmatrix}; D_{hex.} = \begin{bmatrix} D_{11} & 0 & 0 \\ 0 & D_{11} & 0 \\ 0 & 0 & D_{33} \end{bmatrix}; D_{ortho.} = \begin{bmatrix} D_{11} & 0 & 0 \\ 0 & D_{22} & 0 \\ 0 & 0 & D_{33} \end{bmatrix}.$$

Die Diffusionskonstante hängt sehr empfindlich von der Temperatur ab, nämlich über einen Boltzmann-Faktor

$$D = D_0 \cdot e^{-\frac{Q}{kT}} \tag{5.16}$$

Diese Beziehung ist für eine Reihe von Systemen über viele Größenordnungen von D experimentell belegt worden, sowohl für interstitielle Legierungen, wie

Tabelle 5.2. Diffusionskonstanten einiger nichtkubischer Metalle parallel ($\|$) und senkrecht ($\perp$) zur Basisebene.

Metall	Struktur	$D_{0\|}$ $[cm^2/s]$	$D_{0\perp}$ $[cm^2/s]$	$Q_{\|}$ $[kJ/mol]$	$Q_{\perp}$ $[kJ/mol]$	$D_{\perp}/D_{\|}$ $T = 0.8T_m$
Be	hdp	0.52	0.68	157	171	0.31
Cd	hdp	0.18	0.12	82.0	78.1	1.8
α-Hf	hdp	0.28	0.86	349	370	0.87
Mg	hdp	1.5	1.0	136	135	0.78
Tl	hdp	0.4	0.4	95.5	95.8	0.92
Sb	rhomb	0.1	56	149	201	0.098
Sn	Diamant	10.7	7.7	105	107	0.4
Zn	hdp	0.18	0.13	96.4	91.6	2.05

C in α-Fe (Abb. 5.6), als auch für substitutionelle Mischkristalle, wie Gold in Silber (Abb. 5.7). Diese Temperaturabhängigkeit ist auch verständlich, denn die Diffusion erfolgt durch die Temperaturbewegung der Atome und einfache thermisch aktivierte Prozesse haben immer eine Temperaturabhängigkeit über einen Boltzmann-Faktor $\exp(-Q/kT)$. Die Aktivierungsenergie Q hängt dabei von der betreffenden Bewegung ab und wird daher für die verschiedenen Kombinationen von diffundierender Substanz und Kristallstruktur unterschiedlich sein (Abb. 5.8). Sie ergibt sich aus der Steigung der Arrhenius-Auftragung $\ln D$ über $1/T$. Aus Abb. 5.9 im Vergleich zu Abb. 5.8 ist erkennbar, daß kleine interstitielle Atome wesentlich schneller diffundieren als substitutionelle Legierungsatome. Besonders erschwert ist gewöhnlich die Bewegung von Ionen in keramischen Werkstoffen (z.B. Mg^{++} in MgO oder Ca^{++} in CaO, Abb. 5.8). Aus den Abbildungen ist ersichtlich, daß bei gleicher Temperatur aber unterschiedlichen Substanzen die Absolutwerte von D um viele Zehnerpotenzen verschieden sein können.

Die Aktivierungsenergie Q ist mit der Schmelztemperatur T_m des Elementes korreliert, d.h. Q steigt mit zunehmendem T_m an (Abb. 5.10). In mischbaren Legierungen folgt Q dem Verlauf der Soliduslinie, so daß die Aktivierungsenergie bei Zustandsdiagrammen mit Minimum für die Zusammensetzung am Minimum zahlenmäßig den kleinsten Wert annimmt. Der Diffusionskoeffizient wird daher bei fester Temperatur bei derjenigen Konzentration am größten, bei der Q am kleinsten ist (Abb. 5.11).

Die Diffusionskenngrößen einiger Metalle und Legierungen sind in Tabelle 5.3 zusammengestellt. Die Aktivierungsenergie für Selbstdiffusion Q_D ist für Metalle unterschiedlicher Kristallstruktur über die Schmelztemperatur T_m auch mit der molaren Schmelzwärme L_m korreliert, derart, daß $Q_D/L_m \approx 15$. Diese empirische Regel erlaubt es, Schätzungen der Diffusion vorzunehmen, wenn keine Messungen verfügbar sind, obwohl Vorsicht geboten ist, denn es gibt auch Ausnahmen, wie bspw. beim Germanium (Tabelle 5.3). Der Vorfaktor D_0 ist bei der Selbstdiffusion von der Größenordnung 1. Bei der Fremdatomdiffusion erkennt man aus Tabelle 5.3, daß die Diffusion interstitiell

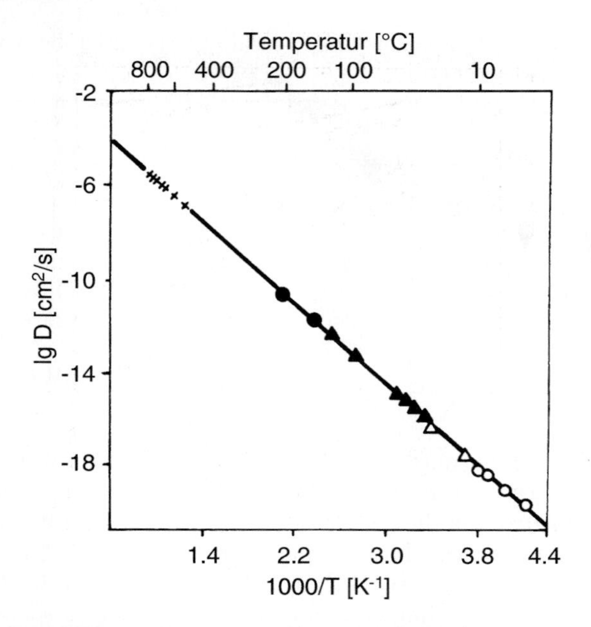

Abbildung 5.6. Diffusionskonstante als Funktion der Temperatur (Arrheniusdarstellung) für Kohlenstoff in α-Fe (nach [5.1]).

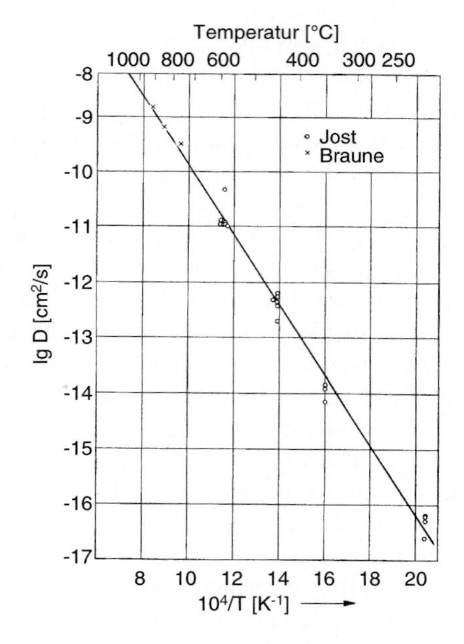

Abbildung 5.7. Temperaturabhängigkeit der Diffusionskonstante von Gold in Silber (nach [5.2]).

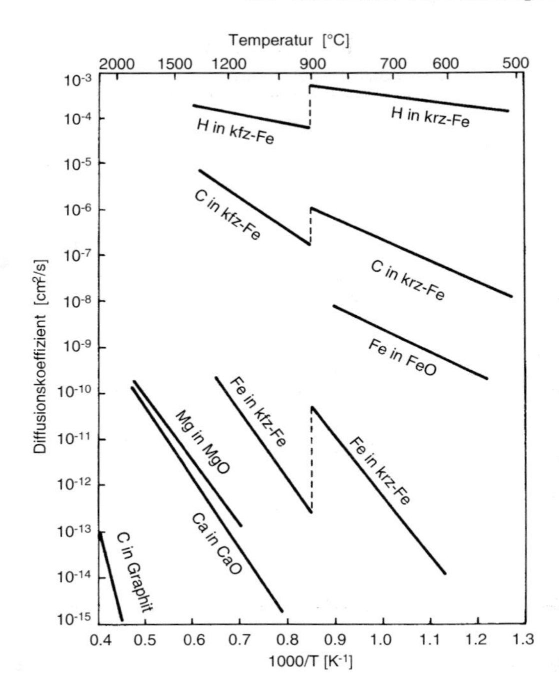

Abbildung 5.8. Temperaturabhängigkeit der Selbstdiffusion und Fremdatomdiffusion in Eisen und einigen Ionenkristallen (nach [5.3]).

gelöster Fremdatome um Größenordnungen schneller abläuft als die Selbstdiffusion, während substitutionell gelöste Atome vergleichbar schnell wie die Atome des Wirtsgitters diffundieren. Häufig ist die Diffusionskonstante konzentrationsabhängig und damit insbesondere in konzentrierten Legierungen, d.h. in einem Konzentrationsgradienten, auch ortsabhängig. Dann wird das Konzentrationsprofil unsymmetrisch (Abb. 5.12) und durch Gl. (5.3) statt durch Gl. (5.4) beschrieben. Sowohl D_0 als auch Q können von der Konzentration abhängen, wie Abb. 5.13 am Beispiel von C in γ-Fe zeigt. Die Bestimmung von $D(c)$ gestaltet sich außerordentlich schwierig, ist aber für die Diffusion in konzentrierten Legierungen, also bei starker Konzentrationsabhängigkeit des Diffusionskoeffizienten, sehr wichtig und wird in Abschn. 5.5 ausführlicher behandelt.

5.3 Atomistik der Festkörperdiffusion

Der Mechanismus der Diffusion ist die Sprungbewegung der Atome infolge thermischer Anregung. Für interstitielle Mischkristalle kann man sich leicht vorstellen, daß ein Fremdatom bei entsprechender thermischer Aktivierung

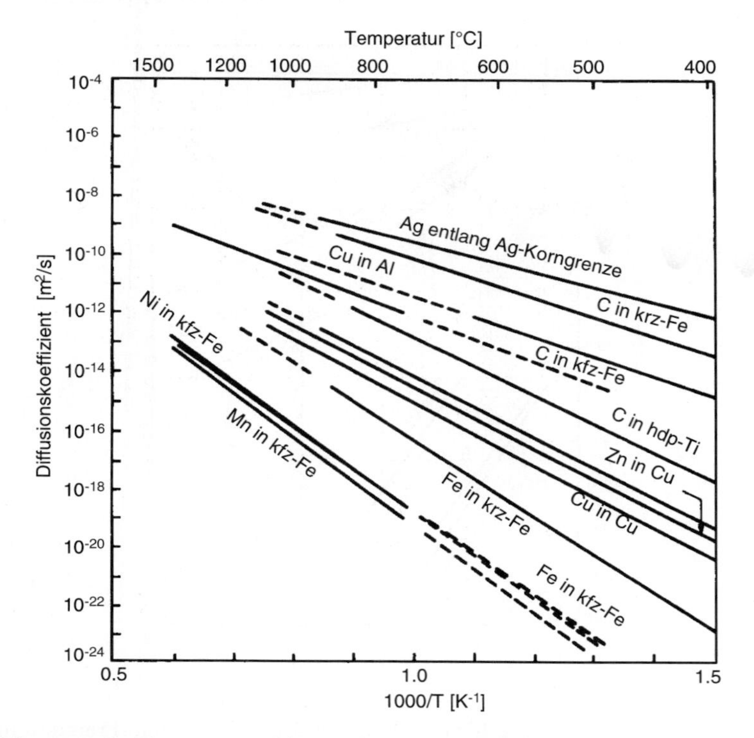

Abbildung 5.9. Temperaturabhängigkeit der Diffusion in verschiedenen Metallen (nach [5.4]).

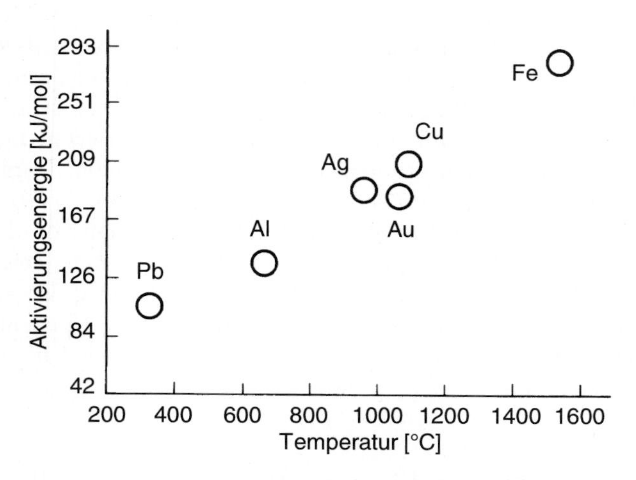

Abbildung 5.10. Die Aktivierungsenergie für Diffusion steigt mit zunehmender Schmelztemperatur (nahezu linear) an (nach [5.5]).

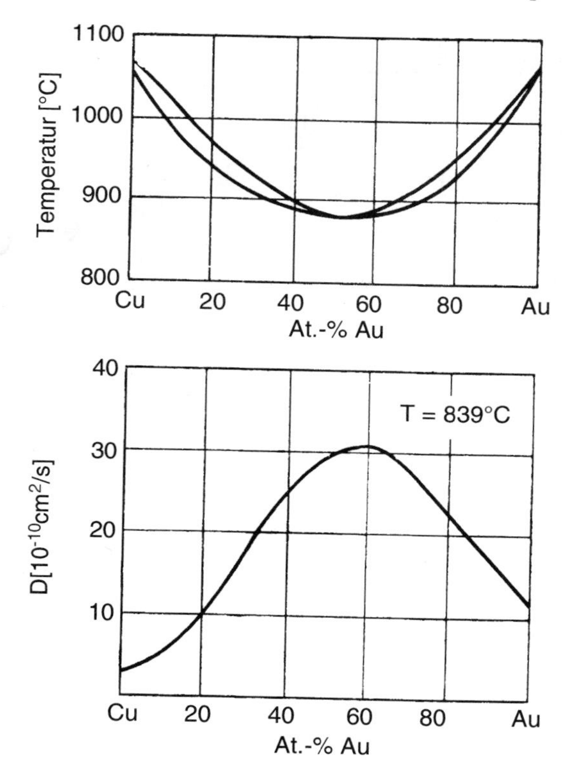

Abbildung 5.11. Abhängigkeit des Diffusionskoeffizienten von der Zusammensetzung im System Cu-Au (nach [5.6]).

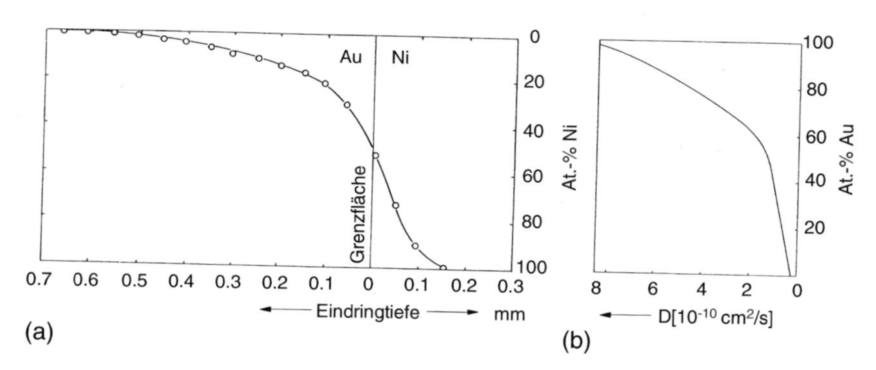

Abbildung 5.12. (a) Konzentrationsverlauf durch Interdiffusion von Au und Ni. (b) Der Diffusionskoeffizient hängt von der Zusammensetzung ab (nach [5.7]).

Tabelle 5.3. Diffusionskonstanten einiger Metalle und Legierungen. (a) Selbstdiffusion. Das Verhältnis von Aktivierungsenthalpie ΔH_D zur Schmelztemperatur T_m oder Schmelzwärme L_m ist etwa konstant. (b) Fremdatomdiffusion. Das Verhältnis von Fremdatomdiffusion D zur Selbstdiffusion D^* ist bei interstitiellen Mischkristallen viel größer als bei Substitutionsmischkristallen.

(a) Selbstdiffusion reiner Metalle $D^* = D_0 \exp(-\Delta H_D/kT)$

Metall	Struktur	D_0 $[cm^2/s]$	ΔH_D $[eV]$	$\Delta H_D/T_m$ $[10^{-3} eV/K]$	$\Delta H_D/L_m$
Au	kfz	0.09	1.8	1.5	13.2
Ag	kfz	0.4	1.9	1.6	16.2
Cu	kfz	0.2	2.0	1.5	15.2
Ni	kfz	1.9	2.9	1.7	15.6
γ-Fe	kfz	0.4	2.8	1.6	17.4
W	krz	1.9	5.6	1.6	16.9
α-Fe	krz	2.0	2.5	1.4	15.5
Nb	krz	1.3	4.1	1.5	14.8
Na	krz	0.24	0.5	1.3	16.7
Mg	hex	1.3	1.4	1.5	18.5
Ge	dia	10.8	3.0	2.4	9.1

(b) Fremdatomdiffusion in Metallen $D = D_0 \exp(-\Delta H/kT)$

Lösungs-art	Metall	Fremd-atom	D_0 $[cm^2/s]$	ΔH $[eV]$	D/D^* $(1000K)$
Subtitutions-misch-kristalle	Ag	Au	0.26	2.0	0.25
		Cu	1.2	2.0	0.94
		Zn	0.54	1.8	4.3
	Cu	Au	0.69	2.2	0.49
		Ag	0.63	2.0	3.15
		Zn	0.34	2.0	1.7
	α-Fe	Co^{60}	0.2	2.4	0.35#)
Interstitielle Misch-kristalle	α-Fe	C	0.004	0.83	$1.44 \cdot 10^6$
		N	0.003	0.8	$1.55 \cdot 10^6$
	γ-Fe	C	0.67	1.6	$3.87 \cdot 10^6$
	Nb	O	0.021	1.2	$6.59 \cdot 10^{12}$
		C	0.004	1.4	$1.2 \cdot 10^{11}$

#) bei 950 K

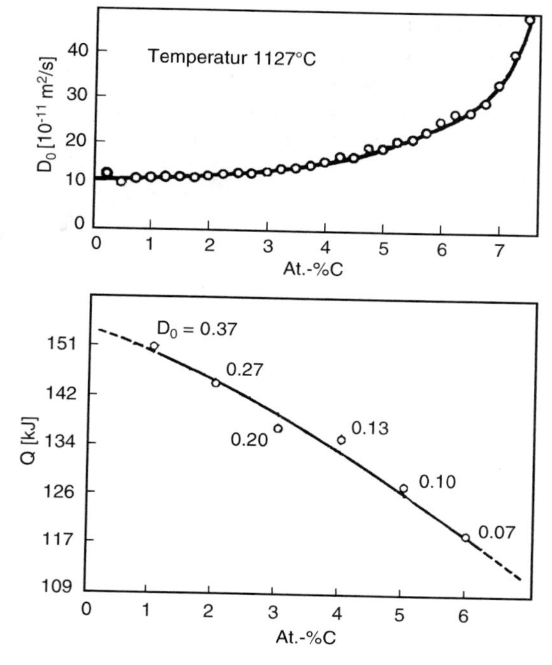

Abbildung 5.13. Konzentrationsabhängigkeit der Diffusionskonstanten von C in γ-Fe. Sowohl D_0 als auch Q hängen von der Konzentration ab (nach [5.8]).

auf die benachbarten Zwischengitterplätze wechseln kann. Bei substitutionellen Mischkristallen gestaltet sich das Problem dadurch schwieriger, daß der Nachbarplatz eines Fremdatoms in der Regel besetzt sein wird. Einige Möglichkeiten zum atomaren Platzwechsel in diesem Fall sind in Abb. 5.14 wiedergegeben, nämlich Platztausch, Ringtausch, Diffusion über Leerstellen oder Zwischengitterplätze. Allen Mechanismen ist gemeinsam, daß sie thermisch aktiviert werden müssen, also ihre Häufigkeit proportional zu $e^{-Q/kT}$ ist, wobei $Q = H_B + H_W$ die Summe aus Bildungs- und Wanderungsenthalpie der Formation ist. Der Leerstellenmechanismus hat die absolut kleinste Summe und ist deshalb am wahrscheinlichsten. In der Tat gibt es zahlreiche Hinweise für die Richtigkeit dieser Hypothese, worauf später noch näher eingegangen wird.

Die Sprunghäufigkeit Γ (= Sprungfrequenz) eines Atoms ist gegeben durch

$$\Gamma \left[s^{-1}\right] = \nu \exp\left(-G_W/kT\right) \tag{5.17a}$$

Diese Beziehung kann man vereinfacht so interpretieren, daß das Atom mit der Frequenz ν versucht, die energetisch ungünstige Zwischenstufe zwischen zwei Gleichgewichtslagen zu überwinden (Abb. 5.15). Gewöhnlich wird für ν die Debye-Frequenz $\nu_D \approx 10^{13} s^{-1}$, also die höchste Frequenz mit der ein

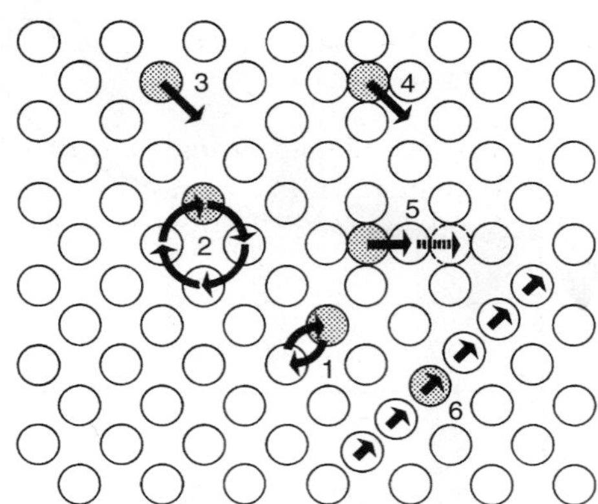

	Wanderung	Bildung	Summe
(1)	$8\,eV$	-	$8\,eV$
(2)		kleiner, jedoch unwahrscheinlicher	
(3)	$1\,eV$	$1\,eV$	$2\,eV$
(4)(5)	$0.6\,eV$	$3.4\,eV$	$4\,eV$
(6)	$0.2\,eV$	$3.4\,eV$	$3.6\,eV$

Abbildung 5.14. Mögliche Mechanismen der Selbstdiffusion und ihre Aktivierungsenergien. (1) Platztausch von Nachbaratomen; (2) Ringtausch; (3) Leerstellenmechanismus; (4) direkter Zwischengittermechanismus; (5) indirekter Zwischengittermechanismus; (6) Crowdion.

Atom schwingen kann, angenommen. Die Erfolgswahrscheinlichkeit ist durch den Boltzmann-Faktor $\exp(-G_W/kT)$ gegeben. Dieser ist um so kleiner, je höher die freie Aktivierungsenthalpie G_W ist, z.B. ist G_W für die Wanderung über den kleiner und damit die Erfolgswahrscheinlichkeit eines Sprungs größer als durch Leerstellenwanderung. Zwischen der Sprungfrequenz Γ und dem Diffusionskoeffizienten D gibt es eine fundamentale Beziehung, die unabhängig von Mechanismus und Kristallstruktur Gültigkeit hat

$$D = \frac{\lambda^2}{6}\Gamma = \frac{\lambda^2}{6\tau} \tag{5.17b}$$

Dabei ist λ die Sprungweite eines diffundierenden Atoms und $\tau = 1/\Gamma$ die Zeit zwischen zwei aufeinanderfolgenden Sprüngen.

Gl. (5.17) läßt sich aus einer atomistischen Betrachtung des Diffusionsvorganges ableiten, z.B. anhand des technologisch wichtigen Falles von C in α-Fe. Der Kohlenstoff befindet sich bekanntlich auf den Oktaederlücken des krz-Gitters (Zwischengitterplätze: Kanten- und Flächenmitten) (s. Kap. 2) (Abb. 5.16). Bei kleinen Kohlenstoffkonzentrationen beeinflussen sich die Sprünge der einzelnen Atome nicht gegenseitig. Betrachtet man den Nettostrom zwischen zwei benachbarten Ebenen M und N, so gilt

$$j = j_{MN} - j_{NM} \tag{5.18a}$$

wobei j_{MN} den Strom von Ebene M nach N und j_{NM} den Strom in umgekehrter Richtung bezeichnet. Befinden sich c_M^F, bzw. c_N^F Atome pro Flächeneinheit auf den Ebenen M bzw. N, und ist Γ die Sprungfrequenz auf einen beliebigen Nachbarplatz, dann wird

$$j = c_M^F \Gamma \cdot \frac{1}{4} \cdot \frac{2}{3} - c_N^F \Gamma \cdot \frac{1}{4} \cdot \frac{2}{3} \tag{5.18b}$$

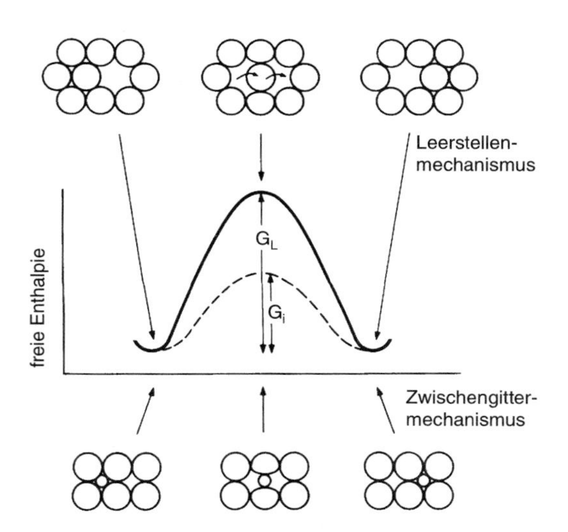

Abbildung 5.15. Zum Verständnis des thermisch aktivierten Vorganges der Diffusion. Das diffundierende Atom muß durch einen energetisch ungünstigen Zustand, um auf den Nachbarplatz zu gelangen. Der Enthalpieunterschied ist die Aktivierungsenergie. Er ist für den Leerstellenmechanismus größer als für den Zwischengittermechanismus.

Der Faktor 1/4 bedeutet, daß von vier verschiedenen Sprungmöglichkeiten nur 1/4 aller Sprünge zu einem Fluß in Richtung $+x$ bzw. $-x$ beiträgt. Nur 2/3 aller C-Atome können in x-Richtung springen. Auf der Ebene M gibt es nämlich drei unterschiedliche Zwischengitterpositionen, die Kantenmitten y und z und die Flächenmitte. Das C-Atom auf der Flächenmitte der Ebene M kann nicht in Richtung $\pm x$ springen, weil am Ziel keine Oktaederlücke, sondern ein Fe-Atom sitzt. Dagegen können die Atome auf den Kantenmitten, also 2/3 aller C-Atome auf der Ebene M, sich in $\pm x$-Richtung auf benachbarte Zwischengitterplätze begeben. Die Flächenkonzentration c^F ist die Zahl der Atome in einem Volumen der Dicke $a/2$, also mit der Volumenkonzentration c durch

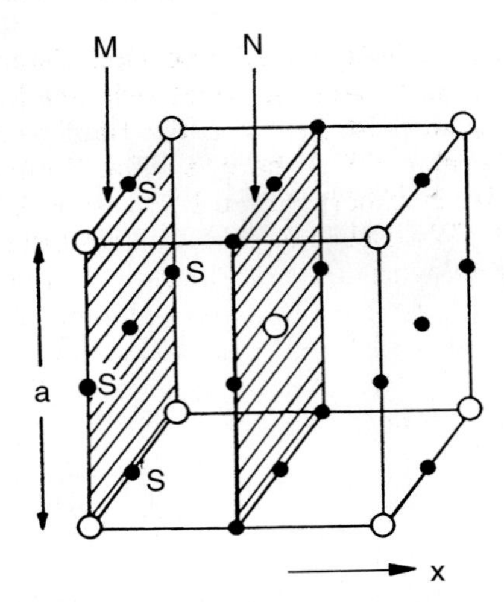

Abbildung 5.16. Zur Ableitung des Diffusionskoeffizienten von C in α-Fe. Die ausgefüllten Kreise geben die Zwischengitterplätze an, auf denen sich C-Atome befinden können. Die offenen Kreise kennzeichnen die Fe-Atome. M und N sind zwei benachbarte Ebenen entlang der Diffusionsrichtung x.

$$c^F = c \cdot \frac{a}{2} \tag{5.19}$$

verknüpft, wobei $a/2$ der Abstand zwischen benachbarten Ebenen ist. Schließlich erhält man durch Reihenentwicklung

$$c_N = c_M + \frac{a}{2}\frac{dc}{dx} + \frac{a^2}{8}\frac{d^2c}{dx^2} + ... + \left(\frac{a}{2}\right)^n \cdot \frac{1}{n!}\left(\frac{d^n c}{dx^n}\right) + ... \tag{5.20}$$

wobei wegen des geringen Konzentrationsunterschieds auf benachbarten Ebenen eine Entwicklung bis zum linearen Term genügt.

$$j = \frac{1}{6}\Gamma\left[c_M - \left(c_M + \frac{a}{2}\frac{dc}{dx}\right)\right] \cdot \frac{a}{2} = -\Gamma\frac{a^2}{24}\frac{dc}{dx} \tag{5.21}$$

Durch Vergleich mit dem 1. Fickschen Gesetz [Gl. (5.1a)] ergibt sich

$$D = \frac{\Gamma a^2}{24} \tag{5.22}$$

Wegen $\Gamma = 1/\tau$ und der Sprungweite $\lambda = a/2$ erhält man für Diffusion über Zwischengitterplätze die fundamentale Beziehung [Gl. (5.17)], oder ausgeschrieben

$$D = \frac{\lambda^2}{6\tau} = \frac{\lambda^2}{6}\nu_D \exp\left(-\frac{G_W^Z}{kT}\right) = \frac{\lambda^2}{6}\nu_D \exp\left(\frac{S_W^Z}{k}\right)\exp\left(-\frac{H_W^Z}{kT}\right) \tag{5.23}$$

G_W^Z — freie Wanderungsenthalpie der C-Atome über Zwischengitterplätze, S_W^Z — Wanderungsentropie, H_W^Z — entsprechende Wanderungsenthalpie.

Verläuft die Diffusion über den Leerstellenmechanismus, wie bspw. bei der Selbstdiffusion in reinem α-Fe, so ergibt sich eine leicht modifizierte Betrachtung. Definitionsgemäß ist $1/\tau = \Gamma$ die Häufigkeit eines erfolgreichen Sprunges auf einen beliebigen Nachbarplatz. Der Sprung kann aber nur erfolgreich sein, wenn der Nachbarplatz auch frei ist, d.h. wenn sich dort eine Leerstelle befindet. Die Wahrscheinlichkeit, daß ein beliebig herausgegriffener Gitterplatz unbesetzt ist, wird durch die atomare Leerstellenkonzentration c_L^a beschrieben, denn c_L^a ist der Bruchteil von unbesetzten Gitterplätzen in einem Kristall. Hat ein Atom z Nachbarn, so ist die Wahrscheinlichkeit, daß ein beliebiger Nachbarplatz frei ist, durch $z \cdot c_L^a$ gegeben. Damit wird der Diffusionskoeffizient für Diffusion über Leerstellen, also bspw. für Selbstdiffusion

$$D^* = \frac{\lambda^2}{6\tau} = \frac{\lambda^2}{6} z c_L^a \, \nu_D \, e^{\frac{-G_W}{kT}} = \frac{\lambda^2}{6} z c_L^a \, \nu_D \, e^{\frac{S_W^L}{k}} \cdot e^{-\frac{H_W^L}{kT}} \tag{5.24}$$

Dabei ist $G_W = G_W^L$ die freie Wanderungsenthalpie der Leerstellen, denn beim Platztausch von Atom und Leerstelle ist der Wanderungsschritt für beide identisch. Da im thermischen Gleichgewicht

$$c_L^a = \exp\left(-\frac{G_B^L}{kT}\right)$$

mit G_B^L — freie Bildungsenthalpie der Leerstelle erhält man

$$\begin{aligned} D^* &= \frac{\lambda^2}{6} z\nu_D \exp\left(-\frac{G_B^L + G_W^L}{kT}\right) \\ &= \frac{\lambda^2}{6} z\nu_D \exp\left(\frac{S_B^L + S_W^L}{k}\right) \exp\left(-\frac{H_B^L + H_W^L}{kT}\right) \end{aligned} \tag{5.25}$$

oder im Vergleich mit Gl. (5.16) $D = D_0 \exp(-Q/kT)$ die Aktivierungsenergie für die Diffusion über Leerstellen

$$Q = H_B^L + H_W^L \tag{5.26}$$

und den Vorfaktor

$$D_0 = \frac{\lambda^2}{6} \, z\nu_D \, \exp\left(\frac{S_B^L + S_W^L}{k}\right) \tag{5.27}$$

Diese Beziehung erlaubt es auch, die Hypothese des Leerstellenmechanismus der Selbstdiffusion zu überprüfen, denn H_B^L und H_W^L können getrennt gemessen werden, und der Summenwert muß mit der Aktivierungsenergie für Selbstdiffusion übereinstimmen. Methoden zur Bestimmung von H_B^L unter anderem durch Messung des elektrischen Widerstandes ρ abgeschreckter Proben, wurden in Kap. 3 beschrieben. Die Wanderungsenthalpie H_W^L kann man durch die Änderung des elektrischen Widerstandes ρ beim Anlassen von abgeschreckten

Proben (Abb. 5.17) ermitteln. Dabei heilen die eingeschreckten überschüssigen Leerstellen aus, bis sich die der Anlaßtemperatur entsprechende Gleichgewichtskonzentration eingestellt hat. Da das Gleichgewicht sich mit steigender Temperatur schneller einstellt und die Widerstandsänderung der Konzentrationsänderung proportional ist, kann H_W^L folgendermaßen bestimmt werden:

$$\frac{d\rho}{dt} \sim \frac{dc}{dt} = \frac{c_L}{\tau^-} \tag{5.28}$$

Dabei ist τ^- die mittlere Zeit, die eine Leerstelle braucht, um auszuheilen. Gemäß Gl. (5.17) und (5.24) ist $1/\tau^- \sim D \sim e^{-G_W^L/kT}$ und mit einer Konstanten K

$$\frac{dc_L}{dt} = Kc_L \exp\left(-\frac{G_W^L}{kT}\right) \tag{5.29}$$

Ändert man daher sprunghaft die Anlaßtemperatur, so gilt für das Verhältnis der Steigungen der Ausheilkurven zum Zeitpunkt des Temperaturwechsels (c_L ist hier für beide Kurven gleich)

$$\frac{\left.\frac{d\rho}{dt}\right|_{T_1}}{\left.\frac{d\rho}{dt}\right|_{T_2}} = \frac{\left.\frac{dc}{dt}\right|_{T_1}}{\left.\frac{dc}{dt}\right|_{T_2}} = \exp\left(\frac{H_W^L}{k}\left(\frac{1}{T_2} - \frac{1}{T_1}\right)\right) \tag{5.30}$$

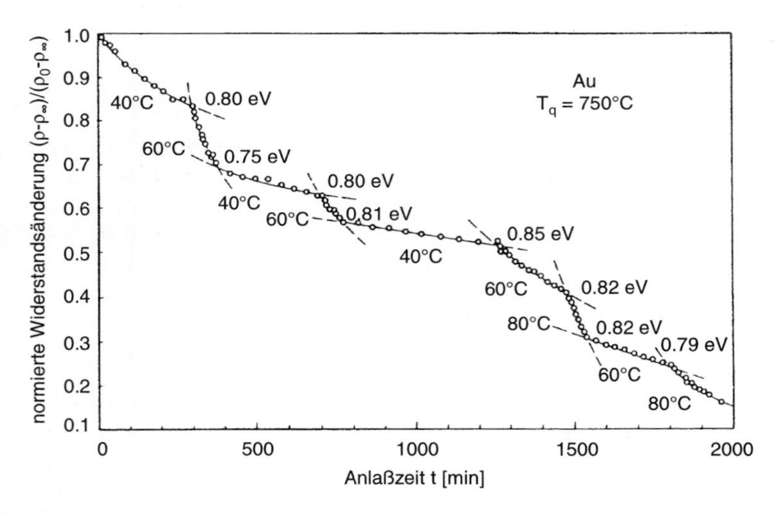

Abbildung 5.17. Normierte Widerstandsänderung von Golddrähten nach Abschrecken von 750°C und Anlassen bei den angegebenen Temperaturen. Aus der Abnahme des Widerstandes kann man die Wanderungsenergie der Leerstellen berechnen (s. Text).

Alle anderen Konstanten, einschließlich des Entropieterms, werden durch Bildung des Verhältnisses eliminiert. Die so bestimmten Werte von H_W^L sind in Abb. 5.17 am Beispiel von Gold für unterschiedliche Temperaturwechsel angegeben. Mit diesen Meßwerten besteht die Möglichkeit, die Aktivierungsenergien der Diffusion gemäß Gl. (5.26) auf ihren Mechanismus zu überprüfen. Man kann aufgrund der guten Übereinstimmung der gemessenen Summe nach Gl. (5.26) mit den direkt gemessenen Werten der Aktivierungsenergie der Diffusion (Tabelle 5.4) davon ausgehen, daß der Mechanismus der Selbstdiffusion oder der Fremdatomdiffusion in Substitutionsmischkristallen über Leerstellen verläuft.

Tabelle 5.4. Bildungsenthalpie H_B^L und Wanderungsenthalpie H_W^L der Leerstelle in einigen Metallen. Die Summe stimmt gut mit gemessenen Werten der Aktivierungsenergie Q für Selbstdiffusion überein.

Metall	H_W^L $[eV]$	H_B^L $[eV]$	$H_W^L + H_B^L$ $[eV]$	Q $[eV]$
Au	0.83	0.95	1.78	1.76
Al	0.62	0.67	1.29	1.28
Pt	1.43	1.51	2.94	2.9
Cu	0.71	1.28	1.99	2.07
Ag	0.66	1.13	1.79	1.76
W	1.7	~ 3.6	~ 5.3	< 5.7
Mo	1.3	~ 3.2	~ 4.5	~ 4.5

Der Platzwechsel zwischen Atom und Leerstelle kann formal auch als Diffusion der Leerstelle betrachtet werden, obwohl die Leerstelle keine diffusionsfähige Substanz darstellt. Für manche Fälle ist aber hauptsächlich das „Schicksal“ der Leerstelle und nicht der Atome interessant, bspw. beim Ausheilen eingeschreckter oder strahlungsinduzierter Leerstellen. Entsprechend kann man formal auch einen Leerstellendiffusionskoeffizienten definieren, der durch

$$D_L = \frac{\lambda^2}{6}\ \nu_D\ \exp\left(\frac{S_W^L}{k}\right)\exp\left(-\frac{H_W^L}{kT}\right) \tag{5.31}$$

Die Aktivierungsenergie für den Diffusionsmechanismus der Leerstellen unterscheidet sich also von dem der Diffusion über Leerstellen dadurch, daß zum Ablauf des letzteren Prozesses zunächst Leerstellen gebildet werden müssen und damit zusätzlich die Bildungsenthalpie der Leerstellen aufgebracht werden muß. Die Aktivierungsenergie für Leerstellendiffusion Q_L entspricht daher allein der Wanderungsenthalpie H_W^L, die Aktivierungsenergie für Diffusion über Leerstellen dagegen $Q^* = H_B^L + H_W^L$. Damit ergibt sich $D_L \gg D^*$.

Gl. (5.17) stellt bei statistischer Sprungbewegung („random walk“) die Beziehung zur Reichweite der Diffusion [Gl. (5.14)] her, die wir aus der Lösung der Diffusionsgleichung hergeleitet hatten. Ist nämlich die Sprungweite λ und der Sprung auf alle Nachbarplätze gleich wahrscheinlich, so ist nach n

Sprüngen der mittlere Abstand $\overline{R_n}$ vom Ausgangspunkt

$$\overline{R_n^2} = n\lambda^2 \tag{5.32}$$

Diese Beziehung ergibt sich aus folgender Betrachtung. Der Vektor $\mathbf{R}_n$ setzt sich aus den Vektoren aller Einzelsprünge zusammen

$$\mathbf{R}_n = \mathbf{r}_1 + \mathbf{r}_2 + ... + \mathbf{r}_n = \sum_{i=1}^{n} \mathbf{r}_i \tag{5.33}$$

und

$$\begin{aligned}
\mathbf{R_n^2} = \mathbf{R_n} \cdot \mathbf{R_n} &= \mathbf{r}_1 \cdot \mathbf{r}_1 + \mathbf{r}_1 \cdot \mathbf{r}_2 + \mathbf{r}_1 \cdot \mathbf{r}_3 + ... + \mathbf{r}_1 \cdot \mathbf{r}_n \\
&\quad + \mathbf{r}_2 \cdot \mathbf{r}_1 + \mathbf{r}_2 \cdot \mathbf{r}_2 + ... \quad ... + \mathbf{r}_2 \cdot \mathbf{r}_n \\
&\quad . \\
&\quad . \\
&\quad . \\
&\quad + \mathbf{r}_n \cdot \mathbf{r}_1 + ... \quad ... + \mathbf{r}_n \cdot \mathbf{r}_n \\
&= \sum_{i=1}^{n} \mathbf{r}_i \mathbf{r}_i + 2 \sum_{i=1}^{n-1} \mathbf{r}_i \mathbf{r}_{i+1} + 2 \sum_{i=1}^{n-2} \mathbf{r}_i \mathbf{r}_{i+2} + ... \qquad (5.34) \\
&= \sum_{i=1}^{n} \mathbf{r}_i^2 + 2 \sum_{j=1}^{n-1} \sum_{i=1}^{n-j} \mathbf{r}_i \mathbf{r}_{i+j} \\
&= \sum_{i=1}^{n} \mathbf{r}_i^2 + 2 \sum_{j=1}^{n-1} \sum_{i=1}^{n-j} |\mathbf{r}_i| \, |\mathbf{r}_{i+j}| \cos \Theta_{i,i+j}
\end{aligned}$$

wobei $\Theta_{i,i+j}$ den Winkel zwischen den Richtungen der Sprünge i und $i+j$ angibt. Da in einem Kristall die Sprunglänge konstant ist, d.h. $|\mathbf{r}_i| = \lambda$, folgt als Mittelwert:

$$\overline{R_n^2} = n\lambda^2 \left(1 + \frac{2}{n} \overline{\sum_{j=1}^{n-1} \sum_{i=1}^{n-j} \cos \Theta_{i,i+j}} \right) \tag{5.35}$$

Nun erfolgen die Sprünge statistisch, d.h. jede Sprungrichtung ist unabhängig von dem vorausgegangenen Sprung. Dann gibt es im Mittel genau so viele Sprünge in eine vorgegebene Richtung wie in die entgegengesetzte Richtung, d.h. positive und negative ($\cos\Theta_{i,i+j}$) treten gleich häufig auf. Das bedeutet aber, daß im Mittel nach vielen Sprüngen die Doppelsumme Null ist, und entsprechend folgt hieraus Gl. (5.32). Die mittlere Reichweite $\sqrt{\overline{R_n^2}}$ steigt also proportional zu $\sqrt{n}$ und nicht etwa proportional zu n an.

Das entsprechende makroskopische Zeitintervall t ist entsprechend

$$t = n\tau$$

Mit der fundamentalen Beziehung [Gl. (5.17)] erhält man nun

$$D = \frac{\lambda^2}{6\tau} = \frac{\overline{R_n^2}/n}{6t/n} = \frac{\overline{R_n^2}}{6t} \tag{5.36a}$$

oder

$$X^2 \equiv \overline{R_n^2} = 6\ Dt \tag{5.36b}$$

in Übereinstimmung mit Gl. (5.14), die aus einem ganz anderen Ansatz hergeleitet wurde.

5.4 Korrelationseffekte

Für die Zwischengitterdiffusion oder die Diffusion der Leerstellen trifft die Annahme der unabhängigen Sprungbewegung uneingeschränkt zu, d.h. jeder Nachbarplatz wird mit gleicher Wahrscheinlichkeit angesprungen. Beim Leerstellenmechanismus dagegen sind nicht alle Sprünge gleich wahrscheinlich. So ist offensichtlich der Rücksprung in die Leerstelle weit wahrscheinlicher als eine weitere Vorwärtsbewegung (Abb. 5.18). Diese Ungleichgewichtigkeit der Sprünge wird durch einen Korrelationsfaktor f beschrieben, der definiert ist als

$$f = \lim_{n\to\infty} \frac{\overline{R_n^2(Tr)}}{\overline{R_n^2(L)}} \tag{5.37}$$

wobei $\overline{R_n^2(Tr)}$ und $\overline{R_n^2(L)}$ das mittlere Quadrat der Reichweite nach n Sprüngen bei Tracer-(Tr) oder Selbstdiffusion, bzw. bei Leerstellendiffusion (L) angeben. $\overline{R_n^2(Tr)}$ und $\overline{R_n^2(L)}$ sind durch Gl. (5.35) definiert, wobei wegen der unkorrelierten Sprungbewegung für Leerstellen gemäß Kap. 5.3 Gl. (5.32) gilt. Zur Berechnung von f muß man den Klammerausdruck in Gl. (5.35) bestimmen, d.h. alle Möglichkeiten aufsummieren, mit der die Leerstelle das diffundierende Atom umgehen kann, bis der nächste Platzwechsel stattfindet. Nach etwas längerer Rechnung erhält man

$$f = \lim_{n\to\infty} \left(1 + \frac{2}{n}\overline{\sum_{j=1}^{n-1}\sum_{i=1}^{n-j} \cos\Theta_{i,i+j}}\right) = \frac{1+\overline{\cos\Theta_1}}{1-\overline{\cos\Theta_1}} \tag{5.38}$$

wobei Θ_1 die Richtung zwischen dem letzten und dem nächsten Sprung angibt. In 1. Näherung erhält man

$$f = \frac{1+\overline{\cos\Theta_1}}{1-\overline{\cos\Theta_1}} = 1 + 2\overline{\cos\Theta_1} + 2\left(\overline{\cos\Theta_1}\right)^2 + \ldots \cong 1 - \frac{2}{z} \tag{5.39}$$

wobei z die Koordinationszahl bezeichnet. Das ist folgendermaßen zu verstehen. Wenn man nur den Rücksprung in Betracht zieht, also ein Sprung mit

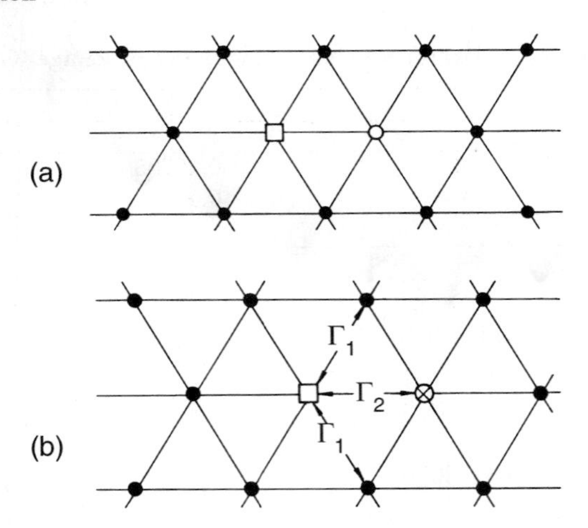

Abbildung 5.18. Zur Bestimmung des Korrelationsfaktors in einem zweidimensionalen dichtest gepackten Gitter. (a) Selbstdiffusion; (b) Fremdatomdiffusion mit verschiedenen Sprungfrequenzen Γ. Offenes Quadrat, offener Kreis und Kreis mit Kreuz bezeichnen die Position von Leerstelle, Traceratom bzw. substitutionell gelöstem Fremdatom nach dem letzten Sprung.

Wahrscheinlichkeit $1/z$ und $\Theta_1 = 180°$, ergibt sich $\overline{\cos\Theta_1} = -1/z$ und daher die Näherung in Gl. (5.39). Für reine Metalle, also bei Selbstdiffusion oder Tracer-Diffusion kann man die Näherung Gl. (5.39) ohne großen Fehler benutzen, wie Tabelle 5.5 ausweist. Bei Einbeziehung des Korrelationsfaktors wird Gl. (5.17) modifiziert zu

$$D = f\frac{\lambda^2}{6\tau} \tag{5.40}$$

Bei einer Koordinationszahl von 8 oder 12 im krz- bzw. kfz- und hdp-Gitter ist gemäß Gl. (5.39) „f" von eins nur wenig verschieden (Tabelle 5.5). Daher sind Korrelationseffekte bei Selbstdiffusion nur von untergeordneter Bedeutung. Bei Fremdatomdiffusion dagegen kann der Korrelationsfaktor einen ganz entscheidenden Einfluß auf die Größe der Diffusionskonstante haben. Das ist immer dann der Fall, wenn zwischen Fremdatom und Leerstelle eine Bindungsenergie besteht, so daß die Leerstelle weitaus häufiger mit dem Fremdatom den Platz tauscht als mit einem Matrixatom.

Ist bspw. die Platzwechselhäufigkeit der Leerstelle mit dem Fremdatom Γ_2 und mit einem Matrixatom Γ_1, so ist entsprechend der Geometrie von Abb. 5.18 unter der Bedingung, daß die Leerstelle ein nächster Nachbar des Fremdatoms bleibt und nur ein Sprung betrachtet wird

$$\overline{\cos\Theta_1} = -\frac{\Gamma_2}{\Gamma_2 + 2\Gamma_1} \tag{5.41}$$

oder

Tabelle 5.5. Korrelationsfaktor und Näherungswerte für einige Kristallstrukturen.

Struktur	z	f	1-2/z
2-dim:			
Quadrat	4	0.46705	0.5000
hexagonal	6	0.56006	0.667
3-dim:			
Diamant	4	0.5000	0.5000
einfach kubisch	6	0.65549	0.667
krz	8	0.72149	0.750
kfz	12	0.78145	0.833

$$f = \frac{1 + \overline{\cos \Theta_1}}{1 - \overline{\cos \Theta_1}} = \frac{\Gamma_1}{\Gamma_1 + \Gamma_2} \tag{5.42}$$

und

$$D = \frac{\lambda^2}{6} \frac{\Gamma_1 \Gamma_2}{\Gamma_1 + \Gamma 2} \tag{5.43}$$

Bei stark gebundener Leerstelle ($\Gamma_2 \gg \Gamma_1$) ist

$$D \cong \frac{\lambda^2}{6} \Gamma_1 < \frac{\lambda^2}{6} \Gamma_2 \tag{5.44}$$

also nicht durch die hohe Platzwechselhäufigkeit von Fremdatom und Leerstelle, sondern durch die viel geringere Sprungfrequenz von Matrixatomen bestimmt.

Für den dreidimensionalen Fall verkompliziert sich lediglich die Geometrie, aber im wesentlichen bleibt Gl. (5.43) erhalten. Das Verhältnis D^*/D in Tabelle 5.3 gibt ein Maß für die Größe des Korrelationsfaktors. In Einzelfällen kann er den Diffusionskoeffizienten bis zu einem Faktor 100 herabsetzen.

5.5 Chemische Diffusion

Die Komponenten einer Legierung diffundieren in aller Regel unterschiedlich schnell, wie am Beispiel Au-Ni in Abb. 5.12 anhand des unsymmetrischen Konzentrationsprofils erkennbar ist. Das bedeutet, daß der Diffusionskoeffizient im Konzentrationsgradienten gemäß dem 1. Fickschen Gesetz

$$\tilde{D} = -\frac{j}{\left(\frac{\partial c}{\partial x}\right)} \tag{5.45}$$

nicht konstant ist, sondern von der Konzentration abhängt: $\tilde{D} = \tilde{D}(c)$. $\tilde{D}$ wird als chemischer Diffusionskoeffizient bezeichnet. Man kann $\tilde{D}(c)$ aus dem Konzentrationsverlauf bestimmen, wenn die Randbedingungen des Diffusionsproblems sich in der Form $x/\sqrt{t}$ ausdrücken lassen. Die Diffusionsgleichung [Gl. (5.3)]

$$\frac{\partial c}{\partial t} = \frac{\partial}{\partial x}\left(\tilde{D}\frac{\partial c}{\partial x}\right)$$

läßt sich nämlich in eine gewöhnliche Differentialgleichung überführen, wenn man die Variable $\eta = x/\sqrt{t}$ einführt

$$\frac{d}{d\eta}\left(\tilde{D}\frac{dc}{d\eta}\right) + \frac{\eta}{2}\frac{dc}{d\eta} = 0 \tag{5.46}$$

Für das in Abschn. 5.1 benutzte Beispiel des Diffusionspaares aus zwei halbunendlichen Stäben mit der anfänglichen Konzentration $c = 0$ $(x > 0)$ und $c = c_0$ $(x < 0) : t = 0$, lassen sich diese Randbedingungen umschreiben als $c = c_0$ für $\eta = -\infty$ und $c = 0$ für $\eta = +\infty$. Gl. (5.46) kann nun integriert werden zu

$$-\frac{1}{2}\int_{c=0}^{c=c\prime} \eta dc = \left[\tilde{D}\frac{dc}{d\eta}\right]_{c=0}^{c=c\prime} \tag{5.47}$$

wobei c' eine beliebige Konzentration mit $0 < c' < c_0$ angibt. Kennt man den Konzentrationsverlauf $c(x)$ zu einem bestimmten Zeitpunkt $t = t_1$, so kann man Gl. (5.47) zur Bestimmung von $\tilde{D}(c)$ benutzen, denn dann gilt $\eta = x/\sqrt{t_1}$ und

$$-\frac{1}{2}\int_0^{c\prime} xdc = \tilde{D}t_1\left[\frac{dc}{dx}\right]_{c=0}^{c=c\prime} = \tilde{D}t_1 \left.\frac{dc}{dx}\right|_{c=c\prime} \tag{5.48}$$

da $dc/dx = 0$ für $c = 0$ (also für $x \to \infty$). Da außerdem $dc/dx = 0$ für $c = c_0$ (also $x \to -\infty$) liefert Gl. (5.48)

$$\int_0^{c_0} xdc = 0 \tag{5.49}$$

Gl. (5.48) und (5.49) definieren die Ebene $x = 0$, die sog. Matano-Ebene. Rechts und links von dieser Ebene liegen also gleich viele Teilchen, d.h. die schraffierten Bereiche in Abb. 5.19 sind gleich groß. Damit erhält man

$$\tilde{D}\,(c\prime) = -\frac{1}{2t_1}\left.\frac{dx}{dc}\right|_{c\prime}\int_0^{c\prime} xdc \tag{5.50}$$

Mit Gl. (5.50) kann man für eine beliebige Konzentration den Diffusionskoeffizienten $\tilde{D}(c\prime)$ aus $c(x)$ bei t_1 bestimmen, indem man zunächst die Matano-Ebene festlegt, die Steigung von $c(x)$ bei $c = c\prime$ bestimmt und graphisch oder numerisch das Integral $\int_0^{c'} xdc$, also die doppelt schraffierte Fläche in Abb. 5.19 bestimmt. Auf diese Art ist der Verlauf von $\tilde{D}(c)$ in Abb. 5.12b ermittelt worden.

Der so bestimmte Diffusionskoeffizient ist der chemische Diffusionskoeffizient, der sich auf den Gesamtstrom aus beiden Komponenten bezieht. Er gibt aber keine Auskunft über die Größe der Ströme der einzelnen Komponenten. Diese erhält man aber durch den Kirkendall-Effekt. Im klassischen Experiment von Kirkendall und Smigelskas wurden zwischen einem Kern aus 70/30

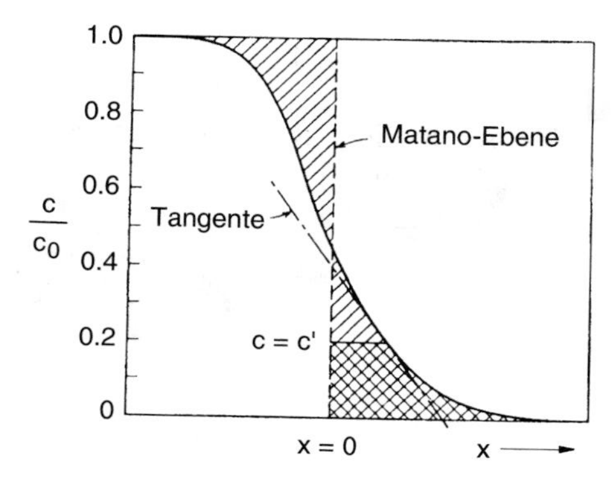

Abbildung 5.19. Zur Bestimmung des chemischen Diffusionskoeffizienten nach der Matano-Boltzmann-Methode (s. Text).

Messing und einem Mantel aus Kupfer Molybdän-Drähte gelegt (Abb. 5.20). Die Mo-Drähte nehmen bei den verwendeten Glühtemperaturen nicht am Diffusionsprozeß teil. Kirkendall stellte nun fest, daß sich die Molybdän-Drähte aufeinander zubewegten. Das bedeutet aber, daß beträchtlich mehr Zink aus dem Messing herausdiffundiert war als Cu in das Messing hinein. Dadurch wird der Messing-Kern kleiner, und entsprechend verringert sich der Abstand der Molybdän-Marker. Dieser Effekt war im übrigen auch ein Beweis für den Leerstellenmechanismus der Diffusion in konzentrierten Legierungen, da nur eine Differenz der Leerstellenströme zu einer Volumenänderung und damit zur Verschiebung der Marker führt.

Die Experimente von Smigelskas und Kirkendall veranlaßten Darken zu einer phänomenologischen (thermodynamischen) Analyse des Diffusionsproblems, die eine Bestimmung der Diffusionskoeffizienten der Komponenten erlaubt. Dabei ist das Hauptproblem, das Koordinatensystem festzulegen, in dem die Ströme definiert werden. Würden wir den Fluß durch einen zeitlich unveränderlichen, vorgegebenen Querschnitt betrachten, so würden wir hauptsächlich die Bewegung der Atome relativ zu dieser Referenzebene sehen. Der größte Teil dieses Flusses stammt aber daher, daß der Körper sich relativ zu einem äußeren Koordinatensystem verschiebt. Jedoch nicht dieser Fluß, sondern der Diffusionsstrom der einzelnen Atome ist von Interesse. Ein anschauliches Beispiel ist die Diffusion von Tinte in fließendem Wasser, bspw. einem Bach. Der größte Teil des Stromes, den man vom Ufer messen würde, ist ja der Tintenstrom infolge der Wasserbewegung und nicht der zusätzliche Diffusionsstrom, mit dem sich die Tinte im Wasser verteilt. Zur Beschreibung des Diffusionsstromes der Tinte müssen wir den Strom der Tintenmoleküle relativ zu den sich bewegenden Wassermolekülen bestimmen. Das kann dadurch geschehen, daß wir die Stromgeschwindigkeit des Wassers durch mitschwimmende Marker charakterisieren. Der gleiche Sachverhalt trifft auf die Diffusionsstromdichte beim Kirkendall-Effekt zu.

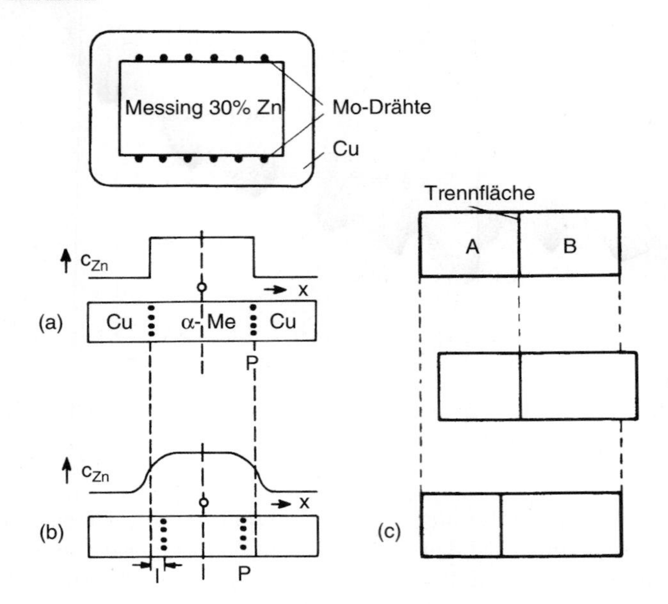

Abbildung 5.20. Konzentrationsverlauf und Markerverschiebung beim Kirkendall-Effekt im Diffusionspaar Cu-α-Messing. (a) Vor dem Versuch; (b) nach Diffusionsglühung; (c) Verschiebung der Trennfläche.

Im gewählten Beispiel wäre der vom Ufer gemessene Tintenstrom, j_{tot}, die Summe aus Diffusionsstrom $j_D = -\tilde{D} \cdot \frac{\partial c}{\partial x}$ und Driftstrom (Konvektionsstrom) $j_K = vc$, oder

$$j_{tot} = j_D + j_K = -\tilde{D}\frac{\partial c}{\partial x} + vc \tag{5.51}$$

wobei v die Driftgeschwindigkeit des Wassers, bspw. eines schwimmenden Hölzchens ist. Gl. (5.51) trifft entsprechend auf die Diffusion jeder Komponente einer binären Legierung in einem Konzentrationsgradienten zu. Sei die Anzahl der Atome in der binären Legierung pro Volumeneinheit c_1 und c_2. Für jede Komponente gilt die Kontinuitätsgleichung [Erhaltung der Masse Gl. (5.2)]:

$$\frac{\partial c_1}{\partial t} + \frac{\partial j_1}{\partial x} = \frac{\partial c_2}{\partial t} + \frac{\partial j_2}{\partial x} = 0 \tag{5.52}$$

Für die Gesamtteilchenzahl pro Volumeneinheit $c = c_1 + c_2$ gilt

$$\frac{\partial c}{\partial t} = \frac{\partial c_1}{\partial t} + \frac{\partial c_2}{\partial t} = \frac{\partial}{\partial x}\left(\tilde{D}_1\frac{\partial c_1}{\partial x} + \tilde{D}_2\frac{\partial c_2}{\partial x} - v\,(c_1 + c_2)\right) \tag{5.53}$$

Da $c = \text{const.}$, denn die Teilchenzahl pro Volumeneinheit ändert sich nicht, ist $\partial c/\partial t = 0$.

Integration von Gl. (5.53) ergibt

$$\tilde{D}_1 \frac{\partial c_1}{\partial x} + \tilde{D}_2 \frac{\partial c_2}{\partial x} - vc = 0 \tag{5.54a}$$

oder

$$v = \frac{1}{c} \left(\tilde{D}_1 \frac{\partial c_1}{\partial x} + \tilde{D}_2 \frac{\partial c_2}{\partial x} \right) \tag{5.54b}$$

Eine Beziehung zwischen $\tilde{D}$ und $\tilde{D}_1$ und $\tilde{D}_2$ erhält man durch Kombination von Gl. (5.54b) mit Gl. (5.52) und (5.53)

$$\frac{\partial c_1}{\partial t} = \frac{\partial}{\partial x} \left(\tilde{D}_1 \frac{\partial c_1}{\partial x} - \frac{c_1}{c} \tilde{D}_1 \frac{\partial c_1}{\partial x} - \frac{c_1}{c} \tilde{D}_2 \frac{\partial c_2}{\partial x} \right) \tag{5.55}$$

und wegen $c = \text{const.}$,

$$\frac{\partial c_1}{\partial x} = -\frac{\partial c_2}{\partial x}$$

$$\frac{\partial c_1}{\partial t} = \frac{\partial}{\partial x} \left(\frac{c_1 \tilde{D}_2 + c_2 \tilde{D}_1}{c} \cdot \frac{\partial c_1}{\partial x} \right) \tag{5.56}$$

Vergleich mit dem 2. Fickschen Gesetz liefert

$$\tilde{D} = \frac{c_1 \tilde{D}_2 + c_2 \tilde{D}_1}{c} = c_1^a \tilde{D}_2 + c_2^a \tilde{D}_1 \tag{5.57}$$

wobei c^a die entsprechenden Atomkonzentrationen bezeichnet.

Entsprechend wird Gl. (5.54b) mit Gl. (5.55)

$$v = \left(\tilde{D}_1 - \tilde{D}_2 \right) \frac{dc_1^a}{dx} \tag{5.58}$$

Gl. (5.57) und Gl. (5.58) sind die beiden Darkenschen Gleichungen, die den Zusammenhang von makroskopischem und atomaren chemischen Diffusionskoeffizienten herstellen. Wenn $\tilde{D}$ und v experimentell bestimmt sind, können $\tilde{D}_1$ und $\tilde{D}_2$ berechnet werden.

5.6 Thermodynamischer Faktor

Die Fickschen Gesetze beschreiben die Teilchenströme, die einen Konzentrationsausgleich herbeiführen. Die Konzentrationsverteilung in einem Festkörper wird aber durch das thermodynamische Gleichgewicht festgelegt, das durch ein Minimum der freien Enthalpie G beschrieben wird. In einem Mehrstoffsystem mit n Komponenten ist

$$G = U + pV - TS + \sum_{i=1}^{n} \mu_i N_i$$

wobei μ_i das chemische Potential und N_i die Teilchenzahl der Komponente i darstellen. Solange nicht p, T und μ_i überall konstant sind, wird stets ein Teilchenstrom fließen, um das Gleichgewicht herzustellen. Ist, wie beim 1. Fickschen Gesetz, der Teilchenstrom proportional zu den Gradienten mit den Koeffizienten M_{ij}, so erhält man für die Teilchenstromdichte der Komponente 1

$$j_1 = -M_{11}\frac{d\mu_1}{dx} - M_{12}\frac{d\mu_2}{dx} - \ldots - M_{1n}\frac{d\mu_n}{dx} - M_{1p}\frac{dp}{dx} - M_{1T}\frac{dT}{dx} \tag{5.59}$$

und entsprechende Gleichungen für die anderen Komponenten, insgesamt also n Gleichungen. Beschränkt man sich auf ein Zweistoffsystem, so wird bei konstantem Druck und konstanter Temperatur

$$\begin{aligned} j_1 &= -M_{11}\frac{d\mu_1}{dx} - M_{12}\frac{d\mu_2}{dx} \\ j_2 &= -M_{21}\frac{d\mu_1}{dx} - M_{22}\frac{d\mu_2}{dx} \end{aligned} \tag{5.60}$$

Die Darken-Gleichungen folgen hieraus unter der Bedingung, daß $M_{12} = M_{21} = 0$, nämlich

$$\begin{aligned} j_1 &= -M_{11}\frac{d\mu_1}{dx} = -\tilde{D}_1\frac{dc_1}{dx} \\ j_2 &= -M_{22}\frac{d\mu_2}{dx} = -\tilde{D}_2\frac{dc_2}{dx} \end{aligned} \tag{5.61}$$

Der Strom aufgrund des chemischen Potentialgradienten läßt sich gemäß Abschn. 5.1 beschreiben. Mit der Beweglichkeit $B = v/K$ und $K = -d\mu/dx$ erhalten wir bspw. für

$$j_1 = c_1 v = B_1 K_1 c_1 = -B_1 c_1 \frac{d\mu_1}{dx} = -M_{11}\frac{d\mu_1}{dx} = -\tilde{D}_1\frac{dc_1}{dx} \tag{5.62}$$

d.h. $M_{11} = B_1 c_1$ und

$$\tilde{D}_1 = B_1\frac{d\mu_1}{d\ln c_1} = B_1\frac{d\mu_1}{d\ln c_1^a} \tag{5.63}$$

Die Konzentrationsabhängigkeit des chemischen Potentials ist

$$\mu_1 = \mu_0(p,T) + \mathrm{RT}\ln\left(\gamma_1 \cdot c_1^a\right) \tag{5.64}$$

wobei μ_0 der nur druck- und temperaturabhängige Teil des Potentials und γ_1 der sog. Aktivitätskoeffizient der Komponente 1 sind.

Hängt γ_1 von c_1 ab, so ist

$$\frac{d\mu_1}{d\ln c_1^a} = \mathrm{RT}\left(1 + \frac{d\ln\gamma_1}{d\ln c_1^a}\right) \tag{5.65}$$

und

$$\tilde{D}_1 = B_1 \mathrm{RT} \left(1 + \frac{d \ln \gamma_1}{d \ln c_1^a}\right) \tag{5.66}$$

Die gleiche Beziehung gilt für die 2. Komponente.

Der Ausdruck $[(1 + (d\ln\gamma_1)/(d\ln c_1^a))]$ wird als thermodynamischer Faktor bezeichnet. In verdünnten Lösungen ist $\gamma_1 = \text{const.}$ (Raoultsches und Henrysches Gesetz) und daher

$$D_1 = B_1 \mathrm{RT} \tag{5.67}$$

aber in konzentrierten, nichtidealen Legierungen ist $\gamma_1 = \gamma_1(c)$.

Die Diffusion in einem Konzentrationsgradienten ist schwierig zu bestimmen, aber die Abhängigkeit $\tilde{D}(c)$ ist für viele werkstoffphysikalische Prozesse wichtig. Relativ einfach zu bestimmen ist der Tracerdiffusionskoeffizient in homogenen binären Legierungen. Dort ist zwar $dc/dx = 0$, aber $dc_1^*/dx \neq 0$, wobei c_1^* die Konzentration der radioaktiven Isotope bezeichnet. Der Tracerdiffusionskoeffizient einer Legierungskomponente ist daher mit Gl. (5.66)

$$\tilde{D}_1^* = B_1^* \mathrm{RT} \left(1 + \frac{d \ln \gamma_1^*}{d \ln c_1^{a*}}\right)_{c_1^a + c_1^{a*}} \tag{5.68}$$

Da das radioaktive Isotop chemisch mit dem stabilen Atom identisch ist, hängt γ_1 nur von $c_1 + c_1^*$ ab. Ist aber $c_1 + c_1^* = \text{const.}$, so ist der thermodynamische Faktor in Gl. (5.68) gleich eins, oder

$$\tilde{D}_1^* = B_1^* \mathrm{RT} = D_1^* \tag{5.69}$$

Wegen der chemischen Ununterscheidbarkeit ist außerdem $B_1^* = B_1$, so daß allgemein für Selbstdiffusion gilt

$$D_1^* = B_1 \mathrm{RT} \tag{5.70}$$

Damit erhält man

$$\tilde{D}_1 = D_1^* \left(1 + \frac{d \ln \gamma_1}{d \ln c_1^a}\right) \tag{5.71}$$

also den Diffusionskoeffizienten in einem Konzentrationsgefälle, d.h. den chemischen Diffusionskoeffizienten $\tilde{D}_1$ einer Komponente. Er ist nicht der gleiche wie der Selbstdiffusionskoeffizient D_1^* dieser Komponente in einer homogenen Legierung der gleichen Zusammensetzung. Der thermodynamische Faktor stellt also die Beziehung zwischen dem chemischen und dem Selbstdiffusionskoeffizienten her. Gl. (5.57) kann schließlich aufgrund Gl. (5.71) und der Gibbs-Duhem-Gleichung (für Zweistoffsysteme $c_1 d\mu_1 + c_2 d\mu_2 = 0$) geschrieben werden

$$\tilde{D} = (D_1^* \, c_2^a + D_2^* \, c_1^a) \left(1 + \frac{d \ln \gamma_1}{d \ln c_1^a}\right) \tag{5.72}$$

$\tilde{D}$, D_1^* und D_2^* können experimentell bestimmt und γ_1 aus thermodynamischen Messungen entnommen werden. Messungen von $\tilde{D}$ [nach Gl. (5.50)] und Berechnung nach Gl. (5.72) stimmen zumeist recht gut überein. Schließlich ist zu betonen, daß für Selbstdiffusion immer gilt

$$D^* = B \cdot \mathrm{RT}$$

Diese Beziehung wird auch als Einstein-Relation oder auch Nernst-Einstein-Relation bezeichnet. Die besondere Bedeutung des thermodynamischen Faktors liegt darin, daß er nicht nur die Geschwindigkeit der Diffusion beeinflußt, sondern auch negativ werden kann. Damit ändert sich auch das Vorzeichen der Diffusionskonstanten und folglich die Richtung des Diffusionsstroms. Bei negativem thermodynamischem Faktor fließt der Diffusionsstrom dem Konzentrationsgradienten entgegen, der Konzentrationsunterschied wird verstärkt. Dieser Vorgang spielt eine wichtige Rolle bei Phasenumwandlungen im festen Zustand, insbesondere bei der spinodalen Entmischung (s. Kap. 9.2.1.3).

Wie zuvor bemerkt, liefert die Beobachtung des Kirkendall-Effektes auch den überzeugenden Beweis für den Leerstellenmechanismus der Diffusion in substitutionellen Legierungen. Damit entsteht mit dem Strom jeder Komponente ein gleich großer, aber entgegengesetzt fließender Leerstellenstrom. Ist der Diffusionsstrom der Legierungspartner unterschiedlich, so kommt es damit zu einem Nettoleerstellenstrom, der zur Leerstellenanreicherung im schneller diffundierenden Material führt. Das kann Porenbildung und erhebliche Volumenänderung zur Folge haben (Abb. 5.21), wodurch sich die Eigenschaften des Werkstoffs drastisch verschlechtern können. Das ist bspw. von Wichtigkeit beim Schweißen von Legierungen, wo diese Effekte vermieden werden müssen.

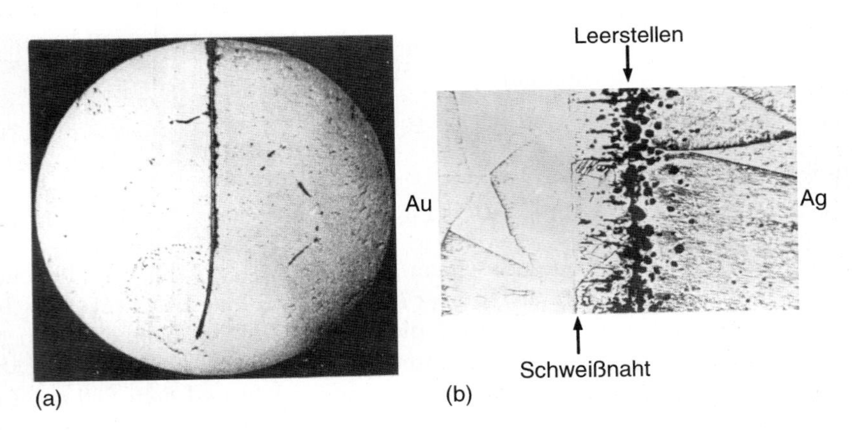

Abbildung 5.21. Mikrostrukturen infolge des Kirkendall-Effektes im System Ag-Au. (a) Eine senkrecht zur Bildebene spitz zugeschnittene Mo-Folie biegt sich an ihrer Spitze infolge des ungleichen Massentransports bei der Diffusion [5.9]. (b) Infolge des unterschiedlichen Diffusionsstromes kommt es zur Ansammlung von Leerstellen auf der einen Seite und starken elastischen Verspannungen (und Rekristallisation) auf der anderen Seite einer Schweißnaht [5.10].

5.7 Diffusion über Grenzflächen

Platzwechselvorgänge können auf der Oberfläche viel schneller vonstatten gehen als im Volumen, denn die Bewegung von Atomen auf einer Oberfläche ist nur wenig eingeschränkt (Abb. 5.22). Eine lokal aufgebrachte Substanz breitet sich rasch aus, wie man bspw. an radioaktiven Substanzen leicht verfolgen kann (Abb. 5.23). Oberflächendiffusion ist technisch sehr wichtig bei Beschichtungen, bspw. bei „aufgedampften“ Schichten in der Mikroelektronik.

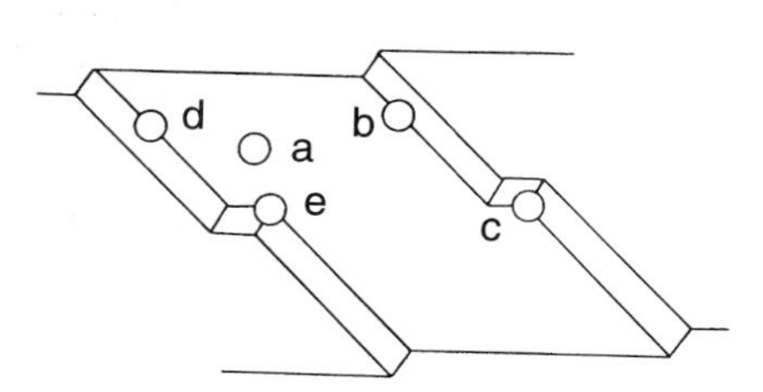

Abbildung 5.22. Verschiedene Adatom-Lagen auf einer Kristalloberfläche. Die Atombewegung ist nur wenig eingeschränkt.

Viel schneller als durch das Volumen ist auch die Diffusion über innere Oberflächen, also Korngrenzen, die u.a. für die Hochtemperaturverformung, bspw. bei der Superplastizität (s. Kap. 6.8.1), eine wichtige Rolle spielt. Bei tieferen Temperaturen, wenn die Volumendiffusion praktisch eingefroren ist, kann die Korngrenzendiffusion den Hauptteil des Massetransportes übernehmen. Das wird besonders deutlich, wenn man die Selbstdiffusion von Ein- und Vielkristallen vergleicht (Abb. 5.24). Bei tiefen Temperaturen hat der Vielkristall einen viel höheren Diffusionskoeffizienten als der Einkristall, weil der Materialtransport zum größten Teil über Korngrenzen verläuft. Bei hohen Temperaturen, wenn Diffusion im Volumen stattfinden kann, sind die gemessenen Diffusionskoeffizienten in Ein- und Vielkristallen gleich, weil Volumendiffusion überwiegt, denn die Korngrenzen machen nur einen geringen Teil des Gesamtquerschnitts aus, und der betreffende Materialtransport ist in der Korngrenze daher viel kleiner als im Volumen.

In jedem Volumenelement der Korngrenze setzt sich der Diffusionsfluß aus der Korngrenzendiffusion und der Volumendiffusion zusammen. Liegt die Korngrenze in y-Richtung (Abb. 5.25), so ergibt die Massebilanz (Kontinuitätsgleichung) in linearer Näherung mit

$$j_{y+dy} = j_y + dy \cdot \frac{dj_y}{dy} \tag{5.73}$$

$$\frac{\partial c}{\partial t} = \frac{1}{\delta \cdot dy \cdot z} \left\{ \delta \cdot z \cdot \left[j_y - \left(j_y + dy \frac{dj_y}{dy} \right) \right] - 2 \cdot z \cdot dy\ j_x \right\} \tag{5.74}$$

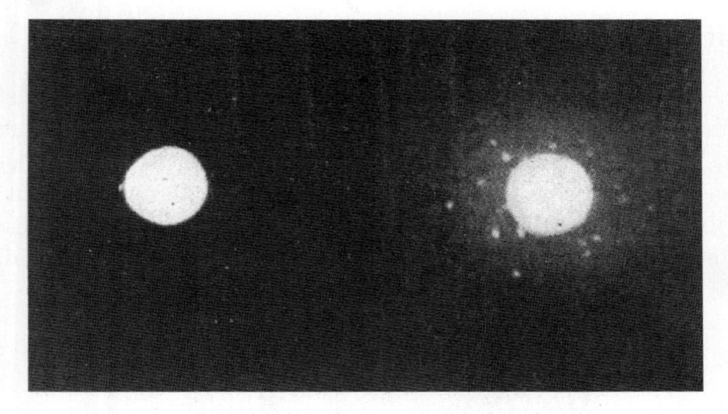

Abbildung 5.23. Verteilung von (radioaktivem) Polonium auf einer Ag-Oberfläche. (a) Zur Zeit $t = 0$; (b) nach einer 4 tägigen Wärmebehandlung (480°C) [5.11].

wobei δ die Breite der Korngrenze und z die Länge der betrachteten Volumenelemente sind. Wegen

$$j_y = -D_{KG}\frac{dc}{dy}, \quad j_x = -D_V\frac{dc}{dx} \tag{5.75}$$

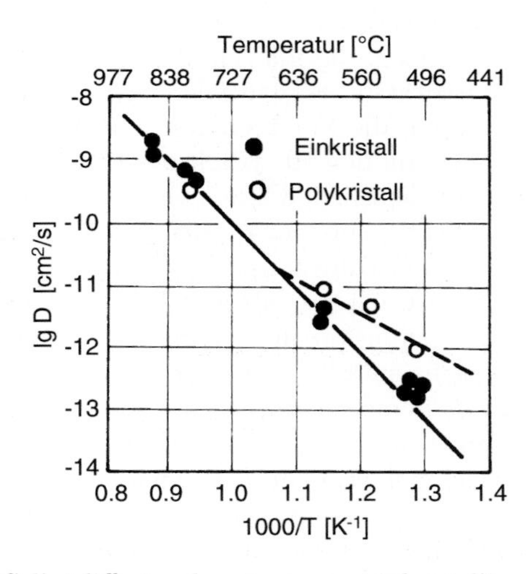

Abbildung 5.24. Selbstdiffusionskonstante von einkristallinem und vielkristallinem Ag als Funktion der Temperatur (nach [5.12]).

mit dem Korngrenzendiffusionskoeffizienten D_{KG} und dem Volumendiffusionskoeffizienten D_V erhält man das 2. Ficksche Gesetz für Korngrenzendiffusion

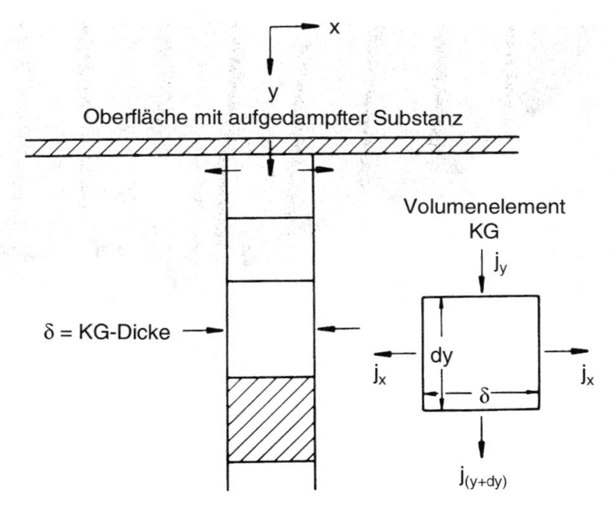

Abbildung 5.25. Diffusion entlang einer Korngrenze in der Ebene $y-z$ mit Dicke δ. Die Konzentrationsänderung in einem Volumenelement der Korngrenze wird durch Ströme entlang der Korngrenze (j_y) und ins Volumen (j_x) bestimmt.

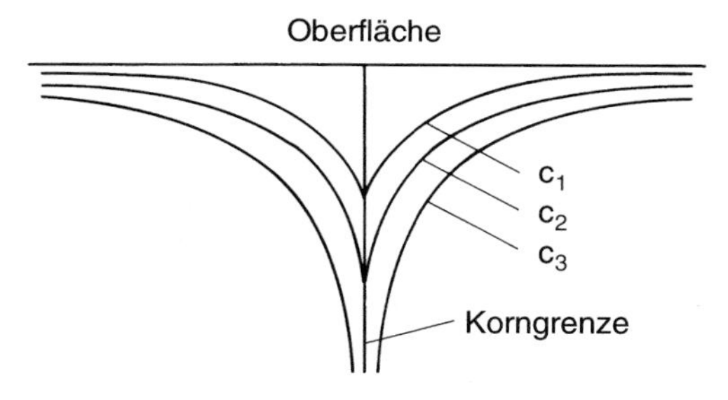

Abbildung 5.26. Konturlinien gleicher Konzentration ($c_1 > c_2 > c_3$) bei Diffusion einer Substanz von der Oberfläche in das Volumen und entlang der Korngrenze. Die Konturlinien reichen an der Korngrenze viel weiter ins Innere des Festkörpers.

$$\frac{\partial c}{\partial t} = -\frac{\partial j_y}{dy} - 2 \cdot \frac{1}{\delta} j_x = D_{KG} \frac{\partial^2 c}{\partial y^2} + \frac{2D_V}{\delta} \frac{\partial c}{\partial x} \tag{5.76}$$

wobei wir angenommen haben, daß die Diffusionskoeffizienten nicht vom Ort abhängen.

Unter stark vereinfachenden Annahmen erhält man die Lösung (nach Whipple)

$$c(x, y, t) = c_0 \exp \left[-y \frac{\sqrt{2}}{\sqrt[4]{\pi D_V t} \cdot \sqrt{\delta D_{KG}/D_V}} \right] \left\{ 1 - \text{erf} \left(\frac{x}{2\sqrt{D_V t}} \right) \right\} \tag{5.77}$$

Das Konzentrationsprofil kann ermittelt werden durch chemische Analyse bspw. mittels röntgenspektroskopischer Methoden an dünnen Schichten, die

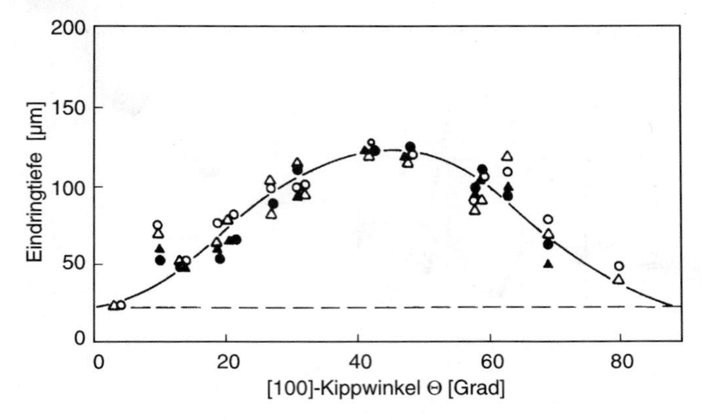

Abbildung 5.27. Eindringtiefe von Ni-Tracer-Atomen entlang der Korngrenze in Abhängigkeit vom Kippwinkel bei ⟨100⟩-Kippkorngrenzen in Nickel bei 1050°C (nach [5.13]).

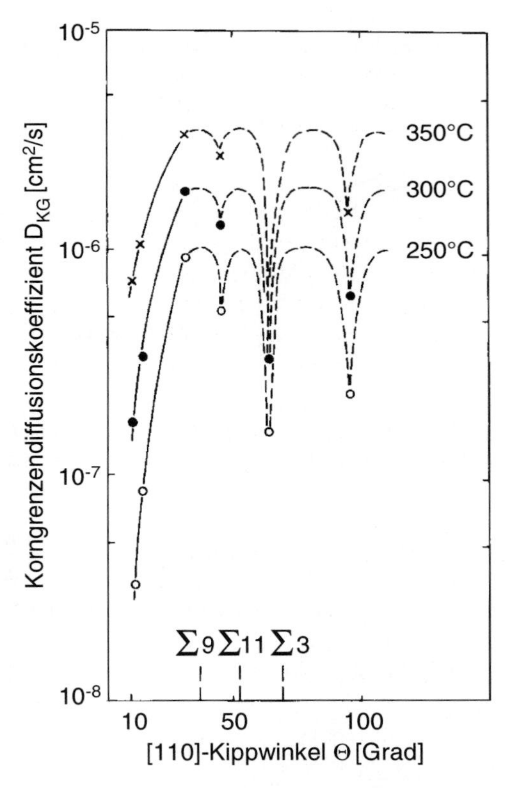

Abbildung 5.28. Koeffizient der Korngrenzendiffusion bei [110]-Kippkorngrenzen in Aluminium bei verschiedenen Kippwinkeln. Bei speziellen Korngrenzen (niedriges Σ) nimmt die Diffusionskonstante stark ab (nach [5.13]).

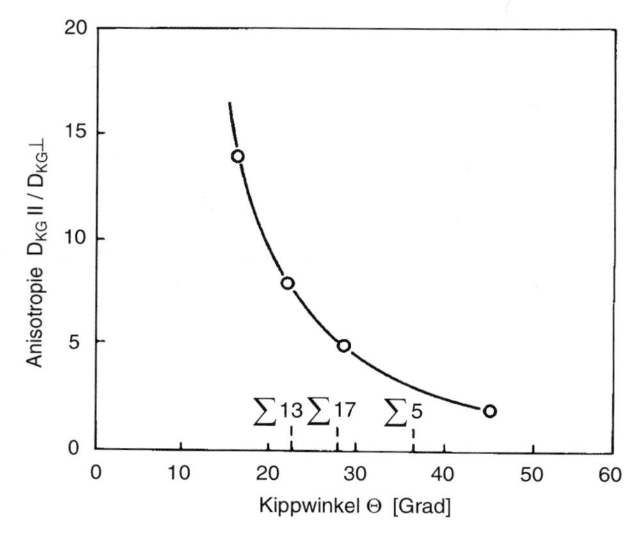

Abbildung 5.29. Anisotropie der Korngrenzendiffusion bei $\langle 100 \rangle$-Kippkorngrenzen in Silber bei 450°C. Auch für Großwinkelkorngrenzen erhält man eine Anisotropie. $D_{||}$ bzw. $D_{\perp}$ sind die Diffusionskoeffizienten für Diffusion in der Korngrenze parallel bzw. senkrecht zur Drehachse (nach [5.14]).

parallel zur Oberfläche abgetragen werden. Dabei ergeben sich Konturlinien konstanter Konzentration, wie schematisch in Abb. 5.26 veranschaulicht ist.

Man erkennt aus Gl. (5.77), daß sich aus der Konzentrationsverteilung immer nur das Produkt $D_{KG} \cdot \delta$ ermitteln läßt, nicht aber D_{KG} getrennt. Aus der Temperaturabhängigkeit von $\delta \cdot D_{KG}$ ergibt sich die Aktivierungsenergie der Korngrenzendiffusion. Sie ist stets viel kleiner als die der Volumendiffusion.

D_{KG} ist allerdings keine Materialkonstante, sondern hängt vom Typ der Korngrenze, d.h. ihrer Struktur, ab (vgl. Kap. 3). In Kleinwinkelkorngrenzen (Desorientierung $\leq 15°$) ist D_{KG} von gleicher Größenordnung wie D_V. Bei fester Drehachse nimmt D_{KG} mit ansteigendem Drehwinkel zunächst zu (Abb. 5.27), die Eindringtiefe eines von der Oberfläche eindiffundierenden Tracers wird also größer. Bei manchen speziellen Korngrenzen, die eine streng geordnete Struktur mit kleinen Werten von Σ haben (vgl. Kap. 3), werden sehr kleine Werte von D_{KG} beobachtet (Abb. 5.28). Die Anisotropie der Korngrenzendiffusion bei Kleinwinkelkorngrenzen läßt sich aus ihrer Versetzungsstruktur plausibel machen. Beispielsweise bestehen symmetrische Kleinwinkelkippkorngrenzen aus einer äquidistanten Anordnung von parallelen Stufenversetzungen. Längs der Versetzungslinien ist wegen der dort vorhandenen Aufweitung des Gitters die Diffusion ebenfalls beschleunigt („Pipe-Diffusion"). Daher sollte die Diffusion in Richtung der Versetzungslinie, also in Richtung der Drehachse, schneller verlaufen als senkrecht zu den Versetzungslinien, wo der Strom überwiegend durch das Volumen erfolgen muß. Tatsächlich wird eine solche Anisotropie auch beobachtet (Abb. 5.29). Allerdings verringert sich der Abstand der Versetzungskerne mit zunehmendem Drehwinkel und bei etwa 15° sollten die Versetzungskerne sich überlappen (vgl. Kap. 3.4.2 und 6.4.) und die Korngrenze daher keine Volumenbestandteile mehr enthalten. Tatsächlich nimmt die Anisotropie mit steigendem Drehwinkel ab, jedoch wird auch bei Drehwinkeln über 15° noch eine beträchtliche Anisotropie beobachtet.

Vergleicht man Diffusion durch das Volumen, entlang Korngrenzen und über Oberflächen, so ergibt sich die geringste Aktivierungsenergie für Oberflächendiffusion, die höchste für Volumendiffusion. Unter Annahme gleicher Werte von D_0 erhält man in der Arrheniusdarstellung drei Geraden mit unterschiedlicher Steigung, wie in Abb. 5.30 anhand der Diffusion von Thorium in Wolfram dargestellt.

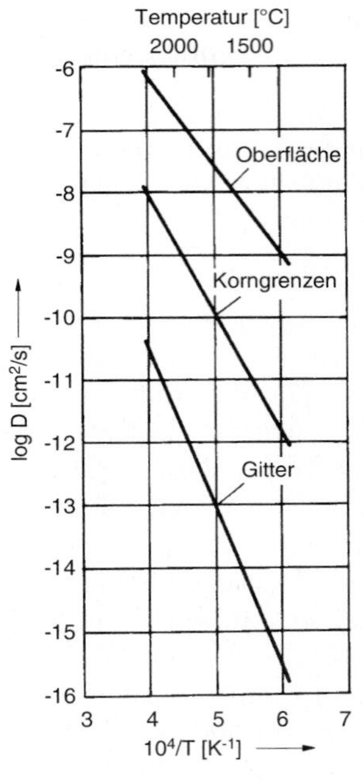

Abbildung 5.30. Vergleich von Oberflächen-, Korngrenzen- und Gitterdiffusion von Thorium in Wolfram unter Voraussetzung eines gleichen D_0.

5.8 Diffusion in Nichtmetallen: Ionenleitfähigkeit

In Ionenkristallen kann es wegen des Zwangs zur Ladungsneutralität keine Einzelleerstellen geben, sondern nur Leerstellenpaare (Schottky-Defekte), bestehend aus Anionenleerstellen und Kationenleerstellen (Abb. 5.31) oder Frenkel-Defekte (vgl. Kap. 3). Die Ionen intrinsisch können sich über die betreffende Art der Leerstelle bewegen, aber, wie bei der Selbstdiffusion in Metallen, mit verschwindendem Nettostrom. Legt man allerdings ein elektrisches Feld an den Kristall, so kommt es zu einem Driftstrom der Ladungsträger. Der Ionenstrom der Komponente i, bspw. Na^+ in NaCl, ist gegeben durch Gl. (5.12) zu

$$j_i = -D_i \frac{dc_i}{dx} - q_i c_i \frac{D_i}{\mathrm{kT}} \frac{d\Phi}{dx} \tag{5.78}$$

wobei Φ das elektrische Potential, q_i die Ladung und D_i die Diffusionskonstante der Ionensorte i sind. Besteht kein Konzentrationsgradient, also $dc/dx = 0$, so fließt der elektrische Strom

$$I = q_i j_i = \frac{D_i q_i^2 c_i}{\mathrm{kT}} \left(-\frac{d\Phi}{dx} \right) \tag{5.79}$$

oder mit der Definition der elektrischen Leitfähigkeit σ

$$\sigma = \frac{I}{-\left(\frac{d\Phi}{dx}\right)} \tag{5.80}$$

$$\frac{\sigma}{D_i} = \frac{c_i q_i^2}{\mathrm{kT}} \tag{5.81}$$

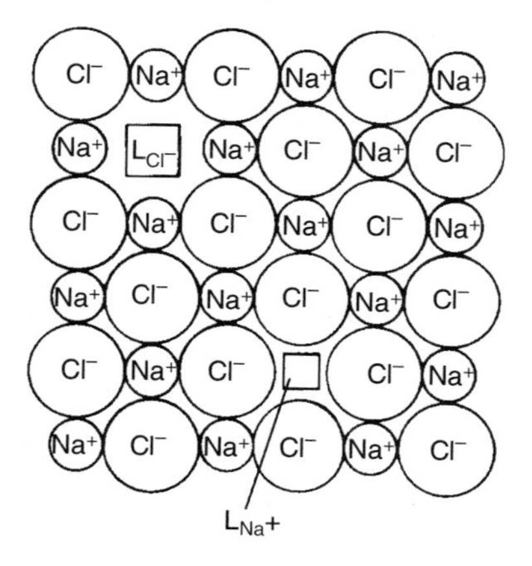

Abbildung 5.31. Schottky-Defekt in NaCl. Wegen der Ladungsneutralität müssen gleich viele Anionenleerstellen L_{Cl^-} und Kationenleerstellen L_{Na^+} vorhanden sein.

Aus Messungen der Ionenleitfähigkeit und des Tracerdiffusionskoeffizienten kann Gl. (5.81) überprüft werden. Bei hohen Temperaturen ergibt sich in der Regel sehr gute Übereinstimmung (Abb. 5.32). Bei niedrigeren Temperaturen dagegen werden Abweichungen beobachtet, insbesondere tritt ein

Knick in der Arrheniusdarstellung auf. Das ist auf Verunreinigungen zurückzuführen, die eine andere Valenz aufweisen (z.B. 2-wertige Verunreinigungen in NaCl), was im folgenden betrachtet wird.

Durch Zulegieren von höherwertigen Verunreinigungen kommt es zur Bildung von strukturellen Leerstellen. Wird bspw. zweiwertiges Ca^{++} zu Na^+Cl^- hinzulegiert, dann müssen wegen der Ladungsneutralität zu jedem zugefügten Ca^{++}-Ion zwei Na^+-Ionen entfernt werden, d.h. zu jedem Ca^{++}-Ion muß eine Kationenleerstelle gebildet werden, so daß

$$c_{++} + c_{LA} = c_{LK} \tag{5.82}$$

wobei c_{++} die Konzentration der zweiwertigen Ionen und c_{LA} bzw. c_{LK} die Konzentration der Anion- bzw. Kationleerstellen ist. Im thermischen Gleichgewicht gilt aber für die Leerstellenpaare

$$c_{LA}\, c_{LK} = \exp\left(-\frac{\Delta G_B^S}{\mathrm{kT}}\right) \tag{5.83}$$

wobei ΔG_B^S die Bildungsenergie des Leerstellenpaares (Schottky-Defekt) ist.

Gl. (5.83) gilt unabhängig davon, wie die Leerstellen erzeugt werden, ob durch thermische Aktivierung in reinen Verbindungen, (Konzentrationen c_{LA}^0 bzw. c_{LK}^0) oder als strukturelle Fehlstellen in dotierten Kristallen (Konzentrationen c_{LA} bzw. c_{LK}). Unter Benutzung von Gl. (5.82) schreibt sich Gl. (5.83) für Ionenkristalle mit zweiwertigen Verunreinigungen

$$c_{LK}\,(c_{LK} - c_{++}) = \exp\left(-\frac{\Delta G_B^S}{\mathrm{kT}}\right) = \left(c_{LK}^0\right)^2 = \left(c_{LA}^0\right)^2 \tag{5.84}$$

Die Lösung der quadratischen Gleichung für $c_{LK} > 0$ ist

$$c_{LK} = \frac{c_{++}}{2}\left\{1 + \sqrt{1 + \frac{4\left(c_{LK}^0\right)^2}{c_{++}^2}}\right\} \tag{5.85}$$

Für sehr reine Substanzen oder sehr hohe Temperaturen ist $c_{LK}^0 \gg c_{++}$ und deshalb $c_{LK} \approx c_{LK}^0$. Bei stark dotierten Kristallen oder sehr tiefen Temperaturen wird $c_{LK}^0 \ll c_{++}$ und daher $c_{LK} \approx c_{++}$. Da c_{LK}^0 exponentiell mit fallender Temperatur abnimmt, gibt es bei technisch reinen Substanzen immer eine Temperatur unterhalb der $c_{LK}^0 \ll c_{++}$. Der Tracerdiffusionskoeffizient der Kationen schreibt sich aber als

$$D_T = f \cdot \frac{\lambda^2}{6} z\, c_{LK}\, \nu_D \exp\left(-\frac{G_W^K}{\mathrm{kT}}\right) \tag{5.86}$$

Ist $c_{LK} = c_{LK}^0 = e^{-\frac{\Delta G_B^S}{2kT}}$ (intrinsischer Bereich), wird die Aktivierungsenthalpie gegeben durch

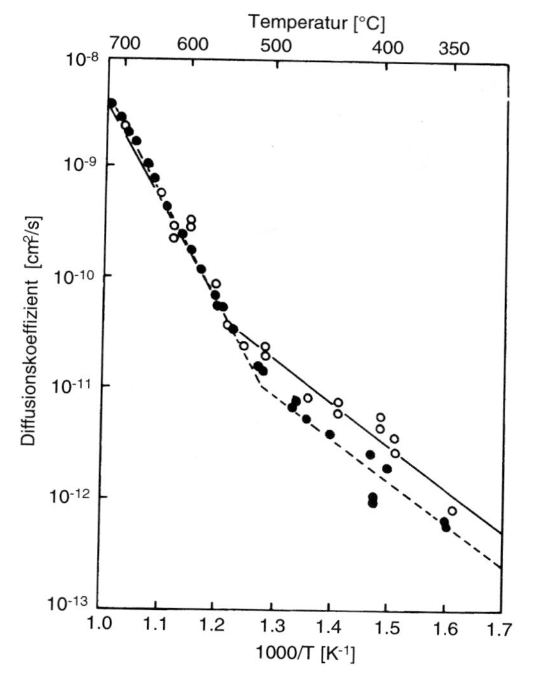

Abbildung 5.32. Diffusionskonstante von Na^+ in NaCl. Die ausgefüllten Kreise wurden aus Leitfähigkeitsmessungen berechnet, die offenen Kreise entstammen Messungen der Tracerdiffusion (nach [5.15]).

$$H_i = \frac{H_B^S}{2} + H_W^K \tag{5.87a}$$

Für $c_{LK} \cong c_{++}$ (extrinsischer Bereich) ist c_{LK} temperaturunabhängig und

$$H_e = H_W^K \tag{5.87b}$$

Entsprechend gibt es immer zwei Bereiche der $\sigma(T)$-Kurve, wobei die Übergangstemperatur um so höher liegt, je höher die Konzentration der Verunreinigungen ist (Abb. 5.33).

Der Unterschied im Temperaturverlauf von σ und D_T im extrinsischen Bereich ist schließlich darauf zurückzuführen, daß die strukturellen Leerstellen an die Verunreinigungen gebunden sind und deshalb nicht zu σ beitragen, wohl aber zu D_T, da sie die Diffusionsschritte der Traceratome erlauben.

Die Diffusions- und Ionenleitfähigkeitsphänomene in Ionenkristallen sind sehr vielfältig. So kommt auch Diffusion über verschiedene Zwischengittermechanismen vor, z.B. Ag in Ag-Br. Alle diese Fälle können aber, von speziellen Wechselwirkungen und Einschränkungen abgesehen, auf der Basis der hier vorgestellten Konzeption behandelt werden.

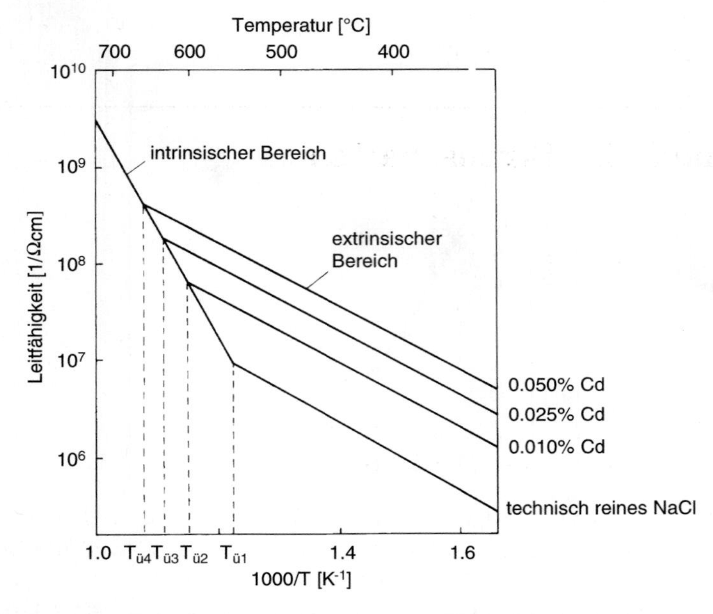

Abbildung 5.33. Ionenleitfähigkeit von reinem und mit $CdCl_2$ dotiertem NaCl (nach [5.16]).

6

Mechanische Eigenschaften

6.1 Grundlagen der Elastizität

Anders als Gase oder Flüssigkeiten setzen Festkörper einer äußeren Krafteinwirkung einen Formänderungswiderstand entgegen; der Festkörper bleibt zusammenhängend, er zerfällt nicht. Der angelegten Kraft wird im Innern des Festkörpers eine Reaktion, eine innere Spannung, entgegengesetzt (Abb. 6.1). Ziehen wir bspw. an einem Festkörper, so würde er in zwei Teile zerfallen, wenn wir ihn in der Mitte auftrennen. Die Kräfte, die wir aufbringen müssen, um die zwei Teile zusammenzuhalten, entsprechen den inneren Kräften, die in dem belasteten Festkörper herrschen. Modellmäßig kann man sich den Festkörper aus Kugeln aufgebaut denken, die durch Federn verbunden sind (Abb. 6.2). Greifen äußere Kräfte am Festkörper an, so dehnen sich die Federn, bis ihre Rückspannung, die proportional mit der Auslenkung ansteigt, die äußeren Kräfte kompensiert. Der Zustand der gespannten Federn beschreibt die inneren Kräfte.

Die Reaktion eines Festkörpers auf eine äußere Kraft ist jedoch unterschiedlich, wenn wir die Kräfte senkrecht (Zug, Druck) oder parallel (Scherung) zur Oberfläche anbringen. Aus Erfahrung wissen wir, daß die Formänderung bei kleinen Kräften der angreifenden Kraft proportional ist (Abb. 6.3).

$$\text{Zugbelastung:} \quad \frac{F_\perp}{q} = E\frac{\Delta\ell}{\ell_0} \quad \text{or} \quad \sigma = E\varepsilon \tag{6.1a}$$

$$\text{Scherbelastung:} \quad \frac{F_\|}{q} = G\frac{\Delta x}{d} \quad \text{or} \quad \tau = G\gamma \tag{6.1b}$$

Dabei sind $F_\perp$ und $F_\|$ die senkrecht bzw. parallel zur Oberfläche wirkenden Kräfte, ℓ_0 und d die Länge bzw. Dicke des Kristalls, q die Fläche auf der die Kraft angreift und $\Delta\ell$ bzw. Δx die Längenänderung bzw. Schiebung des Kristalls (Abb. 6.3). Die Gl. (6.1a,b) formulieren das Hookesche Gesetz: Die Normalspannung σ ist der Dehnung ε proportional; die Proportionalitätskonstante ist der Elastizitätsmodul E; die Schubspannung τ ist der Scherung γ

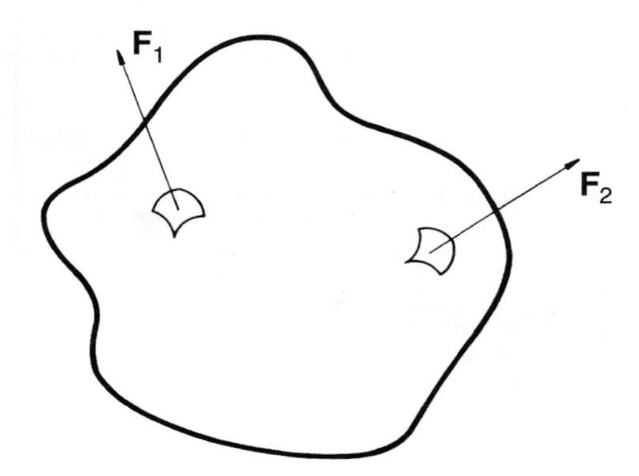

Abbildung 6.1. Zur Definition des Spannungszustandes. Die auf der Oberfläche angreifenden Kräfte **F** führen zu inneren Spannungen.

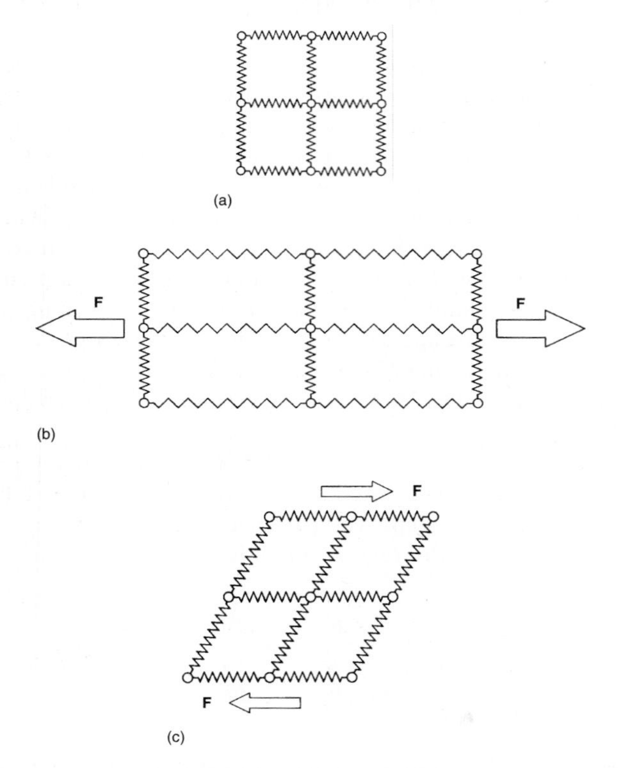

Abbildung 6.2. Das Federmodell des elastischen Festkörpers. (a) Gleichgewichtszustand; (b) Dehnung unter Angriff einer Zugspannung; (c) Scherung unter Angriff einer Schubspannung.

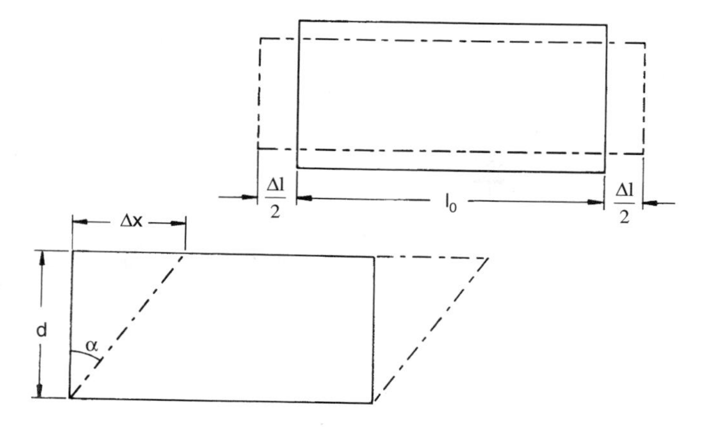

Abbildung 6.3. Definition von Dehnung $\varepsilon = \Delta\ell/\ell_0$ und Scherung $\gamma = \Delta x/d = tan\alpha$.

proportional; die Proportionalitätskonstante G ist der Schubmodul. Gewöhnlich ist $G < E$, das Material leistet also einen größeren Widerstand gegen Verformung bei Zug- oder Druckspannungen als bei Scherbelastung. Das können wir uns auch an dem einfachen Federmodell des Festkörpers klarmachen. Greift die Kraft parallel zur Feder an, so ist die Auslenkung der Feder kleiner als wenn die Kraft senkrecht auf die Feder wirkt.

Betrachten wir deshalb ein kleines würfelförmiges Volumenelement in einem Festkörper, so können wir den Spannungszustand darin durch die Kräfte pro Flächeneinheit senkrecht und parallel zu den Würfelflächen beschreiben. Dabei können wir einen Kraftvektor in einer Fläche stets aus zwei Komponenten zusammensetzen. Auf jede der drei Würfelflächen wirken daher drei Spannungen, nämlich eine Normalspannung und zwei Schubspannungen (Abb. 6.4). Der Spannungszustand des Volumenelementes wird also durch 9 Spannungskomponenten beschrieben. Diese neun Komponenten bilden den Spannungstensor $\boldsymbol{\sigma}$

$$\boldsymbol{\sigma} = \begin{bmatrix} \sigma_{xx} & \sigma_{xy} & \sigma_{xz} \\ \sigma_{yx} & \sigma_{yy} & \sigma_{yz} \\ \sigma_{zx} & \sigma_{zy} & \sigma_{zz} \end{bmatrix} \tag{6.2}$$

Die Größe der einzelnen Komponenten hängt natürlich von der gewählten Lage des Volumenelementes ab. Hätten wir in Abb. 6.4 ein anders orientiertes Volumenelement betrachtet, so wären die Spannungskomponenten anders ausgefallen. Dadurch ändert sich aber der Spannungszustand nicht, denn der Spannungszustand ist ja ein physikalischer Tatbestand, der nicht von der Wahl der Koordinaten abhängt. Eine unterschiedliche Wahl des Volumenelementes, d.h. eine unterschiedliche Wahl des Koordinatensystems ändert also lediglich die Zerlegung des Spannungszustandes in unterschiedliche Raumrichtungen. Dieser Sachverhalt läßt sich mathematisch einfach ausdrücken. Ist die Bezie-

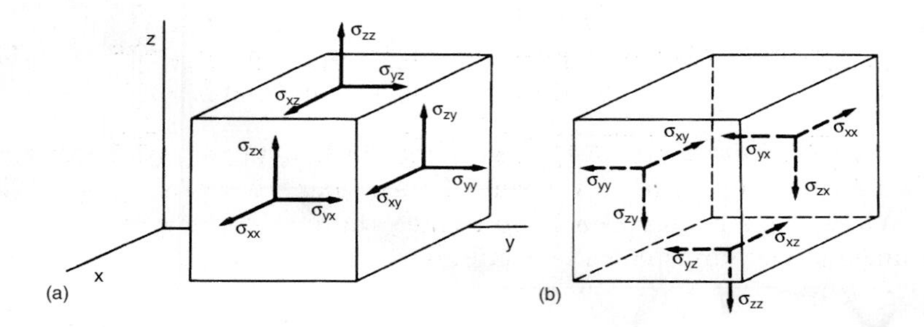

Abbildung 6.4. Komponenten des räumlichen Spannungstensors.

hung zwischen rotiertem Koordinatensystem $\{K_2\}$ und ursprünglichem Koordinatensystem $\{K_1\}$ durch die Rotationsmatrix $\mathbf{A}$ gegeben, so berechnet sich der Spannungstensor $\boldsymbol{\sigma}_t$ im rotierten System aus dem ursprünglichen Spannungstensor $\boldsymbol{\sigma}$ zu

$$\boldsymbol{\sigma}_t = \mathbf{A}^t\, \boldsymbol{\sigma} \mathbf{A} \tag{6.3}$$

($\mathbf{A}^t$ — transponierte Matrix: $A^t_{ij} = A_{ji}$).

Insbesondere läßt sich immer ein Koordinatensystem finden, in dem es nur Normalspannungen gibt, also

$$\boldsymbol{\sigma} = \begin{bmatrix} \sigma_1 & 0 & 0 \\ 0 & \sigma_2 & 0 \\ 0 & 0 & \sigma_3 \end{bmatrix} \tag{6.4}$$

Die Spannungen σ_1, σ_2 und σ_3 werden als Hauptspannungen bezeichnet. Die maximalen Schubspannungen liegen unter 45° zu den Hauptspannungen. Ist $\sigma_1 > \sigma_2 > \sigma_3$, so ist die maximale Schubspannung

$$\tau_{max} = \frac{1}{2}\,(\sigma_1 - \sigma_3) \tag{6.5}$$

Der Spannungstensor ist immer symmetrisch, d.h. $\sigma_{ij} = \sigma_{ji}$, damit die am Volumenelement herrschenden Momente im Gleichgewicht sind. Ferner ist es noch sinnvoll, den Spannungstensor in einen hydrostatischen $\boldsymbol{\sigma}_H$ und einen deviatorischen Anteil $\boldsymbol{\sigma}_D$ zu zerlegen, denn nur der Spannungsdeviator bestimmt die plastische Verformung von Kristallen.

Der hydrostatische Spannungsanteil ist die mittlere Normalspannung

$$p = \frac{1}{3}\,(\sigma_1 + \sigma_2 + \sigma_3) \tag{6.6}$$

Man kann zeigen, daß für jede Wahl des Koordinatensystems $\sigma_{xx} + \sigma_{yy} + \sigma_{zz} = \sigma_1 + \sigma_2 + \sigma_3 = \text{const.}$, also

$$\boldsymbol{\sigma} = \boldsymbol{\sigma}_H + \boldsymbol{\sigma}_D = \begin{bmatrix} p & 0 & 0 \\ 0 & p & 0 \\ 0 & 0 & p \end{bmatrix} + \begin{bmatrix} \sigma_{xx} - p & \sigma_{xy} & \sigma_{xz} \\ \sigma_{yx} & \sigma_{yy} - p & \sigma_{yz} \\ \sigma_{zx} & \sigma_{zy} & \sigma_{zz} - p \end{bmatrix} \tag{6.7}$$

Das Hookesche Gesetz, Gl. (6.1), beschreibt die Reaktionen des Festkörpers auf eine angebrachte Kraft als Formänderung, nämlich Dehnung und Scherung. Wie den Spannungszustand, so können wir auch den elastischen Formänderungszustand durch einen Dehnungstensor $\boldsymbol{\varepsilon}$ ausdrücken

$$\boldsymbol{\varepsilon} = \begin{bmatrix} \varepsilon_{xx} & \varepsilon_{xy} & \varepsilon_{xz} \\ \varepsilon_{yx} & \varepsilon_{yy} & \varepsilon_{yz} \\ \varepsilon_{zx} & \varepsilon_{zy} & \varepsilon_{zz} \end{bmatrix} \tag{6.8}$$

Dabei sind ε_{xx}, ε_{yy} und ε_{zz} die Dehnungen und ε_{xy}, ε_{xz} und ε_{yx} die Scherungen[1]. Zu beachten ist im Vergleich zu Gl. (6.1), daß $\varepsilon_{xy} = 1/2\gamma_{xy}$. Natürlich muß wieder gelten $\varepsilon_{ij} = \varepsilon_{ji}$ $(i, j = x, y, z)$, der Dehnungstensor ist also auch symmetrisch und läßt sich auf Hauptachsen transformieren, d.h. es gibt ein Koordinatensystem, in dem der Verformungszustand allein durch Dehnungen beschrieben werden kann.

$$\boldsymbol{\varepsilon} = \begin{bmatrix} \varepsilon_1 & 0 & 0 \\ 0 & \varepsilon_2 & 0 \\ 0 & 0 & \varepsilon_3 \end{bmatrix} \tag{6.9}$$

Wiederum ist die Summe $\varepsilon_1 + \varepsilon_2 + \varepsilon_3$ von der Wahl des Koordinatensystems unabhängig und es gilt

$$\varepsilon_1 + \varepsilon_2 + \varepsilon_3 = \varepsilon_{xx} + \varepsilon_{yy} + \varepsilon_{zz} = \frac{\Delta V}{V} \tag{6.10}$$

wobei $\Delta V/V$ die relative Volumenänderung infolge der elastischen Verformung angibt.

[1] Die Formänderung eines Volumenelementes wird exakt durch den sogenannten Verschiebungsgradiententensor $\mathbf{e}$ beschrieben, der sich zerlegen läßt in den Dehnungstensor $\boldsymbol{\varepsilon}$ und den Rotationstensor $\mathbf{w}$, also $\mathbf{e} = \boldsymbol{\varepsilon} + \mathbf{w}$. In dem in Abb. 6.56b betrachteten Fall ist

$$\mathbf{e} = \begin{pmatrix} 0 & \gamma_1 & 0 \\ 0 & 0 & 0 \\ 0 & 0 & 0 \end{pmatrix}, \quad \boldsymbol{\varepsilon} = \begin{pmatrix} 0 & 1/2\gamma_1 & 0 \\ 1/2\gamma_1 & 0 & 0 \\ 0 & 0 & 0 \end{pmatrix}, \quad \mathbf{w} = \begin{pmatrix} 0 & 1/2\gamma_1 & 0 \\ -1/2\gamma_1 & 0 & 0 \\ 0 & 0 & 0 \end{pmatrix}$$

Der Dehnungstensor $\boldsymbol{\varepsilon}$ ist der symmetrische Anteil (d.h. $\varepsilon_{ij} = \varepsilon_{ji}$) von $\mathbf{e}$ und beschreibt die reine Verformung des betrachteten Volumenelementes. Der Rotationstensor $\mathbf{w}$ entspricht dem antisymmetrischen Anteil (d.h. $w_{ij} = -w_{ji}$) von $\mathbf{e}$ und beschreibt die sogenannte Starrkörperrotation des Volumenelementes. Für eine reine Starrkörperrotation müssen aber keine Gleitsysteme aktiviert werden; sie läßt sich alleine durch eine Rotation des zugrundeliegenden Koordinatensystems beschreiben. Daher wird für die Betrachtung des reinen Verformungszustandes immer der Dehnungstensor $\boldsymbol{\varepsilon}$ herangezogen.

Mit Spannungs- und Dehnungstensor läßt sich nun das Hookesche Gesetz formulieren:

$$\boldsymbol{\sigma} = \mathbf{C}\boldsymbol{\varepsilon} \tag{6.11a}$$

$$\sigma_{ij} = \sum_{k,l=1}^{3} C_{ijkl}\, \varepsilon_{kl} \tag{6.11b}$$

Dabei ist $\mathbf{C}$ der Tensor der elastischen Konstanten, ein Tensor 4. Stufe mit $3^4 = 81$ Elementen C_{ijkl}. Allerdings gibt es infolge von Symmetriebedingungen selbst im Fall geringster (trikliner) Kristallsymmetrie nur 21 verschiedene Elemente. Deshalb kann man den Tensor 4. Stufe $\mathbf{C}$ auf eine symmetrische Matrix $\mathbf{C}_{ij}$ mit den Elementen $C_{11}....C_{66}$ vereinfachen. Nur diese vereinfachte Darstellung ist in der Literatur gebräuchlich. In elastisch isotropen Werkstoffen reduziert sich die Anzahl der unabhängigen elastischen Konstanten bis auf zwei, bspw. Elastizitätsmodul E und Querkontraktionszahl ν.

Die Querkontraktion beschreibt die Erfahrung, daß ein Festkörper seinen Querschnitt verringert, wenn man ihn elastisch verlängert (Abb. 6.3a). Bringt man also eine Zugspannung in x-Richtung an, so gibt es auch eine Dehnung in y- und z-Richtung, wobei

$$\varepsilon_{yy} = \varepsilon_{zz} = -\nu\, \varepsilon_{xx} \tag{6.12}$$

Der Schubmodul G berechnet sich dann als

$$G = \frac{E}{2(1+\nu)} \tag{6.13}$$

Die Reduktion auf zwei unabhängige elastische Konstanten ergibt sich allerdings nur bei elastischer Isotropie des Festkörpers, wenn also die elastischen Eigenschaften nicht von der räumlichen Richtung abhängig sind. Bei Vielkristallen mit regelloser Orientierungsverteilung ist das gewöhnlich der Fall. In Einkristallen oder texturbehafteten Vielkristallen ist die Verformung allerdings auch von der Orientierung abhängig. Dann gilt Gl. (6.13) nicht mehr, und es gibt drei unabhängige elastische Konstanten. Bei hexagonaler Kristallsymmetrie erhöht sich die Anzahl der unabhängigen elastischen Konstanten auf fünf.

6.2 Die Fließkurve

Streng genommen gilt das Hookesche Gesetz nur für sehr kleine Verformungen ($\varepsilon < 10^{-4}$). Bei größeren Verformungen beobachtet man zunächst geringe Abweichungen von der Proportionalität von Spannung und Dehnung, die mit zunehmender Dehnung größer werden. Makroskopisch fällt diese Nichtlinearität kaum ins Gewicht, und für technische Zwecke kann sie in der Regel vernachlässigt werden. Das charakteristische Merkmal des elastischen Bereiches ist aber, daß der Festkörper bei Entlastung augenblicklich wieder seine ursprüngliche, unverformte Gestalt annimmt.

Insbesondere metallische Werkstoffe können aber weit über den elastischen Bereich hinaus verformt werden, ehe sie zerreißen. Sie verformen sich plastisch. Damit ist verbunden, daß nach Entlastung eine Formänderung zurückbleibt. Je nach Verformbarkeit (Duktilität) unterscheiden wir drei Arten von Werkstoffen (Bruchdehnung A)

(a) spröde Werkstoffe: A $\leq$ 0.1% (z.B. keramische Werkstoffe, Hartstoffe)
(b) duktile Werkstoffe: A $\approx$ 10% (Metalle und technische Legierungen)
(c) superplastische Werkstoffe: A $\approx$ 1000% (spezielle feinkörnige Legierungen)

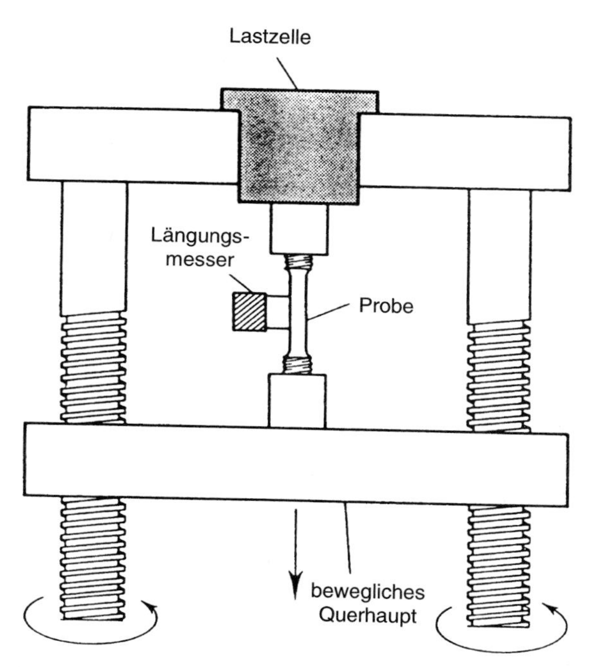

Abbildung 6.5. Prinzip des dynamischen Zugversuchs.

Das Spannungs-Dehnungs-Verhalten von Werkstoffen wird standardmäßig bei einachsiger Verformung, d.h. im Zugversuch festgestellt. Dazu wird eine Probe in einer mechanischen Prüfmaschine mit konstanter Geschwindigkeit verlängert (Abb. 6.5) und sowohl die Verlängerung $\Delta\ell$, als auch die dazu notwendige Kraft K, fortlaufend registriert. Aus der Kraft K, bezogen auf den Ausgangsquerschnitt q_0, erhält man die Nennspannung $\sigma = K/q_0$. Die Verlängerung $\Delta\ell$, bezogen auf die Ausgangslänge ℓ_0, ergibt die Dehnung $\varepsilon = \Delta\ell/\ell_0$.

Trägt man σ gegen ε auf, so erhält man das technische Spannungs-Dehnungs-Diagramm. Abbildung 6.6 gibt einige Beispiele von Spannungs-Dehnungs-Diagrammen technischer Werkstoffe. Bei allen Unterschieden im Detail ist der Charakter der Diagramme einheitlich (Abb. 6.7a). Nach Überschreiten einer Streckgrenze R_p, dem Ende des elastischen Bereichs, steigt die Spannung mit der Dehnung zunächst an (Verfestigung), erreicht bei einer Dehnung A_g (Gleichmaßdehnung) ein Maximum R_m (Zugfestigkeit) und fällt danach bis zum Erreichen der Bruchdehnung A ab. Die Streckgrenze (oder Fließgrenze) ist nur unscharf definiert, denn der elastisch-plastische Übergang ist gewöhnlich kontinuierlich. Zwei Verfahren haben sich zur Definition bewährt. Einmal kann man $R_{p0.2}$ als die Spannung definieren, bei der eine Dehnung von 0.2% nach Entlastung verbleibt. Dazu zieht man eine Parallele zur elastischen Geraden mit dem Achsenabschnitt $\varepsilon = 0.2\%$ und sucht den Schnittpunkt mit der Fließkurve. Andererseits kann man R_p auch durch Extrapolation des elastischen Bereichs und Rückextrapolation des plastischen Bereichs bestimmen, indem man den Schnittpunkt der Extrapolationsgeraden sucht (Abb. 6.8). Davon abweichend zeigen insbesondere unlegierte Stähle im Übergang vom elastischen zum plastischen Bereich ein unstetiges Verformungsverhalten (Abb. 6.7b). Nach Erreichen einer oberen Streckgrenze R_{eH} fällt die Spannung auf eine untere Streckgrenze R_{eL} ab und bleibt für ein Dehnungsintervall ε_L (Lüdersdehnung) etwa konstant, bevor die Verfestigung einsetzt.

Bei Überschreiten der Gleichmaßdehnung wird die Verformung instabil. Eine Zugprobe verringert lokal den Querschnitt (Einschnürung) und bricht dort schließlich. Dieses Verhalten läßt sich verstehen, wenn man die wahre Spannungs-Dehnungs-Kurve diskutiert. Die technische Spannung und Dehnung wurden in Anlehnung an die Begriffe der elastischen Verformung definiert. Dort sind die Dehnungen so klein, daß sich Länge und Querschnitt nur geringfügig ändern und somit Spannung und Dehnung ohne großen Fehler mit den Ausgangsdimensionen definiert werden können. Bei der plastischen Verformung sind die Dimensionsänderungen groß, so daß man zur Definition von Spannung und Dehnung die tatsächlichen Querschnitte und Längen berücksichtigen muß. Dazu definiert man die wahre Spannung σ_w und die wahre Dehnung ε_w.

$$d\varepsilon_w = \frac{d\ell}{\ell} \tag{6.14}$$

$$\varepsilon_w = \int\limits_{\ell_0}^{\ell} \frac{d\ell}{\ell} = \ln\frac{\ell}{\ell_0} = \ln\frac{\ell_0 + \Delta\ell}{\ell_0} = \ln(1+\varepsilon) \tag{6.15}$$

$$\sigma_w = \frac{F}{q} = \frac{F}{q_0}\cdot\frac{q_0}{q} \tag{6.16}$$

Bei der plastischen Verformung bleibt das Volumen konstant. Daher gilt

$$\ell_0\, q_0 = \ell\cdot q \tag{6.17}$$

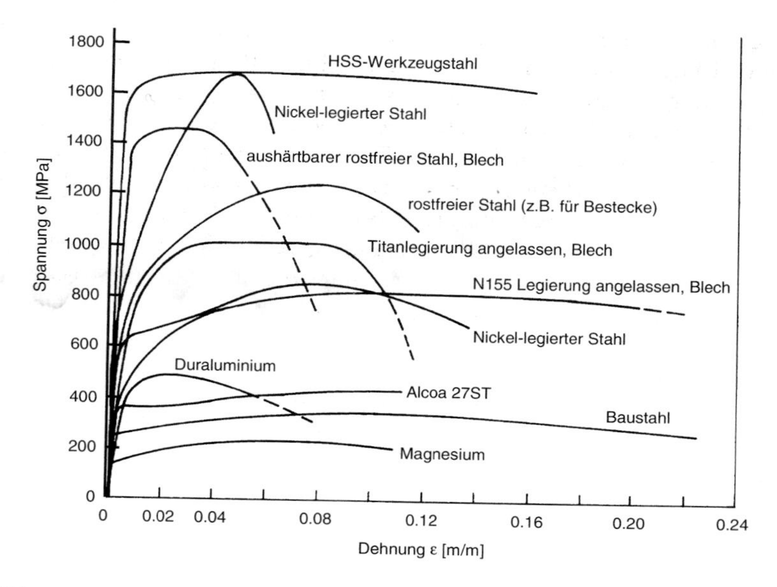

Abbildung 6.6. Spannungs-Dehnungs-Diagramme einiger technischer Werkstoffe (nach [6.1]).

oder

$$\frac{q_0}{q} = \frac{\ell}{\ell_0} = 1 + \varepsilon \tag{6.18}$$

und

$$\sigma_w = \sigma \cdot (1 + \varepsilon) \tag{6.19}$$

Entsprechend kann man die wahre Spannungs-Dehnungs-Kurve aus dem technischen Spannungs-Dehnungs-Diagramm berechnen. Sie wird auch als Fließkurve bezeichnet. Die Krafterhöhung dF, die aufzuwenden ist, um eine Zugprobe um ein Intervall $d\varepsilon_w$ weiter zu verformen, ergibt sich wegen

$$F = \sigma_w \cdot q \tag{6.20}$$

$$\frac{dF}{d\varepsilon_w} = q \cdot \frac{d\sigma_w}{d\varepsilon_w} + \sigma_w \frac{dq}{d\varepsilon_w} \tag{6.21}$$

Sie ist also bestimmt durch die physikalische Verfestigung (Steigung der Fließkurve) $d\sigma_w/d\varepsilon_w > 0$ und die geometrische Entfestigung (Querschnitts-Verringerung) $dq/d\varepsilon_w < 0$. Ist der Verfestigungskoeffizient $d\sigma_w/d\varepsilon_w$ groß, so verläuft die Verformung stabil. Führt nämlich die Verformung zu einer lokalen Querschnittsverringerung, so verfestigt sich der betreffende Querschnitt und hemmt dadurch die Verformung in diesem Probenabschnitt bis ein einheitlicher Querschnitt wiederhergestellt ist. Allerdings wird der Verfestigungskoeffizient mit zunehmender Dehnung immer kleiner, so daß es eine kritische

Dehnung, die Gleichmaßdehnung, gibt, bei der Verfestigung und Entfestigung sich kompensieren. Bei noch größeren Dehnungen überwiegt die geometrische Entfestigung. Kommt es unter diesen Bedingungen lokal zu einer Querschnittsverringerung, so kann die physikalische Verfestigung die geometrische Entfestigung nicht mehr kompensieren, und es folgt die Einschnürung der Probe. Dabei nimmt zwar die Last ab, aber die wahre Spannung im Querschnitt der Einschnürung nimmt weiter zu, bis das Material zerreißt.

Die Verformung wird also instabil am Maximum des technischen Spannungs-Dehnungs-Diagramms. Verläuft das Maximum sehr flach, so ist die Gleichmaßdehnung schlecht abzulesen. Man kann sie aber einfach bestimmen, wenn man die wahre Spannung über der technischen Dehnung aufträgt. Im Maximum der $\sigma - \varepsilon$-Kurve ist

$$dF = 0 = q d\sigma_w + \sigma_w dq \tag{6.22}$$

Wegen Volumenkonstanz gilt ferner Gl. (6.17): $\ell_0 \, q_0 = \ell \cdot q = \text{const.}$

$$\ell \cdot dq + q \cdot d\ell = 0 \tag{6.23}$$

$$\frac{d\ell}{\ell} = -\frac{dq}{q} \tag{6.24}$$

$$\frac{d\ell}{\ell} = \frac{d\ell}{\ell_0} \cdot \frac{\ell_0}{\ell} = \frac{d\varepsilon}{(1+\varepsilon)} \tag{6.25}$$

$$\frac{d\sigma_w}{d\varepsilon} = \frac{\sigma_w}{1+\varepsilon} \tag{6.26}$$

Die Tangente des $\sigma_w - \varepsilon$-Diagramms, die durch den Achsenabschnitt $\varepsilon = -1$ geht, definiert die wahre Spannung σ_w und Dehnung $\varepsilon_G = A_g$ am Maximum der Last, d.h. den Punkt der Instabilität (Abb. 6.9). Gl. (6.26) wird auch als Considère-Kriterium der Instabilität bezeichnet.

Dabei muß betont werden, daß nach Erreichen des Lastmaximums die Verformung instabil werden kann, aber nicht unbedingt instabil werden muß. Insbesondere bei Verformung bei höheren Temperaturen können nach Überschreiten des Considère-Kriteriums noch sehr große Verformungen erreicht werden (Superplastizität, vgl. Abschn. 6.8.1).

Der Zugversuch ist insofern nachteilig, als die Verformung infolge der geometrischen Entfestigung instabil wird. Diese Problematik kann man durch den Stauchversuch vermeiden (Abb. 6.10a), denn in diesem Fall nimmt der Querschnitt zu, und man erhält eine geometrische Verfestigung. In der Tat kann man im Stauchversuch große Umformgrade erreichen. Die Problematik liegt hier in der Reibung zwischen den Druckplatten und der Probe, der die Querschnittsvergrößerung an der Kontaktfläche behindert. Dadurch kommt es bei größeren Verformungen zu einer faßartigen Probenform („barrelling“), bei der der Querschnitt in der Probenmitte größer als an den Enden ist. Ein uneinheitlicher Querschnitt und ein Verlust der einachsigen Verformungsgeometrie ist die Folge.

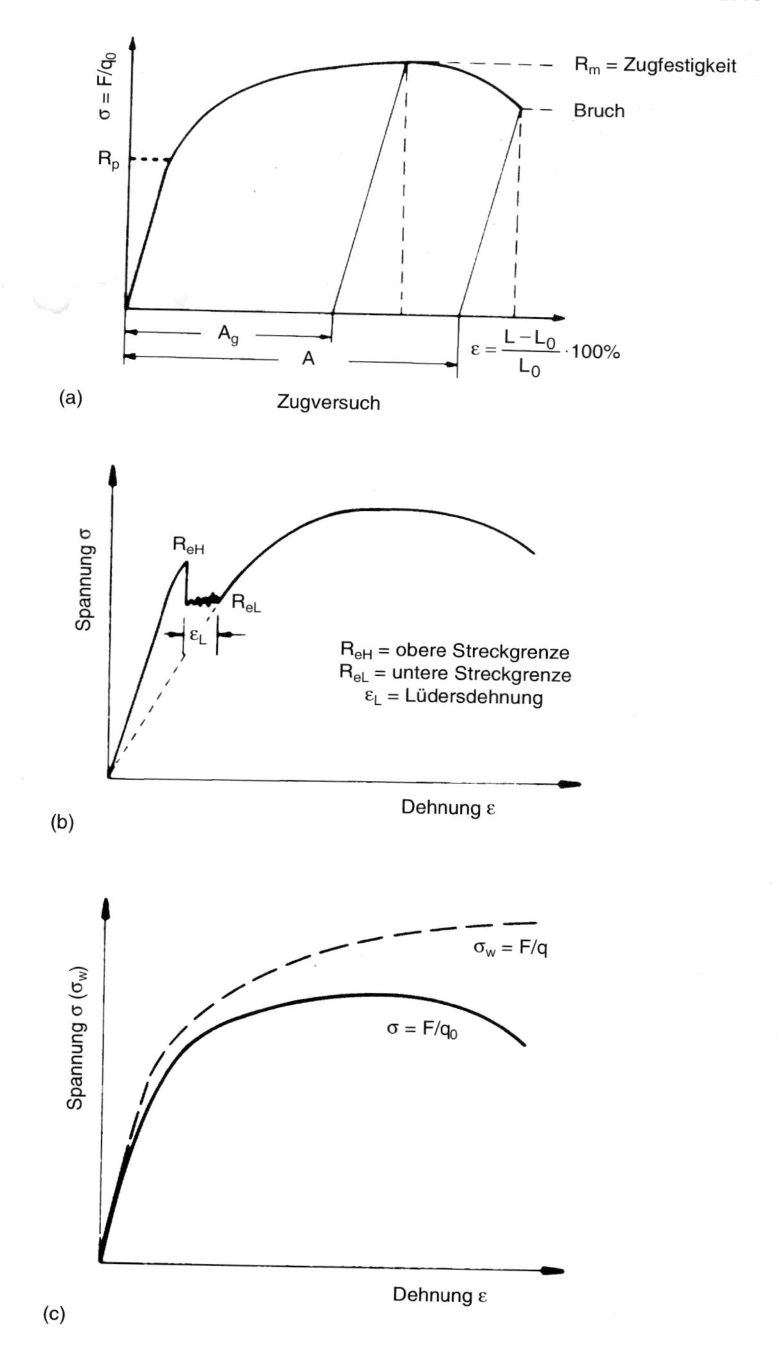

Abbildung 6.7. Schematische Spannungs-Dehnungs-Diagramme. (a) Technisches Diagramm mit den wichtigsten Kenngrößen der Werkstoffprüfung. (b) Diagramm mit ausgeprägter Streckgrenze und Lüdersdehnung. (c) Nominelle und wahre Spannung.

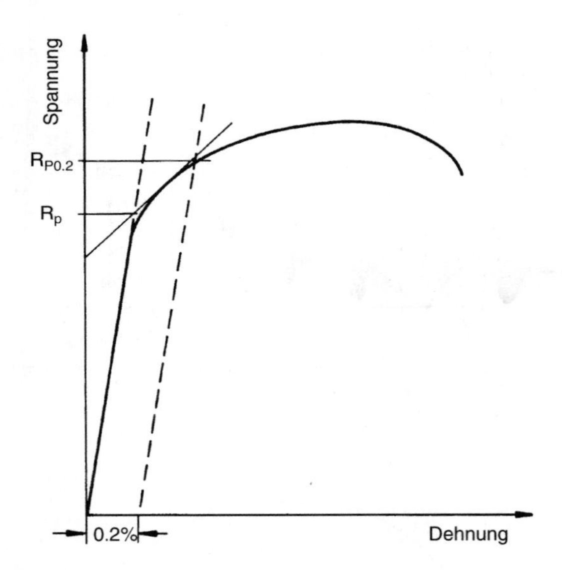

Abbildung 6.8. Definition der Streckgrenze: R_p und $R_{p0.2}$.

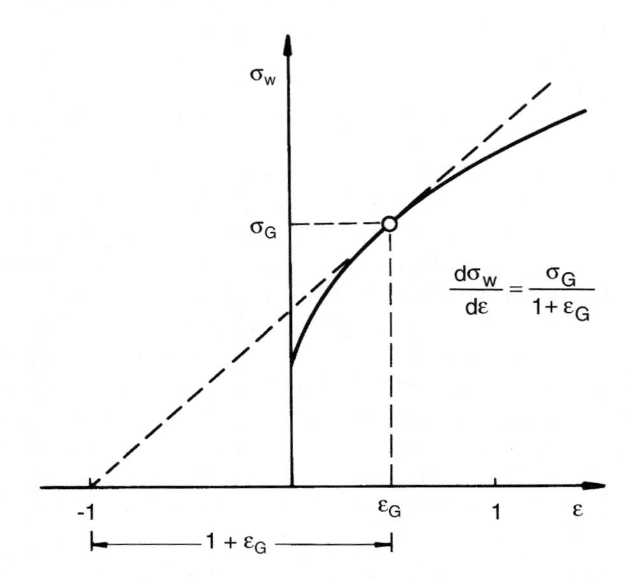

Abbildung 6.9. Zur Ermittlung der Gleichmaßdehnung ε_G nach dem Considère-Kriterium.

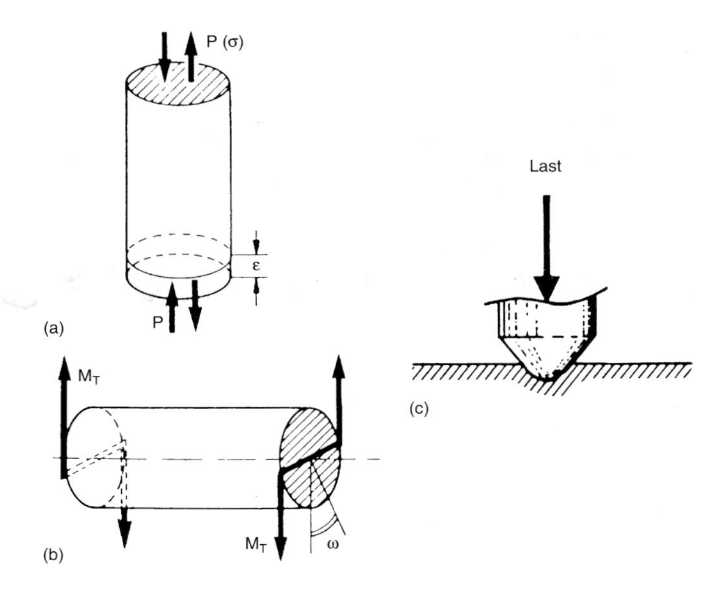

Abbildung 6.10. Verschiedene Methoden der Werkstoffprüfung. (a) Zug- und Druckversuch; (b) Torsionsversuch; (c) Härtemessung.

Geometrische Entfestigung wird ebenfalls im Torsionsversuch (Abb. 6.10b) vermieden, weil der Querschnitt sich durch Verformung nicht ändert. Auch hier lassen sich große Umformgrade erreichen. Allerdings ist hier die Verformung über dem Querschnitt nicht konstant, sondern $\gamma = 0$ in der Zylindermitte und $\gamma = \gamma_{max}$ an der Oberfläche. Diesen Nachteil kann man umgehen durch die Verwendung dünnwandiger Hohlzylinder. Dabei besteht allerdings leicht die Gefahr der Instabilität durch Knicken der Probe.

Eine sehr einfache und weitverbreitete Methode zur mechanischen Werkstoffprüfung ist der Härteversuch (Abb. 6.10c). Dabei wird ein Stempel mit einer vorgegebenen Last in das zu untersuchende Material gepreßt und die Größe des verbleibenden Eindrucks nach der Entlastung gemessen. Es gibt sehr unterschiedliche Methoden, die sich durch verschiedene Stempelformen unterscheiden, bspw. halbkugelförmig (Brinell-Härte), kegelförmig (Rockwell-Härte), pyramidenförmig (Vickers-Härte) und andere. Der Nachteil der Härtemessung ist der physikalisch undefinierte Zustand des Materials, da es mehrachsig plastisch verformt wird. Unter bestimmten Umständen kann man die Härte mit der Streckgrenze korrelieren. Selbst wenn das nicht der Fall ist, geben aber Härtemessungen schnelle und einfache qualitative Ergebnisse, die ohne große Ansprüche an die Probenform gewonnen werden können. Insbesondere zur Verfolgung von Festigkeitsänderungen (bzw. Härteänderungen) oder zum Festigkeitsvergleich sind Härtemessungen gut geeignet.

6.3 Mechanismen der plastischen Verformung

6.3.1 Kristallographische Gleitung durch Versetzungsbewegung

Wenn sich ein Werkstoff plastisch verformt, so ändert sich seine Gestalt. Entsprechend müssen die Atome seiner Kristallite ihre Position ändern. Erfolgt die Verformung homogen bis zur atomaren Ebene, analog der elastischen Verformung, so muß ein Kristall seine Struktur ändern (Abb. 6.11a). Durch Röntgenbeugung kann man aber nachweisen, daß sich durch plastische Verformung die Kristallstruktur nicht ändert, denn sonst müßte sich die Lage der Beugungsringe im Debye-Scherrer-Diagramm ändern (Abb. 6.12). Eine Beibehaltung der Kristallstruktur bei äußerer Formänderung ist nur dann möglich, wenn sich ganze Kristallbereiche längs einer kristallographischen Ebene um ein ganzzahliges Vielfaches des Atomabstandes in dieser Ebene verschieben (Abb. 6.11b). Bei einer solchen Gleitung entstehen aber Stufen auf der Oberfläche, sog. Gleitstufen, die man auch tatsächlich beobachtet, bspw. auf Oberflächen von zugverformten Einkristallen (Abb. 6.13). Bei mikroskopischer Betrachtung verformter Vielkristalle erkennt man, daß in den unterschiedlich orientierten Kristalliten auch die Gleitlinien verschieden orientiert sind, aber innerhalb eines Korns parallel verlaufen oder aus mehreren Scharen von parallelen Gleitlinien bestehen (Abb. 6.14). Eine kristallographische Analyse zeigt, daß die Gleitlinien längs bestimmter, zumeist niedrig indizierter kristallographischer Ebenen verlaufen, z.B. parallel zu $\{111\}$-Ebenen bei kfz-Kristallen.

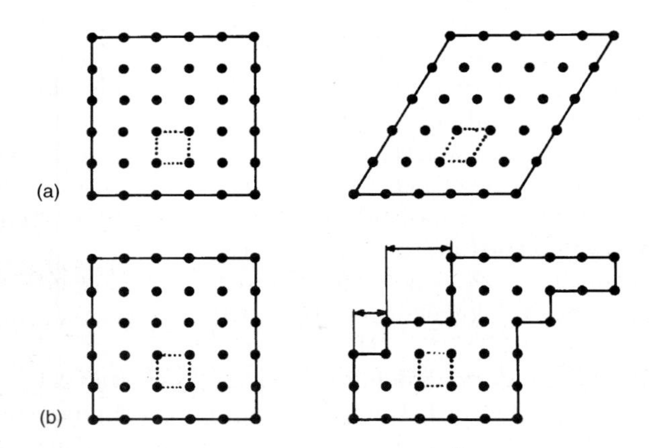

Abbildung 6.11. Plastische Verformung von Kristallen (Elementarzelle gestrichelt); (a) unter Änderung der Kristallstruktur; (b) unter Beibehaltung der Kristallstruktur.

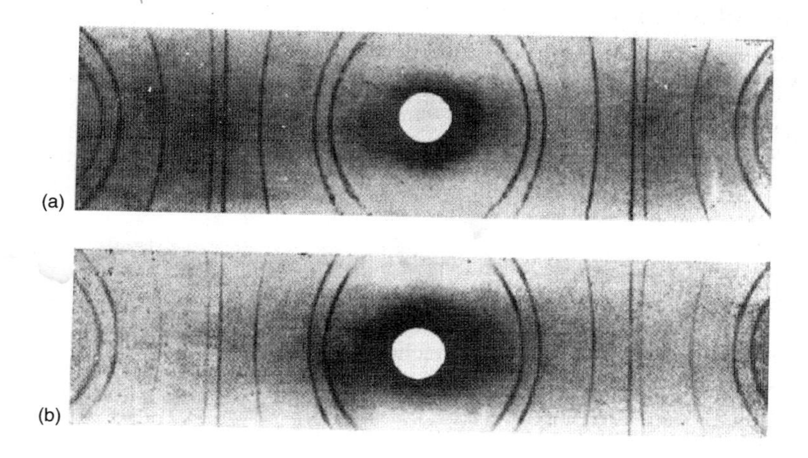

Abbildung 6.12. Debye-Scherrer-Diagramme von (a) unverformtem und (b) verformtem Kupfer [6.2].

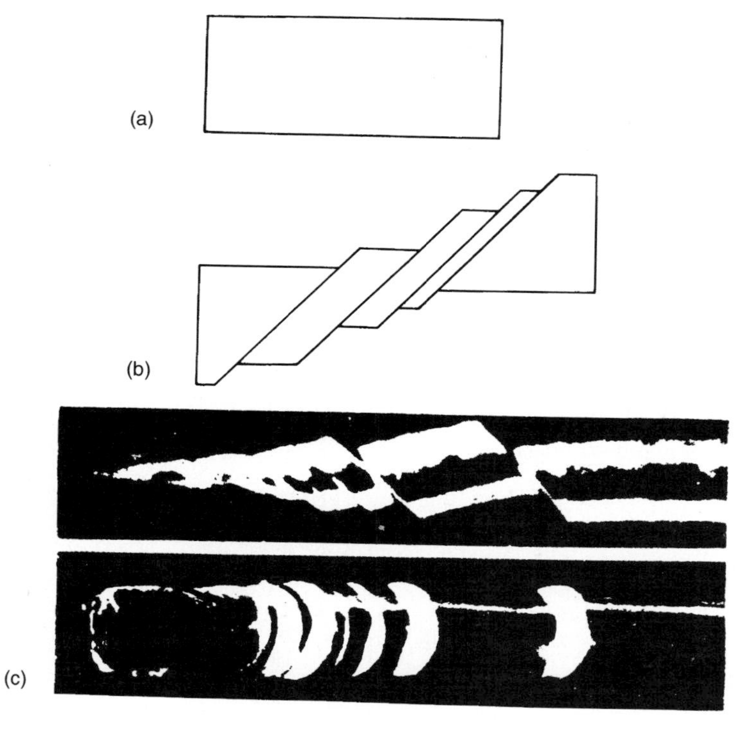

Abbildung 6.13. Plastische Formänderung einer Zugprobe durch kristallographische Gleitung (a) vor der Verformung; (b) nach der Verformung; (c) zugverformter Zinn-Einkristall [6.3].

Abbildung 6.14. Gleitlinien auf der Oberfläche eines gewalzten Fe_3Al Vielkristalls [6.4].

Die Schubspannung τ_{max}, die notwendig ist, um zwei Kristallteile auf einer kristallographischen Ebene gegeneinander um einen Atomabstand b abgleiten zu lassen, läßt sich berechnen (Abb. 6.15). Zur Verschiebung x zweier Atomebenen muß zunächst die Spannung τ zunehmen, erreicht ein Maximum τ_{max}, wenn die zwei Atomreihen etwa um die Hälfte des Atomabstandes verschoben sind und fällt bei $x = b$ auf Null ab, weil dann wieder eine Gleichgewichtslage des Kristallgitters erreicht wird. Einen solchen Verlauf kann man durch

$$\tau = \tau_{max} \sin\left(\frac{2\pi x}{b}\right) \tag{6.27a}$$

nähern. Für kleine x kann man den Sinus linear entwickeln

$$\tau = \tau_{max} \sin\left(\frac{2\pi x}{b}\right) \cong \tau_{max} \frac{2\pi x}{b} \tag{6.27b}$$

Bei kleinen Auslenkungen x muß das Hookesche Gesetz gelten, d.h. wenn d der Netzebenenabstand ist,

$$\tau = G\gamma = G \cdot \frac{x}{d} \tag{6.28}$$

Aus. Gl. (6.27b) und Gl. (6.28) folgt

$$\tau_{max} \cdot \frac{2\pi x}{b} = G\frac{x}{d} \tag{6.29}$$

und daraus

$$\tau_{max} = \frac{G}{2\pi} \cdot \frac{b}{d} \tag{6.30}$$

Bei Verwendung realistischer interatomarer Potentiale erhält man für τ_{max} etwas kleinere Werte. $\tau_{max} = \tau_{th}$ ist die theoretische Schubfestigkeit und sollte

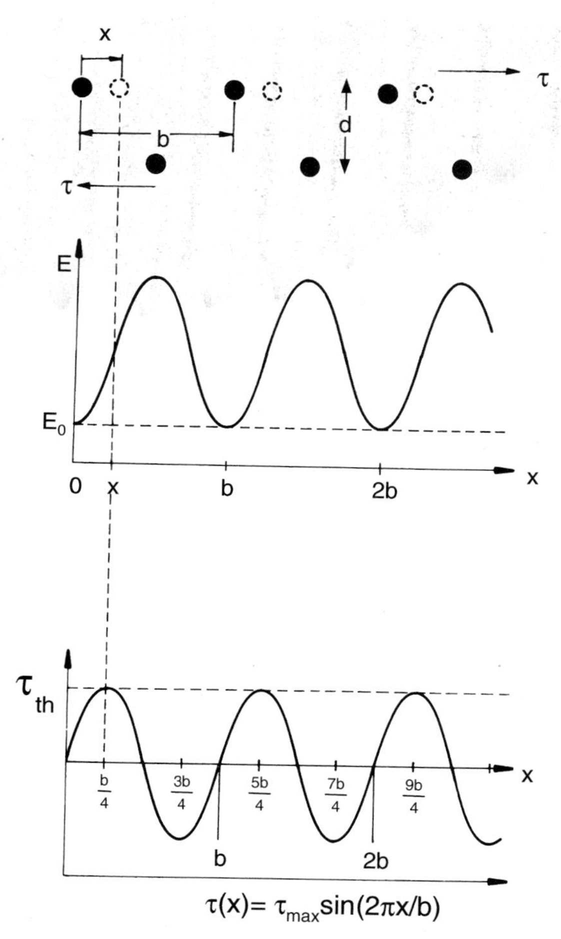

Abbildung 6.15. Energie- und Spannungsverlauf bei starrer Abgleitung.

nach diesem Modell der Fließgrenze (kritische Schubspannung) im Scherversuch entsprechen. Die kritischen Schubspannungen von Metallen und Legierungen sind aber um Größenordnungen kleiner als die theoretische Schubfestigkeit. Zum Beispiel beträgt in Kupfer $\tau_{th} \approx 1.4$ GPa, die Streckgrenze in Kupfereinkristallen wird aber schon bei $\tau_0 = 0.5$ MPa erreicht, also bei einer um etwa vier Zehnerpotenzen kleineren Spannung als τ_{max} (Tabelle 6.1).

Die Lösung dieses Problems liegt darin, daß die Bewegung der Atome nicht gleichzeitig, sondern zeitlich nacheinander erfolgt. Diese Bewegung ist auch an anderer Stelle der Natur verwirklicht, bspw. bei der Bewegung einer Raupe (Abb. 6.16). Im Kristall entspricht dieser Mechanismus der Bewegung einer Versetzung (Abb. 6.16, 6.17). Durchwandert eine Versetzung mit Burgers-Vektor **b** einen Kristall der Dicke ℓ_2, so wird der Kristall um $\gamma = b/\ell_2$ abge-

Tabelle 6.1. Theoretische Schubfestigkeit τ_{th} (berechnet nach einer verfeinerten Methode), kritische Schubspannung (experimentell) $\tau_{exp} = \tau_0$ und Bruchspannung σ_B einiger Metalle.

Material	τ_{th} $[10^9 N/m^2]$	τ_{exp} $[10^6 N/m^2]$	τ_{exp}/τ_{th}	σ_B $[10^6 N/m^2]$
Ag	1.0	0.37	0.00037	20
Al	0.9	0.78	0.00087	30
Cu	1.4	0.49	0.00035	51
Ni	2.6	3.2	0.0070	121
α-Fe	2.6	27.5	0.011	150

schert. Die Betrachtung läßt sich verallgemeinern (Abb. 6.17). Bewegen sich n Versetzungen jeweils um den Weg dL, so ist die damit verbundene Abgleitung (Scherung)

$$d\gamma = n \cdot \frac{dL}{\ell_1} \cdot \frac{b}{\ell_2} = \rho b \, dL \quad \text{oder} \quad \dot{\gamma} = \rho \cdot b \cdot v \tag{6.31a}$$

(ρ — Versetzungsdichte, v – Versetzungsgeschwindigkeit, vgl. Kap. 3).

Bleiben die Versetzungen nach einem Laufweg L vor einem Hindernis liegen, so daß $d\rho$ neue Versetzungen in einer kleinen Zeitspanne erzeugt werden müssen, so kann man auch schreiben

$$d\gamma = b \cdot L \cdot d\rho \tag{6.31b}$$

Die Gleichungen (6.31a) und (6.31b) beschreiben die Verformung auf unterschiedlichen Zeitskalen. Während (6.31a) die augenblickliche Verschiebung der Versetzung, d.h. ihre momentane Geschwindigkeit angibt, kennzeichnet Gl. (6.31b) die Verformung auf einer gröberen Zeitskala, in der Versetzungen erzeugt, bewegt und immobilisiert werden. Das ist bspw. für die Betrachtung der Verfestigung wichtig (vgl. Abschn. 6.5.2).

Zur Bewegung dieser Versetzungen muß eine Kraft auf sie wirken, die mit der außen angelegten Spannung τ in Zusammenhang steht (Abb. 6.17). Diesen Zusammenhang erhält man aus der Betrachtung der verrichteten Arbeit A bei der Abgleitung, bei der sich die obere Kristallhälfte unter Angriff der Kraft ($\tau \; \ell_1 \ell_3$) um den Weg b verschiebt

$$A = \tau \ell_1 \ell_3 \cdot b \tag{6.32a}$$

Andererseits erhält man die gleiche Verformung durch Bewegung einer Versetzung um die Strecke ℓ_1. Dabei wirkt die Kraft pro Längeneinheit K auf die Versetzung der Länge ℓ_3. Damit wird

$$A = K \cdot \ell_3 \cdot \ell_1 \tag{6.32b}$$

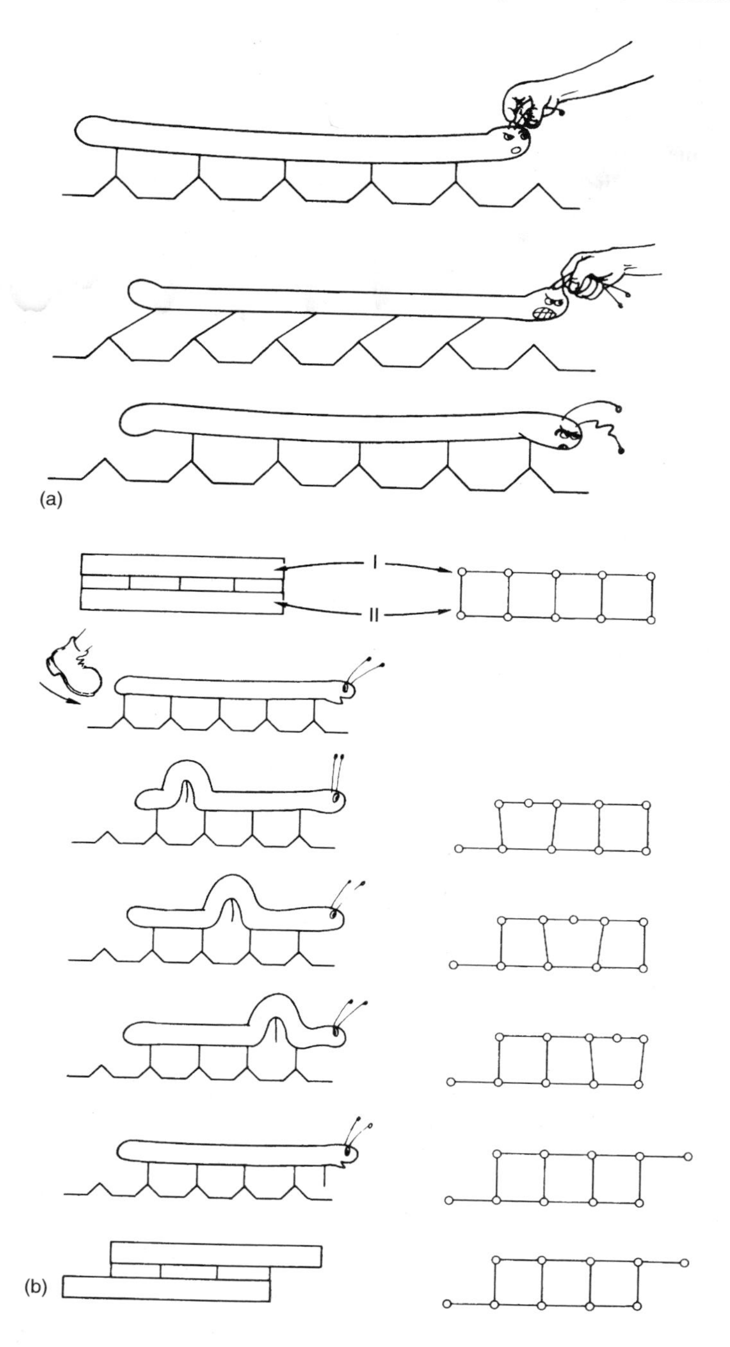

Abbildung 6.16. Analogie von Raupenbewegung und Versetzungsbewegung.

Vergleich von Gl. (6.32a) und (6.32b) liefert

$$K = \tau b \tag{6.33}$$

In verallgemeinerter Form ergibt sich bei beliebigem Spannungszustand σ auf eine Versetzung mit Burgers-Vektor **b** und Linienelemenent **s** die Kraft pro Längeneinheit

$$\mathbf{K} = (\boldsymbol{\sigma} \cdot \mathbf{b}) \times \mathbf{s} \tag{6.34}$$

Gl. (6.34) ist als Peach-Koehler-Gleichung bekannt.

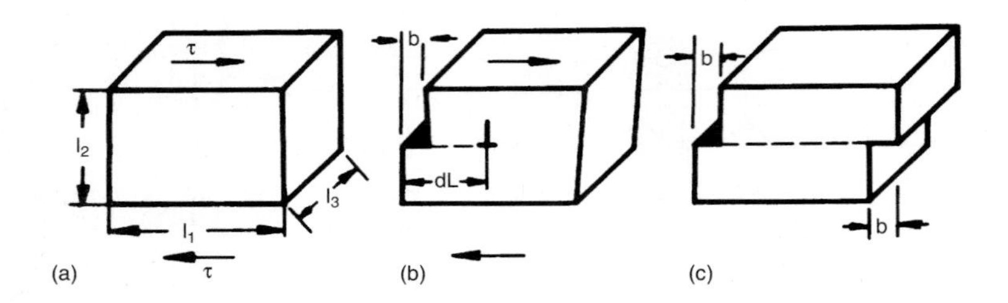

Abbildung 6.17. Formänderung eines Kristalls bei Bewegung einer Versetzung.

Die Gleichungen (6.31) und (6.34) stellen den fundamentalen Bezug zwischen makroskopischer Spannung und Dehnung und dem mikroskopischen Mechanismus der Verformung her. Das Spannungs-Dehnungs-Diagramm entspricht stark vereinfacht einem Kraft-Weg-Diagramm der Versetzungen.

Zur Bewegung einer Versetzung auf ihrer Gleitebene muß sie eine Konfiguration erhöhter Energie überwinden (Abb. 6.18). Dazu ist eine Kraft nötig, die gemäß Gl. (6.33) einer auf der Gleitebene herrschenden Schubspannung entspricht. Diese Peierls-Spannung τ_p läßt sich näherungsweise berechnen zu

$$\tau_p = \frac{2G}{1-\nu} \exp\left(-\frac{2\pi}{(1-\nu)}\frac{d}{b}\right) \tag{6.35}$$

Diese Spannung ist proportional zum Schubmodul G, aber exponentiell vom Gleitebenenabstand d und Burgers-Vektor **b** (Gleitrichtung) abhängig. Mit zunehmendem d und abnehmendem **b** wird τ_p kleiner. Der Abstand benachbarter Ebenen mit den Miller-Indizes {h k l} bei kubischer Kristallsymmetrie (Gitterparameter a) ist gegeben durch

$$d = \frac{a}{\sqrt{h^2 + k^2 + \ell^2}} \tag{6.36}$$

Deshalb ist d für niedrig indizierte Ebenen am größten. Für kfz-Kristalle ist d für {111}-Ebenen am größten. Andererseits ist der Abstand der Atome **b**

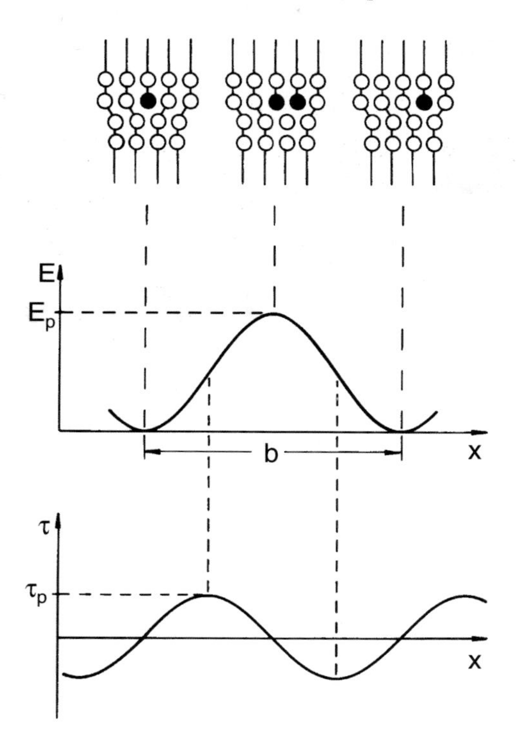

Abbildung 6.18. Zur Definition von Peierls-Energie E_p und Peierls-Spannung τ_p.

in derjenigen Richtung am kleinsten, in der sich die Atome berühren. Im kfz-Gitter ist das der Fall in den dichtest gepackten $\langle 110 \rangle$-Richtungen. Die Peierls-Spannung in kfz-Kristallen sollte demnach am kleinsten sein für Versetzungen mit Burgers-Vektoren $a/2\langle 110 \rangle$, die auf $\{111\}$-Ebenen gleiten. Tatsächlich wird in kfz-Metallen auch Gleitung auf $\{111\}$-Ebenen in $\langle 110 \rangle$-Richtung, d.h. auf $\{111\}\langle 110 \rangle$-Gleitsystemen beobachtet. Wegen der exponentiellen Abhängigkeit $\tau_p(d/b)$ ist die Peierls-Spannung in anderen Gleitsystemen viel größer. Deshalb wird in kfz-Kristallen ausschließlich Gleitung auf $\{111\}\langle 110 \rangle$-Gleitsystemen beobachtet (Abb. 6.19). Man kann sich die Bevorzugung von $\{111\}$-Gleitebenen nach dem Kugelmodell des Festkörpers auch klarmachen, indem man sich vorstellt, daß diese Ebenen die dichtest gepackten und deshalb glattesten Ebenen sind, auf denen Abgleitung mit dem geringsten Reibungswiderstand verbunden ist. Da es in kubischen Kristallen vier $\{111\}$-Ebenen mit je drei $\langle 110 \rangle$-Richtungen gibt, haben kfz-Kristalle 12 verschiedene Gleitsysteme.

In hexagonalen Kristallen sind dichtest gepackte Ebenen und Richtungen die (0001)-Ebenen und die $\langle 11\bar{2}0 \rangle$-Richtungen (Abb. 6.20a). In diesem Fall gibt es nur eine Gleitebene, die Basisebene mit drei Gleitrichtungen, also drei

Gleitsysteme. Das gilt allerdings nur für dichtest gepackte hexagonale Kristalle oder hexagonale Kristalle mit einem Achsenverhältnis $c/a \geq 1.63$. Für Kristalle mit $c/a < 1.63$ ist die Basisebene nicht mehr eine maximal dicht gepackte Ebene, sondern vergleichbar mit den Prismen- oder Pyramidenebenen. Dann gibt es auch Gleitung auf diesen Ebenen und entsprechend viele Gleitsysteme (Abb. 6.20b). Ein wichtiges Beispiel ist das Metall Ti und seine Legierungen. Titan hat $c/a = 1.58$ und verformt sich deshalb durch Prismen- und Pyramidengleitung, was daher auch als Titan-Mechanismus bezeichnet wird.

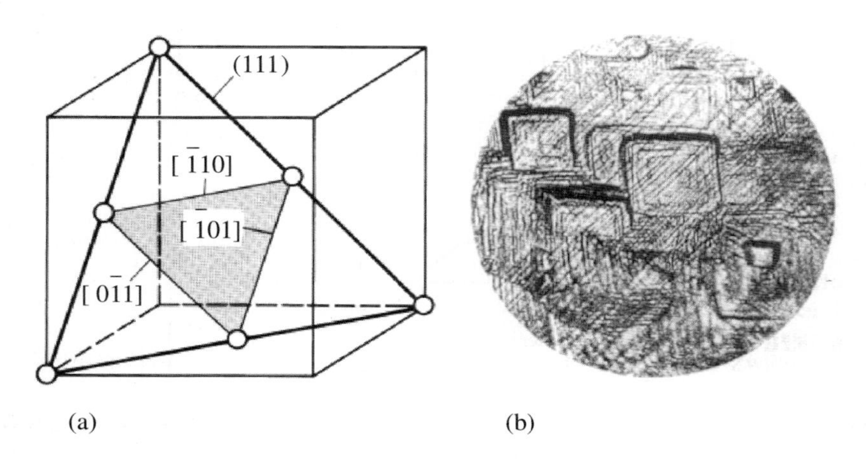

Abbildung 6.19. (a) Gleitsysteme im kfz-Gitter. Jede {111}-Ebene enthält drei ⟨110⟩-Richtungen. (b) Gleitlinien auf einer {100}-Oberfläche in Cu [Schnitt: (110)] [6.5].

In krz-Kristallstrukturen gibt es zwar eine maximal dicht gepackte Richtung, nämlich die ⟨111⟩-Richtung, längs der sich die Atome berühren, aber keine maximal dicht gepackte Ebene wie die {111}-Ebene im kfz-Gitter oder die Basisebene im hexagonalen Gitter. Am dichtesten ist die {110}-Ebene, obwohl nur wenig verschieden von den {112}-und {123}-Ebenen (Abb. 6.21). Deshalb werden häufig im krz-Kristall neben der {110}-Ebene auch {112}⟨111⟩ und {123}⟨111⟩ als Gleitsysteme beobachtet. In manchen Fällen ist auch nicht auszuschließen, daß es gar keine definierte Gleitebene, sondern nur eine feste Gleitrichtung gibt. Dann kann man sich die Verformung wie das axiale Verrutschen eines Stapels von Bleistiften vorstellen, und dieser Fall wird deshalb auch als „pencil glide“ bezeichnet.

Die Peierls-Spannung gibt schließlich auch eine Erklärung dafür, warum Kristallstrukturen mit geringer Kristallsymmetrie, wie viele Keramiken oder intermetallischen Phasen, spröde sind. Dort sind Ebenen und Richtungen nur

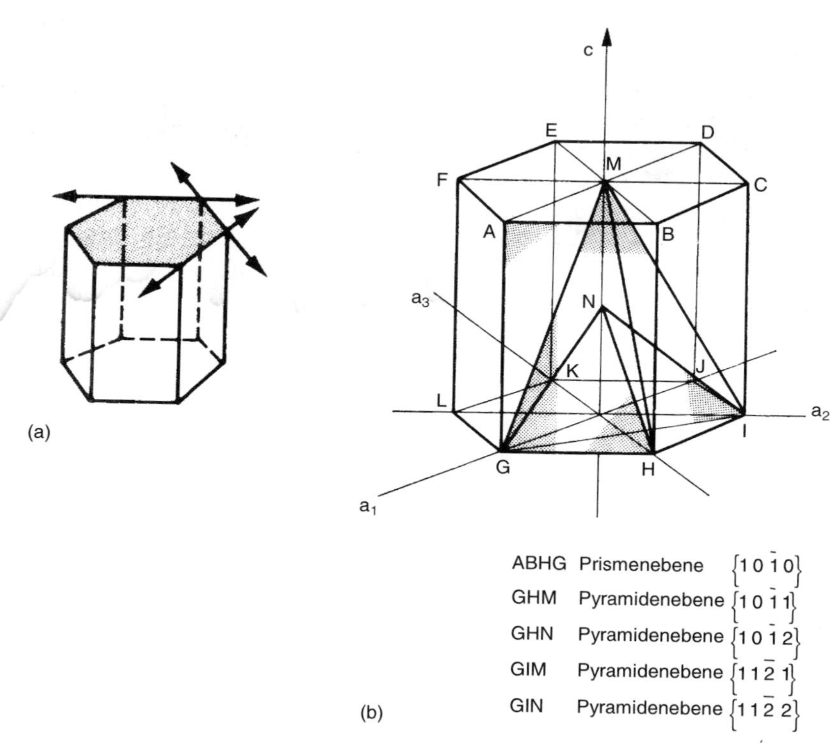

Abbildung 6.20. Gleitsysteme in hexagonalen Kristallen. (a) Basisgleitung; (b) Prismen- und Pyramidengleitebenen.

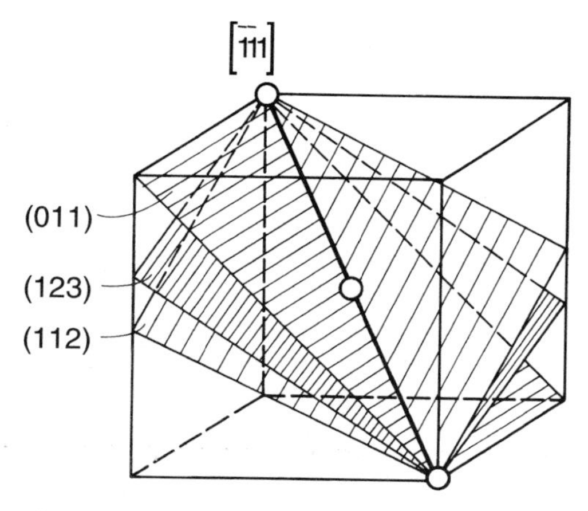

Abbildung 6.21. Gleitsysteme im krz-Gitter. Mehrere Gleitebenen enthalten die <111>-Gleitrichtung.

wenig dicht gepackt, und die Peierls-Spannung übersteigt daher die Bruchspannung, so daß gar keine Versetzungsbewegung vor Eintreten des Bruchvorganges auftreten kann.

Eine Übersicht über die Gleitsysteme in verschiedenen Kristallstrukturen gibt Tabelle 6.2.

Tabelle 6.2. Gleitsysteme der wichtigsten Gittertypen.

Kristall-Struktur	Gleit-ebene	Gleit-richtung	Anzahl der nicht parallelen Ebenen	Gleit-richtungen pro Ebene	Anzahl der Gleit-systeme
kfz	$\{111\}$	$\langle 1\bar{1}0\rangle$	4	3	$12 = (4 \times 3)$
krz	$\{110\}$	$\langle \bar{1}11\rangle$	6	2	$12 = (6 \times 2)$
	$\{112\}$	$\langle 11\bar{1}\rangle$	12	1	$12 = (12 \times 1)$
	$\{123\}$	$\langle 11\bar{1}\rangle$	24	1	$24 = (24 \times 1)$
hex	$\{0001\}$	$\langle 11\bar{2}0\rangle$	1	3	$3 = (1 \times 3)$
	$\{10\bar{1}0\}$	$\langle 11\bar{2}0\rangle$	3	1	$3 = (3 \times 1)$
	$\{10\bar{1}1\}$	$\langle 11\bar{2}0\rangle$	6	1	$6 = (6 \times 1)$
	$\{11\bar{2}2\}$	$\langle \bar{2}113\rangle$	6	2	$12 = (6 \times 2)$

6.3.2 Mechanische Zwillingsbildung

Kristallographische Gleitung ist der weitaus wichtigste und dominierende Verformungsprozeß in duktilen Werkstoffen. Aber es gibt noch andere Möglichkeiten der plastischen Verformung, bei denen die Kristallstruktur nicht verändert wird, nämlich die Gestaltsänderung durch Diffusionsvorgänge und die mechanische Zwillingsbildung. Diffusionsvorgänge spielen beim Hochtemperaturkriechen eine wesentliche Rolle und werden in Abschn. 6.8.2 näher behandelt. Die mechanische Zwillingsbildung ist dagegen ein Verformungsmechanismus, der besonders bei tiefen Temperaturen wichtig wird. Verformungszwillinge sind zumeist sehr dünn und laufen an den Enden spitz zu (Abb. 6.22).

Zwillingsbildung ist eine Scherverformung, bei der ein Kristallbereich in eine zur Ausgangslage (Matrix) spiegelsymmetrische Lage überführt wird (Abb. 6.23). Die Spiegelebene gehört dem Zwilling und der Matrix gemeinsam und wird als (kohärente) Zwillingsebene bezeichnet. Alle anderen Grenzflächen zwischen Zwilling und Matrix heißen inkohärente Zwillingsgrenzen. Wegen seiner Spiegelsymmetrie zur Matrix hat das Zwillingsgitter die gleiche Kristallstruktur. Kristallographisch stehen Zwilling und Matrix durch eine 180°-Rotation um die Normale der Zwillingsebene in Beziehung.

Die Geometrie der mechanischen Zwillingsbildung wird beschrieben durch die Zwillingsebene {h k l} und die Richtung der Scherung (Verschiebung) $\langle u\ v\ w\rangle$, d.h. das Zwillingssystem {h k l}$\langle u\ v\ w\rangle$. Die Zwillingssysteme der

Abbildung 6.22. Verformungszwilling in Zirkon.

wichtigsten Kristallstrukturen sind in Tabelle 6.3 aufgelistet. Die Richtung der Verschiebung ist die Richtung der Schnittlinie von Zwillingsebene und der dazu senkrecht stehenden Verschiebungsebene. In dieser Verschiebungsebene läßt sich die Bewegung der Atome und die damit verbundene Scherung verfolgen. Abbildung 6.24 zeigt die kristallographische Lage der Zwillingssysteme in kubischen Gittern und die Atombewegung bei der Zwillingsbildung.

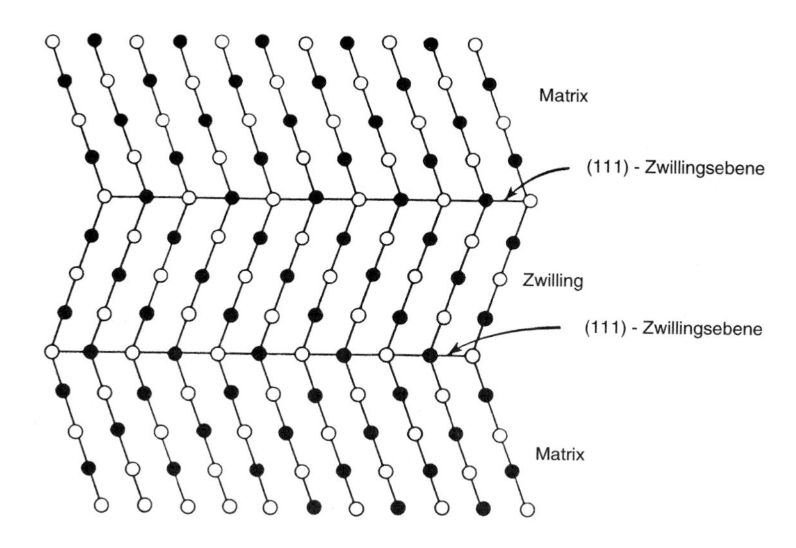

Abbildung 6.23. Atomistische Anordnung in Matrix und Zwilling eines kfz-Gitters.

Tabelle 6.3. (a) Zwillingssysteme der wichtigsten Gittertypen; (b) c/a-Verhältnis einiger hexagonaler Metalle.

(a) Zwillingselemente von Metallkristallen

Gittertyp	Zwillingsebene	Richtung der Verschiebung	Verschiebungsebene	Beispiel
kfz	{111}	⟨112⟩	{110}	Ag, Cu
krz	{112}	⟨111⟩	{110}	α-Fe
hex	$\{10\bar{1}2\}$	$\langle 10\bar{1}1\rangle$	$\{1\bar{2}10\}$	Cd, Zn

(b)	Cd	Zn	Mg	Co	Zr	Ti	Be
c/a	1.88	1.86	1.62	1.62	1.59	1.58	1.57

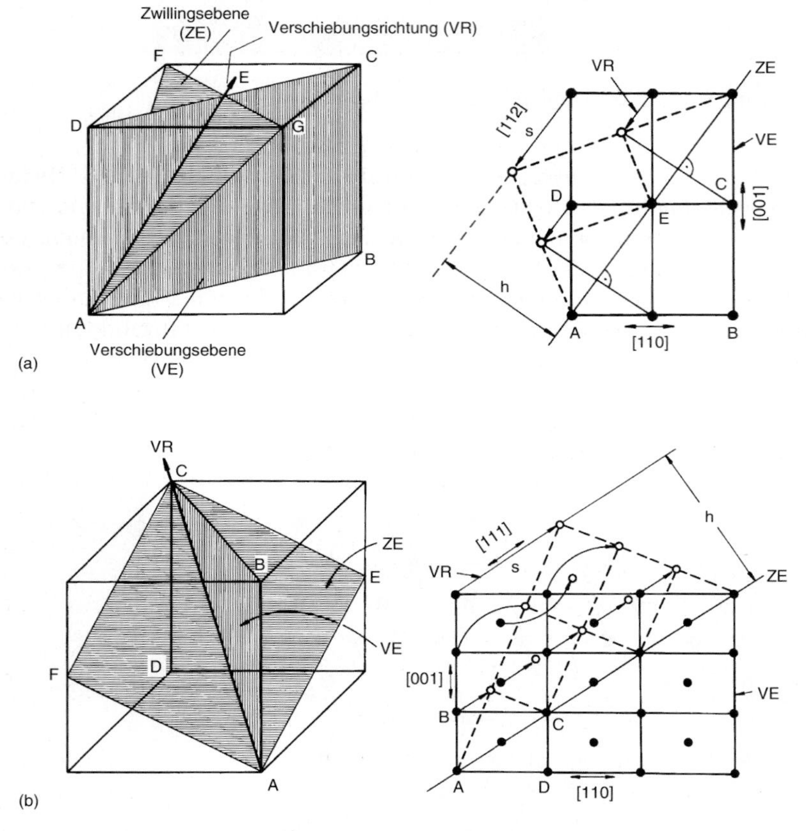

Abbildung 6.24. Zwillingsbildung in kubischen Kristallen. (a) kfz; (b) krz.

Der Betrag der Scherung ist bei der Zwillingsbildung im Gegensatz zum Fall der kristallographischen Gleitung fest vorgegeben und nicht variabel. Bei kubischen Gittern beträgt die Scherung bspw. $\gamma_z = \sqrt{2}/2$. Die Gesamtformänderung einer Probe wird allerdings nicht nur von γ_z bestimmt, sondern auch vom Volumen des Zwillings. Würde die ganze Probe verzwillingen, so wäre die Scherung $\gamma = \gamma_z$. Verzwillingt aber nur ein kleiner Volumenbruchteil, so verringert sich die Gesamtverformung entsprechend. Ebenfalls im Gegensatz zur kristallographischen Gleitung ist die Zwillingsscherung auf einem Zwillingssystem einsinnig, d.h. die Scherbewegung zur Zwillingsbildung kann nur in die eine und nicht in die umgekehrte Richtung stattfinden. Damit sind gewisse Einschränkungen für die Betätigung von Zwillingssystemen verbunden.

Infolge der Zwillingsbildung ändert die Probe ihre Form derart, daß sie sich in einigen Richtungen verlängert, in anderen aber verkürzt (Abb. 6.25). Ein Zwillingssystem kann daher nur dann betätigt werden, wenn die Zwillingsscherung die aufgezwungene Formänderung begünstigt, also bei Zugverformung die Probe in Zugrichtung verlängert. In kubischen Kristallen gibt es 12 Zwillingssysteme. Davon gibt es bei jeder Art von Beanspruchung mindestens ein Zwillingssystem, das die erforderliche Formänderung unterstützt. Bei weniger symmetrischen Kristallstrukturen ist das nicht der Fall, wenn die drei Hauptachsen des Gitters nicht äquivalent sind. Ein Beispiel bildet das hexagonale Gitter (Abb. 6.26). Je nach c/a-Verhältnis wird durch die Zwillingsbildung der Kristall senkrecht zur Basisebene entweder verlängert ($c/a < 1.73$) oder verkürzt ($c/a > 1.73$). Staucht man also ein hexagonales Material senkrecht zur Basisebene, so kann es sich durch Zwillingsbildung nur verformen, wenn $c/a > 1.73$ ist. Diese Einschränkung hat gravierende Konsequenzen für die Umformbarkeit hexagonaler Werkstoffe. Im Vorgriff auf die Vielkristallverformung (Abschn. 6.6) muß berücksichtigt werden, daß zur Verformung von Vielkristallen 5 unabhängige Gleitsysteme benötigt werden und daß die Kristalle durch Abgleitung ihre Orientierung ändern. Hexagonale Kristalle mit $c/a > 1.63$ verformen sich aber durch Basisgleitung mit nur 3 Gleitsystemen. Daher muß zur Formänderung auch Zwillingsbildung stattfinden. Beim wichtigsten Umformvorgang, dem Walzen, wird das Material zwischen den Walzen dünner und dabei länger. Durch die Gleitung drehen sich die Körner derart, daß die Basisebene etwa parallel zur Walzebene liegt. Die Probe kann dann beim Walzen durch Zwillingsbildung nur dünner werden, falls $c/a > 1.73$. Ist dagegen $c/a < 1.63$, können hinreichend viele Gleitsysteme durch Prismen- und Pyramidengleitung gefunden werden (Abb. 6.27). Für hexagonale Metalle mit $1.63 < c/a < 1.73$ gibt es keine Möglichkeit zur notwendigen Formänderung beim Walzen. Sie lassen sich deshalb praktisch nicht umformen, verhalten sich also spröde. Ein Beispiel ist das Magnesium, welches mit $c/a = 1.624$ fast ideal dicht gepackt ist und sich nur durch Basisgleitung verformt. Einkristalle aus Magnesium sind gut verformbar, Vielkristalle dagegen verhalten sich beim Umformen spröde (vgl. Abschn. 6.6).

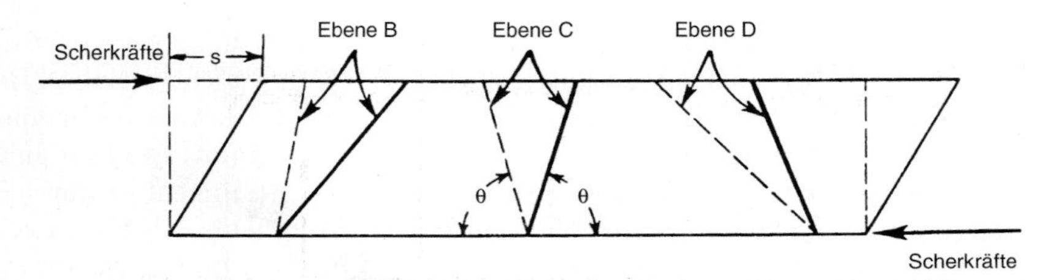

Abbildung 6.25. Durch Zwillingsbildung werden einige Richtungen verlängert (Ebene B), andere werden verkürzt (Ebene D).

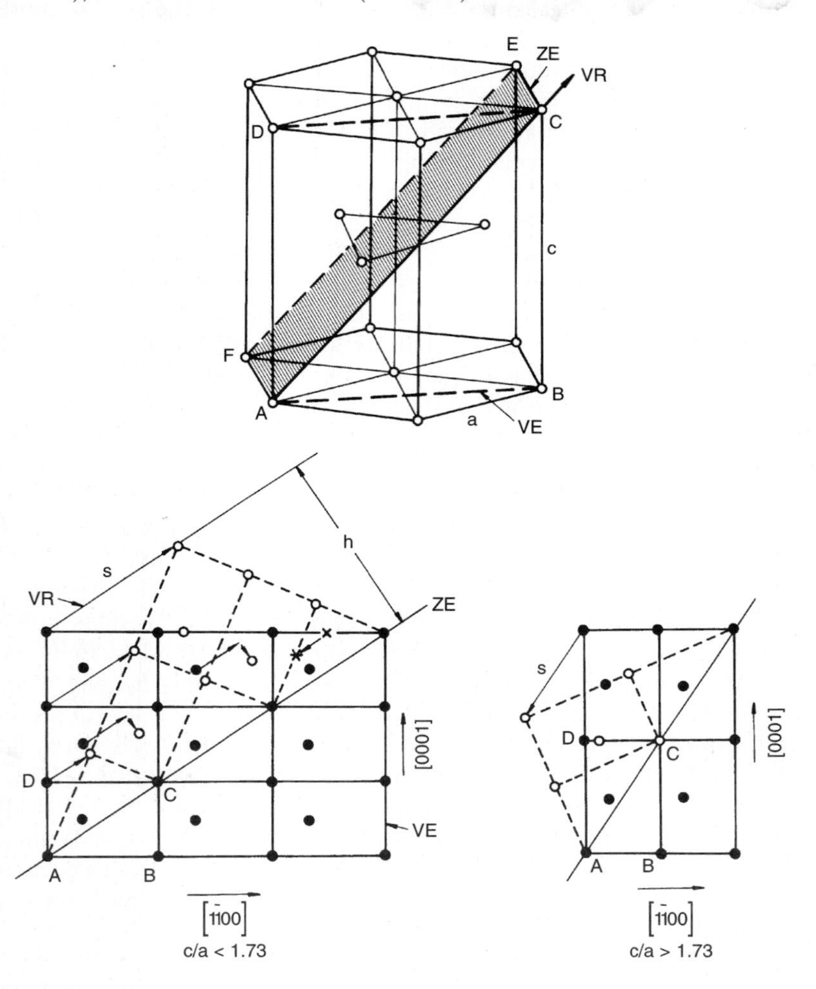

Abbildung 6.26. Zwillingsbildung in hexagonalen Kristallen.

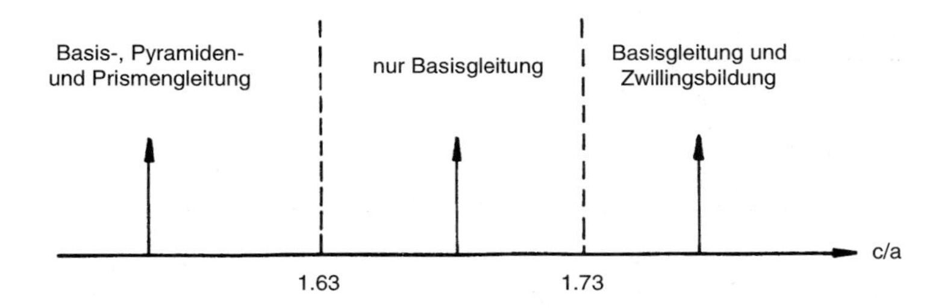

Abbildung 6.27. Abhängigkeit der Verformungsmechanismen in hexagonalen Kristallen vom c/a-Verhältnis.

Der Vorgang der Zwillingsbildung verläuft spontan, als Umklappvorgang, ähnlich der martensitischen Umwandlung (vgl. Kap. 9), also praktisch mit Schallgeschwindigkeit. Dadurch wird im Material eine Schallwelle ausgelöst, die auch äußerlich als Knacken oder Knistern hörbar ist, was beim Zinn als „Zinnschrei“ bekannt ist. Auf der Verfestigungskurve macht sich die Zwillingsbildung durch einen ruckhaften Abfall der Fließspannung bemerkbar (Abb. 6.28). Danach steigt die Fließspannung wieder an, bis der nächste Zwilling erzeugt wird, usw.. Der Spannungsabfall erklärt sich dadurch, daß mit der Zwillingsbildung eine Verformung verbunden ist, die größer ist als die von der Zerreißmaschine in der gleichen Zeit verursachte Probenverlängerung $\Delta\varepsilon = \dot{\varepsilon}\Delta t$, so daß die Probe kurzfristig teilweise entlastet wird und dann die Fließspannung entlang der elastischen Geraden wieder ansteigt.

Je weiter die Atome eines Zwillings von der Zwillingsebene entfernt sind, desto größer ist der Weg, den sie bei der Zwillingsbildung zurücklegen müssen, womit hohe Energien verbunden sind. Zwillinge sind daher zumeist sehr schmal, um die Energieerhöhung möglichst klein zu halten. Aus gleichem Grunde ist die kritische Schubspannung für Zwillingsbildung auch erheblich größer als für Gleitung durch Versetzungsbewegung. Da aber die Fließspannung mit der Verformung ansteigt, kann bei höheren Verformungsgraden die kritische Spannung zur Zwillingsbildung überschritten werden. Zum Beispiel verformt sich Kupfer bei Raumtemperatur nur durch Gleitung. Bei tiefen Temperaturen (80 K), wo höhere Festigkeiten erzielt werden, tritt Zwillingsbildung dagegen auf. Natürlich hängt das Auftreten der Zwillingsbildung auch von den damit verbundenen Energien ab. So muß z.B. die Energie der Zwillingsgrenze aufgebracht werden, die aber von Material zu Material verschieden ist. Ist die Energie der Zwillingsgrenze sehr klein (bspw. in Silber), so ist das Auftreten von Zwillingen sehr wahrscheinlich. Außerdem zeigen solche Materialien auch eine größere Verformungsverfestigung als Werkstoffe mit hoher Zwillingsenergie (bspw. Aluminium). Der Mechanismus der Zwillingsbildung kann auch durch Versetzungsbewegung beschrieben werden. Allerdings haben die betreffenden Versetzungen (Shockley-Versetzungen) keinen Burgers-Vektor, der das Kristallgitter erhält, sondern eben in seine spiegelbildliche Lage überführt.

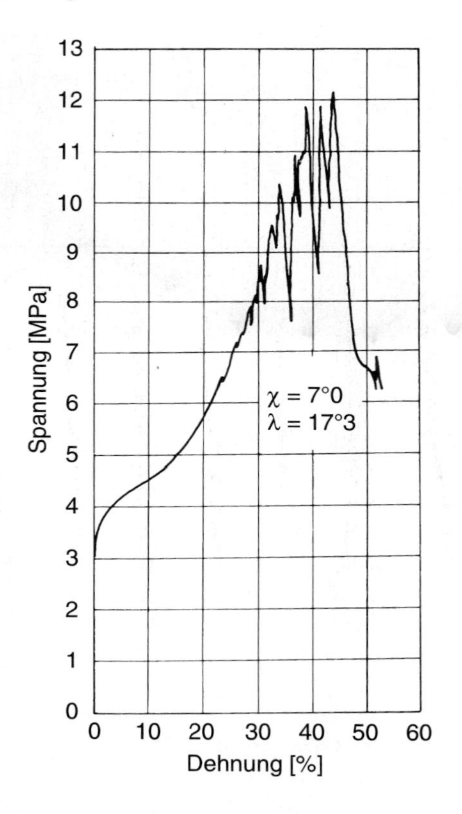

Abbildung 6.28. Verfestigungskurve eines Zn-Einkristalls. Bei größeren Dehnungen setzt Zwillingsbildung ein (nach [6.6]).

Diese Versetzungen werden in Abschn. 6.5.3 näher besprochen.

Die Verformungszwillinge sind zu unterscheiden von den Rekristallisationszwillingen, die bei Rekristallisation oder Kornvergrößerung auftreten und sich durch charakteristisch gerade Korngrenzen auszeichnen (Abb. 6.29). Zwar haben Verformungs- und Rekristallisationszwillinge die gleiche atomistische Anordnung, doch mit der Bildung von Rekristallisationszwillingen ist keine Scherung verbunden. Allerdings zeigen Materialien mit starker Tendenz zur mechanischen Zwillingsbildung gewöhnlich auch eine hohe Dichte von Rekristallisationszwillingen (z.B. Messing).

Mit der Zwillingsbildung ist eine charakteristische Orientierungsänderung verbunden, nämlich eine 180°-Rotation um die Normale der Zwillingsebene, die sich von der Orientierungsänderung durch Gleitung unterscheidet. Deshalb ist die Verformungstextur (bspw. Walztextur) in Materialien, die sich mit Zwillingsbildung verformen (Messing-Textur), charakteristisch ver-

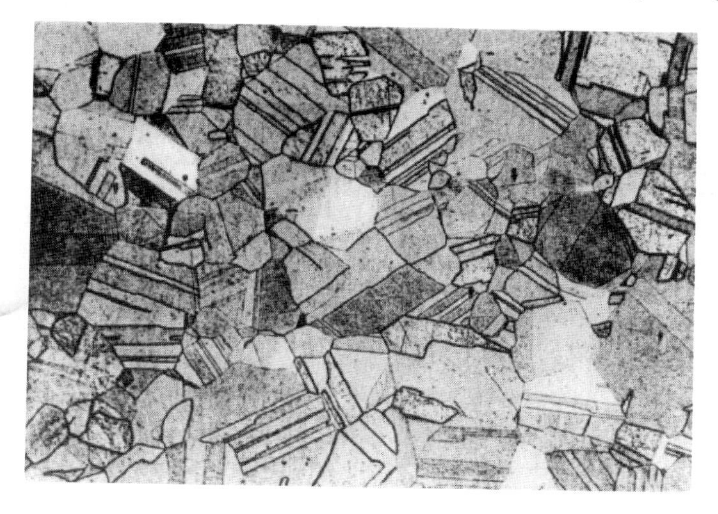

Abbildung 6.29. Rekristallisationszwillinge in einer Cu-Zn-Legierung.

schieden von Werkstoffen, die sich ausschließlich durch Gleitung verformen (Kupfer-Textur, vgl. Kap. 2).

6.4 Die kritische Schubspannung

6.4.1 Das Schmidsche Schubspannungsgesetz

Die Streckgrenze R_p bezeichnet den Beginn der plastischen Verformung. Sie ist verschieden für unterschiedliche Werkstoffe, aber selbst für dasselbe Material kann sie sich von Probe zu Probe ändern, wenn Einkristalle verschiedener Orientierung betrachtet werden. Außerdem wird die Größe der Streckgrenze natürlich noch durch die Verformungstemperatur beeinflußt. Die Orientierungsabhängigkeit der Streckgrenze läßt sich aus der Peach-Koehler-Gleichung erklären. Der Beginn des plastischen Fließens bedeutet ja nichts anderes als der Beginn der (massiven) Versetzungsbewegung. Eine Versetzung bewegt sich infolge einer Kraft, die in der Gleitebene in Richtung des Burgers-Vektors (Gleitrichtung) auf sie wirkt. Deswegen ist nicht die angebrachte Zugspannung, sondern die resultierende Schubspannung im Gleitsystem für die Versetzungsbewegung maßgeblich. Diese resultierende Schubspannung τ berechnet sich aus der Zugspannung σ als

$$\tau = \sigma \cos\kappa \cdot \cos\lambda = m\sigma \qquad (6.37)$$

wobei κ den Winkel zwischen Zugrichtung und Gleitebenennormalen und λ den Winkel zwischen Zugrichtung und Gleitrichtung angeben (Abb. 6.30a).

Man kann Gl. (6.37) so verstehen, daß die Spannung $\sigma' = \sigma \cos\kappa$ in der Gleitebene herrscht (da $\sigma' = \sigma \cdot A/A'$, mit der Querschnittsfläche $A' = A/\cos\kappa$) und $\sigma' \cos\lambda$ schließlich die Komponente von σ' in Gleitrichtung ist. Der Faktor $m = \cos\kappa \cos\lambda$ wird als Schmid-Faktor bezeichnet mit $0 \leq |m| \leq 0.5$. Die wirksame Kraft auf eine Versetzung hängt also von der Lage ihres Gleitsystems relativ zur Zugrichtung ab. Gibt es mehr als ein Gleitsystem, so haben die verschiedenen Gleitsysteme in der Regel unterschiedliche Schmid-Faktoren. Bei gegebener Zugspannung erfährt das Gleitsystem mit dem größten Schmid-Faktor die höchste Schubspannung. Versetzungsbewegung wird erfolgen, wenn die Kraft auf die Versetzung, und damit die resultierende Schubspannung einen kritischen Wert τ_0 überschreitet, dessen Berechnung wir in Abschn. 6.4.2 vornehmen werden. Diese kritische Schubspannung sollte für alle Gleitsysteme gleich sein. Das ist die Feststellung des Schmidschen Schubspannungsgesetzes. Aus Experimenten wird diese Hypothese tatsächlich bestätigt. Trägt man die gemessene Streckgrenze über $1/(\cos\kappa \cos\lambda)$ auf, so erhält man gemäß Gl. (6.37) und der Schmidschen Schubspannungshypothese eine Proportionalität, d.h. $\tau_0 = \text{const.}$ (Abb. 6.30b).

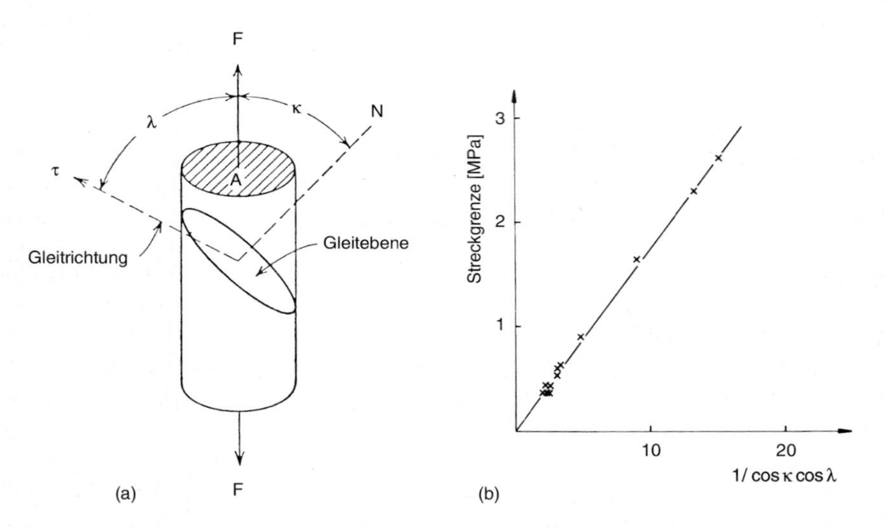

Abbildung 6.30. (a) Zur Bestimmung des Schmid-Faktors; (b) Abhängigkeit der Streckgrenze vom reziproken Schmid-Faktor (nach [6.7]).

Das Schmidsche Schubspannungsgesetz erlaubt es, die aktivierten Gleitsysteme eines Einkristalls zu bestimmen. Dasjenige Gleitsystem mit dem höchsten Schmid-Faktor wird als erstes die kritische Schubspannung erreichen und damit die plastische Verformung tragen. Betrachtet man in kubischen Kristallen alle möglichen Einkristallorientierungen (Abb. 6.31), so findet man, daß bei einer Orientierung der Zugachse parallel zu irgendeiner Orientierung innerhalb

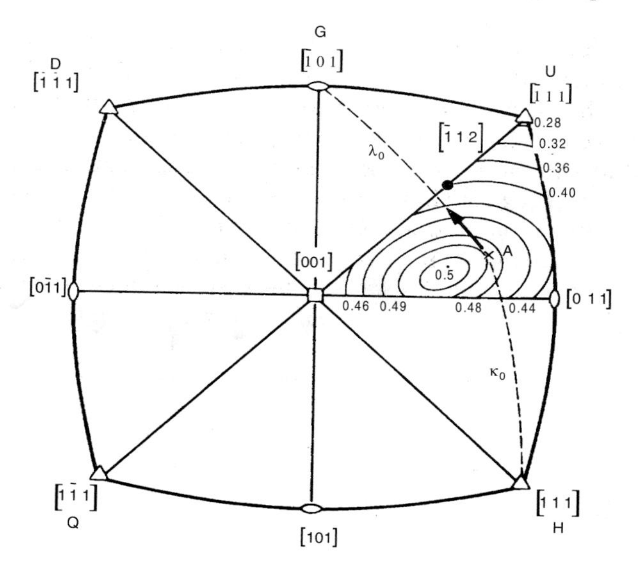

Abbildung 6.31. Stereographische Projektion mit Höhenlinien gleichen Schmid-Faktors für Zugverformung bei $\{111\}\langle110\rangle$ Gleitung. Es bezeichnen G — Gleitrichtung; H — Hauptgleitebene; D — konjugierte Gleitebene; Q — Quergleitebene; U — unerwartete Gleitebene.

des Standarddreiecks der stereographischen Projektion nur ein einziges Gleitsystem angeregt wird (Einfachgleitung). Auf den Symmetralen (001) – ($\bar{1}$11), (001) – (011), (011) – ($\bar{1}$11) haben je zwei Gleitsysteme den gleichen Schmid-Faktor (Doppelgleitung). Bei den Eckorientierungen erhält man so viele aktivierte Gleitsysteme wie Dreiecke an den Ecken zusammenstoßen, also vier Gleitsysteme für $\langle110\rangle$, sechs Gleitsysteme für $\langle111\rangle$ und acht Gleitsysteme für $\langle100\rangle$ (Mehrfachgleitung).

Die Frage nach der Größe der Streckgrenze reduziert sich damit auf die Frage nach der kritischen Schubspannung τ_0 um ein Gleitsystem zu aktivieren, d.h. nach der Kraft, um Versetzungen in diesem Gleitsystem zu bewegen. Die minimale Spannung, die erforderlich ist, um eine Versetzung zu bewegen, ist die Peierls-Spannung τ_p. In der Regel findet man aber in duktilen Werkstoffen eine kritische Schubspannung, die entweder größer ($\tau_0 > \tau_p$) oder kleiner als die Peierls-Spannung ($\tau_0 < \tau_p$), ist. Der Fall $\tau_0 < \tau_p$ erklärt sich daher, daß die Peierls-Spannung mit Hilfe der Temperaturbewegung der Atome, d.h. durch thermische Aktivierung, leichter überwunden werden kann (Abschn. 6.4.3). In solchen Werkstoffen bestimmt also die Peierls-Spannung tatsächlich die kritische Schubspannung. Ein wichtiges Beispiel sind die raumzentrierten Metalle und Legierungen. Es wurde bereits erwähnt, daß ein Material spröde ist, wenn die Streckgrenze R_p höher als die Bruchspannung σ_B ist. Da die Peierls-Spannung thermisch aktiviert überwunden werden kann, also die kritische Schubspannung mit zunehmender Temperatur abnimmt, gibt es eine

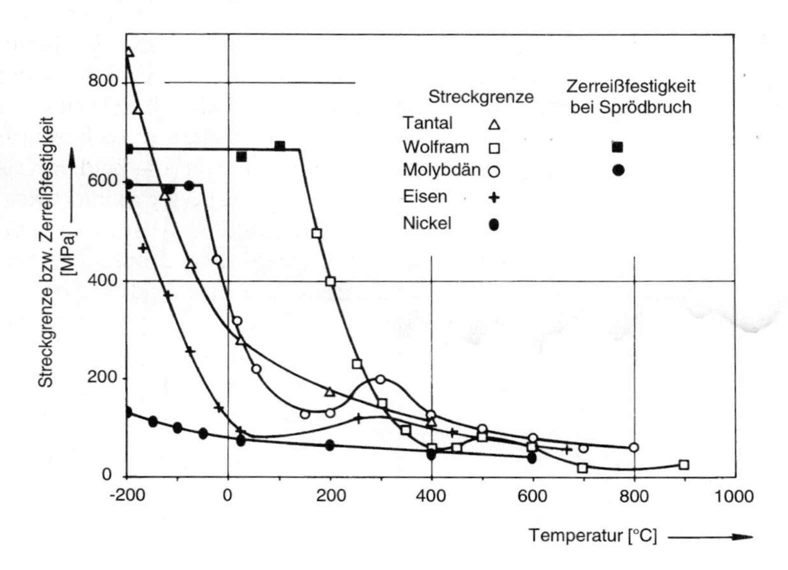

Abbildung 6.32. Streckgrenze duktiler (bzw. Zerreißgrenze spröder) krz-Metalle in Abhängigkeit von der Verformungstemperatur. Zum Vergleich das kfz-Nickel (nach [6.8]).

bestimmte Temperatur, nämlich die spröde-duktile Übergangstemperatur $T_{ü}$, oberhalb derer $R_p < \sigma_B$, und daher plastische Verformung möglich ist. Mit zunehmender Peierls-Spannung steigt die Übergangstemperatur natürlich an. Bei α-Fe beträgt sie etwa $-100°$C, bei Bi, das im weniger dichten rhomboedrischen Gitter kristallisiert, dagegen $+20°$C. Aus dem gleichen Grund werden viele keramische Werkstoffe bei hohen Temperaturen in beträchtliche Umfang plastisch verformbar.

Abb. 6.32 zeigt auch die Temperaturabhängigkeit der Streckgrenze von Ni, welches eine kfz-Kristallstruktur hat. Sowohl der Absolutwert von τ_0 als auch seine Temperaturabhängigkeit sind viel kleiner als die der krz-Metalle. Tatsächlich aber ist für Nickel wie für alle flächenzentrierten und hexagonalen Metalle $\tau_0 > \tau_p$. Offensichtlich gibt es noch andere Mechanismen, die die Versetzungsbewegung behindern. In reinen Metallen kann das nur die Wechselwirkung der Versetzungen untereinander sein, und zwar aufgrund ihres elastischen Spannungsfeldes.

6.4.2 Versetzungsmodell der kritischen Schubspannung

6.4.2.1 Elastische Eigenschaften der Versetzungen

Die Versetzung ist ein Fehler im Kristallaufbau und ihre Struktur daher ein Problem der atomistischen Anordnung. Mit dem Einbau der Versetzung ist aber auch eine Formänderung des Kristalls verbunden, die eine elastische Verspannung des Gitters verursacht. Sie läßt sich, wenn man vom Versetzungskern absieht, als elastische Verformung eines Hohlzylinders beschreiben (Abb. 6.33). In Kap. 3 haben wir die Erzeugung einer Versetzung so beschrieben, daß man einen Kristall der Länge nach halb auftrennt und die beiden Kristallteile längs der Teilebene in radialer (Stufenversetzung) oder axialer Richtung (Schraubenversetzung) verschiebt. Das Spannungsfeld im Abstand r vom Versetzungskern ist der Spannungszustand in einer dünnen Zylinderschale vom Radius r. Für die Schraubenversetzung ergibt sich in zylindrischen Koordinaten nur eine einzige Spannungskomponente, nämlich die Schubspannung in einer radialen Ebene ($\theta = \text{const.}$) in axialer Richtung z, $\tau_{\theta z}$ (Abb. 6.33, 6.34). Bei Abwicklung der Zylinderschale erkennt man die Scherung

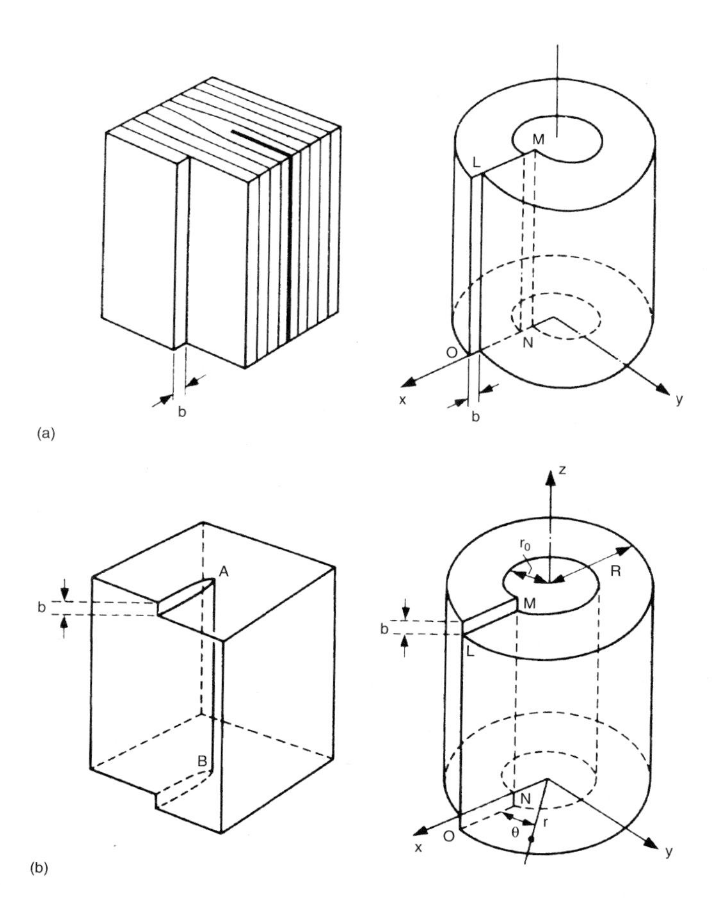

Abbildung 6.33. Versetzung und entsprechender Eigenspannungszustand. (a) Stufenversetzung; (b) Schraubenversetzung.

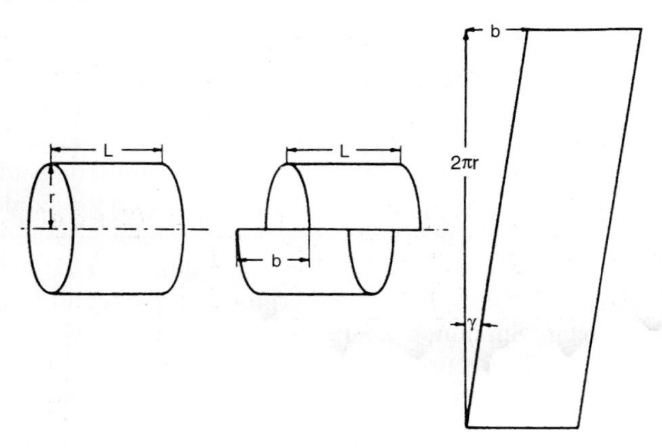

Abbildung 6.34. Zur Berechnung von Scherung und Schubspannungsfeld einer Schraubenversetzung durch Abwicklung einer dünnen Zylinderschale.

$$\gamma_{\theta z} = \frac{b}{2\pi r} \tag{6.38a}$$

und gemäß dem Hookeschen Gesetz die Schubspannung

$$\tau_{\theta z} = G\gamma_{\theta z} = \frac{Gb}{2\pi r} \tag{6.38b}$$

Der Spannungstensor lautet also in zylindrischen Koordinaten

$$\boldsymbol{\sigma}^{(s)}_{r\theta z} = \begin{bmatrix} 0 & 0 & 0 \\ 0 & 0 & \tau_{\theta z} \\ 0 & \tau_{\theta z} & 0 \end{bmatrix} \tag{6.39a}$$

und in karthesischen Koordinaten

$$\boldsymbol{\sigma}^{(s)}_{xyz} = \begin{bmatrix} 0 & 0 & \tau_{xz} \\ 0 & 0 & \tau_{yz} \\ \tau_{xz} & \tau_{yz} & 0 \end{bmatrix} \tag{6.39b}$$

wobei

$$\tau_{xz} = G\gamma_{xz} = -\frac{Gb}{2\pi}\frac{y}{x^2+y^2} \tag{6.40a}$$

$$\tau_{yz} = G\gamma_{yz} = \frac{Gb}{2\pi}\frac{x}{x^2+y^2} \tag{6.40b}$$

Bei Stufenversetzungen gestaltet sich der Spannungszustand etwas komplizierter (Abb. 6.35a). Man erhält im Gegensatz zur Schraubenversetzung neben der Schubspannungskomponente auch Normalspannungen.

$$\boldsymbol{\sigma}^{(e)}_{xyz} = \begin{bmatrix} \sigma_{xx} & \sigma_{xy} & 0 \\ \sigma_{xy} & \sigma_{yy} & 0 \\ 0 & 0 & \sigma_{zz} \end{bmatrix} \tag{6.41}$$

wobei

$$\sigma_{xx} = -\frac{Gb}{2\pi(1-\nu)} \frac{y\left(3x^2+y^2\right)}{\left(x^2+y^2\right)^2} = -\frac{Gb}{2\pi(1-\nu)} \frac{\sin\theta\,(2+\cos(2\theta))}{r} \tag{6.42a}$$

$$\sigma_{yy} = \frac{Gb}{2\pi(1-\nu)} \frac{y\left(x^2-y^2\right)}{\left(x^2+y^2\right)^2} = \frac{Gb}{2\pi(1-\nu)} \frac{\sin\theta\cdot\cos(2\theta)}{r} \tag{6.42b}$$

$$\sigma_{zz} = \nu\left(\sigma_{xx}+\sigma_{yy}\right) \tag{6.42c}$$

$$\sigma_{xy} \equiv \tau_{xy} = \frac{Gb}{2\pi(1-\nu)} \frac{x\left(x^2-y^2\right)}{\left(x^2+y^2\right)^2} = \frac{Gb}{2\pi(1-\nu)} \frac{\cos\theta\cos(2\theta)}{r} \tag{6.43}$$

Das Auftreten von Normalspannungen kann man sich anhand der atomistischen Struktur der Stufenversetzung (Abb. 3.7) klarmachen. Oberhalb der Gleitebene ist das Gitter komprimiert, es herrschen Druckspannungen, unterhalb des Versetzungskerns ist das Gitter aufgeweitet, es herrschen Zugspannungen.

Bei dieser kontinuumsmechanischen Betrachtung haben wir den Versetzungskern außer Acht gelassen, in dessen Bereich das Hookesche Gesetz wegen der großen Verzerrung nicht mehr zutrifft. Zur Abschätzung der radialen Größe r_0 des Versetzungskerns kann man die Tatsache benutzen, daß die elastischen Spannungen nicht größer als die theoretische Schubspannung werden können [Gl. (6.30)]. Im Fall der Schraubenversetzung

$$\tau\left(r_0\right) = \frac{Gb}{2\pi r_0} \approx \tau_{th} \approx \frac{G}{2\pi} \tag{6.44}$$

mit

$$r_0 \approx b \tag{6.45}$$

Der Gültigkeitsbereich der kontinuumsmechanischen Beschreibung der Versetzung erstreckt sich also praktisch bis auf einen Atomabstand vom Versetzungskern. Ähnliche Werte ergeben sich für Stufenversetzungen.

Mit dem elastischen Speichermodul ist eine elastische Energie verbunden. Betrachtet man eine Zylinderschale im Abstand R_0 von einer Stufenversetzung (Abb. 6.35b), so ist bei Erzeugung der Stufenversetzung eine Verschiebung um b längs der Gleitebene notwendig. Die elastische Energie der Versetzung ist die Arbeit, die zu ihrer Erzeugung aufgewendet werden muß. Bei Verschiebung um den Betrag ξ entsteht auf der Gleitebene ($\theta = 0$) im Abstand x vom Versetzungskern ein elastisches Eigenspannungsfeld gemäß Gl. (6.43)

$$\tau_{xy}(x) = \frac{G\xi}{2\pi(1-\nu)} \frac{1}{x} \tag{6.46}$$

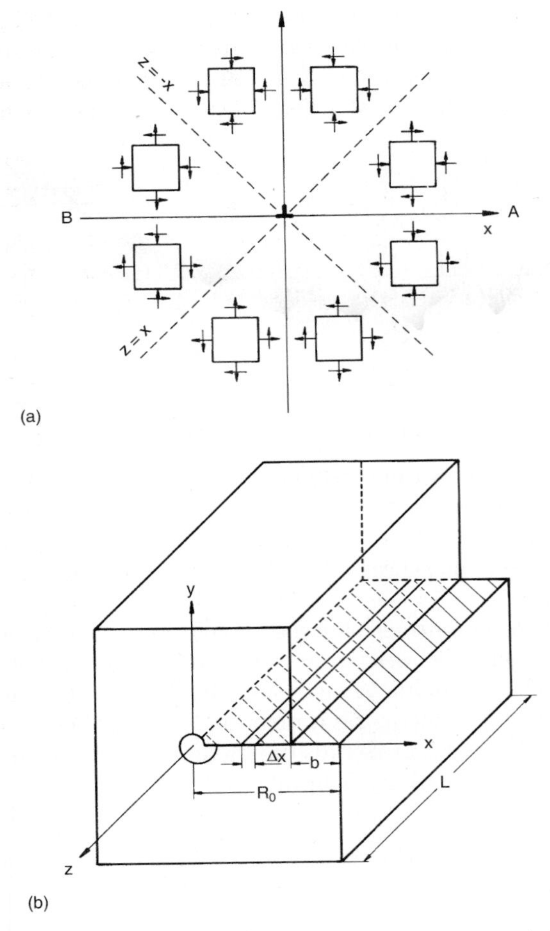

Abbildung 6.35. (a) Spannungsfeld einer Stufenversetzung; (b) zur Berechnung der Energie einer Stufenversetzung.

Auf das Flächenelement der Größe Ldx im Abstand x wirkt somit die Kraft

$$P_x = \tau_{xy} \cdot L \cdot dx = \frac{G\xi}{2\pi(1-\nu)} \frac{1}{x} L \, dx \tag{6.47}$$

Zur Verschiebung der Kristallteile entlang ihrer gesamten Gleitebene um $\xi = b$, benötigt man deshalb die Arbeit

$$E_{el} = \int_{r_0}^{R_0} \left(\int_0^b P_x(\xi) d\xi \right) dx = L \cdot \frac{Gb^2}{4\pi(1-\nu)} \int_{r_0}^{R_0} \frac{dx}{x} = L \cdot \frac{Gb^2}{4\pi(1-\nu)} \ln \frac{R_0}{r_0} \tag{6.48}$$

wobei r_0 die Größe des Versetzungskerns und R_0 die Kristallgröße angeben.

Bei dieser Betrachtung wurde die Energie des Versetzungskerns ausgeklammert. Geht man wiederum davon aus, daß im Kern die theoretische Schubspannung herrscht, so ist in elastischer Näherung die Energie des Versetzungskerns

$$\frac{E_{\text{Kern}}}{L} \cong \frac{\tau_{th}^2}{2G} \cdot \pi r_0^2 = \left(\frac{G}{2\pi}\right)^2 \frac{\pi r_0^2}{2G} \cong \frac{Gb^2}{8\pi} = \frac{Gb^2}{4\pi(1-\nu)} \tag{6.49}$$

wobei wir davon Gebrauch gemacht haben, daß die elastische Energiedichte (Energie / Volumen) bei einer Schubspannung τ gegeben ist durch $\tau^2/2G$.

Damit ergibt sich die Gesamtenergie pro Längeneinheit der Stufenversetzung

$$E^{(e)} = \frac{E_{el}}{L} + \frac{E_{Kern}}{L} = \frac{Gb^2}{4\pi(1-\nu)}\left(\ln\frac{R_0}{r_0} + 1\right) \tag{6.50}$$

Für die Schraubenversetzung erhält man entsprechend

$$E^{(s)} = \frac{Gb^2}{4\pi}\left(\ln\frac{R_0}{r_0} + 1\right) \tag{6.51}$$

Die Versetzungsenergie hängt von der Kristallgröße (R_0) ab, allerdings logarithmisch. Da das Verhältnis R_0/r_0 sehr groß ist, ändert sich $E^{(s)}$ oder $E^{(e)}$ mit R_0 nur vernachlässigbar wenig. Geht man bspw. in Kupfer von einer Korngröße von 30 μm aus, so beträgt wegen $r_0 \cong b \cong 3$Å, $R_0/r_0 = 10^5$ und $\ln R_0/r_0 \cong 11$. Bei Verdoppelung von R_0 wird $\ln R_0/r_0 \cong 13$, also nur unwesentlich größer. Wir können daher in guter Näherung für die Versetzungen pro Längeneinheit $E^{(e)} \approx E^{(s)} \equiv E^{(V)}$ schreiben

$$E^{(V)} \cong \frac{1}{2}Gb^2 \tag{6.52}$$

6.4.2.2 Wechselwirkung von Versetzungen

Über ihr elastisches Spannungsfeld treten Versetzungen miteinander in Wechselwirkung. Die Wechselwirkungskraft wird durch die Peach-Koehler-Gleichung [Gl. (6.34)] beschrieben. Betrachten wir z.B. die Wechselwirkung zwischen zwei parallelen Stufenversetzungen (Abb. 6.36), so ist die Kraft $\mathbf{K}_{12}$, die Versetzung 1 mit ihrem Spannungsfeld $\boldsymbol{\sigma}_1$ auf Versetzung 2 mit dem Burgers-Vektor $\mathbf{b}_2$ und dem Linienelement $\mathbf{s}_2$ ausübt.

$$\mathbf{K}_{12} = (\boldsymbol{\sigma}_1\ \mathbf{b}_2) \times \mathbf{s}_2 \tag{6.53}$$

Liegt die Versetzung 1 im Ursprung und parallel zur z-Richtung, so daß wegen der Parallelität $\mathbf{s} = [001]$ und $\mathbf{b}_1 = \mathbf{b}_2 = b[100]$, erhält man

$$\mathbf{K}_{12} = \begin{bmatrix} K_x \\ K_y \\ K_z \end{bmatrix} = \left(\begin{bmatrix} \sigma_{xx} & \sigma_{xy} & 0 \\ \sigma_{xy} & \sigma_{yy} & 0 \\ 0 & 0 & \sigma_{zz} \end{bmatrix} \cdot \begin{bmatrix} b \\ 0 \\ 0 \end{bmatrix}\right) \times \begin{bmatrix} 0 \\ 0 \\ 1 \end{bmatrix} = \begin{bmatrix} \sigma_{xx}b \\ \sigma_{xy}b \\ 0 \end{bmatrix} \times \begin{bmatrix} 0 \\ 0 \\ 1 \end{bmatrix} = \begin{bmatrix} \sigma_{xy}b \\ -\sigma_{xx}b \\ 0 \end{bmatrix} \tag{6.54}$$

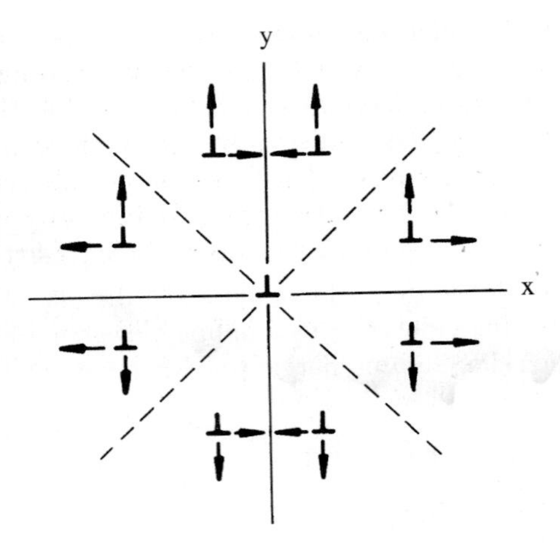

Abbildung 6.36. Kraft zwischen zwei parallelen Stufenversetzungen. Die Pfeile geben die Richtung der Kraft an, die von der ruhenden Versetzung ausgeht.

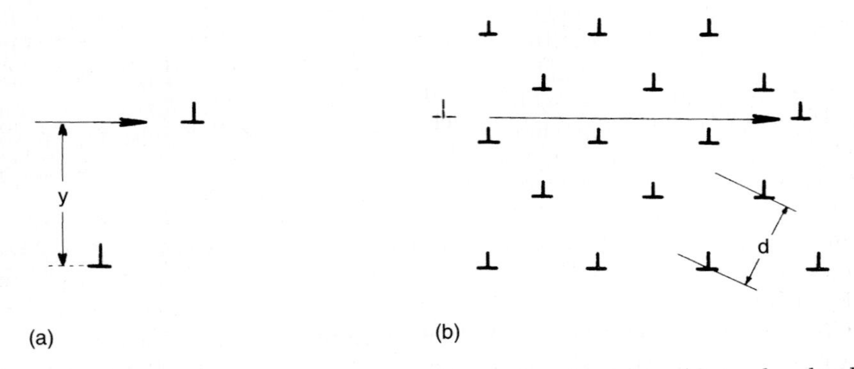

Abbildung 6.37. Zwei Versetzungen passieren einander (a) im Abstand y, der dem mittleren Abstand d der parallelen (Primär-) Versetzungen proportional ist (b).

In der Gleitebene in Gleitrichtung wirkt $K_x = \sigma_{xy} b$. Senkrecht zur Gleitebene wirkt $K_y = -\sigma_{xx} b$. Die Kraft K_y führt nicht zur Gleitung, ist aber für Mechanismen wichtig, die zum Verlassen der Gleitebene führen (Kletterprozesse; vgl. Abschn. 6.8.2). In Richtung der Versetzungslinien wirkt keine Kraft. Mit Gl. (6.54) und (6.43) schreibt sich K_x

$$K_x = \frac{Gb^2}{2\pi(1-\nu)} \frac{\cos\theta \ \cos(2\theta)}{r} \tag{6.55}$$

Die Richtung der Kraft hängt von der Position der Versetzungen relativ zueinander ab. Ist nur Versetzung 2 frei beweglich, wird sie sich in Richtung der Kraft bewegen. Unter $\theta = \pm 45°$ und $\theta = \pm 90°$ wird $K_x = 0$. Die Position bei $\theta = \pm 45^\circ$ ist allerdings metastabil, denn eine leichte Auslenkung aus der Ruhelage führt zur Abwanderung der Versetzung. Dagegen ist die Position bei $\theta = \pm 90^\circ$ stabil. Können sich daher parallele Stufenversetzungen auf parallelen Gleitebenen frei bewegen, so lagern sie sich übereinander an. Eine periodische Anordnung von vielen Versetzungen übereinander entspricht der Struktur einer symmetrischen Kleinwinkel-Kippkorngrenze (vgl. Kap. 3), die insbesondere bei Erholungsprozessen durch Umlagerung von Versetzungen gebildet wird (vgl. Kap. 7).

K_x ist aber auch die Kraft, die eine Versetzung während ihrer Bewegung bei der plastischen Verformung von Versetzungen auf parallelen Gleitsystemen erfährt. Zur weiträumigen Bewegung der Versetzung muß diese Kraft K_x überwunden werden, genauer formuliert K_x^{max}, da K_x von der Position der beweglichen Versetzung abhängt. Da $\sigma_{xy} = K_x/b \sim Gb/r$, muß eine Schubspannung der Größenordnung

$$\tau_{pass} = \alpha_1 \frac{Gb}{d} = \alpha_1 Gb\sqrt{\rho_p} \tag{6.56}$$

aufgewendet werden, wobei α_1 ein Geometriefaktor und $d = 1/\sqrt{\rho_p}$ der mittlere Abstand der parallelen primären Versetzungen ist (Abb. 6.37). Da τ_{pass} die Schubspannung ist, um eine Versetzung an parallelen Versetzungen vorbeizuführen, wird τ_{pass} als Passierspannung bezeichnet.

Die Passierspannung ist aber nicht das einzige Hindernis, das eine bewegliche Versetzung überwinden muß. Durch die primäre Gleitebene stoßen Versetzungen von nichtparallelen (sekundären) Gleitsystemen hindurch, welche von den beweglichen primären Versetzungen geschnitten werden müssen. Beim Schneidprozeß werden in den schneidenden und geschnittenen Versetzungen Stufen erzeugt von Richtung und Länge des Burgers-Vektor der jeweils anderen Versetzung (Abb. 6.38). Dabei sind zwei Arten von Stufen zu unterscheiden, nämlich solche, die in der Gleitebene liegen, sog. Kinken, die durch Gleitung der Versetzung wieder beseitigt werden können und solche, die nicht in der Gleitebene liegen, sog. Sprünge, die bei Weiterbewegung der Versetzung zur Bildung von Versetzungsdipolen führen (Abb. 6.38a,γ). Nur im Sonderfall, wenn ein Burgers-Vektor in Richtung der anderen Versetzungslinie liegt, entsteht keine Stufe in einer der beteiligten Versetzungen. Da so immer zumindest eine Stufe entsteht, ist mit dem Schneidprozeß eine Energieerhöhung der betreffenden Versetzung verbunden, nämlich um die Energie der Versetzungsstufe $1/2Gb^2 \cdot b$. Diese Energie muß durch die vom äußeren Spannungsfeld verrichtete Arbeit aufgebracht werden und zwar auf dem Wege der Länge b, bei dem die Stufe erzeugt wird. Ist die mittlere freie Versetzungslänge ℓ_w, so beträgt die am Ort des Schneidens wirkende Kraft $K = \tau_S b\ell_w$ und folglich die Energiebilanz

$$\tau_S \; b\ell_w \cdot b = \frac{1}{2}Gb^2 \cdot b \tag{6.57a}$$

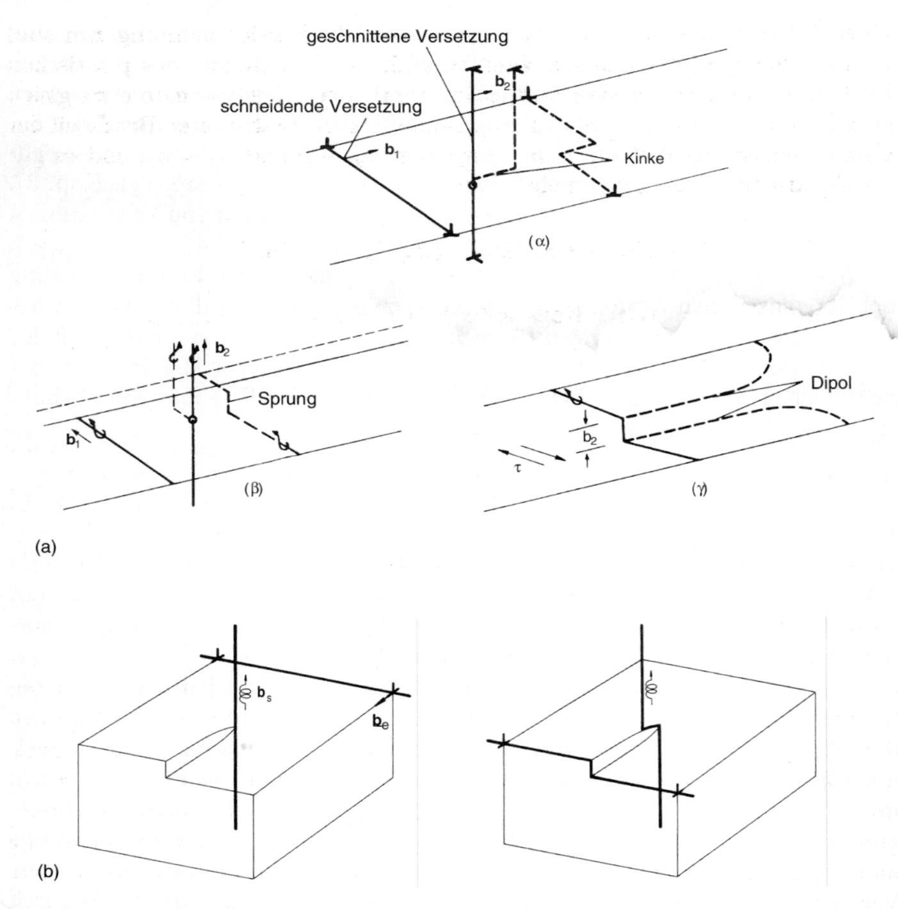

Abbildung 6.38. (a) Stufenbildung durch Schneidprozesse, (α) zwei Kinken; (β) ein Sprung; (γ) Dipolbildung an einem Sprung. (b) Zur Verdeutlichung der Sprungbildung beim Schneiden von Stufe und Schraube.

Somit folgt für die Schneidspannung τ_S:

$$\tau_S = \frac{1}{2}\frac{Gb}{\ell_w} \tag{6.57b}$$

Die mittlere freie Versetzungslänge ist aber der mittlere Abstand der durch die Gleitebene hindurchstoßenden Versetzungen. Sie gehören nicht zum primären Gleitsystem und werden deshalb Sekundärversetzungen, oder Waldversetzungen (in der Vorstellung, daß sie der Primärversetzung wie Bäume eines Versetzungswaldes erscheinen) bezeichnet. Ist die Dichte der Waldversetzungen ρ_w, so gilt $\rho_w = 1/\ell_w^2$ oder

$$\tau_S = \frac{1}{2}Gb\sqrt{\rho_w} \tag{6.58}$$

Es ergibt sich eine ähnliche Beziehung wie für die Passierspannung, nur sind die betreffenden Versetzungsdichten verschieden. Vor Beginn des plastischen Fließens sollte aber die Versetzungsdichte auf allen Gleitsystemen etwa gleich groß sein, d.h. sowohl ρ_w als auch ρ_p sind stets ein bestimmter Bruchteil der Gesamtversetzungsdichte $\rho = \rho_w + \rho_p$ (d.h. $\rho_w \sim \rho$ und $\rho_p \sim \rho$), und es gilt für die kritische Schubspannung

$$\tau_0 = \alpha_1 \, Gb\sqrt{\rho_p} + \frac{1}{2}Gb\sqrt{\rho_w} = \alpha \, Gb\sqrt{\rho} \tag{6.59}$$

wobei α eine geometrische Konstante der Größenordnung 0.5 ist.

6.4.3 Thermisch aktivierte Versetzungsbewegung

Die gemessenen kritischen Schubspannungen sind in der Regel kleiner als die nach Gl. (6.35) bzw. Gl. (6.59) berechneten Werte. Der Grund dafür liegt in der Vernachlässigung der thermischen Aktivierung bei der theoretischen Betrachtung, obwohl die Messungen bei Umgebungstemperatur, d.h. $T \gg 0\text{K}$, vorgenommen werden. Die Dynamik der Verformung wird durch Gl. (6.31a) (Orowangleichung) beschrieben: $\dot{\gamma} = \rho_m bv$, wobei ρ_m die bewegliche Versetzungsdichte und v die Versetzungsgeschwindigkeit bedeuten. Allerdings ist v dabei nur ein Mittelwert, denn die Versetzungsbewegung wird ja von Hindernissen beeinflußt. Bringen wir die in Gl. (6.35) und Gl. (6.59) berechneten Spannungen an, so könnten die Versetzungen die Hindernisse direkt überwinden. Das ist aber nicht notwendig. Vielmehr verläuft die Versetzungsbewegung unstetig, indem die Versetzung zwischen den Hindernissen frei läuft (Zeit t_m) und vor den Hindernissen wartet (Zeit t_w), bis durch die Temperaturbewegung eine Überwindung des Hindernisses bei der wirksamen Schubspannung möglich ist. Ist der Abstand zwischen den Hindernissen ℓ, so ist die mittlere Versetzungsgeschwindigkeit

$$v = \frac{\ell}{t_m + t_w} \approx \frac{\ell}{t_w} \tag{6.60}$$

weil $t_m \ll t_w$. Wie in Kap. 5 behandelt ist

$$\frac{1}{t_w} = \nu_D \; e^{\left(-\frac{\Delta G(\tau)}{\text{kT}}\right)} \tag{6.61}$$

und mit Gl. (6.31a)

$$\dot{\gamma} = \dot{\gamma}_0 \; e^{-\left(\frac{\Delta G(\tau)}{\text{kT}}\right)} \tag{6.62}$$

wobei ν_D die Schwingungsfrequenz der Versetzung und $\Delta G(\tau)$ die Aktivierungsenergie zur Überwindung des Hindernisses bei der angelegten Schubspannung τ angeben.

Ist das Hindernis der Versetzungsbewegung die Überwindung der Peierls-Spannung, so vereinfacht die Natur den Vorgang dadurch, daß die Versetzung

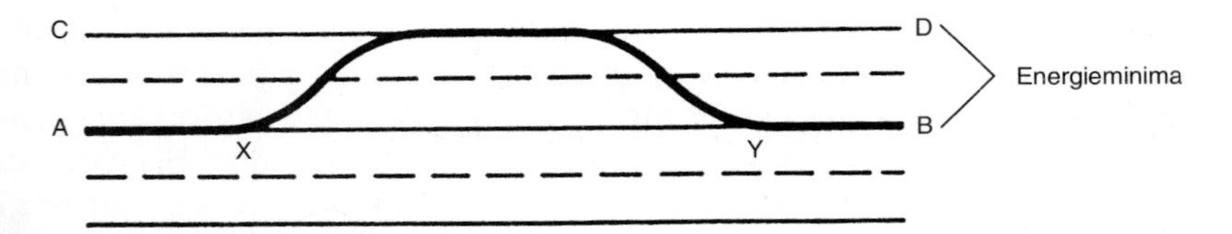

Abbildung 6.39. Schematische Darstellung der Bildung einer Doppelkinke.

zunächst ein Teilstück ihrer Gesamtlänge über den „Peierlsberg" wirft (Abb. 6.39). Dadurch entstehen zwei Kinken, die infolge der anliegenden Schubspannung auseinandergetrieben werden, bis die gesamte Versetzungslinie um einen Burgers-Vektor gewandert ist. Die Aktivierungsenergie ist dabei ein Mittelwert aus Linienenergie $E_L \cong 1/2Gb^2$ und Peierlsenergie (E_P) und berechnet sich zu

$$\Delta G(0) = \frac{4b}{\pi}\sqrt{E_p\ E_L} \tag{6.63}$$

Peierlsspannung τ_P und Peierlsenergie E_P sind verbunden durch

$$\tau_p = \frac{2\pi}{b^2}E_p \tag{6.64}$$

Ohne äußere Spannung muß also die Aktivierungsenergie

$$\Delta G(0) = \frac{4b}{\pi}\cdot\frac{b}{\sqrt{2\pi}}\cdot\sqrt{\tau_p}\cdot\sqrt{E_L} \tag{6.65a}$$

aufgebracht werden. Bei Anlegen einer Spannung $\tau < \tau_P$ reduziert sich aber die notwendige thermische Aktivierung auf den noch fehlenden Betrag $\tau_P - \tau$, so daß nur noch

$$\Delta G(\tau) = \frac{4b}{\pi}\cdot\frac{b}{\sqrt{2\pi}}\cdot\sqrt{\tau_p - \tau}\cdot\sqrt{E_L} \tag{6.65b}$$

aufgebracht werden muß. Mit Gl. (6.62) und Gl. (6.65b) erhält man schließlich für die kritische Schubspannung bei einer Temperatur T und der Abgleitgeschwindigkeit $\dot{\gamma}$

$$\tau = \tau_p - AT^2\left(\ln\frac{\dot{\gamma}}{\dot{\gamma}_0}\right)^2 \tag{6.66}$$

mit A als Konstante.

Die kritische Schubspannung entspricht also bei $T = 0$K der Peierlsspannung $\tau_P = \tau$ und nimmt bei zunehmender Temperatur mit T^2 ab. Die kritische Schubspannung in krz-Metallen und Kristallstrukturen geringer Symmetrie, bei denen die Überwindung der Peierlsspannung die kritische Schubspannung bestimmt, ist also stark von der Temperatur abhängig (Abb. 6.32).

In kfz und hexagonalen Metallen ist die berechnete Peierlsspannung viel kleiner als die gemessene kritische Schubspannung. Hier wird τ_0 durch das

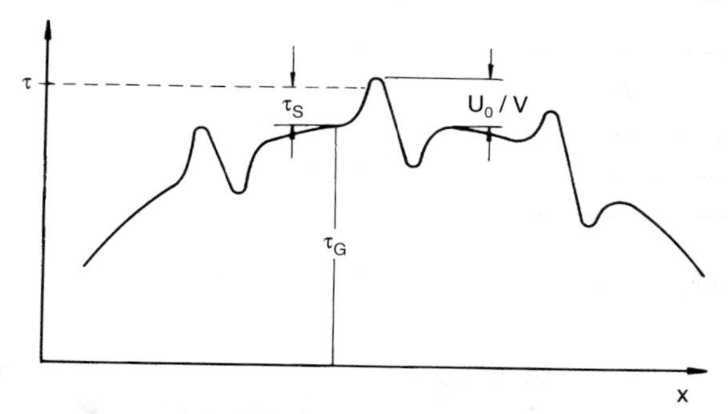

Abbildung 6.40. Spannungsprofil auf der Gleitebene einer Versetzung.

Passieren und Schneiden der anderen eingewachsenen Versetzungen bestimmt. Dazu ist zu bemerken, daß auch sorgfältig gezüchtete Einkristalle oder lange geglühte Vielkristalle immer noch eine Versetzungsdichte von etwa $10^{10}/\mathrm{m}^2$ aufweisen, was eine Folge des Kristallwachstumsprozesses bei Erstarrung oder Rekristallisation ist. Die Passierspannung ist aufgrund der Abhängigkeit $\tau_{xy} \sim 1/r$ des Schubspannungsfeldes der Versetzungen ein langreichweitiges Spannungsfeld. Die damit verbundene Aktivierungsenergie ist so groß, daß

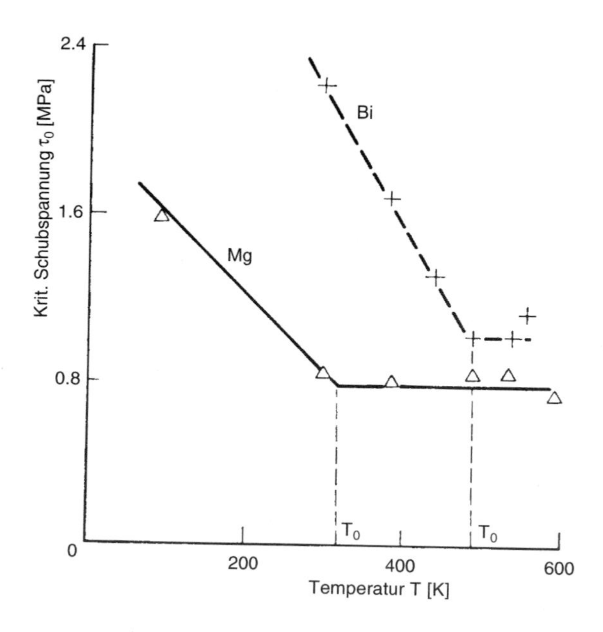

Abbildung 6.41. Kritische Schubspannung in Abhängigkeit von der Temperatur von hexagonalem Mg und Bi (nach [6.9]).

unterhalb des Schmelzpunktes keine nennbare thermische Aktivierung stattfindet. Die Passierspannung hängt deshalb von der Temperatur nur geringfügig ab, nämlich nur über die Temperaturabhängigkeit des Schubmoduls G [s. Gl.(6.56)] und wird auch als athermische Fließspannung oder τ_G bezeichnet. Zusätzlich zu τ_G muß aber auch die Schneidspannung τ_S überwunden werden, die eine kurzreichweitige Spannung ist, da sie nur während des Schneidprozesses, also längs eines Atomabstandes wirken muß. Im ungünstigsten Fall überlagern sich τ_G und τ_S, so daß gilt:

$$\tau_0 = \tau_G + \tau_S \tag{6.67}$$

Bei einer angelegten Spannung τ hilft also nur der Teil $\tau - \tau_G$ beim Schneidprozeß. Die Aktivierungsenergie ist nach Gl. (6.57a) $\Delta G^0 = 1/2Gb^3$, die sich um die von außen geleistete Arbeit $(\tau_S b^2 \ell_w)$ verringert. Bezeichnen wir mit $b^2\ell_w = V$ das sog. Aktivierungsvolumen, so wird mit Gl. (6.62)

$$\dot{\gamma} = \dot{\gamma}_0 \exp\left[-\frac{\Delta G^0 - (\tau_0 - \tau_G)\,V}{\mathrm{kT}}\right]$$

oder

$$\tau_0 = \tau_G + \frac{1}{V}\left[\Delta G^0 + \mathrm{kT}\left(\ln\frac{\dot{\gamma}}{\dot{\gamma}_0}\right)\right] \tag{6.68}$$

Aus Gl. (6.68) wird verständlich, daß τ_0 nur wenig von der Temperatur abhängt (Abb. 6.40), da nur der Anteil τ_S thermisch aktivierbar ist. Bei genügend hoher Temperatur genügt $\tau_0 \approx \tau_G$, um die Versetzung zu bewegen. Dann verläuft der Schneidprozeß vollständig thermisch aktiviert ($\Delta G(\tau) = \Delta G^0$). In diesem Fall ist $\tau_0 = \tau_G$ von der Temperatur unabhängig (Abb. 6.41). Bei sehr hohen Temperaturen, d.h. oberhalb des halben Schmelzpunktes, setzen andere, diffusionsgesteuerte Prozesse ein, die eine plastische Verformung auch bei $\tau < \tau_G$ ermöglichen (vgl. Abschn. 6.8).

6.5 Verformung und Verfestigung von kfz-Einkristallen

6.5.1 Geometrie der Verformung

Die kristallographische Gleitung ist eine Scherverformung. Bei einem reinen Scherversuch parallel zum Gleitsystem eines Einkristalls ändert sich die Orientierung nicht (Abb. 6.11b). Beim einachsigen Zugversuch oder Druckversuch dagegen muß zusätzlich zur Scherung noch eine Rotation erfolgen, damit die Probe in Zugrichtung ausgerichtet bzw. parallel zu den Druckplatten bleibt. Mit der Verformung ist deshalb eine Orientierungsänderung des Kristalls bezüglich der Zug- oder Druckrichtung verbunden. Bei der Zugverformung rotiert der Kristall derart, daß die Gleitrichtung sich der Zugrichtung nähert. Entsprechend rotiert im Druckversuch die Gleitebenennormale in Richtung

Druckachse. Zur Darstellung in der stereographischen Projektion ist es einfacher, die Rotation der Zugachse (bzw. Druckachse) relativ zum Kristallgitter zu beschreiben. Danach bewegt sich die Zugachse auf einem Großkreis von ihrer Ausgangsorientierung in die Gleitrichtung (Abb. 6.42a,b). Die Druckachse folgt dem Großkreis zwischen Ausgangsorientierung und Gleitebenennormale (Abb. 6.42c). Im folgenden beschränken wir die Betrachtung auf Zugverformung. Druckverformung folgt ganz analog. Bei mehr als einem Gleitsystem (Doppelgleitung, Mehrfachgleitung) erfolgt die Rotation bei Zug in die resultierende Gleitrichtung, das ist die Resultierende (Vektorsumme) aus beiden Gleitrichtungen. Bei den Eckorientierungen $\langle 100 \rangle$, $\langle 110 \rangle$, $\langle 111 \rangle$ stimmt die resultierende Gleitrichtung mit der Ausgangsorientierung überein. Einkristalle dieser Orientierungen sollten ihre Orientierung bei der Zugverformung nicht ändern. Für $\langle 111 \rangle$ und $\langle 100 \rangle$ orientierte Kristalle wird das auch tatsächlich beobachtet. Dagegen verhalten sich $\langle 110 \rangle$ orientierte Kristalle instabil.

Innerhalb eines stereographischen Dreiecks hat ein einziges Gleitsystem den größten Schmid-Faktor, so daß Einfachgleitung (nur ein Gleitsystem) vorherrscht. Bei Einfachgleitung liegt die Gleitrichtung in einem anderen stereographischen Dreieck als die Ausgangslage der Zugachse (Abb. 6.42a). Deshalb bewegt sich die Zugachse in Richtung der $[001]-[\bar{1}11]$ Symmetralen. Erreicht durch Orientierungsänderung bei der Verformung die Zugachse den Rand des Standarddreiecks, so tritt ein zweites (sekundäres oder konjugiertes) Gleitsystem auf, wodurch sich die resultierende Gleitrichtung von $[\bar{1}01]$ auf $[\bar{1}12]$ ändert ($[\bar{1}01] + [011] = [\bar{1}12]$). Entsprechend wandert die Orientierung der Stabachse auf die $[\bar{1}12]$-Richtung zu, die sie theoretisch bei unendlich großer Verformung erreichen würde. Liegt die Ausgangsorientierung der Stabachse auf dem Großkreis $[\bar{1}01] - [011]$, so stößt die Orientierung der Stabachse bei Erreichen der Symmetralen direkt auf die $[\bar{1}12]$-Richtung und ändert folglich danach ihre Richtung nicht mehr.

In der Regel findet man leichte Abweichungen von diesem idealen Verhalten derart, daß bei Erreichen der Symmetralen das primäre Gleitsystem zunächst weiter allein aktiv bleibt, so daß die Stabachse über die Symmetrale „hinausschießt“ (Abb. 6.42b).

Je weiter sie sich allerdings auf die primäre Gleitrichtung zubewegt (hier: $[\bar{1}01]$), desto kleiner wird der Schmid-Faktor des primären Gleitsystems, so daß schließlich das konjugierte Gleitsystem aktiviert wird und die Orientierung der Stabachse zur Symmetralen zurückkehrt. Dieses „Überschießen“ kann nur als latente Verfestigung verstanden werden, d.h. auch die sekundären Gleitsysteme werden bei Betätigung des primären Gleitsystems verfestigt.

Die Orientierungsänderung des Einkristalls während der Verformung macht es nötig, nicht nur die Änderung von Länge und Querschnitt, sondern auch die Änderung des Schmid-Faktors mit der Verformung zu berücksichtigen, um aus den $\sigma - \varepsilon$-Werten die Schubspannungs-Abgleitungs-Kurven $\tau(\gamma)$ zu berechnen. Dazu ist es nötig, $\lambda(\varepsilon)$ und $\kappa(\varepsilon)$ in Gl. (6.37) zu bestimmen. Aus der Gleitgeometrie (Abb. 6.43) folgt

$$\frac{\ell}{\ell_0} = 1 + \varepsilon = \frac{\sin \lambda_0}{\sin \lambda} = \frac{\cos \kappa_0}{\cos \kappa} \tag{6.69}$$

wobei λ_0 und κ_0 die betreffenden Winkel der Ausgangsorientierung und λ und κ die entsprechenden Winkel der Orientierung nach der Dehnung ε sind. Damit erhält man für die Schubspannung

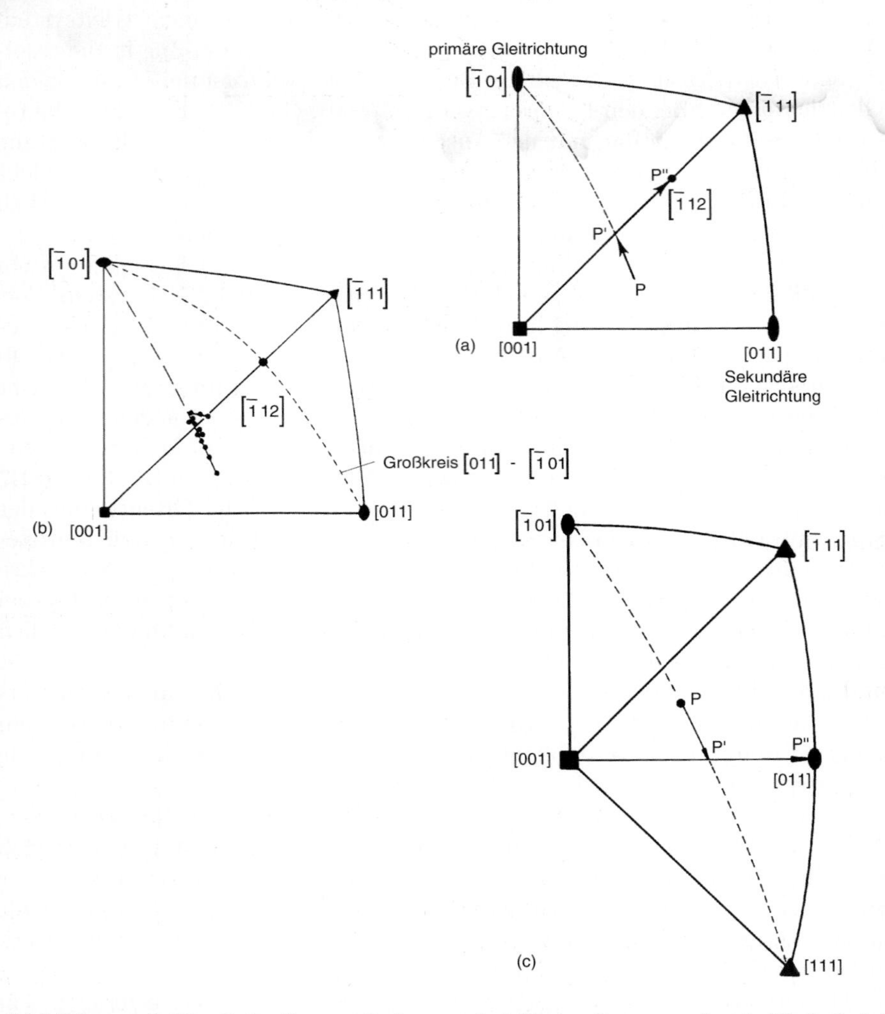

Abbildung 6.42. Orientierungsänderung bei Zugverformung durch Einfachgleitung. (a) theoretisch; (b) experimentell (mit „Überschießen"); (c) Orientierungsänderung im Druckversuch.

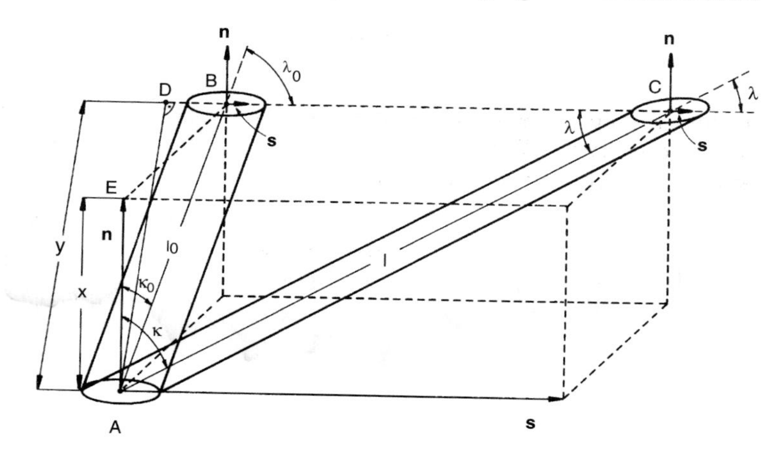

Abbildung 6.43. Zur Geometrie der Orientierungsänderung durch Einfachgleitung. AEB: $x/\ell_0 = \cos\kappa_0$; AEC: $x/\ell = \cos\kappa$; ADB: $y/\ell_0 = \sin\lambda_0$; ADC: $y/\ell = \sin\lambda$.

$$\begin{aligned}\tau = \sigma_w \cos\kappa\cos\lambda &= \sigma_w \cdot \frac{\cos\kappa_0}{1+\varepsilon} \cdot \sqrt{1 - \frac{\sin^2\lambda_0}{(1+\varepsilon)^2}} \\ &= \sigma_w \cdot \frac{\cos\kappa_0}{(1+\varepsilon)^2}\sqrt{(1+\varepsilon)^2 - \sin^2\lambda_0} \end{aligned} \quad (6.70)$$

Die Abgleitung berechnet sich über die Verformungsarbeit $\tau d\gamma = \sigma_w \cdot d\varepsilon_w$ aus

$$d\gamma = \frac{d\varepsilon_w}{\cos\kappa\cdot\cos\lambda} = \frac{\frac{d\varepsilon}{(1+\varepsilon)}}{\cos\kappa\cdot\cos\lambda} = \frac{(1+\varepsilon)d\varepsilon}{\cos\kappa_0\sqrt{(1+\varepsilon)^2 - \sin^2\lambda_0}} \quad (6.71a)$$

und durch Integration

$$\begin{aligned}\gamma = \int_0^\gamma d\gamma &= \int_0^\varepsilon \frac{\frac{d\varepsilon}{(1+\varepsilon)}}{\cos\kappa\cdot\cos\lambda} \\ &= \frac{1}{\cos\kappa_0}\left[\sqrt{(1+\varepsilon)^2 - \sin^2\lambda_0} - \cos\lambda_0\right] \end{aligned} \quad (6.71b)$$

Die Gleichungen verkomplizieren sich, wenn ε so groß wird, daß die Symmetrale erreicht wird und Doppelgleitung einsetzt.

Der Erfolg des Schmidschen Schubspannungsgesetzes (s. Abschn. 6.4.1) zur Erklärung der Orientierungsabhängigkeit der Streckgrenze hat zu der Vermutung Anlaß gegeben, daß vielleicht auch die Orientierungsabhängigkeit der Einkristall-Verfestigungskurven verschwindet, wenn man $\tau(\gamma)$ statt $\sigma(\varepsilon)$ aufträgt. Dieses „erweiterte Schmidsche Schubspannungsgesetz“ hat sich allerdings nicht bestätigt. Die Schubspannungs-Abgleitungs-Kurven von Einkristallen unterschiedlicher Orientierung sind durchaus sehr verschieden (Abb. 6.44), obwohl im Charakter ähnlich.

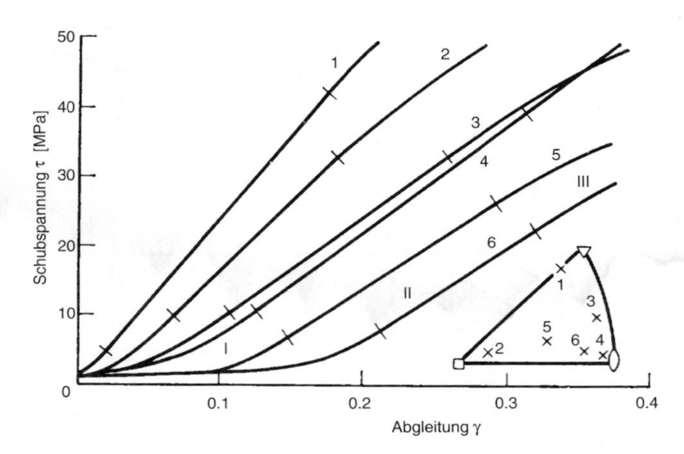

Abbildung 6.44. Verfestigungskurven von zugverformten Kupfer-Einkristallen verschiedener Orientierung (nach [6.10]).

6.5.2 Versetzungsmodelle der Verformungsverfestigung

Für Einkristalle, die sich durch Einfachgleitung verformen, erhält man eine idealisierte Verfestigungskurve, wie sie in Abb. 6.45 wiedergegeben ist. Abgesehen vom elastischen Bereich kann man drei Bereiche unterscheiden.

- Bereich I: (Easy-Glide-Bereich) Geringer Verfestigungskoeffizient.
- Bereich II: Große lineare Festigkeitszunahme, $\theta_{II} = d\tau/d\gamma \approx G/300$.
- Bereich III: Abnahme des Verfestigungskoeffizienten $d\tau/d\gamma$ (dynamische Erholung).

Die Verfestigungskurve ist folgendermaßen zu interpretieren. Bereich I ist dadurch gekennzeichnet, daß Versetzungen nach Erreichen von τ_0 lange Wege zurücklegen können und teilweise den Kristall verlassen. Nur wenige Versetzungen werden im Kristall gespeichert. Infolge langreichweitiger Spannungen durch steckengebliebene Versetzungen kommt es aber lokal auch zur Versetzungsbewegung in sekundären Gleitsystemen, zwar ohne großen Beitrag zur Dehnung, aber mit großem Einfluß auf die Festigkeit. Dadurch wird das Ende des Bereichs I herbeigeführt. Zur Vermeidung von Mißverständnissen sei darauf hingewiesen, daß das Ende des Bereichs I erreicht wird, lange bevor die Orientierung der Zugachse auf die Symmetrale {100}-{111} trifft, bei der das konjugierte Gleitsystem aktiviert wird und damit Doppelgleitung — d.h. auf zwei Gleitsystemen gleichzeitig — einsetzt. Der Beginn des Bereichs II und die Betätigung des konjugierten Gleitsystems stehen nicht im Zusammenhang.

Der Bereich II ist dadurch gekennzeichnet, daß die Versetzungen auf sekundären Systemen mit den primären Versetzungen reagieren und unbewegliche Versetzungen erzeugen können (sog. Lomer- oder Lomer-Cottrell-Locks,

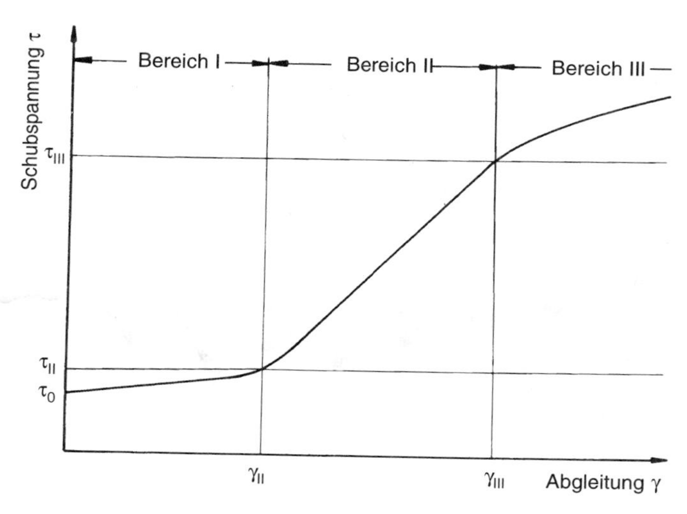

Abbildung 6.45. Schematische Verfestigungskurve von kfz-Einkristallen orientiert für Einfachgleitung.

Abb. 6.46), die von nachfolgenden Versetzungen nicht überwunden werden können. Nachfolgende Versetzungen bleiben deshalb im Kristall stecken, werden also immobilisiert, tragen aber zu einer weiteren Erhöhung der inneren Spannungen und deshalb zu weiterer Aktivität von sekundären Systemen bei. Für jede immobilisierte Versetzung muß aber eine neue, bewegliche Versetzung erzeugt werden, um die aufgezwungene Verformungsgeschwindigkeit bspw. beim Zugversuch aufrechtzuerhalten. Auf diese Weise steigt die Versetzungsdichte im Bereich II stark an, wodurch ebenfalls die Passierspannung τ_{pass} Gl. (6.56) und die Schneidspannung τ_S Gl. (6.57b) d.h. die

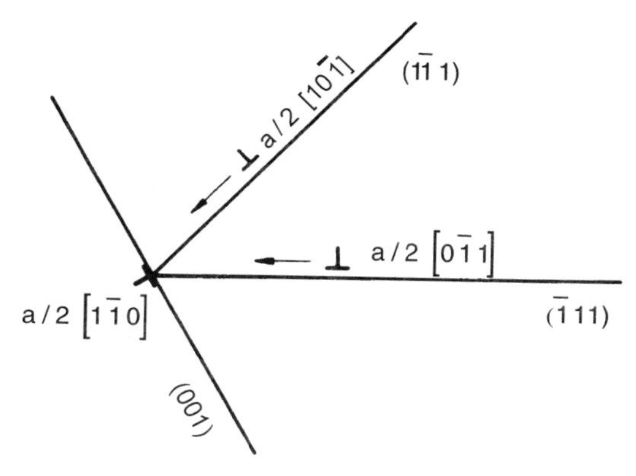

Abbildung 6.46. Lomer-Reaktion. Die Versetzung auf der (001)-Ebene ist unbeweglich.

zum Aufrechterhalten des Fließens notwendige Spannung, die Fließspannung: $\tau = \tau_{pass} + \tau_S = \alpha G b \sqrt{\rho}$ stark zunimmt. Der Einkristall verfestigt sich (Abb. 6.47). Der Verfestigungskoeffizient θ_{II} im Bereich II ist nahezu unabhängig von der Kristallorientierung oder sogar Kristallstruktur etwa

$$\theta_{\mathrm{II}} = \left.\frac{d\tau}{d\gamma}\right|_{\mathrm{II}} \approx \frac{G}{300} \tag{6.72}$$

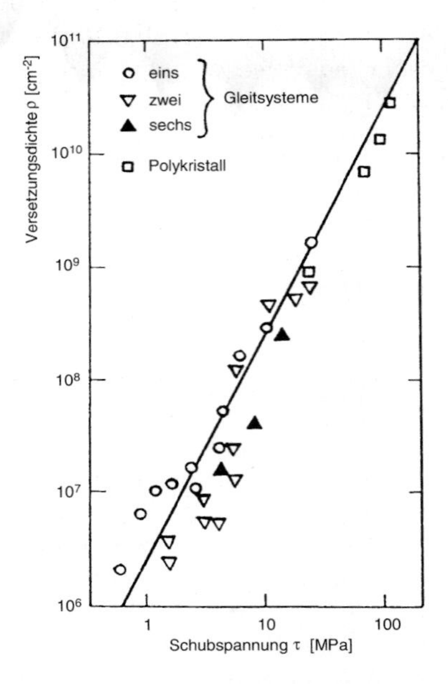

Abbildung 6.47. Zusammenhang von Fließspannung und Versetzungsdichte (nach [6.11]).

Man kann Gl. (6.72) stark vereinfacht folgendermaßen verstehen. Betrachtet man über einen kleinen Zeitraum die Versetzungsbewegung, so werden Versetzungen der Dichte $d\rho$ erzeugt, die nach Durchlaufen eines Weges L immobilisiert werden. L ist aber dem Abstand der Hindernisse proportional, also $L = \beta/\sqrt{\rho}$. Mit Gl. (6.31b) und Gl. (6.59) erhält man

$$d\tau = \alpha G b \frac{d\rho}{2\sqrt{\rho}} \tag{6.73}$$

$$d\gamma = \frac{\beta b}{\sqrt{\rho}} d\rho \tag{6.74}$$

$$\frac{d\tau}{d\gamma} = \frac{\alpha}{\beta} \frac{G b \sqrt{\rho}}{b 2 \sqrt{\rho}} = \frac{\alpha}{2\beta} G \tag{6.75}$$

Aus Messungen ist bekannt, daß der Laufweg der Versetzungen etwa um einen Faktor 10^2 größer ist als der mittlere Versetzungsabstand, d.h. $\beta \approx 100$. Mit $\alpha \approx 0.6$ ergibt sich $\theta_{II} \approx G/300$, dem gemessenen Wert.

Die Versetzungsdichte steigt im Bereich II stark an, wie die Fließspannungszunahme belegt (Abb. 6.47). Woher kommen diese Versetzungen? Bisher haben wir nur schematisch den Fall der Erzeugung von Versetzungen an Oberflächen betrachtet. Wegen der im Verhältnis zur Probendicke kleinen Laufwege muß die Nachlieferung von Versetzungen aber auch aus dem Inneren des Kristalls erfolgen können. Dazu dienen Versetzungsquellen, wovon die bekannteste die Frank-Read-Quelle ist (Abb. 6.48). Die Ruhekonfiguration der Quelle besteht aus einem beweglichen Versetzungsstück der Länge ℓ_0 in einer Gleitebene, was bspw. durch Quergleitung erzeugt sein könnte (s. unten). Unter Anlegen einer geeigneten Schubspannung krümmt sich das Versetzungsstück, wobei der Krümmungsradius R von der Schubspannung τ abhängt

$$R = \frac{Gb}{2\tau} \tag{6.76}$$

Der Krümmungsradius ist am kleinsten und entsprechend die dazu notwendige Spannung am größten, wenn $R = \ell_0/2$. Dann ist die geometrische Form der gekrümmten Versetzung ein Halbkreis. Bei weiterer Bewegung der Versetzung wird der Krümmungsradius wieder größer und damit die dazu notwendige Spannung wieder kleiner. Deshalb vergrößert sich bei Anliegen der Schubspannung

$$\tau_0 = \frac{Gb}{\ell_0} \tag{6.77}$$

der Halbkreis von selbst und bildet schließlich einen geschlossenen Ring mit dem Stück Versetzungslinie der Länge ℓ_0 in der Mitte. Der Ring breitet sich unter der anliegenden Spannung aus, und ein weiterer Ring entsteht. So produziert eine Frank-Read-Quelle viele Versetzungsringe und liefert freie Versetzungen nach. Allerdings üben die Versetzungsringe eine Rückspannung auf die Quelle aus, die der wirkenden Schubspannung entgegengesetzt ist. Ist die Rückspannung groß genug, so versiegt die Quelle unter der angelegten Spannung. Ebenso kann eine Quelle versiegen, wenn die Quellversetzung durch Reaktion mit anderen Versetzungen, bswp. bei Durchschneiden einer Waldversetzung, die freie Länge ℓ_0 verkleinert wird, wodurch die angelegte Spannung nicht mehr ausreicht, das kurze Versetzungsstück bis zur kritischen Halbkreiskonfiguration zu krümmen. Die Anordnung der Versetzungslinie ist nur kreisförmig, wenn die Linienenergie der Versetzung nicht von der räumlichen Lage der Versetzung abhängt. Verläuft die Versetzungslinie bevorzugt entlang bestimmter kristallographischer Richtungen, so gibt es Abweichungen von der Kreisform, wie Abb. 6.48 am Beispiel von Silizium zeigt. Die Versetzungslinie verläuft hier stückweise gerade, nämlich entlang von $\langle 110 \rangle$-Richtungen auf der $\{111\}$-Gleitebene. Dadurch wird die Wirkungsweise der Quelle aber prinzipiell nicht beeinflußt.

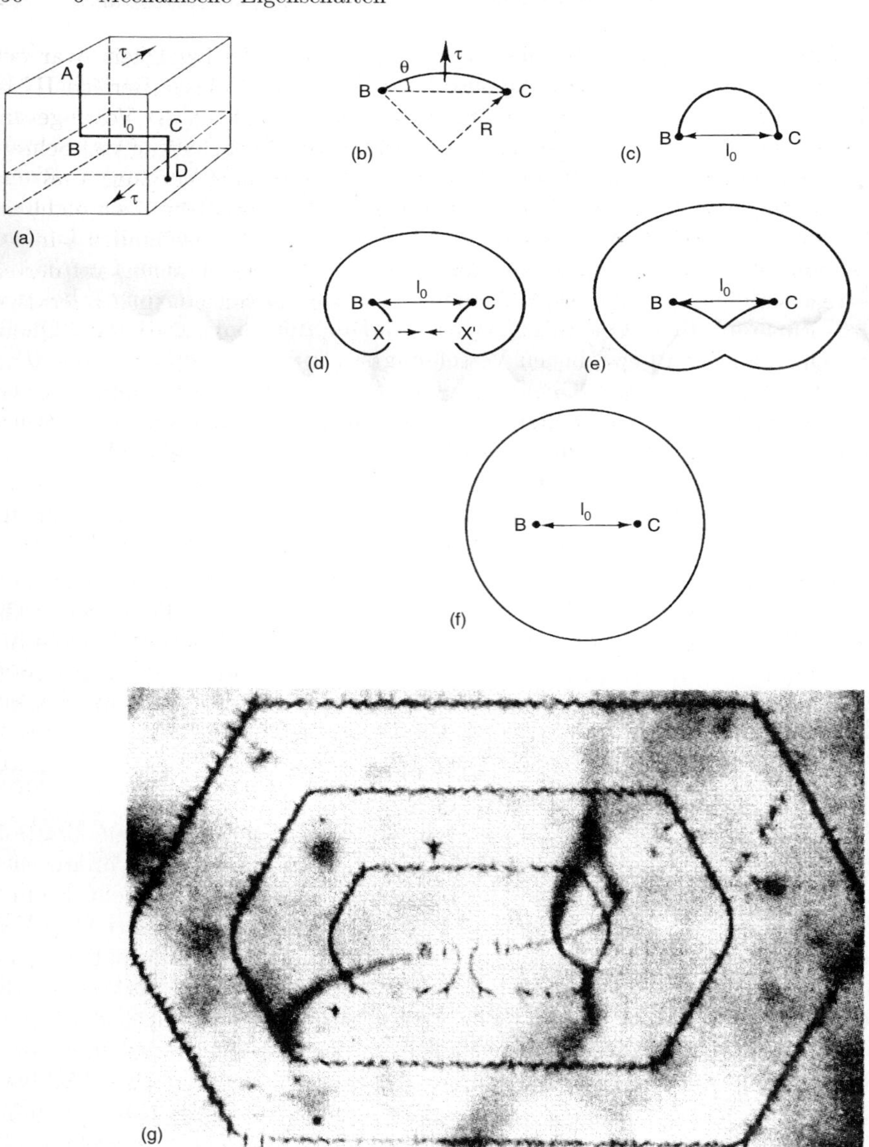

Abbildung 6.48. Mechanismus der Frank-Read-Quelle: (a) Freies Versetzungsstück BC (Stufenversetzung) in einer Gleitebene; (b) Wölbung der Versetzung bei Anliegen einer Spannung; (c) Kritische Konfiguration (Halbkreis); (d)-(f) Erzeugung eines Versetzungsrings; (g) Beobachtete Frank-Read-Quelle in Silizium [6.12].

Nach Erreichen einer Schubspannung τ_{III} nimmt die Festigkeit zwar weiter zu, aber der Verfestigungskoeffizient wird kleiner. Dieser Bereich III ist der längste Bereich der Verfestigungskurve. Der Grund für die Verringerung des Verfestigungskoeffizienten ist hauptsächlich die Quergleitung von Schraubenversetzungen. Unter Quergleitung versteht man den Vorgang, daß eine Schraubenversetzung ihre Gleitebene wechselt (Abb. 6.49), weil sie nicht auf eine bestimmte Gleitebene festgelegt ist (vgl. Kap. 3). Gewöhnlich wird eine Schraubenversetzung sich auf derjenigen Gleitebene bewegen, auf der sie die größere Schubspannung erfährt. Wird sie jedoch von einem Hindernis in der primären Gleitebene blockiert, so kann sie auf eine andere Gleitebene, die Quergleitebene, ausweichen. Da der Schmid-Faktor für die Quergleitebene kleiner als für die Primärgleitebene ist, muß zur Aufrechterhaltung der Versetzungsbewegung eine genügend hohe äußere Schubspannung angebracht werden, was im Bereich III aber stets der Fall ist. In kfz-Metallen ist die Gleitung aber auf $\{111\}\langle 110\rangle$-Gleitsysteme beschränkt. Da sich zwei $\{111\}$-Ebenen längs einer $\langle 110\rangle$-Richtung schneiden, gibt es im kfz-Gitter genau eine weitere Ebene, auf die eine Schraubenversetzung quergleiten kann (s. auch Abb. 6.31).

Durch Quergleitung können Schraubenversetzungen Hindernisse umgehen und somit zu einer Vergrößerung des Laufweges beitragen, aber eventuell auch auf parallelen Gleitebenen antiparallele Versetzungen antreffen, wodurch sie ausgelöscht werden und die Versetzungsdichte abnimmt. In einem kleinen Zeitintervall erhält man so eine zusätzliche Abgleitung durch Quergleitung $d\gamma_Q$ und gleichzeitig eine Verringerung der Versetzungsdichte $d\rho_Q$, die mit einer Abnahme der Fließspannung um $d\tau_Q$ verbunden ist. Unabhängig davon setzen sich die in Bereich II wirksamen Prozesse fort, die zu einer Fließspannungserhöhung $d\tau_h$ und Abgleitung $d\gamma_h$ beitragen. Danach erhalten wir für Bereich III

$$\left.\frac{d\tau}{d\gamma}\right|_{\mathrm{III}} = \frac{d\tau_h - d\tau_Q}{d\gamma_h + d\gamma_Q} < \frac{d\tau_h}{d\gamma_h} = \left.\frac{d\tau}{d\gamma}\right|_{\mathrm{II}} = \theta_{\mathrm{II}} \tag{6.78}$$

Die Verringerung der Verfestigung ist ein Erholungsprozeß. Da er während der Verformung stattfindet, wird er auch als dynamische Erholung bezeichnet.

Während das Auftreten von Quergleitung im Bereich III sicher nachgewiesen ist, so verbleibt die Schwierigkeit, zu verstehen, warum bei den meisten Metallen und Legierungen τ_{III} viel größer ist, als zum Erreichen der kritischen Schubspannung im Quergleitsystem erforderlich ist, zum anderen, warum τ_{III} so stark vom Material abhängt (Abb. 6.50). Selbst kfz-Metalle mit sehr ähnlichen Werten von Gitterparameter, Schubmodul und Schmelztemperatur wie Silber und Aluminium haben sehr verschiedene Werte von τ_{III}. Außerdem hängt τ_{III} — und damit die Länge des Bereicht II — stark von der Temperatur ab, derart, daß τ_{III} mit zunehmender Temperatur drastisch kleiner wird (Abb. 6.51). Der Grund für dieses Verhalten ist die Aufspaltung der Versetzungen.

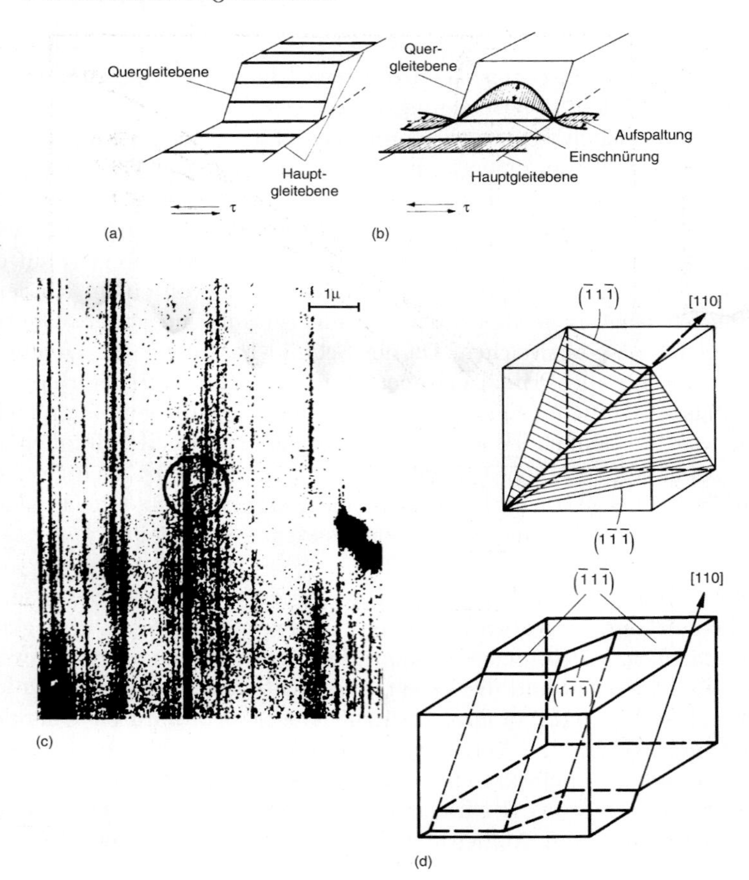

Abbildung 6.49. Quergleitung einer (a) unaufgespaltenen und (b) aufgespaltenen Schraubenversetzung; (c) Quergleitspur auf der Oberfläche eines Kupfereinkristalls; (d) Geometrie der Quergleitung im kfz-Gitter.

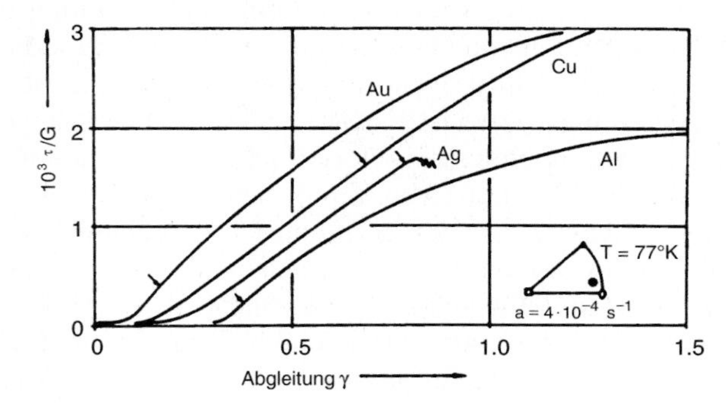

Abbildung 6.50. Verfestigungskurven gleichorientierter Einkristalle verschiedener kfz Metalle. Pfeile: Beginn von Bereich III [6.13].

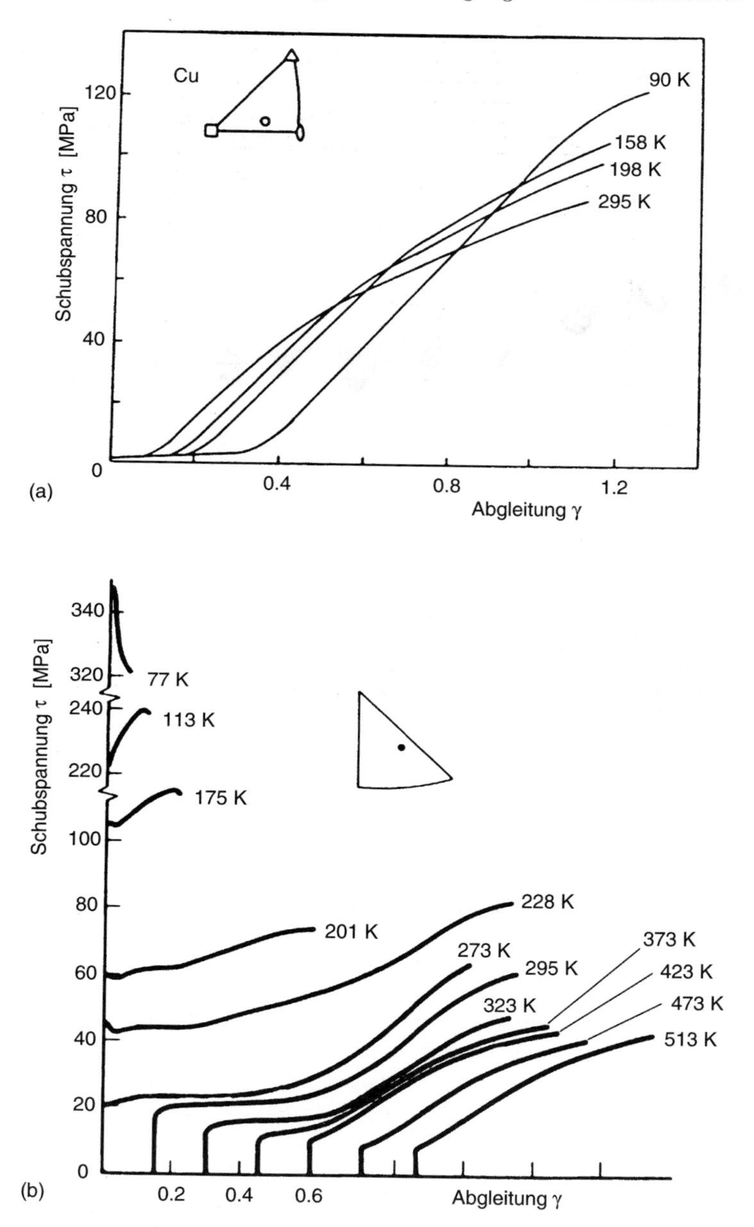

Abbildung 6.51. Verfestigungskurven zugverformter Einkristalle bei verschiedenen Temperaturen (a) kfz-Cu [6.14]; (b) krz-Niob [6.15].

6.5.3 Versetzungsaufspaltung

Die Energie einer Versetzung steigt nach Gl. (6.52) quadratisch mit dem Burgers-Vektor an. Theoretisch kann eine Versetzung ihre Energie verringern, wenn sie in Teilversetzungen zerfällt. Spaltet z.B. eine Versetzung mit dem Burgers-Vektor $\mathbf{b}$ in zwei Halbversetzungen mit Burgers-Vektor $\mathbf{b}/2$ auf, so wäre die Energie E_2 des Teilversetzungspaares

$$E_2 = 2 \cdot \frac{1}{2} G \left(\frac{b}{2}\right)^2 = \frac{1}{2} \cdot \left(\frac{1}{2} G b^2\right) = \frac{1}{2} E_1 \tag{6.79}$$

also halb so groß wie die Energie E_1 der Einzelversetzung. Das setzt allerdings voraus, daß beide Teilversetzungen weit voneinander entfernt sind, so daß R_0 groß ist und Gl. (6.52) angewendet werden kann. Tatsächlich stoßen sich zwei parallele Versetzungen ab, so daß sie versuchen, ihren Abstand möglichst groß zu machen. Allerdings ist der Vektor $\mathbf{b}/2$ kein Translationsvektor des Kristallgitters. Zwischen den beiden Halbversetzungen würde auf der Gleitebene das Gitter gestört. Die damit verbundene Energie ist weitaus größer als der Gewinn der Versetzungsenergie durch Aufspaltung. Die Versetzung bleibt deshalb unaufgespalten.

Es gibt jedoch in kubischen und hexagonalen Gittern Zerlegungen des Burgers-Vektors in kleinere Vektoren, die mit Flächenfehlern kleiner Energie verbunden sind. Das wichtigste Beispiel sind die Shockleyschen Partialversetzungen des kfz-Gitters. Auf der Gleitebene (111) kann eine vollständige Versetzung mit Burgers-Vektor $\mathbf{b}_1 = a/2[1\bar{1}0]$ in zwei Teilversetzungen (Shockley-Versetzungen) (Abb. 6.52) gemäß

$$\frac{a}{2}[1\bar{1}0] = \frac{a}{6}[2\bar{1}\bar{1}] + \frac{a}{6}[1\bar{2}1] \tag{6.80}$$

zerfallen. Die Bewegung einer Teilversetzung mit $\mathbf{b}_1 = a/6[2\bar{1}\bar{1}]$ führt nicht zu einer Zerstörung des Gitters, sondern zu einem Stapelfehler. Die nachfolgende Versetzung $\mathbf{b}_3 = a/6[1\bar{2}1]$ hebt diesen Stapelfehler wieder auf. Die beiden Teilversetzungen wechselwirken miteinander. Ist die vollständige Versetzung eine reine Stufen- oder Schraubenversetzung, so sind die Teilversetzungen gemischte Versetzungen, die man aber in einen Stufen- und Schraubenanteil gemäß Gl. (3.22a,b) zerlegen kann. Die Stufenanteile und die Schraubenanteile üben jeweils aufeinander die Kräfte K_e bzw. K_s aus, die in der Summe abstoßend sind. Zwischen den Stufen- und Schraubenanteilen herrscht keine Wechselwirkung. Die Teilversetzungen würden sich daher soweit wie möglich voneinander entfernen — wäre nicht mit ihrer Trennung eine Vergrößerung des Stapelfehlers verbunden. Ist die Stapelfehlerenergie pro Flächeneinheit $\gamma_{SF}[J/m^2]$, so ist bei einem Abstand x und einer Länge L der Halbversetzungen die Energie des Flächenfehlers (Stapelfehlers)

$$E_{SF} = \gamma_{SF} \cdot L \cdot x \tag{6.81}$$

Es wirkt also eine Kraft zur Verkleinerung des Stapelfehlers

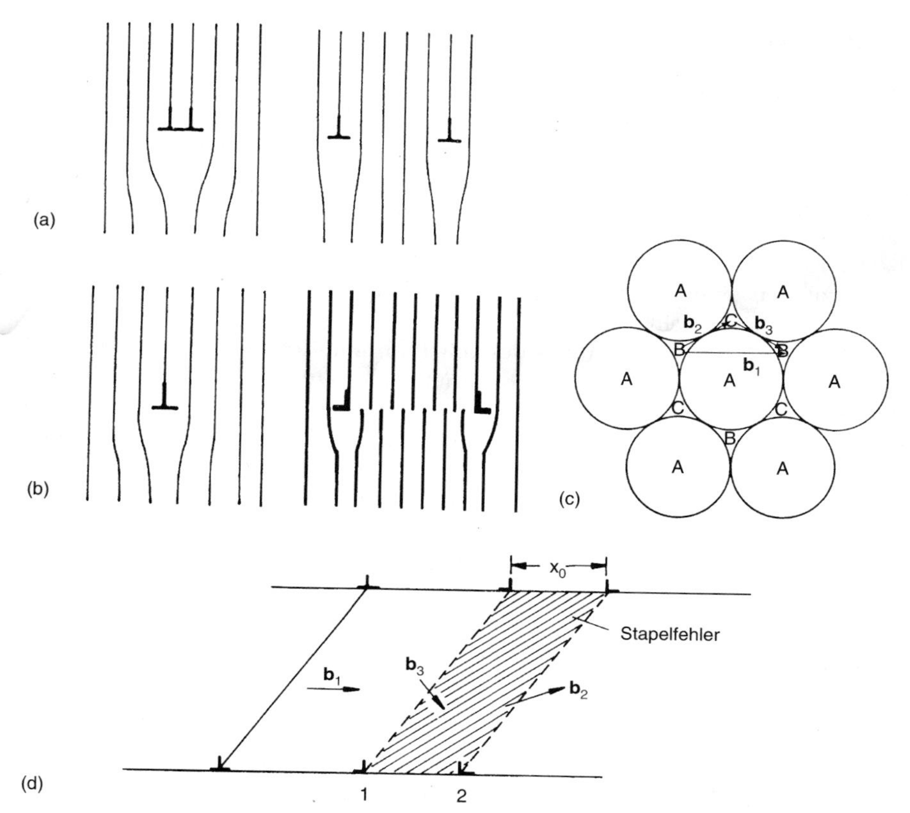

Abbildung 6.52. Aufspaltung von Versetzungen. (a) Doppelversetzung in zwei Einzelversetzungen; (b) Einzelversetzung in zwei Halbversetzungen; (c) Stapelfolge im kfz-Gitter; (d) Aufspaltung einer Stufenversetzung im kfz-Gitter in Shockley-Versetzungen.

$$K_{SF} = -\frac{dE_{SF}}{dx} = -\gamma_{SF} \cdot L \tag{6.82}$$

Bezeichnen b_e und b_s die Burgers-Vektoren der Stufen- bzw. Schraubenanteile der Versetzungen, so lautet das Kraftgleichgewicht bei Aufspaltungsweite x_0

$$K_e(x_0) + K_s(x_0) + K_{SF} = 0 \tag{6.83a}$$

$$\left(\frac{Gb_{1s}}{2\pi} \cdot \frac{1}{x_0} \cdot b_{2s} + \frac{Gb_{1e}}{2\pi(1-\nu)} \frac{1}{x_0} \cdot b_{2e} - \gamma_{SF}\right) \cdot L = 0 \tag{6.83b}$$

oder mit Gl. (3.22) eingesetzt ergibt sich die Aufspaltungsweite, d.h. der Abstand x_0 der parallelen Teilversetzungen

$$\frac{G}{2\pi} \cdot \frac{1}{\gamma_{SF}} \left\{ (\mathbf{b}_1 \cdot \mathbf{s})\,(\mathbf{b}_2 \cdot \mathbf{s}) + (\mathbf{b}_1 \text{ x } \mathbf{s})\,(\mathbf{b}_2 \text{ x } \mathbf{s}) \frac{1}{(1-\nu)} \right\} = x_0 \tag{6.84}$$

Für den in Gl. (6.80) betrachteten Versetzungszerfall erhalten wir im Fall einer Stufenversetzung, d.h. $s = 1/\sqrt{6}\,[11\bar{2}]$ und $b = |\mathbf{b}| = a/\sqrt{2}$

$$x_0 = \frac{Gb}{\gamma_{SF}} \frac{b}{24\pi} \frac{2+\nu}{1-\nu} \tag{6.85}$$

Die Aufspaltungsweite hängt also im wesentlichen von der Stapelfehlerenergie γ_{SF} ab, die für sonst sehr ähnliche Metalle sehr verschieden sein kann, bspw. 180 mJ/m^2 für Al und 20 mJ/m^2 für Ag (Tabelle 6.4). Die Shockley-Versetzungen einer aufgespaltenen Schraubenversetzung sind keine Schraubenversetzungen mehr, weil ihr Burgers-Vektor nicht mehr parallel zur Versetzungslinie liegt. Sie besitzen deshalb nun eine definierte Gleitebene. Die Quergleitung einer aufgespaltenen Schraubenversetzung ist deshalb nur möglich, wenn die Teilversetzungen sich über eine gewisse Länge wieder zur vollständigen Versetzung vereinigen, d.h. „einschnüren“ (Abb. 6.49b). Die Versetzungen in Ag sind viel weiter aufgespalten als in Al. Deshalb werden in Ag viel höhere Spannungen τ_{III} als in Al benötigt, um die aufgespaltenen Versetzungen einzuschnüren, bevor sie quergleiten können (Abb. 6.50). Aluminium hat allein aus diesem Grund eine viel geringere Festigkeit als Silber, denn τ_{III} ist ein erstes Maß für die Festigkeit, die durch Verformung erreicht werden kann. Die Stapelfehlerenergie γ_{SF} kann entsprechend aus dem Beginn des Bereiches III, nämlich τ_{III}, bestimmt werden.

Tabelle 6.4. Stapelfehlerenergie und Aufspaltungsweite von Schraubenversetzungen in verschiedenen kfz-Metallen.

Material	Ag	Cu	Ni	Al
γ_{SF} $[mJ/m^2]$	20	40	150	180
γ_{SF}/Gb $[10^{-3}]$	3.0	4.3	9.9	27.4
x_0/b	15	11	5	1

Auch die Einschnürung von Versetzungen und daher die Quergleitung aufgespaltener Versetzungen verläuft thermisch aktiviert, da die thermischen Schwingungen der Teilversetzungen die Aufspaltung ständig vergrößern und verkleinern. Die Quergleithäufigkeit bei einer angelegten Schubspannung τ ist gegeben durch

$$\Gamma_Q = \nu_D \left(\frac{\tau}{\tau_M}\right)^{\frac{A}{kT}} \tag{6.86}$$

Dabei ist τ_M diejenige Schubspannung, bei der Einschnürung und deshalb Quergleitung ohne thermische Aktivierung erreicht wird. A ist die sog. Quergleitkonstante. Sowohl A als auch τ_M hängen von der Stapelfehlerenergie ab. Verlangt man für $\tau = \tau_{III}$ eine bestimmte Quergleithäufigkeit $\Gamma_{Q_{III}}$, so kann man aus Gl. (6.86) τ_{III} berechnen

$$\tau_{\mathrm{III}} = \tau_M \left(\frac{\Gamma_{Q_{\mathrm{III}}}}{\nu_D} \right)^{\frac{kT}{A}} \qquad (6.87)$$

τ_{III} hängt also stark von der Temperatur ab, was sich in einer entsprechenden Verkürzung von Bereich II mit steigender Temperatur bemerkbar macht (Abb. 6.51).

Mit den bei der Aufspaltung im kfz-Gitter entstehenden Shockleyschen Partialversetzungen läßt sich auch der Mechanismus der mechanischen Zwillingsbildung beschreiben. Die Bewegung einer Shockley-Versetzung führt — wie beschrieben - zu einem Stapelfehler auf der Gleitebene. Damit wird die ideale Stapelfolge $ABCA_{\uparrow}^{B}CABC$ verändert zu $ABCA_{\uparrow}^{C}$ABCA, wenn sich die Versetzung auf der zweiten B gestapelten Ebene bewegt. Gleitet auf der benachbarten Gleitebene (nun A) ebenfalls eine Shockley-Versetzung mit dem gleichen Burgers-Vektor, so entsteht durch die damit verbundene Verschiebung die Stapelfolge $ABCA'CB'CAB$, d.h. in den Ebenen CB ein zwei Atomlagen dicker Zwilling. Der Zwilling wächst in der Dicke, indem man auf angrenzenden Gleitebenen ebenfalls Shockley-Versetzungen wandern läßt.

Ein Stapelfehler kann daher als Grenzfall eines Zwillings angesehen werden, der nur aus einer einzigen Atomlage besteht. Da damit ein Stapelfehler von zwei Zwillingsgrenzen begrenzt wird, sollte die Stapelfehlerenergie etwa dem zweifachen der Energie der kohärenten Zwillingsgrenze entsprechen. Das trifft für viele Metalle auch in etwa zu.

6.6 Festigkeit und Verformung von Vielkristallen

Kristallite in Vielkristallen sind bei der Verformung Einschränkungen unterworfen, weil der Vielkristall sich als Ganzes verformen muß, ohne in einzelne Körner zu zerfallen. Dadurch muß jedes Korn an der Verformung teilnehmen, und jedes Korn muß seine Verformung mit den Nachbarkörnern abstimmen, um den Zusammenhalt der Kristalle entlang ihrer Korngrenzen sicherzustellen. Diese scheinbar triviale Randbedingung hat ganz entscheidende Folgen für Verformung und Festigkeit der Vielkristalle.

Die Körner eines Vielkristalls haben unterschiedliche Orientierungen. Legen wir deshalb eine äußere Zugspannung an, so werden diejenigen Körner, die günstig orientierte Gleitsysteme, also einen hohen Schmid-Faktor haben, sich bereits verformen, während in anderen, weniger günstig orientierten Körnern die kritische Schubspannung noch nicht erreicht ist. Die Verformung eines einzelnen Korns führt also zu einer Formänderung, die von der sich nicht plastisch verformenden Umgebung nicht geteilt wird. Die Formänderung muß deshalb unterdrückt werden, und zwar elastisch, was rasch zu hohen inneren Spannungen führt, wodurch schließlich auch die kritische Schubspannung in den Nachbarkörnern erreicht wird. Erst wenn alle Körner des Vielkristalls sich plastisch verformen, ist die Streckgrenze erreicht.

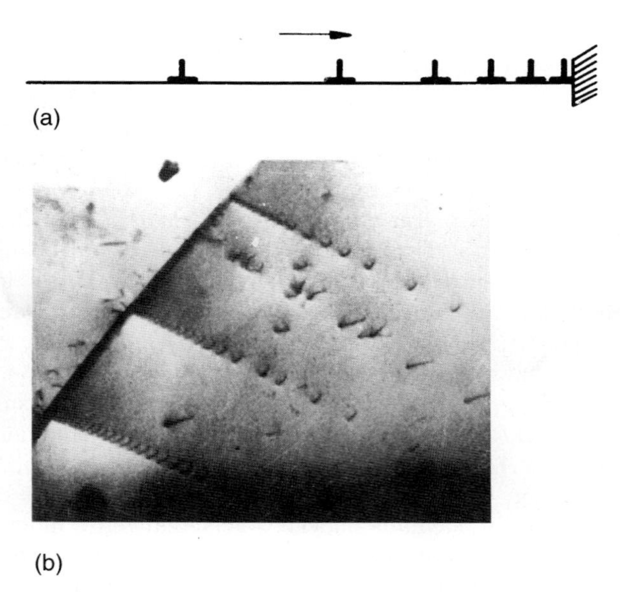

Abbildung 6.53. Versetzungsaufstau an einer Korngrenze (a) schematisch; (b) beobachtet in rostfreiem Stahl (TEM) [6.16].

Im Versetzungsbild stellt sich das Problem folgendermaßen dar. Wird ein Gleitsystem eines Korns angeregt, so werden Versetzungen auf diesem Gleitsystem produziert und bewegt. Die Korngrenzen sind jedoch unüberwindliche Hindernisse für die Versetzungsbewegung, denn der Burgers-Vektor muß ja ein Translationsvektor des Kristalls sein, was für das Nachbarkorn nicht zutrifft. Im Nachbarkorn sind nämlich die Gleitrichtungen, also bspw. in kfz-Metallen die $\langle 110 \rangle$-Richtungen, anders orientiert und gewöhnlich nicht parallel zueinander. Die Fortsetzung der Abgleitung mit Gleitrichtung $\mathbf{b}$ ins Nachbarkorn hinein würde deshalb zu einer Zerstörung des Kristallgitters im Nachbarkorn führen, was natürlich unterbleibt. Daher müssen sich Versetzungen an Korngrenzen aufstauen, was auch beobachtet wird (Abb. 6.53). Die aufgestauten Versetzungen üben aber eine Rückspannung auf nachfolgende Versetzungen aus, die der angreifenden Schubspannung entgegengerichtet ist. Die nachfolgenden Versetzungen nehmen diejenige Position ein, bei der angelegte Schubspannung und Rückspannung gleich groß sind. Da die Rückspannung mit zunehmender Anzahl von aufgestauten Versetzungen stark ansteigt, wird der Abstand nachfolgender Versetzungen von der Aufstauspitze immer größer (Abb. 6.53). Die Aufstaulänge in einem Korn ist aber begrenzt, nämlich durch den halben Korndurchmesser $D/2$ (Abb. 6.54), da ja auf der entgegengesetzten Seite des Korns ebenfalls ein Aufstau entsteht. Für eine angelegte Schubspannung τ können nur eine maximale Anzahl an Versetzungen in der Länge $D/2$ untergebracht werden, nämlich im Fall von Stufenversetzungen

$$n = \frac{\pi(1-\nu)}{Gb}\frac{D}{2}\tau \tag{6.88}$$

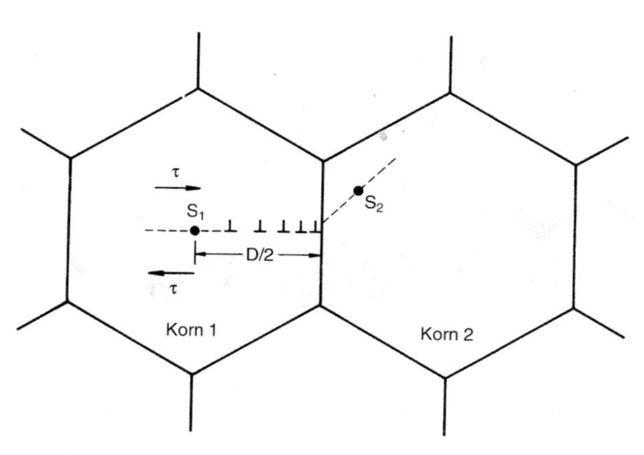

Abbildung 6.54. Zur Streckgrenze in einem Vielkristall. Ein Versetzungsaufstau in Korn 1 aktiviert eine Versetzungsquelle S_2 in Korn 2 (D - Korndurchmesser).

Auf die Aufstauspitze wirkt aber neben der angelegten Spannung τ auch die abstoßende Kraft der nachfolgenden $(n-1)$ Versetzungen, und zwar jeweils $K = \tau b$. Deshalb herrscht an der Aufstauspitze die Spannung

$$\tau_{\max} = n\,\tau \tag{6.89}$$

Diese innere Spannung $\tau_{\max}$ wirkt natürlich in das noch unverformte Nachbarkorn 2 hinein und erhöht damit die wirksame Spannung in dessen Gleitsystemen, so daß dort in einem Abstand x von der Korngrenze die Schubspannung

$$\tau_2(x) = m_2 \cdot \sigma + \beta(x) \cdot \tau_{\max} \tag{6.90}$$

herrscht ($\beta(x) \hat{=}$ ortsabhängiger Abklingfaktor).

Plastische Verformung in Korn 2 wird dann ausgelöst, wenn in einem festen Abstand x_0, wo sich die Quelle S_2 befindet, die kritische Schubspannung $\tau_2(x_0) = \tau_c$ erreicht wird. Mit Gl. (6.88) und Gl. (6.89) erhält man

$$\tau_c = m_2\sigma + \beta(x_0) \cdot \frac{\pi(1-\nu)}{2 \cdot G \cdot b} \cdot D \cdot \tau^2 \tag{6.91a}$$

und für die im Ausgangskorn erforderliche Schubspannung τ, unter der Voraussetzung, daß $m_2 \cdot \sigma$ gegenüber dem zweiten Term vernachlässigbar klein ist:

$$\tau^2 \cdot D = \text{const.} = k\prime_y \tag{6.91b}$$

Berücksichtigt man noch, daß für sehr großes D ja zumindest die kritische Schubspannung des Einkristalls τ_0 zur Verformung notwendig ist, so ergibt sich

$$\tau = \tau_0 + \frac{k'_y}{\sqrt{D}} \tag{6.92a}$$

oder bezogen auf die Normalspannung wegen $\tau = m\sigma$

$$\sigma = \sigma_0 + \frac{k_y}{\sqrt{D}} \tag{6.92b}$$

wobei $k_y = k'_y/m$. Gl. (6.92b) wird als Hall-Petch-Gleichung bezeichnet. Sie ist für viele Werkstoffe experimentell bestätigt worden (Abb. 6.55). Die Hall-Petch-Beziehung ist die Grundlage der Festigkeitssteigerung durch Kornfeinung, die in der Werkstoffentwicklung von großer Wichtigkeit ist, wenn andere festigkeitssteigernde Maßnahmen nicht angewendet werden können. Die Konstante k_y wird als Hall-Petch-Konstante bezeichnet und ist für verschiedene Materialien unterschiedlich (Tabelle 6.5).

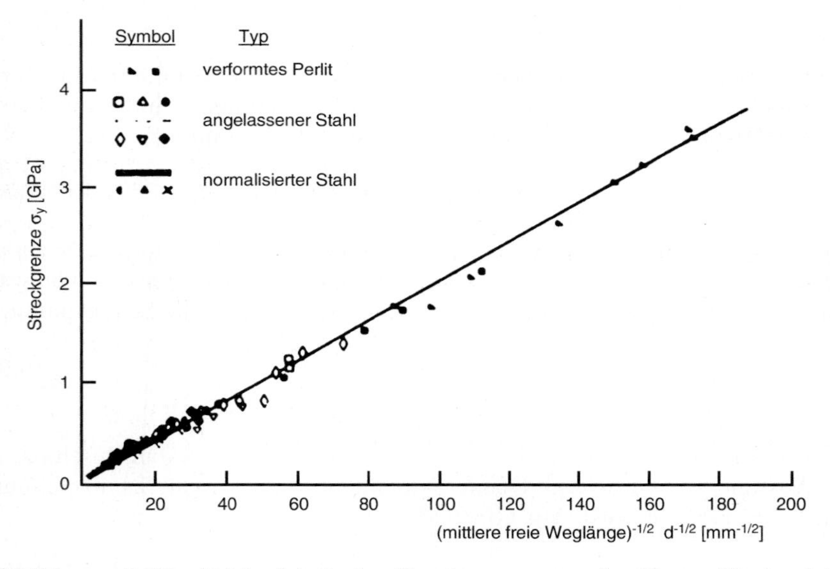

Abbildung 6.55. Abhängigkeit der Streckgrenze von der Korngröße in einigen Stählen (nach [6.17]).

Die Verformung der Körner erfolgt nicht unabhängig voneinander. Würden sich zwei benachbarte Körner frei durch Einfachgleitung verformen, so wäre wegen der unterschiedlichen räumlichen Lage der Gleitsysteme die Formänderung jedes der beiden Körner anders und würde zur Trennung der Kristallite führen (Abb. 6.56a), was aber den Beobachtungen widerspricht. Es müssen

Tabelle 6.5. Konstanten der Hall-Petch-Beziehung für verschiedene Metalle und Legierungen

Material	Gitter	σ_0 $[MPa]$	k $[MPa \cdot \sqrt{m}]$
Cu	kfz	25	0.11
Ti	hex	80	0.4
kohlenstoffarmer Stahl	krz	70	0.74
Ni_3Al	$L1_2$	300	1.7

also noch andere Gleitsysteme angeregt werden, um die Formänderung der benachbarten Körner aufeinander abzustimmen (Formänderungskompatibilität). Da ein Korn im Volumen von vielen Nachbarn umgeben sein kann, muß es im Prinzip zu einer beliebigen Formänderung fähig sein. Zu einer beliebigen Formänderung ist aber die Betätigung von fünf unabhängigen Gleitsystemen notwendig. Das kann man folgendermaßen einsehen: Angenommen die Formänderung besteht aus einer einfachen Scherung γ_1 entlang der Gleitebene $\mathbf{n}_1||y$ und Gleitrichtung $\mathbf{b}_1||x$ eines Gleitsystems (Abb. 6.56b). Dann hat der Dehnungstensor nur eine unabhängige Komponente, nämlich $\varepsilon_{xy} = 1/2\gamma_1(= \varepsilon_{yx})$. Alle anderen Komponenten des Dehnungstensors sind Null. Verformt man den Kristall nun zusätzlich parallel zu einem anderen Gleitsystem um den Betrag γ_2, der Einfachheit halber $\mathbf{n}_2||z, \mathbf{b}_2||x$, so erhält man eine weitere Komponente des Dehnungstensors: $\varepsilon_{xz} = 1/2\gamma_2$. Man kann ε_{xz} nicht durch die Scherung des ersten Gleitsystems ausdrücken, außerdem ist diese bereits durch γ_1 festgelegt (Abb. 6.56b). Aber ε_{xy} und ε_{xz} sind unabhängig voneinander. Daher benötigt man zwei Gleitsysteme. Ein beliebiger Dehnungstensor hat aber 5 unabhängige Komponenten. Eigentlich hat ein Dehnungstensor gemäß Gl. (6.8) sechs verschiedene Komponenten. Wegen der Volumenkonstanz bei plastischer Verformung ($\varepsilon_{xx} + \varepsilon_{yy} + \varepsilon_{zz} = 0$), kann aber eine Komponente eliminiert werden, bspw. $\varepsilon_{xx} = -(\varepsilon_{yy} + \varepsilon_{zz})$. Deshalb braucht man im zweidimensionalen Fall zwei Gleitsysteme (Abb. 6.56c) und im räumlichen Fall sogar fünf Gleitsysteme, um einen beliebigen Formänderungszustand zu beschreiben, und zwar fünf unabhängige Gleitsysteme. Ein Gleitsystem ist unabhängig von anderen, wenn seine Verformung nicht durch eine Kombination der Scherungen auf den anderen Gleitsystemen ersetzt werden kann.

Zum Beispiel gibt es im hexagonalen Gitter drei Gleitsysteme, nämlich die Basisebene mit drei Gleitrichtungen, aber es gibt nur zwei unabhängige Gleitsysteme, da die Verformung durch Betätigung eines der drei Gleitsysteme auch durch die Kombination der Verformung von den beiden anderen Systemen erreicht werden kann. Hexagonale Metalle, die sich durch Basisgleitung verformen, sind deshalb als Vielkristalle wenig duktil, während die Einkristalle sich oft zu hohen Dehnungen verformen lassen, bspw. das Zink (Abb. 6.57). Bei hexagonalen Kristallen spielt deshalb die Zwillingsbildung für die Umformung eine große Rolle (s. Abschn. 6.3.2). In kubischen Kristallen gibt es dagegen fünf unabhängige Gleitsysteme, so daß Vielkristalle kubischer

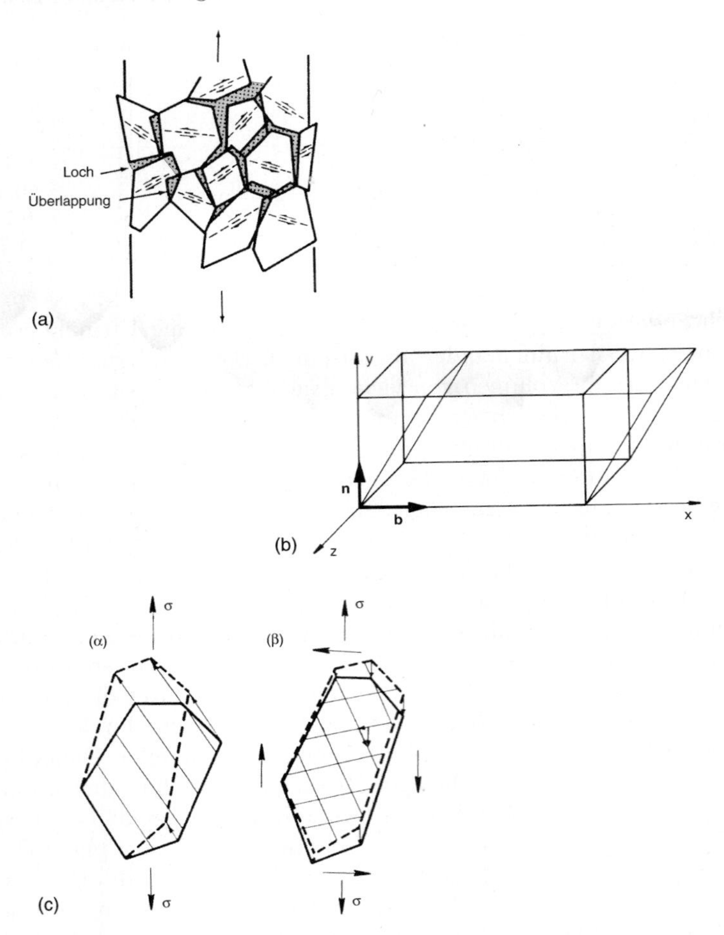

Abbildung 6.56. (a) Formänderung der Körner eines Vielkristalls bei Einfachgleitung; (b) zum Zusammenhang von Scherung γ_{xy} und kristallographischer Gleitung auf Gleitsystem $\{\mathbf{n}\} < \mathbf{b} >$; (c) Annähernde Wiederherstellung der Ausgangsgestalt durch ein zweites Gleitsystem.

Werkstoffe duktil sind, wenn die Verformbarkeit nicht durch andere Einflüsse eingeschränkt wird. Da es aber 12 verschiedene Gleitsysteme in kubischen Kristallen gibt, existieren 384 verschiedene Kombinationen von fünf unabhängigen Gleitsystemen, die eine beliebige Formänderung erlauben. Die Auswahl der betreffenden Gleitsysteme ist für die Duktilität unerheblich, spielt aber für Verfestigung und Texturbildung eine bedeutende Rolle. Taylor hat unter der vereinfachenden Annahme, daß diejenigen Gleitsysteme ausgewählt werden, deren Gesamtscherung

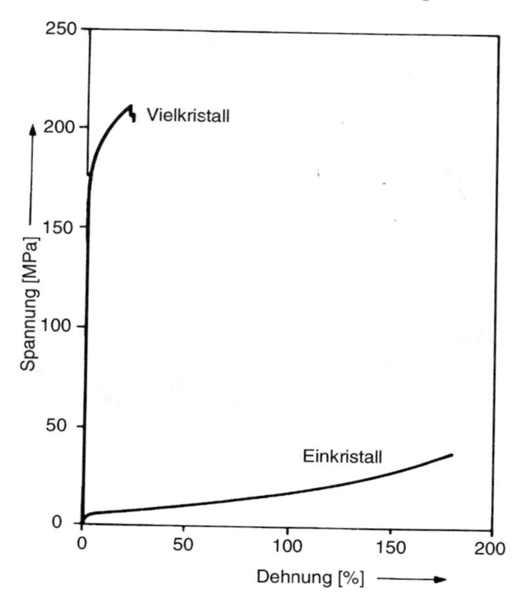

Abbildung 6.57. Verfestigungskurven eines Zink-Einkristalls und -Vielkristalls (nach [6.18]).

$$d\Gamma = \sum_{s=1}^{5} d\gamma_s \tag{6.93}$$

am kleinsten ist, das Verfestigungsverhalten von Vielkristallen berechnet. Dazu muß zunächst der mittlere Schmid-Faktor m_T bestimmt werden. Analog der Beziehung in Einkristallen [Gl. (6.71a)]

$$d\varepsilon = m\ d\gamma$$

gilt für Vielkristalle

$$d\varepsilon = m_T\ d\Gamma = m_T \sum_{s=1}^{5} d\gamma_s \tag{6.94}$$

Für eine regellose Orientierungsverteilung berechnete Taylor nach dieser Methode den sog. Taylorfaktor

$$M_T = \frac{1}{m_T} = 3.06 \tag{6.95}$$

Damit ergibt sich der mittlere Schmid-Faktor für Vielkristalle

$$m_T = \frac{1}{3.06} = 0.327 \tag{6.96}$$

Gl. (6.96) erlaubt es, Spannungs/Dehnungs-Diagramme von Vielkristallen in Schubspannungs/Abgleitungs-Kurven umzurechnen. Zur Berechnung der Verfestigungskurve nahm Taylor an, daß sich die Körner wie ⟨111⟩-orientierte Einkristalle verfestigen. Das ist eine sinnvolle Annahme, weil sich ⟨111⟩-Kristalle ebenfalls durch Mehrfachgleitung (sechs Gleitsysteme) verformen. Die so berechnete Verfestigungskurve für Vielkristalle kommt der gemessenen Kurve sehr nahe (Abb. 6.58). Würde man dagegen den mittleren Schmid-Faktor m_S durch Mittelung der Schmid-Faktoren der Kristallite unter Annahme freier Verformung, d.h. als wären sie Einkristalle, berechnen, so erhielte man den sog. „Sachs-Faktor"

$$M_S = \frac{1}{m_S} = 2.24 \qquad (6.97)$$

und als Verfestigungskurve die mittlere Einkristallkurve. Diese Kurve stimmt aber mit den gemessenen Ergebnissen sehr viel weniger gut überein, wie Abb. 6.58 deutlich macht.

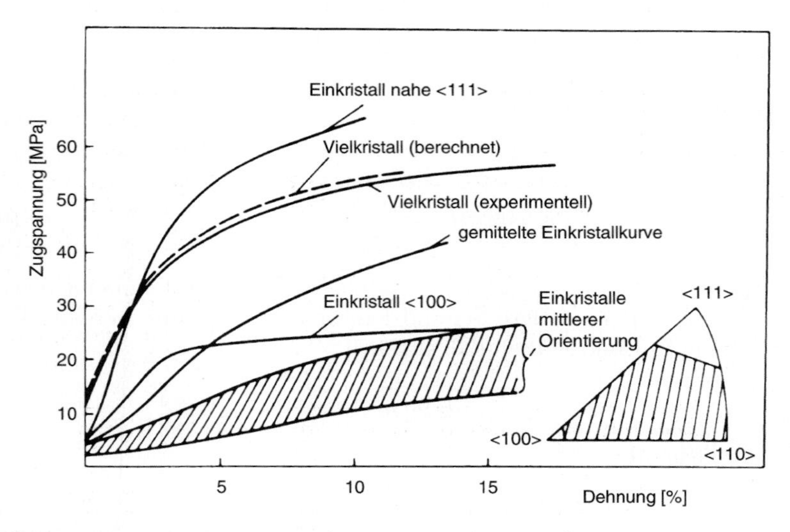

Abbildung 6.58. Einkristall-Verfestigungskurven von Al im Vergleich zur gemessenen und berechneten Vielkristall-Verfestigungskurve.

Da mit der Abgleitung auch eine Orientierungsänderung des Kristalls verbunden ist, bestimmt die Wahl der aktivierten Gleitsysteme in einem Vielkristall auch die Entwicklung der Verformungstextur, die für viele Anwendungen wichtig ist (vgl. Kap. 2). Das Problem besteht hier darin, daß es mehr als eine Kombination von 5 Gleitsystemen gibt, die die gleiche minimale Scherung $d\Gamma$ haben. Jede Kombination führt aber zu einer anderen Kornrotation. Diese Probleme sind Gegenstand aktueller Forschung.

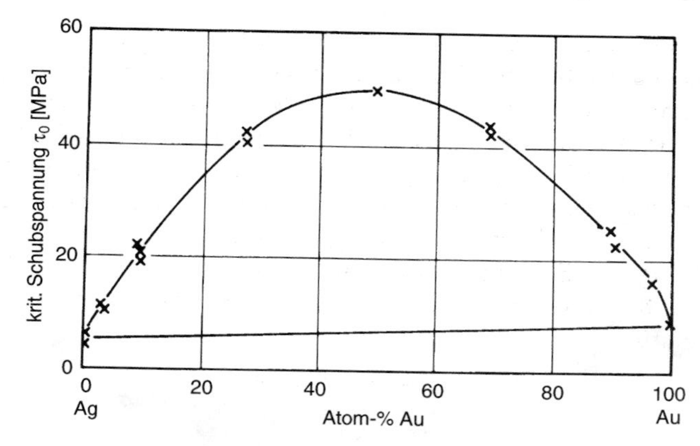

Abbildung 6.59. Kritische Schubspannung in Ag-Au-Einkristallen in Abhängigkeit von der Zusammensetzung (nach [6.19]).

6.7 Mechanismen der Festigkeitssteigerung

6.7.1 Mischkristallhärtung

Wir haben bereits zwei Wege der Festigkeitssteigerung kennengelernt, nämlich durch Kornfeinung (Abschn. 6.6) und durch plastische Verformung (Abschn. 6.5). Es gibt allerdings noch wesentlich wirksamere Mittel zur Erhöhung der Festigkeit, nämlich durch Legieren. Liegt die Legierung als feste Lösung vor, so bezeichnet man die erreichte Erhöhung von τ_0 (Abb. 6.59), bzw. R_P, gegenüber dem Reinmetall als Mischkristallhärtung.

Die Mischkristallhärtung ist eine Folge der Wechselwirkung der Legierungsatome mit den Versetzungen, die zur Behinderung der Versetzungsbewegung führt. Fremdatome können auf dreierlei Weise mit den Versetzungen wechselwirken

(a) Parelastische Wechselwirkung (Gitterparameter-Effekt).
(b) Dielastische Wechselwirkung (Schubmodul-Effekt).
(c) Chemische Wechselwirkung (Suzuki-Effekt).

1. Parelastische Wechselwirkung: Fremdatome haben eine andere Atomgröße als die Matrixatome. Ihr Einbau in das Kristallgitter verursacht daher Druckspannungen oder Zugspannungen, je nachdem ob das Fremdatom größer oder kleiner ist als die Matrixatome. Da es an einer Stufenversetzung geweitete und komprimierte Bereiche gibt, wird die mit der elastischen Verzerrung verbundene Energie der Fremdatome verringert, wenn diese sich an der Versetzung statt im perfekten Gitter aufhalten (Abb. 6.60). Bei Bewegung der Versetzung werden aber Versetzung und Fremdatom getrennt. Dazu muß die Erhöhung der elastischen Energie des Fremdatoms wieder aufgewendet werden, was sich in einer rücktreibenden Kraft auf die Versetzung auswirkt. Zur Überwindung dieser rücktreibenden Kraft muß eine zusätzliche Spannung aufgebracht werden, wodurch sich die kritische Schubspannung des Mischkristalls gegenüber derjenigen der reinen Matrix erhöht. Diese Änderung läßt sich berechnen.

Die Stufenversetzung hat ein hydrostatisches Spannungsfeld [s. Gl. (6.42)]

$$p = \frac{1}{3}(\sigma_{xx} + \sigma_{yy} + \sigma_{zz}) = -\frac{Gb}{3\pi r}\frac{1+\nu}{1-\nu}\sin\theta \tag{6.98}$$

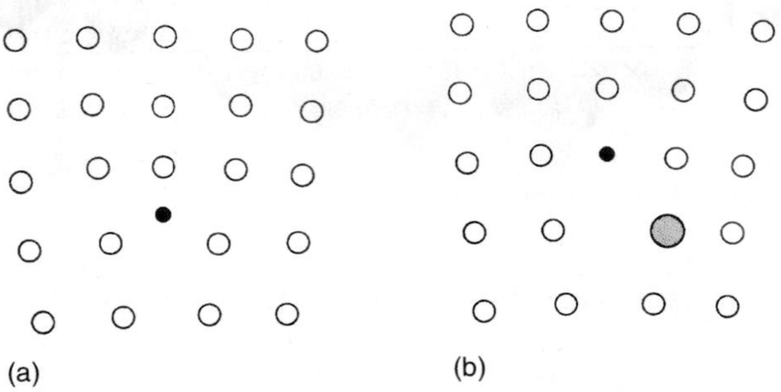

(a) (b)

Abbildung 6.60. Bevorzugte Positionen von Fremdatomen am Kern einer Stufenversetzung. (a) Interstitielles Fremdatom; (b) kleineres (ausgefüllter Kreis) und größeres (schraffiert) substitutionelles Fremdatom.

Ist ΔV die Volumenänderung durch das Fremdatom, so ergibt sich die Wechselwirkungsenergie

$$\Delta E^p = -p\Delta V\left(3\frac{1-\nu}{1+\nu}\right) \tag{6.99}$$

(Der Term in Klammern berücksichtigt die Energie im Volumen ΔV). Ist y der Abstand des Fremdatoms von der Gleitebene, so ist die parelastische Wechselwirkungskraft

$$F^p = -\frac{d\Delta E^p}{dx} = \frac{Gb\Delta V}{\pi y^2}\frac{2\left(\frac{x}{y}\right)}{\left(1+\left(\frac{x}{y}\right)^2\right)^2} \tag{6.100}$$

F^p ist am größten, wenn $x = y\sqrt{3}$, wobei $y = b/\sqrt{3}$ (halber Gleitebenenabstand im kfz-Gitter). Die Größe von ΔV läßt sich aus der Änderung des Gitterparameters beim Zulegieren bestimmen. Bei einer (atomaren) Konzentrationsänderung um dc^a ist die Gitterparameteränderung

$$dc \cdot \Delta V = dc^a \cdot \frac{\Delta V}{\Omega} = \frac{1}{a^3}\left\{a^3\left(1+\frac{da}{a}\right)^3 - a^3\right\} \cong 3\frac{da}{a} \tag{6.101}$$

$$\Delta V = 3\Omega\delta \tag{6.102a}$$

$$\delta = \frac{d\ln a}{dc^a} \tag{6.102b}$$

Dabei ist $\Omega \approx b^3$ das Atomvolumen. Damit erhält man die maximale parelastische Wechselwirkungskraft

$$F^p_{\max} = Gb^2|\delta| \tag{6.103}$$

Es sei noch bemerkt, daß diese Wechselwirkung natürlich ein hydrostatisches Spannungsfeld der Versetzung voraussetzt. Schraubenversetzungen haben kein hydrostatisches Spannungsfeld und daher auch keine parelastische Wechselwirkung mit Fremdatomen. Besitzt das Fremdatom aber kein isotropes, sondern bspw. ein tetragonales Verzerrungsfeld, wie etwa C in α-Fe, dann tragen auch Schraubenversetzungen zur parelastischen Wechselwirkung bei.

2. Dielastische Wechselwirkung: Die dielastische Wechselwirkung beruht darauf, daß die Energie einer Versetzung dem Schubmodul G proportional ist. Hat das Fremdatom einen anderen Schubmodul, so trägt das Volumen, das vom Fremdatom eingenommen wird, anders zur Gesamtenergie der Versetzung bei und erzeugt deshalb einen Energieunterschied zum reinen Metall. Diese Wechselwirkungsenergie berechnet sich für eine Schraubenversetzung zu

$$\Delta E^d = \frac{Gb^2}{8\pi^2 r^2}\Omega\eta \tag{6.104}$$

$$\eta = \frac{d\ln G}{dc^a} \tag{6.105}$$

Daraus errechnet sich wiederum eine maximale dielastische Wechselwirkungskraft

$$F^d_{\max} \approx \frac{1}{20}Gb^2|\eta| \tag{6.106}$$

Im Vergleich zur parelastischen Kraft fällt E^d schneller mit r ab als E^p, dagegen ist $|\eta|$ häufig erheblich größer als $|\delta|$.

3. Chemische Wechselwirkung: Dieser nach Suzuki benannte Effekt beruht darauf, daß die Stapelfehlerenergie von der Zusammensetzung abhängt, und zwar mit zunehmender Fremdatomkonzentration gewöhnlich abnimmt. Mit abnehmender Stapelfehlerenergie erhöht sich aber die Aufspaltungsweite der Versetzungen, wodurch sich die Gesamtenergie verringert. Fremdatome wandern daher bevorzugt zu den Versetzungen, um durch Konzentrationserhöhung die Stapelfehlerenergie zu verringern. Bei Bewegung der Versetzung verändern sich die Konzentrationsverhältnisse, so daß eine rücktreibende Kraft auf die Versetzung wirkt. Sie soll hier nicht quantitativ behandelt werden.

Die Erhöhung der kritischen Schubspannung für plastisches Fließen durch Mischkristallhärtung ergibt sich folgendermaßen: Die rücktreibende Kraft

$$F_{\max} = F^p_{\max} + F^d_{\max} \tag{6.107}$$

muß durch eine Erhöhung $\Delta\tau_c$ der kritischen Schubspannung kompensiert werden, um plastisches Fließen des Mischkristalls zu ermöglichen. Ist die mittlere freie Versetzungslänge ℓ_F, so folgt

$$\Delta\tau_c \cdot b\ell_F = F_{\max} \tag{6.108}$$

Das Problem besteht nun in der Bestimmung von ℓ_F, die nicht einfach der mittlere Abstand der Fremdatome auf der Gleitebene ist. Bewegt sich eine Versetzung durch eine statistische Verteilung von Fremdatomen auf ihrer Gleitebene, so wird sie an den Fremdatomen aufgehalten, während sie sich zwischen den Hindernissen krümmt. Durch diese Krümmung, die gemäß Gl. (6.76) von der Schubspannung abhängt, ist aber wiederum die Wahrscheinlichkeit größer, ein weiteres Fremdatom zu treffen. Die mittlere freie Versetzungslänge ℓ_F bei einer Spannung $\Delta\tau_c$ ist nach Friedel (die Friedel-Länge)

$$\ell_F = \sqrt[3]{\frac{6E_v}{\Delta\tau_c\; c_F \cdot b}} \tag{6.109}$$

Dabei ist E_v die in Gl. (6.52) bestimmte Versetzungsenergie und c_F die Zahl der Fremdatome pro Flächeneinheit in der Gleitebene. Eingesetzt in Gl. (6.108) erhalten wir

$$\Delta\tau_c \cdot b = F^{3/2}_{\max}\sqrt{\frac{c_F}{6E_v}} \tag{6.110}$$

oder wegen

$$c^a = c_F \cdot b^2 \tag{6.111}$$

und Gl. (6.52)

$$E_v \cong \frac{1}{2}Gb^2$$

$$\frac{\Delta\tau_c}{G} = \frac{1}{\sqrt{3}}\left(\frac{F_{\max}}{Gb^2}\right)^{3/2}\sqrt{c^a} \tag{6.112a}$$

und mit Gl. (6.103), (6.106) und (6.107) und einer Konstanten β

$$\frac{\Delta\tau_c}{G} = \frac{1}{\sqrt{3}}\left(|\delta| + \beta|\eta|\right)^{3/2}\sqrt{c^a} \tag{6.112b}$$

Das Ergebnis zeigt zum einen, daß die kritische Schubspannung mit der Wurzel aus der Konzentration zunimmt. Das wird auch an vielen Systemen tatsächlich gefunden (Abb. 6.61).

Die Zunahme der Festigkeit ist aber auch von der Art der Legierungsatome abhängig. So ist zur Mischkristallhärtung von Kupfer eine Dotierung mit Sn oder In weitaus effektiver als die gleiche Menge an Zn oder Ni (Abb. 6.62).

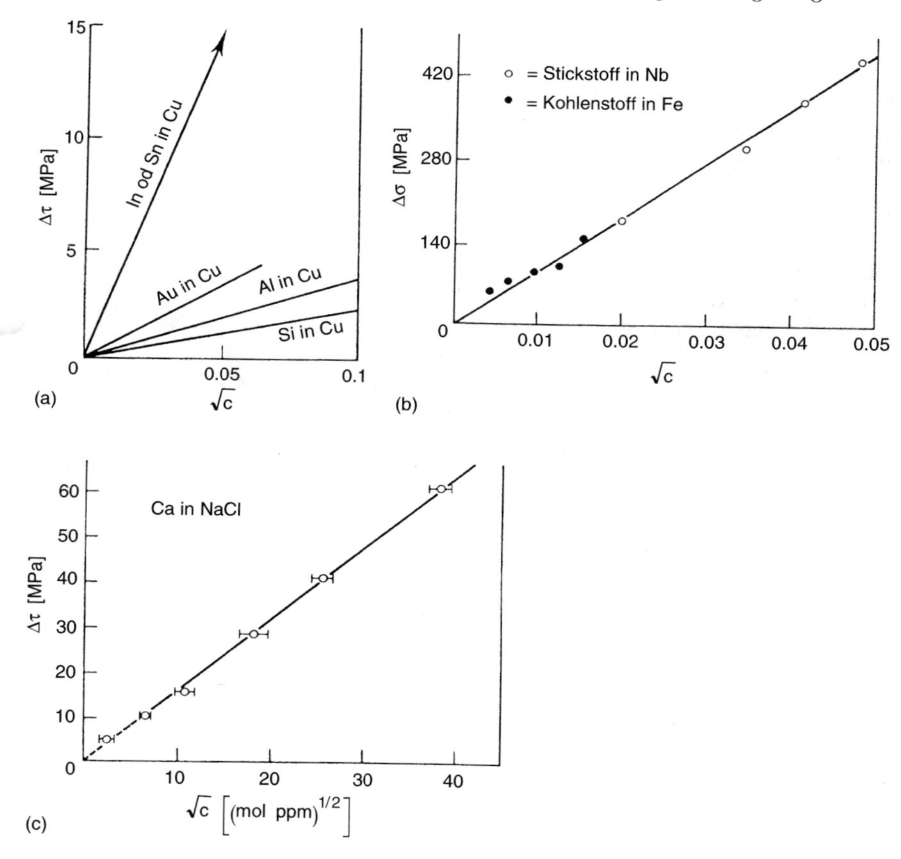

Abbildung 6.61. Zunahme der kritischen Schubspannung mit der Wurzel der Konzentration (nach [6.20]), (a) substitutionelle Mischkristalle; (b) interstitielle Mischkristalle; (c) dotierte Ionenkristalle.

Bei diesen Betrachtungen haben wir bisher angenommen, daß nur die Versetzungen, nicht aber die Fremdatome beweglich sind. Können die Fremdatome diffundieren, so werden sie sich an den Versetzungen (Abb. 6.63) anreichern. Dann müssen zur plastischen Verformung die Versetzungen von den „Fremdatomwolken“ losgerissen werden, bevor sie sich bei einer geringeren Spannung über die Gleitebene bewegen. Das ist der Grund für die Streckgrenzenphänomene, bspw. in den kohlenstoffhaltigen Stählen. Die Beweglichkeit der Kohlenstoffatome bei Raumtemperatur ist groß genug, sich an den ruhenden Versetzungen anzulagern. Bei kurzzeitiger Unterbrechung der Verformung erhält man entsprechend keine ausgeprägte Streckgrenze (Abb. 6.64).

Wird bei höheren Temperaturen die Beweglichkeit der Fremdatome groß genug, so können sie den Versetzungen folgen und sich an ihnen anreichern, während die Versetzung bspw. vor einem Hindernis wartet. Dann kommt es

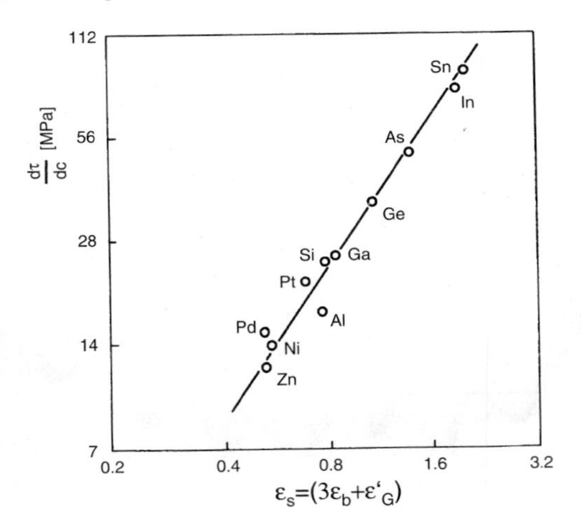

Abbildung 6.62. Der Härtungseffekt in Kupfermischkristallen hängt vom Legierungselement ab ($\varepsilon_b\hat{=}|\delta|$, $\varepsilon'_G\hat{=}|\eta|$ (nach [6.21]).

zu einer sägezahn- förmigen Verfestigungskurve, was als dynamische Reckalterung oder Portevin-Le Chatelier Effekt bezeichnet wird (Abb. 6.65).

6.7.2 Dispersionshärtung

Enthält ein Material nichtmetallische Einschlüsse, bspw. Oxide oder Boride, die häufig zur Kornfeinung beim Vergießen, oder aber auch bewußt zur Verbesserung der mechanischen Eigenschaften der Schmelze zugegeben wer-

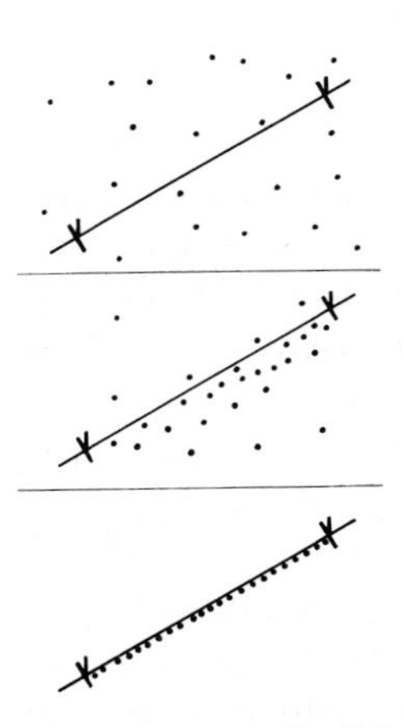

Abbildung 6.63. Bewegliche Fremdatome, z.B. C in α-Fe, segregieren zu den Versetzungskernen.

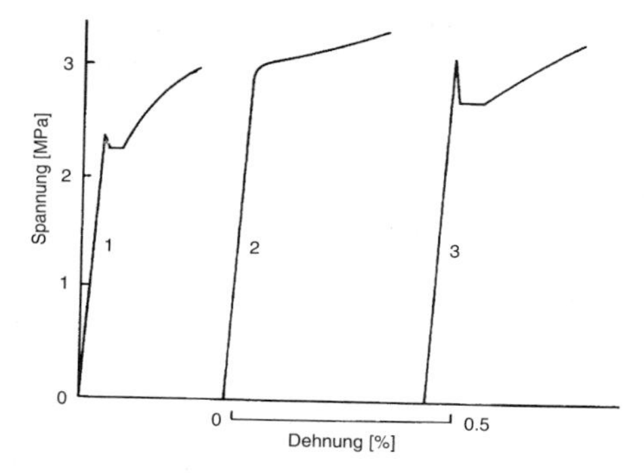

Abbildung 6.64. Streckgrenze in kohlenstoffhaltigem Stahl (1). Bei kurzzeitigem Entlasten und Wiederbelasten (2) erhält man keine ausgeprägte Streckgrenze. Nach längerer Zeit im entlasteten Zustand tritt die Streckgrenze wieder auf (3) (nach [6.22]).

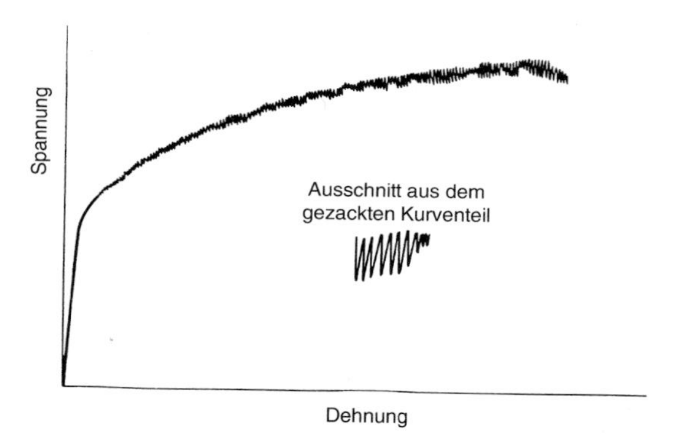

Abbildung 6.65. Schematische Verfestigungskurve eines Materials mit Portevin-Le Chatelier-Effekt.

den, so können bemerkenswerte Festigkeitssteigerungen erzielt werden. Der Grund für die Dispersionshärtung ist die Hinderniswirkung der Partikel für die Versetzungsbewegung. Die Versetzungen können durch die Partikel nicht hindurchschneiden, vielmehr müssen sie sich zwischen den Teilchen auswölben (Abb. 6.66). Ähnlich dem Prinzip der Frank-Read-Quelle gibt es eine kritische Konfiguration, wenn die Spannung den Wert

$$\tau = \frac{Gb}{\ell - 2r} \tag{6.113}$$

erreicht (Abb. 6.66), wobei $2r$ der Teilchendurchmesser und ℓ der mittlere Abstand der Teilchen von Mittelpunkt zu Mittelpunkt ist, so daß $\ell - 2r$ die freie Versetzungslänge angibt. Bei Weiterbewegung der Versetzung wird der Krümmungsradius wieder vergrößert, wozu keine weitere Spannungserhöhung notwendig ist. Schließlich werden sich antiparallele Versetzungsteile hinter den

Teilchen berühren, und eine freie Versetzung kann sich von dem Teilchen ablösen. Allerdings bleibt ein Versetzungsring um das Teilchen zurück. Dieser Mechanismus zur Umgehung von Teilchen wird als Orowan-Mechanismus bezeichnet. Die Orowan-Ringe kann man elektronenmikroskopisch nachweisen (Abb. 6.67). Die kritische Schubspannung von n Legierungen wird durch Gl. (6.113) beschrieben. Sie nimmt mit abnehmendem Teilchenabstand ℓ zu. Allerdings ist der mittlere Teilchenabstand nicht leicht zu bestimmen; er hängt aber mit dem Volumenbruchteil f und der Teilchengröße zusammen, nämlich

$$\ell = \frac{r}{\sqrt{f}} \tag{6.114}$$

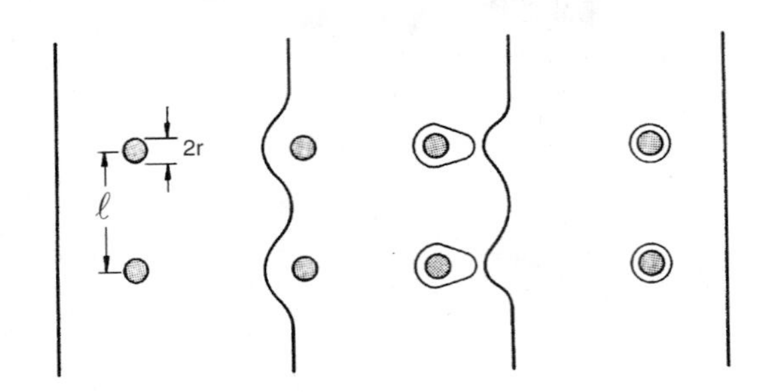

Abbildung 6.66. Verschiedene Stadien des Orowan-Mechanismus zur Umgehung von Partikeln. Ein Versetzungsring bleibt um die Partikel zurück.

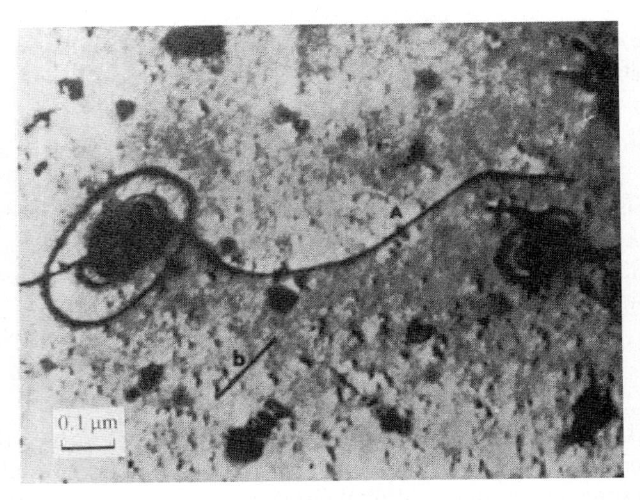

Abbildung 6.67. Orowan-Ringe um Al_2O_3-Teilchen in Cu-30%Zn [6.23].

Gl. (6.114) kann man so einsehen, daß ja alle Teilchen, die einen Abstand von weniger als r von der Gleitebene haben, sowohl oberhalb als auch unterhalb durch die Gleitebene hindurch stoßen und deshalb von den Versetzungen in der Gleitebene umgangen werden müssen. Ist N die Teilchenzahl pro Volumeneinheit, so ist N_E die Zahl der Teilchen pro Flächeneinheit in der Gleitebene, d.h. im Volumen der Schichtdicke $4r$. Bei kugelförmigen Teilchen ist

$$f = N \cdot \frac{4}{3}\pi r^3 \tag{6.115}$$

$$\ell = \frac{1}{\sqrt{N_E}} = \frac{1}{\sqrt{4rN}} = \frac{1}{\sqrt{\frac{4rf}{\frac{4}{3}\pi r^3}}} \tag{6.116}$$

woraus Gl. (6.114) folgt mit $\pi \approx 3$.

Da die Partikel in der Regel sehr klein sind im Verhältnis zu ihrem Abstand (d.h. $r \ll \ell$) ist die Orowan-Spannung

$$\tau_{OR} \cong \frac{Gb\sqrt{f}}{r} \tag{6.117}$$

Die Fließspannung in dispersionsgehärteten Legierungen hängt also entscheidend vom Dispersionsgrad f/r ab. Besonders wirksam ist eine Dispersion von sehr kleinen Partikeln.

Die Versetzungsringe werden durch die angreifende Schubspannung fest an das Teilchen gepreßt. Andererseits üben sie aber mit ihrem Spannungsfeld eine Rückspannung auf nachfolgende Versetzungen aus. Eine nachfolgende zweite Versetzung braucht also eine höhere Spannung als die erste, um die Teilchen zu umgehen. Deshalb muß bei der Verformung von dispersionsgehärteten Legierungen die Fließspannung stark zunehmen. Das wird auch tatsächlich beobachtet (Abb. 6.68). Schließlich wird die Spannung auf die Versetzungsringe so groß, daß Entlastungsvorgänge ablaufen, indem die Schraubenversetzungen quergleiten und so die Orowan-Ringe schließlich zu prismatischen Versetzungsringen umordnen, oder die Spannungen werden durch Erzeugung von Versetzungen auf anderen Gleitsystemen abgebaut. Neben der Härtung tragen Teilchen daher auch noch zu einer starken Verformungsverfestigung bei, die viel größer als die Verfestigung in reinen Metallen oder Mischkristallen ist (Abb. 6.68).

6.7.3 Ausscheidungshärtung

Auch Ausscheidungen, die sich bei der Abkühlung eines homogenen Mischkristalls in ein Zweiphasengebiet bilden, tragen zur Festigkeitssteigerung bei. Ausscheidungen sind von der Matrix durch Phasengrenzen getrennt. In Kap. 3 haben wir drei Arten von Phasengrenzen unterschieden, nämlich kohärente, teilkohärente oder inkohärente Phasengrenzen. Inkohärente Phasengrenzen wirken auf Versetzungen wie Korngrenzen, sie sind unüberwindliche Hindernisse. Aber Versetzungen können die Ausscheidungen mit dem Orowan-Mechanismus umgehen. Inkohärente Ausscheidungen haben daher die gleichen

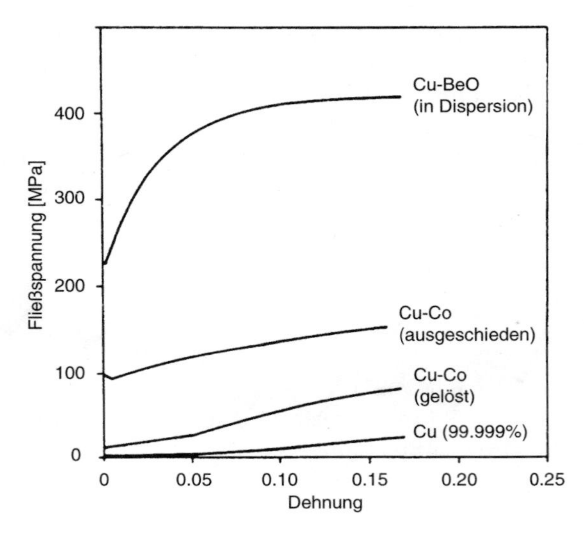

Abbildung 6.68. Verfestigungskurven von Reinstkupfer und Kupferlegierungen. In Cu-Co sind die Teilchen schneidbar, in Cu-BeO nicht (nach [6.24]).

Auswirkungen auf die Festigkeit wie Partikel. Allerdings sind in der Regel die bei hohen Temperaturen gebildeten inkohärenten Ausscheidungen sehr groß und daher nach Gl. (6.117) nur wenig geeignet zur Erzielung hoher Festigkeiten.

Durch Abschrecken aus dem Einphasengebiet und anschließende Auslagerung bei tiefen Temperaturen entstehen metastabile Phasen mit kohärenten oder teilkohärenten Phasengrenzen (vgl. Kap. 9). Dann setzen sich die kristallographischen Ebenen und Richtungen der Matrix in der Ausscheidung mit leichter Verzerrung fort. In diesem Fall können Versetzungen sich durch die Ausscheidung hindurchbewegen. Allerdings sind dazu Kräfte zu überwinden, die die Ausscheidung auf die Versetzung ausübt. Da sind zunächst wie bei der Mischkristallhärtung die parelastische und die dielastische Wechselwirkung. Allerdings nimmt die parelastische Wechselwirkung mit steigender Größe r der Ausscheidung zu

$$F^p_{\max} \cong Gb|\delta|r \tag{6.118}$$

$$F^d_{\max} \cong Gb^2|\eta| \tag{6.119}$$

Bewegt sich eine Versetzung durch eine kohärente Ausscheidung, so wird das Teilchen abgeschert, weil die Versetzung die Atome oberhalb der Gleitebene um einen Burgers-Vektor verschiebt (Abb. 6.69). Dadurch entstehen zusätzliche Phasengrenzflächen, deren Energie beim Schneiden des Teilchens durch die angelegte Spannung aufgebracht werden muß. Die entsprechende Kraft auf die Versetzung ist, abgesehen von einem Geometriefaktor, mit der spezifischen Grenzflächenenergie γ_p durch

$$F^S = \gamma_p \cdot r \tag{6.120}$$

gekoppelt.

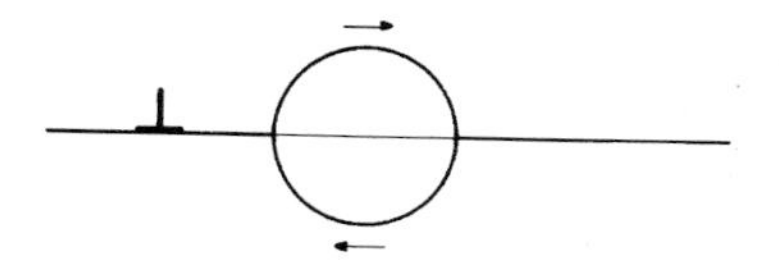

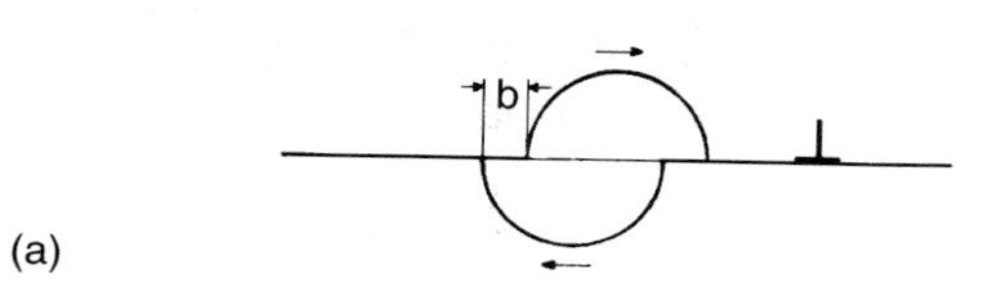

(a)

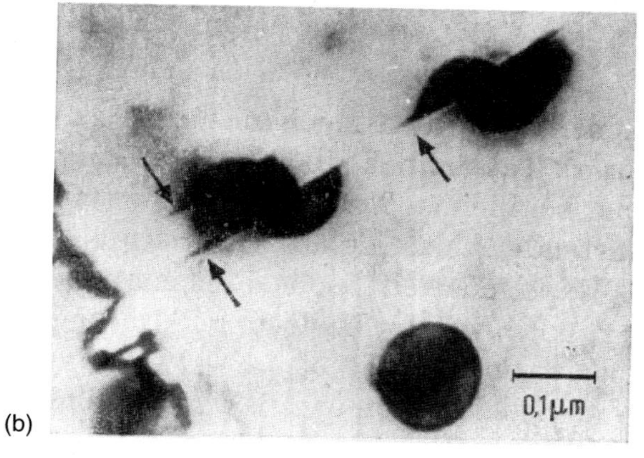

(b)

Abbildung 6.69. Schneidet eine Versetzung ein Teilchen, so schert das Teilchen ab, (a) schematisch; (b) beobachtet in Ni-19%Cr-6%Al (540 h und um 2% verformt, gealtert bei 750°C) [6.25].

Ist das Teilchen geordnet, wie bspw. die bekannte $\gamma\prime$-Phase Ni_3Al in den Superlegierungen, so wird beim Schneiden des Teilchens längs der Gleitebene die Ordnung zerstört, und die Energie der Antiphasengrenze γ_{APB} muß aufgebracht werden (Abb. 6.70)

$$K^{\mathrm{APB}} = \gamma_{\mathrm{APB}} \cdot r \tag{6.121}$$

Gewöhnlich hat das Teilchen eine andere Stapelfehlerenergie γ_{SF}^T als die Matrix γ_{SF}^M. Deshalb ist die Aufspaltungsweite der Versetzung im Teilchen verschieden von der Aufspaltungsweite in der Matrix (Abb. 6.71). Ist $\gamma_{SF}^T < \gamma_{SF}^M$, so ist die Versetzung im Teilchen weiter aufgespalten. Beim Verlassen des Teilchens muß die Versetzung die zusätzliche Aufspaltungsweite wieder rückgängig machen, wozu die Kraft

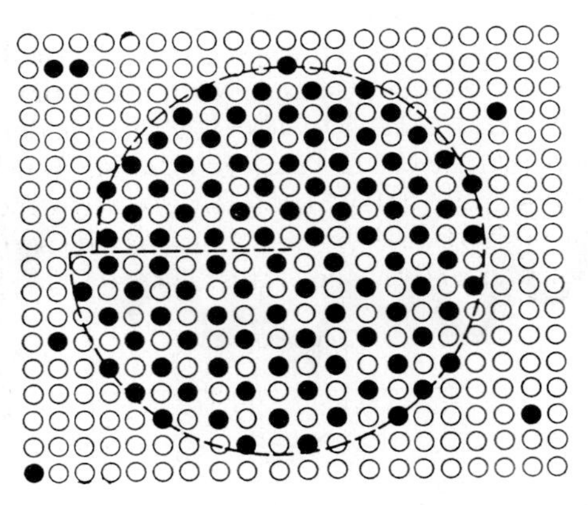

Abbildung 6.70. Entstehung einer Antiphasengrenze beim Schneiden eines geordneten Teilchens.

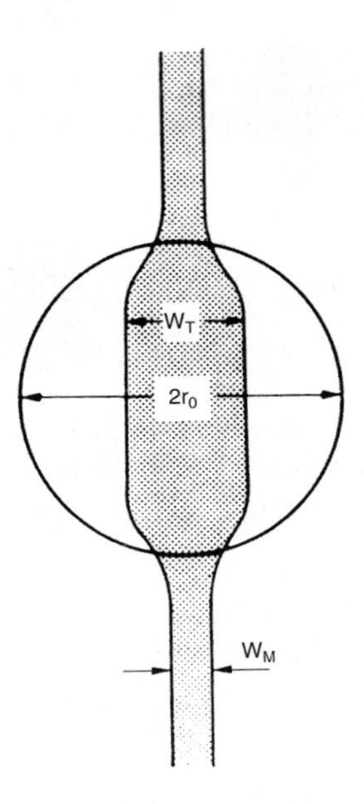

Abbildung 6.71. Änderung der Aufspaltungsweite in einem Teilchen mit anderer Stapelfehlerenergie.

$$K^{\mathrm{SF}} = 2 \cdot \left(\gamma_{\mathrm{SF}}^{T} - \gamma_{\mathrm{SF}}^{M}\right) r \tag{6.122}$$

aufzuwenden ist. Im Fall $\gamma_{SF}^{T} > \gamma_{SF}^{M}$ muß diese Kraft aufgewendet werden, um die Versetzung in das Teilchen hineinzubewegen, also ebenfalls ein Hindernis von gleicher Größe für die Versetzungsbewegung.

Die Größe dieser aufgeführten Kräfte ist natürlich von den Legierungspartnern abhängig. Bei den Superlegierungen sind Gitterparameter und Schubmodul von Ni und Ni_3Al sehr ähnlich, aber die Energie der Antiphasengrenze auf {111}-Ebenen ist sehr hoch. Bei nichtgeordneten Teilchen dagegen spielt K^{APB} gar keine Rolle. Alle aufgeführten Kräfte, vom dielastischen Beitrag abgesehen, nehmen proportional mit der Ausscheidungsgröße r zu, wobei die Proportionalitätskonstante stets eine Grenzflächenenergie ist, wenn man

$$Gb|\delta| = \gamma_b \tag{6.123}$$

der Einfachheit halber für die parelastische Kraft, einführt.

Die Summe der Kräfte $K_{\max}$ läßt sich dann schreiben

$$K_{\max} = \tilde{\gamma} \cdot r$$

wobei $\tilde{\gamma}$ eine effektive Grenzflächenenergie bedeutet. Die zur Überwindung dieser Kraft notwendige Fließspannung $\Delta\tau_c$ erhält man wieder aus

$$\Delta\tau_c \cdot b\ell_F\left(\Delta\tau_c\right) = K_{\max} \tag{6.124}$$

wobei ℓ_F die in Gl. (6.109) definierte „Friedel-Länge“ ist. Unter Verwendung von Gl. (6.124) und der Flächendichte der Teilchen $c_F = 1/\ell^2 = f/r^2$ gemäß Gl. (6.114) ergibt sich

$$\Delta\tau_c \cdot b \cong \tilde{\gamma}^{3/2}\sqrt{f} \cdot \frac{\sqrt{r}}{\sqrt{6E_v}} \tag{6.125}$$

Die Spannung $\Delta\tau_c$ zum Durchschneiden der Teilchen nimmt also mit $\sqrt{r}$ zu (Abb. 6.72a). Sie kann jedoch nicht größer als die Orowan-Spannung werden, denn dann kann die Versetzung das Hindernis leichter umgehen als schneiden, und die Natur wählt immer den leichteren Weg. Es gibt deshalb eine Teilchengröße r_0, bei der maximale Festigkeit erzielt wird, wenn

$$\Delta\tau_c = \tau_{0R} \tag{6.126}$$

Durch Vergleich von Gl. (6.125) mit Gl. (6.117) und unter Verwendung von Gl. (6.52) erhält man

$$r_0 = \frac{Gb^2}{\tilde{\gamma}}\sqrt[3]{3} \tag{6.127}$$

Die Einstellung der Teilchengröße r_0 ist das Ziel der Aushärtung (vgl. Kap. 9). Es ist bemerkenswert, daß r_0 nicht vom Volumenbruchteil der ausgeschiedenen Phase abhängt. Das wird von experimentellen Ergebnissen auch bestätigt (Abb. 6.72b).

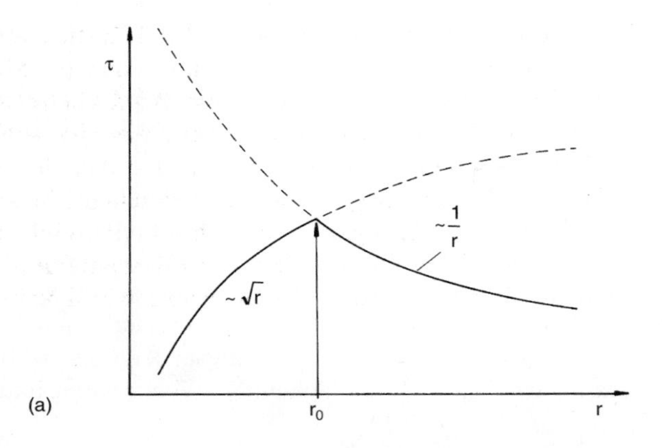

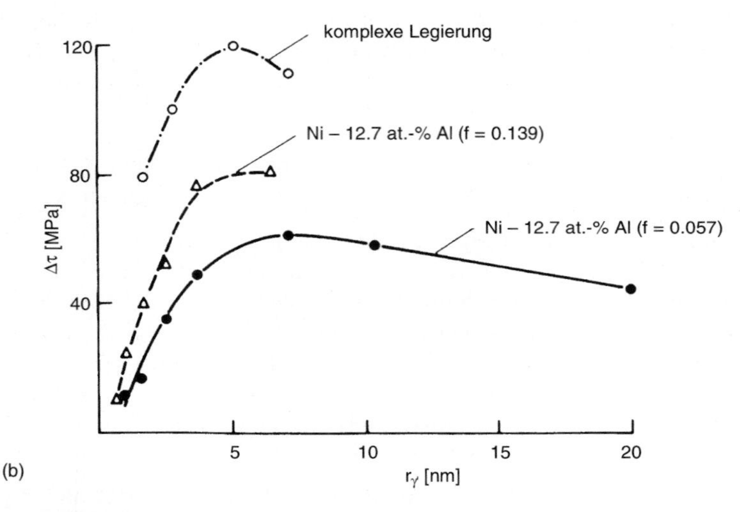

Abbildung 6.72. Festigkeitszunahme mit der Teilchengröße, (a) schematisch; (b) beobachtet in Ni-Al-Legierungen (nach [6.26]).

6.8 Zeitabhängige Verformung

6.8.1 Dehnungsgeschwindigkeitsempfindlichkeit der Fließspannung: Superplastizität

Bei den bisherigen Betrachtungen haben wir — von der thermisch aktivierten Versetzungsbewegung abgesehen — stillschweigend angenommen, daß die Verformung allein durch Spannung und Dehnung beschrieben werden kann. Bei niedrigen homologen Verformungstemperaturen (homologe Temperatur $T^* = T/T_m$, T_m - Schmelztemperatur) ist das auch im wesentlichen zutreffend. Unterbrechen wir bspw. einen Zerreißversuch, indem wir die Maschine anhalten, so bleibt die Spannung in etwa unverändert. [In Wirklichkeit fällt sie geringfügig ab, was als Spannungsrelaxation bezeichnet wird (s. Abschn. 6.8.3)]. Entlastet man die Probe kurzzeitig, so setzt beim Wiederbelasten das plastische Fließen in etwa bei der Spannung wieder ein, von der entlastet wurde. Jeder Punkt auf der Verfestigungskurve entspricht daher der Fließspannung des augenblicklichen Verformungszustandes. Offensichtlich spielen zeitabhängige Prozesse bei niedrigen Temperaturen keine bedeutende Rolle. Diese Tatsache drückt sich auch in der Abhängigkeit der Fließspannung σ von der Dehnungsgeschwindigkeit $\dot{\varepsilon}$ aus, die durch die Dehngeschwindigkeitsempfindlichkeit m ausgedrückt wird

$$m = \frac{d \ln \sigma}{d \ln \dot{\varepsilon}} \tag{6.128}$$

Bei niedrigen Temperaturen ist in kfz-Metallen $m \approx 1/100$, d.h. σ ist praktisch unabhängig von der Dehngeschwindigkeit. Die in Gl. (6.128) gegebene Definition von m wurde deshalb gewählt, weil die Abhängigkeit $\sigma(\dot{\varepsilon})$ sich gewöhnlich durch ein Potenzgesetz näherungsweise beschreiben läßt

$$\sigma = K\dot{\varepsilon}^m \tag{6.129}$$

wobei $K = K(\varepsilon)$.

Bei Übergang zu höheren Verformungstemperaturen $T^* \geq 0.5$ ändern sich die Verhältnisse, m nimmt zu, typischerweise bis etwa 0.2.

In sehr feinkörnigen Werkstoffen erreicht m Werte von 0.3 und darüber (Abb. 6.73), allerdings nur in gewissen Dehngeschwindigkeitsgrenzen, typischerweise für $\dot{\varepsilon} \approx 10^{-3}$/s. Das hat bedeutende Konsequenzen für die Duktilität im Zugversuch, denn unter diesen Gegebenheiten werden Bruchdehnungen von 1000% und mehr erzielt. Dieses Phänomen wird als Superplastizität bezeichnet. Der Weltrekord steht zur Zeit bei etwa 8000% (Abb. 6.74b). Der Grund für die hohe Bruchdehnung ist die Abhängigkeit $\sigma(\dot{\varepsilon})$. Die Verformung bei tiefen Temperaturen wird beim Considère-Kriterium instabil, weil die physikalische Verfestigung dann nicht mehr ausreicht, die geometrische Entfestigung zu kompensieren (vgl. Abschn. 6.2). Bildet sich eine lokale Einschnürung, so lokalisiert sich die Verformung im Bereich der Einschnürung, d.h. dort steigt die Dehngeschwindigkeit stark an. Ist m groß, dann ist mit diesem Vorgang nach Gl. (6.129) auch eine Erhöhung der Festigkeit verbunden, so daß die Verformung im Bereich der Einschnürung unterdrückt wird, bis sich der Probenquerschnitt wieder vereinheitlicht hat. So wird die Einschnürung vermieden, und man gelangt zu sehr hohen Dehnungen im Zugversuch. Superplastisches Verhalten bezieht sich grundsätzlich nur auf das Erzielen sehr großer Bruchdehnungen im Zugversuch. Während Gl. (6.129) eine phänomenologische Erklärung für die Superplastizität gibt, so ist der physikalische Grund die Feinkörnigkeit des Gefüges bei gleichzeitig hoher Verformungstemperatur. Dadurch wird Verformung in überwiegendem Maße durch Prozesse in der Korngrenze, also Korngrenzengleitung und Korngrenzendiffusion getragen und nur unbedeutend durch Versetzungsbewegung. Deshalb kommt es

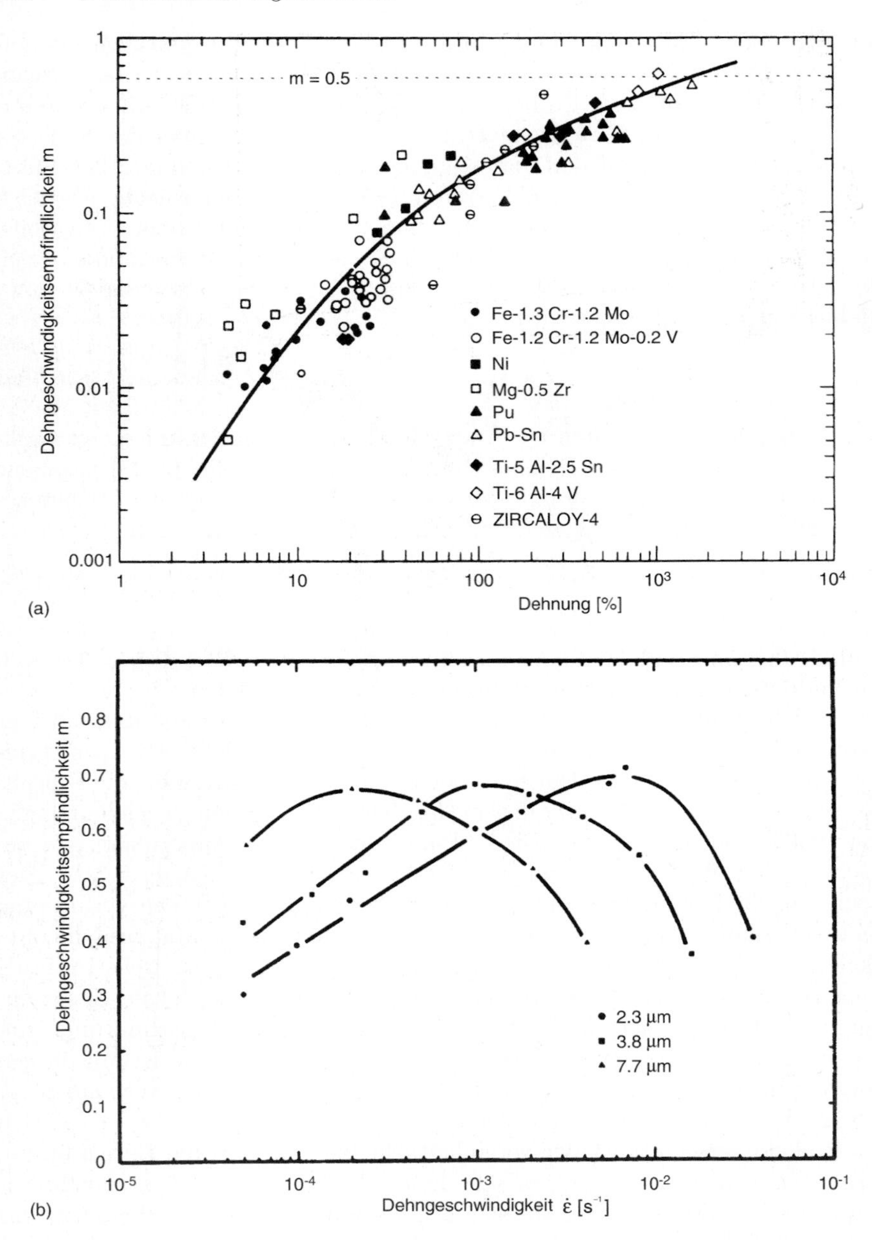

Abbildung 6.73. (a) Erreichte Dehnung im Zugversuch in Abhängigkeit von der Dehngeschwindigkeitsempfindlichkeit m [6.27]. (b) Abhängigkeit $m(\dot{\varepsilon})$ von der Korngröße [6.28].

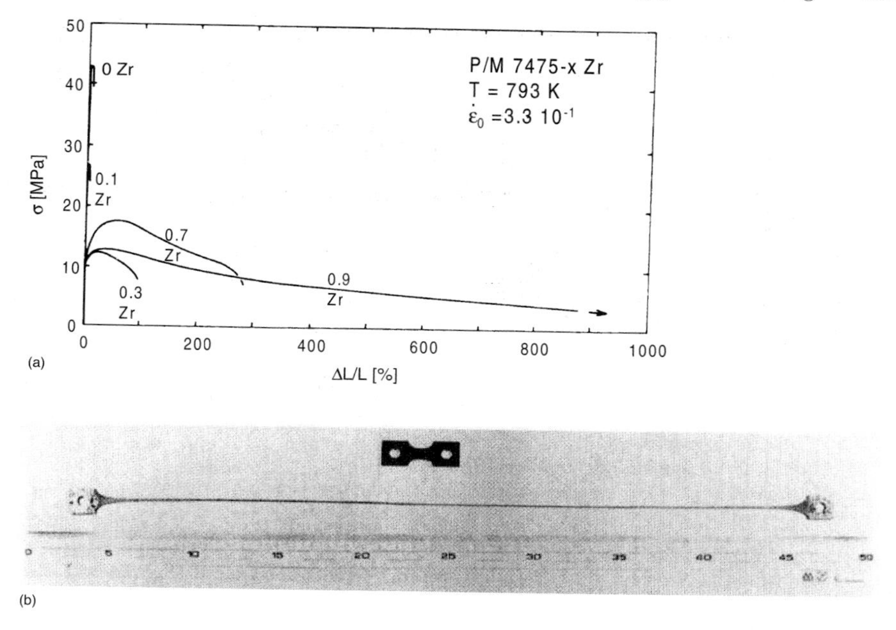

Abbildung 6.74. (a) Fließkurve einer superplastischen Legierung (nach [6.29]); (b) Unverformte und verformte Probe einer superplastischen Aluminium-Bronze (Dehnung etwa 8000%!) [6.30].

kaum zur Speicherung von Versetzungen in den Kristalliten, und damit unterbleibt praktisch eine Verfestigung während der superplastischen Verformung (Abb. 6.74a). Die Feinkörnigkeit des Gefüges ist also eine Grundvoraussetzung für Superplastizität. Die Korngröße sollte unter 10 μm liegen. Da in reinen Metallen bei höheren Temperaturen Kornwachstum auftritt, und zwar um so stärker, je kleiner die Korngröße, kommt Superplastizität in reinen Metallen praktisch nicht vor. Typischerweise sind superplastische Werkstoffe zweiphasig, häufig von eutektischer Zusammensetzung. Aber auch in einphasigen Werkstoffen mit geringer Korngrenzenbeweglichkeit, bspw. geordneten Legierungen wie Ni_3Al, und sogar in feinkörnigen Keramiken wird Superplastizität beobachtet, bspw. in ZrO_2 dotiert mit $3\%Y_2O_3$, obwohl mit erheblich geringeren Bruchdehnungen als in metallischen Werkstoffen.

6.8.2 Kriechen

Im Gegensatz zur Tieftemperaturverformung verformt sich ein Material bei hohen Temperaturen kontinuierlich bei Anliegen einer konstanten Last, bzw. einer konstanten Spannung. Dieser Vorgang wird als Kriechen bezeichnet. Bei konstanter Belastung unter einachsigem Zug spricht man auch vom statischen Zugversuch, im Gegensatz zur Verformung in einer Prüfmaschine mit konstanter Dehngeschwindigkeit, dem dynamischen Zugversuch. Die typische Kriechkurve $\varepsilon(t)$ (für σ = const.) besteht aus drei Bereichen (Abb. 6.75). Zunächst wird bei Belastung sehr schnell eine Dehnung ε_0 angenommen. Danach schließt sich der Bereich des primären Kriechens, oder Übergangskriechbereich an, in dem die Kriechgeschwindigkeit ständig abnimmt. Im darauffolgenden stationären Kriechbereich bleibt die Kriechgeschwindigkeit konstant, d.h. die Dehnung nimmt linear mit der Zeit zu. Schließlich steigt im tertiären Kriechbereich die Kriechgeschwindigkeit wieder an, bis der Kriechbruch eintritt.

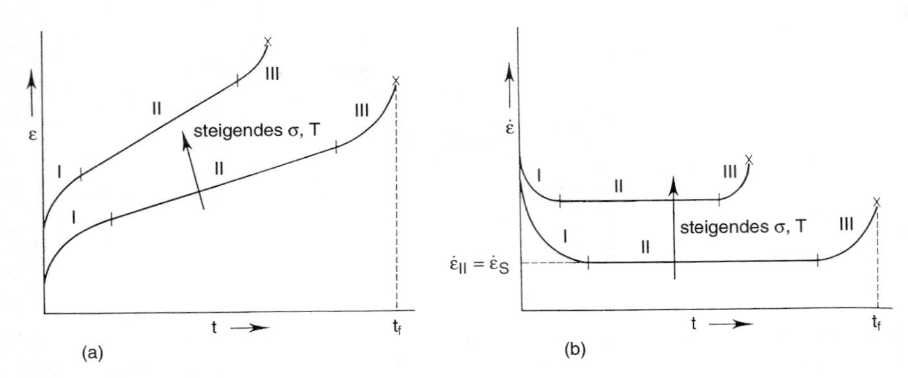

Abbildung 6.75. (a) Kriechkurve $\varepsilon(t)$, schematisch. (b) Kriechrate als Funktion der Zeit, schematisch.

Der wohl technisch wichtigste Bereich ist der stationäre Kriechbereich, weil die stationäre Kriechgeschwindigkeit $\dot{\varepsilon}_S$ näherungsweise ein Maß für Lebensdauer und Bruchdehnung eines kriechverformten Materials ist. Die stationäre Kriechgeschwindigkeit hängt stark von den Verformungsbedingungen, d.h. der angelegten Spannung, der Verformungstemperatur aber auch von den Materialeigenschaften, insbesondere dem Diffusionskoeffizienten und der Stapelfehlerenergie ab. Phänomenologisch läßt sich die stationäre Kriechgeschwindigkeit in Abhängigkeit von Spannung und Temperatur darstellen als

$$\dot{\varepsilon}_s = A \left(\frac{\sigma}{G}\right)^n e^{\left(-\frac{Q}{kT}\right)} \tag{6.130}$$

Der Mechanismus des Kriechens wird wegen $Q = Q_{SD}$ mit der Diffusion über Leerstellen in Verbindung gebracht. Allerdings verursachen die Leerstellen nicht einen Massetransport zur Formänderung, sondern verhelfen vielmehr den Stufenversetzungen zur Überwindung von Hindernissen durch Verlassen ihrer Gleitebene (Versetzungskriechen). Lagern sich nämlich Leerstellen am Versetzungskern an, so entfernen sie damit die Atome am Versetzungskern, wodurch die Versetzung auf die benachbarte Gleitebene „klettert“ (Abb. 6.78). Dabei ist zu beachten, daß es vieler Leerstellen bedarf, um eine Versetzung

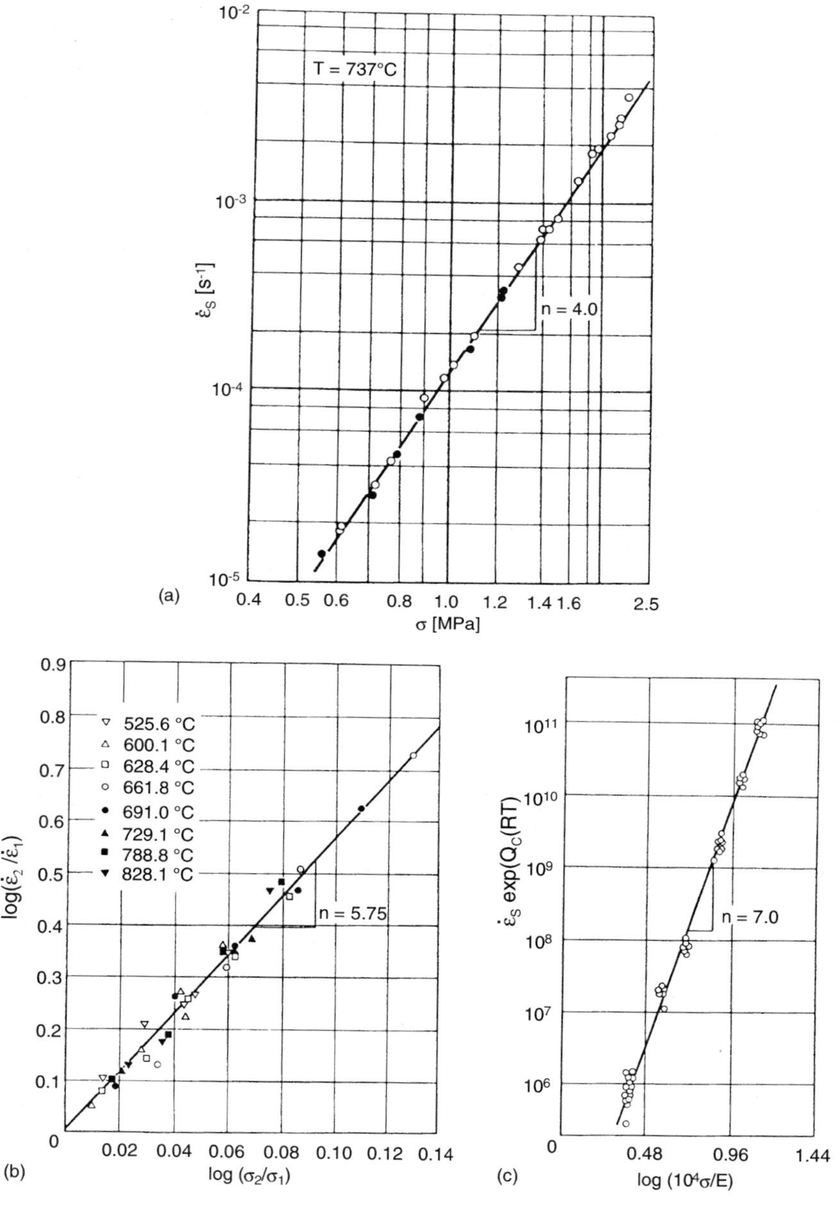

Abbildung 6.76. Abhängigkeit der stationären Kriechgeschwindigkeit von der Spannung (n Spannungsexponent) [6.31]. (a) NaCl-Einkristall bei 737°C; (b) Fe-Si Mischkristall-Legierung, aus Lastwechseln bei verschiedenen Temperaturen; (c) polykristallines Rein-Ni bei verschiedenen Temperaturen.

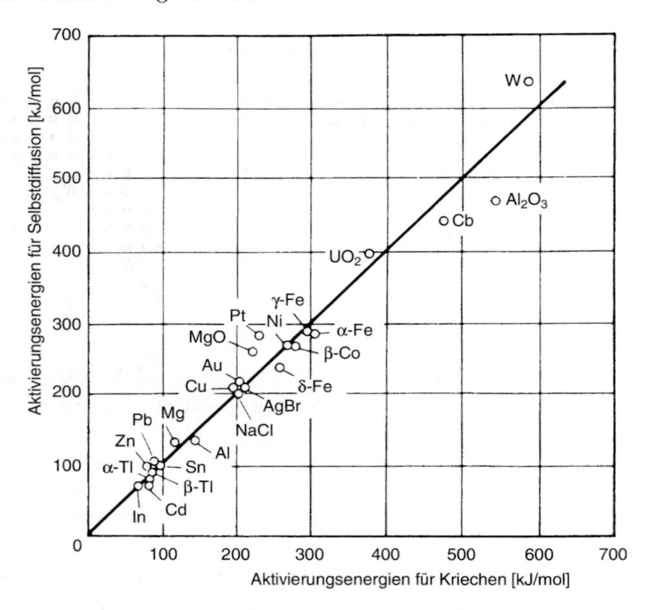

Abbildung 6.77. Zusammenhang der Aktivierungsenergie für Selbstdiffusion und für stationäres Kriechen [6.32].

klettern zu lassen, denn eine einzelne Leerstelle läßt die Versetzungslinie nur über eine Länge b klettern, aber zur Bewegung der Versetzung auf der benachbarten Gleitebene benötigt das gekletterte Versetzungssegment eine überkritische freie Länge.

Da bei hohen Temperaturen eine genügend große Leerstellenkonzentration im Gitter vorhanden ist, verläuft der diffusionsgesteuerte Kletterprozeß praktisch kontinuierlich. Man kann sich die Versetzungsbewegung wie die Bewegung eines Stabes in einem viskosen Medium, bspw. wie in Honig, vorstellen. Die Versetzungsgeschwindigkeit v_D läßt sich dann als Driftgeschwindigkeit schreiben, also gemäß Gl. (5.9)

$$v_D = BK = \frac{D}{kT}\tau b \tag{6.131}$$

Die Dehngeschwindigkeit ergibt sich nach Gl. (6.31a)

$$\dot{\gamma} = \rho b v$$

und da ρ mit τ über Gl. (6.59) durch ein Wurzelgesetz verknüpft ist, erhält man

$$\dot{\gamma} = \frac{\tau^2}{\alpha^2 G^2 b^2} \frac{Db^2}{kT} \tau = A_0 G \left(\frac{\tau}{G}\right)^3 \frac{D_0}{kT}\, e^{\left(-\frac{Q_{SD}}{kT}\right)} \tag{6.132}$$

oder

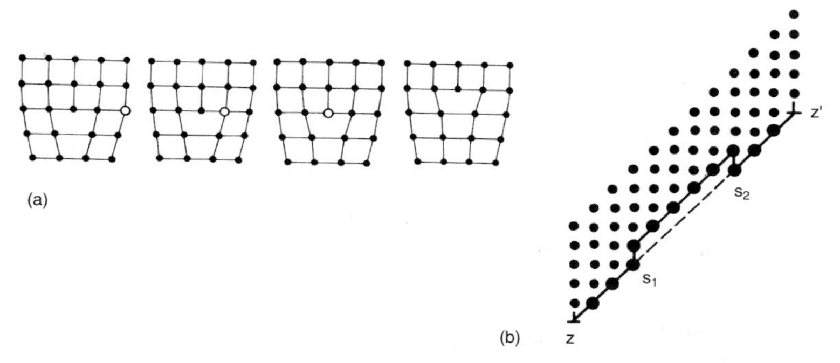

Abbildung 6.78. (a) Mechanismus des Kletterns einer Stufenversetzung durch Anlagerung von Leerstellen. (b) Zum Klettern der Versetzungslinie müssen viele Leerstellen angelagert werden.

$$\dot{\varepsilon} = A \left(\frac{\sigma}{G} \right)^3 e^{\left(-\frac{Q_{SD}}{kT} \right)} \tag{6.133}$$

Gl. (6.133) ist der phänomenologischen Beziehung (6.130) sehr ähnlich, allerdings ist der Spannungsexponent $n = 3$ und nicht, wie beobachtet, $n \approx 5$. Ein höherer Exponent erfordert entsprechende Annahmen über Details der Versetzungsbewegung, in die unter anderem auch die Aufspaltungsweite eingeht. Bisher gibt es allerdings noch keine allgemeingültige Theorie, die in der Lage wäre, höhere Werte von n zwanglos zu erklären.

Bei sehr hohen Temperaturen und sehr niedrigen Spannungen beobachtet man auch Kriechvorgänge, die nicht auf Versetzungsbewegung zurückzuführen sind, sondern allein durch Diffusionsströme verursacht werden. Dabei wird Material von den unter Druckspannungen stehenden Gebieten eines Korns zu Stellen unter Zugspannung befördert, wodurch sich eine Probe in Zugrichtung verlängert, bzw. in Druckrichtung verkürzt (Abb. 6.79). Der Grund für diesen Materialfluß ist die Abhängigkeit des chemischen Potentials der Atome vom elastischen Spannungszustand. Da die Verformung ausschließlich von der Diffusion getragen wird, ist die Dehngeschwindigkeit vom Diffusionsstrom der Atome bestimmt, der proportional zur treibenden Kraft, also zur angelegten Spannung ist.

Die Kriechrate bei Diffusionskriechen ist daher proportional zur Spannung (Abb. 6.80) und natürlich zum Diffusionskoeffizienten. Eine genaue Berechnung wurde zuerst von Nabarro und Herring durchgeführt, so daß diese Art des Diffusionskriechens auch als Nabarro-Herring-Kriechen bezeichnet wird

$$\dot{\varepsilon}_{NH} = A_{NH} \left(\frac{D}{kT} \right) \sigma \frac{\Omega}{d^2} \tag{6.134}$$

Dabei bedeuten $\Omega \approx b^3$ das Atomvolumen und d die Korngröße. A_{NH} ist eine Konstante.

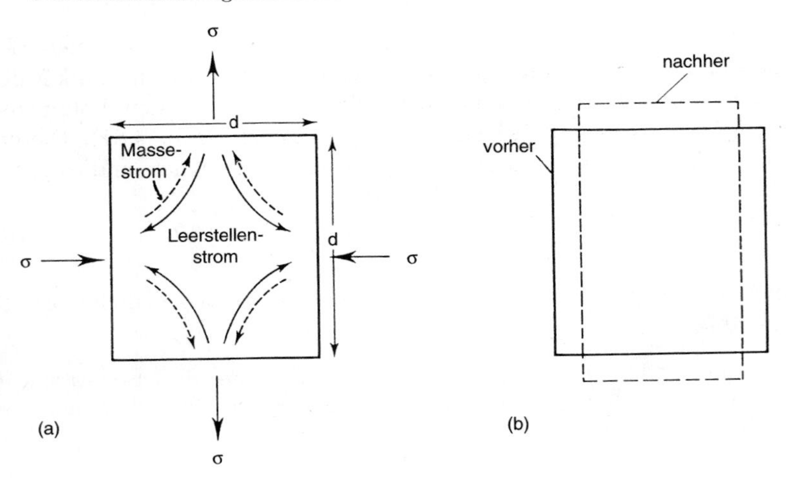

Abbildung 6.79. Mechanismus des Nabarro-Herring-Kriechens. (a) Massetransport bzw. Leerstellenstrom; (b) entsprechende Formänderung.

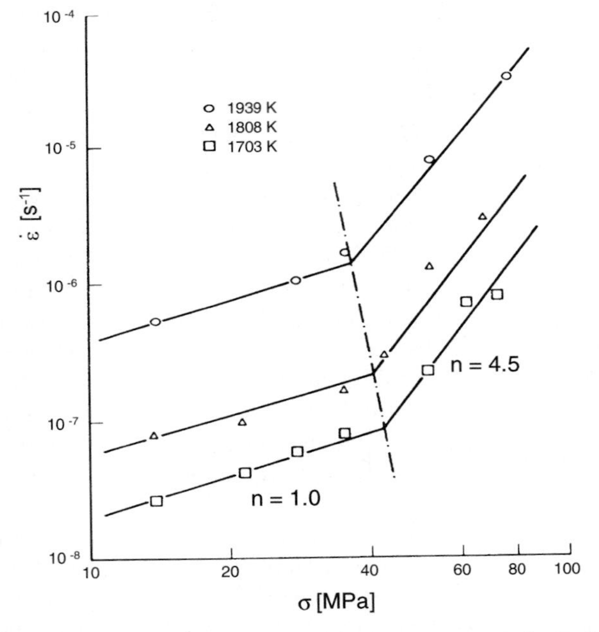

Abbildung 6.80. Spannungsexponent des Kriechens von UO_2-Polykristallen mit einer Korngröße von 10 μm. Bei kleinen Spannungen und hohen Temperaturen dominiert Diffusionskriechen mit $n = 1$ (nach [6.33]).

Der Materialtransport muß nicht unbedingt durch das Volumen erfolgen. Insbesondere bei nicht ganz so hohen Temperaturen und in feinkörnigerem Material kann der Materialfluß durch die Korngrenzen den Volumenstrom übertreffen und das Diffusionskriechen bestimmen (Abb. 6.81). Dieser Fall des Diffusionskriechens wird als Coble-Kriechen bezeichnet, und es gilt

$$\dot{\varepsilon}_C = A_C \left(\frac{D_{KG}\delta}{kT}\right) \sigma \frac{\Omega}{d^3} \tag{6.135}$$

wobei δ die Korngrenzendicke und D_{KG} den Diffusionskoeffizienten der Korngrenzendiffusion bezeichnen.

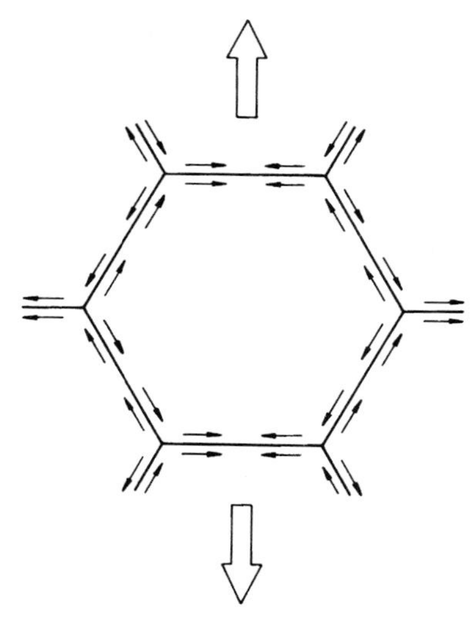

Abbildung 6.81. Materialfluß beim Coble-Kriechen.

Beide Diffusionskriechmechanismen treten stets gleichzeitig auf und tragen additiv zur makroskopischen Kriechrate bei. Deshalb werden beide zumeist zusammengefaßt zum Vorgang des Diffusionskriechens

$$\dot{\varepsilon}_D = \dot{\varepsilon}_{NH} + \dot{\varepsilon}_C = A_D \frac{\sigma\Omega}{d^2} \frac{D}{kT} \left(1 + \frac{D_{KG}\delta}{d \cdot D}\right) \tag{6.136}$$

Diffusionskriechprozesse treten in Erscheinung, wenn Versetzungskriechen unterbleibt. Das ist typischerweise bei keramischen Werkstoffen und weniger bei Metallen der Fall. Die Abhängigkeit der Kriechrate von der Korngröße zeigt aber auch, daß nicht alle festigkeitssteigernden Maßnahmen bei tiefen Temperaturen gleichzeitig kriechhemmend sein müssen. Die Festigkeitssteigerung durch Kornfeinung bei niedrigen Verformungstemperaturen wirkt sich entsprechend nachteilig auf die Kriechfestigkeit aus.

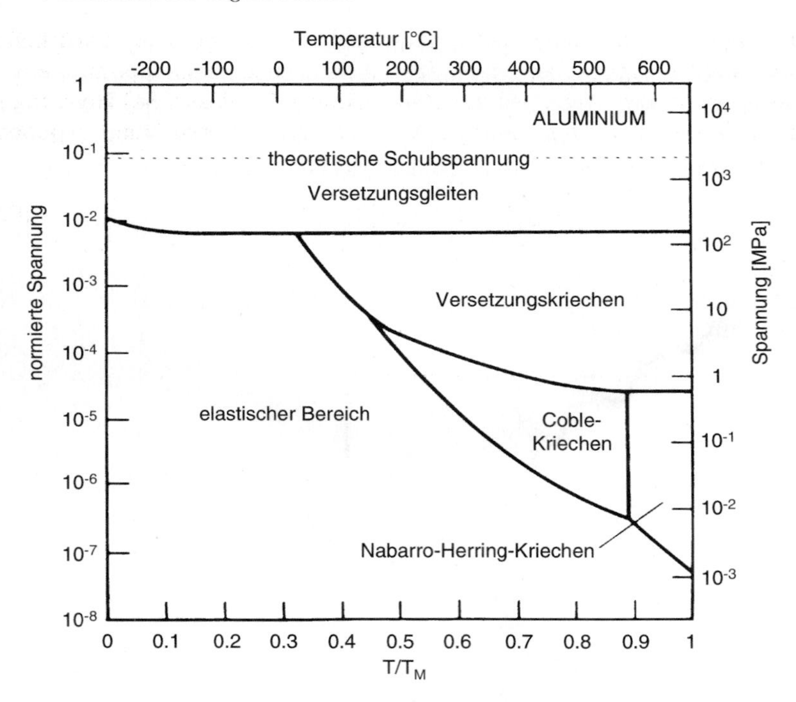

Abbildung 6.82. „Deformation-Mechanism-Map" von Aluminium (nach [6.34]).

Die Vielzahl der Verformungsmechanismen und ihre unterschiedliche Abhängigkeit von den äußeren Bedingungen (Temperatur, Spannung) und Materialgrößen (Schubmodul, Diffusionskonstante, Korngröße) ist verwirrend. Für den Werkstoffwissenschaftler ist es aber wichtig zu wissen, wie ein Material sich unter Betriebsbedingungen verhält, um es geeignet einzusetzen oder entsprechend zu dimensionieren. Dazu helfen die sog. „Deformation-Mechanism-Maps" (Verformungs-mechanismen-Karten), die Ashby und Mitarbeiter aufgestellt haben. In diesen Karten sind in Abhängigkeit von σ und T die Bereiche eingezeichnet, in denen die jeweiligen Mechanismen dominieren (Abb. 6.82).

6.8.3 Anelastizität und Viskoelastizität

Auch bei tiefen Temperaturen, also weit unterhalb der halben Schmelztemperatur, kann man zeitabhängige Verformung im elastischen Bereich, also bei Spannungen unterhalb der Streckgrenze, beobachten. Der zeitabhängige Dehnungsanteil ist dann aber zumeist sehr klein, und es bedarf daher besonderer Meßmethoden, ihn zu bestimmen. Bildet sich die zusätzliche, zeitabhängige Dehnung bei Entlastung mit der Zeit wieder zurück, so daß die Gestalt der Probe vor der Belastung wiederhergestellt wird, so spricht man vom anelastischen Verhalten, oder Anelastizität. Wird ein anelastischer Körper mit einer

Spannung σ_0 für eine lange Zeit belastet (Abb. 6.83), wobei σ_0 natürlich kleiner als die Streckgrenze sein muß, dann stellt sich zunächst spontan eine rein elastische Dehnung ε_1 ein, der eine zeitabhängige (anelastische) Dehnung $\varepsilon_2(t)$ folgt, die maximal auf ε_{20} ansteigt. Der anelastische Anteil hängt exponentiell von der Zeit ab, so daß

$$\varepsilon(t) = \varepsilon_1 + \varepsilon_{20}\left\{1 - e^{\left(-\frac{t}{\tau}\right)}\right\} \tag{6.137}$$

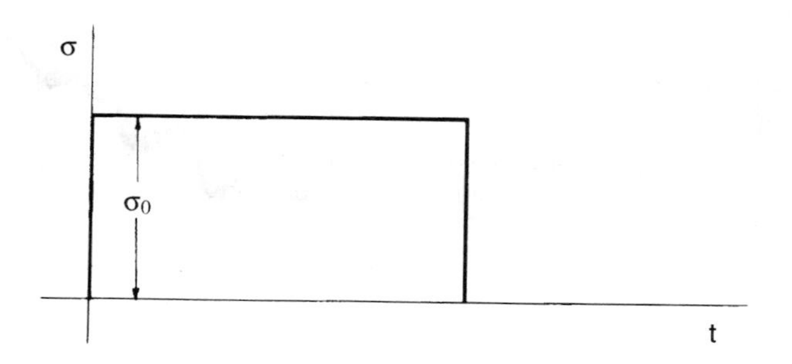

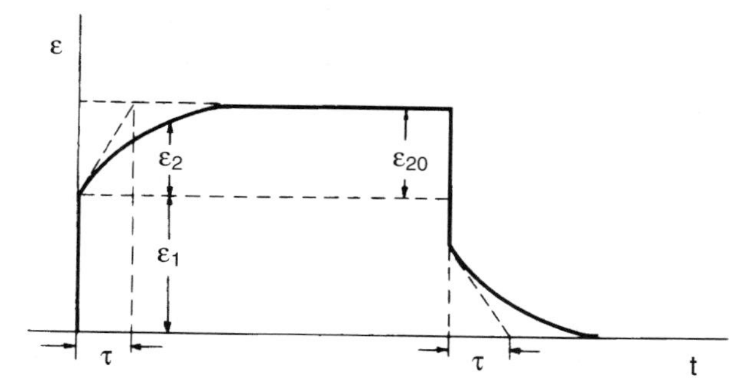

Abbildung 6.83. Schema der elastischen Nachwirkung. Bei Anlegen einer konstanten Spannung σ_0 bildet sich spontan die elastische Spannung ε_1 aus und im Laufe der Zeit zusätzlich die anelastische Nachwirkung ε_2, die mit der Zeitkonstanten τ gegen einen Grenzwert ε_{20} strebt.

Dabei wird τ als Relaxationszeit bezeichnet. Sie ist ein Maß für die Zeit, die verstreicht, bis der stationäre anelastische Zustand (d.h. die Dehnung ändert sich mit der Zeit nicht mehr) angenommen wird. Graphisch läßt sich τ ermitteln, indem man den Schnittpunkt der Tangente an $\varepsilon(t)$ für $t = 0$ mit der stationären Dehnung sucht, wie in Abb. 6.83 dargestellt, denn für kleine Zeiten ist

$$\varepsilon(t) - \varepsilon_1 = \varepsilon_{20}\left\{1 - e^{\left(-\frac{t}{\tau}\right)}\right\} \cong \varepsilon_{20} \cdot \frac{t}{\tau} \tag{6.138}$$

Bei Entlastung verläuft die Dehnung in umgekehrter Richtung. Ein spontaner Abfall um die elastische Dehnung $-\varepsilon_1$ geht der zeitabhängigen Dehnung

$-\varepsilon_{20}\exp(-t/\tau)$ voraus, so daß nach großen Zeiten wieder der Ausgangszustand $\varepsilon = 0$ hergestellt wird. Im Gegensatz zur plastischen Verformung gibt es bei der Anelastizität keine bleibende Verformung.

Ein physikalisches Beispiel der anelastischen Dehnung ist der nach Snoek benannte Effekt im kohlenstoffhaltigen α-Fe. Die Kohlenstoff-Atome sitzen auf den Oktaederplätzen des krz-Gitters des α-Fe. Im belastungsfreien Zustand befinden sich statistisch gleich viele C-Atome auf x-, y- und z-Kanten des krz-Gitters (Abb. 6.84). Da die Kohlenstoffatome einen größeren Radius aufweisen, als ihnen in den Oktaederlücken zur Verfügung steht, kommt es durch die Einlagerung des Kohlenstoffs zu lokalen elastischen Verzerrungen. Wird nun eine elastische Zugspannung in z-Richtung angebracht, dann wird das Gitter in z-Richtung etwas aufgeweitet und senkrecht dazu (x- und y-Richtung) durch die Querkontraktion etwas gestaucht. Dadurch werden die z-Plätze für Kohlenstoffatome energetisch günstiger, denn die elastische Verzerrung in Folge der C-Einlagerung ist nun in z-Richtung kleiner als in x- oder y-Richtung. Sitzen aber mehr C-Atome auf z-Plätzen, so ist die Gitterkonstante in z-Richtung größer als in x- oder y-Richtung. Die Umorientierung von x- und y-Plätzen auf z-Plätze erfolgt durch Diffusionssprünge. Im Laufe der Zeit stellt sich ein neues Gleichgewicht der Verteilung der C-Atome auf x-, y- und z-Plätzen ein, derart daß im Mittel mehr z-Plätze besetzt werden. Dieser Vorgang ist mit einer zeitlichen Änderung der Probendimension in Spannungsrichtung, also mit einer zeitabhängigen Dehnung, verbunden. Nach Entlastung stellt sich entsprechend mit der Zeit wieder eine Gleichverteilung auf x-, y- und z-Plätzen ein, so daß die anelastische Zusatzdehnung schließlich wieder verschwindet.

Es ist allerdings viel zu kompliziert, diese anelastische Längenänderung durch genaue Dehnungsmessung zu bestimmen, da die Dehnungen sehr klein sind. Statt dessen bedient man sich Methoden, die auf der Dämpfung elastischer Schwingungen beruhen. Legt man statt einer konstanten Spannung eine elastische Rechteck-Wechselspannung an die Probe (Abb. 6.85), so hängt es von der Zeit pro Zyklus ab, wie stark die anelastische Dehnung sich ausbilden kann. Bei sehr niedrigen Frequenzen kann sich in jedem Zyklus die anelastische Dehnung vollständig einstellen. Mit steigender Frequenz wird die anelastische Dehnung pro Zyklus immer kleiner, bis bei sehr hohen Frequenzen praktisch keine meßbare anelastische Dehnung mehr auftritt. Da der Elastizitätsmodul definiert ist als

$$E = \frac{\sigma}{\varepsilon}$$

aber im dynamischen (Schwingungs-) Experiment $\varepsilon = \varepsilon(t)$ ist, hängt der „dynamische" E-Modul von der Frequenz ab (Abb. 6.86). Bei sehr niedrigen Frequenzen erhält man den statischen oder „relaxierten" E-Modul (Abb. 6.86b)

$$E_r = \frac{\sigma_0}{\varepsilon_1 + \varepsilon_{20}} \qquad (6.139a)$$

und bei sehr hohen Frequenzen erhält man den unrelaxierten Modul (Abb. 6.86a)

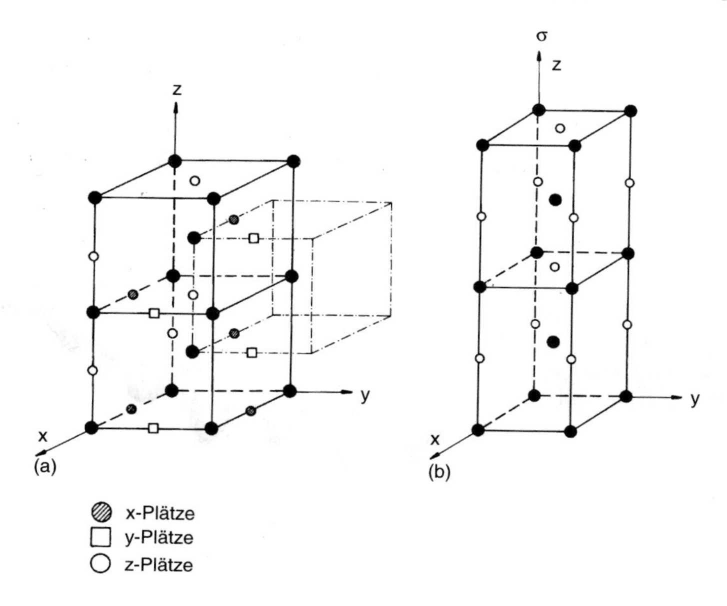

Abbildung 6.84. Schematische Darstellung der Verteilung der C-Atome im krz-Gitter im unbelasteten (a) und im unter Zug belastetem Zustand (b) zur Verdeutlichung des Snoek-Effektes.

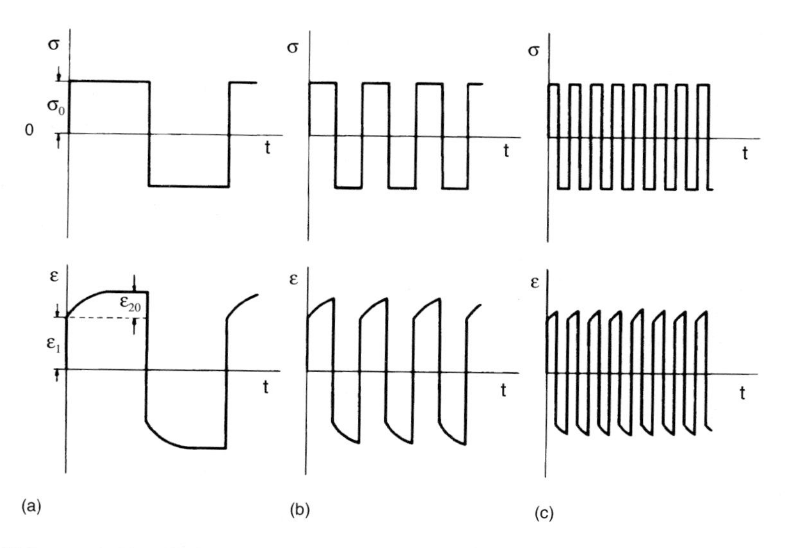

Abbildung 6.85. Dehnungsverlauf bei eine Rechteck-Wechselspannung von drei verschiedenen Frequenzen. (a) niedrige Frequenz: die Nachwirkung kann sich voll ausbilden; (b) mittlere Frequenz: Dauer der Spannung entspricht gerade der Einstellzeit τ; (c) sehr hohe Frequenz: die Nachdehnung kann sich praktisch nicht ausbilden.

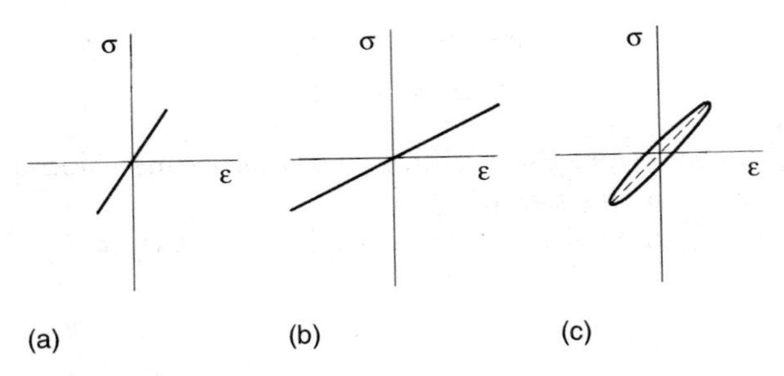

Abbildung 6.86. Spannungs-Dehnungs-Diagramm bei elastischer Nachwirkung für drei verschiedene Frequenzen. (a) Hohe Frequenz: Die Steigung der steil verlaufenden Hookschen Geraden liefert den unrelaxierten E-Modul. (b) Niedrige Frequenz: aus der flach verlaufenden Hookschen Geraden erhält man den relaxierten E-Modul. (c) Mittlere Frequenz: neben der elastischen Dehnung erhält man einen anelastischen Anteil, der für Hin- und Rückweg verschieden ist. Dies führt zu einem hystereseartigen Spannungs-Dehnungs-Verlauf.

$$E_u = \frac{\sigma_0}{\varepsilon_1} \tag{6.139b}$$

Bei Wechselbelastung eilt die Spannung der Dehnung immer etwas voraus. Bei mittleren Frequenzen erhält man daher keine elastische Gerade im $\sigma - \varepsilon$-Diagramm, sondern eine elliptische Hysteresekurve (Abb. 6.86c), wobei die Fläche der Ellipse der absorbierten elastischen Energie pro Zyklus entspricht. Elastische Schwingungen verlaufen aber nicht wie eine Rechteckspannung, sondern trigonometrisch. Bei einer Schwingungsfrequenz ν, entsprechend einer Kreisfrequenz $\omega = 2\pi\nu$, verlaufen Dehnung und Spannung gemäß

$$\varepsilon = \varepsilon_0 \sin \omega t \tag{6.140a}$$

$$\sigma = \sigma_0 \sin(\omega t + \delta) \tag{6.140b}$$

wobei δ die Phasenverschiebung zwischen Spannung und Dehnung, also das Voreilen der Spannung beschreibt.

Die Rechnung gestaltet sich leichter, wenn man schreibt

$$\varepsilon = \varepsilon_0 \, e^{i\omega t} \tag{6.141a}$$

$$\sigma = \sigma_0 \, e^{i(\omega t + \delta)} \tag{6.141b}$$

da $e^{i\omega t} = \cos\omega t + i \sin\omega t$. Gemäß Gl. (6.140a) und (6.140b) werden die meßbaren Größen Spannung und Dehnung in Gl. (6.141a) und (6.141b) durch den Imaginärteil beschrieben. Entsprechend kann man einen komplexen Modul E^*definieren,

$$E^* = \frac{\sigma}{\varepsilon} = e^{i\delta}\frac{\sigma_0}{\varepsilon_0} = \frac{\sigma_0}{\varepsilon_0}(\cos\delta + i\sin\delta) \equiv E_1 + iE_2 \tag{6.142}$$

oder

$$\sigma_0 \cos\delta = E_1 \varepsilon_0 \tag{6.143a}$$

$$\sigma_0 \sin\delta = E_2 \varepsilon_0 \tag{6.143b}$$

Es werden E_1 auch als Speicher-Modul und E_2 als Verlust-Modul bezeichnet, was bei weiterer Rechnung klar wird.

Die elastische Energiedichte Γ bei einer Spannung σ ist

$$\Gamma = \frac{1}{2}\sigma\varepsilon \tag{6.144}$$

oder mit Gl. (6.141a) und (6.141b)

$$\Gamma = \frac{1}{2}\varepsilon_0\sigma_0 \left(\sin\omega t \cos\delta + \cos\omega t \sin\delta\right) \sin\omega t \tag{6.145}$$

Γ wird maximal, wenn $\omega t = \pi/2$. Dann ist

$$\Gamma_{\max} = \frac{1}{2}\varepsilon_0\sigma_0 \cos\delta = \frac{1}{2}E_1\varepsilon_0^2 \tag{6.146}$$

E_1 wird daher auch als Speicher-Modul bezeichnet, denn er bezeichnet den bei Dehnung ε_0 gespeicherten elastischen Energieinhalt der Probe.

Der Energieverlust pro Zyklus ergibt sich aus

$$\Delta\Gamma = \oint \sigma d\varepsilon = \int\limits_0^{\frac{2\pi}{\omega}} \sigma \cdot \dot{\varepsilon} dt \tag{6.147}$$

Wegen

$$\dot{\varepsilon} = \frac{d\varepsilon}{dt} = \frac{d}{dt}\left(\varepsilon_0 \sin\omega t\right) = \varepsilon_0\omega \cos\omega t \tag{6.148}$$

wird

$$\begin{aligned} \Delta\Gamma &= \int\limits_0^{\frac{2\pi}{\omega}} \left(\sin\omega t \cos\delta + \cos\omega t \sin\delta\right) \omega\varepsilon_0 \cos\omega t \; dt \\ &= 2\pi\sigma_0\varepsilon_0 \sin\delta \\ \Delta\Gamma &= \pi E_2 \varepsilon_0^2 \end{aligned} \tag{6.149}$$

E_2 bezeichnet also den Energieverlust pro Zyklus und wird daher als Verlust-Modul bezeichnet.

Das Verhältnis der Moduln

$$\frac{E_2}{E_1} = \tan\delta \tag{6.150}$$

hat eine physikalische Bedeutung.

Der Energieverlust pro Schwingung ist

$$\frac{\Delta \Gamma}{2\Gamma} = \frac{\pi E_2 \varepsilon_0^2}{E_1 \varepsilon_0^2} = \pi \tan \delta \tag{6.151}$$

Da $E_1 \gg E_2$ (typische Werte sind $E_1 = 1$ GPa, $E_2 = 10$ MPa) ist $\tan\delta \approx \delta$ oder

$$\frac{\Delta \Gamma}{2\Gamma} \approx \pi \delta \tag{6.152}$$

δ wird auch als logarithmisches Dekrement bezeichnet. Die Bezeichnung rührt daher, daß man δ gewöhnlich aus dem Abklingen einer elastischen Schwingung ermitteln kann (Abb. 6.87). Sind nämlich die Amplituden zweier aufeinanderfolgender Schwingungen A_n und A_{n+1}, so ergibt sich

$$\frac{\Delta \Gamma}{2\Gamma} = \ln \frac{A_n}{A_{n+1}} \approx \pi \delta \tag{6.153}$$

Diese Beziehung läßt sich bspw. aus der Schwingungsgleichung eines gedämpften Pendels herleiten.

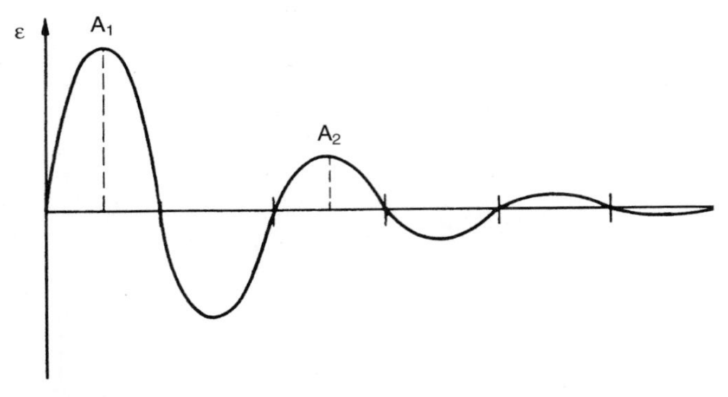

Abbildung 6.87. Abklingende Schwingung in einem Werkstoff mit starker Dämpfung, z.B. Gummi, Gußeisen.

Die Größe $\tan\delta$ wird auch häufig als Q^{-1} oder als innere Reibung bezeichnet. Sie hängt von Frequenz und Temperatur ab. Beim Snoek-Effekt, bspw., stellt sich die anelastische Dehnung umso schneller ein, je höher die Temperatur ist, und entsprechend ändert sich die anelastische Dehnung pro Schwingungszyklus. Dadurch ändert sich entsprechend der Energieverlust, d.h. die innere Reibung.

Die Temperatur und Frequenzabhängigkeit der inneren Reibung kann man mit einer einfachen Modellvorstellung berechnen. Das elastische und anelastische Verhalten eines Festkörpers entspricht der Kopplung eines elastischen

Körpers, im einfachsten Fall einer Feder, mit einem Dämpfungsglied, bspw. einem hydraulischen „Stoßdämpfer".

Diese Elemente können unterschiedlich zusammengesetzt werden, bspw. in Serie (Abb. 6.88a). Diese Anordnung wird als Maxwell-Modell bezeichnet. Die Feder habe einen effektiven Elastizitätsmodul E_M, so daß

$$\sigma_1 = E_M \varepsilon_1 \tag{6.154}$$

Der Dämpfer verhält sich viskos, d.h. eine Spannung verursacht eine konstante Dehngeschwindigkeit

$$\sigma_2 = \eta_M \cdot \dot{\varepsilon}_2 \tag{6.155}$$

wobei η_M die Viskosität des Maxwellschen Dämpfers ist. Bei Anlegen einer konstanten Spannung an das Maxwell-Element erhält man

$$\sigma = \sigma_1 = \sigma_2 \tag{6.156a}$$

$$\varepsilon = \varepsilon_1 + \varepsilon_2 \tag{6.156b}$$

Setzt man Gl. (6.154) und (6.155) in (6.156a) und (6.156b) ein, so ergibt sich

$$\dot{\varepsilon} = \frac{\dot{\sigma}}{E_M} + \frac{\sigma}{\eta_M} \tag{6.157}$$

Für konstante Spannung ist $\dot{\sigma} = 0$ und damit

$$\dot{\varepsilon} = \frac{\sigma}{\eta_M} \tag{6.158}$$

Das Maxwell-Element zeigt also kein anelastisches, sondern rein viskoses Verhalten, d.h. linear ansteigende Dehnung. Wählt man statt der seriellen Anordnung eine parallele Anordnung (Voigt-Kelvin-Modell, Abb. 6.88b), so ist

$$\sigma = \sigma_1 + \sigma_2 \tag{6.159}$$

$$\varepsilon = \varepsilon_1 = \varepsilon_2 \tag{6.160}$$

mit

$$\sigma_1 = E_V \cdot \varepsilon_1 \qquad \sigma_2 = \eta_V \cdot \dot{\varepsilon}_2 \tag{6.161}$$

In diesem Fall erhält man zwar anelastisches Verhalten für σ = const., also im Kriechfall, aber rein elastisches Verhalten für $\dot{\varepsilon} = 0$, also keine Spannungsrelaxation, wiederum im Widerspruch zum Verhalten des anelastischen Festkörpers.

Ein Modell mit realerem Verhalten ergibt eine Kombination von beiden Basismodellen (Abb. 6.88c). Diese Anordnung wird auch als linear-elastischer Standardkörper bezeichnet. Mit den Beziehungen

$$\begin{aligned} \varepsilon &= \varepsilon_1 = \varepsilon_2 \\ \varepsilon_2 &= \varepsilon_{21} + \varepsilon_{22} \\ \sigma &= \sigma_1 + \sigma_2 \end{aligned} \tag{6.162}$$

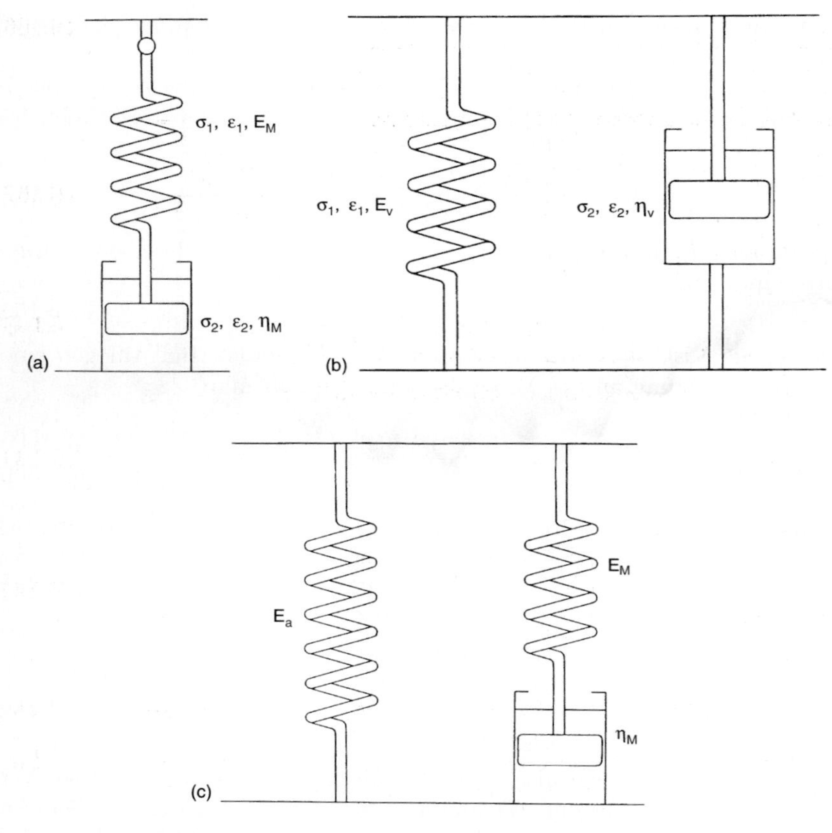

Abbildung 6.88. (a) Maxwell-Modell des Festkörpers. (b) Voigt-Kelvin-Modell des Festkörpers. (c) Linear-elastischer Standard-Körper.

und

$$\begin{aligned} \sigma_1 &= E_a \varepsilon \\ \varepsilon_{21} &= \frac{\sigma_2}{E_M} \\ \sigma_2 &= \dot{\varepsilon}_{22} \cdot \eta_M \end{aligned} \tag{6.163}$$

erhält man die Zustandsgleichung

$$\sigma + \tau \dot{\sigma} = E_a \varepsilon + (E_M + E_a)\, \tau \dot{\varepsilon} \tag{6.164}$$

wobei

$$\tau = \frac{\eta_M}{E_M} \tag{6.165}$$

Bei dynamischer Beanspruchung werden σ und ε wieder beschrieben durch $\varepsilon = \varepsilon_0\ e^{i\omega t}$; $\sigma = \sigma_0\ e^{i(\omega t + \delta)}$ [Gl. (6.141a) und (6.141b)]

$$\sigma = E^* \varepsilon \tag{6.166}$$

$$\sigma_0 \; e^{i(\omega t + \delta)} = (E_1 + iE_2)\, \varepsilon_0 \; e^{i\omega t}$$

Damit löst sich Gl. (6.164) zu

$$E^* = E_1 + iE_2 = \frac{E_a + (E_a + E_M)\, \omega^2 \tau^2}{1 + \omega^2 \tau^2} + i \frac{E_M \omega \tau}{1 + \omega^2 \tau^2} \tag{6.167}$$

gemäß Gl. (6.150) ergibt sich

$$\tan \delta = \frac{E_M \omega \tau}{E_a + (E_M + E_a)\, \omega^2 \tau^2} \tag{6.168}$$

Man erkennt, daß $\delta \to 0$ für $\omega = 0$ und $\omega \to \infty$. Für

$$(\omega \tau)^2 = \frac{E_a}{(E_a + E_M)} \tag{6.169}$$

wird δ maximal.

Die Dämpfung durchläuft daher als Funktion von $\omega \tau$ ein Maximum. Die elastischen Moduln E_a und E_M der Federn des Standardkörpers entsprechen den in Gl. (6.139a) und (6.139b) definierten Moduln

$$E_a = E_r \tag{6.170a}$$

$$E_M = E_u - E_r \tag{6.170b}$$

Im Augenblick der Belastung werden beide Federn gleichermaßen gedehnt, während der Dämpfer noch unbeteiligt ist. Folglich gilt

$$\sigma = \sigma_1 + \sigma_2 = E_a \cdot \varepsilon + E_M \cdot \varepsilon = E_u \cdot \varepsilon$$

Nach langer Zeit kompensiert der Dämpfer die Feder E_M und

$$\sigma = \sigma_1 = E_a \cdot \varepsilon = E_r \cdot \varepsilon$$

Damit ergeben sich folgende Beziehungen

$$\tan \delta_{\max} \left(\omega^2 \tau^2 = \frac{E_r}{E_u} \right) = \frac{E_u - E_r}{2\sqrt{E_u \cdot E_r}} \tag{6.171a}$$

$$E_{2,\max} \left(\omega^2 \tau^2 = 1 \right) = \frac{E_u - E_r}{2} \tag{6.171b}$$

Im übrigen ist die anelastische Dehnung gewöhnlich sehr klein und daher $E_r / E_u \approx 1$. Das Maximum der Dämpfung tritt daher etwa bei

$$\omega \tau = 1 \tag{6.172}$$

auf. Unter diesen Bedingungen sind die Dämpfungsverluste und deshalb gemäß Gl. (6.171b) auch der Verlust-Modul maximal.

Der sich mit der Spannung in Phase befindliche Elastizitätsmodul (Speichermodul) E_1 ist nach Gl. (6.167) und Gl. (6.170a) und (6.170b)

$$E_1 = \frac{E_r + E_u\omega^2\tau^2}{1 + \omega^2\tau^2} \tag{6.173}$$

und geht mit steigendem Wert $\omega\tau$ bei $\omega\tau \approx 1$ von E_r auf E_u über. Der Verlauf der Funktionen $\delta(\omega\tau)$ und $E_1(\omega\tau)$ ist in Abb. 6.89 schematisch aufgetragen.

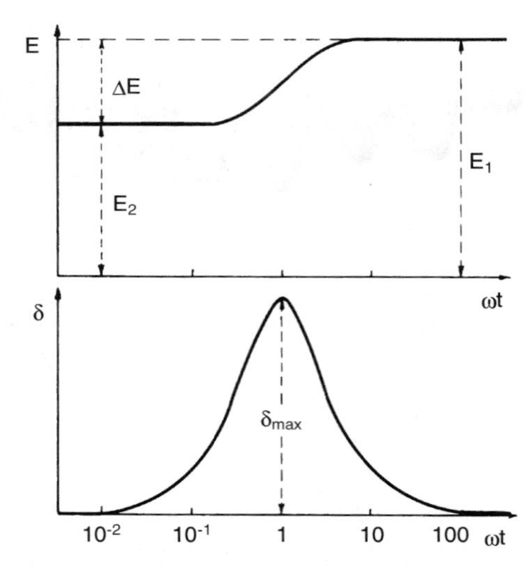

Abbildung 6.89. Verlauf des E-Moduls und des logarithmischen Dekrementes δ in Abhängigkeit von der Meßfrequenz (schematisch).

Das Maximum der Dämpfung hat man physikalisch so zu verstehen, daß bei $\omega = 1/\tau$ sich Anregungsfrequenz und Relaxationszeit des Vorgangs, bspw. die Sprungzeit beim Snoek-Effekt, in Phase befinden und es deshalb zur Resonanz kommt, wodurch das System maximal Energie von außen aufnimmt, wie das bspw. auch bei erzwungenen Schwingungen der Fall ist.

Die Resonanzbedingung $\omega\tau = 1$ beinhaltet, daß die Resonanzfrequenz sich ändert, wenn τ variiert. Beim Snoek-Effekt ist τ offenbar die Sprungzeit bei der Diffusion, mit der die Atome energetisch günstigere Plätze annehmen. Dieser Diffusionsvorgang hängt aber exponentiell von der Temperatur ab (vgl. Kap. 5)

$$\frac{1}{\tau} = \nu_D \, e^{\left(-\frac{G_W}{kT}\right)} \tag{6.174}$$

wobei G_W die freie Wanderungsenthalpie der C-Atome ist. Entsprechend wird mit zunehmender Temperatur die Resonanzfrequenz $\omega = 1/\tau$ größer, und die

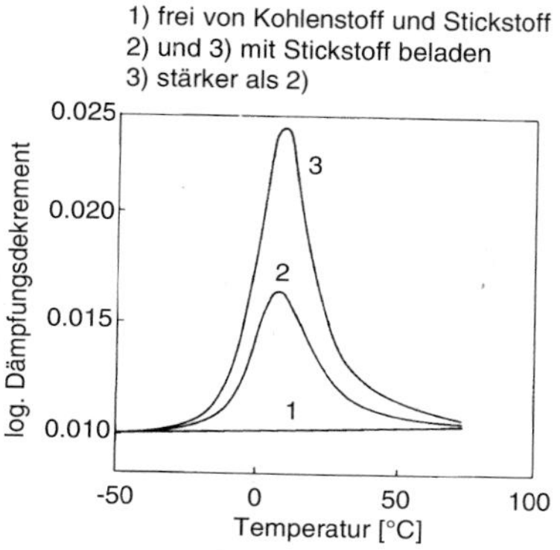

Abbildung 6.90. Verlauf des logarithmischen Dekrementes mit der Temperatur für α-Fe bei verschiedenen Stickstoffkonzentrationen. Die Dämpfung nimmt mit steigender Konzentration zu, aber die Temperatur des Maximums ist von der Konzentration nahezu unabhängig [6.35].

Dämpfung hängt somit von der Temperatur ab (Abb. 6.90). Bei Raumtemperatur liegt die Resonanzfrequenz des Snoek-Effektes etwa in der Größenordnung von 1Hz, so daß sich Pendelschwingungen am besten zur Messung des Effektes eignen. Nach Gl. (6.174) läßt sich mit diesem Effekt auch sehr genau der Diffusionskoeffizient D bestimmen, denn gemäß Gl. (5.17) ist

$$D = \frac{\lambda^2}{6\tau_S} \qquad (6.175)$$

wobei τ_S die Zeit zwischen zwei Sprüngen der diffundierenden Atome ist und die Sprungweite λ aus der Kristallstruktur bekannt ist. Genau genommen ist

$$\tau_S = \frac{3}{2}\tau \qquad (6.176)$$

denn beim Snoek-Effekt werden nur die Sprünge von x- und y-Plätzen auf z-Plätze, nicht aber die Sprünge der C-Atome von z-Plätzen zu anderen z-Plätzen berücksichtigt, die aber auch zur Diffusion beitragen. Der besondere Vorteil der anelastischen Meßmethode beruht darauf, daß sie es erlaubt, die Diffusionskonstante bei niedrigen Temperaturen zu messen, denn die Beobachtung des Effektes beruht auf einer Diffusionslänge von nur einer Sprungweite, die auch bei tiefen Temperaturen in endlichen Zeiten erreicht wird. Alle Tieftemperaturwerte der Diffusionskonstanten von C in α-Fe werden deshalb gewöhnlich durch anelastische Messungen gewonnen (vgl. Abb. 5.6).

Anelastizität oder Dämpfungseigenschaften in einem Festkörper sind nicht auf den Snoek-Effekt beschränkt. Vielmehr gibt es eine Vielzahl von Ursachen für anelastisches Verhalten in Metallen, bspw. Korngrenzengleiten (Abb. 6.91) oder Versetzungsdämpfung, die aber in sehr unterschiedlichen Frequenzbereichen Resonanzverhalten zeigen. Besonders wichtig sind Phänomene der inneren Reibung in Polymer-Werkstoffen. Ihr Verhalten wird nicht als anelastisch,

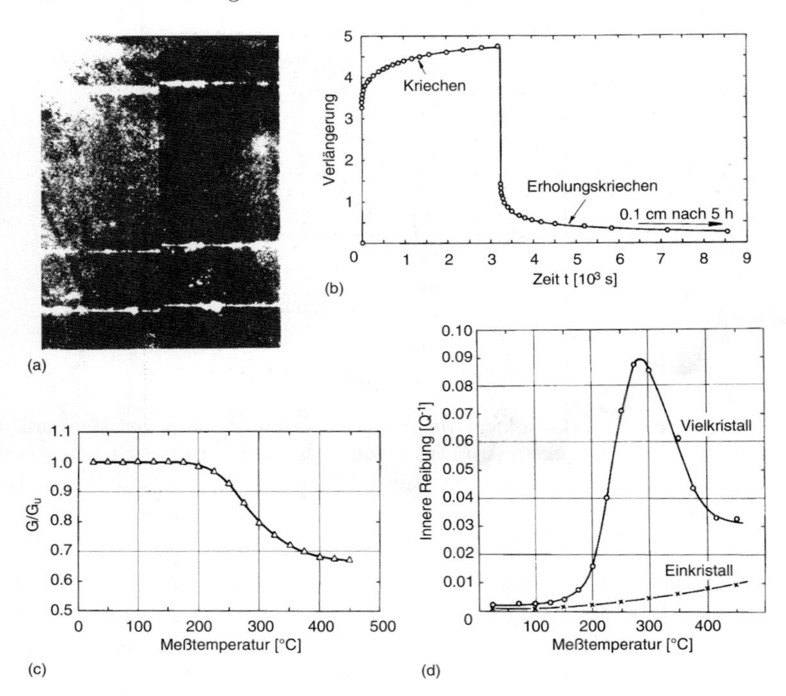

Abbildung 6.91. Anelastischer Effekt als Folge des Korngrenzengleitens. (a) Verschiebung zweier Zinnkristalle längs ihrer Korngrenze bei Schubbeanspruchung (Korngrenzengleiten) [6.36]; (b) Elastische Nachwirkung (Kriechen) nach Be- und Entlastung eines Aluminium-Vielkristalls (nach [6.37]); (c) Verhältnis des Schubmoduls G zum unrelaxierten Modul G_u als Funktion der Temperatur (nach [6.38]); (d) Das logarithmische Dekrement als Funktion der Temperatur für Viel- und Einkristalle (nach [6.39]).

sondern als viskoelastisch bezeichnet, da sie unter konstanter Last keine anelastische Zusatzdehnung zeigen, sondern zusätzlich zur elastischen Dehnung eine konstante Dehngeschwindigkeit annehmen, die proportional zur angelegten Spannung ist. Die Zustandsgleichung eines viskoelastischen Körpers lautet bei Anlegen einer Schubspannung σ_{xy}

$$\sigma_{xy} = G\gamma_{xy} + \eta\dot{\gamma}_{xy} \tag{6.177}$$

Das Verhalten einer viskoelastischen Substanz entspricht dem einer Mischung aus elastischem Festkörper und viskoser Flüssigkeit. Das Diffusionskriechen und das Korngrenzengleiten in Metallen sind demnach eigentlich viskoelastische Phänomene.

Dynamisches viskoelastisches Verhalten läßt sich mit dem gleichen Formalismus wie anelastisches Verhalten beschreiben. Allerdings gibt es in Polymeren eine Vielzahl von viskoelastischen Prozessen, was ein sehr komplexes Spektrum der Dämpfung verursacht (Abb. 6.92) wie z.B. Rotation von Molekülen,

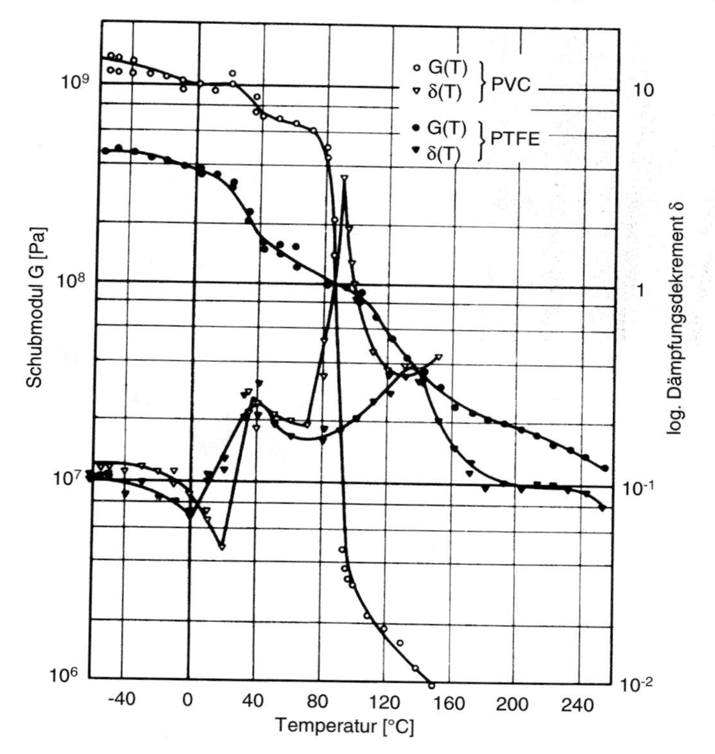

Abbildung 6.92. Temperaturabhängigkeit des Schubmoduls G und des logarithmischen Dekrementes δ der Polymere von PVC und PTFE (Teflon) (nach [6.39]).

Entfaltung von Molekülketten u.a. mehr. Es bedarf dann der Anwendung mehrerer komplementärer Methoden, um die Mechanismen der beobachteten Phänomene physikalisch richtig zu beschreiben.

7

Erholung, Rekristallisation, Kornvergrößerung

7.1 Phänomenologie und Begriffe

Die Eigenschaftsänderungen durch Wärmebehandlung machen metallische Werkstoffe häufig erst zu brauchbaren Konstruktionswerkstoffen. Durch eine Wärmebehandlung im Anschluß an plastische Verformung werden insbesondere die mechanischen Eigenschaften und die Mikrostruktur beeinflußt, weniger dagegen die physikalischen Eigenschaften (elektrischer Widerstand) (Abb. 7.1).

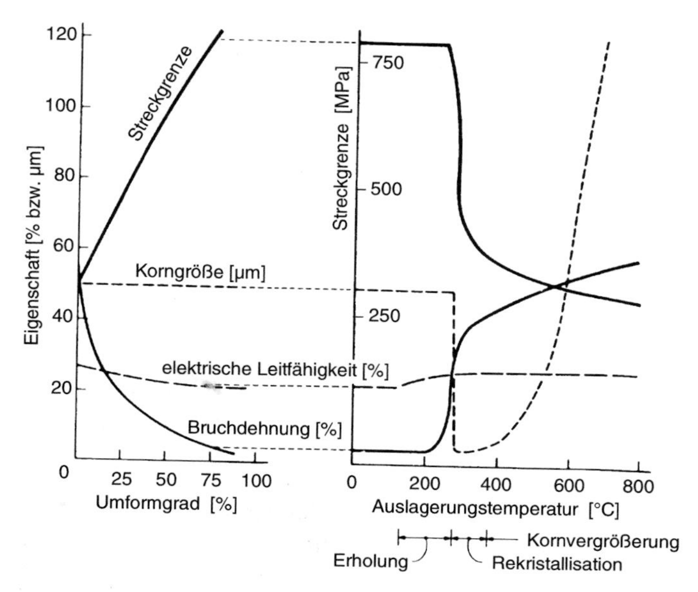

Abbildung 7.1. Die Effekte der Kaltverformung und des Glühens auf die Eigenschaften einer Cu-35%Zn Legierung.

Durch die Verformung nehmen die Festigkeit stark zu (Verfestigung) und die verbleibende Dehnung ab. Bei Wärmebehandlung dagegen nimmt die Festigkeit ab und die Verformbarkeit zu. Durch aufeinanderfolgende Verformung und Glühung können somit große Umformgrade erreicht werden.

Die physikalischen Ursachen für diese Phänomene sind die Versetzungen, deren Speicherung bei der plastischen Verformung die Verfestigung verursacht und deren Umordnung und Beseitigung bei der Glühung den Festigkeitsverlust hervorruft.

Es gibt grundsätzlich zwei verschiedene Ursachen des Festigkeitsverlustes, Erholung und Rekristallisation.

Unter Rekristallisation versteht man die Gefügeneubildung bei der Wärmebehandlung verformter Metalle. Sie vollzieht sich durch Entstehung und Bewegung von Großwinkelkorngrenzen unter Beseitigung der Verformungsstruktur und unterscheidet sich damit von der Erholung, die alle Vorgänge umfaßt, bei denen lediglich eine Auslöschung und Umordnung von Versetzungen stattfindet. Der Begriff Rekristallisation, wie er hier korrekt definiert ist, kennzeichnet genau genommen den wichtigsten unter den vielen Rekristallisationsprozessen, nämlich die statische primäre Rekristallisation. Der Vorgang der Rekristallisation wird aber im üblichen Sprachgebrauch viel weitgehender verwendet, indem alle möglichen Prozesse der Korngrenzenbewegung mit einbezogen werden, die zu einer Verringerung der Energie des Kristallverbandes führen. Dazu gehören im engeren Sinne auch alle Vorgänge der Kornvergrößerung, ferner solche, die bereits während der Verformung stattfinden und letztlich Sonderformen besonders starker Erholung.

Grundsätzlich wird bei Rekristallisation wie bei Erholung unterschieden, ob die Prozesse während der Verformung (dynamische Rekristallisation, bzw. dynamische Erholung) oder im Anschluß an die Kaltverformung während der Glühbehandlung (statische Rekristallisation, bzw. statische Erholung) stattfinden.

Tritt Rekristallisation bei der Wärmebehandlung eines hinreichend stark kaltverformten Metalls auf, so beobachtet man zunächst die Entstehung sehr kleiner Körner, die dann auf Kosten des verformten Gefüges wachsen bis sie zusammenstoßen, bzw. das verformte Gefüge vollständig aufgezehrt haben (Abb. 7.2).

Dieser Vorgang — charakterisiert durch Keimbildung und Keimwachstum — wird als primäre Rekristallisation bezeichnet. Da die Versetzungsdichte im Material nicht gleichmäßig, sondern diskontinuierlich von diskreten Körnern beseitigt wird, findet man für diesen Vorgang in der Literatur — in Anlehnung an die Begriffsbildung bei Phasenumwandlungen — auch die Bezeichnung diskontinuierliche Rekristallisation.

Neben dieser wichtigsten Erscheinungsform der primären Rekristallisation beobachtet man gelegentlich auch ganz andere Abläufe der Gefügeänderungen bei der Glühbehandlung im Anschluß an die Kaltverformung. Speziell nach sehr starker Kaltverformung oder wenn die Korngrenzenbewegung bspw. durch Ausscheidungen sehr stark behindert wird, tritt eine so starke Erholung

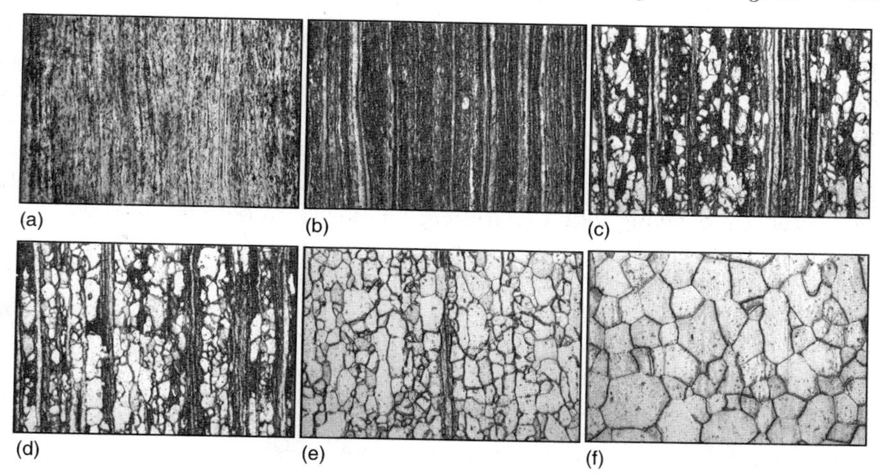

Abbildung 7.2. Mikrostrukturänderung während der Rekristallisation von kaltverformtem Armco-Eisen.

auf, daß dabei nicht nur Kleinwinkel- sondern auch Großwinkelkorngrenzen entstehen. Da dann eine völlige Gefügeneubildung ohne Wanderung von Großwinkelkorngrenzen stattgefunden hat, bezeichnet man diesen Vorgang als Rekristallisation in-situ. Dieser Prozeß — wie jeder Erholungsvorgang — erfaßt das Gefüge homogen und wird daher gelegentlich auch kontinuierliche Rekristallisation genannt, um ihn von der diskontinuierlichen (primären) Rekristallisation zu unterscheiden.

Nach schwächerer Verformung bilden sich häufig gar keine Keime, sondern die bereits vorhandenen Korngrenzen verschieben sich und lassen dabei ein versetzungsfreies Gebiet zurück (SIBM: strain induced grain boundary motion). Abbildung 7.3 zeigt diesen Vorgang an Aluminium. Dabei wächst die Orientierung des weniger verformten Kristalls in den angrenzenden Nachbarkristall hinein und vernichtet dort die Verformungsstruktur. Ursache dieser Korngrenzenbewegung ist eine unterschiedliche gespeicherte Verformungsenergie (d.h. Versetzungsdichte) in den beiden Körnern.

Bei fortgesetzter Glühung des primär rekristallisierten Gefüges — aber auch von anders behandelten Werkstoffen, selbst von Gußgefügen — nimmt die Korngröße in der Regel noch weiter zu. Diese unter dem Begriff Kornvergrößerungserscheinungen zusammengefaßten Vorgänge findet man hauptsächlich in zwei Erscheinungsformen. Entweder nimmt der mittlere Korndurchmesser des Gefüges gleichmäßig zu, dann spricht man von stetiger Kornvergrößerung (Abb. 7.4), oder aber nur einige wenige Körner zeigen ein sehr starkes Wachstum, die anderen hingegen praktisch überhaupt keins. In diesem Fall spricht man von unstetiger Kornvergrößerung (Abb. 7.5). Wegen ihrer äußeren Ähnlichkeit zur primären Rekristallisation (Keimbildung und Keimwachstum) wird (und zwar nur) die unstetige Kornvergrößerung auch als sekundäre Re-

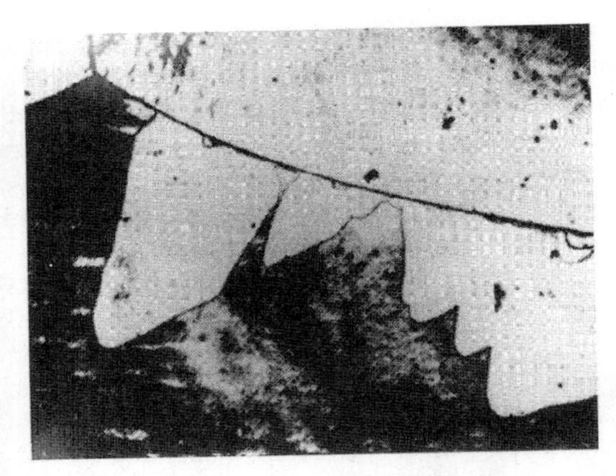

Abbildung 7.3. SIBM (s. Text) von Aluminium bei Glühung bis zu 130 min bei 350°C nach 12% Walzverformung. Die ursprüngliche Position der Korngrenze ist noch sichtbar [7.1].

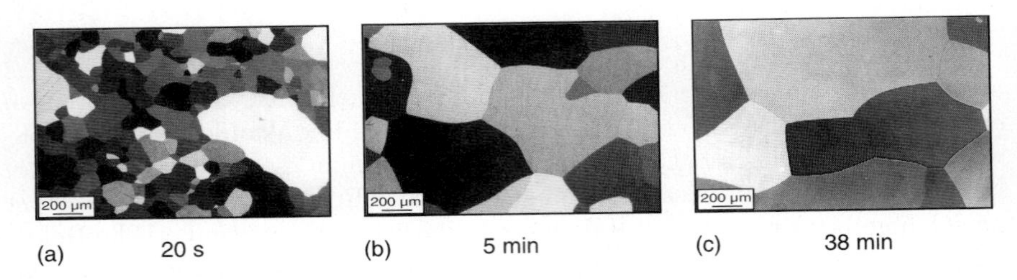

Abbildung 7.4. Mikrostrukturelle Änderung während des normalen Kornwachstums in einer Al-0.1%Mn-Leigerung bei 450°C nach 95% Walzverformung.

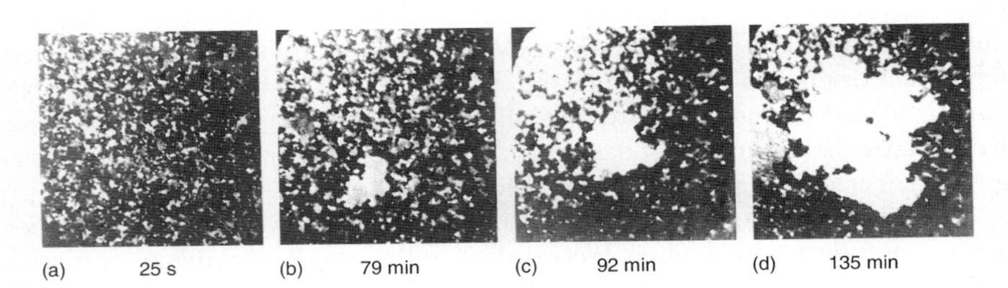

Abbildung 7.5. Unstetige Kornvergrößerung von Reinst-Zink bei 240°C im Heiztischmikroskop nach 40% Verformung. 25 s (a), 79 min (b), 92 min (c) und 135 min (d) Glühdauer.

kristallisation bezeichnet. Sie führt zu sehr großen Körnern und ist technisch zumeist unerwünscht (Grobkornbildung).

Während der Kornvergrößerung ändert sich natürlich nicht nur die mittlere Korngröße, sondern die gesamte Korngrößenverteilung, und zwar in charakteristischer Weise, je nachdem ob stetige oder unstetige Kornvergrößerung vorliegt. Bei der stetigen Kornvergrößerung verschiebt sich die mittlere (logarithmische) Korngröße $\ln D_m$ zu größeren Werten, aber die Höhe des Maximums und die Standardabweichung bleiben unverändert (Abb. 7.6a). Man bezeichnet dieses Verhalten der Verteilung auch mit Selbstähnlichkeit, d.h. würde man die Verteilung über $\ln(D/D_m)$ auftragen, so würde sie sich im Verlauf der stetigen Kornvergrößerung nicht ändern. Dabei ist natürlich vorausgesetzt, daß die Verteilung normiert ist, wie es für jede Wahrscheinlichkeitsverteilung zutrifft. Normierung bedeutet in diesem Zusammenhang, daß das Integral der Verteilung einen festen Wert, z.B. den Wert 1, annimmt. Wäre das nicht der Fall, so müßte das Maximum der Verteilung immer kleiner werden, da es ja immer weniger Körner gibt.

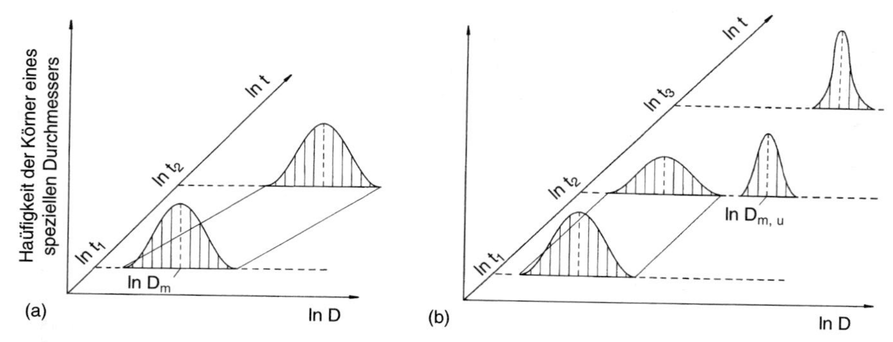

Abbildung 7.6. Änderung der Korngrößenverteilung mit der Zeit bei (a) stetiger und (b) unstetiger Kornvergrößerung (schematisch).

Bei der unstetigen Kornvergrößerung hingegen bleibt die Verteilung nicht selbstähnlich. Vielmehr erhält man bei unvollständiger Sekundärrekristallisation eine zweigipflige Verteilung, nämlich die der aufgezehrten Körner und die der unstetig wachsenden Körner. Die Verteilung der aufgezehrten Körner schrumpft zwar in der Höhe und verschwindet schließlich, aber die Lage des Mittelwertes ändert sich nicht. Anders verhält sich die Verteilung der wenigen unstetig wachsenden Körner, deren Mittelwert $\ln D_{m,u}$ und Höhe f_{max} mit zunehmender Glühzeit bis zum vollständigen Abschluß der unstetigen Kornvergrößerung zunimmt (Abb. 7.6b).

Die Kornvergrößerung kommt in der Regel zum Erliegen, wenn die Korngröße die Dimension der kleinsten Probenabmessungen erreicht hat, also bspw. die Blechdicke. In einigen Fällen, insbesondere bei sehr dünnen Blechen, kann man aber unstetiges Wachstum von einigen wenigen Körnern beobachten. Durch geeignete Gasatmosphäre beim Glühen kann dieser Vorgang begünstigt, unterdrückt oder sogar rückgängig gemacht werden. Als Folge seiner diskontinuierlichen Erscheinungsform, aber in Abgrenzung zur unstetigen Kornvergrößerung wegen unterschiedlicher energetischer Ursachen, wird er als tertiäre Rekristallisation bezeichnet.

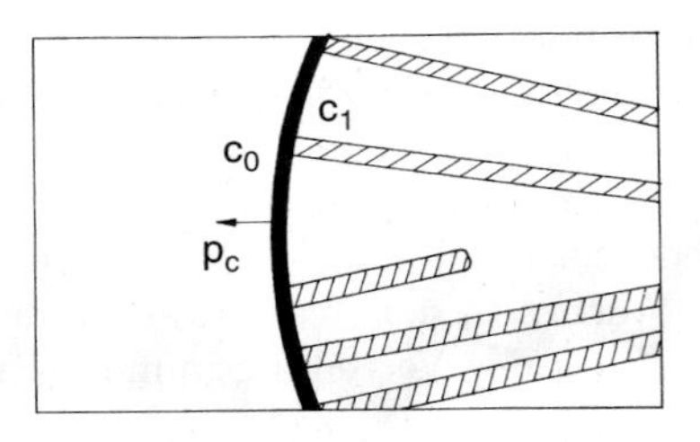

Abbildung 7.7. Schematische Darstellung einer diskontinuierlichen Ausscheidung. Die übersättigte Lösung der Konzentration c_0 wirkt als chemische treibende Kraft p_c auf die Korngrenzen.

Eine besondere Erscheinungsform der Rekristallisation erhält man schließlich, wenn Rekristallisation in einem übersättigten Mischkristall gleichzeitig mit einer Umwandlung stattfindet. Durch die Korngrenzendiffusion können die sonst gehemmten Ausscheidungsvorgänge ablaufen, und die bewegte Korngrenze läßt ein Zweiphasengebiet zurück (Abb. 7.7). Dieser Vorgang ist unter der Bezeichnung diskontinuierliche Ausscheidung geläufig, obwohl er der Natur nach ein Rekristallisationsvorgang ist. Die dabei auftretenden, sehr hohen treibenden Kräfte infolge der Umwandlung können zu einer großen Rekristallisationsgeschwindigkeit führen.

7.2 Die energetischen Ursachen der Rekristallisation

Im Gegensatz zu den atomistischen Vorgängen der Rekristallisation sind ihre energetischen Ursachen heute weitgehend verstanden. Ganz allgemein wirkt immer eine treibende Kraft auf eine Korngrenze, wenn sich durch ihre Bewegung die freie Enthalpie G des Kristalls vermindert. Verschiebt sich ein Flächenelement dA einer Korngrenze um die kleine Strecke dx, so ändert sich die freie Enthalpie um den Betrag

$$dG = -pdAdx = -pdV \tag{7.1}$$

wobei dV das von der Korngrenze überstrichene Volumen ist. Die Größe

$$p = -dG/dV \tag{7.2}$$

bezeichnet man als treibende Kraft; sie kann nämlich als die pro Volumeneinheit gewonnene freie Enthalpie (J/m^3), aber auch als die pro Flächeneinheit an der Korngrenze angreifende Kraft (N/m^2), d.h. als Druck auf die Korngrenze betrachtet werden.

Die treibende Kraft für die primäre Rekristallisation ist die in den Versetzungen gespeicherte Verformungsenergie. Wächst ein Korn in das verformte Gefüge hinein, so läßt die dabei bewegte Korngrenze ein Gebiet mit wesentlich niedrigerer Versetzungsdichte hinter sich zurück (etwa $10^{10}[m^{-2}]$ gegenüber $10^{16}[m^{-2}]$ in stark verformten Metallen).

Die Energie einer Versetzung pro Längeneinheit ist gegeben durch (vgl. Kap. 6)

$$E_v = \frac{1}{2} G b^2 \tag{7.3}$$

(G - Schubmodul, b - Burgersvektor).

Für die treibende Kraft der primären Rekristallisation erhält man bei der Versetzungsdichte ρ (unter Vernachlässigung der zurückbleibenden Versetzungsdichte)

$$p = \rho E_v = \frac{1}{2} \rho G b^2 \tag{7.4}$$

für $\rho \cong 10^{16} m^{-2}$, $G \cong 5 \cdot 10^4$ MPa und $b \cong 2 \cdot 10^{-10}$ m beträgt die treibende Kraft etwa $p = 10$ MPa ($10^7 J/m^3 \approx 2 cal/cm^3$), was recht gut der kalorimetrisch gemessenen gespeicherten Verformungsenergie entspricht.

Bei den Kornvergrößerungserscheinungen stammt die treibende Kraft aus den Korngrenzen selbst, nämlich aus der Verringerung der Korngrenzenfläche. Am einfachsten gestaltet sich die Rechnung für den Fall, daß ein sehr großes Korn in eine Umgebung mit Körnern viel geringerer Größe hineinwächst, also für die unstetige Kornvergrößerung (Abb. 7.8).

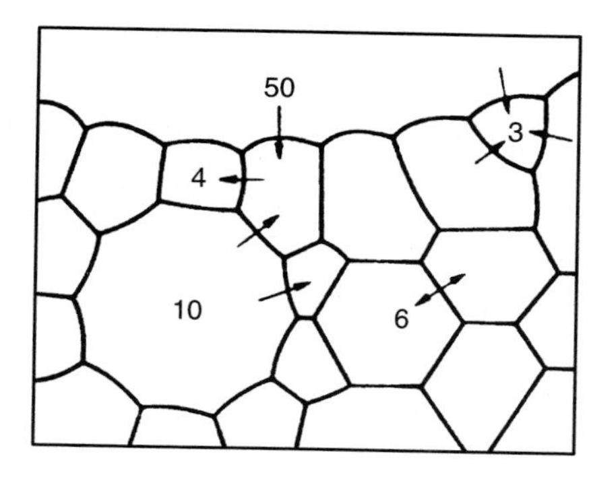

Abbildung 7.8. Schematische Darstellung eines primär rekristallisierten Gefüges mit unterschiedlich großen Körnern. Die Zahlen geben die Anzahl der nächsten Nachbarn eines Kornes an. (Korn 50 wächst sekundär, 10 wächst stetig, 3 schrumpft).

Bei einem Durchmesser d der Körner (die der Einfachheit halber als Würfel angenommen werden) beträgt mit der spezifischen Korngrenzenenergie γ [J/m^2] die Korngrenzenenergie pro Volumeneinheit und damit die treibende Kraft auf die ein solches Gefüge überstreichende Korngrenze

$$p = \frac{3d^2\gamma}{d^3} = \frac{3\gamma}{d} \tag{7.5}$$

Der Faktor 3 ergibt sich daraus, daß jede der sechs Würfelflächen zu zwei angrenzenden Körnern gehört. Setzt man für den Korndurchmesser einen Wert der üblichen Größenordnung $d \approx 10^{-4}$ m und für $\gamma \cong 1$ J/m^2 ein, so erhält man $p \cong 0.03$ MPa ($= 3 \cdot 10^4$ J/m^3). Man erkennt, daß die treibende Kraft selbst bei der unstetigen Kornvergrößerung um Größenordnungen kleiner ist als bei der primären Rekristallisation. Daher erklärt sich bereits zwanglos, daß Kornvergrößerungserscheinungen viel langsamer bzw. erst bei viel höheren Temperaturen ablaufen.

Der Ableitung von Gl. (7.5) liegt die Annahme zugrunde, daß ein sehr großer Kristall in ein feinkörniges Gefüge hineinwächst und dabei die Korngrenzenenergie freisetzt, d.h. die treibende Kraft wurde pauschal für die gesamte Korngrenze angesetzt. Ein beliebig herausgegriffenes Flächenelement der wandernden Grenze spürt jedoch im allgemeinen die in gewisser Entfernung befindlichen treibenden Korngrenzen gar nicht direkt. Die Wirkung kommt erst dadurch zustande, daß an den Knotenpunkten, wo mehrere Korngrenzen zusammenstoßen, die Einstellung des Kraftgleichgewichtes immer mit einer Krümmung der Korngrenze verbunden ist. Eine gekrümmte Korngrenze spürt aber eine Kraft, sich zu begradigen, also in Richtung ihres Krümmungsmittelpunktes zu wandern. Die treibende Kraft ist daher durch den Druck auf eine gekrümmte Oberfläche gegeben. Betrachtet man zu ihrer Berechnung die Änderung von Oberfläche und Volumen bei der Schrumpfung eines Kugelsegmentes mit Kugelradius R, so ergibt sich

$$p = \frac{8\pi R\gamma dR}{4\pi R^2 dR} = \frac{2\gamma}{R} \tag{7.6}$$

Man sieht, daß die treibenden Kräfte in Gl. (7.5) und (7.6) etwa übereinstimmen, wenn R etwa so groß wie der Korndurchmesser ist. Im allgemeinen ist die Krümmung der Korngrenzen jedoch viel geringer und folglich der Krümmungsradius erheblich größer (Faktor 5 bis 10). Daher ist die treibende Kraft für die stetige Kornvergrößerung Gl. (7.6) auch 5 bis 10 mal kleiner als für die unstetige Kornvergrößerung Gl. (7.5), so daß die stetige Kornvergrößerung viel langsamer abläuft als die sekundäre Rekristallisation.

Bei der tertiären Rekristallisation hat die treibende Kraft ihre Ursache in der Energie der freien Oberfläche. Ein an der Oberfläche liegendes Korn ist bestrebt, auf Kosten seiner Nachbarn zu wachsen, wenn es aufgrund seiner Orientierung eine kleinere Oberflächenenergie γ_0 als seine Nachbarn besitzt. Wenn in einem dünnen Blech der Breite B die Korngröße groß gegen die Blechdicke h ist, so daß die Korngrenzen ganz durch den Blechquerschnitt verlaufen und senkrecht zur Blechebene stehen (Abb. 7.9), so erhält man für die treibende Kraft

$$p = \frac{2\,(\gamma_{02} - \gamma_{01})\,Bdx}{Bhdx} = \frac{2\Delta\gamma_0}{h} \tag{7.7}$$

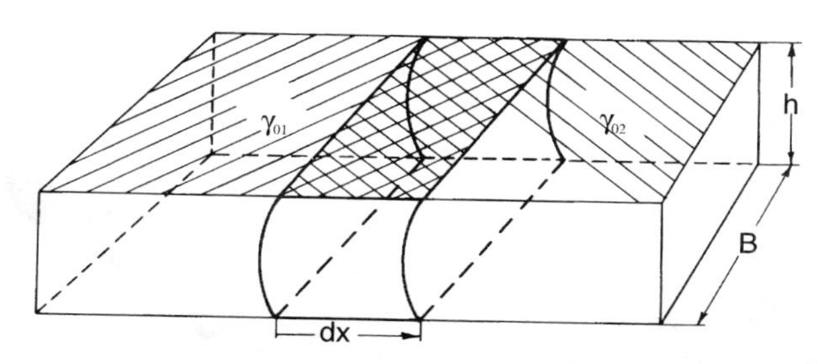

Abbildung 7.9. Zur Berechnung der treibenden Kraft bei der tertiären Rekristallisation, wenn $\gamma_{O1} < \gamma_{O2}$.

Auch in diesem Fall wird die treibende Kraft von der Oberfläche auf die im Volumen verlaufende Korngrenze dadurch übertragen, daß die Bewegung der Korngrenze an der Oberfläche eine Korngrenzenkrümmung verursacht.

Setzt man für $\Delta\gamma_O \approx 0.1$ J/m^2 $h \approx 10^{-4}$ m, so beträgt die treibende Kraft $p \approx 2 \cdot 10^{-3}$ MPa ($= 2 \cdot 10^3$ J/m^3). Da die Oberflächenenergie von der umgebenden Atmosphäre abhängt, kann durch geeignete Wahl der Glühatmosphäre $\Delta\gamma_O$ vergrößert, verkleinert oder sogar im Vorzeichen geändert werden, und damit die tertiäre Rekristallisation entsprechend beeinflußt werden (s. Abschn. Kornvergrößerung, sekundäre und tertiäre Rekristallisation).

Bei der diskontinuierlichen Ausscheidung findet primäre Rekristallisation in einem übersättigten Mischkristall unter gleichzeitiger Umwandlung statt. Als treibende Kraft steht daher außer der gespeicherten Verformungsenergie [Gl. (7.4)] auch noch die chemische Triebkraft der Umwandlung zur Verfügung. Es sei die Konzentration des übersättigten Mischkristalls c_0, die zugehörige Gleichgewichtstemperatur T_0 (Abb. 7.10) und bei der Temperatur T_1 die Gleichgewichtskonzentration c_1.

Für eine ideale Lösung errechnet sich die chemische treibende Kraft bei der Temperatur T_1 aus der konzentrationsabhängigen freien Mischungsenthalpie zu

$$\begin{aligned} p_c = {} & \frac{Q_v}{\Omega} c_0\,(1 - c_0) + \frac{kT_1}{\Omega}\,[c_0 \ln c_0 + (1 - c_0)\ln(1 - c_0)] \\ & - \left\{ \frac{Q_v}{\Omega} c_1\,(1 - c_1) + \frac{kT_1}{\Omega}\,[c_1 \ln c_1 + (1 - c_1)\ln(1 - c_1)] \right\} \end{aligned} \tag{7.8}$$

worin Q_v die atomare Umwandlungswärme und Ω das Atomvolumen bedeuten. Da man Q_v aus der Löslichkeitskurve berechnen kann

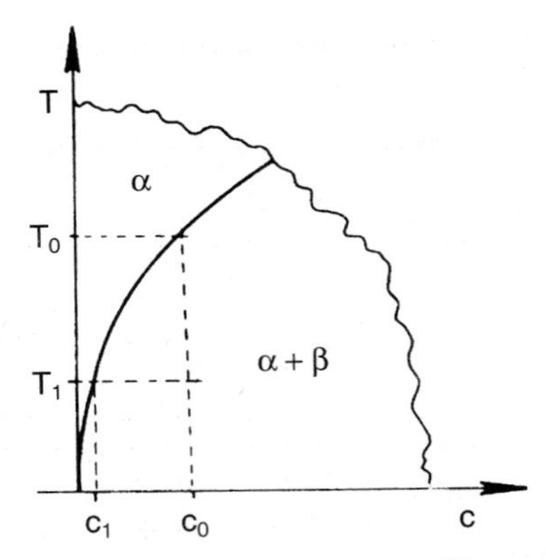

Abbildung 7.10. Ausschnitt aus einem binären Zustandsdiagramm mit begrenzter Löslichkeit.

$$c = \exp\left(-Q_v/kT\right) \tag{7.9}$$

erhält man für kleine Konzentrationen und $c_1 \ll c_0$

$$p_c \cong \frac{k}{\Omega}\left(T_1 - T_0\right) c_0 \ln c_0 \tag{7.10}$$

Für 5 at.% Ag in Cu besteht Löslichkeit oberhalb 780°C. Anlassen des abgeschreckten, nun übersättigten Mischkristalls bei 300°C ergibt eine treibende Kraft von $6 \cdot 10^2$ MPa, also mehr als 10 mal soviel wie für primäre Rekristallisation.

Außer den hier vorgestellten wichtigsten Fällen gibt es noch eine Vielzahl von Beispielen, in denen eine Triebkraft auf die Korngrenzen wirkt. So kann jeder orientierungsabhängige Energiezustand zur Bewegung der Korngrenzen verwendet werden. Beispiele dazu sind magnetische und elastische Energie infolge der Orientierungabhängigkeit der magnetischen Suszeptibilität bzw. des Elastizitätsmoduls. Tabelle 7.1 zeigt jedoch, daß die so erhaltenen treibenden Kräfte viel kleiner sind als diejenigen für primäre Rekristallisation und Kornvergrößerung, so daß diese Ursachen für den wirklichen Ablauf der Rekristallisationserscheinungen praktisch keine Rolle spielen.

7.3 Verformungsstruktur

Ausgangspunkt der Rekristallisation ist stets das verformte Gefüge, in dem sich die „Keime" bilden und auf dessen Kosten sie sich ausbreiten.

Die plastische Verformbarkeit der Metalle wird hauptsächlich durch die Bewegung von Versetzungen getragen (s. Kap. 6). Die Verformungsmechanismen und Verformungsstrukturen hängen daher außer von orientierungsbedingten Einflüssen von der Verfügbarkeit und Beweglichkeit der im jeweiligen

Tabelle 7.1. Treibende Kräfte für die Korngrenzenwanderung.

Quelle	Gleichung	ungefähre Werte der Parameter	geschätzte treibende Kraft in MPa
Gespeicherte-Verformungs-energie	$p = \frac{1}{2}\rho Gb^2$	ρ = Versetzungsdichte $\sim 10^{15}/m^2$ $\frac{Gb^2}{2}$ = Versetzungsenergie $\sim 10^{-8} J/m$	10
Korngrenzen-energie	$p = \frac{2\gamma}{R}$	γ = Korngrenzenenergie $\sim 0.5 N/m$ R = Krümmungsradius der Korngrenze $\sim 10^{-4} m$	10^{-2}
Oberflächen-energie	$p = \frac{2\Delta\gamma_0}{h}$	h = Probendicke $\sim 10^{-4} m$ $\Delta\gamma_0$ = Differenz der Oberflächenenergie zweier benachbarter Körner $\sim 0.1 N/m$	$2 \cdot 10^{-3}$
Chemische treibende Kraft	$p = \frac{k}{\Omega}(T_1 - T_0) \cdot c_0 \ln c_0$	c_0 = Konzentration $\widehat{=}$ max. Löslichkeit bei T_0 T_1 ($< T_0$) Auslagerungstemperatur Ω = atomic volume	$6 \cdot 10^2$ (5% *Ag in Cu bei* 300° *C*)
Magnetisches Feld	$p = \frac{\mu_0 H^2}{2}(\chi_1 - \chi_2)$	Material: Wismut μ_0 = Feldkonstante $1.26 \cdot 10^{-6} N/A^2$ H = magnetische Feldstärke ($10^7 A/m$) χ_1, χ_2 = magnetische Suszeptibilität benachbarter Körner	$3 \cdot 10^{-5}$
Elastische Energie	$p = \frac{\sigma^2}{2}\left(\frac{1}{E_1} - \frac{1}{E_2}\right)$	σ = Elastische Spannung ~ 10 MPa E_1, E_2 = Elastizitätsmoduln benachbarter Körner $\sim 10^5 MPa$	$2.5 \cdot 10^{-4}$
Temperatur-gradient	$p = \frac{\Delta S \cdot 2a \cdot gradT}{\varphi}$	ΔS = Differenz der Entropie zwischen Korngrenze und Kristall (entsp. etwa der Schmelzentropie) $\sim 8 \cdot 10^3 J/K \cdot mol$ $2a$ = Dicke der Korngrenze $\sim 5 \cdot 10^{-10} m$ $gradT$ = Temperaturgradient $\sim 10^4 K/m$ φ = Molvolumen $\sim 10 cm^3/mol$	$4 \cdot 10^{-5}$

Gefüge befindlichen Versetzungen ab. Neben den im Gefüge vorliegenden Hindernissen wie Fremdatomen, Ausscheidungen, Versetzungen usw. ist die Aufspaltungsweite einer Versetzung für ihre Beweglichkeit von ausschlaggebender Bedeutung. Die normierte Stapelfehlerenergie $\gamma_{SF}/Gb \equiv \tilde{\gamma}_{SF}$ ist für die Aufspaltungsweite von Versetzungen die entscheidende Materialgröße. Versetzungen spalten also umso weiter auf, je kleiner der $\tilde{\gamma}_{SF}$ Wert eines Materials ist. Mit wachsender Aufspaltungsweite wird das Quergleiten von Schraubenversetzungen und das Klettern von Stufenversetzungen zunehmend behindert. Hindernisse können also immer schlechter umgangen werden, und es kommt zu einer starken Verfestigung. Wird die Festigkeit so hoch, daß zur weiteren Verformung durch Versetzungsgleitung Spannungen nötig sind, die die Höhe der Einsatzspannung für mechanische Zwillingsbildung erreichen, wird sich das Material zusätzlich über Zwillingsbildungsmechanismen weiter verformen.

Auch die Umformtemperatur hat einen entscheidenden Einfluß auf das Verformungsverhalten, denn sowohl die Quergleitung als auch das Klettern von Versetzungen verlaufen thermisch aktiviert. Bei entsprechend niedrigen Temperaturen kann die Fließspannung sogar die Größe der Einsatzspannung für mechanische Zwillingsbildung erreichen. In Abhängigkeit von der Temperatur kann die Verformung eines Metalls (z.B. Kupfer) also von unterschiedlichen Verformungsmechanismen getragen werden.

Bei großen Umformgraden lassen sich in kfz Metallen zwei Grenztypen von Verformungsgefügen unterscheiden. Je nach Größe von $\tilde{\gamma}_{SF}$ und/oder der Verformungstemperatur sind diese durch das Auftreten bzw. Nichtauftreten von Verformungszwillingen gekennzeichnet.

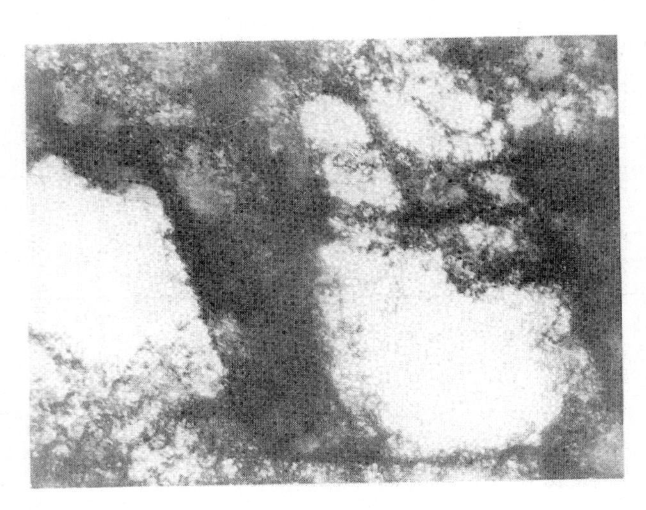

Abbildung 7.11. Elektronenmikroskopische Abbildung des Gefüges eines 10% gewalzten $\{112\}\langle 111\rangle$-Kupfer-Einkristalls mit ungleichmäßiger Zellgrößenverteilung. Die Bildebene liegt senkrecht zur Querrichtung.

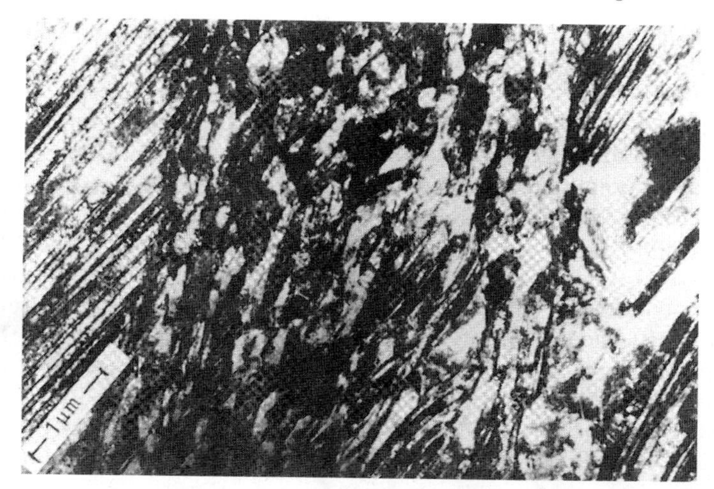

Abbildung 7.12. Elektronenmikroskopische Aufnahme eines Scherbandes des „Messing Typs" in Kupfer nach 50% Walzverformung in flüssigem Stickstoff. Zwillingsebenen liegen parallel zur Walzebene.

Schon bei niedrigen Umformgraden verteilen sich die Versetzungen nicht mehr gleichmäßig, sondern lagern sich zusammen und bilden eine sog. Zellstruktur mit unterschiedlich großen Zellen (Abb. 7.11). Diese ist dadurch gekennzeichnet, daß relativ versetzungsfreie Gebiete durch Zellwände hoher Versetzungsdichte voneinander getrennt sind. Die Erscheinungsform der Zellstruktur ist von Material zu Material verschieden und wird hauptsächlich durch die normierte Stapelfehlerenergie ($\tilde{\gamma}_{SF}$), den Umformgrad und die Umformtemperatur bestimmt. Mit zunehmender Temperatur bzw. $\tilde{\gamma}_{SF}$ nimmt die Zellwanddicke stetig bis zur Bildung von scharfen Subkorngrenzen ab, während im Zellinneren eine weitere Verarmung an Versetzungen stattfindet. Der Umformgrad beeinflußt die Zellgröße und die Orientierungsbeziehungen der Zellen untereinander. Steigt der Umformgrad, nimmt die Zellgröße ab und verteilt sich gleichmäßig um einen mittleren Wert. Die Orientierungsunterschiede zwischen den Zellen nehmen dagegen zu, sie betragen aber in der Regel weniger als 2°.

Bei größeren Verformungsgraden bilden sich im globularen Zellgefüge Verformungsinhomogenitäten, die als Bänder bezeichnet werden, z.B. Knickbänder bei Zugverformung von Einkristallen oder beim Walzen Scherbänder (35° geneigt zur Walzrichtung) (Abb. 7.12, 7.13) und Deformationsbänder (parallel zur Walzrichtung). Diesen Verformungsinhomogenitäten ist gemeinsam, daß sie andere Orientierungen als das Matrixgefüge enthalten, wobei sich häufig ein Orientierungsunterschied kontinuierlich aufbaut (z.B. Knickband, Abb. 7.14).

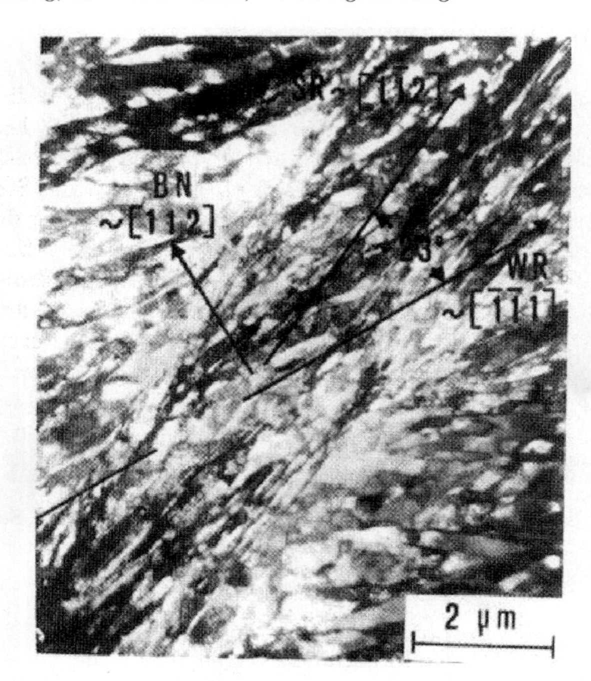

Abbildung 7.13. Elektronenmikroskopische Aufnahme eines Scherbandes des „Kupfer Typs " in Cu 0.6% Cr nach 95% Walzverformung.

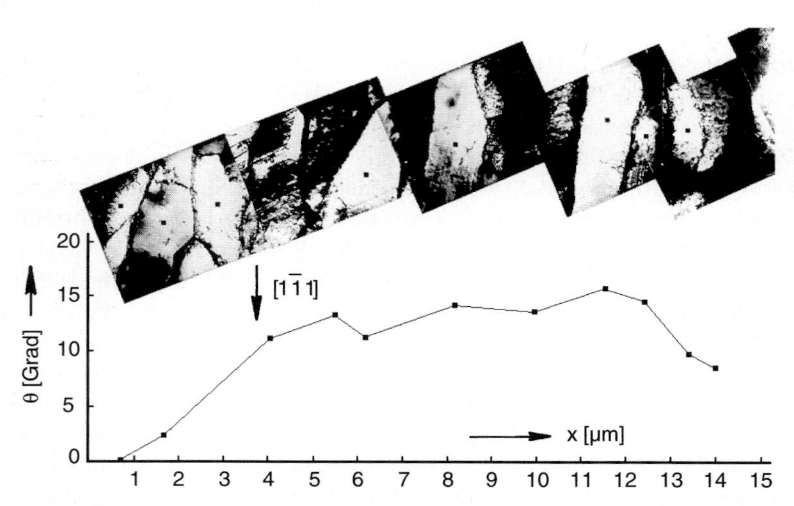

Abbildung 7.14. Versetzungsstruktur und Orientierungsverlauf im Knickband eines zugverformten ⟨451⟩-Kupfer Einkristalls.

7.4 Erholung

Der verformte Zustand eines Materials ist grundsätzlich instabil, weil die durch Verformung erzeugte Versetzungsstruktur kein Bestandteil des thermodynamischen Gleichgewichts ist. Bei entsprechend niedriger Verformungstemperatur bleibt der verformte Zustand jedoch erhalten, weil die Struktur mechanisch stabil ist, die Versetzungen sich also nach Beendigung der Verformung auf ihrer Gleitebene im mechanischen Kraftgleichgewicht befinden.

Bei Erhöhung der Temperatur kann jedoch diese mechanische Stabilität überwunden werden, indem es den Versetzungen gelingt, durch thermisch aktivierte Vorgänge, nämlich Quergleiten von Schraubenversetzungen und Klettern von Stufenversetzungen, ihre Blockierung zu überwinden. Dadurch können Versetzungen auf andere Gleitebenen überwechseln und energetisch günstigere Positionen annehmen, sich gegenseitig auslöschen oder den Kristall verlassen; dieser Vorgang wird als Erholung bezeichnet. Er führt zu einer Abnahme der Versetzungsdichte und zu ganz speziellen Versetzungsmustern, nämlich einem räumlichen Verbund von Kleinwinkelkorngrenzen; letzteres ist unter der Bezeichnung Polygonisation geläufig.

Die Erholung beruht auf der Wechselwirkung der Versetzungen miteinander infolge ihres langreichweitigen Spannungsfeldes. Beispielsweise ist die Wechselwirkungskraft einer Stufenversetzung mit Burgersvektor b_1 auf eine andere parallele Versetzung mit Burgersvektor b_2 (vgl. Kap. 6.4)

$$F = \tau b_2 = \frac{G b_1 b_2}{2\pi r_v (1-\nu)} \cos\Phi \cos 2\Phi \tag{7.11}$$

wobei r_v und Φ die Position von Versetzung 2 relativ zu Versetzung 1 festlegen (r_v — Abstand der Versetzungen und Φ die Winkelkoordinate mit $\Phi = 0°$ in der Gleitebene) und ν die Querkontraktionszahl ist.

Sind beide Versetzungen von gleichem Vorzeichen (parallele Versetzungen) und befinden sie sich auf der gleichen Gleitebene ($\Phi = 0°$), so ist die Kraft stets positiv gerichtet, d.h. sie stoßen sich ab. Haben aber beide Versetzungen entgegengesetzte Vorzeichen, so ist die Kraft negativ, d.h. beide Versetzungen ziehen sich an. Wenn sich solche (antiparallelen) Versetzungen treffen, vereinigen sie sich und löschen sich aus (Annihilation) (Abb. 7.15a). Entsprechendes gilt für Schraubenversetzungen. Auf diese Weise kommt es zur Verringerung der Versetzungsdichte. Befinden sich die antiparallelen Versetzungen nicht auf der gleichen, sondern einer benachbarten Ebene, so löschen sie sich nicht aus; es kommt zur Bildung eines sog. Versetzungsdipols (Abb. 7.15b), der einer Kette von Leerstellen entspricht.

Dieser Dipol hat bereits eine viel geringere Energie als beide Einzelversetzungen. Durch Klettern einer Versetzung um einen Ebenenabstand kann anschließend noch Auslöschung erfolgen. Derartige Prozesse sind im Elektronenmikroskop beobachtet worden.

Auch wenn die Versetzungen mehrere Ebenenabstände voneinander entfernt sind, kommt es durch Anziehung und mehrfaches Klettern zur Anni-

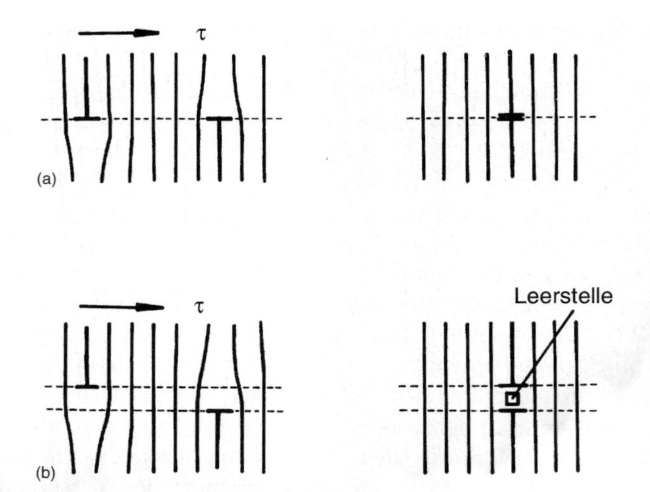

Abbildung 7.15. Prinzip der Annihilation (a) und der Dipolbildung (b) von Stufenversetzungen.

hilation. Sind die Gleitebenen der beiden Versetzungen aber so weit voneinander entfernt, daß $\Phi > 45°$ wird, so kehrt sich das Vorzeichen der Kraft gemäß Gl. (7.11) um. Nun stoßen sich antiparallele Versetzungen ab, dafür aber ziehen sich parallele Versetzungen an. Die Gleichgewichtsposition zweier solcher paralleler Versetzungen ist erreicht, wenn sie sich übereinander angeordnet haben. Dann ist $\Phi = 90°$ und gemäß Gl. (7.11) $F = 0$. Jede Auslenkung aus dieser Position führt daher zwangsläufig wieder in die Ruhelage. Diese Anordnung ist also energetisch günstiger als die Ausgangsposition. Zu einer erheblichen Energieverringerung der Versetzungen kommt es aber, wenn sich sehr viele Versetzungen übereinander anordnen. Eine periodische Anordnung von Stufenversetzungen übereinander führt zu einer Versetzungswechselwirkung, die die Reichweite R_a des Spannungsfeldes auf die Größenordnung des Versetzungsabstandes r_v verringert. Das bedeutet eine entscheidende Verringerung der Energie jeder einzelnen Versetzung. Befinden sich Z_V Versetzungen pro cm in dieser Anordnung, so wird die Energie pro Flächeneinheit

$$\gamma_{\mathrm{KWKG}} = Z_V \left[\frac{Gb^2}{4\pi(1-\nu)} \ln \frac{r_v}{2b} + E_K \right] \tag{7.12}$$

(E_K — Energie des Versetzungskerns).

Die beschriebene Anordnung entspricht derjenigen einer (symmetrischen) Kleinwinkel-Kippkorngrenze (KWKG), wie sie Abb. 7.16 zeigt, und γ_{KWKG} in Gl. (7.12) bezeichnet entsprechend die spezifische Korngrenzenenergie einer KWKG.

Da sich die Orientierungsdifferenz Θ der angrenzenden Körner aus der Geometrie ablesen läßt zu

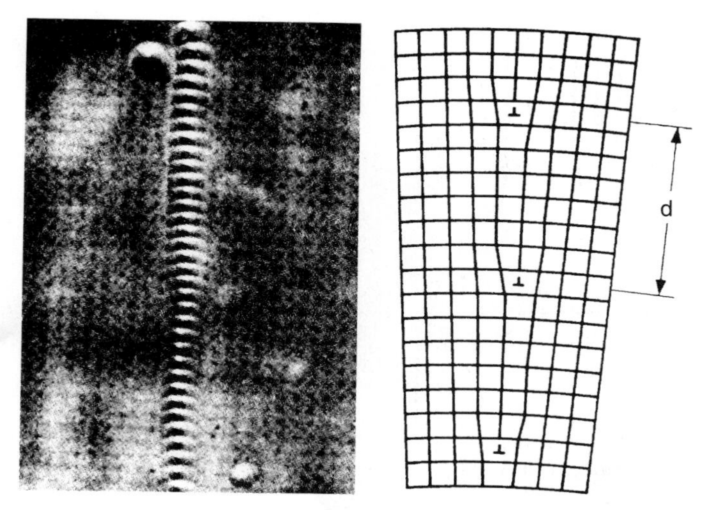

Abbildung 7.16. Kleinwinkelkippkorngrenze, rechts: schematische Darstellung; links: Ätzgrübchen einer Kleinwinkelkorngrenze auf der {100}-Ebene von Germanium [7.2].

$$\Theta = \frac{b}{r_v} \tag{7.13}$$

und $1/r_v = \Theta/b = Z_v$ die Anzahl der Versetzungen pro cm in der KWKG ist, kann man Gl. (7.12) umformen und erhält für die spezifische Energie der KWKG

$$\gamma_{\text{KWKG}} = \Theta\,(K_1 - K_2 \ln \Theta) \tag{7.14}$$

$$K_1 = \frac{E_K}{b} - K_2 \ln 2 \tag{7.15}$$

$$K_2 = \frac{Gb}{4\pi(1-\nu)} \tag{7.16}$$

Die gleiche Betrachtung kann man auch für Schraubenversetzungen und gemischte Versetzungen anstellen mit dem Ergebnis, daß solche Versetzungen sich ebenfalls zusammenlagern, wobei sie netzwerkhafte Versetzungsmuster ausbilden (Abb. 7.17).

Durch Schrauben-, Stufen- und gemischte Versetzungen kann sich so ein räumlich geschlossenes Netzwerk aus vielen Kleinwinkelkorngrenzen (Subgrenzen) aufbauen, das eine viel geringere Energie hat, als wenn die Versetzungen im Kristall regellos verteilt wären. Mit zunehmender Zahl der Versetzungen in der KWKG wird die Energie pro Versetzung weiter verringert, da auch r_v in Gl. (7.12) kleiner wird. Deshalb sind KWKG bestrebt, sich zu vereinigen, wodurch r_v abnimmt und Θ gemäß Gl. (7.13) größer wird. Durch Vereinigung vieler Subgrenzen kann es schließlich sogar zur Bildung von Großwinkelkorngrenzen kommen.

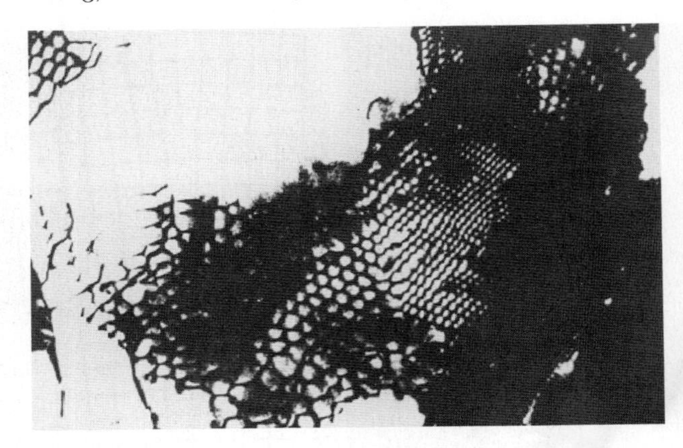

Abbildung 7.17. Aufbau einer Drehkorngrenze aus netzwerkhaft angeordneten Schraubenversetzungen in Molybdän [7.3].

Erholung wird also durch Klettern und Quergleitung gesteuert. Beide Prozesse hängen empfindlich von der normierten Stapelfehlerenergie $\tilde{\gamma}_{SF}$ ab, derart, daß Klettern und Quergleitung mit steigender Stapelfehlerenergie begünstigt werden. Daher zeigen Materialien mit hohem $\tilde{\gamma}_{SF}$ starke Erholung, wie bspw. das kfz Al und die meisten krz Metalle; Ag, Cu und kfz-Legierungen dagegen haben niedrige Stapelfehlerenergie und zeigen kaum Tendenz zur Erholung.

In Abb. 7.18 ist der Fortschritt der Erholung in einem biegeverformten FeSi-Einkristall gezeigt. Während nach einer Stunde bei 650°C die Versetzungen noch längs ihrer Gleitebenen angeordnet sind (a), erkennt man, daß mit zunehmender Temperatur bei konstanter Glühzeit eine Umordnung (Polygonisation) senkrecht zur Gleitebene stattfindet. Ab etwa 875°C (e) ist die Polygonisation abgeschlossen, und es kommt zur Polygonvergrößerung, d.h. der mittlere Abstand der Kleinwinkelkorngrenzen nimmt zu (h).

Die Erholungsvorgänge laufen nicht nur bei Glühung nach der Kaltverformung ab (Abb. 7.19a und b), sondern auch bereits während der Verformung. Diesen Fall nennt man dynamische Erholung. Sie macht sich durch eine Abnahme der Verfestigungsrate bemerkbar und ist der Grund für die Anordnung der Versetzungen in Zellwänden oder bei starker Erholung in Subkorngrenzen. Das Ausmaß der Erholung hängt von Art und ursprünglicher Anordnung der Versetzungen ab. In Verformungsinhomogenitäten, wie z.B. Knickbändern in zugverformten Einkristallen, erhält man bereits während der Verformung stark ausgeprägte Subkornbildung (Abb. 7.19c), während in anderen Bereichen der Probe die Versetzungsanordnung noch sehr ungeordnet ist (Abb. 7.19a).

Da die Erholung allein durch thermische Aktivierung sofort erfolgt und keine Inkubationszeit benötigt, ist ihre Kinetik von der der Rekristallisation grundsätzlich verschieden. So macht sich Erholung bereits bei kleinen Glüh-

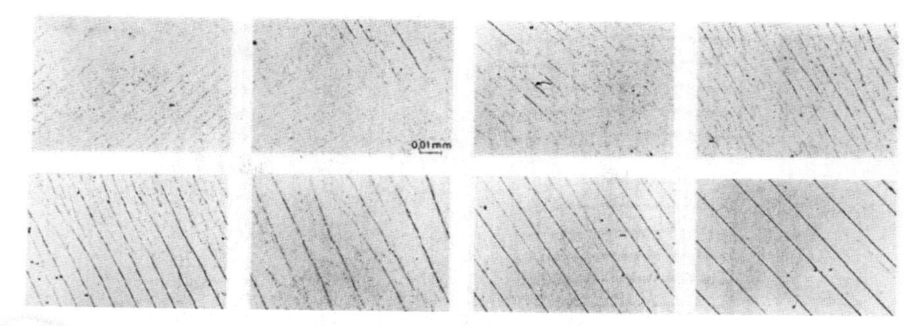

Abbildung 7.18. Polygonisation von Stufenversetzungen in biegeverformten Eisen-Silizium-Einkristallen. Die Glühzeit beträgt eine Stunde bei verschiedenen Temperaturen [7.4].

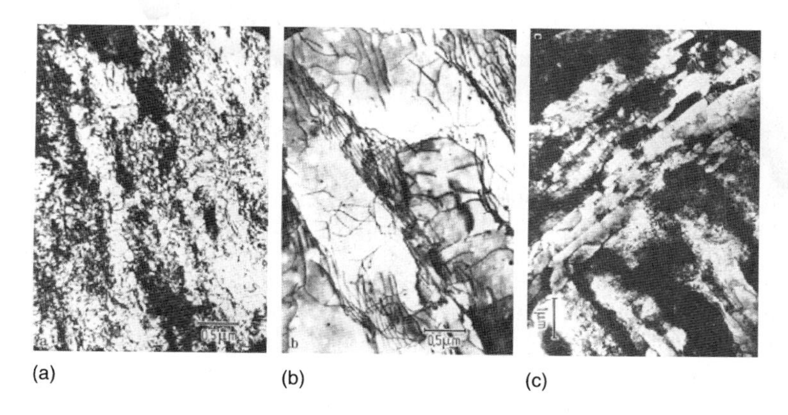

Abbildung 7.19. TEM Aufnahme eines 80% gewalzten Eisen-Einkristalls nach der Glühung: (a) 20 min bei 400°C; (b) 5 min bei 600°C; (c) wie b aber in dem Knickband, wo sich bereits während der Verformung Subkörner gebildet haben [7.5].

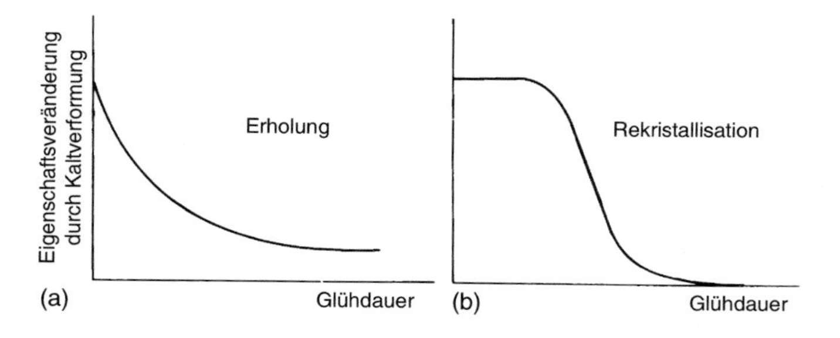

Abbildung 7.20. Zeitlicher Verlauf (a) der Erholung und (b) der Rekristallisation (schematisch).

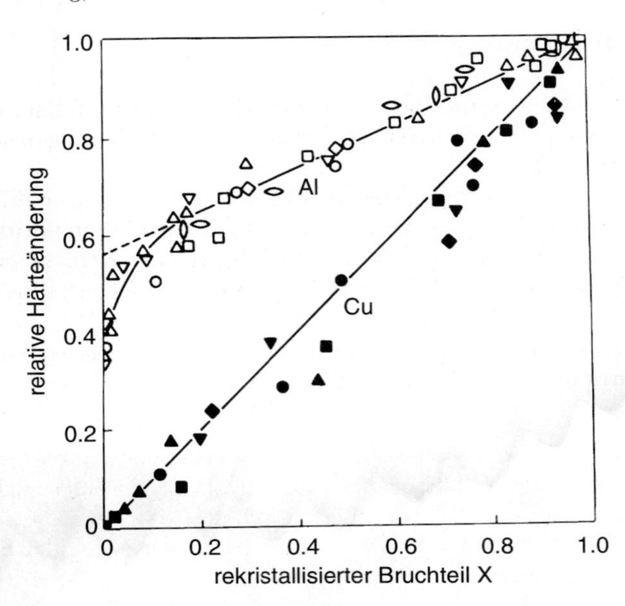

Abbildung 7.21. Relative Härteänderung als Funktion des rekristallisierten Bruchteils für Kupfer und Aluminium (nach [7.6]).

zeiten stark bemerkbar und klingt mit der Zeit ab, während Rekristallisation erst nach längeren Glühzeiten beginnt und dann in der Regel rasch vollständig abläuft (Abb. 7.20).

Im allgemeinen führt Erholung zu ähnlichen Eigenschaftsänderungen (bspw. der Härte) wie die Rekristallisation. Deshalb muß man bei der Bestimmung der Rekristallisationskinetik genau darauf achten, welche Prozesse mit der gemessenen Eigenschaftsänderung in Verbindung stehen. Das zeigt sehr eindrucksvoll Abb. 7.21, in der die Härteänderung gleichzeitig mit dem rekristallisierten Bruchteil X aus Gefügeuntersuchungen bestimmt wurde. Während für Cu, das kaum erholt, eine strenge Proportionalität zwischen Härteänderung und Rekristallisationsbruchteil X gemessen wird, beobachtet man bei Al wegen der Erholung zunächst eine sehr starke Änderung der Härte, ohne daß Rekristallisation überhaupt aufgetreten ist. Erst zu einem späteren Zeitpunkt ändert sich die Härte linear mit X. Bei manchen Materialien und unter besonderen Bedingungen ist die Erholung so stark, daß es gar nicht zur Rekristallisation durch die Bewegung von Großwinkelkorngrenzen kommt (Rekristallisation in-situ). Üblicherweise sind aber die Erholungsprozesse gleichzeitig die Vorgänge, die zur Keimbildung der primären Rekristallisation führen.

7.5 Keimbildung

Zur Rekristallisationskeimbildung sind drei Kriterien zu erfüllen, die auch als Instabilitätsbedingungen bezeichnet werden. Diese Bedingungen sind in Abb. 7.22 schematisch skizziert.

i) Thermodynamische Instabilität. Wie bei der Keimbildung während der Erstarrung (Kap. 8) muß der Keim mindestens eine kritische Größe haben, die sich daraus ergibt, daß die Vergrößerung des Keim zu einer Verringerung der freien Enthalpie führen muß. Der kritische Keimradius r_c ist unter Verwendung von Gl. (7.4) gegeben durch

$$r_c = \frac{2\gamma}{p} = \frac{4\gamma}{\rho G b^2} \tag{7.17}$$

Wegen der geringen treibenden Kraft ist die Keimbildungsrate durch thermische Fluktuationen zu klein, um Rekristallisation auszulösen. Deshalb ist davon auszugehen, daß ein Keim überkritischer Größe bereits im verformten Gefüge vorhanden ist (präexistenter Keim), bspw. als Zelle oder Subkorn. Es sind aber Erholungsvorgänge notwendig, um eine solche Zelle als Keim zu aktivieren.

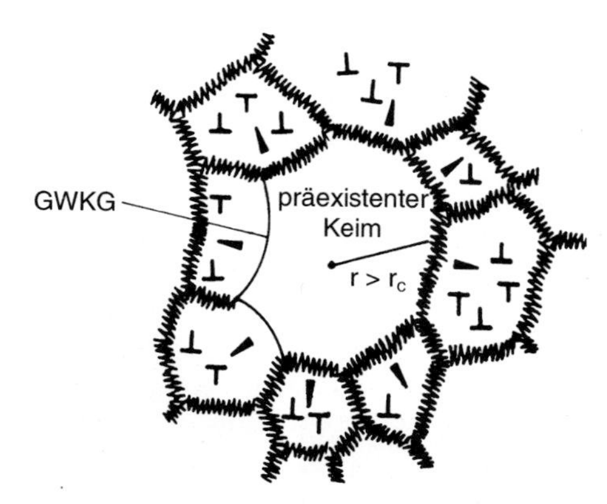

Abbildung 7.22. Schematische Abbildung eines wachstumsfähigen Rekristallisationskeims in einem verformten Gefüge.

ii) Mechanische Instabilität. Es muß ein lokales Ungleichgewicht der treibenden Kraft herrschen, damit die Korngrenze eine definierte Bewegungsrichtung hat. Diese Bedingung wird erfüllt durch eine inhomogene Versetzungsverteilung oder durch lokal große Subkörner, die häufig erst während der Erholungsphase entwickelt werden.

iii) Kinetische Instabilität. Die Grenzfläche des Keims muß beweglich sein. Das ist aber nur bei einer Großwinkelkorngrenze möglich. Die Erzeugung

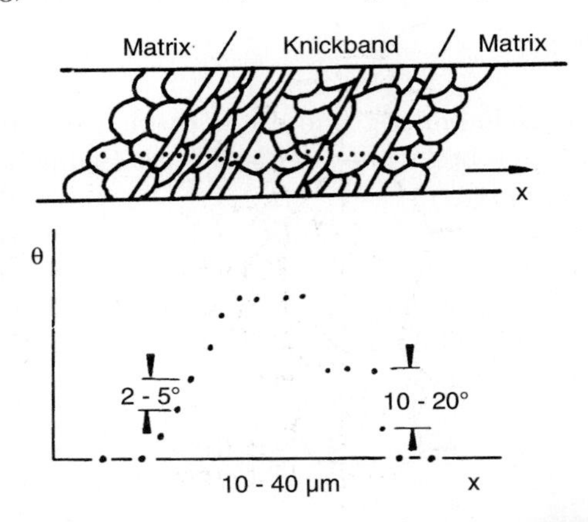

Abbildung 7.23. Schematische Abbildung der Erzeugung einer Korngrenze durch Subkornvergrößerung in Inhomogenitäten.

einer beweglichen Großwinkelkorngrenze aus einem verformten Gefüge ist der schwierigste Schritt der Rekristallisationskeimbildung. Es gibt mehrere mögliche Mechanismen; diskontinuierliches Subkornwachstum, Keimbildung an vorhandenen Korngrenzen, Verformungsinhomogenitäten oder großen Partikeln, Bildung von Rekristallisationszwillingen, etc..

Der Zwang zur gleichzeitigen Erfüllung dieser drei Kriterien führt zu einer starken Bevorzugung der Keimbildung in bestimmten Regionen des verformten Gefüges, insbesondere in Verformungsinhomogenitäten und an vorhandenen Großwinkelkorngrenzen.

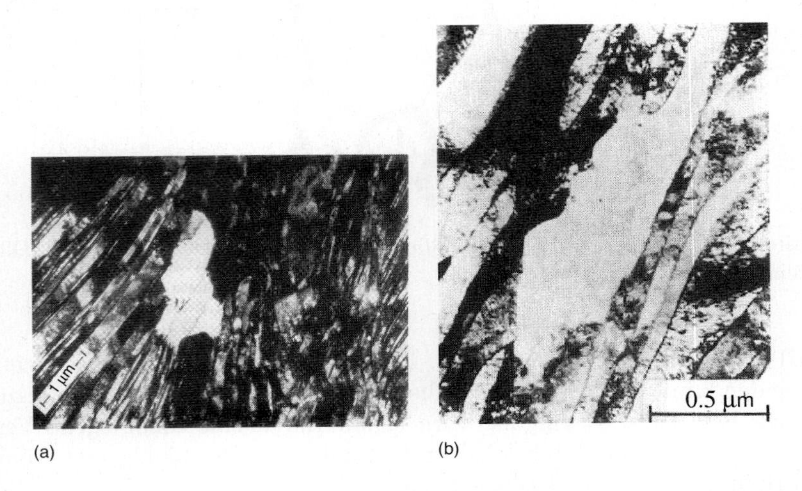

Abbildung 7.24. (a), (b) TEM-Aufnahme eines Keims, der im Randbereich eines Scherbandes entstanden ist und in das verformte Gefüge hineinwächst.

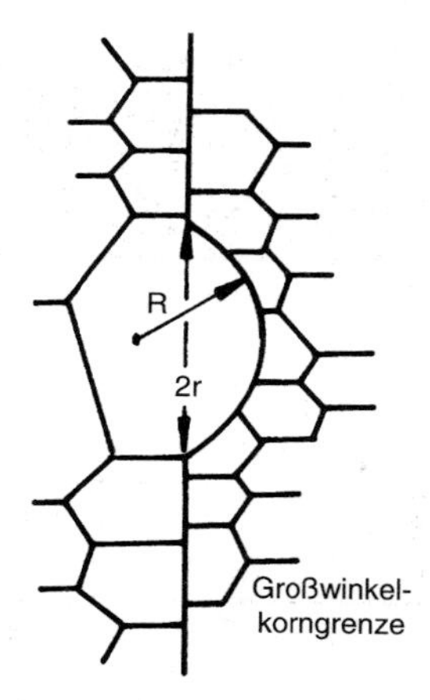

Abbildung 7.25. Schematische Darstellung der Keimbildung an einer vorhandenen Korngrenze.

In Verformungsinhomogenitäten wird durch Subkornwachstum eine Korngrenze mit immer größerem Orientierungsunterschied und deshalb mit immer höherer Beweglichkeit erzeugt (Abb. 7.23 und Abb. 7.24). An Korngrenzen ist bereits ein Orientierungsunterschied und damit entsprechend latente Beweglichkeit vorhanden. Zur Keimbildung kann es hier dadurch kommen, daß sich die Korngrenze auswölbt. Dazu muß aber ebenfalls eine kritische Keimgröße überschritten werden, die durch Gl. (7.17) gegeben ist, Abb. 7.25. Die größte Schwierigkeit bereitet dann Kriterium (ii), also das Ungleichgewicht der treibenden Kraft. Dieses wird dadurch gegeben, daß die Zellgröße auf beiden Seiten des Korns lokal verschieden sein kann, wobei die Korngrenze in das Gebiet mit feinerer Substruktur hineinwandert (Abb. 7.26).

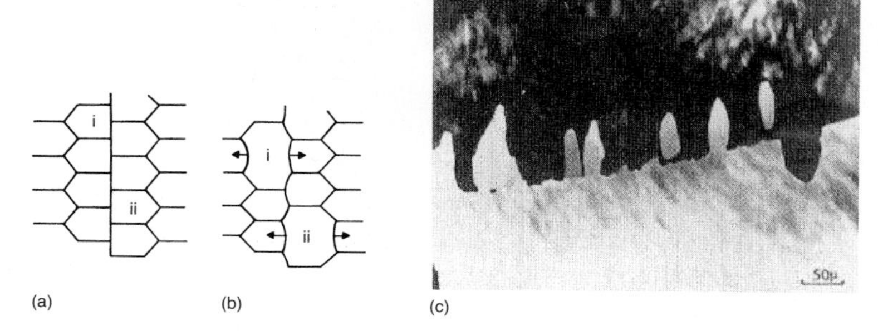

Abbildung 7.26. „Strain Induced Boundary Migration" (SIBM), links (a,b): schematische Darstellung; recht (c): SIBM in schwach zugverformtem Aluminium [7.7].

Auch ohne Bewegung der Korngrenze ist das korngrenzennahe Gebiet für die Keimbildung begünstigt, nämlich durch die erheblich höhere und inhomogen verteilte Versetzungsdichte (Abb. 7.27). Das gleiche Argument gilt für grobe Partikel. Heterogene Keimbildung an der Partikeloberfläche sowie hohe und sehr inhomogene Versetzungsdichte führen zur raschen Keimbildung in zweiphasigen Legierungen mit grober Dispersion (Abb. 7.28).

Abbildung 7.27. Keimbildung an Kornkanten in zonengereinigtem Aluminium [7.8].

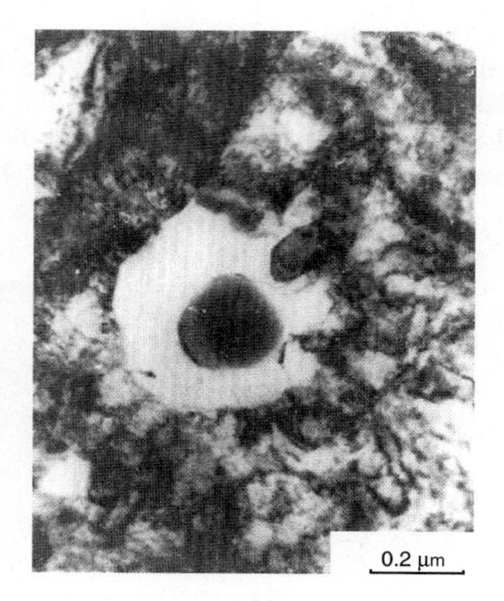

Abbildung 7.28. Rekristallisationskeimbildung an einem TiC-Teilchen in hochfestem mikrolegiertem Stahl nach 90% Kaltumformung und Glühung für 650 h bei 550°C [7.9].

In Metallen mit niedriger Stapelfehlerenergie kann Zwillingsbildung die Keimbildung begünstigen. Durch Zwillingsbildung wird eine andere Orientierung und damit eine Großwinkelkorngrenze erzeugt, die dann beweglich ist. Häufig findet man auch Zwillingsketten, also fortgesetzte Verzwillingung, die zu hochbeweglichen Korngrenzen führen (Abb. 7.29).

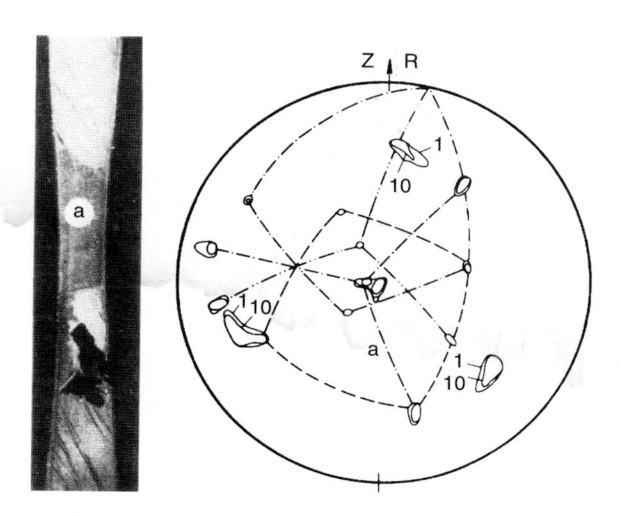

Abbildung 7.29. Schliffbild und {111} Polfigur eines Kupfer-Einkristalls nach dynamischer Rekristallisation im Zugversuch bei 1103 K. (Zwillingsgenerationen: - - - 1., — · — 2., — ·· — 3. Generation).

Alle diese Prozesse setzen zu ihrer Auslösung die lokale Umordnung von Versetzungen voraus, d.h. Keimbildung ist immer mit Erholungsvorgängen verbunden. Das ist der Grund für die sog. Inkubationszeit der Rekristallisation. Andererseits sind Erholung und Rekristallisation aber auch konkurrierende Prozesse, denn durch Erholung wird die treibende Kraft herabgesetzt. Bei Materialien mit starker Erholung, also bei hohem $\tilde{\gamma}_{SF}$, bspw. Aluminium, kann daher die diskontinuierliche Rekristallisation erschwert oder unterdrückt werden, und es kommt zur (kontinuierlichen) Rekristallisation in-situ.

7.6 Korngrenzenbewegung

Bewegt sich eine Korngrenze unter dem Einfluß einer treibenden Kraft p [J/m^3] (vgl. Abschn. 7.2), so gewinnt jedes Atom, das sich dem wachsenden Korn anlagert, die freie Enthalpie pb^3, wobei b^3 das Atomvolumen bezeichnet. Die Geschwindigkeit der Korngrenze ergibt sich aus der Differenz der thermisch aktivierten Diffusionssprünge vom schrumpfenden zum wachsenden Korn und umgekehrt (Abb. 7.30).

$$v = b\nu_0 c_{LG} \left\{ \exp\left(-\frac{G_W}{kT}\right) - \exp\left(-\frac{G_W + pb^3}{kT}\right) \right\} \tag{7.18}$$

Darin bedeuten ν_0 die atomare Schwingungsfrequenz ($\approx 10^{13} s^{-1}$), G_W die freie Aktivierungsenthalpie für einen Diffusionssprung durch die Korngrenze und c_{LG} die Leerstellenkonzentration in der Korngrenze, weil, wie bei der Selbstdiffusion, nur ein Sprung auf einen unbesetzten Platz in der Korngrenze möglich ist.

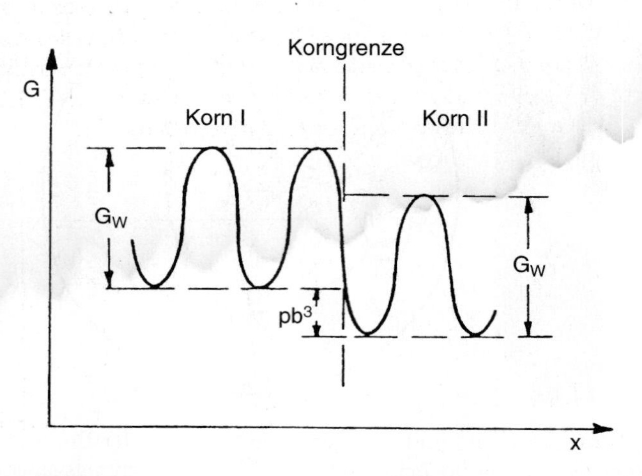

Abbildung 7.30. Schematischer Verlauf der freien Enthalpie an der Korngrenze unter Wirkung einer treibenden Kraft p.

Bei allen treibenden Kräften der Rekristallisation ist stets

$$pb^3 \ll kT \tag{7.19}$$

(bspw. erhält man für hochverformtes Kupfer bei der halben Schmelztemperatur (400°C) $pb^3 \cong 10^{-22}$J, kT $\cong 1/20$ eV $\cong 10^{-20}$J, pb^3/kT $\cong 0.01$), so daß Gl. (7.18) sich linear entwickeln läßt

$$\begin{aligned} v &\cong b\nu_0 c_{LG} \exp\left(-\frac{G_W}{kT}\right) \left\{1 - 1 + \frac{pb^3}{kT}\right\} \\ &= b^4 \nu_0 c_{LG} \frac{1}{kT} \exp\left(-\frac{G_W}{kT}\right) \cdot p \end{aligned} \tag{7.20}$$

oder $v = mp$.

Der Zusammenhang von Beweglichkeit m und Diffusionskoeffizient D_m für Sprünge durch die Korngrenze mit der Aktivierungsenergie Q_m ergibt sich mit der Nernst-Einstein-Beziehung zu

$$m = \frac{b^2 D_m}{kT} = \frac{b^2 D_0}{kT} \exp\left(-Q_m/kT\right) = m_0\, e^{-Q_m/kT} \tag{7.21}$$

Durch Vergleich von Gl. (7.21) mit (7.20) erkennt man, daß $Q_m = H_W$, wenn die Leerstellenkonzentration c_{LG} nicht thermisch aktiviert ist. Die experimentelle Bestimmung der Korngrenzenbeweglichkeit gestaltet sich außerordentlich schwierig, da nur in Sonderfällen eine konstante treibende Kraft und konstante Korngrenzengeometrie eingehalten werden können. Zumeist kann auch der Einfluß von Störfaktoren wie Oberfläche, Probenreinheit etc. nicht geeignet berücksichtigt werden. Zur genauen Bestimmung der Korngrenzenbeweglichkeit sind deshalb Experimente an speziell gezüchteten Bikristallen am besten geeignet. Mittels solcher Experimente läßt sich die Proportionalität von Korngrenzengeschwindigkeit und treibender Kraft nachweisen (Abb. 7.31) und damit gemäß $v = mp$ die Korngrenzenbeweglichkeit ermitteln.

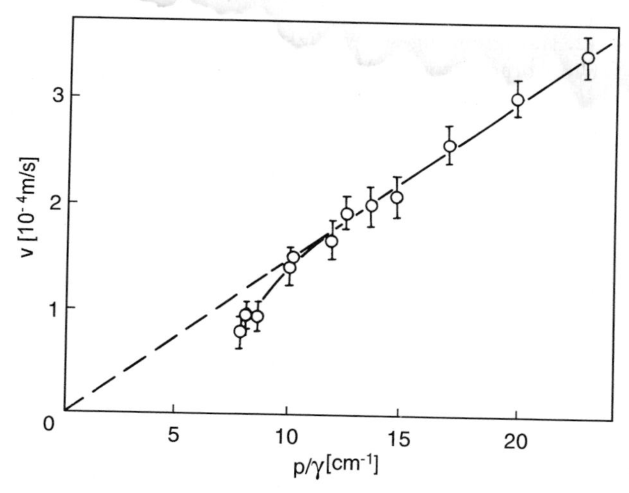

Abbildung 7.31. Korngrenzengeschwindigkeit als Funktion der reduzierten treibenden Kraft p/γ (γ — Korngrenzenenergie) in einem Aluminium-Bikristall (nach [7.10]).

Einen starken Einfluß auf die Korngrenzenbeweglichkeit nehmen selbst geringe Verunreinigungen des Materials, die sich in der Korngrenze anreichern und eine rücktreibende Kraft auf die Korngrenze ausüben (vgl. Abschn. 7.9). In solchen Fällen können sehr hohe Aktivierungsenergien Q_m auftreten.

Die Beweglichkeit der Korngrenze hängt auch von der Orientierungsbeziehung $\omega\langle\text{hkl}\rangle$ (ω — Drehwinkel, $\langle\text{hkl}\rangle$ — Drehachse) ab (Abb. 7.32)

$$m = m\,(\omega < \text{hkl} >) \tag{7.22}$$

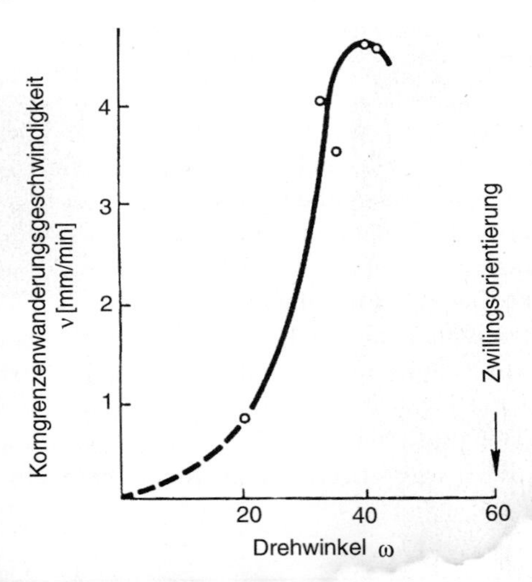

Abbildung 7.32. Korngrenzengeschwindigkeit in Abhängigkeit vom Rotationswinkel bei <111>-Kippkorngrenzen in Aluminium (nach [7.11]).

Kleinwinkelkorngrenzen sind nur sehr schwer beweglich, während Korngrenzen mit einer Drehbeziehung 40°⟨111⟩ in Aluminium eine besonders hohe Beweglichkeit besitzen. Je nach Material werden auch andere Orientierungsbeziehungen für schnellstwachsende Orientierungen gefunden, bspw. 30°⟨0001⟩ für Zn oder 27°⟨110⟩ für Fe-3%Si. Auch die räumliche Lage der Korngrenzen spielt für deren Beweglichkeit eine Rolle. So findet man bspw. in Aluminium bei ⟨111⟩ Kippkorngrenzen eine hohe Beweglichkeit (Abb. 7.33), während sich in Fe-3%Si die ⟨100⟩-Drehgrenzen besonders schnell bewegen.

Die Orientierungsabhängigkeit, insbesondere vom Drehwinkel, wird gewöhnlich dadurch erklärt, daß Koinzidenzkorngrenzen (vgl. Kap. 3) durch hohe Beweglichkeiten ausgezeichnet sind (Abb. 7.34). Die Unterschiede in der Beweglichkeit werden so gedeutet, daß die Korngrenzen je nach Orientierung mehr oder weniger Fremdatome adsorbieren, wobei Koinzidenzkorngrenzen besonders wenig Fremdatome aufnehmen. Mit steigendem Fremdatomgehalt wird aber die Korngrenzenbeweglichkeit drastisch herabgesetzt. Bei ganz hoher Reinheit verliert sich die Orientierungsabhängigkeit der Korngrenzenbeweglichkeit.

7.7 Kinetik der primären Rekristallisation

Wegen seines hohen Versetzungsgehalts ist der verformte Zustand bei allen Temperaturen thermodynamisch instabil. Seine Beseitigung durch Rekristallisation ist deshalb ein irreversibler Prozeß, denn sie bewirkt den Übergang

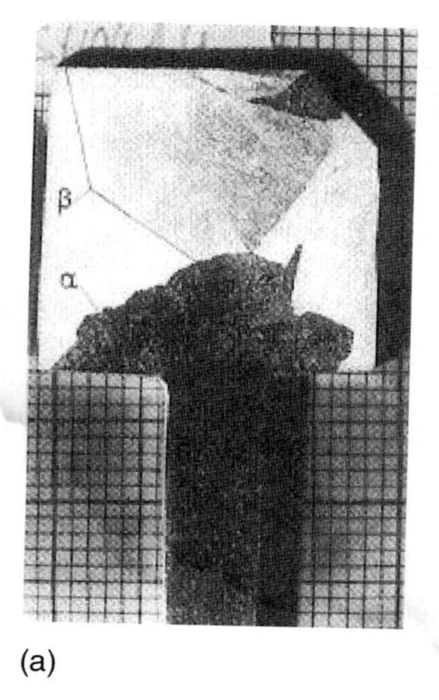

(a)

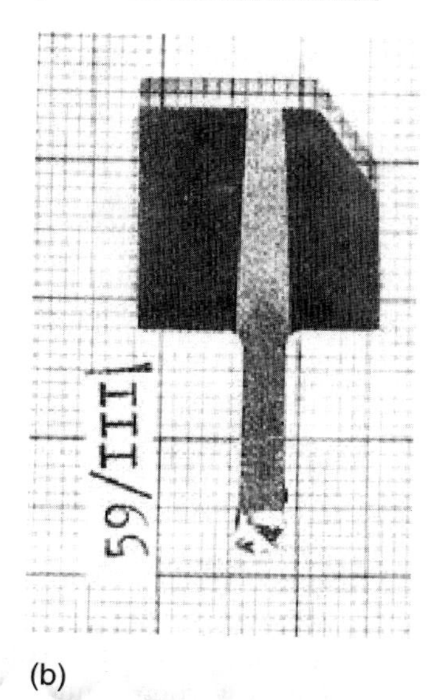

(b)

Abbildung 7.33. Beispiel eines isotropen und anisotropen Kornwachstums in Aluminium. Vor Beginn der Glühung bestand der Bikristall aus einem rekristallisierten Korn im Stiel und einem leicht verformten Korn in der Schaufelfläche. Bei der Glühung bewegt sich die Korngrenze in das verformte Gefüge hinein und zwar (a) isotrop, d.h. in alle Richtungen etwa gleich schnell bei einer $\langle 100 \rangle$-Drehachse und (b) sehr anisotrop bei einer $\langle 111 \rangle$-Drehachse. Die lange gerade Korngrenze in Teilbild (b) ist eine $\{111\}$-Drehkorngrenze, die offenbar nur wenig beweglich ist [7.12].

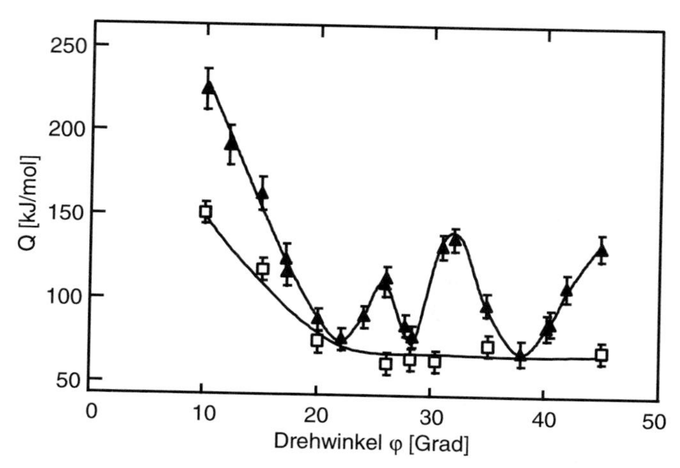

Abbildung 7.34. Aktivierungsenergie der Beweglichkeit von $\langle 100 \rangle$-Kippkorngrenzen in Aluminium unterschiedlicher Reinheit als Funktion des Drehwinkels. Die Minima entsprechen Koinzidenzorientierungen ($\Sigma < 17$) (nach [7.13]). □ : Al 99.99995%; ▲: Al 99.9992%.

von einem metastabilen Gleichgewicht in einen stabileren Zustand, ohne daß der Ausgangszustand wiederhergestellt werden kann. Rekristallisation wird deshalb manchmal auch zweckmäßig als Umwandlung ohne Gleichgewichtstemperatur betrachtet. Dennoch wird der Rekristallisationsverlauf gewöhnlich durch eine Rekristallisationstemperatur beschrieben, die dadurch definiert wird, daß die Rekristallisation bei dieser Temperatur in einer technisch realisierbaren Zeit (etwa 1 Stunde) vollständig abläuft. Eine solche Festlegung ist aber nur deshalb sinnvoll, weil die Rekristallisation thermisch aktiviert verläuft und damit ihre Temperaturabhängigkeit durch einen Boltzmann-Faktor $[\exp(-Q/kT)]$ beschrieben wird, so daß geringe Temperaturschwankungen zu großen Änderungen der Rekristallisationszeit führen (vgl. Abschn. 7.13); umgekehrt führt aus dem gleichen Grunde eine Festlegung der Rekristallisationszeit auf 0.5 h, 1 h oder 2 h nur zu geringen Änderungen der Rekristallisationstemperatur.

Die Kinetik der Rekristallisation wird deshalb von der thermischen Aktivierung der Rekristallisationsmechanismen (Keimbildung und Keimwachstum) bestimmt, anhand derer die Gesetzmäßigkeiten der Rekristallisationskinetik formuliert werden können. Primäre Rekristallisation vollzieht sich durch die Entstehung von Rekristallisationskeimen und deren Wachstum. Dazu definiert man die Keimbildungsgeschwindigkeit $\dot{N}$ und die Wachstumsgeschwindigkeit v. Diese Größen sind durch folgende Beziehungen definiert:

$$\dot{N} = \frac{\frac{dz_K}{dt}}{1 - X} \tag{7.23}$$

$$v = \frac{dR}{dt} \tag{7.24}$$

Hierin bedeuten $X = V_{RX}/V$ der rekristallisierte Volumenbruchteil, t die Zeit und R der Radius eines Korns, z_K ist die Zahl der beobachteten Keime pro Volumeneinheit. $\dot{N}$ ist also die Zahl der pro Zeiteinheit und Volumeneinheit neu gebildeten Keime bezogen auf den noch nicht rekristallisierten Bruchteil. Für das Wachstum wird vereinfachend vorausgesetzt, daß die Keime isotrop, also kugelförmig wachsen, wobei R den Kugelradius bezeichnet.

Abbildung 7.35 zeigt den gemessenen rekristallisierten Bruchteil X über der Anlaßzeit t für Aluminium. Zur quantitativen Beschreibung wird zumeist die Avrami-Johnson-Mehl-Kolmogorov-Gleichung

$$X = 1 - \exp\left\{-\left(\frac{t}{t_R}\right)^q\right\} \tag{7.25}$$

benutzt. Dabei ist t_R die Rekristallisationszeit. Intuitiv würde man als Rekristallisationszeit die Zeit definieren, die verstreicht, bis das gesamte Gefüge rekristallisiert ist. Mathematisch exakt ist das nach Gl. (7.25) aber erst nach unendlich großer Zeit der Fall. Technisch sinnvoll ist es daher, als Rekristallisationszeit die Zeit zu definieren, bei der ein bestimmter Wert von $X < 1$ erreicht wird. Mathematisch am bequemsten und physikalisch ebenso sinnvoll

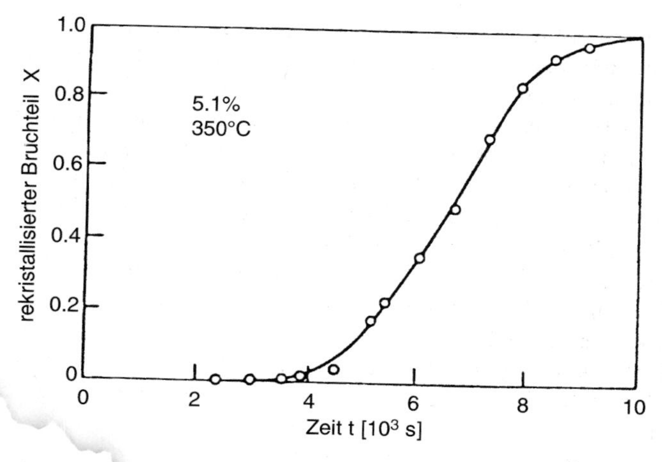

Abbildung 7.35. Rekristallisierter Bruchteil als Funktion der Glühzeit nach 5.1% Zugverformung (nach [7.14]).

ist die Festlegung $X(t_R) = 1 - (1/e) = 0.63$. So ist t_R in Gl. (7.25) definiert. Man hätte auch $X = 0.99$ wählen können, seine Abhängigkeit von Verformung und Glühbedingungen wäre die gleiche. Allerdings werden bei großen Werten von X in der Regel Abweichungen von Gl. (7.25) beobachtet, so daß ein mittlerer Wert von X zur Definition von t_R am sinnvollsten ist. Unter vereinfachenden Voraussetzungen lassen sich bei bekanntem $\dot{N}$ und v der rekristallisierte Bruchteil X, der Zeitexponent q, die Rekristallisationszeit t_R und die primäre rekristallisierte Korngröße d herleiten. Wenn die Körner als Kugeln wachsen, solange sie sich nicht berühren (isotropes Wachstum), die Keimbildung gleichmäßig im verformten Gefüge erfolgt (homogene Keimbildung) und v und $\dot{N}$ während des gesamten Vorgangs konstant bleiben (u.a. keine ausgeprägte Erholung während der Rekristallisation), ergibt sich der rekristallisierte Volumenbruchteil dann zur Zeit t

$$X(t) = 1 - \exp\left(-\frac{\pi}{3}\dot{N}v^3t^4\right) \tag{7.26}$$

Durch Vergleich von Gl. (7.26) mit Gl. (7.25) kann man die Rekristallisationszeit t_R und die primär rekristallisierte Korngröße d sofort ablesen:

$$t_R = \left(\frac{\pi}{3}\dot{N}v^3\right)^{-1/4} \tag{7.27}$$

und

$$d = 2vt_R \cong 2\left(\frac{3}{\pi}\frac{v}{\dot{N}}\right)^{1/4} \tag{7.28}$$

Die Berechnung der rekristallisierten Korngröße nach Gl. (7.28) ist natürlich nur eine grobe Näherung, denn im Gefüge berühren sich die rekristallisierten Körner nach einigem Wachstum und können dann nicht mehr ungehindert weiterwachsen. Gl. (7.28) vermittelt aber die richtige Größenordnung und gibt die richtige Abhängigkeit von Verformung und Glühbedingungen wieder. Korngrenzenbeweglichkeit und Keimbildungsgeschwindigkeit sind thermisch aktivierte Vorgänge (vgl. Abschn. 7.6 und 7.3). Bezeichnet man die betreffenden Aktivierungsenergien mit Q_v bzw. $Q_{\dot{N}}$, so kann man v und $\dot{N}$ darstellen als

$$v = v_0 \exp\left(-Q_v/kT\right) \tag{7.29}$$

$$\dot{N} = \dot{N}_0 \exp\left(-Q_{\dot{N}}/kT\right) \tag{7.30}$$

wobei die Vorfaktoren v_0 und $\dot{N}_0$ von der Temperatur unabhängig sind.

Aus Gl. (7.27) in Verbindung mit Gl. (7.29) und Gl. (7.30) erkennt man, daß auch die Rekristallisationszeit exponentiell von der Temperatur abhängt.

$$t_R = \left(\frac{3}{\pi \dot{N}_0 v_0^3}\right)^{1/4} \cdot \exp\left(\frac{Q_{\dot{N}} + 3Q_v}{4kT}\right) \tag{7.31}$$

und zwar derart, daß die Rekristallisationszeit mit steigender Temperatur exponentiell abnimmt. Das zeigt auch Abb. 7.36 anhand von Meßdaten an verschiedenen Materialien. Aus der Steigung der halblogarithmischen Auftragung von t_R über $1/T$ erhält man die scheinbare Aktivierungsenergie der primären Rekristallisation: $(Q_{\dot{N}} + 3Q_v)/4$.

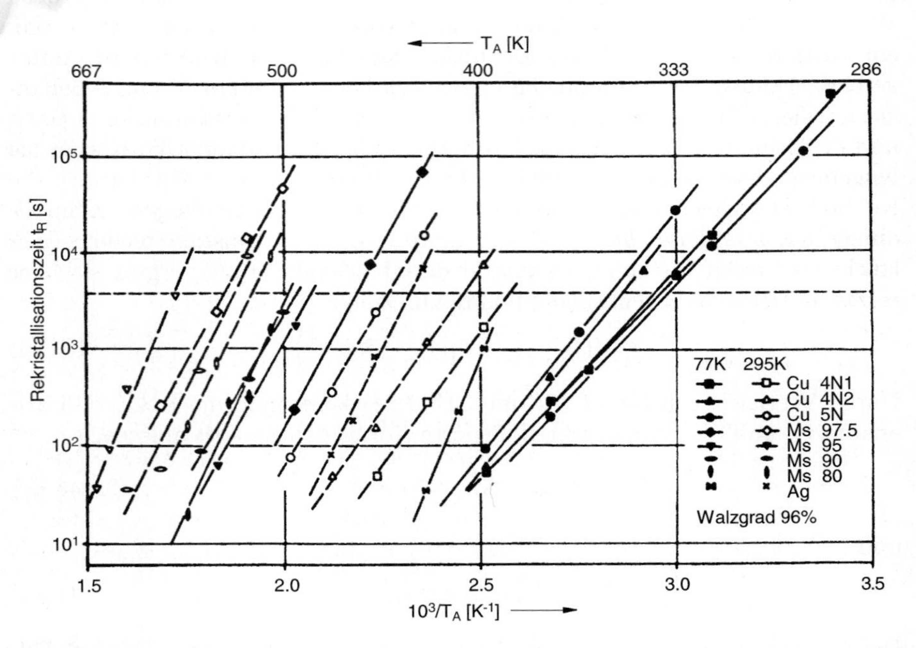

Abbildung 7.36. Rekristallisationszeit in Abhängigkeit von der Glühtemperatur T_A für verschiedene Materialien und Walztemperaturen (nach [7.15]).

Wie oben erwähnt kann man in Anlehnung an die Beschreibung von Phasenumwandlungen (Kap. 9) eine Rekristallisationstemperatur (entsprechend einer Umwandlungstemperatur) definieren, nämlich die Temperatur, zu der die Rekristallisation in einer bestimmten Zeit — etwa eine Stunde wie in der Praxis üblich — abläuft [$T_R \cong T(t_R = \text{const.})$]. In reinen Metallen ist nach starker Verformung die Rekristallisationstemperatur der Schmelztemperatur etwa proportional ($T_R \cong 0.4T_m$). Bei Legierungen kann je nach Legierungselement oder Dispersion die Rekristallisation behindert und die Rekristallisationstemperatur entsprechend höher sein.

Die Temperaturabhängigkeit der rekristallisierten Korngröße bestimmt sich aus Gl. (7.28) bis Gl. (7.30) zu

$$d = \left(\frac{48v_0}{\pi\dot{N}_0}\right)^{1/4} \exp\left(\frac{Q_{\dot{N}} - Q_v}{4kT}\right) \tag{7.32}$$

Gl. (7.28) und Gl. (7.32) veranschaulichen, daß die rekristallisierte Korngröße durch eine Konkurrenz zwischen Keimbildungsgeschwindigkeit und Keimwachstumsgeschwindigkeit bestimmt wird. Eine Erhöhung der Keimbildungsgeschwindigkeit führt zu einem feineren Korn, während eine Steigerung der Wachstumsgeschwindigkeit bei gleicher Keimbildungsgeschwindigkeit ein größeres Endkorn ergibt.

Vielfach sind die beiden Aktivierungsenergien $Q_{\dot{N}}$ und Q_v nahezu gleich. Dann sollte nach Gl. (7.32) die primäre rekristallisierte Korngröße von der Temperatur unabhängig sein. Das wird auch in der Regel beobachtet. In manchen Fällen überwiegt jedoch $Q_{\dot{N}}$ sehr stark, wie bspw. in Aluminium. Dann ist bei zunehmender Glühtemperatur mit einer Abnahme der Korngröße zu rechnen.

Sowohl $\dot{N}$ als auch v nehmen mit dem Verformungsgrad zu, wodurch sich die Rekristallisationszeit verkürzt. Da $\dot{N}$ mit dem Verformungsgrad jedoch stärker zunimmt als v, verringert sich gemäß Gl. (7.28) die rekristallisierte Korngröße mit höherem Verformungsgrad. Ähnlich wie eine Zunahme des Verformungsgrades wirkt sich eine kleinere Korngröße vor der Verformung aus.

Von besonderer Wichtigkeit ist der Einfluß der Legierungszusätze. Sind die Fremdatome in Lösung, so wird (vgl. Abschn. 7.9) zumeist v herabgesetzt. Oft, insbesondere bei kleinen Konzentrationen, wird auch $\dot{N}$ vermindert, und zwar in etwa gleichem Maße wie v. Dies erkennt man bereits daran, daß bei Zusatz von Fremdatomen sich die rekristallisierte Korngröße und daher gemäß Gl. (7.28) auch das Verhältnis $v/\dot{N}$ nur um kleinere Faktoren ändern, wohingegen die Änderung von $\dot{N}$ und v und somit auch der Rekristallisationszeit viele Größenordnungen betragen kann.

Die zur Ableitung von Gl. (7.26) und Gl. (7.28) getroffenen Voraussetzungen sind in den meisten Fällen nicht genau erfüllt. So nimmt die Keimwachstumsgeschwindigkeit häufig mit der Zeit etwas ab, wie man durch direkte Messungen feststellen kann, und ist in keinem Fall völlig isotrop. Umgekehrt beginnt die Keimbildungsgeschwindigkeit mit sehr kleinen Werten,

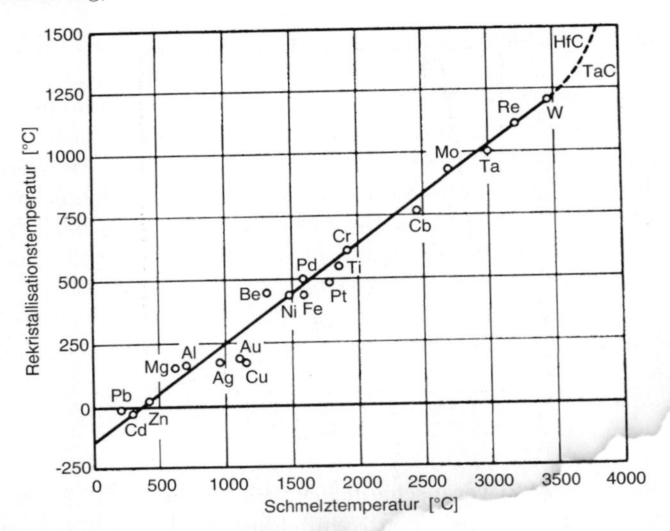

Abbildung 7.37. Die Rekristallisationstemperatur verschiedener Metalle als Funktion der Schmelztemperatur (nach [7.16]).

nimmt dann rasch zu, um oft nach einem Maximum wieder abzufallen (Abb. 7.38). Schließlich ist auch die Keimbildung nicht statistisch über das Volumen verteilt. Das Vorliegen solcher Abweichungen erkennt man besonders deutlich, wenn man lg ln$[1/(1-X)]$ gegen lg$t$ aufträgt. Gemäß Gl. (7.26) sollten sich dann Geraden mit der Steigung vier ergeben. Meistens werden jedoch geringere Steigungen gefunden, etwa $q \cong 2$. Das zeigt an, daß entweder $\dot{N}$ oder v nicht konstant sind, sondern mit der Zeit abfallen (z.B. durch Erholung) oder aber das Wachstum nicht dreidimensional verläuft (wie z.B. bei der Keimbildung an Kornkanten). Jedoch auch wenn solche Abweichungen von den der quantitativen Analyse zugrunde liegenden Voraussetzungen auftreten, behalten die Ergebnisse grundsätzlich weitgehend ihre Gültigkeit.

7.8 Das Rekristallisationsdiagramm

Der Darstellung des Zusammenhanges zwischen rekristallisierter Korngröße, Verformungsgrad und Temperatur dient das Rekristallisationsdiagramm, das insbesondere in der betrieblichen Praxis eine große Bedeutung besitzt. Die Korngröße nimmt in der Regel mit sinkendem Verformungsgrad und steigender Glühtemperatur zu (Abb. 7.39). Es ist jedoch zu beachten, daß in den Rekristallisationsdiagrammen nicht die Korngröße nach vollständiger Primärrekristallisation angegeben ist, sondern die nach einer bestimmten Glühdauer.

Bei tiefen Temperaturen hat bei der gewählten Glühdauer häufig die Re-

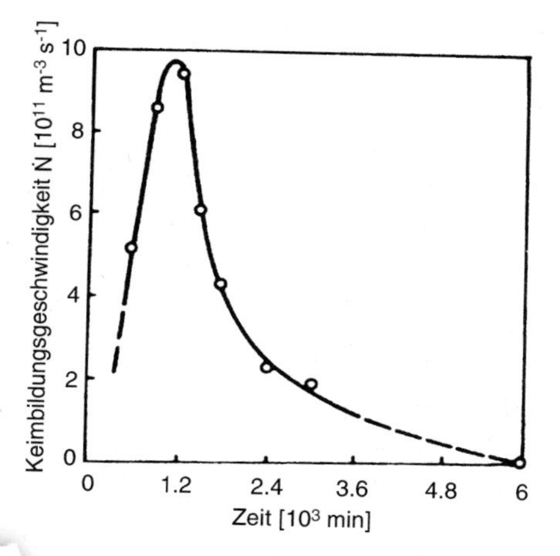

Abbildung 7.38. Keimbildungsgeschwindigkeit in Abhängigkeit von der Glühdauer in zugverformtem Aluminium (nach [7.17]).

kristallisation noch nicht stattgefunden, bzw. ist noch nicht vollständig abgelaufen. Dann kann keine rekristallisierte Korngröße angegeben werden, d.h. das Rekristallisationsdiagramm beginnt erst oberhalb einer gewissen vom Verformungsgrad abhängigen Temperatur.

Bei hohen Temperaturen ist hingegen in der gewählten Glühzeit häufig nicht nur die primäre Rekristallisation bereits abgelaufen, sondern oft hat auch schon eine Kornvergrößerung eingesetzt. Da, wie in Abschn. 7.11 gezeigt wird, bei der Kornvergrößerung die Korngröße mit der Temperatur zunimmt,

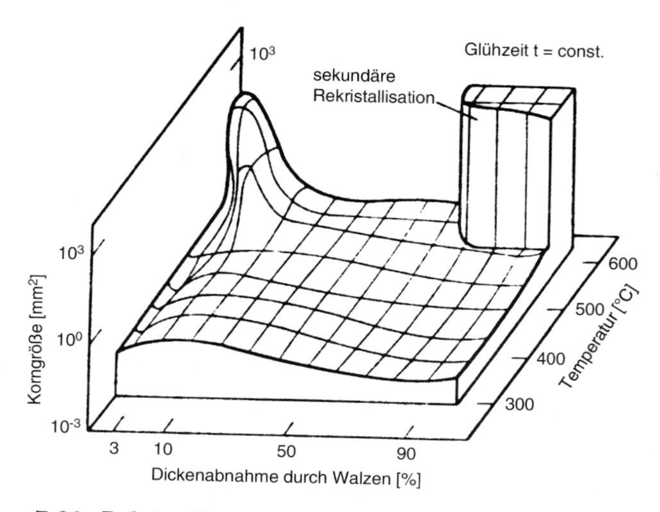

Abbildung 7.39. Rekristallisationsdiagramm von Reinstaluminium (nach [7.18]).

gibt das Rekristallisationsdiagramm hier eine mit der Temperatur ansteigende Korngröße, während nach gerade vollendeter Primärrekristallisation eine von der Temperatur unabhängige bzw. damit abnehmende Korngröße erwartet werden sollte. Zur Erzielung eines besonders feinen Rekristallisationskornes sollte daher die Glühung sofort nach abgeschlossener Primärrekristallisation beendet werden.

Bei einer sekundären Rekristallisation (s. Abschn. 7.10) wird auch das Rekristallisationsdiagramm in dem Gebiet ihres Auftretens besonders große Körner anzeigen. Weiterhin ist zu beachten, daß die technisch wichtige Aufheizzeit bei diesen Betrachtungen nicht berücksichtigt ist. Eine geringe Aufheizgeschwindigkeit entspricht ungefähr einer vorgelagerten Erholungsbehandlung bei tiefen Temperaturen und verursacht häufig eine Verminderung der Keimzahl.

7.9 Rekristallisation in homogenen Legierungen

Die Beimengung von Fremdatomen hat einen geringen Einfluß auf die Keimbildung, kann aber je nach Legierungselement einen sehr starken Einfluß auf die Korngrenzengeschwindigkeit nehmen (Abb. 7.40). Der Grund liegt darin, daß die Fremdatome sich bevorzugt in der Korngrenze anlagern, weil dort ihre Energie am geringsten ist, bspw. wegen unterschiedlicher Atomgröße.

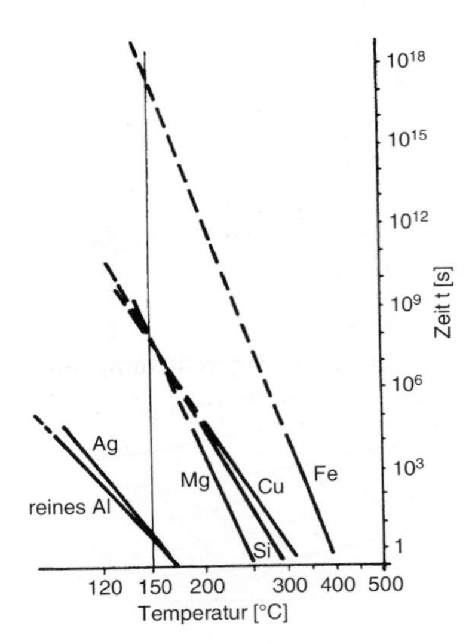

Abbildung 7.40. Rekristallisationszeit binärer Legierungen aus Reinstaluminium mit 1/100 Atomprozent eines zweiten Metalls in Abhängigkeit von der Temperatur (nach [7.19]).

Bei Bewegung der Korngrenze müssen die Fremdatome mit der Grenze mit diffundieren, wodurch sie eine rücktreibende Kraft p_R auf die Korngrenze ausüben, die von der Geschwindigkeit v und der Fremdatomkonzentration c abhängt.

$$v = m\,(p - p_R(c, v)) \tag{7.33}$$

Bei niedrigen Geschwindigkeiten ist die Korngrenze mit Fremdatomen beladen, und die rücktreibende Kraft nimmt mit der Geschwindigkeit zu. Bei hohen Geschwindigkeiten kann sich die Korngrenze von ihrer Fremdatomwolke losreißen und sich damit frei bewegen. Bei mittleren Geschwindigkeiten kann es zum unstetigen Übergang von der beladenen zur freien Korngrenze kommen. In diesem Übergang sind Korngrenzengeschwindigkeit und treibende Kraft zueinander nicht proportional (Abb. 7.41 - Abb. 7.44).

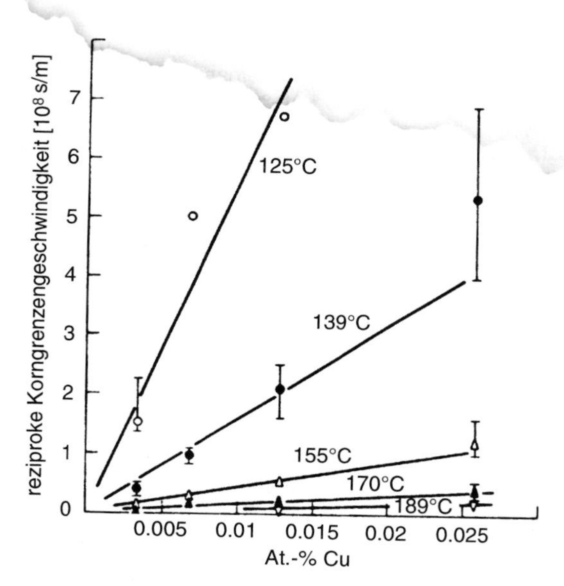

Abbildung 7.41. Reziproke Korngrenzengeschwindigkeit als Funktion der Kupferkonzentration in zonengereinigtem Aluminium (nach [7.20]).

7.10 Rekristallisation in mehrphasigen Legierungen

Die Anwesenheit weiterer Phasen hat erheblichen Einfluß auf die Rekristallisation, von der Beschleunigung der Rekristallisation bis zu ihrer völligen Unterdrückung. Generell wird die Rekristallisation durch grobe Partikel gefördert, durch feine, gleichmäßig verteilte Teilchen dagegen stark behindert.

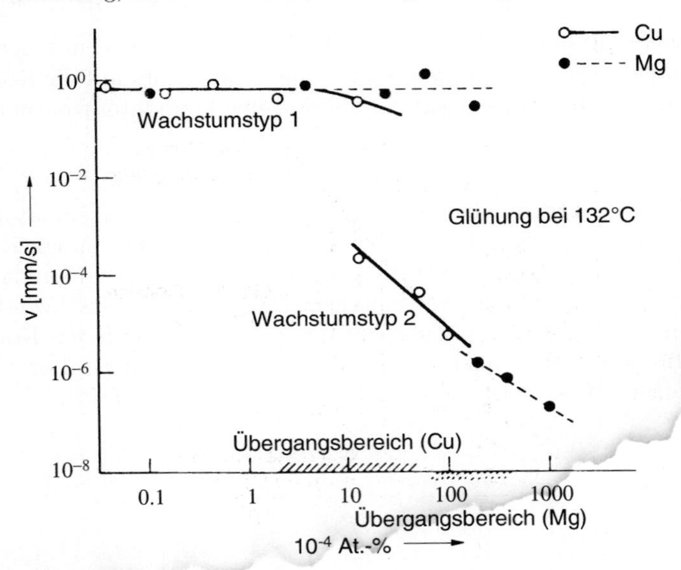

Abbildung 7.42. Wachstumsgeschwindigkeit rekristallisierter Körner in gewalztem Aluminium mit Cu- bzw. Mg-Zusätzen (nach [7.21]).

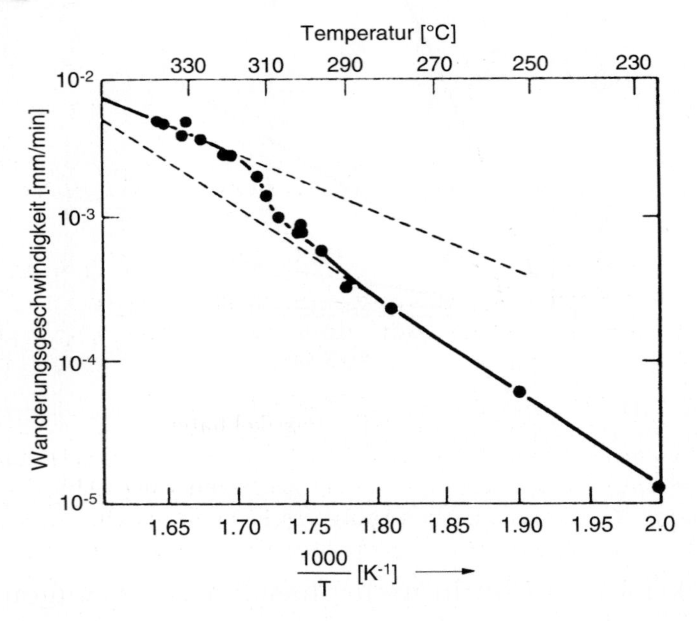

Abbildung 7.43. Wanderungsgeschwindigkeit einer Rekristallisationsfront in gewalztem Gold mit 20 ppm Eisen (nach [7.22]).

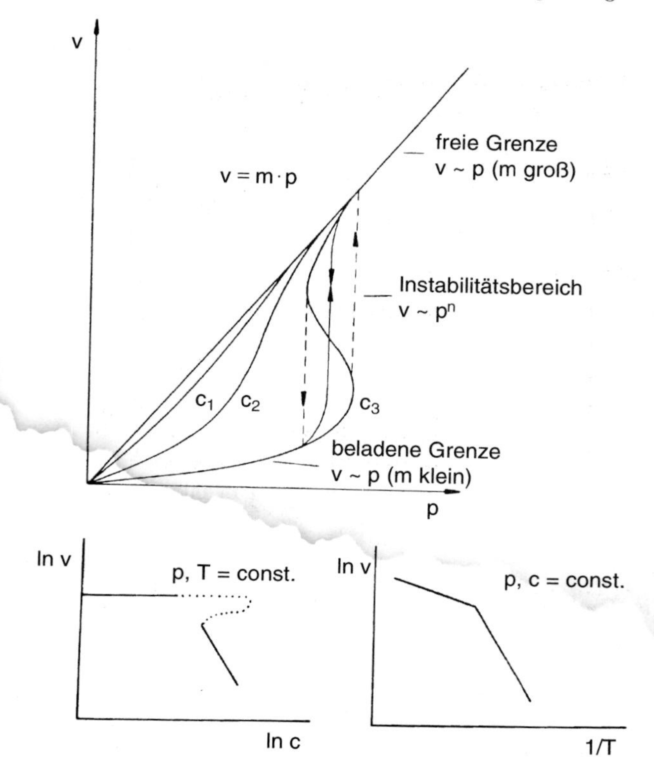

Abbildung 7.44. Theoretische Abhängigkeit der Korngrenzengeschwindigkeit von der treibenden Kraft und der Temperatur bei Anwesenheit von Fremdatomen.

Der komplexe Einfluß der Partikel erklärt sich durch ihren Einfluß sowohl auf die Versetzungsstruktur, als auch auf Erholung oder Keimbildung und schließlich Korngrenzenbewegung. Bei harten Teilchen bildet sich um die Teilchen eine inhomogene Versetzungsstruktur aus. Bei groben Teilchen kann dadurch die Keimbildung erleichtert werden (Abb. 7.45) (particle stimulated nucleation — PSN). Kleine, fein verteilte Partikel haben einen weniger günstigen Einfluß auf die Keimbildung, behindern aber stark die Versetzungsbewegung (Erholung) (Abb. 7.46) und Korngrenzenwanderung (Abb. 7.47a). Die Beeinflußung der Korngrenzenbewegung geschieht durch eine rücktreibende Kraft auf die Korngrenze bei Kontakt mit den Teilchen, weil an der Kontaktfläche Korngrenzenfläche eingespart wird, die beim Ablösen vom Teilchen wieder aufgebracht werden muß (Abb. 7.47b). Die entsprechende rücktreibende Kraft (Zener-Kraft) ist gegeben durch

$$p_Z = -\frac{3}{2}\gamma\frac{f}{r_p} \tag{7.34}$$

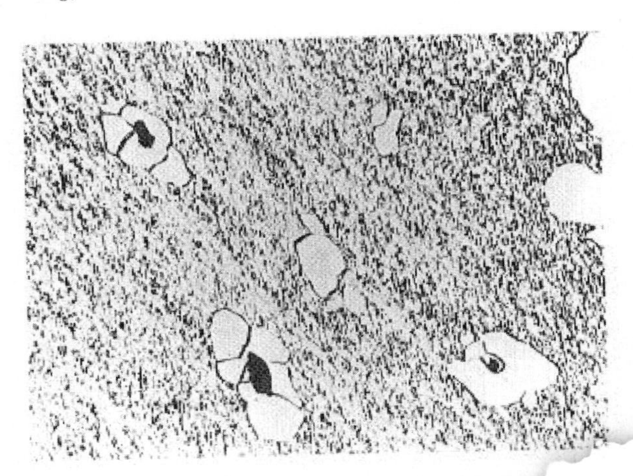

Abbildung 7.45. Keimbildung an Oxidteilchen in 60% gewalztem Eisen (2 min 540°C) (TEM-Aufnahme) [7.23].

wobei r_p der Radius, f der Volumenbruchteil der Teilchen und γ die Korngrenzenenergie sind. Die Größe f/r_p wird als Dispersionsgrad bezeichnet. Für die Korngrenzenbewegung steht dann effektiv nur die treibende Kraft $p + p_Z$ zur Verfügung (p_Z ist negativ).

Bei fein verteilten Partikeln kann daher die rücktreibende Kraft sehr groß werden und die Rekristallisation erheblich behindern (höhere Rekristallisationstemperatur). Für die technische Anwendung sehr wichtig sind Partikel zur Stabilisierung der Korngröße nach der Primärrekristallisation, weil durch die

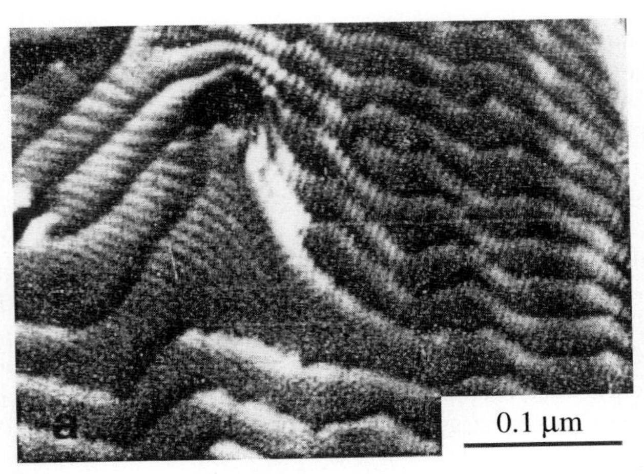

Abbildung 7.46. Feine Partikel (Aluminiumoxid) behindern die Versetzungsbewegung in einer Subkorngrenze [7.24].

Zener-Kraft die Kornvergrößerung stark beeinflußt bis ganz unterdrückt werden kann, was aus dem Vergleich von treibender Kraft und Zener-Kraft deutlich wird. Zum Beispiel ergibt sich bei $f = 1\%$, $r_p = 1000$ Å und $\gamma = 0.6 \mathrm{J/m^2}$ eine Zener-Kraft von etwa 0.1 MPa, also etwa die gleiche Größenordnung oder größer als die treibende Kraft für Kornvergrößerung.

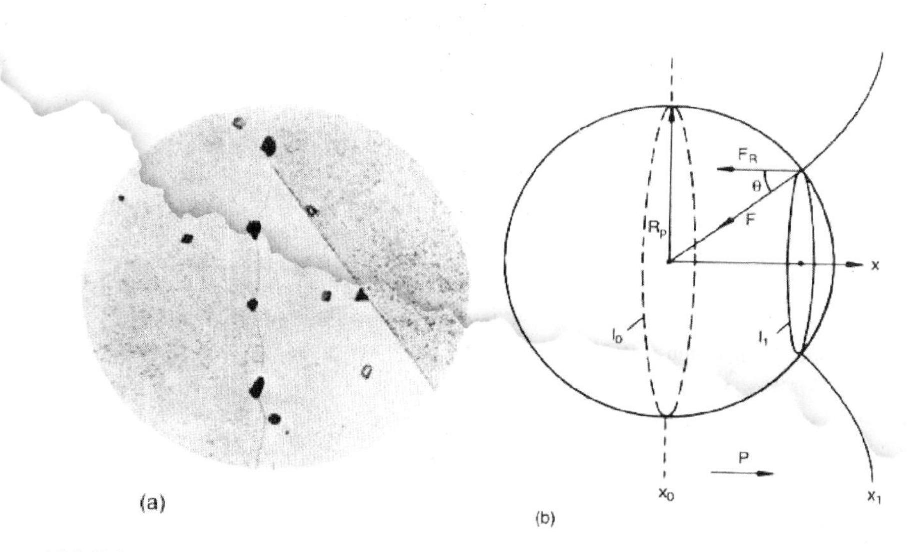

Abbildung 7.47. Behinderung der Bewegung einer Großwinkelkorngrenze durch Teilchen einer zweiten Phase. (a) Verankerung einer Korngrenze an Einschlüssen in α-Messing [7.25]; (b) schematisch [zur Ableitung von Gleichung (7.34)].

7.11 Kornvergrößerung

Nach Beendigung der primären Rekristallisation, wenn die wachsenden rekristallisierten Körner aneinandergestoßen sind und das ganze verformte Gefüge aufgezehrt haben, ist eine neue, spannungsfreie, polykristalline Struktur mit einer gegenüber dem verformten Zustand wesentlich verringerten freien Energie entstanden.

Ein polykristallines Gefüge besteht aus einer Anordnung von Körnern, deren Gestalt man durch Polyeder beschreiben kann, welche sich an Flächen, Kanten und Ecken berühren. Die räumliche Form der Körner stellt sich als Kompromiß zwischen der Erfordernis vollständiger Raumerfüllung und dem Gleichgewicht der Grenzflächenspannung an Kornkanten und -ecken ein. Die Behandlung dieses 3-dimensionalen Problems ist vorstellungsmäßig und mathematisch schwierig. Die grundlegenden Vorgänge können aber auch an einem zweidimensionalen Modell verdeutlicht werden. In einer zweidimensionalen Struktur ergibt sich ein Gleichgewicht der Korngrenzenanordnung nur dann, wenn alle Körner sechseckig sind, weil sie dann gerade Korngrenzen haben und sich diese an den Ecken unter dem Gleichgewichtswinkel treffen (Abb. 7.48).

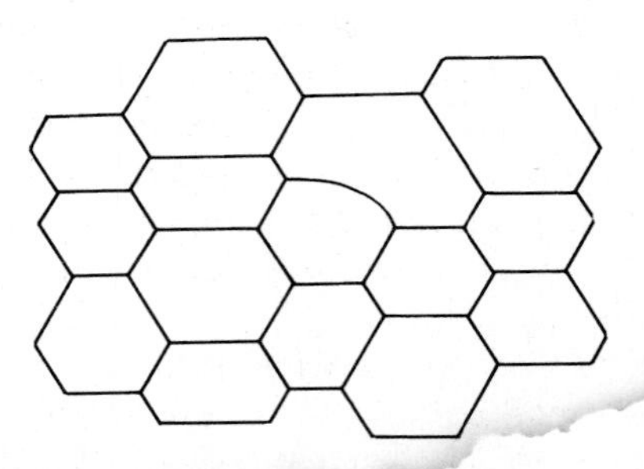

Abbildung 7.48. Zweidimensionales Gleichgewichtsgefüge, das bis auf eine Störstelle nur aus Sechsecken mit 120°-Innenwinkeln besteht.

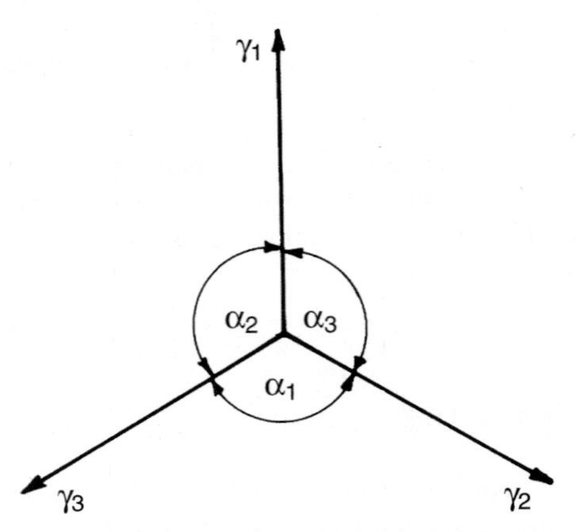

Abbildung 7.49. Schematische Darstellung der Kräfte an einem Korneckpunkt.

Damit die Oberflächenspannungen an den Eckpunkten im Gleichgewicht sind, muß (etwas vereinfacht, vgl. Kap. 3) gelten (Abb. 7.49):

$$\frac{\gamma_1}{\sin\alpha_1} = \frac{\gamma_2}{\sin\alpha_2} = \frac{\gamma_3}{\sin\alpha_3} \tag{7.35}$$

In einphasigen Metallen sind die Oberflächenspannungen der meisten Korngrenzen sehr ähnlich, deshalb stellen sich immer Winkel von etwa 120° ein. In mehrphasigen Legierungen können die Abweichungen von 120° durch die unterschiedlichen Oberflächenspannungen der verschiedenen Phasen aber ganz beträchtlich sein; so stellt sich z.B. in $\alpha - \beta$-Messing ein Winkel von 95° an einem Tripelpunkt von einem β- und zwei α-Messing-Körnern ein.

Befindet sich im Gefüge aber ein Korn mit einer von sechs abweichenden Eckenzahl, wie z.B. in Abb. 7.48 das fünfeckige Korn, so kann die Bedingung des Kraftgleichgewichts an den Knotenpunkten nach Gl. (7.35) nur dann erfüllt werden, wenn eine Korngrenze gekrümmt ist. Da nun aber auf eine solche gekrümmte Korngrenze eine Kraft in Richtung des Krümmungsmittelpunktes wirkt, verschiebt sie sich, was eine Verstimmung des 120°-Winkels an den beiden Kornecken zur Folge hat. Um das Gleichgewicht wieder herzustellen, müssen sich die anderen an den Ecken beteiligten Korngrenzen bewegen. Daraus resultieren dann weitere gekrümmte Korngrenzen, und das bedingt wieder neue Korngrenzenbewegungen.

Aus morphologischen Untersuchungen ist bekannt, das Körner mit mehr als sechs Ecken überwiegend konkav, solche mit weniger als sechs Ecken hingegen konvex gekrümmte Korngrenzen haben, um die 120°-Bedingung zu erfüllen (Abb. 7.50). Da große Körner von vielen kleinen umgeben sind, haben große Körner gewöhnlich mehr als sechs Ecken, kleine dagegen weniger als sechs Ecken. Das Bestreben der Korngrenzen, durch Wanderung in Richtung ihres Krümmungsmittelpunktes die Korngrenzfläche zu verringern, führt dazu, daß im Mittel Körner mit mehr als sechs Ecken, also die großen Körner, wachsen, während solche mit weniger als sechs Ecken, also die kleinen Körner, aufgezehrt werden.

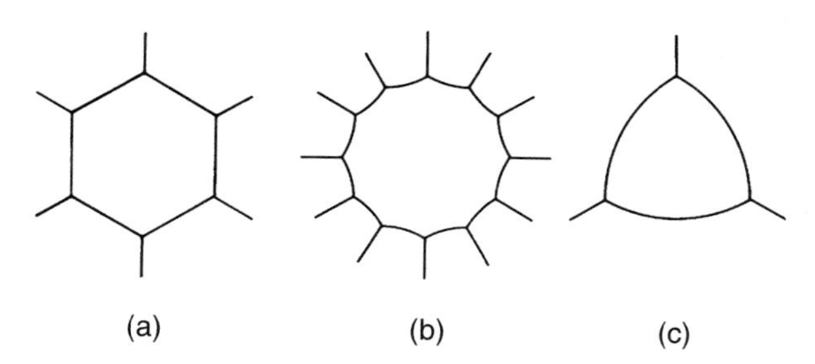

Abbildung 7.50. Krümmung der Seiten regelmäßiger Vielecke mit verschiedener Eckenzahl bei einem Innenwinkel von 120°.

Im dreidimensionalen Fall erhält man vollständige Raumerfüllung und gleichzeitig ebene Korngrenzen nur dann, wenn sich je drei Körner an einer Kornkante unter einem Winkel von 120° und je vier Körner an einer Kornecke unter 109° treffen. An einer Kornecke kann deshalb das Gleichgewicht niemals eingestellt werden.

Die Zunahme des mittleren Korndurchmessers beim isothermen Glühen läßt sich durch ein einfaches empirisches Zeitgesetz beschreiben. Unter der Annahme, daß der mittlere Krümmungsradius R der Korngrenze dem Korndurchmesser D und die mittlere Korngrenzengeschwindigkeit v der zeitlichen Änderung des Korndurchmessers (dD/dt) proportional ist, erhält man :

$$\frac{dD}{dt} = mK_1 \frac{\gamma}{D} \tag{7.36}$$

und daraus durch Integration unter der Voraussetzung, daß sich die Konstante K_1 zeitlich nicht ändert

$$D^2 - D_0^2 = K_2 t \tag{7.37}$$

D_0 ist die Korngröße zur Zeit $t = 0$, d.h. unmittelbar nach Abschluß der Primärrekristallisation.

Wenn $D_0 \ll D$ ist, vereinfacht sich Gl. (7.37) weiter zu:

$$D \cong K t^n \tag{7.38}$$

mit $n = 0.5$, d.h. die mittlere Korngröße sollte mit der Wurzel aus der Glühzeit wachsen. In zahlreichen Experimenten wurde ein Exponent $n = 0.5$ aber nur bei höchstreinen Metallen und Glühtemperaturen nahe dem Schmelzpunkt gefunden. In Metallen technischer Reinheit findet man abhängig von der Reinheit, der Temperatur und der Textur überwiegend n-Werte zwischen 0.2 und 0.3 (Abb. 7.51), aber auch sehr viel kleinere und unter bestimmten Bedingungen auch Werte größer als 0.5.

Eine starke Hemmung des Kornwachstums tritt ein, wenn der mittlere Korndurchmesser die Größenordnung der kleinsten Probendimension erreicht. Wenn eine Korngrenze an eine freie Oberfläche stößt, so muß sich auch hier wieder ein Gleichgewicht mit der Oberflächenspannung einstellen. Dies führt zur Bildung einer Furche (thermische Ätzung) entlang der Korngrenzen, die bei der weiteren Bewegung der Korngrenzen überwunden werden muß (Abb. 7.52). Die sich daraus ergebende rücktreibende Kraft p_{RO}, die unabhängig von der Furchentiefe ist, hat die Größe

$$p_{RO} = -\frac{\gamma_{KG}^2}{h\gamma_0} \tag{7.39}$$

(h = Probendicke, γ_0 = Oberflächenenergie).

Diese rücktreibende Kraft führt zu einer Verringerung der Wachstumsgeschwindigkeit derjenigen Körner, die an die Oberfläche stoßen. Solange die Korngröße sehr viel kleiner als die Probendicke ist, macht sich dieser Einfluß auf die Zunahme der mittleren Korngröße nicht bemerkbar, er gewinnt aber immer mehr an Bedeutung, je mehr Körner die Oberfläche berühren. Durch die Krümmung der Korngrenzen in der Blechebene wirkt trotzdem weiterhin eine treibende Kraft zur Kornvergrößerung, die aber gemäß Gl. (7.6) ständig abnimmt. Das Kornwachstum kommt schließlich zum Stillstand, wenn der mittlere Korndurchmesser etwa der zweifachen Probendicke entspricht.

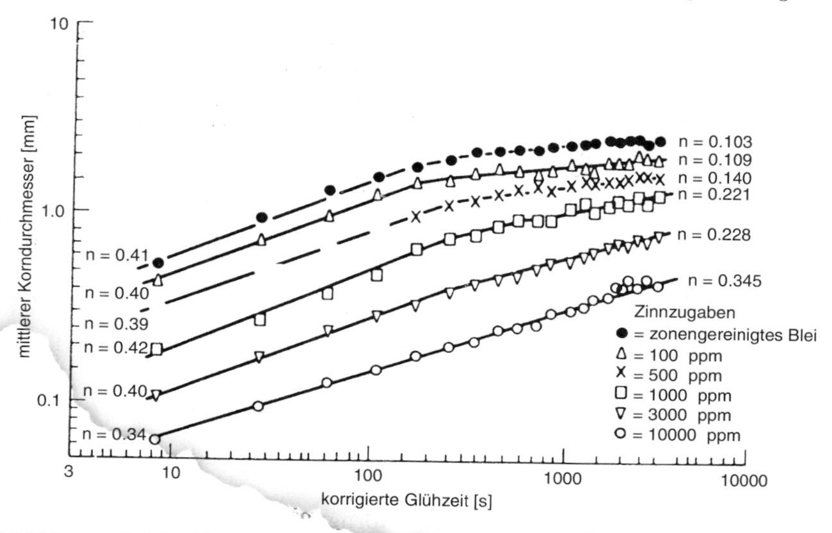

Abbildung 7.51. Kornwachstum in zonengereinigtem Blei und Blei mit unterschiedlichen Zinngehalten. Die Abweichung des Exponenten vom Idealwert 0.5, sowie der Anstieg der Abweichung bei zunehmender Korngröße wird ersichtlich (nach [7.26]).

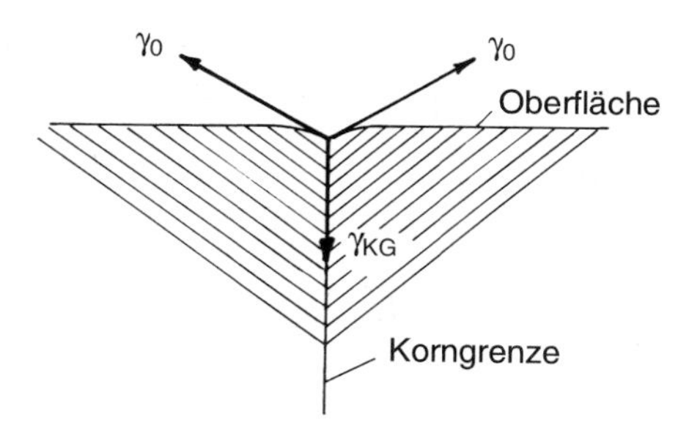

Abbildung 7.52. Das Kraftgleichgewicht von Oberflächen- und Korngrenzenspannung führt zur Ausbildung einer Ätzfurche.

Wenn eine Probe, die Ausscheidungen enthält, bei einer Temperatur geglüht wird, bei der sich die Ausscheidungen noch nicht auflösen, so findet stetige Kornvergrößerung nur solange statt, bis eine bestimmte maximale Korngröße erreicht wird. Diese hängt nur von der Menge und der Teilchengröße der dispergierten Phase ab. Die sich einstellende Korngröße ist kleiner als in einem vergleichbaren einphasigen Werkstoff. Die Hemmung des Kornwachstums durch Ausscheidungen beruht auf der Wirkung der Zener-Kraft (vgl. Abschn. 7.10). Zum Losreißen der Korngrenze von einem Teilchen muß die Korngrenze eine rücktreibende Kraft (Zener-Kraft) p_Z überwinden

$$p_Z = -3\gamma \frac{f}{d_p} \qquad (7.40)$$

(f = Volumenbruchteil der ausgeschiedenen Phase, d_p = Durchmesser der Ausscheidungen).

Ein Losreißen wird nur solange erfolgen, wie die treibende Kraft größer als die rücktreibende Kraft ist. Die treibende Kraft wird aber immer kleiner, je weiter das Kornwachstum fortgeschritten ist, da die Krümmung der Korngrenzen immer geringer, d.h. die Korngrenzen immer gerader werden. Die Kornvergrößerung kommt zum Stillstand, wenn treibende und rücktreibende Kraft gleich groß sind: $p = -p_Z$

$$\frac{2\gamma}{\alpha \cdot d} = 3\gamma \frac{f}{d_p} \qquad (7.41)$$

(α — Proportionalitätskonstante zwischen Krümmungsradius der Korngrenze und Korndurchmesser).

Daraus ergibt sich für die maximale Korngröße

$$d_{\max} = \frac{2}{3} \cdot \frac{1}{\alpha} \frac{d_p}{f} \qquad (7.42)$$

Da Ausscheidungen sich bei höherer Glühtemperatur häufig vergröbern (d_p in Gl. (7.41) wird größer), steigt d_{max} zumeist mit der Glühtemperatur an. Die nach Gl. (7.42) berechneten Korndurchmesser sind in der Regel größer als die experimentell gemessenen, weil für die Ableitung von Gl. (7.42) vereinfachende Annahmen gemacht wurden.

7.12 Unstetige Kornvergrößerung (Sekundäre Rekristallisation)

In dem technisch wichtigsten Fall der Behinderung des stetigen Kornwachstums durch Ausscheidungen entsteht sekundäre Rekristallisation bei Glühung kurz unterhalb der Löslichkeitslinie. Da Ausscheidungen stets in unterschiedlicher Größe und räumlich inhomogen verteilt vorliegen, können sie bei diesen Temperaturen an einigen Stellen bereits aufgelöst sein, so daß dort Kornwachstum möglich ist, während der größte Teil der Matrix noch durch Ausscheidungen stabilisiert ist. Einige Körner erhalten dadurch einen Größenvorsprung, der sie befähigt, zu großen Sekundärkörnern zu wachsen. Abbildung 7.53 zeigt hierzu als Beispiel das Kornwachstum in einer Aluminium-Mangan Legierung.

Bei Temperaturen, bei denen das Mangan vollständig gelöst ist, findet nur durch die Blechdicke beschränktes stetiges Kornwachstum statt. Während bei Temperaturen, bei denen das Mangan vollständig ausgeschieden ist, selbst nach sehr langen Glühzeiten keine Veränderung der Korngröße festgestellt wird, tritt bei einer Glühung in der Nähe der Löslichkeitstemperatur starke sekundäre Rekristallisation auf. Für die kritische Korngröße, die ein Korn

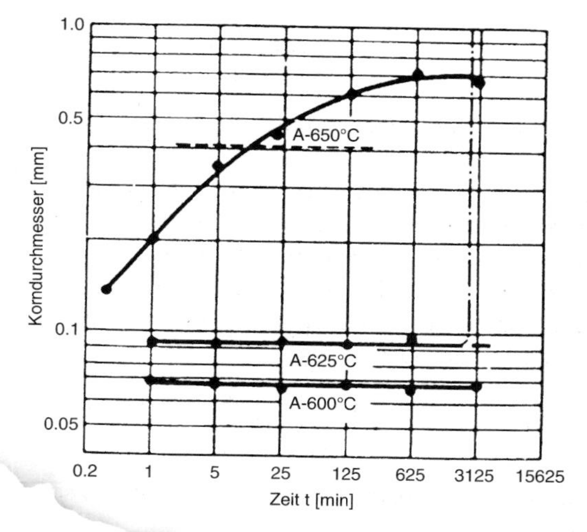

Abbildung 7.53. Kornwachstum in einer Al-1.1%Mn Legierung. Die horizontal gestrichelte Linie gibt die Blechdicke und die vertikale strichpunktierte Linie den Beginn des unstetigen Kornwachstums an. Die Löslichkeitstemperatur der Al-1.1%Mn-Legierung liegt bei 625°C (nach [7.27]).

in einer Matrix mit Ausscheidungen erreichen muß, um unstetig wachsen zu können, kann man die Beziehung

$$d > \frac{\bar{d}}{1 - \frac{\bar{d}}{d_{\max}}} \qquad (7.43)$$

ableiten, bei der $\bar{d}$ der mittlere Korndurchmesser des Gefüges und d_{max} der maximal erreichbare Korndurchmesser gemäß Gl. (7.42) ist.

Damit Sekundärrekristallisation auftritt, muß $\bar{d}$ kleiner als d_{max} sein. Eine Erhöhung der Glühtemperatur bewirkt eine verstärkte Auflösung und Koagulation der Ausscheidungen. Dadurch steigt gemäß Gl. (7.42) d_{max} an und eine größere Zahl Körner erfüllt Gl. (7.43). Wenn mehrere Körner gleichzeitig wachsen, stoßen sie schneller aneinander, und die Korngröße nach Abschluß der Sekundärrekristallisation ist kleiner. Umgekehrt bedeutet das, daß die Sekundärrekristallisation beim Glühen kurz oberhalb der kritischen Temperatur, bei der überhaupt Sekundärrekristallisation auftritt, am ausgeprägtesten ist.

7.13 Dynamische Rekristallisation

Bei der Warmumformung ($T > 0.5T_m$) kann Rekristallisation auch während der Umformung auftreten. Dies wird als dynamische Rekristallisation bezeichnet. In der Verfestigungskurve äußert sich der Eintritt der dynamischen Rekristallisation durch ein oder mehrere Fließspannungsmaxima (Abb. 7.54).

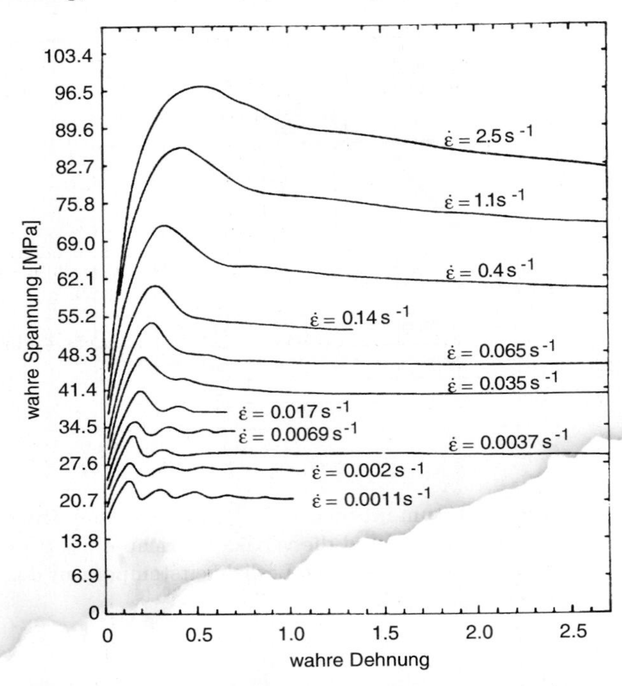

Abbildung 7.54. Torsionsfließkurven eines Kohlenstoffstahls bei 1100°C und verschiedenen Dehngeschwindigkeiten (nach [7.28]).

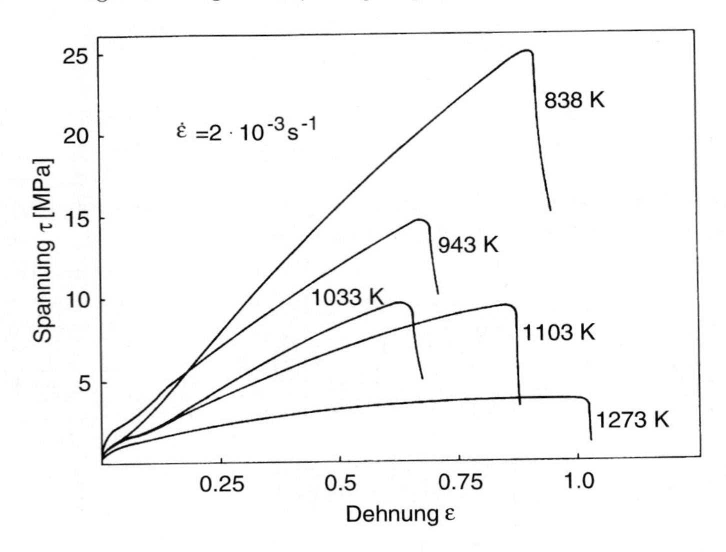

Abbildung 7.55. Verfestigungskurve von Kupfereinkristallen während Zugverformung bei verschiedenen Temperaturen.

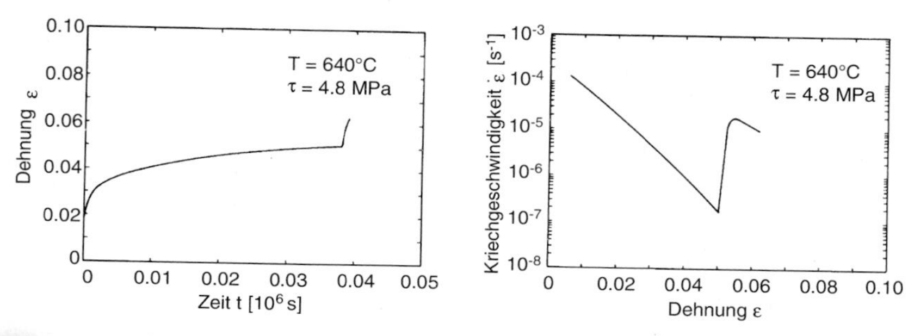

Abbildung 7.56. Kriechverformung: $\varepsilon(t)$ und $\dot{\varepsilon}(\varepsilon)$ eines Kupfereinkristalls unter Zugbeanspruchung.

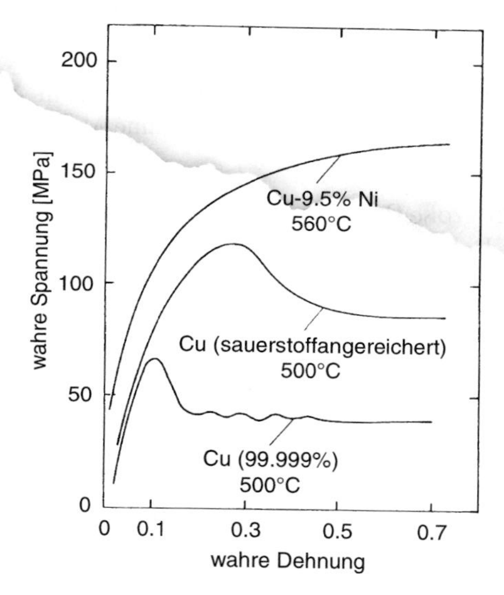

Abbildung 7.57. Torsionsfließkurven für Kupfer und Kupferlegierungen bei einer Dehngeschwindigkeit $\dot{\varepsilon} = 2 \cdot 10^{-2} s^{-1}$ (nach [7.29]).

Besonders dramatisch ist der Effekt bei Einkristallen, wo ein drastischer Festigkeitsverlust mit dem Beginn der dynamischen Rekristallisation verbunden ist (Abb. 7.55). Dynamische Rekristallisation kann auch bei Kriechversuchen auftreten, was an einer sprunghaften Erhöhung der Kriechrate erkennbar ist (Abb. 7.56). Die kritischen Werte von Spannung und Dehnung, bei der dynamische Rekristallisation einsetzt, hängen von Material und Verformungsbedingungen ab. Viele konzentrierte Legierungen und dispersionsgehärtete Werkstoffe rekristallisieren nicht dynamisch (Abb. 7.57). Die Fließspannung zur Auslösung der dynamischen Rekristallisation nimmt mit steigender Verformungstemperatur (Abb. 7.58) und abnehmender Dehngeschwindigkeit (Abb. 7.59) ab.

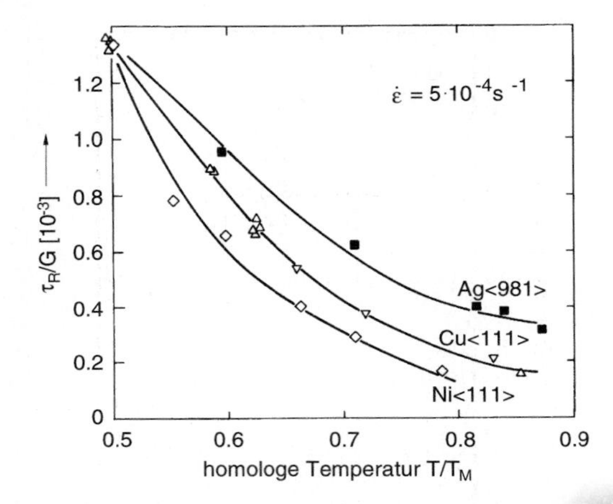

Abbildung 7.58. Normierte Rekristallisationsspannung in Abhängigkeit von der homologen Temperatur für verschiedene einkristalline Materialien.

Der Vorgang hat große Bedeutung für die Warmformgebung. Einmal bleibt durch dynamische Rekristallisation die Fließspannung klein, so daß die Umformkräfte niedrig gehalten werden können, zum anderen nimmt die Bruchdehnung um ein Vielfaches zu (Abb. 7.60). Außerdem ist die dynamisch rekristallisierte Korngröße direkt mit der Fließspannung korreliert und zwar derart, daß mit steigender Fließspannung die Korngröße abnimmt (Abb. 7.61). Dadurch kann ein teilrekristallisiertes feinkörniges Material durch Wahl geeigneter Umformbedingungen hergestellt werden.

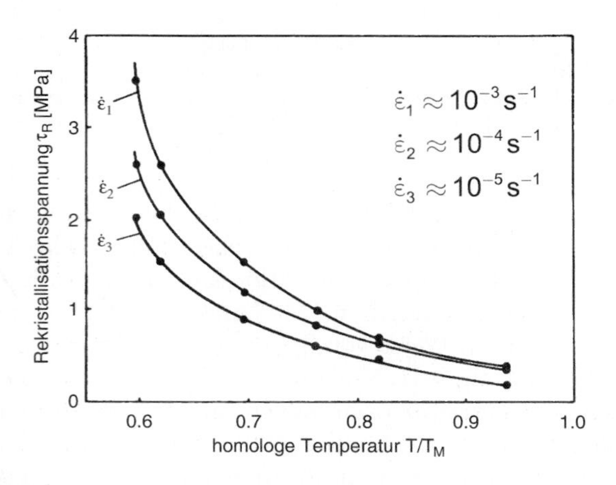

Abbildung 7.59. Rekristallisationsspannung von Kupfereinkristallen in Abhängigkeit von der Verformungstemperatur für verschiedene Verformungsgeschwindigkeiten.

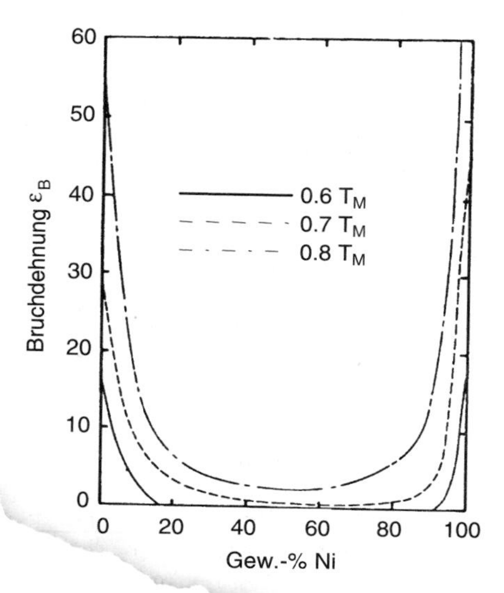

Abbildung 7.60. Der Einfluß des Lösungsgehaltes auf die Duktilität in Cu-Ni Legierungen bei 0.6 T_M, 0.7 T_M und 0.8 T_M (nach [7.30]).

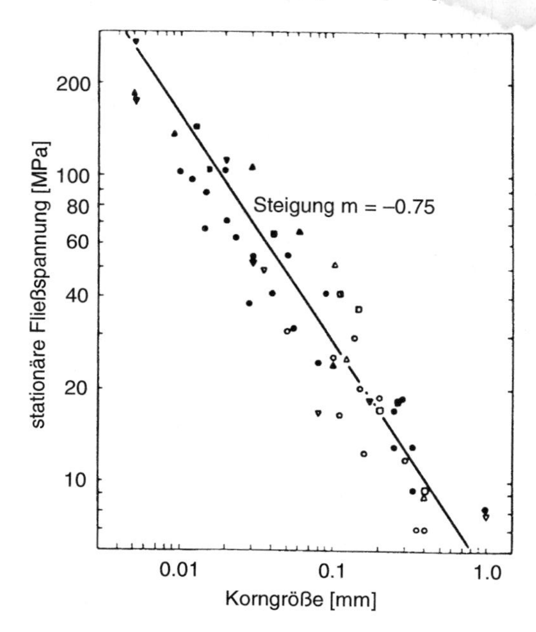

Abbildung 7.61. Dynamisch rekristallisierte Korngröße in Abhängigkeit von der stationären Fließspannung für Cu-Al Legierungen (nach [7.31].

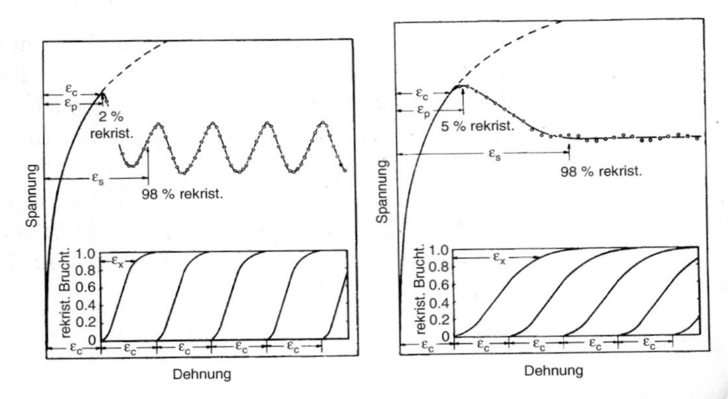

Abbildung 7.62. Theoretische Fließkurve bei dynamischer Rekristallisation nach dem Modell von Luton und Sellars (nach [7.32]).

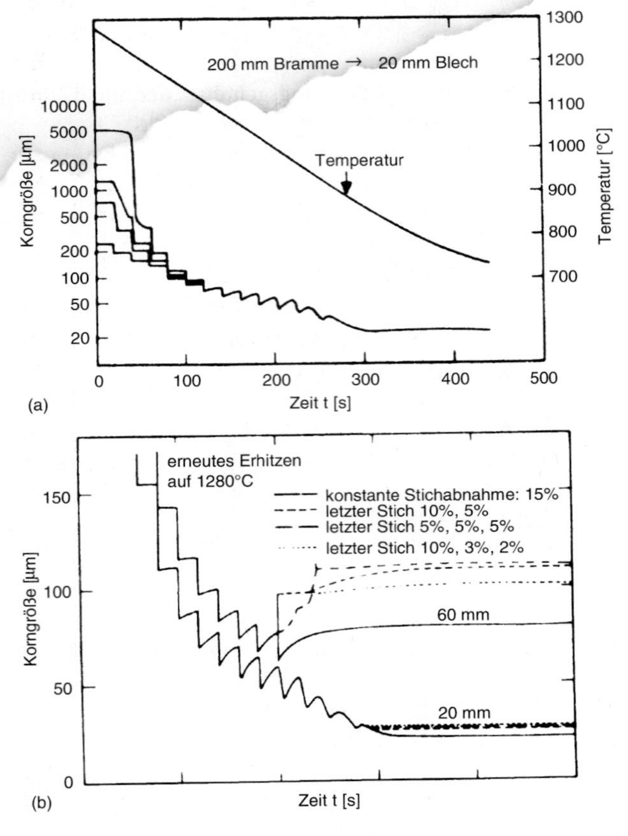

Abbildung 7.63. Berechnete Korngrößenentwicklung beim Warmwalzen eines Blechs. (a) Gleiche Verformungsschritte in jedem Stich; (b) unterschiedliche Verformungsschritte in den letzten Stichen bei gleichem Endwalzgrad [nach 7.33].

Phänomenologisch läßt sich die Fließspannung durch Anwendung der Avrami-Gleichung beschreiben. Eine Fließkurve mit oszillierender Fließspannung erhält man, wenn Rekristallisationszyklen vollständig nacheinander ablaufen, bei überlappenden Rekristallisationszyklen wird nur ein einzelnes Fließspannungsmaximum erhalten (Abb. 7.62).

Mit dieser Näherung kann bspw. die Korngrößenentwicklung beim Warmwalzen berechnet werden (Abb. 7.63). Man erkennt dabei, daß die rekristallisierte Korngröße nicht von der Ausgangskorngröße, aber stark von der Stichabnahme abhängt.

7.14 Rekristallisationstexturen

Unter kristallographischer Textur versteht man die Verteilung der Orientierungen in einem Vielkristall. Durch starke Verformung, bspw. Walzen oder Drahtziehen, wird immer eine ausgeprägte Textur erzeugt. Je nachdem, ob Verformung nur durch Gleitung oder auch durch Zwillingsbildung stattfindet, wird eine spezielle, reproduzierbare Textur eingestellt. Bspw. beim Walzen, dem wichtigsten Umformprozeß, erhält man in kfz-Metallen und Legierungen entweder eine Cu-Walztextur oder eine Messing-Walztextur oder entsprechende Mischformen. Bei der Rekristallisation ändert sich die Textur, aber je nach Walztextur ergibt sich ein spezieller Typ der Rekristallisationstextur, nämlich die sog. Würfellage aus der Cu-Walztextur und die Messing-Rekristallisationstextur aus Messing-Walztextur (Abb. 7.64). Stärker als die Walztexturen können aber die Rekristallisationstexturen durch Beimengung von Legierungselementen beeinflußt werden.

Auch die Kornvergrößerung schlägt sich in Texturänderungen nieder, sowohl bei der stetigen Kornvergrößerung, bspw. beim Messing, als auch bei der unstetigen Kornvergrößerung. Die erwünschte sehr ausgeprägte Goss-Textur in Fe-Si Transformatorblechen wird bspw. durch sekundäre Rekristallisation verursacht (Abb. 7.65).

7.15 Rekristallisation in nichtmetallischen Werkstoffen

Rekristallisation setzt plastische Verformung voraus. Die meisten Nichtmetalle lassen sich bei Umgebungstemperatur praktisch nicht verformen, weil die Versetzungsbeweglichkeit zu gering ist. Statische Rekristallisation ist deshalb in keramischen Werkstoffen nicht von Bedeutung. Bei hohen Temperaturen werden allerdings viele Keramiken duktil, weil thermische Aktivierung die Versetzungsbewegung erleichtert. Unter derartigen Umständen werden Versetzungen gespeichert und dynamische Rekristallisation tritt auf, wobei

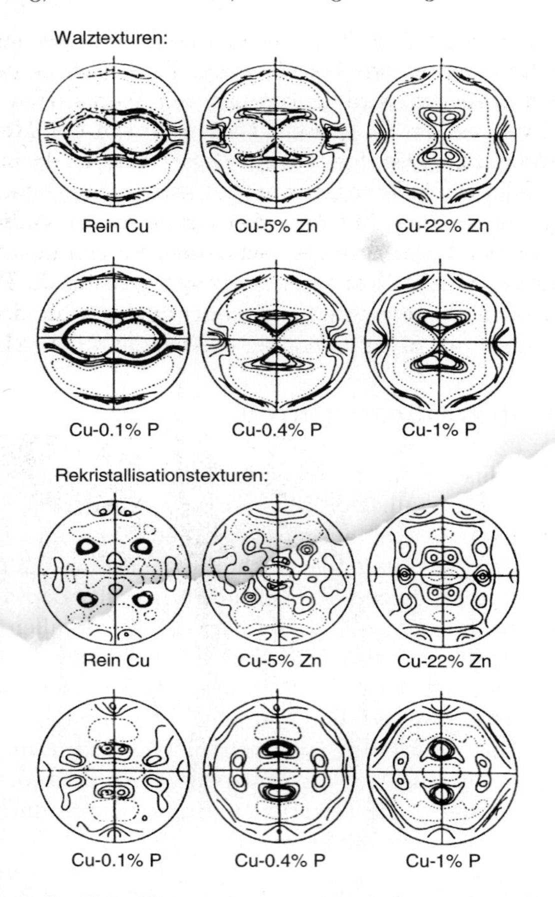

Abbildung 7.64. {111}-Polfiguren einiger typischer Walz- und Rekristallisationstexturen (95% Walzgrad).

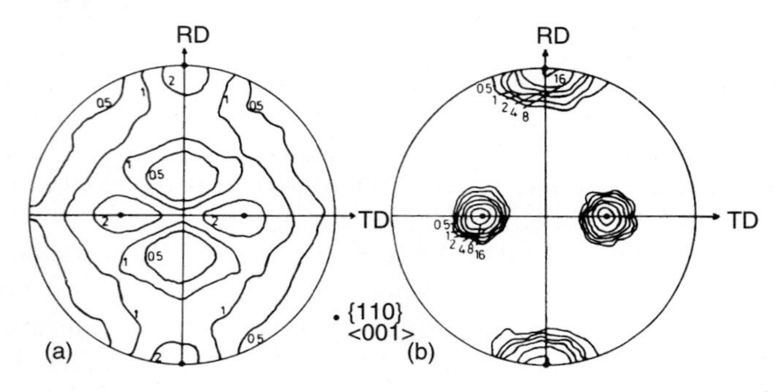

Abbildung 7.65. Quantitative {100}-Polfiguren der (a) primären, (b) sekundären Rekristallisationstexturen von Fe-Si.

ähnliche Zusammenhänge zwischen Mikrostruktur und mechanischen Eigenschaften beobachtet werden wie bei Metallen. Zusätzlich zu den in Metallen beobachteten Phänomenen wird in keramischen Werkstoffen und Mineralien bei kleinen Spannungen (in großem Umfang) auch der Mechanismus der sog. „Rotationsrekristallisation" gefunden. Dieser besteht darin, daß während der Verformung Kleinwinkelkorngrenzen (Subkorngrenzen) entstehen, die bei fortschreitender Verformung ihre Desorientierung kontinuierlich vergrößern, bis schließlich Großwinkelkorngrenzen entstehen. So kommen Orientierungsunterschiede ohne merkliche Korngrenzenbewegung zustande. Bei hohen Temperaturen und großen Fließpannungen tritt aber auch gewöhnliche dynamische Rekristallisation auf, wie sie bei Metallen beobachtet wird (Abb. 7.66).

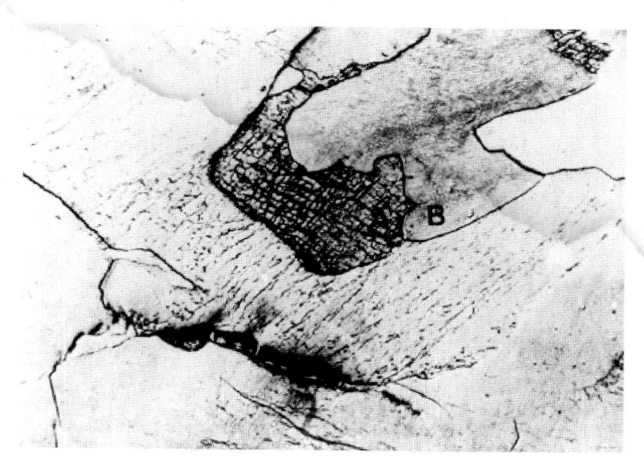

Abbildung 7.66. Dynamische Rekristallisation bei Druckverformung von NaCl (480°C, $\sigma = 3.4$ MPa, $\varepsilon = 71\%$); Korn B wächst auf Kosten von Korn A, welches stark polygonisiert ist [7.34].

Letztlich sei noch darauf hingewiesen, daß bei der Entstehung geologischer Formationen unter hohem Druck und hoher Temperatur dynamische Rekristallisation wesentlich zur Gefügebildung von Gesteinen beigetragen hat.

8

Erstarrung von Schmelzen

8.1 Zustand der Schmelze

Zum Schmelzen eines metallischen Festkörpers muß eine gewisse Wärmemenge aufgebracht werden, die Schmelzwärme. Die verschiedenen Metalle schmelzen bei sehr unterschiedlichen Temperaturen. Das hängt mit den Bindungskräften zwischen den Atomen zusammen. Am Schmelzpunkt T_m muß die thermische Energie (pro Mol RT_m) von der gleichen Größenordnung wie die Bindungsenergie (Schmelzwärme pro Mol H_m) sein: $H_m \cong RT_m$ (Richardsche Regel).

Man kann den Sachverhalt physikalisch richtiger so ausdrücken, daß am Schmelzpunkt flüssige und feste Phase miteinander im Gleichgewicht stehen, also die gleiche freie Enthalpie haben müssen:

$$\begin{aligned} \mathbf{G_{fest}} &= \mathbf{G_{flüssig}} \\ \mathbf{H_{fest}} - \mathbf{T_m} \cdot \mathbf{S_{fest}} &= \mathbf{H_{flüssig}} - \mathbf{T_m} \cdot \mathbf{S_{flüssig}} \\ \mathbf{H_{fest}} - \mathbf{H_{flüssig}} &= \mathbf{T_m}(\mathbf{S_{fest}} - \mathbf{S_{flüssig}}) \\ \mathbf{H_m} &= \mathbf{T_m} \cdot \mathbf{S_m} \end{aligned}$$

wobei H_m die Schmelzwärme und S_m die Schmelzentropie bezeichnen. H_m und T_m kann man messen (Tabelle 8.1). Man sieht, daß bei den meisten Metallen die Entropiezunahme beim Schmelzen etwa 2 cal/mol/K(= 8.37 J/mol/K) $\cong R$ (R — Gaskonstante) beträgt. Metalle kristallisieren zumeist in dichtgepackten Gittern. Beim Schmelzen geht die Kristallstruktur verloren, also ist die Packungsdichte der Atome in der Schmelze geringer als im Festkörper. Deshalb muß beim Schmelzen das Volumen zunehmen, wie Abb. 8.1 am Beispiel von Kupfer zeigt. Diese Volumenänderung ist natürlich reversibel und wird bei der Erstarrung wieder rückgängig gemacht (Erstarrungskontraktion). In einigen Metallen hat aufgrund spezieller Bindungszustände das kristalline Gitter eine sehr geringe Dichte. Dann wird beim Schmelzen eine Abnahme des Volumens beobachtet, bspw. beim Silizium, das im sehr offenen Diamantgitter kristallisiert (Tabelle 8.2).

Tabelle 8.1. Schmelzwärme und Schmelzentropie einiger Metalle.

Element	Schmelzwärme $[J/mol]$	Schmelzpunkt $[K]$	Schmelzentropie $[J/mol \cdot K]$
Mn	8422	1517	5.45
Fe	11523	1812	6.29
Na	2640	371	7.12
K	2353	337	7.12
Mg	7333	923	7.96
Pb	4860	600	7.96
Cu	11187	1356	8.25
Ca	9344	1118	8.38
Ag	10685	1233	8.80
Ni	15880	1725	9.22
Cd	5782	594	9.64
W	33730	3683	9.22
Au	13282	1336	10.06
Al	9679	933	10.48
Zn	7123	692	10.48
Pt	22207	2046	10.89
Sn	7123	505	14.25
Bi	9972	544	18.44
Sb	19567	903	23.88

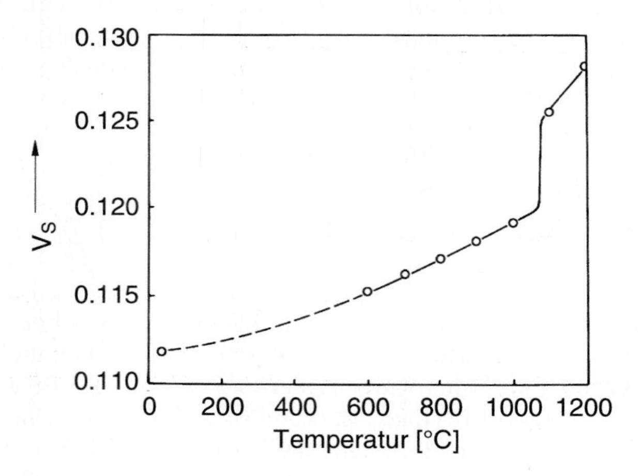

Abbildung 8.1. Volumenänderung durch thermische Ausdehnung und Volumenzunahme beim Schmelzen von Kupfer (nach [8.1]).

Tabelle 8.2. Anzahl der nächsten Nachbarn im Kristall und in der Schmelze sowie die Volumenänderung beim Schmelzen.

Element	Raumgitter	Nächste Nachbarn Kristall	Nächste Nachbarn Schmelze	ΔV[%]
Al	kfz	12	10.6	+6.26
Au	kfz	12	11	+5.03
Cu	kfz	12		+4.25
Ag	kfz	12		+3.4
Pb	kfz	12	8	+3.38
δ-Fe	krz	8		+3.0
K	krz	8	8	+2.5
Zn	hex.	12	10.8	+4.7
Cd	hex.	12	8.3	+4.72
Ti	hex.	12	8.4	
In	tetr.	4	8.4	
Sn	tetr.	4	10	+2.6
Sb	rhomb.	3	4	−0.95
Ga	rhomb.	1	11	−3.24
Bi	rhomb.	3	7.5	−3.3
Si	Diamant	4		−10
AlSb	Diamant	4		−1.5

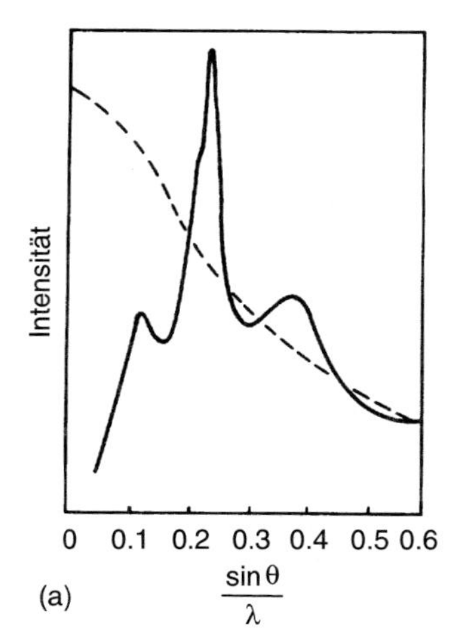

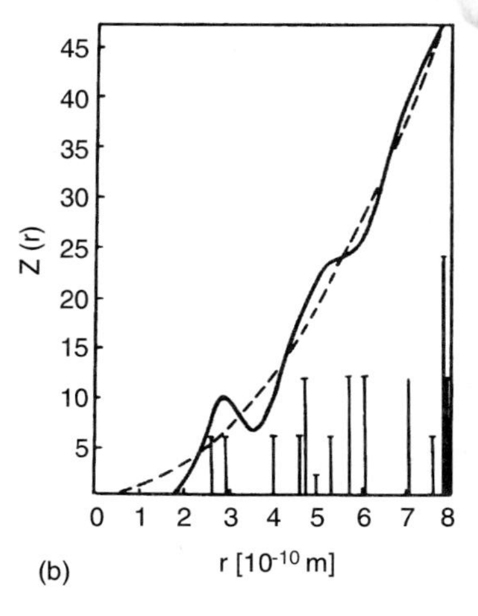

Abbildung 8.2. (a) Röntgenstreuintensität von em Zink bei 460°C als Funktion des Streuwinkels; (b) aus (a) berechnete Atomdichte als Funktion des Abstandes r (gestrichelte Linie: regellose Verteilung) (nach [8.2]).

Die atomare Anordnung in Schmelzen ist nicht völlig regellos. Vielmehr gibt es zwischen den Atomen Kräfte, die sie zur dichten Anordnung veranlassen, dem aber die Temperaturbewegung entgegenwirkt. Deshalb ist die Anordnung nicht so dicht wie in einem dicht gepackten kristallinen Festkörper. Das zeigt Abb. 8.2 anhand der röntgenographischen Streuintensität einer Debye-Scherrer Aufnahme von flüssigem Zink bei einer Temperatur von 460°C, also etwa 40°C höher als der Schmelzpunkt (419.4°C). Für eine regellose Atomverteilung würde man die gestrichelte Linie erhalten. Die beobachteten Maxima in der gemessenen Kurve deuten auf eine höhere Atomdichte in speziellen Abständen hin. Diese aus (a) berechnete Zahl der Atome als Funktion des Abstandes r ist in (b) aufgetragen. Die gestrichelte Kurve ist wieder für eine regellose Verteilung berechnet. Die eingezeichneten Balken geben die Abstände der Nachbarn im kristallinen Zink an. Man erkennt, daß bei kleinen Abständen r die Atome in der Schmelze sich in ähnlichen Abständen häufen wie im Kristall und in einigen Fällen sogar eine ähnliche Anzahl nächster Nachbarn vorhanden ist wie im Kristall (Tabelle 8.2).

Diese Ergebnisse zeigen, daß die Schmelze dem kristallinen Zustand weit ähnlicher ist als dem regellos gasförmigen. Es herrscht eine ausgeprägte Nahordnung aber keine ferngeordnete Gitterstruktur. Insofern ist die eingänglich erwähnte Vorstellung vom Aufbrechen der Kristallstruktur durch thermische Bewegung zu stark vereinfacht. Eher kann man den Zustand der Schmelze so beschreiben, daß sich durch thermische Fluktuation mehr oder weniger große geordnete Bereiche bilden, die sich aber nicht aufrecht erhalten lassen und zerfallen. Diese strukturmäßige Dynamik ist die Grundlage der Keimbildung bei Temperaturabsenkung unter die Schmelztemperatur.

8.2 Keimbildung in der Schmelze

Bei einer gegebenen Temperatur (und festem Druck) ist immer derjenige Zustand stabil, der die geringste freie Enthalpie besitzt. Bei $T < T_m$ hat der Kristall, bei $T > T_m$ hat die Schmelze die kleinere freie Enthalpie. Am Schmelzpunkt müssen die freien Enthalpien beider Phasen gleich sein, denn bei $T = T_m$ sind Kristall und Schmelze im Gleichgewicht. Nimmt man in erster Näherung an, daß die freie Enthalpie beider Phasen sich linear mit der Temperatur ändert, erhält man quantitativ den in Abb. 8.3 skizzierten Verlauf, wobei die ausgezogenen Linien die freie Enthalpie im Gleichgewicht wiedergeben. Überhitzt man den Kristall, bzw. unterkühlt man die Schmelze, so wirkt pro Volumeneinheit eine treibende Kraft $\Delta g_u = g_S - g_K$ zur Änderung des Zustandes.

Daß sich nicht immer spontan der feste Zustand bei Unterkühlung einstellt, liegt daran, daß sich ein fester Keim, also ein kleines Volumen mit kristalliner Anordnung von endlicher Größe, durch thermische Fluktuation bilden muß. Solche Fluktuationen kommen infolge der thermischen Atombewegung in der Schmelze immer vor. Bei Temperaturen oberhalb der Schmelze

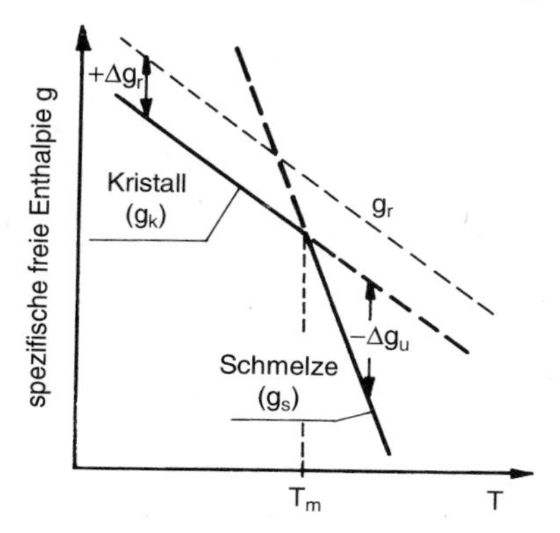

Abbildung 8.3. Spezifische freie Enthalpie von Kristall (g_K) und Schmelze (g_S) in Abhängigkeit von der Temperatur (—— — Gleichgewicht, - - - - — spezifische freie Enthalpie g_r eines Kristallkeims mit Radius r).

ist ein solcher Keim jedoch grundsätzlich instabil. Dagegen ist bei $T < T_m$ ein Keim nur stabil, wenn er eine kritische Größe überschreitet. Das liegt an der Oberfläche des Keims, die immer mit einer positiven spezifischen Energie γ (Oberflächenenergie pro Flächeneinheit) verbunden ist. Geht man von einem kugelförmigen Keim mit Radius r aus, so ist die Änderung der freien Enthalpie durch Bildung des Keims, $\varDelta G_K$ durch zwei Beiträge gegeben. Einmal gewinnt man die Volumenenergie $4/3\pi r^3 \cdot (-\varDelta g_u)$, zum anderen muß die Oberflächenenergie $4\pi r^2 \gamma$ aufgebracht werden.

$$\varDelta G_K = -\frac{4}{3}\pi r^3 \varDelta g_u + 4\pi r^2 \gamma \tag{8.1}$$

Für $T \geq T_m$ ist $\varDelta g_u \leq 0$ und deshalb $\varDelta G_K$ immer positiv. Jeder Keim zerfällt daher unter Energiegewinn (Abb. 8.4a). Für $T < T_m$ nimmt die freie Enthalpie beim Wachsen eines Keims erst dann ab, wenn $r \geq r_0$. Bei $r = r_0$ hat $\varDelta G_K$ ein Maximum (Abb. 8.4b), so daß man r_0 aus Gl. (8.1) berechnen kann durch $d(\varDelta G_K)/dr = 0$. Man erhält

$$r_0 = \frac{2\gamma}{\varDelta g_u} \tag{8.2}$$

Die freie Enthalpie des Keims ist in Abb. 8.3 gestrichelt eingezeichnet. Entsprechend ergibt sich

$$\varDelta G_0 = \varDelta G\,(r_0) = \frac{16}{3}\pi \frac{\gamma^3}{(\varDelta g_u)^2} = \frac{1}{3} F_0 \gamma \tag{8.3}$$

wobei $\varDelta G_0$ als Keimbildungsarbeit bezeichnet wird. F_0 ist die Oberfläche des kritischen Keims. Die kritische Arbeit ist also nicht gleich der gesamten Oberflächenenergie des Keims, sondern nur 1/3 davon.

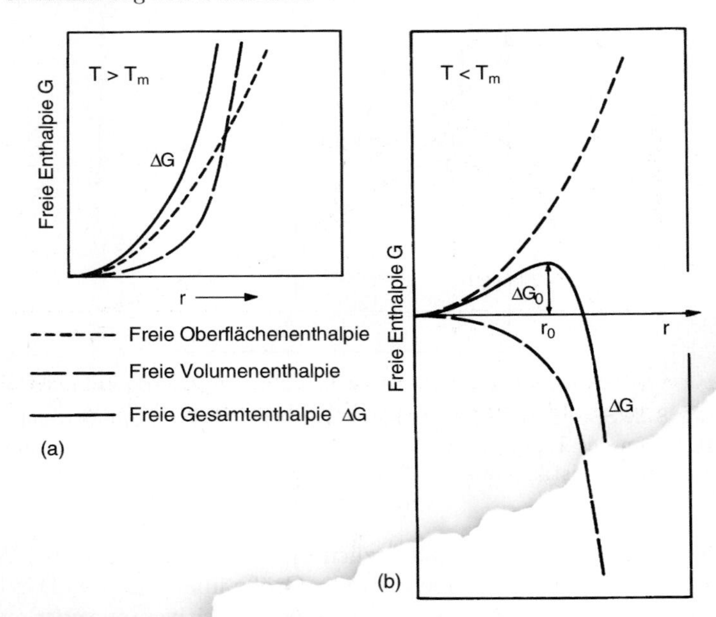

Abbildung 8.4. Freie Enthalpie eines kugelförmigen Keims in Abhängigkeit von seinem Radius r.

Da die Keimbildung durch thermische Fluktuationen erfolgt, ist die Keimbildungshäufigkeit pro Volumen und Zeiteinheit, d.h. die Keimbildungsgeschwindigkeit $\dot{N}$

$$\dot{N} \sim \exp\left(-\frac{\Delta G_0}{RT}\right) \tag{8.4}$$

Aus Abb. 8.3 und Gl. (8.3) ergibt sich, daß

$$\lim_{\substack{T\to T_m\\ T\to 0}} \frac{\Delta G_0}{RT} = \infty$$

$[(G_{flüssig} - G_{fest})$ bleibt endlich für $T \to 0]$ und damit $\dot{N}(T_m) = \dot{N}(0) = 0$, und $\dot{N} > 0$ für $0 < T < T_m$. Also muß $\dot{N}$ ein Maximum durchlaufen (Abb. 8.5). Das wird auch beobachtet (Abb. 8.6). Da $\dot{N}$ exponentiell von ΔG_0 abhängt, aber ΔG_0 temperaturabhängig ist (über Δg_u, s. Abb. 8.3 und Gl. (8.3)), machen sich kleine Änderungen der Unterkühlung in einer starken Änderung der Keimbildungsgeschwindigkeit bemerkbar (Abb. 8.7).

Die nach Gl. (8.4) berechneten Keimbildungsgeschwindigkeiten sind aber viel kleiner als in der Praxis beobachtet. Der Grund dafür ist, daß Keimbildung nicht homogen, also im freien Schmelzvolumen (Abb. 8.8a), sondern heterogen, also an vorhandenen Oberflächen, stattfindet, bspw. an der Oberfläche des Schmelztiegels oder an Partikeln in der Schmelze (Abb. 8.8b). Dann kann ein Teil der Keimoberfläche durch die Wand oder Teilchenoberfläche bereitgestellt

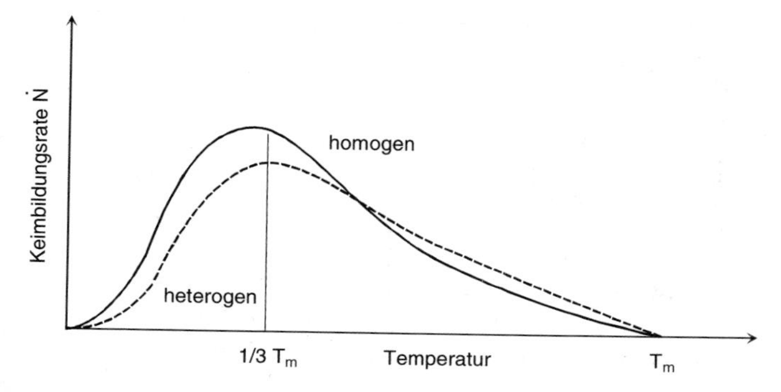

Abbildung 8.5. Homogene und heterogene Keimbildungsgeschwindigkeit als Funktion der Temperatur (schematisch, T_m — Schmelztemperatur).

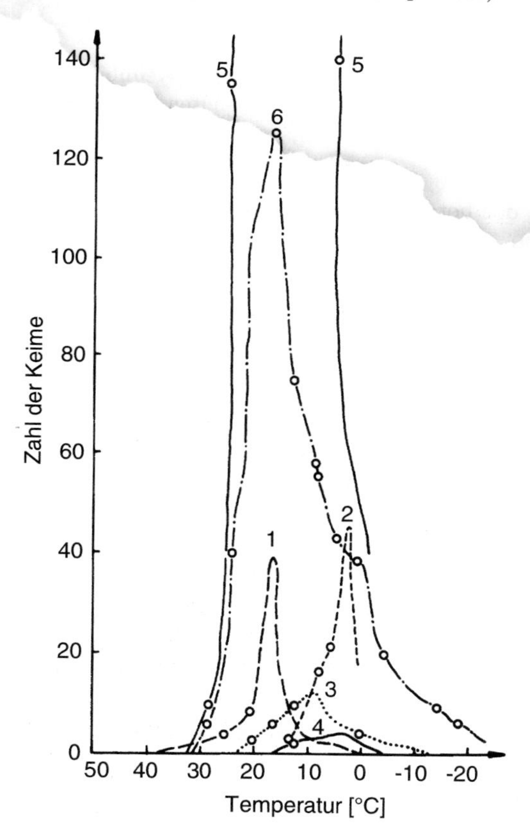

Abbildung 8.6. Keimzahl in Betol als Funktion der Temperatur. Der Schmelzpunkt liegt bei 91°C (Kurve 1 — dreimal umkristallisiert, Kurve 4 — einmal umkristallisiert, alle anderen mit organischen Zusätzen) (nach [8.3]).

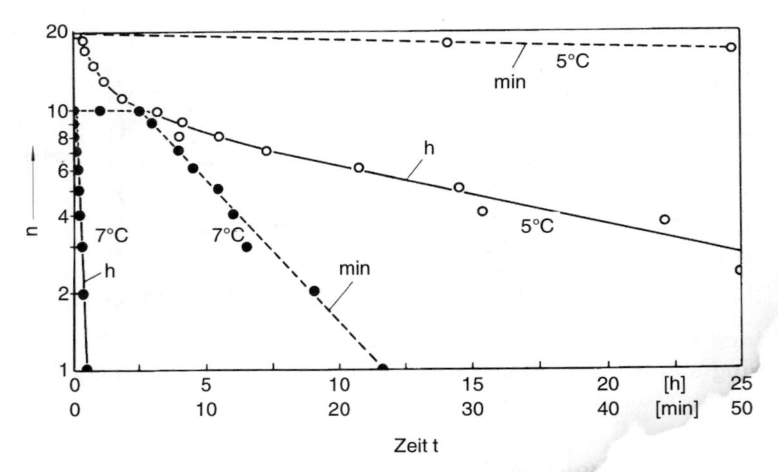

Abbildung 8.7. Einfluß der Unterkühlung auf die Keimbildung (Anzahl der nichterstarrten Proben n) bei Zinn. Für die gestrichelten Kurven gilt der große Maßstab (nach [8.4]).

werden. Im Fall der heterogenen Keimbildung ist die Keimbildungsarbeit

$$\Delta G_{\text{het}} = f \cdot \Delta G_0 \tag{8.5}$$

wobei $f \leq 1$. Für Keimbildung an einer glatten Wand ergibt sich

$$f = \frac{1}{4}(2 + \cos\Theta)(1 - \cos\Theta)^2 \tag{8.6}$$

wobei Θ der Benetzungswinkel ist (Abb. 8.9). Wegen der starken exponentiellen Abhängigkeit $\dot{N}(\Delta G)$ werden durch heterogene Keimbildung erheblich höhere Keimbildungsgeschwindigkeiten bei kleineren Unterkühlungen erzielt. In der Praxis werden der Schmelze häufig unlösliche Teilchen beigemengt, z.B. TiB_2 in Aluminium, um die Anzahl der Keime zu erhöhen und damit ein feinkörnigeres Gefüge zu erzielen.

Die Keimbildungsgeschwindigkeit ist ebenfalls von der Überhitzung der Schmelze vor der Erstarrung abhängig. Das rührt daher, daß sich Fremdpartikel in der Schmelze, die als heterogene Keimbildner wirken, mit zunehmender Temperatur auflösen. Dieser Einfluß hängt aber stark vom Metall ab. Es ist bspw. beim Antimon um eine Größenordnung höher als beim Aluminium (Abb. 8.10).

Bei technischen metallischen Schmelzen sind Unterkühlungen von einigen Grad üblich, denn Erstarrung findet fast ausschließlich durch heterogene Keimbildung statt. Um homogene Keimbildung zu erhalten, muß man besondere Vorkehrungen zur Vermeidung heterogener Keimbildung treffen. Eine erfolgreiche Methode dazu ist die Erstarrung metallischer Tröpfchen. Bei großen Tröpfchen reichen auch die darin enthaltenen Verunreinigungen aus, heterogene Keimbildung auszulösen (Abb. 8.11). Erst bei großen Unterkühlungen,

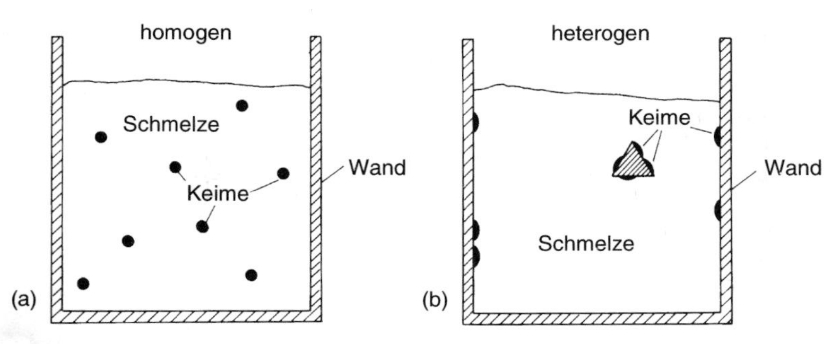

Abbildung 8.8. Prinzipielle Darstellung von (a) homogener und (b) heterogener Keimbildung in einer Schmelze.

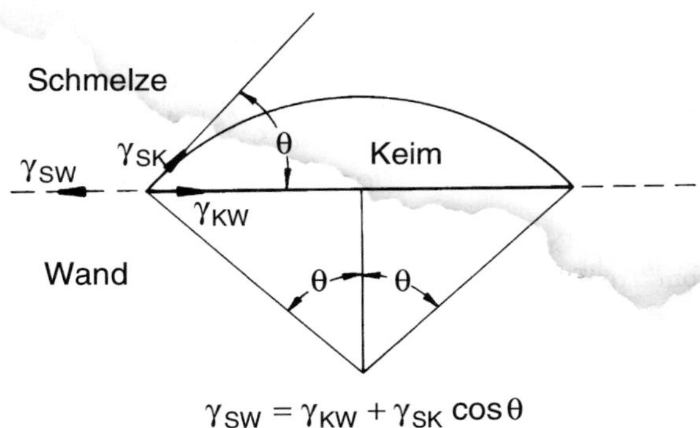

Abbildung 8.9. Gleichgewichtsgestalt eines flüssigen Tropfens auf einer ebenen Fläche.

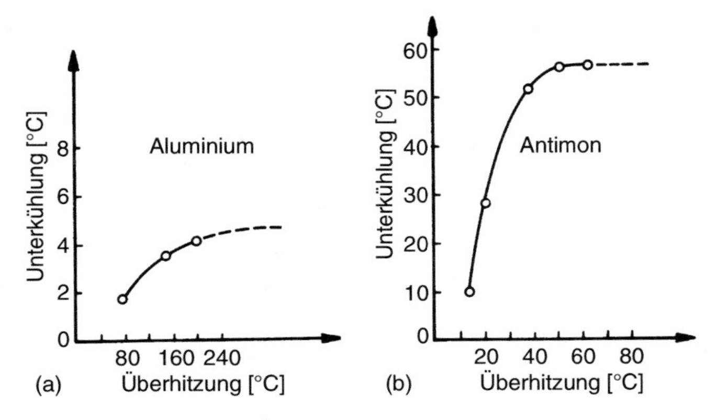

Abbildung 8.10. Einfluß einer Überhitzung der Schmelze auf die zur Keimbildung notwendige Unterkühlung bei (a) Aluminium und (b) Antimon (nach [8.5]).

wo kleine kritische Keimgrößen zur Erstarrung ausreichen, erhält man Kristallisation auch in kleinen verunreinigungsfreien Tröpfchen, d.h. metallische Schmelzen können erheblich unterkühlt werden, ohne zu erstarren (Tabelle 8.3). Aus der so ermittelten Größe des kritischen Keims bei der homogenen Keimbildung läßt sich gemäß Gl. (8.2) die Oberflächenenergie γ bestimmen.

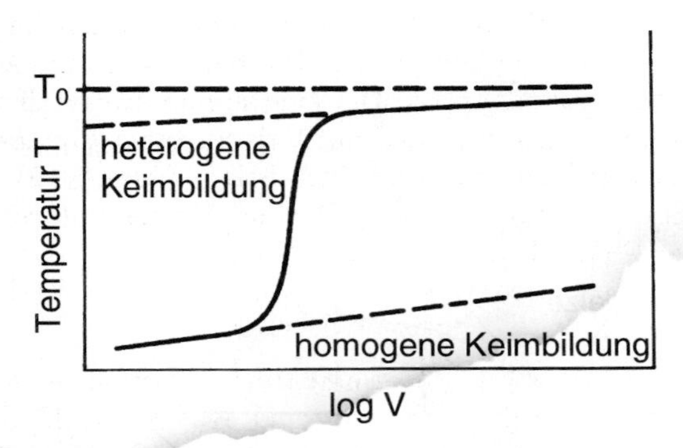

Abbildung 8.11. Zur Erstarrung notwendige Unterkühlung eines Tröpfchens in Abhängigkeit vom Tröpfchenvolumen (schematisch).

Tabelle 8.3. Maximale Unterkühlung von Metallschmelzen.

Metall	Schmelztemperatur T_m $[K]$	maximale Unterkühlung ΔT $[K]$	$\Delta T/T_m$ [%]
Au	1336	190	14.2
Co	1768	310	17.5
Cu	1356	180	13.3
Fe	1807	280	15.5
Ge	1210	200	16.5
Ni	1726	290	16.8
Pd	1825	310	17.0

Berechnete und so gemessene Werte stimmen gut überein. Sehr große Unterkühlungen kann man in organischen Stoffen erzielen, da dort die Kristallisation durch die komplizierte Molekülstruktur wesentlich erschwert ist, wie Abb. 8.6 am Beispiel von Betol zeigt. Der Schmelzpunkt des reinen Betols liegt bei 91°C. Eine nennenswerte Keimbildung tritt aber erst nach Unterkühlung von über 50°C auf und wird insbesondere durch organische Zusätze beschleunigt.

8.3 Kristallwachstum

8.3.1 Gestalt des Kristalls

Da die Oberfläche eine Störung des Kristallaufbaus darstellt, erhöht sie stets die Gesamtenergie des Kristalls. Intuitiv würde man annehmen, daß die Gleichgewichtsform eines Kristalls in Abwesenheit anderer Kräfte eine Kugel ist, denn dann ist das Verhältnis von Oberfläche zu Volumen am kleinsten. Das ist aber nur richtig, wenn die Energie der Oberfläche von ihrer kristallographischen Orientierung unabhängig ist. Bei kristallinen Materialien ist das aber gewöhnlich nicht der Fall. Dann wird der Kristall versuchen, die Oberflächen mit höherer Energie so klein wie möglich zu halten (Abb. 8.12). Unter solchen Umständen ist die Gleichgewichtsgestalt eines Kristalls durch ein Polyeder gegeben, das dem Wulffschen Theorem

$$2\gamma_i/\lambda_i = K_w \tag{8.7}$$

genügt. Dabei ist γ_i die spezifische Energie der Oberfläche, λ_i der Abstand der Oberfläche vom Kristallmittelpunkt und K_w die Wulffsche Konstante. Das Theorem besagt, daß man die Gleichgewichtsgestalt erhält, wenn man in alle räumlichen Ebenennormalenrichtungen i den Abstand λ_i abträgt. Die innere Hüllkurve ist die Gleichgewichtsgestalt, also ein Polyeder (Abb. 8.13). Wegen der geringen Größe der zum Gleichgewicht führenden Kräfte, kann ein Kristall aber gewöhnlich seine Gleichgewichtsgestalt nur nach langer Zeit bei hohen Temperaturen und abgeschirmt von anderen Einflüssen annehmen (Abb. 8.12).

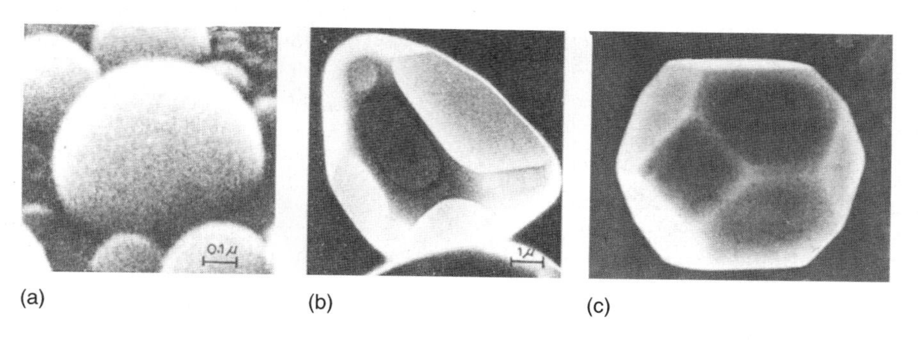

Abbildung 8.12. Im Rastermikroskop beobachtete Gestalt von Kristallen: (a) Zinn-Teilchen nach Aufdampfung auf NaCl Substrat ($0.8T_s$); (b) Iridium Kristall nach 50 h bei 1700°C in Heliumatmosphäre; (c) NiO Kristall gewachsen aus der Dampfphase, ebene Flächen sind {111}, {001}, {011} [8.6].

Die Gestalt eines Kristalls bei der Erstarrung ist allerdings nicht die Gleichgewichtsgestalt, sondern wird durch die Wachstumsanisotropie bestimmt.

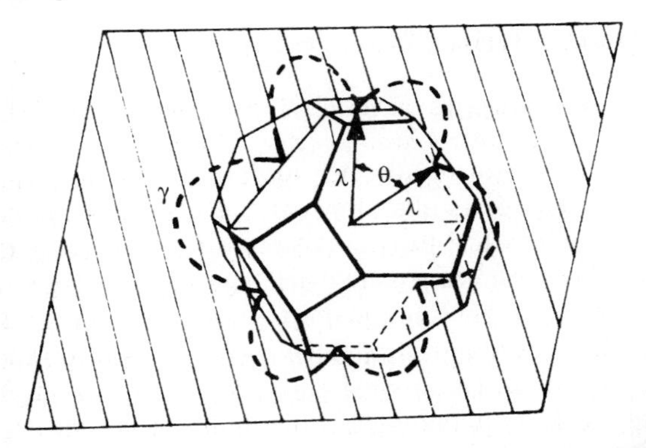

Abbildung 8.13. Gleichgewichtsgestalt eines Kristalls nach Wulff. Die gestrichelte Kurve entspricht der Grenzflächenenergie. Ebene Flächen entstehen dort, wo die Energie Minima besitzt.

Nur wenn der Kristall in alle Raumrichtungen gleich schnell wächst, ergibt sich eine Kugelform, ansonsten entsteht wiederum ein Polyeder, wobei die Oberfläche von den langsam wachsenden kristallographischen Ebenen gebildet wird, denn die schnell wachsenden Ebenen verschwinden im Laufe des Wachstums (Abb. 8.14).

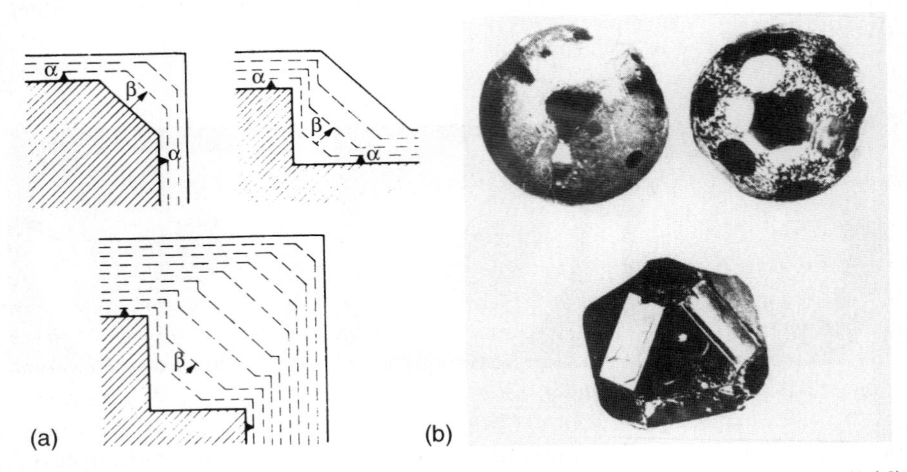

Abbildung 8.14. (a) Verschiebungsstadien einer langsam (α) und einer schnell (β) wachsenden Fläche, (b) Wachstum einer Alaun-Kugel aus wässriger Lösung [8.7].

8.3.2 Atomistik des Kristallwachstums

Die atomistischen Vorgänge des Kristallwachstums (aus der Dampfphase) sind von Kossel und Stranski betrachtet worden. Nach ihren Vorstellungen lagern sich Atome auf der zunächst glatten Oberfläche ab und bilden einen (Flächen-) Keim, der durch Anlagern weiterer Atome wächst, bis sich eine vollständige neue Schicht ausgebildet hat, die die Bildung eines weiteren Keims erfordert etc.. Beim Abscheiden der Atome aus der Dampfphase kann es zu verschiedenen Konfigurationen der Atomanordnung kommen, die in Abb. 8.15 schematisch dargestellt sind. Charakterisiert man die Oberflächenenergie durch die Anzahl der (im Vergleich zum Kristallinneren) nicht abgesättigten Bindungen, so ist die sog. Halbkristallage die energetisch günstigste Positition. Da die Atome aber nicht immer an der richtigen Position auftreffen, kann es auch zur Bildung von Konfigurationen aus einzelnen Atomen (Adatome), zwei Atomen (Doppeladatome) und sogar zur Bildung von Oberflächenleerstellen kommen. Da das Auswachsen einer Schicht aber sehr schnell verläuft, im Vergleich zur Flächenkeimbildung, ist der geschwindigkeitsbestimmende Schritt in diesem Modell die Keimbildung. Experimentell werden mit steigender Unterkühlung stark zunehmende Wachstumsgeschwindigkeiten beobachtet, viel stärker als vom Modell vorausgesagt (Abb. 8.16). Der Grund hierfür sind Kristallbaufehler, nämlich Schraubenversetzungen, die eine unendlich fortgesetzte Anlagerung der Atome um die Versetzungslinie erlauben, wodurch der Kristall spiralförmig wächst (Abb. 8.17). Eine Keimbildung ist in diesem Fall nicht notwendig. Das erklärt die hohen gemessenen Wachstumsgeschwindigkeiten.

8.3.3 Kristallwachstum in der Schmelze

8.3.3.1 Erstarrung reiner Metalle

Die Gestalt der Körner in einer erstarrten Schmelze wird hauptsächlich durch die Abfuhr der Erstarrungswärme bestimmt. Die freigesetzte Erstarrungswärme kann entweder durch den erstarrten Festkörper oder die Schmelze abgeführt werden. Der Temperaturgradient hat an der Erstarrungsfront stets eine Unstetigkeit, weil dort eine Wärmequelle existiert (Abb. 8.18). Bei Fortschritt der Erstarrungsfront um dx im Zeitintervall dt wird die Wärmemenge $h_S \cdot (dx/dt) = h_S \cdot v$ pro Zeiteinheit freigesetzt, wobei h_S die Erstarrungswärme pro Volumeneinheit angibt. Bezeichnen λ_S und λ_K die thermische Leitfähigkeit in Schmelze und Kristall, so lautet die Wärmeflußgleichung

$$\lambda_K \left(\frac{dT}{dx}\right)_K - \lambda_S \left(\frac{dT}{dx}\right)_S = h_S v \tag{8.8}$$

Erfolgt die Wärmeabfuhr durch den Kristall (Abb. 8.18a), so ist der Temperaturgradient im Kristall größer als in der Schmelze. Eilt an der Erstarrungsfront

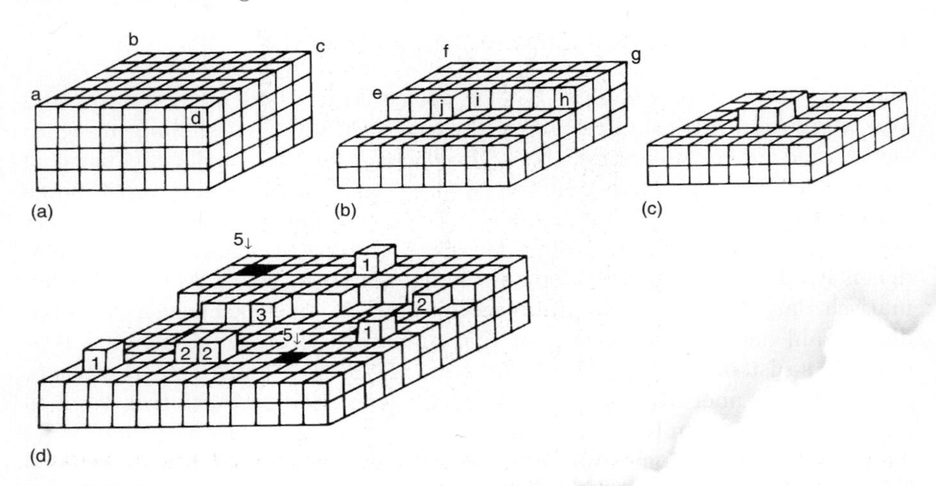

Abbildung 8.15. Schematische Darstellung der atomistischen Vorgänge beim Kristallwachstum nach Kossel und Stranski. (a) atomistisch glatte Oberfläche; (b) Anbau von Atomen in der Halbkristallage; (c) Flächenkeimbildung; (d) verschiedene Baufehler an Kristalloberflächen; die Zahlen geben die Anzahl der Bindungen an.

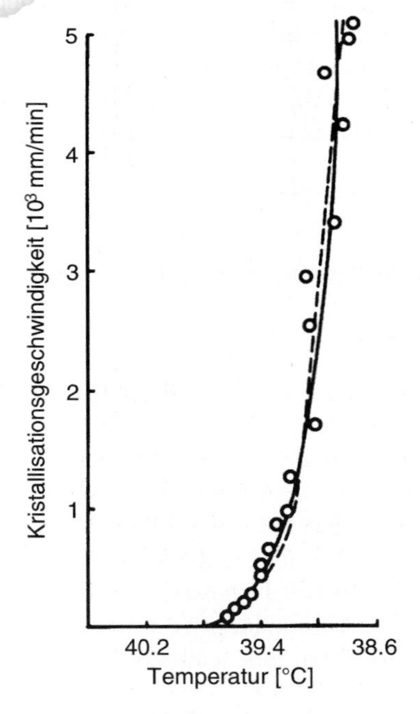

Abbildung 8.16. Wachstumsgeschwindigkeit von Alaun-Kristallen in Abhängigkeit von der Temperatur (nach [8.8]).

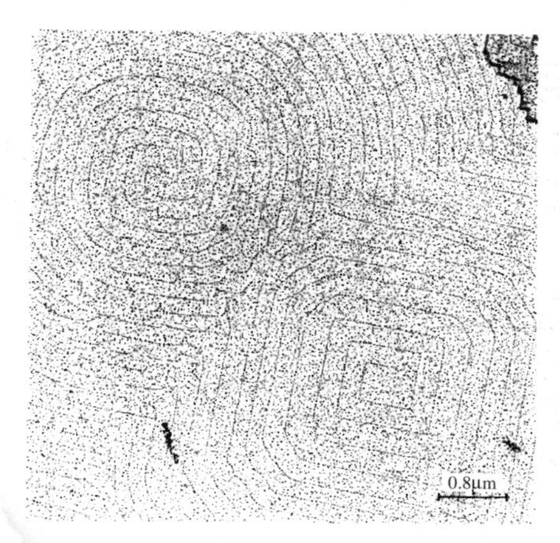

Abbildung 8.17. Wachstumsfläche um zwei Schraubenversetzungen, markiert durch aufgedampfte Goldteilchen [8.9].

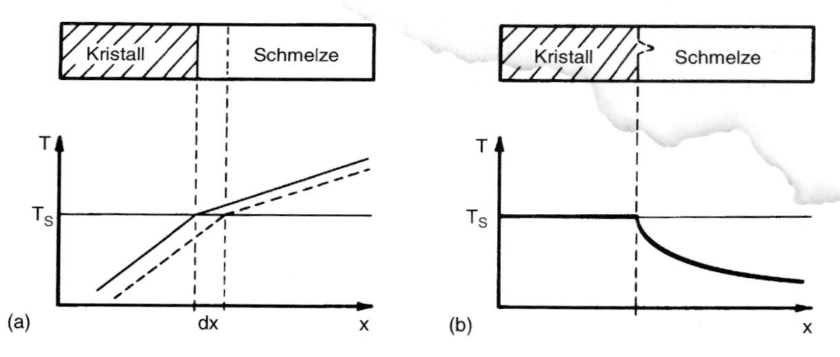

Abbildung 8.18. Temperaturverlauf bei Wachstum eines Kristalls in der Schmelze. Wärmeabfuhr durch (a) den Kristall; (b) die Schmelze.

ein Kristall vor, so gerät er in ein Gebiet höherer Temperatur und bildet sich zurück. Auf diese Art bleibt die Erstarrungsfront eben und bewegt sich stabil. Es entstehen globulitische (kugelförmige) Körner.

War die Schmelze bei der Erstarrung stark unterkühlt, dann kann die Erstarrungswärme durch die Schmelze abgeführt werden. In diesem Fall erhält man qualitativ einen Temperaturverlauf wie in Abb. 8.18b. Entsteht in einem solchen Fall eine Unregelmäßigkeit an der Erstarrungsfront, z.B. eine Spitze, so ragt sie in ein Gebiet unterkühlter Schmelze hinein, wo sie rasch wachsen kann. Es bilden sich dann lange und dünne Kristalle, die sich häufig auch in andere Richtungen weiter verzweigen und dann „Tannenbaumkristalle" oder „Dendriten" genannt werden. In diesem Fall bewegt sich die Erstarrungsfront also nicht stabil. Bei transparenten organischen Werkstoffen kann dieser Vorgang leicht verfolgt werden (Abb. 8.19, 8.20).

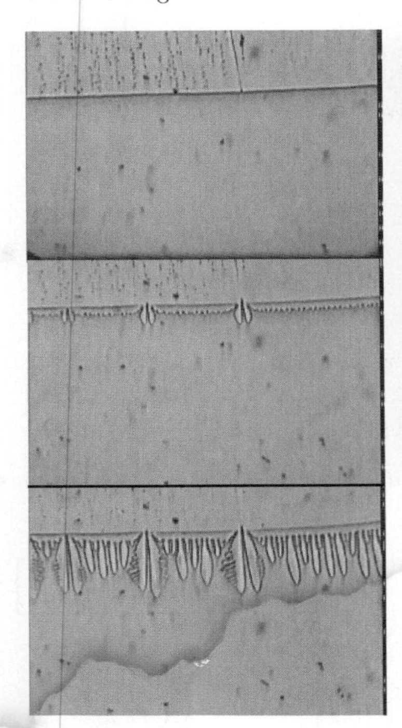
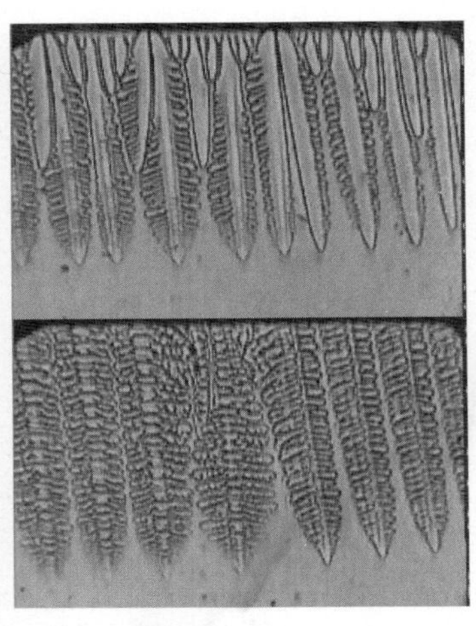

Abbildung 8.19. Gerichtete Erstarrung einer verdünnten Lösung von Succinonitril in Aceton. Aus kleinen Fluktuationen entstandene Dendriten [8.10].

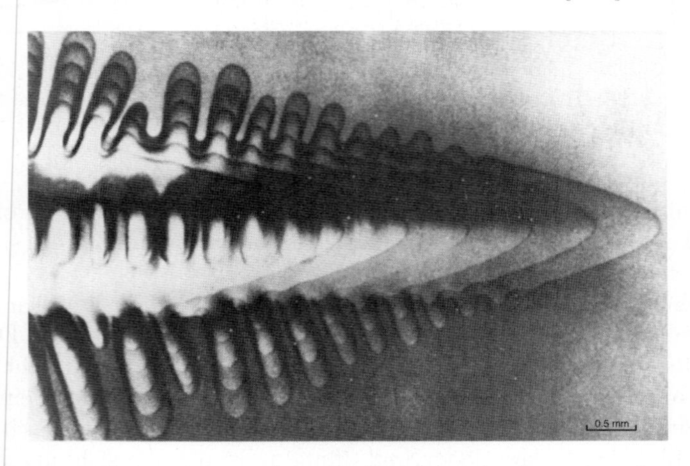

Abbildung 8.20. Spitze eines wachsenden Dendriten in einer schwach unterkühlten Schmelze aus hochreinem Succinonitril [8.11].

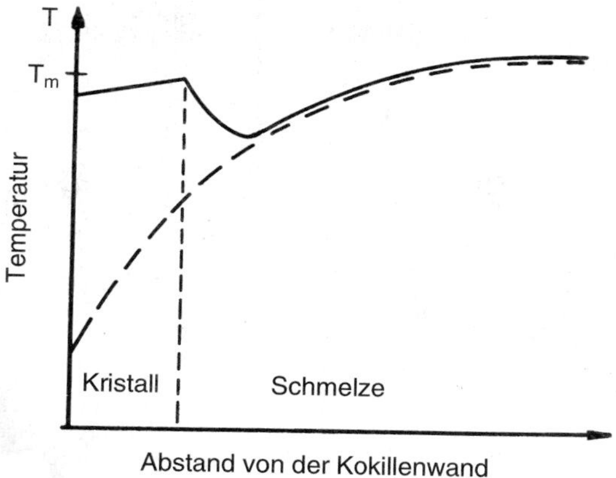

Abbildung 8.21. Temperaturverteilung an einer Kokillenwand.

Abbildung 8.22. Dendriten im Erstarrungshohlraum einer Eisenschmelze.

Bei der Erstarrung einer Schmelze in einer kalten Kokille kommt es häufig zu diesem zweiten Fall der Dendritenbildung dadurch, daß die Schmelze an der Kokillenwand besonders stark unterkühlt wird (gestrichelter Temperaturverlauf in Abb. 8.21). Nach Einsetzen der raschen Erstarrung heizt sich der Kristall schnell bis zur Schmelztemperatur auf, und wegen des Temperaturverlaufs in der Schmelze entsteht dann ein Temperaturminimum vor der Erstarrungsfront (ausgezogener Temperaturverlauf in Abb. 8.21). Das führt aber zur Dendritenbildung, wie oft zu beobachten ist (Abb. 8.22).

8.3.3.2 Erstarrung von Legierungen

In Legierungen besteht gewöhnlich ein endlicher Temperaturbereich, in dem Schmelze und Kristall im Gleichgewicht miteinander vorliegen, und deshalb haben Kristall und Schmelze eine unterschiedliche Zusammensetzung (vgl. Kap. 4). Dann kommt zum Wärmeflußproblem, das wir oben für reine Metalle betrachtet haben, auch noch ein Diffusionsproblem hinzu, wie in Abb. 8.23 dargestellt ist.

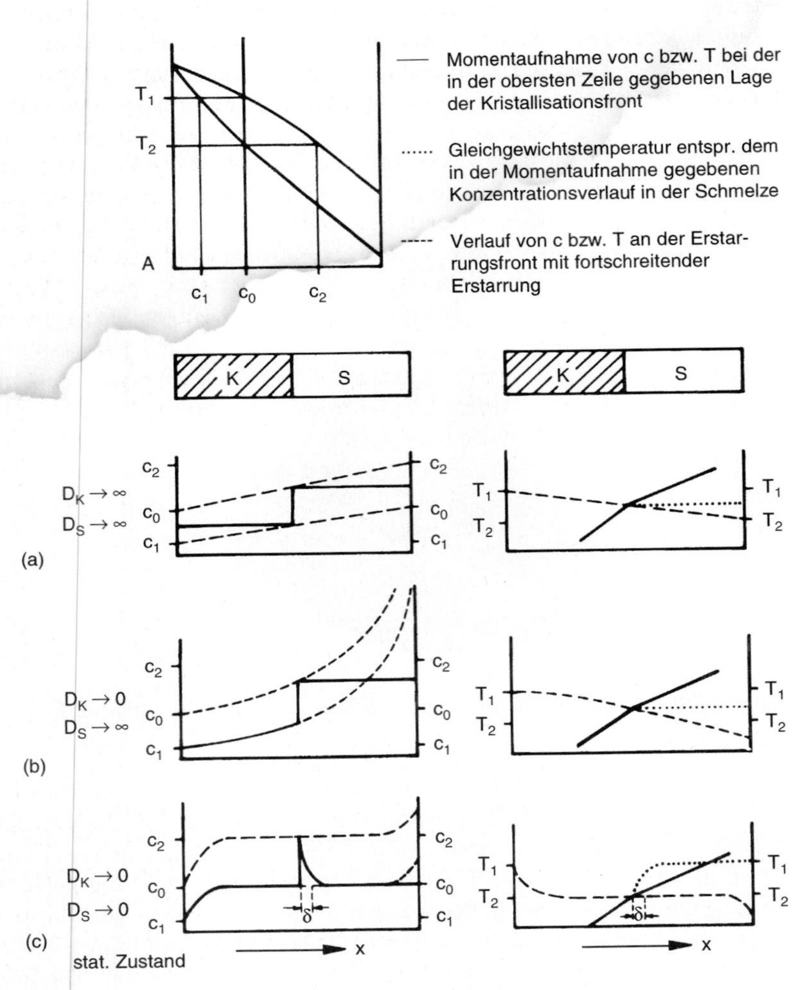

Abbildung 8.23. Schematik der Erstarrung eines Mischkristalls mit der Konzentration c_0. Die linke Spalte gibt den Konzentrationsverlauf, die rechte den Temperaturverlauf an (K — Kristall, S — Schmelze).

Zur Vereinfachung wollen wir annehmen, daß die Wärme über den Kristall abgeleitet wird. Dann ergibt sich qualitativ der Temperaturverlauf wie in Abb. 8.23 in den rechten Teilbildern als ausgezogene Linie eingezeichnet. Die gestrichelte Kurve in den rechten Teilbildern gibt den Temperaturverlauf an der Erstarrungsfront beim Durchlauf der Front an. Die gepunktete Kurve gibt die Liquidustemperatur der Schmelze wieder, die sich gemäß des Zustandsdiagramms mit der Zusammensetzung ändert. In den linken Teilbildern ist der Konzentrationsverlauf in Kristall und Schmelze bei der angegebenen Position der Erstarrungsfront als durchgehende Kurve eingezeichnet. Die gestrichelten Linien geben die Zusammensetzung von Kristall und Schmelze an der Erstarrungsfront bei der Bewegung der Front durch den Tiegel an.

Findet Diffusion in Kristall und Schmelze sehr schnell statt, so haben Kristall und Schmelze zu jedem Zeitpunkt ihre Gleichgewichtszusammensetzung (Abb. 8.23a). Ist die Diffusion im Kristall sehr langsam, aber in der Schmelze hinreichend schnell (Abb. 8.23b), so daß nur im flüssigen aber nicht im festen Zustand ein Konzentrationsausgleich durch Diffusion stattfinden kann, so reichert sich die Schmelze mit fortschreitender Erstarrungsfront an Legierungsatomen bis weit über die Konzentration c_2 hinaus an. Nach Abschluß der Erstarrung verbleibt ein Konzentrationsgradient im Kristall. Ist die Diffusion sowohl im Kristall als auch in der Schmelze so stark eingeschränkt, daß in beiden Phasen praktisch kein Konzentrationsausgleich stattfinden kann (Abb. 8.23c), dann werden die Legierungsatome, die an der Erstarrungsfront nicht in den Kristall eingebaut wurden, zwar an die Schmelze abgegeben, verbleiben aber an der Erstarrungsfront (innerhalb eines kleinen Bereichs der Dicke δ), so daß die Restschmelze weiter entfernt von der Erstarrungsfront in ihrer Zusammensetzung unverändert bleibt, nämlich mit der Ausgangskonzentration c_0. An der Erstarrungsfront kann sich die Schmelze bis maximal c_2 anreichern, weil dann der Kristall mit der Konzentration c_0 erstarrt und damit die Schmelze von c_0 auf c_2 angereichert wird. Die Zusammensetzung der Schmelze ändert sich also an der Erstarrungsfront sehr stark, nämlich von c_2 auf c_0 im Abschnitt der Länge δ und entsprechend stark steigt die zugehörige Liquidustemperatur, also die Temperatur, bei der eine Schmelze mit der entsprechenden Zusammensetzung erstarrt — wie im Zustandsdiagramm ersichtlich — von T_2 auf T_1 an (gepunktete Kurve in Abb. 8.23c, rechtes Teilbild). Ist dieser Anstieg größer als der tatsächliche Temperaturgradient in der Schmelze (ausgezogene Kurve), dann ist die Temperatur unmittelbar hinter der Erstarrungsfront niedriger als die Liquidustemperatur der Schmelze mit der vorliegenden Zusammensetzung (Gleichgewichtstemperatur). Dann spricht man von konstitutioneller Unterkühlung, weil sie durch den zusammensetzungsabhängigen Zustand der Legierung verursacht wird.

Entsteht eine Unregelmäßigkeit an der Erstarrungsfront, so ragt sie nun in ein Gebiet der Schmelze, das kälter ist als die der Zusammensetzung entsprechende Gleichgewichtstemperatur, und rasches Wachstum in die konstitutionell unterkühlte Zone ist die Folge. Auf diese Weise entstehen bei der Erstarrung von Legierungen sogar Dendriten, ohne daß eine echte Unterkühlung der

Schmelze vorliegt. Nur durch einen sehr steilen Temperaturgradienten in der Schmelze kann dieser Fall unterdrückt werden. Konstitutionelle Unterkühlung ist gewöhnlich die Ursache von Dendritenbildung in Legierungen (Abb. 8.24).

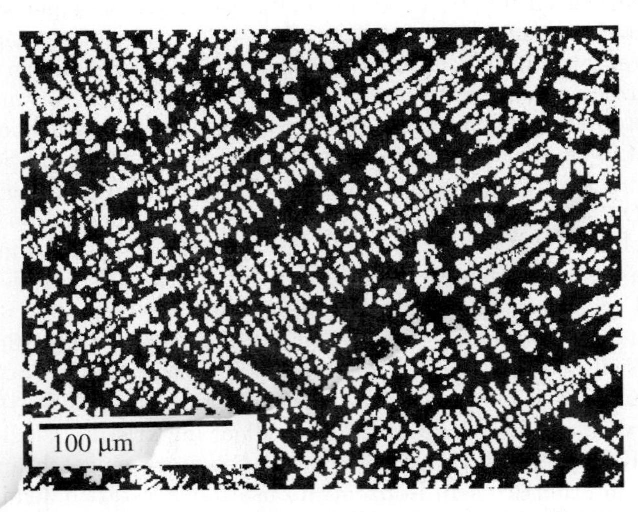

Abbildung 8.24. Dendriten in einer Fe-24%Cr-Gußlegierung [8.12].

8.3.3.3 Erstarrung eutektischer Legierungen

Besondere Formen der Erstarrungsgefüge findet man bei eutektischen Legierungen. Bei der eutektischen Zusammensetzung erstarren am Schmelzpunkt die beiden festen Phasen mit unterschiedlicher Zusammensetzung gleichzeitig aus der Schmelze. Der diffusionsgesteuerte Konzentrationsaustausch ist bei rascher Erstarrung aber nur über kurze Strecken möglich, so daß sich ein lamellenhaftes Gefüge ausbildet (Abb. 8.25b). Bei anderen Zusammensetzungen scheidet sich zunächst ein primärer Mischkristall aus (gewöhnlich dendritisch, wegen konstitutioneller Unterkühlung), bis die Restschmelze die eutektische Zusammensetzung erreicht und dann in lamellarer Form erstarrt (Abb. 8.25c). Nimmt man die Erstarrung einer eutektischen Schmelze gerichtet vor, so kann man unter geeigneten Bedingungen die beiden Phasen in kontinuierlichen Lamellen oder Stengeln erhalten. Der Lamellenabstand ℓ wird hauptsächlich durch die Abkühlgeschwindigkeit R gegeben,

$$\ell^2 \cdot R = \text{const.} \tag{8.9}$$

Bei hohen Abkühlgeschwindigkeiten erhält man also kleine Lamellenabstände. Das gerichtet erstarrte eutektische Gefüge entspricht dem eines faserverstärkten Verbundwerkstoffs (Abb. 8.26). Da dieser aber nicht synthetisch erzeugt wird, spricht man von einem in-situ Verbundwerkstoff. Wichtige Beispiele sind die Hochtemperaturwerkstoffe, die z.B. für Turbinenschaufeln benutzt werden, wo bestimmte mechanische Eigenschaften in gewissen Raumrichtungen erforderlich sind. Ein Beispiel sind die COTAC-Werkstoffe, die neben Co, Ni und Cr außerdem hauptsächlich Ta und C enthalten. Dann scheidet sich TaC faserförmig mit dem ternären Mischkristall aus (Abb. 8.26).

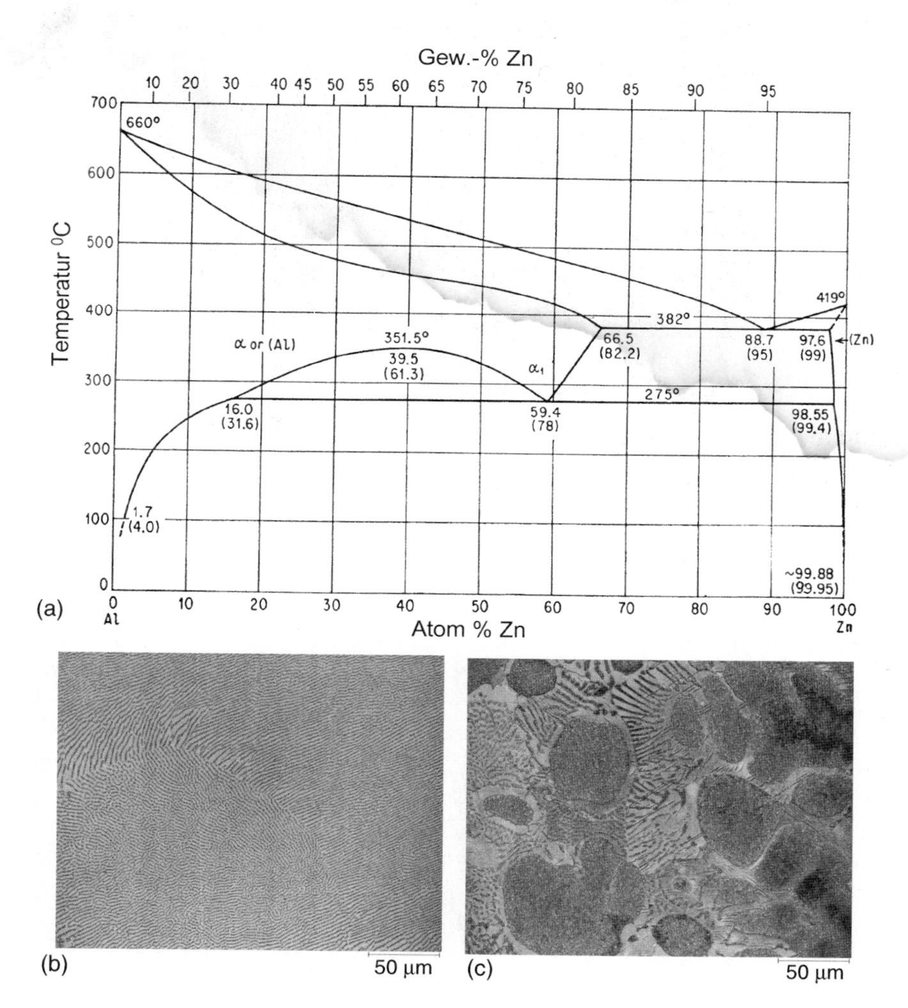

Abbildung 8.25. Erstarrung im eutektischen System Al-Zn. (a) Zustandsdiagramm; (b) Gefüge bei 90% Zn (eutektische Zusammensetzung; (c) Gefüge bei 75% Zn; zwischen den Primärkristallen befindet sich ein lamellares eutektisches Gefüge.

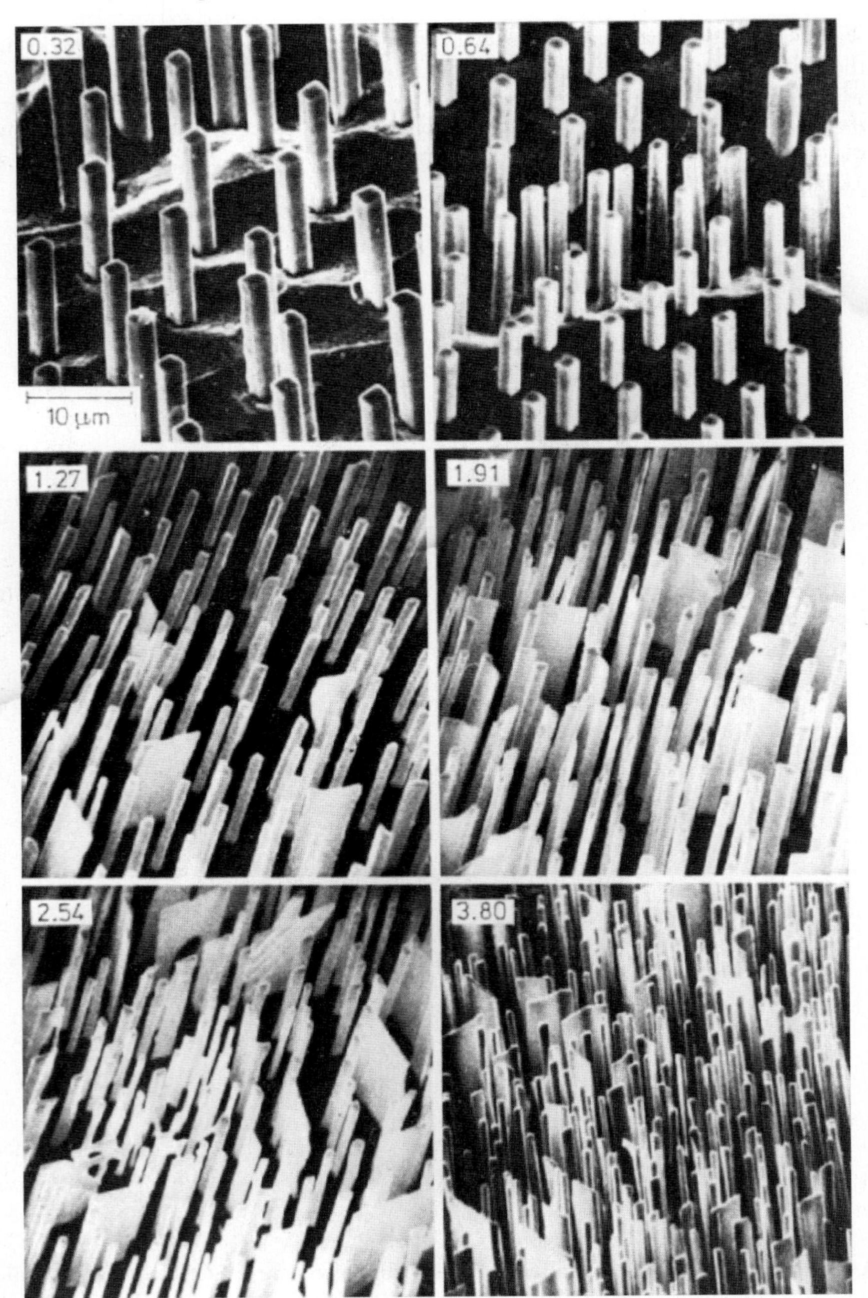

Abbildung 8.26. Gerichtet erstarrtes eutektisches Gefüge im System Co-Ni-Cr-Ta-C (COTAC 3), bei verschiedenen Erstarrungsgeschwindigkeiten (in cm/h). Die TaC-Fasern wurden durch chemisches Entfernen der Matrix freigelegt [8.13].

8.4 Gefüge des Gußstücks

Das typische Gefüge eines Gußblocks (Abb. 8.27) besteht aus drei Zonen: a) der feinkörnigen, regellos orientierten Randzone, b) der Stengelkristallzone mit starker Vorzugsrichtung und c) der Zone globulitischer Körner mit regelloser Orientierung.

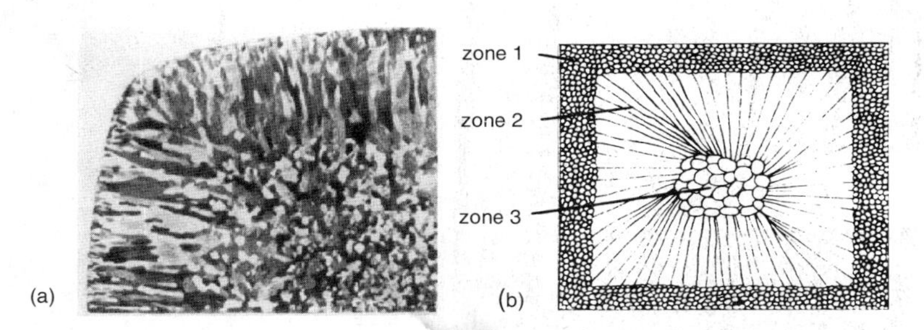

Abbildung 8.27. Gefügeausbildung in einem Gußstück. (a) Gefüge eines Fe-4%Si Gußblockes; (b) schematisch: 1 — Rand-, 2 — Stengelkristall-, 3 — globulitische Innenzone.

Abbildung 8.28. Gußblock aus Reinstaluminium.

Diese Zonenbildung erklärt sich daher, daß zunächst am Rand der Gießform viele regellos orientierte Körner durch heterogene Keimbildung entstehen. Bei weiterem Wachstum der Keime kommt es zu einer Wachstumsauslese, bei der nur diejenigen Körner überleben, die in Erstarrungsrichtung (also Richtung Kokillenmitte) die größte Wachstumsgeschwindigkeit haben. Da die Wachstumsgeschwindigkeit von der kristallographischen Orientierung abhängt, haben die Stengelkristalle eine Vorzugsrichtung, d.h. eine Textur. Diese Textur wird als Gußtextur bezeichnet. Die innere globulitische Zone wird zumeist von Verunreinigungen verursacht, die einen hohen Schmelzpunkt haben und sich deshalb in der am längsten flüssigen Zone anreichern. An ihnen findet schließlich Keimbildung statt, die zu einem feinkörnigen globulitischen Gefüge führt. In ganz reinen metallischen Schmelzen fehlt daher die innere Keimbildungszone (Abb. 8.28). Das Ausmaß der einzelnen Zonen hängt entscheidend von den Temperaturverhältnissen ab (Abb. 8.29). Bei hohen Guß- und Kokillentemperaturen löst man die Verunreinigungen auf, und es kommt wegen langsamer Abkühlung zu ganz ausgeprägten Stengelkristallen. Sind Gieß- und Kokillentemperatur klein, erhält man eine hohe Keimbildungsrate und entsprechend eine große globulitische Zone.

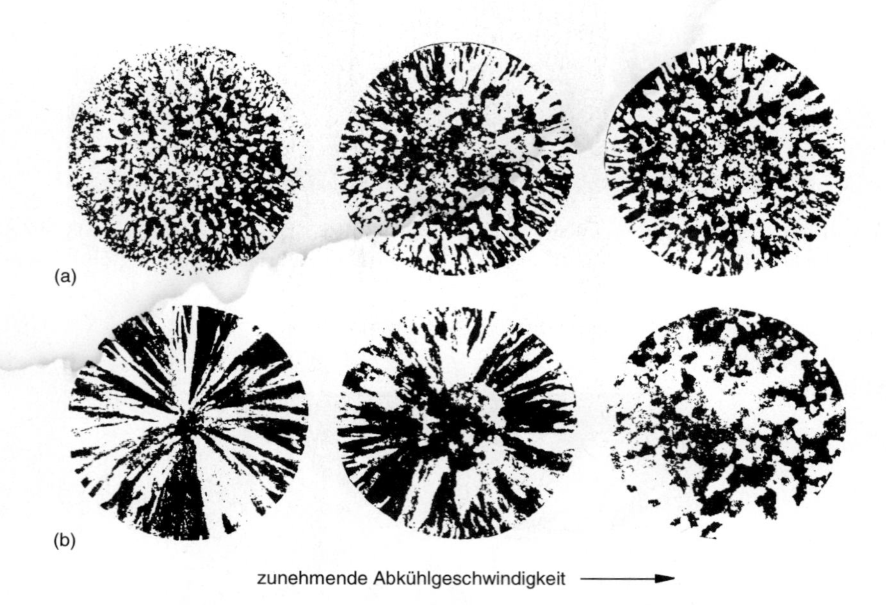

Abbildung 8.29. Gußgefüge von technisch reinem Aluminium in Abhängigkeit von der Kokillentemperatur. (a) Gießtemperatur 700°C; (b) Gießtemperatur 900°C.

8.5 Fehler des Gußgefüges

Die meisten Metalle und Oxide haben im flüssigen Zustand ein größeres spezifisches Volumen als im festen Zustand. Entsprechend tritt bei der Erstarrung eine Volumenkontraktion auf. Die Folge ist die Ausbildung eines makroskopischen Hohlraums in der Mitte des Gußstückes, der als „Lunker" bezeichnet wird (Abb. 8.30). Außer den Makrolunkern können auch zwischen den einzelnen Kristalliten kleine Hohlräume (Mikrolunker) entstehen. Man spricht dann von porösem Guß.

Abbildung 8.30. Lunker in einem Zinkgußblock.

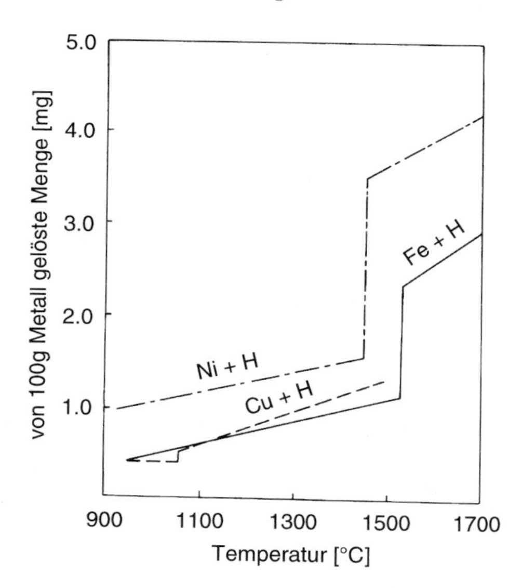

Abbildung 8.31. Temperaturabhängigkeit der Wasserstofflöslichkeit in Metallen. Am Schmelzpunkt ändert sich die Löslichkeit sprunghaft (nach [8.14]).

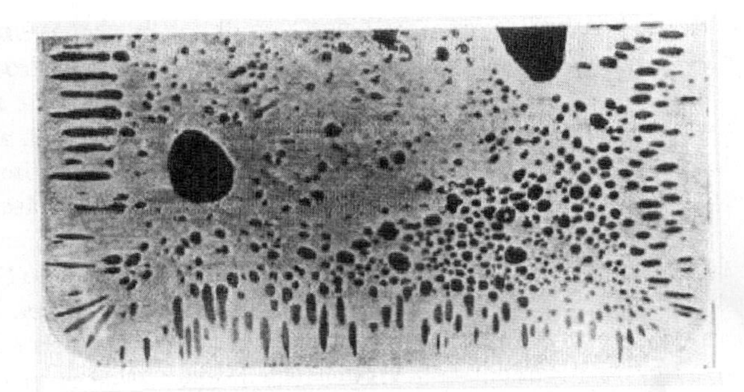

Abbildung 8.32. Gasblasenentwicklung in einem Gußblock aus unberuhigtem Stahl. Die Entbindung von CO bei der Frischreaktion führt zur Bildung von Gasblasen im erstarrten Gußblock [8.15].

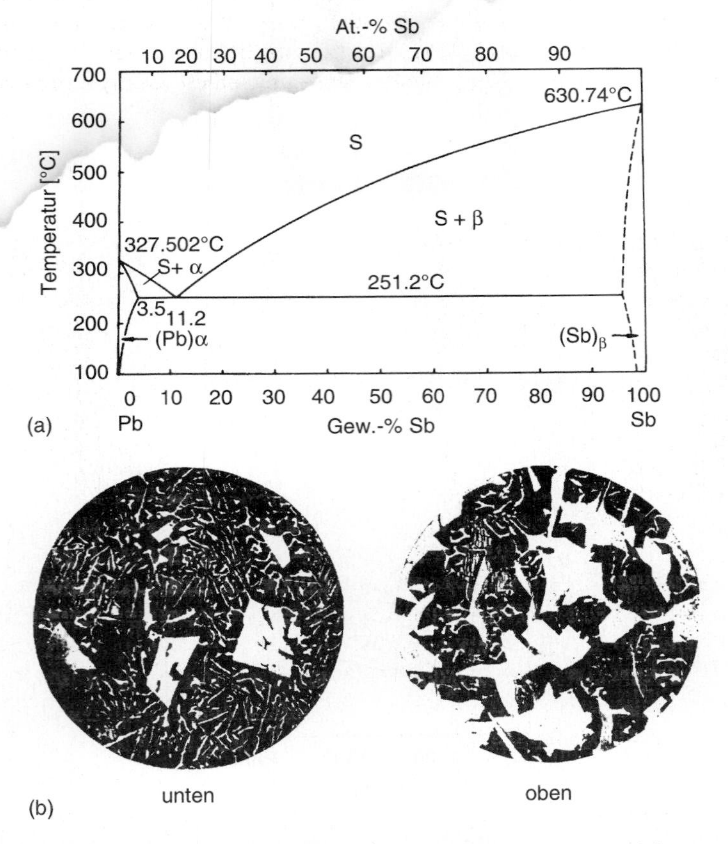

Abbildung 8.33. Schwereseigerungen im System Blei-Antimon. (a) Zustandsdiagramm; (b) Schliffbild des Gußblocks am unteren und oberen Ende einer übereutektischen Legierung (leichtere antimonreiche Mischkristalle hell) [8.16].

Eine andere Fehlererscheinung erklärt sich dadurch, daß Schmelzen eine erheblich größere Gasmenge als der kristalline Festkörper aufnehmen können (Abb. 8.31). Bei der Erstarrung vereinigen sich die Gasmoleküle zu Gasblasen, die entweder im flüssigen Material aufsteigen und dadurch eine starke Bewegung der Schmelze hervorrufen, oder die Gasblasen werden im Gußstück eingeschlossen, wodurch ebenfalls Poren erzeugt werden (Gasblasenseigerungen) (Abb. 8.32).

Bei der Erstarrung von Legierungen (oder Mehrkomponenten-Schmelzen) können Entmischungserscheinungen auftreten, die als Seigerungen bezeichnet werden. Solche Seigerungen entstehen bspw. durch große Dichteunterschiede der beteiligten Komponenten (Abb. 8.33) (Schwereseigerungen), durch Ansammlung von Verunreinigungen an bestimmten Stellen des Gußstückes (Blockseigerungen) und durch Konzentrationsunterschiede innerhalb eines Mischkristalls (Kristallseigerungen oder Zonenkristalle) infolge der in Abschn. 8.3.3.2 (Erstarrung von Legierungen) beschriebenen Beschränkungen des Konzentrationsausgleichs im Kristall. Diese Kristallseigerung kann aber durch nachträgliche Homogenisierungsglühung behoben werden (Abb. 8.34), während eine Beseitigung der anderen Seigerungserscheinungen praktisch ausgeschlossen ist.

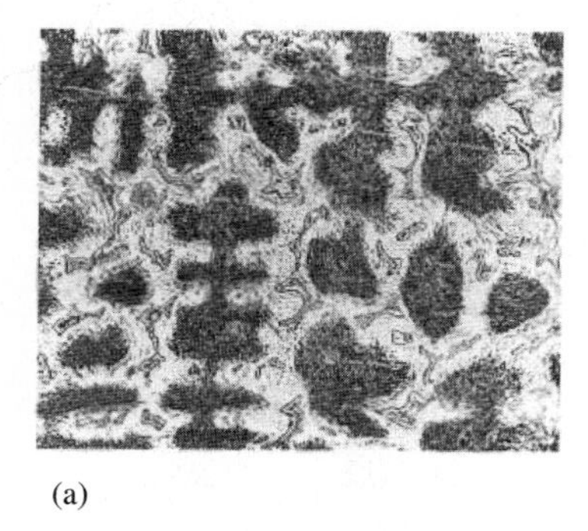
(a)

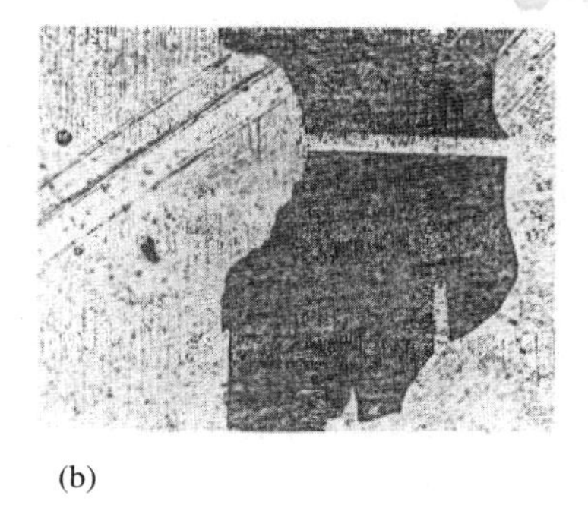
(b)

Abbildung 8.34. (a) Dendritische Zonenkristalle einer Gußbronze (90% Cu, 10% Sn). Der Konzentrationsunterschied wird durch eine Resistenzgrenze deutlich. (b) Nach 30 min Homogenisierung bei 650°C hat ein Konzentrationsausgleich stattgefunden. Die Helligkeitsunterschiede beruhen hier auf Kornflächenätzung [8.17].

8.6 Schnelle Erstarrung von Metallen und Legierungen

Eine immer schnellere Abkühlung aus der Schmelze schlägt sich in starken morphologischen Änderungen des erstarrten Gefüges, der Zusammensetzung bei Legierungen und schließlich sogar des kristallinen Zustandes nieder. Generell wird das Erstarrungsgefüge bei rascher Abkühlung feiner. In Systemen mit begrenzter Mischbarkeit werden mit zunehmender Abkühlrate die Löslichkeitsgrenze zu höheren Konzentrationen verschoben (übersättigte Mischkristalle), und bei Systemen mit intermetallischen Verbindungen treten häufig andere metastabile Phasen auf, meist mit einfacheren Kristallstrukturen. Bei noch höherer Abkühlgeschwindigkeit wird schließlich ein mikrokristallines Gefüge erreicht (Korndurchmesser unter 1 μm). In einigen Systemen (z.B. Al-Mn) werden sog. Quasikristalle gebildet, die den strengen Prinzipien der Kristallsymmetrie nur unvollständig genügen (Auftreten einer unerlaubten fünfzähligen Rotationssymmetrie). Eine solche Anordnung kann bspw. aus zwei unterschiedlichen Strukturelementen bestehen, deren Zusammenfügen keine ferngeordnete Atomanordnung ergibt, aber eine fünfzählige Rotationssymmetrie besitzt (Penrose-Muster, Abb. 8.35a). Derartige Strukturen lassen sich im Elektronenmikroskop auch tatsächlich nachweisen (Abb. 8.35b). Das Anwendungspotential für quasikristalline Werkstoffe ist noch nicht absehbar, aber einige Systeme verfügen über große Härte und schlechte Benetzbarkeit, was sie für Beschichtungen interessant macht. Ebenfalls erwartet man spezielle elektrische Eigenschaften von diesen Materialien.

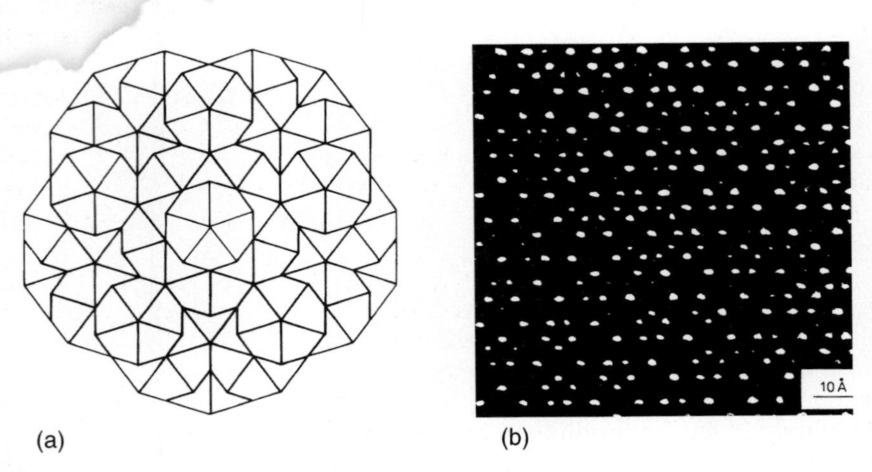

Abbildung 8.35. (a) Quasigitter mit fünfzähliger Symmetrie, zusammengesetzt aus zwei unterschiedlichen Rauten (Penrose-Sonne); (b) Anordnung der Atome in einem realen Quasikristall (Aufnahme mit hochauflösender Elektronenmikroskopie) [8.18].

Bei sehr hohen Abkühlgeschwindigkeiten (10^5-10^6 K/s) erstarren schließlich sogar Metalle und Legierungen amorph. Übliche technologische Verfahren für amorphe Erstarrung metallischer Werkstoffe, d.h. zur Herstellung sog. metallischer Gläser, sind

- Eingießen der Schmelze zwischen gekühlte Walzzylinder (roller quenching)
- Aufspritzen auf eine gekühlte rotierende Platte (melt spinning)
- Aufdampfen auf ein stark gekühltes Substrat.

Neuerdings werden in manchen Systemen mit komplizierter Kristallstruktur amorphe Strukturen auch durch Interdiffusion von dünnen Schichten erzeugt (z.B. Au-La oder Co-Zr). Mit Hilfe von „roller quenching"- oder „melt spinning"- Verfahren gelingt es, Bänder mit hoher Geschwindigkeit herzustellen.

Technische amorphe Legierungen bestehen zumeist aus einer Zusammensetzung aus Übergangsmetallen (T) wie Mn, Fe, Co, Ni, Sc, Ti, V und Metalloiden (M) wie B, C, P, Si, Ge, As, Sb in einer Zusammensetzung T_{1-X}, M_X mit $0.15 < X < 0.25$. In diesem Konzentrationsbereich kann man optimal dichte regellose Packungen erzeugen, die den amorphen Zustand stabilisieren. Bei komplizierteren Systemen werden auch Erdalkali-, Leicht- und Edelmetalle zulegiert. Um eine Legierung in den Glaszustand zu überführen, muß man sie schnellstmöglich von der Schmelze bis unterhalb der Erstarrungstemperatur T_E abkühlen. Das gelingt am besten, wenn die Schmelztemperatur sehr niedrig ist, wie bspw. bei tiefliegenden Eutektika nahe der eutektischen Konzentration.

Im Gegensatz zu den Silikatgläsern sind metallische Gläser beim Erwärmen immer instabil. Bei Temperaturerhöhung tritt zunächst eine strukturelle Relaxation durch kleine atomare Verschiebungen in stabilere Anordnungen ein, was häufig zur Versprödung des amorphen Werkstoffs führt. Bei höherer Temperatur setzt schließlich Kristallisation ein. Dieser Vorgang beschränkt natürlich den Einsatzbereich metallischer Gläser. Bei reinen Metallen liegt die Kristallisationstemperatur T_K bei nur einigen Grad Kelvin. Am stabilsten sind die Übergangsmetall-Metalloid Legierungen, bei denen T_K mehrere hundert Grad Kelvin betragen kann.

Metallische Gläser haben überwiegend metallische Bindung und sind daher duktil bei gleichzeitig hoher Festigkeit. Oft ist auch eine gute Korrosionsbeständigkeit zu verzeichnen. Technologisch besonders interessant sind die ferromagnetischen metallischen Gläser. Sie sind besonders weichmagnetisch und erzeugen daher beim Ummagnetisieren geringe magnetische Verluste, so daß sie für Transformatorbleche außerordentlich gut geeignet sind.

8.7 Erstarrung von Nichtmetallen: Gläser und Hochpolymere

(a) Ionenkristalle und Gläser. Das Kristallisationsverhalten der meisten Ionenkristalle ist denen der Metalle sehr ähnlich. Einige lassen sich jedoch bei geeigneter Abkühlung leicht in den Zustand der permanent unterkühlten Schmelze überführen. Dazu gehören bei den keramischen Werkstoffen die

Silikate, bspw. die Na-K-Silikate, die wir als gewöhnliches Glas kennen. Der eigentliche Glaszustand wird von dem Zustand der unterkühlten Schmelze unterschieden (Abb. 8.36). Kühlt man nämlich eine Schmelze ab, so ändert sich der Zustand der Schmelze ständig entsprechend ihrem Gleichgewicht bei der gegebenen Temperatur, womit eine stetige Erhöhung des Ordnungsgrades verbunden ist. Unterhalb einer Temperatur T_E friert jedoch die thermische Bewegung ein, und die Anordnung der Moleküle ändert sich nicht mehr. Unterhalb dieser Einfriertemperatur T_E wird das Material als Glas bezeichnet, wenn es amorph geblieben ist.

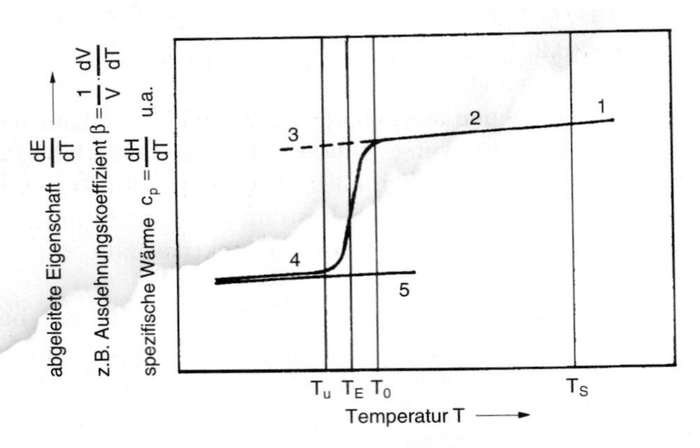

Abbildung 8.36. Schematische Darstellung der Eigenschafts-Temperatur-Kurven von Hochpolymeren und silikattechnischen Werkstoffen. 1 — Schmelze (flüssiger Zustand); 2 — Zustand unterkühlter Schmelze; 3 — Gleichgewichtszustand der unterkühlten Schmelze; 4 — Glaszustand; 5 — kristalliner Zustand.

Bei Temperaturerhöhung kann ein amorphes Material kristallisieren, wie z.B. die metallischen Gläser, oder in den Zustand der unterkühlten Schmelze übergehen, wie bspw. die Silikatwerkstoffe. Durch zugefügte Keimbildner, wie TiO_2, Cr_2O_3 oder P_2O_5 oder entsprechende Temperaturführung bei der Wärmebehandlung kann man auch Gläser kristallisieren. Diese kristallisierten Gläser werden als „Vitrokerame“ oder „Glaskeramik“ bezeichnet. Kristallgröße und Kristallisationsgrad lassen sich über das Temperaturprogramm steuern, wodurch Transparenz, Wärmeausdehnung und mechanische Bearbeitbarkeit beeinflußt werden können.

(b) Hochpolymere. Für die Kristallisation von Hochpolymeren gelten die gleichen physikalischen Prinzipien wie für die Metalle oder Ionenkristalle. Wegen der von einer globulitischen Gestalt weit entfernten Form der Makromoleküle, ergeben sich jedoch Besonderheiten bei der Kristallisation.

Je einfacher und räumlich symmetrischer die Molekülketten aufgebaut sind, desto umfangreicher findet eine Ausrichtung benachbarter Moleküle

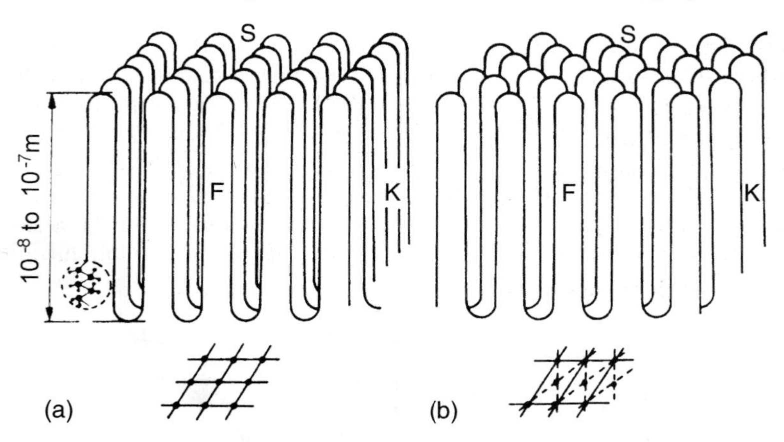

Abbildung 8.37. Schematische Darstellung der Bildung einer Lamelle durch Faltung von Makromolekülen (idealisierte Faltung). Ansicht von der Seite und Projektion von oben. (a) Faltung in gedeckter Lage (z.B. bei Polyamid); (b) Faltung auf Lücke (z.B. Polyethylen).

statt. Dagegen wird eine geordnete Struktur durch unsymmetrischen Molekülaufbau oder durch Verknäueln der Fadenmoleküle in ihrer Entstehung behindert. Wichtig zur Kristallisation ist nicht nur die regelmäßige Struktur der Molekülketten, sondern auch Art und Größe der zwischenmolekularen Wechselwirkungen. Zum Beispiel läßt sich das Polyisobutylen $[\text{-CH}_2\text{-C(CH}_3)_2\text{-}]_n$ nur bei starker Dehnung kristallisieren, weil ansonsten die zwischenmolekularen Kräfte, hier allein die Dispersionskräfte, zur Kristallisation nicht ausreichen.

Auch bei Polymeren versucht ein Keim, eine möglichst kleine Oberfläche anzunehmen, also eine Kugelgestalt. Da aber die Kristallisationswärme Δg_u nur dann einen genügend großen Wert annimmt, wenn die Moleküle gestreckt und parallel gelagert sind, verbindet sich damit die Forderung, daß die Moleküle im Keim gefaltet sein müssen. Solche „Faltenkeime“ entstehen bereits in der Schmelze in Form von Lamellen (Abb. 8.37). Wie bei Metallen und Ionenkristallen werden homogene und heterogene Keimbildung unterschieden. Heterogene Keimbildung (auch sekundäre Keimbildung genannt) wird gewöhnlich durch Zusatz von Fremdkeimen erzwungen, bspw. durch Alkalisalze in Polyamid.

Die Kristallwachstumsgeschwindigkeit v_K ist von Polymer zu Polymer sehr verschieden, da sie von der Molekülstruktur überaus stark abhängt. Symmetrisch aufgebaute Moleküle kristallisieren sehr rasch (z.B. Polyethylen: $v_K = 5 \cdot 10^{-3}$ m/min), während komplizierte Moleküle mit sperrigen Seitengruppen nur langsam wachsen (z.B. PVC: $v_K = 1 \cdot 10^{-8}$ m/min). Die Größe von v_K wird natürlich auch durch die Unterkühlung bestimmt.

Die kristallinen Bereiche sind bei Polymeren klein im Verhältnis zur Molekülllänge. Ein Makromolekül wird daher zumeist mehreren Kristalliten angehören, zwischen denen Gebiete mit amorpher Struktur existieren. Die technischen Polymere liegen entweder im teilkristallinen Zustand oder amorph vor. Der Kristallisationsgrad beträgt in der Regel 40-60%, bei einigen maximal 90%, und nur in Sonderfällen sind Werte von mehr als 95% erreicht worden. Für die mechanischen Eigenschaften sind die amorphen Bereiche bedeutungsvoll. Völlig kristalline Hochpolymere wären sehr spröde.

Unter günstigen Kristallisationsbedingungen können große Faltungsblöcke entstehen, die sich beim Abkühlen zu noch größeren polykristallinen Einheiten zusammenlagern können. Es entstehen dann sog. „kugelförmige Überstrukturen" mit Durchmesser bis zu 1 mm. Durch Verzweigung oder seitlicher Anlagerung an Fibrillen entstehen sog. „Schaschlik-Strukturen", z.B. beim Polyethylen (Abb. 8.38).

Kristalline Überstrukturen haben für die Praxis zumeist nachteilige Eigenschaften, da sie eher zu Rißbildung neigen als feinkörnige Gefüge.

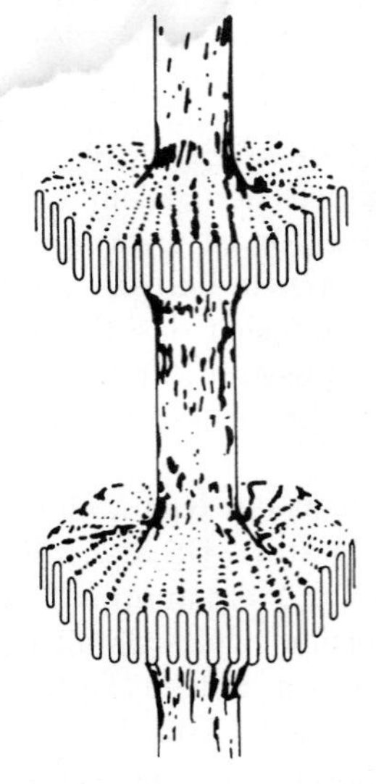

Abbildung 8.38. Schematische Darstellung einer Schaschlik-Struktur (lineares Polyethylen).

9

Umwandlungen im festen Zustand

9.1 Reine Metalle

Die Kristallstruktur eines Metalls muß nicht notwendigerweise bei allen Temperaturen unterhalb des Schmelzpunktes stabil sein. Das rührt daher, daß ein Metall diejenige Kristallstruktur einnimmt, die der geringsten freien Enthalpie entspricht, auch wenn andere Kristallstrukturen nur eine geringfügig höhere Energie besitzen. Letzteres ist sogar fast immer der Fall: die Bindungsenergie E_0 eines Metalls wird nur sehr wenig von seiner Atomanordnung bestimmt. Zum Beispiel macht die Umwandlungswärme des Natriums von der krz zur

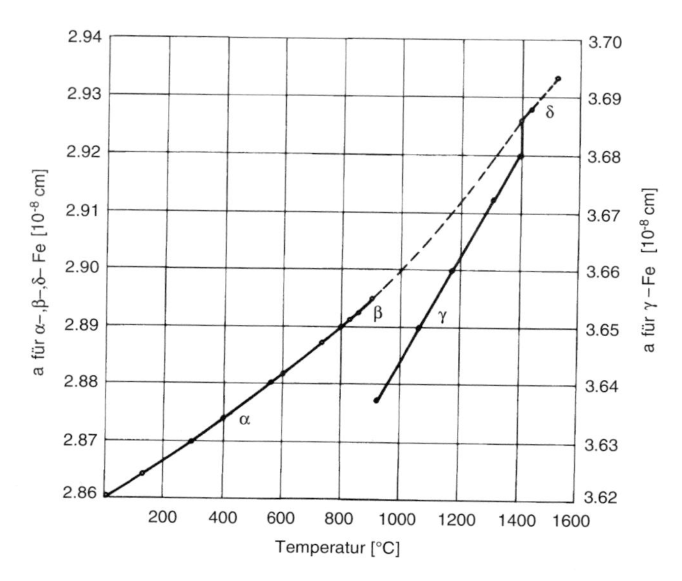

Abbildung 9.1. Temperaturabhängigkeit der Gitterkonstanten von Eisen (nach [9.1]).

hexagonalen Struktur (bei 36 K) nur $E_0/1000$ aus. Die Hauptbeiträge der Bindung werden durch die Elektronenstruktur bestimmt, wobei kleine Änderungen zu einer Instabilität der Kristallstruktur führen können, z.B. durch innere Felder beim Ferromagnetismus. Letzteres ist der Grund für die ferromagnetische krz-Struktur des Eisens (α-Fe) bei niedrigen Temperaturen.

Die verschiedenen Kristallstrukturen eines Elements im festen Zustand nennt man seine allotropen Modifikationen. Sie kommen je nach Element bei sehr unterschiedlichen Temperaturen vor. Häufig treten sogar mehrere solche Phasenumwandlungen im festen Zustand auf (Tab. 9.1). Tritt die gleiche Kristallstruktur in verschiedenen Temperaturbereichen auf, so lassen sich physikalische Eigenschaften zwischen den Bereichen häufig stetig fortsetzen, wie z.B. die thermische Ausdehnung in Fe (Abb. 9.1). In beiden krz-Phasen α und δ folgt die thermische Ausdehnung der gleichen Gesetzmäßigkeit, aber verschieden von derjenigen der kfz γ-Phase.

Tabelle 9.1. Allotrope Modifikationen einiger Elemente#).

Element	O.Z.	Phase	Struktur	a/c [Å]	U-Temp. [°C]
Calcium (Ca)	20	α	kfz	5.58	$\alpha \xrightarrow{464} \gamma$
		γ	krz	4.48	
Kobalt (Co)	27	α	hdp	2.51/407	$\alpha \xrightarrow{450} \beta$
		β	kfz	3.54	
Eisen (Fe)	26	α	krz	2.87	$\alpha \xrightarrow{909} \gamma$
		γ	kfz	3.67	$\gamma \xrightarrow{1388} \delta$
		δ	krz	2.93	
Samarium (Sm)	62	α	hdp	3.62/26.25	$\alpha \xrightarrow{917} \beta$
		β	krz	4.07	
Zinn (Sn)	50	α (grau)	kub	6.49	$\alpha \xrightarrow{13.2} \beta$
		β (weiß)	tetr	5.83/3.18	
Strontium (Sr)	38	α	kfz	6.09	$\alpha \xrightarrow{225} \beta$
		β	hdp	4.32/7.06	$\beta \xrightarrow{570} \gamma$
		γ	krz	4.85	
Titan (Ti)	22	α	hdp	2.95/4.68	$\alpha \xrightarrow{882} \beta$
		β	krz	3.31	
Uran (U)	92	α	orthor		$\alpha \xrightarrow{662} \beta$
		β	tetr	10.76/5.66	$\beta \xrightarrow{775} \gamma$
		γ	krz	3.53	

#) O.Z. — Ordnungszahl; U-Temp. — Umwandlungstemperatur

9.2 Legierungen

9.2.1 Umwandlungen mit Konzentrationsänderung

9.2.1.1 Fallunterscheidungen

Bei Legierungen kann es wie beim Phasenübergang flüssig-fest auch bei Umwandlungen im Festen zu verschiedenen Reaktionen kommen, die in Abb. 9.2 schematisch skizziert sind. Im Grunde sind drei Fälle zu unterscheiden:

1. Auflösung oder Ausscheidung einer zweiten Phase bei Überschreitung nur einer Phasengrenze: $\alpha \to \alpha + \beta$ oder $\gamma + \alpha \to \alpha$ (z.B. $a - b$, $a' - b'$)
2. Umwandlung einer Kristallart in eine andere mit gleicher Zusammensetzung bei Überschreitung von zwei Phasengrenzen: $\gamma \to \beta$ (z.B. $c - d, c' - d'$)
3. Zerfall einer Phase in mehrere neue Phasen bei Überschreiten von drei Phasengrenzlinien $\gamma \to \alpha + \beta$ (z.B. $e - f, e' - f'$). Ein Sonderfall ist der eutektoide Zerfall $e'' - f''$.

Mit Ausnahme des 2. Falles ist mit einer Umwandlung also immer auch eine Konzentrationsänderung verbunden, wozu Diffusionsprozesse erforderlich sind. Umwandlungen mit Konzentrationsänderung sind also diffusiongesteuerte Phasenübergänge.

9.2.1.2 Thermodynamik der Entmischung

Wir wollen zunächst den Fall betrachten, daß sich aus einer homogenen Phase α eine neue Phase β bildet, also die Reaktion: $\alpha \to \alpha + \beta$. Dabei gibt es grundsätzlich zwei Möglichkeiten:

1. β hat die gleiche Kristallstruktur wie α, aber eine andere Zusammensetzung. In diesem Fall nennt man die Phasenumwandlung auch Entmischung.
2. β hat eine andere Kristallstruktur und Zusammensetzung als α. Das ist der allgemeine Fall der Ausscheidung.

Den Fall der Entmischung kann man unter vereinfachenden Annahmen geschlossen berechnen. Dazu dient das quasi-chemische Modell der regulären Lösung, das wir im folgenden betrachten wollen.

Bei gegebener Temperatur und festem Druck wird das thermodynamische Gleichgewicht durch das Minimum der freien Enthalpie G beschrieben.

$$G = H - TS \tag{9.1}$$

Die Enthalpie H beschränkt sich in diesem Modell auf Beiträge von Bindungen zwischen benachbarten Atomen und wird gegeben durch die Bindungsenthalpien H_{AA}, H_{BB}, H_{AB} zwischen benachbarten AA-, BB- oder AB-Atomen.

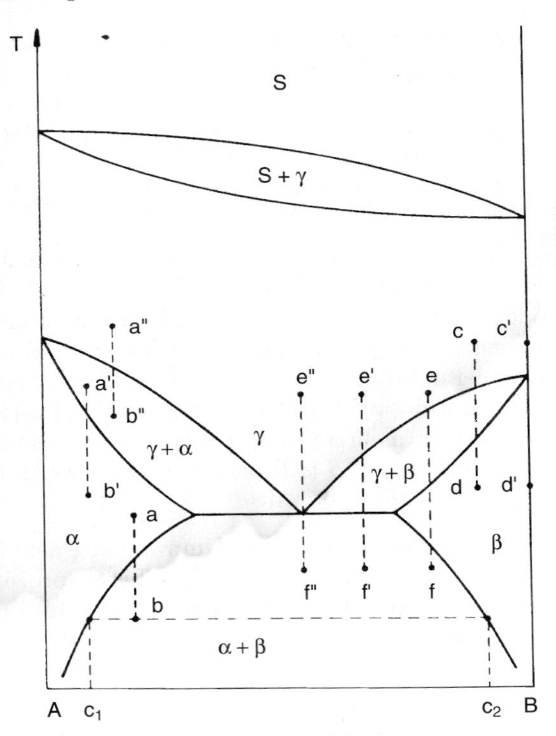

Abbildung 9.2. Zustandsdiagramm einer binären Legierung mit Phasenumwandlungen im festen Zustand.

Somit ergibt sich die Gesamtbindungsenthalpie, die auch als Mischungsenthalpie H_m bezeichnet wird:

$$H_m = N_{AA}H_{AA} + N_{BB}H_{BB} + N_{AB}H_{AB} \tag{9.2}$$

wobei N_{ij} die Gesamtzahl der Bindungen zwischen i und j Atomen ist ($i = A, B$; $j = A, B$). Dabei wird angenommen, daß H_{ij} und deshalb auch H_m positiv sind. Die Enthalpie ist in diesem Modell daher nicht als Enthalpiegewinn ($H < 0$) eines Atoms beim Übergang vom freien zum gebundenen Zustand zu verstehen, sondern als Differenz des Bindungszustandes zu einem Referenzzustand mit absolut minimaler Enthalpie. Ein kleiner Wert von H bezeichnet deshalb einen stärker gebundenen (stabileren) Zustand als ein großer Enthalpiewert. Die Wahl des Referenzzustandes ist aber für die Rechnung unerheblich, da nur die Unterschiede zwischen den Enthalpieniveaus das physikalische Verhalten bestimmen.

Ist die Gesamtzahl der Atome N und die Anzahl der nächsten Nachbarn z (Koordinationszahl), so ist bei einer (atomaren) Konzentration c von B-Atomen $N_{BB} = 1/2Nzc^2$, denn es gibt $N \cdot c$ B-Atome und jedes B-Atom hat im Mittel $z \cdot c$ B-Atome als Nachbarn. Der Faktor $1/2$ ergibt sich daraus, daß bei Betrachtung aller B-Atome jede BB-Bindung doppelt gezählt wird. Entsprechende Überlegungen für N_{AA} und N_{AB} ergeben:

$$\begin{aligned} H_m &= \frac{1}{2}N \cdot z \left[(1-c)^2 H_{AA} + 2c(1-c)H_{AB} + c^2 H_{BB}\right] \\ &= \frac{1}{2}N \cdot z \left[(1-c)H_{AA} + cH_{BB} + 2c(1-c)H_0\right] \end{aligned} \quad (9.3)$$

mit $H_0 = H_{AB} - 1/2\,(H_{AA} + H_{BB})$. H_0 wird als Vertauschungsenergie bezeichnet, die man gewinnt ($H_0 < 0$) oder verliert ($H_0 > 0$), wenn man zwei AB-Bindungen aus je einer AA- und BB-Bindung herstellt. Der Sonderfall $H_0 = 0$ wird als ideale Lösung bezeichnet. Dann hängt die Bindungsenthalpie nicht von der Anordnung ab.

Die Entropie S setzt sich zusammen aus der Schwingungsentropie S_ν und der Mischungsentropie S_m. Die Schwingungsentropie ist von der Größenordnung der Boltzmann-Konstante k und in erster Näherung nicht von der Anordnung abhängig, so daß bei Legierungen

$$S \cong S_m \quad (9.4)$$

Die Mischungsentropie ergibt sich nach Boltzmann aus der Anordnungsvielfalt ω_m der N_A A-Atome und N_B B-Atome auf N Gitterplätzen.

$$S_m = k \ln \omega_m \quad (9.5a)$$

Die Zahl der möglichen unterscheidbaren Anordnungen ist

$$\omega_m = \frac{N!}{N_A! \cdot N_B!} \quad (9.5b)$$

Mit der Stirling Formel, die für $x > 5$ eine sehr gute Näherung liefert

$$\ln x! \cong x \ln x - x \quad (9.5c)$$

und $N_A = N(1-c)$, $N_B = Nc$ erhält man für Gl. (9.5a)

$$S_m = -Nk \cdot [c \ln c + (1-c)\ln(1-c)] \quad (9.6)$$

S_m ist immer positiv, symmetrisch bezüglich $c = 0.5$ und nähert sich dem Wert Null mit unendlicher Steigung bei $c \to 0$ und $c \to 1$. Letzteres ist im übrigen der Grund für die Schwierigkeit, ganz reine Stoffe aus ihren Legierungen herzustellen, denn für $c \to 0$ ist der Gewinn dG an freier Enthalpie bei einer Konzentrationsänderung um dc (Verunreinigung) unendlich groß (im Fall unendlich großer Systeme).

Die freie Enthalpie der regulären Lösung G_m (freie Mischungsenthalpie) lautet mit Gl. (9.3) und (9.6):

$$\begin{aligned} G_m &= 1/2Nz \cdot [(1-c)H_{AA} + cH_{BB} + 2c(1-c)H_0] \\ &\quad + NkT \cdot [c \ln c + (1-c)\ln(1-c)] \end{aligned} \quad (9.7)$$

Enthalpie, Entropie und freie Enthalpie (Summenkurve) sind in Abb. 9.3 schematisch dargestellt. Dabei sind zwei Fälle zu unterscheiden. Ist $H_0 \leq 0$, so ist der Verlauf $G_m(c)$ durch eine Kurve mit einem Minimum gegeben. Ist dagegen $H_0 > 0$, so hat $G_m(c)$ — bei hinreichend kleinerem T — zwei Minima, bei c_1' und c_2'. Ist $c_1 < c_0 < c_2$, so kann das System seine freie Enthalpie verringern, wenn es sich entmischt in ein Gemenge aus zwei Phasen mit den Konzentrationen c_1 und c_2. Die freie Enthalpie des Gemenges G_g ist durch die Gerade gegeben, die die $G_m(c)$-Kurve bei den Konzentrationen c_1 und c_2 berührt (Tangentenregel).

$$G_g = G_m(c_1) + \frac{c - c_1}{c_2 - c_1} \cdot (G_m(c_2) - G_m(c_1)) \tag{9.8}$$

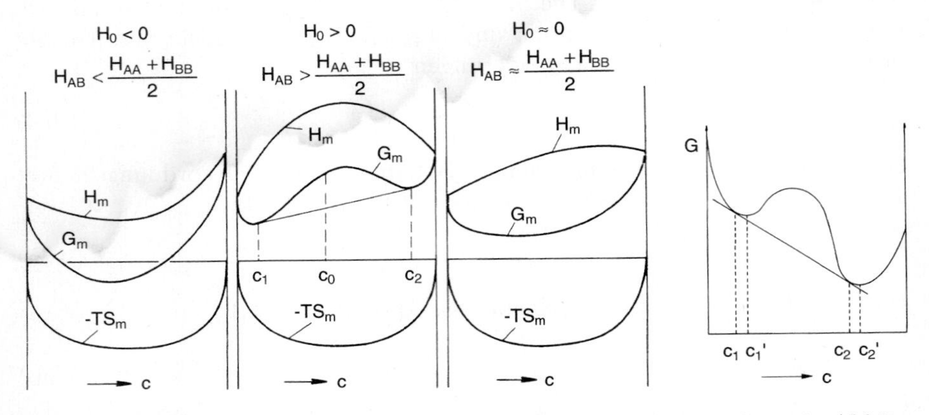

Abbildung 9.3. Verlauf der freien Enthalpie einer regulären Mischung in Abhängigkeit von der Konzentration für verschiedene Werte der Vertauschungsenergie H_0.

Ist dagegen $H_0 < 0$, so ist jede Atomsorte bemüht, sich möglichst mit ungleichen Atomen zu umgeben. Dann kommt es statt zur Entmischung zu ausgeprägten Ordnungserscheinungen (vgl. Kap. 4).

Für $c < c_1$ und $c > c_2$ hat dagegen die Mischung immer eine kleinere freie Enthalpie als jedes Gemenge, die Lösung ist immer einphasig. Entsprechend stellen c_1 und c_2 die Löslichkeitsgrenzen des Mischkristalls bei der Temperatur T dar. Die Abhängigkeit $c_1(T)$ entspricht also der Randlöslichkeit im Zustandsdiagramm des binären Systems $A - B$. Für den vereinfachten Fall $H_{AA} = H_{BB}$ ist $G_m(c)$ symmetrisch bezüglich $c = 0.5$, und bei c_1 und $c_2 = 1 - c_1$ hat $G_m(c)$ ein relatives Minimum. Die Löslichkeitsgrenze c_1 ergibt sich dann aus

$$\left.\frac{dG}{dc}\right|_{c=c_1} = 0 \tag{9.9}$$

Daraus erhält man

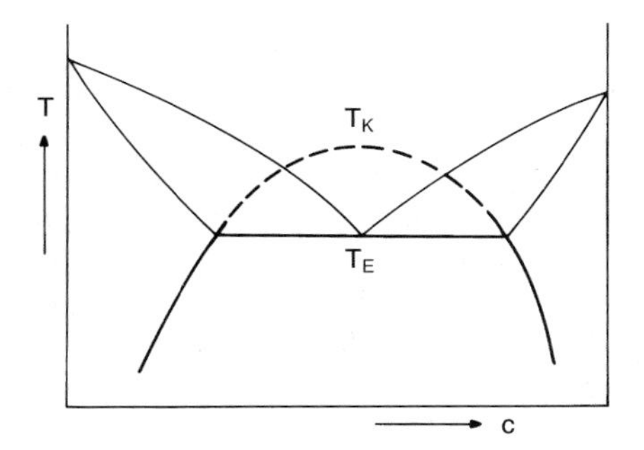

Abbildung 9.4. Theoretisches Zustandsdiagramm für eine reguläre Lösung mit Mischungslücke.

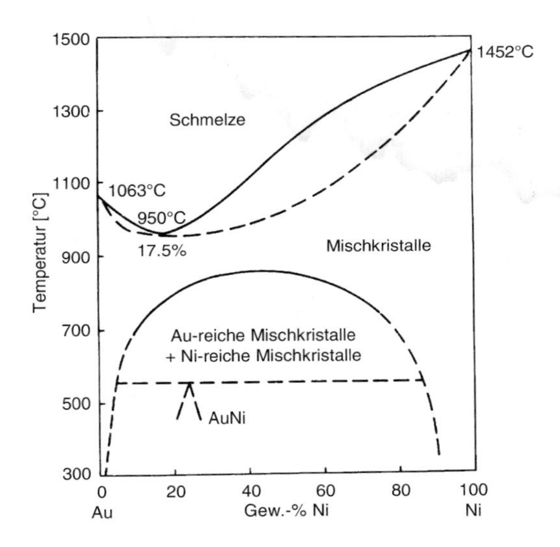

Abbildung 9.5. Zustandsdiagramm von Au-Ni (nach [9.2]).

$$c_1(T) \cong \exp\left(-\frac{zH_0}{kT}\right) \tag{9.10}$$

Diese Abhängigkeit ist in Abb. 9.4 aufgetragen. Sie entspricht der Randlinie des Mischkristallbereichs im Zustandsdiagramm von Systemen mit begrenzter Löslichkeit, bspw. dem System Au-Ni (Abb. 9.5). In der Regel wird das Maximum nicht erreicht, weil die Legierung vorher schmilzt. Je nach Verlauf der Solidusline (monoton oder mit Minimum) erhält man dann ein peritektisches oder eutektisches Zustandsdiagramm (Abb. 9.4), wie in Kap. 4.2 ausführlich besprochen.

Haben die zwei Phasen α und β unterschiedliche Kristallstrukturen, so erhält man keine gemeinsame Kurve $G_m(c)$, sondern getrennte Kurven für jede Phase, $G_\alpha(c)$ und $G_\beta(c)$, die sich bei einer gewissen Konzentration schneiden.

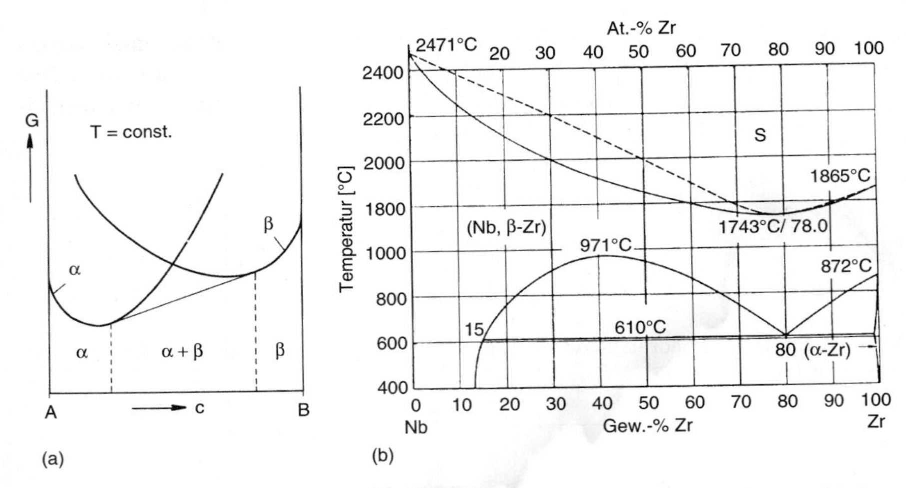

Abbildung 9.6. (a) Verlauf der freien Enthalpie für ein System mit verschiedenen Phasen α und β, (b) Zustandsdiagramm Nb-Zr (nach [9.2]).

Da nur die Phase oder das Phasengemenge mit der kleinsten freien Enthalpie thermodynamisch stabil ist, erhält man die gleiche Situation wie bei der Entmischung, nämlich einen homogenen α bzw. β Mischkristall für $c \leq c_1$, bzw. $c \geq c_2$ und ein Phasengemenge für $c_1 < c < c_2$, wobei c_1 und c_2 die Berührungspunkte der gemeinsamen Tangente angeben (Abb. 9.6).

9.2.1.3 Keimbildung und spinodale Entmischung

Der Vorgang der Entmischung kann entweder durch einen Keimbildungsprozeß ablaufen, indem sich ein Keim mit der Gleichgewichtszusammensetzung c_2 bildet, oder durch spontane Entmischung (spinodale Entmischung), bei der die Gleichgewichtszusammensetzung sich im Laufe der Zeit einstellt. Hat eine Phase eine Zusammensetzung nahe einem Minimum der freien Enthalpiekurve, z.B. c_1 in Abb. 9.7, so führt eine Entmischung zunächst grundsätzlich zu einer Erhöhung der freien Enthalpie. Bei Entmischung der Zusammensetzung c_1 in die Konzentrationen c_1' und c_1'' (Abb. 9.7) ist die freie Enthalpie des Gemenges G_E durch die Sehne von $G(c_1')$ nach $G(c_1'')$ gegeben, so daß $G_E(c_1) \equiv G_{1E} > G(c_1) \equiv G_1$. Eine solche Entmischung wäre instabil, und das System kehrt zur homogenen Mischung zurück. Hat die Phase dagegen eine Zusammensetzung in der Nähe des Maximums der $G(c)$-Kurve (z.B. c_3 in Abb. 9.7), so ist mit jeder Entmischung ein Gewinn an freier Enthalpie verbunden, der mit fortschreitender Entmischung weiter zunimmt. In einem solchen Fall wird eine Konzentrationsfluktuation verstärkt, das System entmischt sich spontan. Dieser Vorgang wird als spinodale Entmischung bezeichnet. Da der Diffusionsstrom bei der spinodalen Entmischung in Richtung Konzentrationserhöhung (Bergaufdiffusion) und nicht in Richtung Konzentrationsgleichverteilung geht, verläuft er entgegengesetzt dem Konzentrationsgradienten. Das entspricht einer negativen Diffusionskonstanten, bedingt durch einen negativen thermodynamischen Faktor (vgl. Kap. 5).

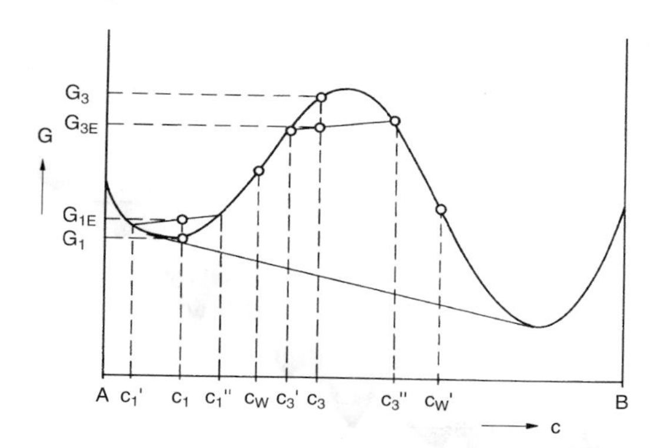

Abbildung 9.7. Änderung der freien Enthalpie durch Entmischung. Die Wendepunkte der Kurve $G(c)$ liegen bei c_w bzw. c_w'.

Der Unterschied zwischen spinodaler Entmischung und regulärer Keimbildung ist in Abb. 9.8 verdeutlicht. Bei der Keimbildung entsteht ein Keim der β-Phase mit der richtigen Zusammensetzung c_β durch thermische Fluktuation. Im Laufe der Zeit wird er durch Diffusion größer. Wie bei der Keimbildung in der Schmelze, so ist auch bei Umwandlungen im Festen eine kritische Keimgröße zu überschreiten, damit der Keim stabil wachsen kann. Deshalb geht der Umwandlungskeimbildung stets eine Inkubationszeit voraus. Dagegen erfolgt die spinodale Entmischung spontan (ohne Inkubationszeit), wobei aber nicht sofort die Gleichgewichtskonzentration eingestellt wird, sondern die Entmischung sich so lange verstärkt, bis das Gleichgewicht erreicht ist. Der Endzustand ist physikalisch der gleiche, jedoch ist die Morphologie des Phasengemenges völlig verschieden. Bei der spinodalen Entmischung erhält man in den Frühstadien ein periodisches Muster, während bei der Keimbildung die Gestalt der ausgeschiedenen Phase durch Grenzflächenenergie und elastische Verzerrungsenergie bestimmt wird. Die Periode spinodal entmischter Strukturen ist in der Regel sehr klein, z.B. 50Å in Al-37%Zn bei 100°C (Abb. 9.9). Solch feinlamellare „Verbundwerkstoffe“ haben sehr vorteilhafte Eigenschaften und im Falle ferromagnetischer Legierungen sehr hohe Koerzitivkräfte (gute Permanentmagnete).

Eine Verringerung der freien Enthalpie bei der Entmischung ist nur möglich, wenn die Sehne zwischen zwei Punkten der Kurve $G(c)$ unterhalb der Kurve selbst liegt, d.h. wenn die Kurve konkav gekrümmt ist ($d^2G/dc^2 \leq 0$). Das ist der Fall zwischen den Wendepunkten der Kurve $G(c)$. Die Wendepunkte sind aber gegeben durch $d^2G/dc^2 = 0$. Sie sind in Abb. 9.7 als c_w und

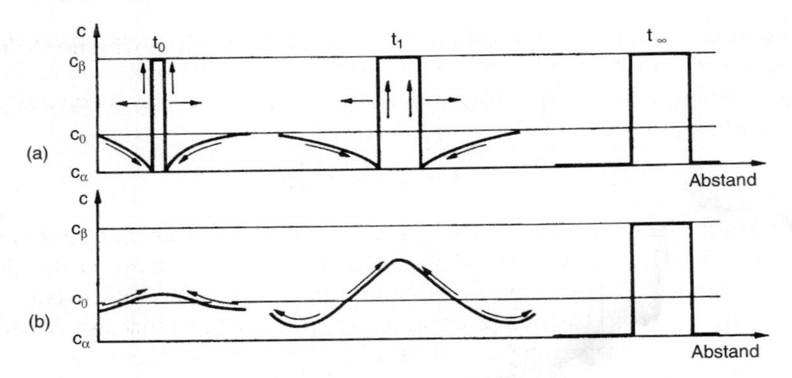

Abbildung 9.8. Schematischer Verlauf der Konzentrationsänderung und Dimension bei Entmischung durch (a) Keimbildung und Wachstum, (b) spinodale Entmischung.

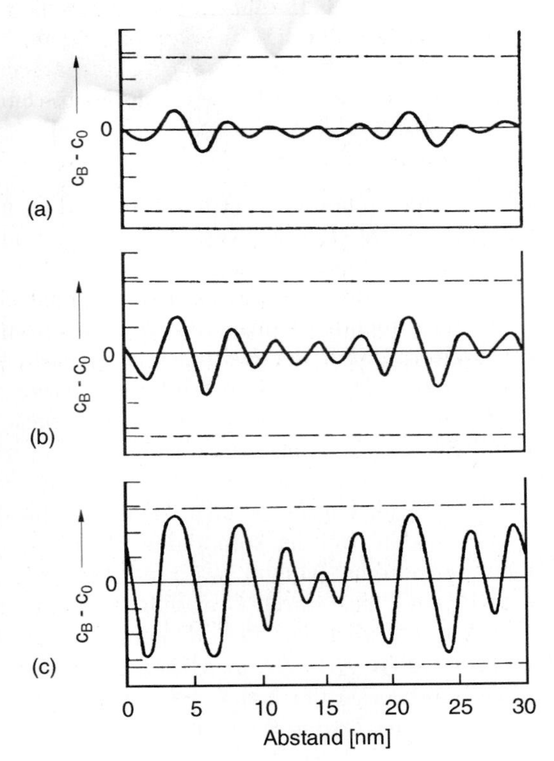

Abbildung 9.9. Numerisch berechnete Konzentrationsprofile für spinodal entmischtes Al-37%Zn nach Alterung bei 100°C für (a) 8 min, (b) 15 min, (c) 23 min. Die gestrichelten Linien geben die Gleichgewichtskonzentrationen der Entmischung an (nach [9.3]).

c'_w angegeben. Rechnerisch ergeben sich c_w und c'_w durch zweifache Differentiation von Gl. (9.7).

Die Abhängigkeit $c_w(T)$ beschreibt die Spinodale. Für den Fall $H_{AA} = H_{BB}$ ergibt sich:

$$c_w \cdot (1 - c_w) = \frac{kT}{2zH_0} \tag{9.11}$$

Diese parabelförmige Spinodale ist in Abb. 9.10 mit eingetragen. Innerhalb der Mischungslücke kann man also zwei Bereiche unterscheiden, nämlich den durch die Spinodale begrenzten Kern, wo spontan Entmischung auftreten kann, und der Bereich zwischen der Spinodalen und der Löslichkeitsgrenze, wo Ausscheidung nur durch Keimbildung und Keimwachstum erfolgen kann.

Die Keimbildung von Ausscheidungen läßt sich prinzipiell analog der Keimbildung in der Schmelze behandeln, allerdings mit zusätzlichen Komplikationen. Im Gegensatz zur Erstarrung spielt nämlich das gewöhnlich von der Mutterphase unterschiedliche Molvolumen der ausgeschiedenen Phase im festen Zustand eine wesentliche Rolle. Diese Volumendifferenz führt zu elastischen Verzerrungen, wobei die elastische Energie E_{el} mit steigendem Keimvolumen V zunimmt: $E_{el} = \varepsilon_{el} \cdot V$, ($\varepsilon_{el}$ — Verzerrungsenergie pro Volumeneinheit).

Damit ergibt sich die freie Enthalpieerhöhung bei Bildung eines kugelförmigen Keims mit Radius r in Analogie zu Gl. (8.1) (vgl. Kap. 8):

$$\Delta G(r) = (-\Delta g_u + \varepsilon_{el}) \cdot 4/3\pi r^3 + \gamma \cdot 4\pi r^2 \tag{9.12}$$

γ ist hier die spezifische Energie der $\alpha - \beta$-Phasengrenzfläche, Δg_u die freie Umwandlungsenthalpie pro Volumeneinheit. Entsprechend ist der kritische Keimradius gegeben durch das Maximum der Kurve $\Delta G(r)$ bei:

$$r_0 = \frac{2\gamma}{\Delta g_u - \varepsilon_{el}} \tag{9.13}$$

Die Energie der Phasengrenzfläche und die elastische Verzerrungsenergie spielen also eine entscheidende Rolle, da kleine Änderungen von r_0 große Änderungen der Keimbildungsgeschwindigkeit zur Folge haben (vgl. Kap. 8.2). Die elastische Verzerrungsenergie (pro Volumeneinheit) für eine harte Ausscheidung β in einer weichen Matrix α läßt sich berechnen zu

$$\varepsilon_{el} = \frac{E_\alpha \delta^2}{1 - \nu} (c_\beta - c_\alpha)^2 \cdot \varphi\left(\frac{c}{b}\right) \tag{9.14}$$

Darin bedeuten c_α, c_β die Konzentrationen von Matrix bzw. Ausscheidung, E_α und ν den Elastizitätsmodul bzw. die Querkontraktionszahl der α-Phase, $\delta = d(lna)/dc$ (a-Gitterparameter) den Atomgrößenfaktor (also im wesentlichen die Verzerrung) und φ den Formfaktor. Wird die Ausscheidung als Rotationsellipsoid angenommen, wobei c der Halbmesser in Richtung der Rotationsachse, b der dazu senkrechte Halbmesser sind, so ergibt sich für φ die

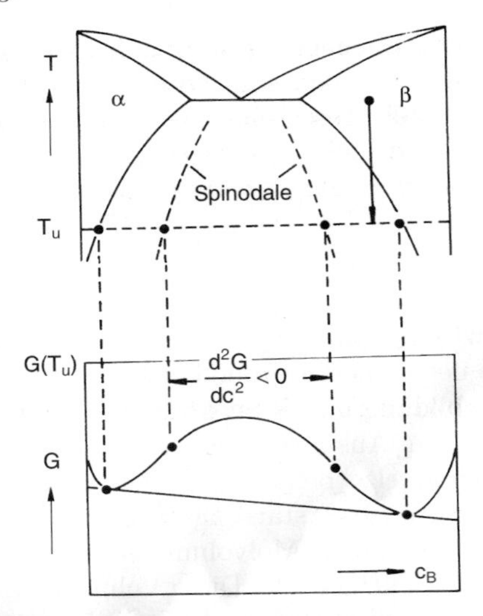

Abbildung 9.10. Schematische Darstellung des Zustandsdiagramms und der freien Enthalpie der Mischphase beim Auftreten einer Mischungslücke; $G(T_u)$ = freie Enthalpie bei der Ausscheidungstemperatur T_u.

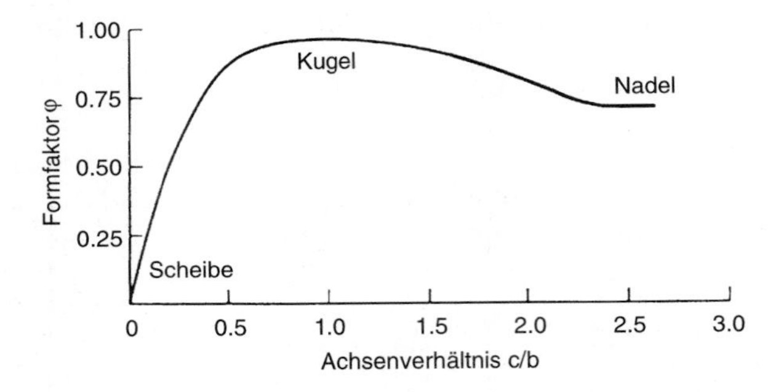

Abbildung 9.11. Elastischer Formfaktor φ für einen Rotationsellipsoid mit Achsenverhältnis c/b (nach [9.4]).

in Abb. 9.11 aufgetragene Abhängigkeit. Demnach ist die Verzerrungsenergie für eine Kugel am größten. Andererseits ist aber für eine Kugel auch die Oberfläche bei festem Volumen am kleinsten. Die Gestalt der Ausscheidung ist daher ein Kompromiß zwischen Minimalisierung von Verzerrungsenergie und Oberflächenenergie. Haben Ausscheidungen und Matrix etwa den gleichen Gitterparameter ($\delta \approx 0$) in Gl. (9.14) wie etwa im System Al-Ag, spielt die elastische Energie eine untergeordnete Rolle, und die Ausscheidungen haben Kugelgestalt. Ist der Unterschied der Gitterparameter sehr groß ($\delta \gg 0$), sind plattenförmige Ausscheidungen bevorzugt, z.B. im System Al-Cu. Allerdings spielt nicht nur die Größe der Grenzfläche, sondern auch ihre Energie eine Rolle. Ist die Grenzflächenenergie stark anisotrop, d.h. verschiedene Ebenen der Phasengrenzfläche haben sehr unterschiedliche Energie, dann kann es auch zu plattenförmigen Ausscheidungen kommen, obwohl die elastische Verzerrung minimal ist. So bildet sich bspw. im System Ag-Al zunächst eine kugelförmige Phase und im Laufe einer weiteren Glühung eine plattenförmige Phase (Abb. 9.19).

9.2.1.4 Metastabile Phasen

Die Keimbildungsgeschwindigkeit $\dot{N}$ ist analog Gl. (8.4) gegeben durch

$$\dot{N} \sim \exp\left(-\frac{\Delta G_0}{kT}\right) \tag{9.15}$$

mit

$$\Delta G_0 = \Delta G\left(r_c\right) = \frac{16}{3}\pi\frac{\gamma^3}{\left(\Delta g_u - \varepsilon_{el}\right)^2}$$

Damit hängt $\dot{N}$ sehr stark von der Grenzflächenenergie γ ab. Die Energie einer Phasengrenzfläche wird ganz entscheidend von ihrer Struktur bestimmt. Dazu kann man prinzipiell drei Grenzflächentypen unterscheiden, nämlich die kohärente, teilkohärente und inkohärente Phasengrenzfläche (Abb. 9.12).

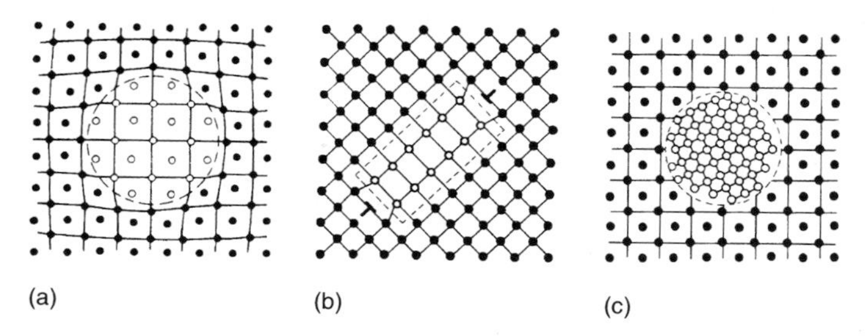

Abbildung 9.12. Struktur von Phasengrenzflächen (a) kohärent, (b) teilkohärent, (c) inkohärent.

Bei kohärenten Ausscheidungen setzen sich die Gitterebenen der Matrix stetig in der Ausscheidung fort, (Abb. 9.12a), wobei leichte elastische Verzerrungen unvermeidlich sind. Ist der Gitterparameterunterschied sehr groß, können Stufenversetzungen zur Kompensation der elastischen Verzerrungen in die Grenzfläche eingebaut werden (teilkohärente Grenzfläche, Abb. 9.12b), wobei weiterhin die meisten Gitterebenen in der Ausscheidung stetig fortgesetzt werden, einige dagegen in der Grenzfläche enden. Ist schließlich die Kristallstruktur beider Phasen verschieden, oder ist die Orientierung von Matrix und

Ausscheidung bei gleicher Gitterstruktur verschieden, so erhält man eine inkohärente Grenzfläche (Abb. 9.12c). Die Energie einer kohärenten Grenzfläche ist zumeist sehr klein im Vergleich zur Energie einer inkohärenten Grenzfläche.

Ausscheidungen haben gewöhnlich eine andere Kristallstruktur als die Mutterphase. Ihre Phasengrenzfläche ist deshalb inkohärent. Wegen der damit verbundenen hohen Grenzflächenenergie ist die Keimbildungsarbeit sehr groß und deshalb die Keimbildung stark behindert, insbesondere bei tieferen Temperaturen, wo die Diffusion langsamer verläuft. Dann kommen metastabile Phasen zum Zug, die zwar nicht eine so geringe freie Enthalpie haben wie die Gleichgewichtsphase θ (Abb. 9.13), dafür aber eine niederenergetische kohärente oder teilkohärente Phasengrenzfläche, wodurch hohe Keimbildungsgeschwindigkeiten erzielt werden.

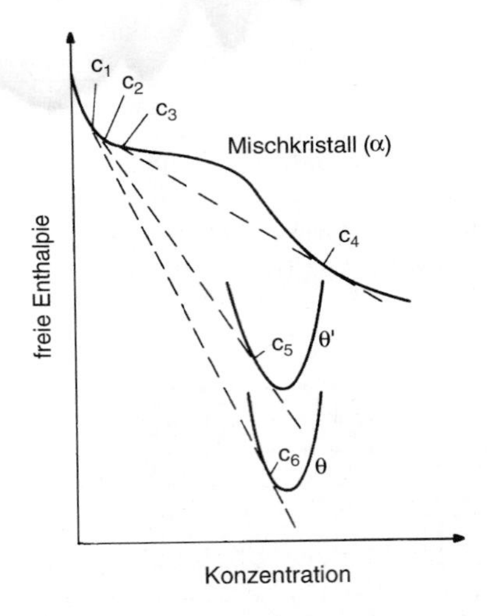

Abbildung 9.13. Schematischer Verlauf der freien Enthalpie für sukzessiv auftretende metastabile Phasen.

Eine metastabile Phase ist grundsätzlich instabil, weil ihre freie Enthalpie höher als die der Gleichgewichtsphase ist. Oft werden bis zum Erreichen der Gleichgewichtsphase sogar mehrere metastabile Phasen durchlaufen, die gewöhnlich auseinander hervorgehen und eine sukzessive Absenkung der freien Enthalpie mit sich bringen (Abb. 9.13). Die ersten sich bildenden kohärenten Phasen sind in der Regel entmischte Zonen mit der Größe von wenigen Atomlagen. Diese entmischten kohärenten Bereiche werden als Guinier-Preston-Zonen bezeichnet. Da die Temperaturbewegung der Bildung solcher Entmischungszonen entgegenwirkt, nimmt die Zahl der Guinier-Preston-Zonen mit steigender Temperatur ab, bis sich oberhalb einer kritischen Temperatur gar keine Entmischungszonen mehr bilden, sondern nur noch inkohärente Phasen auftreten (Abb. 9.14). Bei zu tiefen Temperaturen dagegen friert die Diffusion ein, so daß ebenfalls keine Entmischung stattfinden kann. Es gibt daher einen bestimmten Temperaturbereich, in dem diese Phasen auftreten. Das ist der Temperaturbereich zur Wärmebehandlung aushärtender Legierungen, die technisch außerordentlich wichtig sind.

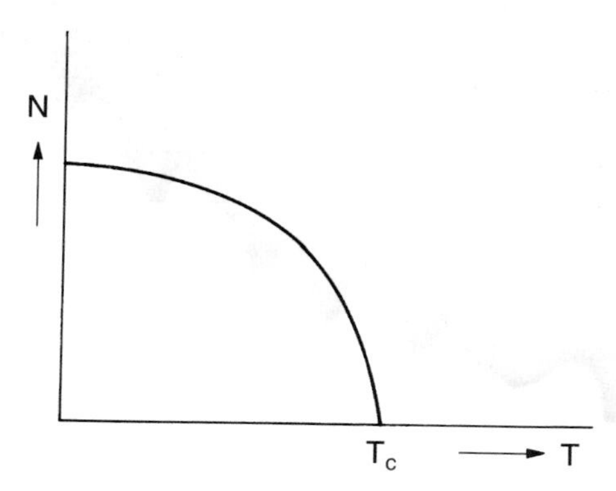

Abbildung 9.14. Gleichgewichtsdichte von Guinier-Preston-Zonen in Abhängigkeit von der Temperatur (Existenzkurve). Bei tiefen Temperaturen läßt sich das Gleichgewicht durch unzureichende Diffusion nicht einstellen.

9.2.1.5 Aushärtung

Die Aushärtung ist eines der wichtigsten Verfahren zur Festigkeitssteigerung von Legierungen. Die aushärtbaren Aluminiumlegierungen sind die Basiswerkstoffe der Luftfahrt. Ohne Aushärtung wäre Aluminium ein für Konstruktionszwecke praktisch wertloses Material.

Das Prinzip der Aushärtung liegt in der Festigkeitssteigerung durch Ausscheidungen einer zweiten Phase bei der Auslagerung eines übersättigten Mischkristalls. Das Musterbeispiel ist Al-Cu. Die Al-reiche Seite des Zustandsdiagramms ist rein eutektisch (Abb. 9.15a). Die maximale Löslichkeit von Cu in Al beträgt 5.65Gew.% bei 548°C. Bei Temperaturen unterhalb 300°C sinkt die Löslichkeit auf weniger als 1%. Zur Aushärtung wird eine Zusammensetzung verwendet, die bei hohen Temperaturen als Mischkristall α vorliegt, bei tieferen Temperaturen aber aus einem Phasengemenge $\alpha + \theta$ besteht (Abb. 9.15b), wobei θ die intermetallische Phase Al_2Cu bezeichnet, die eine ganz andere Kristallstruktur hat (nämlich tetragonal) als der kfz Al-Cu-Mischkristall. Schreckt man den homogenen Mischkristall auf Raumtemperatur ab, so liegt ein übersättigter Mischkristall vor. Wird dieser nun bei etwas höheren Temperaturen ausgelagert, so erhält man einen beträchtlichen Festigkeitsanstieg, wie

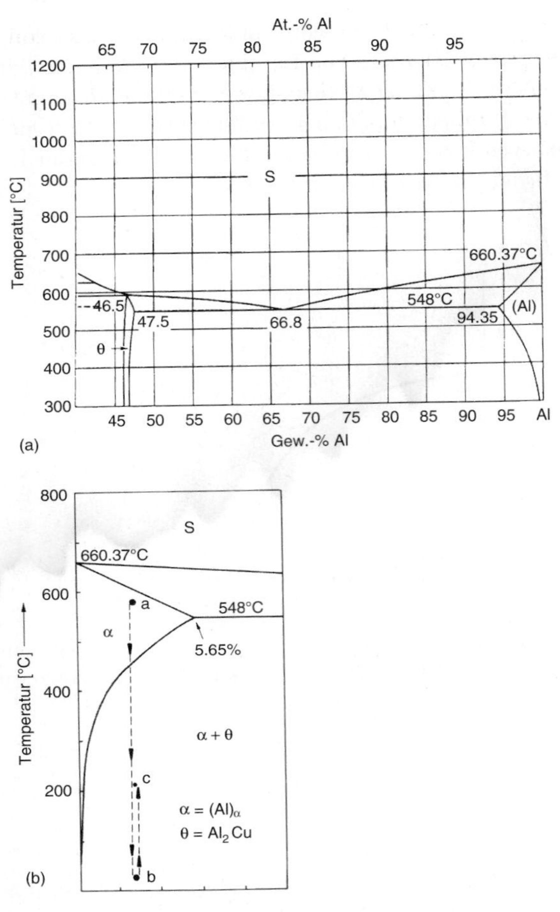

Abbildung 9.15. (a) Zustandsdiagramm Al-Cu, (b) Ausschnitt aus dem Zustandsdiagramm Al-Cu (Al-reiche Seite) mit Bezeichnung der Temperaturführung bei Aushärtung (nach [9.5]).

in Abb. 9.16 gezeigt. Bei niedrigen Auslagerungstemperaturen (100°C) steigt die Härte langsam aber stetig an, bis ein Plateauwert erreicht wird. Bei etwas höheren Temperaturen beobachtet man nach Erreichen des Plateauwertes noch einen weiteren Härteanstieg, der aber ein Maximum durchläuft. Bei noch höheren Temperaturen werden Plateauwert und Maximum schneller erreicht, aber der Plateauwert nimmt ab. Schließlich wird bei 300°C gar kein Plateau mehr, sondern nur noch die 2. Härtungsstufe ausgebildet. Dieses Materialverhalten läßt sich mit Hilfe der Phasenumwandlung $\alpha \to \alpha + \theta$ deuten. Dabei entsteht zunächst gar nicht die inkohärente Gleichgewichtsphase θ, sondern kohärente und später teilkohärente metastabile Guinier-Preston(GP)-Zonen I und II. Die GPI-Zonen sind einschichtige Atomlagen von Cu auf $\{100\}$-

Ebenen. GPII-Zonen (oder θ''-Phase) sind Anhäufungen von parallelen Cu Schichten längs {100}-Ebenen, was zu einer tetragonalen Verzerrung führt (Abb. 9.17 und Abb. 9.18). Die Gleichgewichtsphase θ wird schließlich über eine weitere Zwischenphase θ'(CaF_2-Gitterstruktur, auch über {100} mit der Matrix kohärent) erreicht.

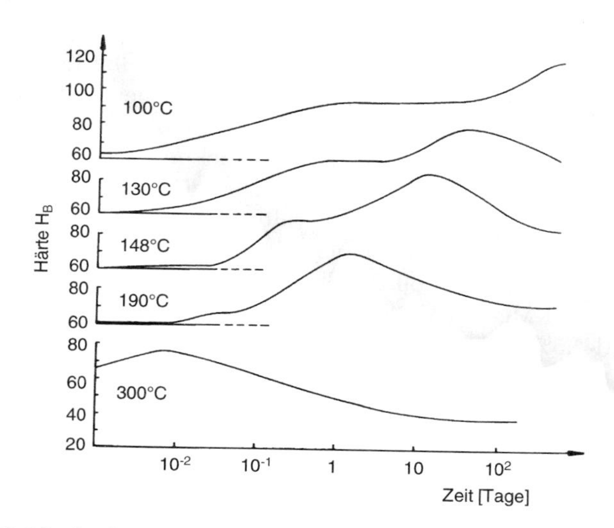

Abbildung 9.16. Aushärtungskurven von Al-4%Cu-1%Mg (nach [9.6]).

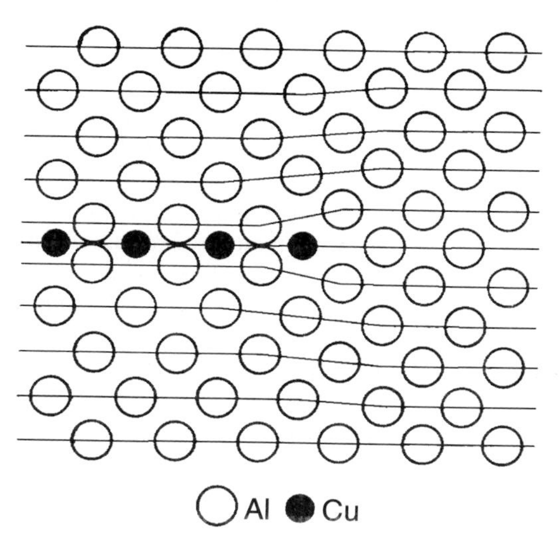

Abbildung 9.17. Schnitt durch eine GPI-Zone in Al-Cu.

Die erste Aushärtungsstufe, das Plateau, wird durch Ausbildung der GPI- und GPII-Zonen erklärt. Als Entmischungsphasen nimmt ihre Zahl mit zunehmender Temperatur ab, und deshalb wird der Härtewert des Plateaus mit steigender Temperatur kleiner. Bleibt wegen niedriger Temperatur die Aushärtung auf diese erste Stufe beschränkt, so spricht man von Kaltaushärtung. Erst bei höheren Anlaßtemperaturen erhält man auch die 2. Härtestufe. Das wird als Warmaushärtung bezeichnet. Sie ist im wesentlichen auf die Ausbildung der θ'-Phase zurückzuführen. Durch Vergröberung der Ausscheidungen bei längerer Glühzeit (Ostwald-Reifung, vgl. Abschn. 9.2.1.6) kommt es zur Vergrößerung der Teilchenabstände und damit zu einer Festigkeitsabnahme, weil die Teilchen von den Versetzungen mit dem Orowan-Mechanismus leichter umgangen werden können (vgl. Kap. 6). Ziel der Warmaushärtung ist es, die maximale Festigkeit zu erreichen. Die unerwünschte Festigkeitsabnahme bei langen Glühzeiten nennt man Überalterung. Die Gleichgewichtsphase θ wird meist erst nach fortgeschrittener Überalterung gebildet, spielt also für die Aushärtung gar keine Rolle. Neben Al-Cu (meist Al-4%Cu-1%Mg) haben auch noch Al-Mg-Si (Al-1%Mg-1%Si, Gleichgewichtsphase Mg_2Si) und Al-Mg-Zn (Al-4.5%Zn-1.5%Mg, Gleichgewichtsphase $MgZn_2$) technische Bedeutung.

Eine zweite wichtige Gruppe von aushärtbaren Legierungen besteht aus Ni, Cr, und Co mit Zusatz von Al, Si, Ti, Mo, Nb oder W. Sie finden Anwendung für Hochtemperaturbauteile (z.B. Turbinenschaufeln) und werden auch als Superlegierungen bezeichnet. Das Musterbeispiel ist hier das System Ni-Al, wo die intermetallische γ'-Phase Ni_3Al mit dem nickelreichen Mischkristall γ im Gleichgewicht steht. Beide Phasen sind kubisch mit etwa gleichem Gitterparameter, so daß kohärente Ausscheidungen sich leicht bilden können. Moderne technische Superlegierungen enthalten bis zu 80% Volumenanteil von γ'-Phase, wobei die γ-Matrix enge Kanäle um die Ausscheidungen bildet.

Zur Aushärtung von Cu benutzt man am häufigsten Be (bis zu 3 Gew.%). Nach Anlassen des übersättigten Mischkristalls bei 300-400°C steigt die Festigkeit stark an und läßt sich durch Kaltverformung noch weiter erhöhen. Die Legierung findet Anwendung für paramagnetische Bauteile oder für funkenfreie Werkzeuge.

Der Härtungseffekt ist optimal, wenn der Teilchenabstand möglichst klein ist, d.h. wenn die Ausscheidung homogen erfolgt und deshalb die Ausscheidungen gleichmäßig im Kristall verteilt sind (kontinuierliche Ausscheidung). Bei metastabilen Entmischungzonen ist das zumeist der Fall. Inkohärente Ausscheidungen werden häufig bevorzugt an Gitterfehlern wie Versetzungen, Subkorngrenzen oder Korngrenzen gebildet (Abb. 9.20). Bleibt die Ausscheidung auf die Gebiete um die Gitterfehler beschränkt, werden die mechanische Eigenschaften oft nur unzureichend verbessert.

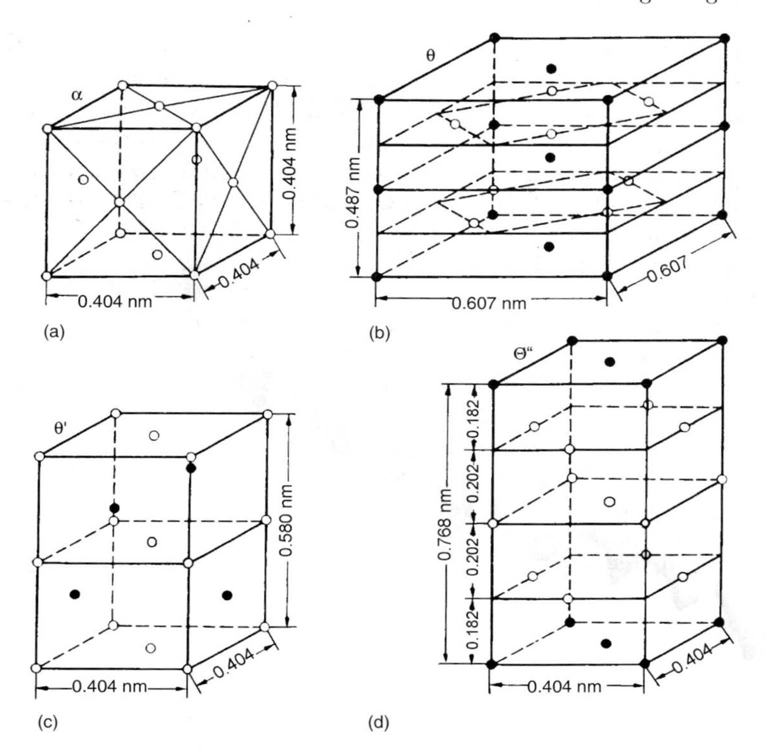

Abbildung 9.18. Kristallstrukturen des Mischkristalls (a), der Gleichgewichtsphase θ (b) und der metastabilen Phasen θ'(c) und θ'' (d) im System Al-Cu (Cu •, Al ◦) (nach [9.7]).

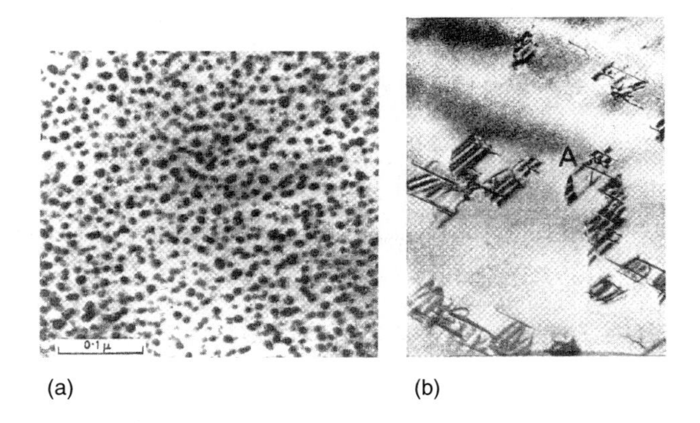

Abbildung 9.19. TEM-Aufnahme von metastabilen Phasen in Al-32%Ag [9.8]. (a) kugelförmige kohärente GP-Zonen nach 300 min. bei 160°C; (b) plattenförmige γ'-Phase nach 7200 min. bei 160°C [9.9].

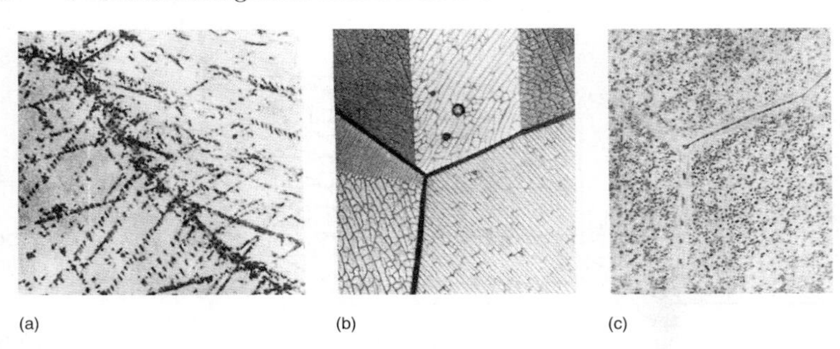

Abbildung 9.20. Bevorzugte Ausscheidung an Kristallbaufehlern (a) an Versetzungen, d.h. entlang Gleitlinien; (b) an Subkorngrenzen; (c) an Korngrenzen. Die ausscheidungsfreie Zone um die Korngrenze ist eine Folge der Konzentrationsverarmung durch Korngrenzenausscheidungen [9.10].

9.2.1.6 Wachstumskinetik von Ausscheidungen

Die gebildeten Keime einer sich ausscheidenden Phase wachsen im Laufe der Glühzeit bis sich beide Phasen im Gleichgewicht befinden, d.h. ihre Gleichgewichtskonzentration angenommen haben (Abb. 9.8). Diese Wachstumskinetik verläuft diffusionsgesteuert und kann unter vereinfachenden Annahmen berechnet werden. In einer binären Legierung AB mit der Ausgangskonzentration c_0 ändert sich die mittlere Konzentration der Matrix $\bar{c}_B$ mit der Zeit t, weil ein ständiger Strom von B-Atomen, j_B, in die Ausscheidungen vom Radius r_0 abfließt:

$$\frac{4}{3}\pi R^3 \cdot \frac{d\bar{c}_B}{dt} = j_B\left(r_0\right) \cdot 4\pi r_0^2 \tag{9.16}$$

Dabei ist R der Radius einer Kugel, die das mittlere Matrixvolumen pro Ausscheidung darstellt. Wächst das Teilchen stationär, d.h. ändert sich der Konzentrationsverlauf vor dem Teilchen nicht, so ergibt sich der Konzentrationsverlauf in der Matrix als Lösung der stationären Diffusionsgleichung zu

$$c_B(r) = c_0 - (c_0 - c_B') \cdot (r_0/r) \tag{9.17}$$

worin c_B' die Gleichgewichtskonzentration ist, die bei $r = r_0$ immer eingestellt ist.

Wegen

$$j_B\left(r_0\right) = -D_B \left.\frac{\partial c_B}{\partial r}\right|_{r=r_0} = -D_B \frac{c_0 - c_B'}{r_0} \tag{9.18}$$

und der Erhaltung der Zahl der B-Atome

$$\frac{4}{3}\pi R^3 \left(c_0 - \bar{c}_B\right) = \frac{4}{3}\pi c_K r_0^3 \tag{9.19}$$

wobei c_K die Konzentration in der Ausscheidung ist, erhält man für den ausgeschiedenen Bruchteil:

$$X(t) \equiv \frac{c_0 - \bar{c}_B}{c_0 - c'_B} \tag{9.20}$$

für kleine Zeiten

$$X(t) = \left(\frac{2t}{3\tau}\right)^{3/2} \tag{9.21}$$

und für große Zeiten, wo benachbarte Gebiete um die verbleibenden überschüssigen B Atome konkurrieren,

$$X(t) = 1 - 2\,\exp\left(-\frac{t}{\tau}\right) \tag{9.22}$$

Die Zeitkonstante τ ist im wesentlichen gegeben durch die Diffusionskonstante

$$\frac{1}{\tau} = \frac{3D_B\,(c_0 - c'_B)^{1/3}}{c_K^{1/3} R^2} \tag{9.23}$$

Das Ergebnis läßt sich leicht physikalisch interpretieren. Abgesehen vom Endstadium wächst der Teilchenradius $r_0 \sim \sqrt{D_B \cdot t}$. Das erklärt sich daher, daß die B-Atome, die die Ausscheidungen vergrößern, aus immer größerer Entfernung $a \sim \sqrt{D_B \cdot t}$ herbeigeschafft werden müssen. Da $X \sim r_0^3$, ergibt sich die Abhängigkeit $X \sim t^{3/2}$.

Diese einfache Rechnung stimmt mit dem Experiment hinreichend gut überein (Abb. 9.21), wenn man bedenkt, daß der Einfluß elastischer Verzerrungen völlig vernachlässigt wurde. In anderen Fällen wird weniger gute Übereinstimmung von Theorie und Experiment erzielt. Das liegt daran, daß die Wachstumskinetik auch durch ganz andere Mechanismen bestimmt werden kann als durch den Atomtransport, bspw. durch den Einbau der B-Atome in die Phasengrenze beim Wachstum der Teilchen, oder bei Ausscheidungen an Gitterfehlern, wo andere Diffusionsmechanismen zum Zuge kommen.

Man könnte erwarten, daß das Teilchenwachstum zum Stillstand kommt, wenn sich die Gleichgewichtskonzentrationen eingestellt haben. In Wirklichkeit wird aber beobachtet, daß sich im Laufe einer Glühung kleine Teilchen auflösen und größere Teilchen wachsen. Es kommt also zur Teilchenvergröberung. Dieser Vorgang wird als Ostwald-Reifung bezeichnet. Die treibende Kraft dieses Vorgangs ist die Herabsetzung der Gesamtgrenzflächenenergie. Die Gesamtenergie wäre viel kleiner, wenn es nur ein einziges riesiges Teilchen gäbe, anstatt viele kleine Ausscheidungen. Ob ein Teilchen sich auflösen soll oder weiter wachsen wird, ergibt sich daraus, ob das chemische Potential μ eines Atoms in der Nähe einer Ausscheidung größer oder kleiner als das mittlere chemische Potential ist. Bei kugelförmigen Teilchen ist das chemische Potential durch die Krümmung der Oberflächen gegeben, so daß zwischen zwei Teilchen mit den Radien r_1 und r_2 eine chemische Potentialdifferenz (Gibbs-Thomson-Gleichung)

$$\Delta\mu_p = 2\gamma_{\alpha\beta}\Omega\left(\frac{1}{r_1} - \frac{1}{r_2}\right) = kT\frac{\Delta c_B}{\hat{c}_B} \tag{9.24}$$

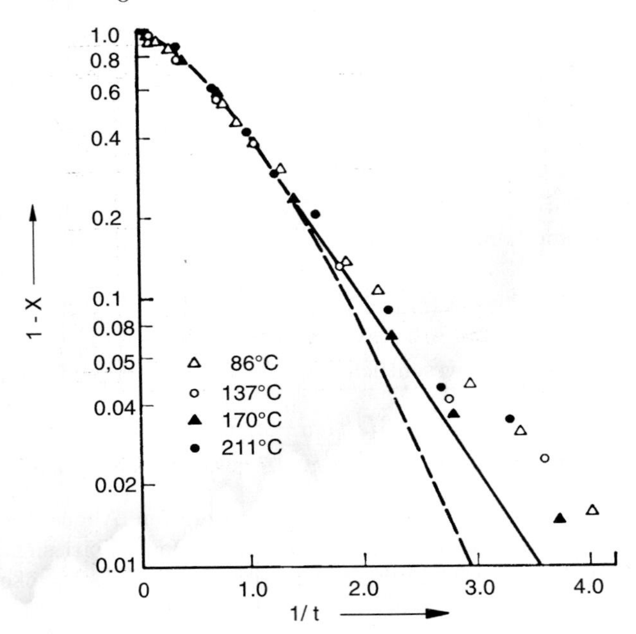

Abbildung 9.21. Wachstumskinetik von C in α-Fe. Ausgezogene Kurve — exakte Theorie, gestrichelt — Verlauf gemäß Gl. (9.22).

($\hat{c}_B$ — Gleichgewichtskonzentration der Matrix bei ebener Phasengrenzfläche ($r \to \infty$), $\gamma_{\alpha\beta}$ — Grenzflächenenergie und Ω — Atomvolumen) und damit ein Konzentrationsgradient Δc_B besteht (Abb. 9.22). Dieser Konzentrationsgradient verursacht einen Diffusionsstrom in Richtung des größeren Teilchens, so daß die großen Teilchen wachsen und sich die kleinen Teilchen auflösen. Die Lösung des Diffusionsproblems ergibt für die Zeitabhängigkeit der mittleren Teilchengröße $\bar{r}$

$$\bar{r}^3 - \bar{r}_0^3 \sim \gamma_{\alpha\beta} D_B t \tag{9.25}$$

In dieser Rechnung wurden allerdings elastische Verzerrungen nicht berücksichtigt. Kommt es wegen des Formfaktors zu plattenförmigen Ausscheidungen, so sind Abweichungen von der Kugelgeometrie zu berücksichtigen. Dennoch wird die Abhängigkeit $r \sim t^{1/3}$ für jede Dimension eines Teilchens, bspw. die Kantenlänge eines quaderförmigen Teilchens, beobachtet, obgleich mit verschiedenen kinetischen Koeffzienten ($\gamma_{\alpha\beta} D_B$) für unterschiedliche Raumrichtungen.

Letztlich sei noch bemerkt, daß Teilchenvergröberung nicht auf die Gleichgewichtsphase beschränkt ist, sondern auch schon bei metastabilen Phasen eine Rolle spielt. So sind bei der Aushärtung das Maximum des Härteanstiegs und die Überalterung auf Ostwald-Reifung zurückzuführen, obwohl zumeist die Gleichgewichtsphase noch gar nicht aufgetreten ist.

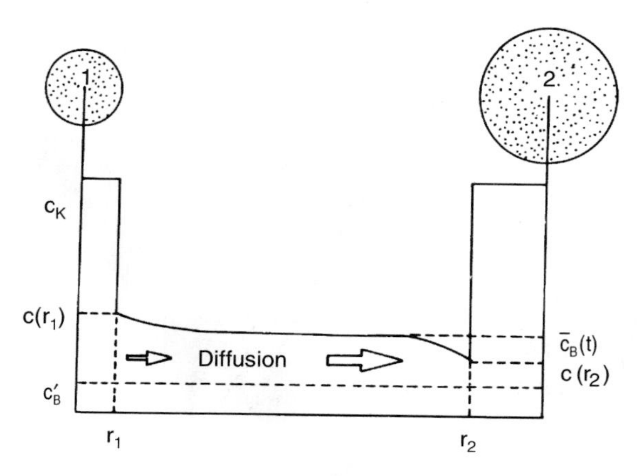

Abbildung 9.22. Konzentrationsverlauf und Diffusionsfluß bei Ausscheidungen unterschiedlicher Größe.

9.2.1.7 Eutektoide Entmischung und diskontinuierliche Ausscheidung

Während in der Regel die Ausscheidung durch Bildung und Wachstum individueller Keime erfolgt, kann in anderen Fällen die Umwandlung auch durch Bewegung einer Reaktionsfront vor sich gehen, bspw. bei der eutektoiden Entmischung und der diskontinuierlichen Ausscheidung.

Die eutektoide Entmischung entspricht dem Vorgang der eutektischen Erstarrung, nur daß sie sich im festen Zustand vollzieht. Eine Phase zerfällt in zwei andere Phasen: $\alpha \rightarrow \beta + \gamma$. Da β und γ gleichzeitig entstehen, aber verschiedene Zusammensetzung — möglicherweise auch verschiedene Kristallstrukturen — haben, erfolgt die Umwandlung mit lamellenhafter Morphologie, weil sich nur durch kurzreichweitige Diffusion die Konzentrationsunterschiede einstellen und die beiden Phasen so nebeneinander entstehen. Das wohl technologisch wichtigste Beispiel ist die Perlitreaktion in Stahl. Dabei zerfällt das kohlenstoffreiche kfz γ-Fe in kohlenstoffarmes α-Fe und Zementit (Fe_3C).

Zumeist geht die Umwandlung von einer Korngrenze aus, weil dort die Keimbildung begünstigt ist. Bildet z.B. die α-Phase zuerst einen Keim (Abb. 9.24a), so bezieht sie die dazu notwendige Anreicherung einer Atomsorte (z.B. B) aus ihrer unmittelbaren Nachbarschaft, die an derselben Atomsorte verarmt, aber sich mit der anderen Atomsorte (A) anreichert, wodurch ein β-Keim entsteht. Die Verarmung der Umgebung an A führt wieder zur Keimbildung von α usw. Das Ergebnis ist ein lamellenhaftes Umwandlungsgefüge (Abb. 9.24b). Da die Lamellendicke durch die Reichweite der Diffusion gegeben ist, nimmt der Lamellenabstand mit steigender Umwandlungsgeschwindigkeit ab (Abb. 9.23) [Gl. (8.9)].

Eine andere Form der Umwandlung durch Bewegung einer Reaktionsfront ist die diskontinuierliche Ausscheidung. Dabei vollzieht sich an der Umwand-

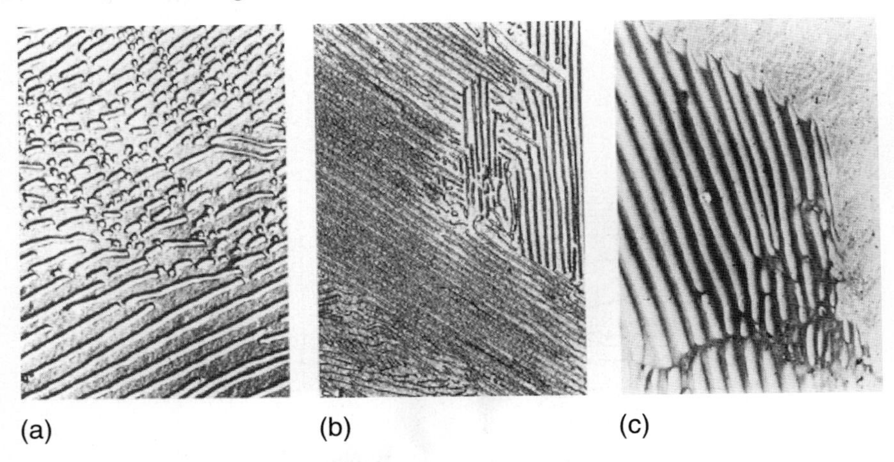

Abbildung 9.23. Mikrostruktur des eutektoid entmischten Systems Fe-0.78%C-0.97%Mn. (a) bei langsamer Abkühlgeschwindigkeit (Erstarrung bei 680°C) [9.11]; (b) bei schneller Abkühlgeschwindigkeit (Erstarrung bei 639°C) [9.11]; (c) beginnende Perlitbildung mit voreilenden Karbidlamellen bei Fe-0.8%C (Karbidlamellen hell, Ferritlamellen dunkel) [9.12].

lungsfront die Reaktion $\alpha \rightarrow \alpha + \beta$, also nur eine neue Phase entsteht. Gewöhnlich beginnt die Keimbildung ebenfalls an Korngrenzen, und es entsteht wie bei der eutektoiden Entmischung eine lamellenhafte Mikrostruktur. Da die Ausscheidung nicht homogen im Korninneren — wie bei der kontinuierlichen Ausscheidung — sondern an einigen wenigen Stellen, zumeist an der Korngrenze stattfindet, nennt man den Vorgang auch diskontinuierliche Ausscheidung. Ein Charakteristikum der diskontinuierlichen Ausscheidung ist, daß mit der Reaktion eine Korngrenzenbewegung verbunden ist. Deshalb wird sie auch als Rekristallisationsvorgang angesehen. Da in der Korngrenze die Diffusionsprozesse schneller ablaufen können, werden Entmischungsprozesse durch die Korngrenze erleichtert und beschleunigt. Entsprechend scheidet sich hinter der bewegten Korngrenze die neue Phase β aus, die somit lamellenhaft mit der Korngrenzenverschiebung wächst (Abb. 9.25). Ist der übersättigte Mischkristall außerdem verformt, so wird die Korngrenzenwanderungsrate erhöht, weil zusätzlich zur chemischen Umwandlungsenergie auch die Versetzungsenergie als treibende Kraft auf die Korngrenzen wirkt (vgl. Kap. 7). Ganz analog verläuft auch der umgekehrte Vorgang, nämlich die Auflösung von Ausscheidungen durch bewegte Korngrenzen bei der Rekristallisation von zweiphasigen Gefügen im homogenen Mischkristallbereich.

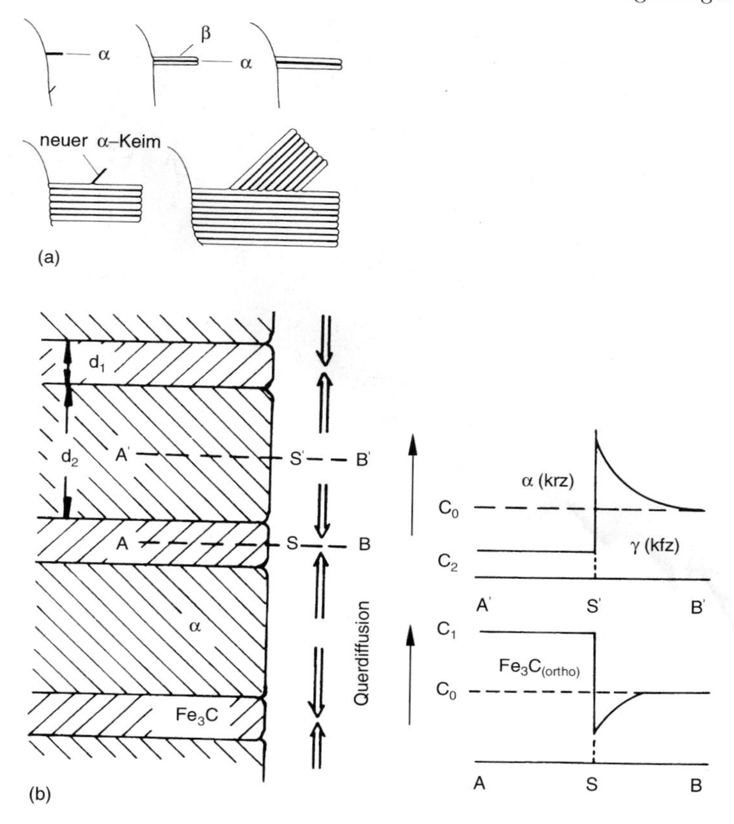

Abbildung 9.24. (a) Schematik der Lamellenbildung bei der eutektoiden Entmischung; (b) Lamellenanordnung und C-Konzentrationsverlauf in Wachstumsrichtung bei der Perlitreaktion.

Abbildung 9.25. Reaktionsfront der diskontinuierlichen Ausscheidung in Al-2.8At.%Ag-1At.%Ga.

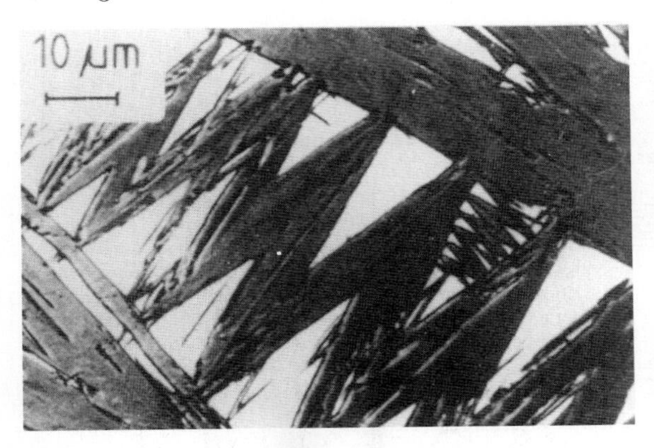

Abbildung 9.26. Martensit- und Restaustenit in einer FeNiAl-Legierung [9.13].

9.2.2 Martensitische Umwandlungen

In reinen Metallen stellt sich am Umwandlungspunkt die neue Kristallstruktur gewöhnlich spontan ein, und auch durch hohe Abkühlgeschwindigkeiten läßt sich die Phasenumwandlung nicht unterdrücken. Bei den Legierungen sind jedoch Konzentrationsänderungen mit der Ausbildung der neuen Phase verbunden, die durch Diffusion gesteuert werden. Bei Erhöhung der Abkühlgeschwindigkeit werden die erreichbaren Diffusionswege immer kleiner, bis bei schnellen Abkühlungen schließlich die Diffusionsgeschwindigkeit nicht mehr ausreicht, die notwendigen Konzentrationsänderungen herbeizuführen. Dann wird die Phasenumwandlung unterdrückt. Mit zunehmender Unterkühlung einer instabilen Phase werden allerdings die treibenden Kräfte zur Umwandlung immer größer. Ändert sich bei der Umwandlung die Kristallstruktur, wie bspw. beim System Fe-C von kfz zu krz, so können die treibenden Kräfte derart groß werden, daß sich die Kristallstruktur spontan ändert, ohne daß eine Konzentrationsänderung stattfindet. Diese spontanen Phasenumwandlungen ohne Konzentrationsänderung werden ganz allgemein als martensitische Umwandlungen bezeichnet, in Anlehnung an die wohl technologisch bedeutendste spontane Umwandlung im System Fe-C bei Unterdrückung der Perlit-Reaktion.

Ist eine spontane Änderung der Kristallstruktur mit einer Volumen- oder Gestaltsänderung verbunden, verstärkt durch den fehlenden Konzentrationsausgleich, so findet die Umwandlung durch sukzessives Umklappen meist nadel- oder plattenförmiger Bereiche in die neue Kristallstruktur statt (Abb. 9.26). Später entstehende Platten werden dabei durch bereits vorhandene Platten in ihrer Ausbreitung beschränkt.

Der Volumenbruchteil der martensitisch umgewandelten Phase ist gewöhnlich nicht von der Zeit, sondern nur von der Temperatur abhängig, auf die abgeschreckt wurde, wobei der Volumenbruchteil mit abnehmender Temperatur zunimmt (Abb. 9.27). Oberhalb einer gewissen Temperatur M_s (für

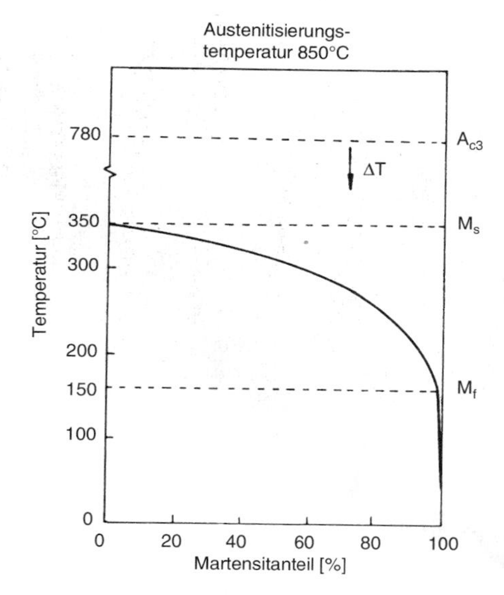

Abbildung 9.27. Existenzkurve des Martensits in Fe-0.45%C. A_{c3} ist die beim Aufheizen gemessene Umwandlungstemperatur zum Austenit. M_s und M_f werden in der Praxis durch 1% bzw. 99% Martensitanteil festgelegt.

Martensit-Start; definiert bei 1% martensitischem Gefügeanteil) findet gar keine Umwandlung statt. Beträchtliche Unterkühlungen unterhalb M_s sind aber notwendig, um vollständige Martensitumwandlung (M_f — Martensit-Finish; definiert bei 99% martensitischem Gefügeanteil) zu erreichen. Diese Existenzkurve des Martensits hängt aber von der Zusammensetzung ab (Abb. 9.28). Mit zunehmender Konzentration nimmt M_s gewöhnlich ab. Beim Aufheizen wandelt sich bei M_s der Martensit aber nicht spontan in die kfz γ-Phase zurück. Eine Überhitzung auf A_s (Austenit-Start) ist notwendig, wobei A_s ebenfalls von der Konzentration abhängt (Abb. 9.28). Im speziellen Fall des Fe-C zerfällt der Martensit beim Anlassen in Ferrit und Zementit, anstatt sich direkt in Austenit umzuwandeln. Durch Verformung kann die Differenz zwischen den Umwandlungstemperaturen verringert werden. Als thermodynamische Gleichgewichtstemperatur T_0 für beide Phasen (gleiche freie Enthalpie) kann man in erster Näherung $T_0 = (M_s + A_s)/2$ annehmen, was recht gut mit theoretischen Rechnungen übereinstimmt.

Eine anschauliche Erklärung für die kristallographischen Zusammenhänge bei der Martensitumwandlung im System Fe-C gibt die Theorie von Bain (Abb. 9.29). Die Umwandlung besteht in einer Änderung der Gitterstruktur von kfz zu krz, wobei die krz-Zelle durch Anwesenheit des Kohlenstoffs tetragonal verzerrt wird, worauf weiter unten eingegangen wird. Die Mitte zweier benachbarter kfz-Elementarzellen (Gitterparameter a_0) enthält eine tetragonale Elementarzelle (trz) mit den Abmessungen $a = a_0\sqrt{2}$ und $c = a_0$. Zur

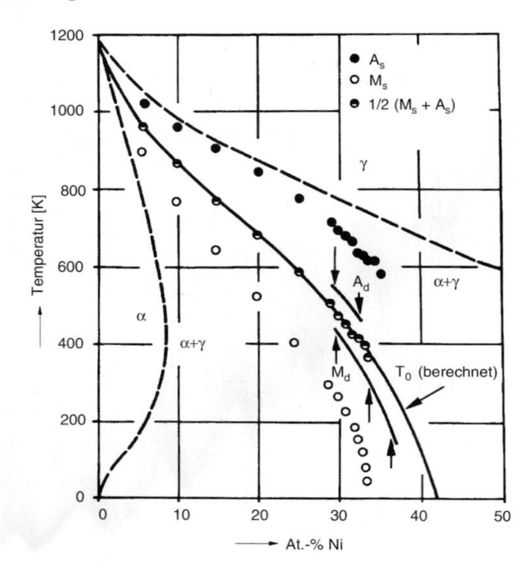

Abbildung 9.28. Konzentrationsabhängigkeit des Existenzbereichs von Martensit in Fe-Ni (nach [9.14]).

Änderung in eine krz-Zelle muß noch in c-Richtung gestaucht und in beiden a-Richtungen gedehnt werden, wobei sich das Volumen um 3 bis 5% ändert. Diese Vorstellung trägt der Bedingung Rechnung, daß es bei der Martensitbildung nicht zu großen Änderungen der Atompositionen kommt und nächste Nachbarn auch nach der Umwandlung nächste Nachbarn bleiben. Die Bainsche Korrespondenz wird durch röntgenographische Untersuchungen gestützt, die eine Orientierungsbeziehung bei Fe-C $\{111\}_\gamma || \{110\}_\alpha$ und $\langle 110\rangle_\gamma || \langle 111\rangle_\alpha$ (nach Kurdjumov-Sachs) belegen.

Statt eines Übergangs kfz $\rightarrow$ krz wie bei reinem Eisen oder beim Ferrit

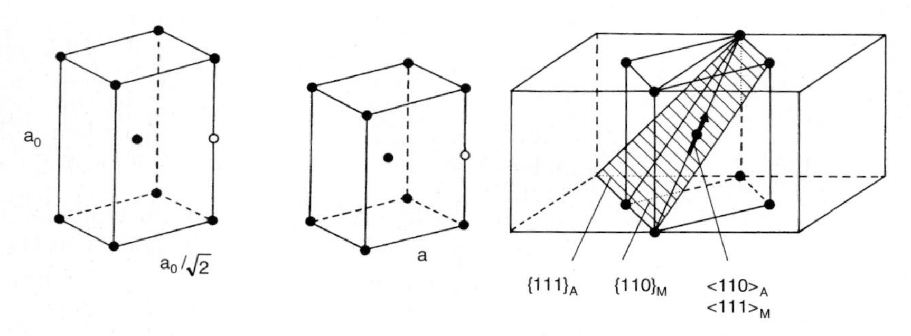

Abbildung 9.29. Bain-Modell der Martensitbildung im System Fe-C und entsprechende Orientierungskorrelation von Austenit und Martensit nach Kurdjumov-Sachs; offene Kreise — mögliche Positionen des Kohlenstoffs.

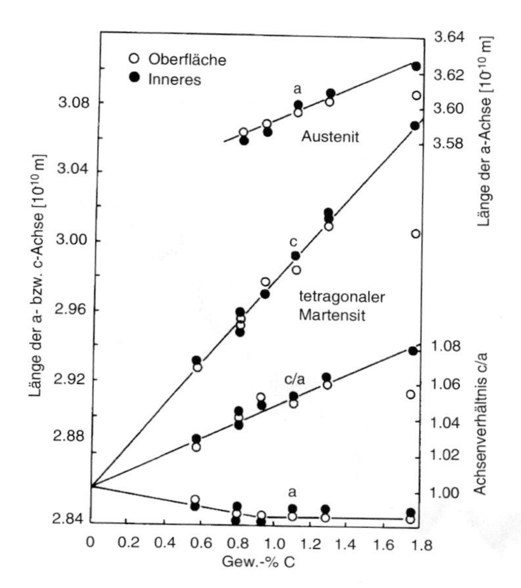

Abbildung 9.30. Änderung der Gitterparameter in Abhängigkeit vom C-Gehalt für Austenit und Martensit (nach [9.15]).

wird bei der martensitischen Umwandlung von Fe-C eine Gittertransformation kfz-trz gefunden. Diese widerspricht nicht der Bain'schen Korrespondenz, sondern wird durch den Kohlenstoff verursacht. Das c/a -Verhältnis im Martensit steigt mit steigender Kohlenstoffkonzentration an, während die Größe der a-Achse praktisch unabhängig von der Kohlenstoffkonzentration ist (bzw. leicht abnimmt) (Abb. 9.30). In der γ-Phase nimmt der Gitterparameter a_0 dagegen mit steigendem Kohlenstoffgehalt zu. Diese Ergebnisse lassen sich mit dem Bainschen Modell erklären. Bekanntlich befindet sich der Kohlenstoff im Austenit auf den Oktaederlücken des kfz-Eisengitters, d.h. in der Würfelmitte oder auf den Kantenmitten. Gemäß der Bain'schen-Korrespondenz befinden sich nach der Umwandlung die C-Atome grundsätzlich auf der c-Achse. Da die C-Atome größer als die Oktaeder-Lücken sind, führen sie zu einer Vergrößerung des Gitterparameters im Austenit, wegen ihrer Anordnung im Martensit entsprechend zu einer starken Vergrößerung der c-Achse mit steigendem Kohlenstoffgehalt, d.h. zu tetragonalem Martensit. Gibt man dem Kohlenstoff Gelegenheit zur Umordnung und Gleichverteilung oder zur Ausscheidung, bspw. beim Tempern von Martensit, stellt sich krz-Martensit oder Ferrit ein.

Hinsichtlich der besonderen mechanischen Eigenschaften des Martensits kommt dem Kohlenstoff eine besondere Rolle zu. Einmal ist die Löslichkeit von C in γ-Fe viel größer als im α-Fe (größere Oktaederlücken im kfz-Gitter), so daß der trz-Martensit einem stark übersättigten Mischkristall entspricht, zum anderen führt die tetragonale Verzerrung zu einer Verringerung der Versetzungsbeweglichkeit (erhöhte Peierlspannung) (vgl. Abschn. 6.3.1).

Die Bain-Korrespondenz belegt, daß die Martensitumwandlung neben einer Änderung der Kristallstruktur auch erhebliche elastische Verzerrungen verursacht. Die Stauchung und Streckung zur Anpassung an die kubische (bzw. tetragonale) Gestalt wird durch Scherverformung vollzogen. Dadurch kommt es zur Gestaltsänderung des sich umwandelnden Bereichs, die sich in Reliefs auf der Oberfläche zeigt (Abb. 9.31). Diese Gestaltsänderungen würden zu großen elastischen Anpassungsverformungen in der unmittelbaren Nachbarschaft der Martensitplatten führen. Diese können reduziert werden durch Anpassungsverformung innerhalb des Martensits mittels Gleitung und Zwillingsbildung (Abb. 9.31 und Abb. 9.32). Die Gesamtverformung entspricht einer Scherung parallel zu einer deshalb unverzerrt bleibenden Ebene (bspw. $\{111\}_{kfz} = (0001)_{hex}$ bei der Kobalt-Umwandlung). Sie wird als Habitusebene bezeichnet und ist häufig von irrationaler Indizierung, z.B. beim Fe-C.

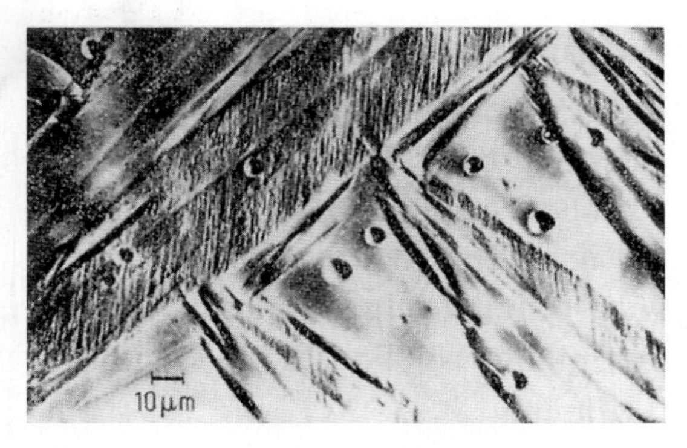

Abbildung 9.31. Martensitplatten in Fe-33.2%Ni mit innerer Verzwillingung [9.16].

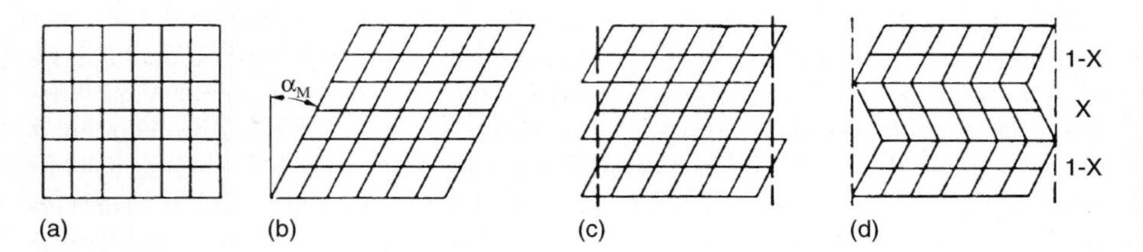

Abbildung 9.32. Die Gestalt eines Kristalls (a) wird durch Martensitbildung infolge Scherung geändert (b). Diese Gestaltsänderung kann durch Gleitung (c) oder Zwillingsbildung (d) im Martensit weitgehend kompensiert werden.

9.2.3 Anwendungen

9.2.3.1 ZTU-Schaubild

Umwandlungen gehören zu den wichtigsten Vorgängen bei der Herstellung von Konstruktionswerkstoffen. Die Art und Verteilung von Teilchen zweiter Phase bestimmt ganz wesentlich die mechanischen Eigenschaften, also Festigkeit, Duktilität, Zähigkeit und Bruchverhalten. Umwandlungen bilden die Grundlage der thermomechanischen Behandlung metallischer Werkstoffe. Wir wollen hier nur wenige ganz wichtige Beispiele aufgreifen, um die Prinzipien zu erhellen.

Von zentraler Bedeutung für die Wärmebehandlung umwandelnder Systeme ist der Bruchteil der ausgeschiedenen Phase in Abhängigkeit von der Glühtemperatur und Glühzeit. Während der Gemengeanteil im Gleichgewicht nach dem Hebelgesetz aus dem Zustandsdiagramm bestimmt werden kann, ist bei der Glühbehandlung der zeitliche Fortschritt der Umwandlung von Interesse. Zu einer solchen Information verhelfen die Zeit-Temperatur-Umwandlungs-Diagramme, auch ZTU-Schaubilder (im englischen Sprachgebrauch „TTT-diagrams") genannt. In ihnen sind im Glühzeit-Glühtemperatur-Feld diejenigen Linien eingezeichnet, die dem gleichen Umwandlungsbruchteil entsprechen, also Beginn, Ende oder ein fester Bruchteil der ausgeschiedenen Phase (Abb. 9.33). Den Kehrwert der Keimbildungsgeschwindigkeit $1/\dot{N}$ kann man grob als Keimbildungszeit t_K interpretieren. Verwendet man den Temperaturverlauf von $\dot{N}$ wie in Abb. 8.5 dargestellt, so entspricht die Auftragung T gegen t_K (also $1/\dot{N}$ gegen T, aber achsenvertauscht) dem „nasenförmigen" ZTU Verlauf für den Ausscheidungsbeginn wie in Abb. 9.33.

Dabei ist die Keimbildung unterhalb der Umwandlungstemperatur erheblich stärker von der Diffusion abhängig als im Fall der Erstarrung, so daß es für die einzelnen Phasen nur enge Temperaturbereiche gibt, in denen sie auftreten können. Dabei können auch Temperaturzonen auftreten, wo in technisch sinnvollen Zeiten gar keine Umwandlung stattfindet, bspw. in Abb. 9.33 im Bereich zwischen Perlitumwandlung und Zwischenstufe bei legierten Stählen. Infolge einer endlichen Inkubationszeit der Keimbildung, also der Zeit bis zum Ausscheidungsbeginn, kann durch geeignete Abkühlbedingungen erreicht werden, daß eine Umwandlung bis zu einem gewissen Grad stattfindet oder aber ganz vermieden wird. Das wird bspw. wichtig, wenn die Martensitumwandlung für bestimmte Werkstoffeigenschaften angestrebt wird. Dann muß die Abkühlung so rasch vorgenommen werden, daß Perlit- und Zwischenstufenumwandlung nicht stattfinden können (Abb. 9.33).

9.2.3.2 Technologische Bedeutung der Martensitumwandlung: Einige Beispiele

Die Martensitumwandlung im System Fe-C hat große technologische Bedeutung zur Festigkeitssteigerung Formfaktor von Stählen. Wie angedeutet, kom-

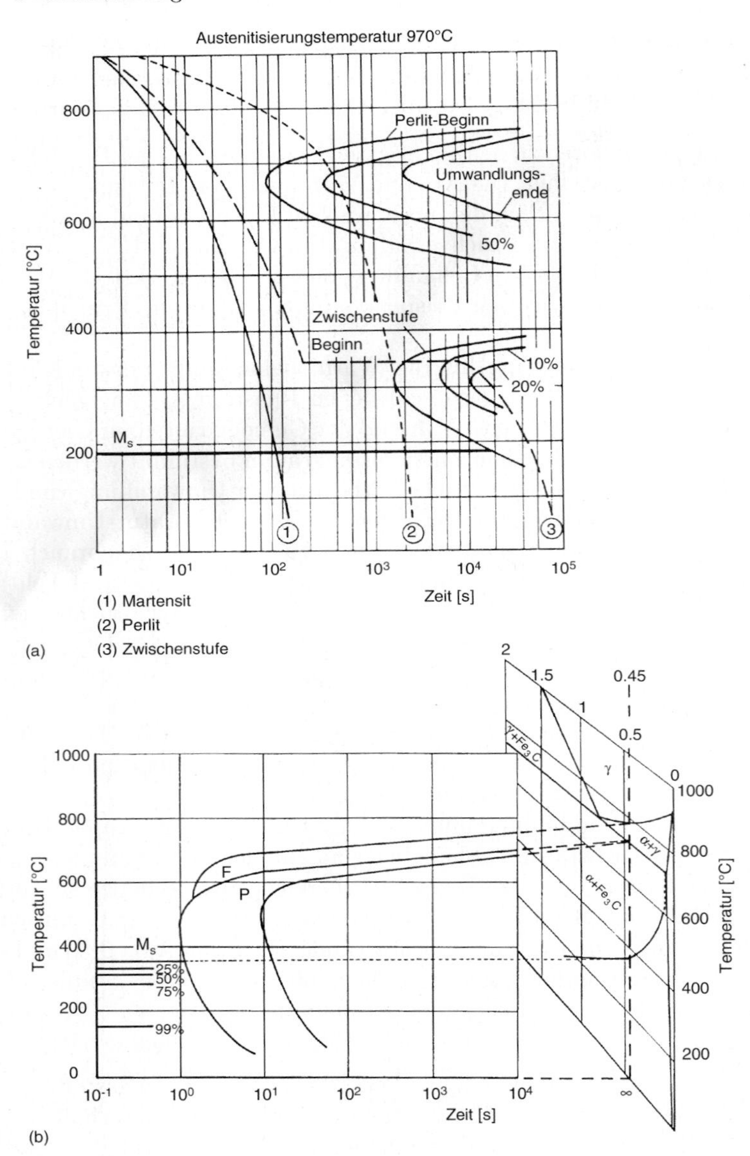

Abbildung 9.33. (a) ZTU-Schaubild eines legierten Stahls (Fe-C-Cr) mit eingezeichneten Abkühlkurven. Je nach Abkühlgeschwindigkeit erhält man Martensit (1), Perlit (2) oder Zwischenstufe (Bainit) (3). (b) Beziehung zwischen ZTU-Schaubild und Zustandsdiagramm für Fe-C. Nur bei sehr langsamer Abkühlung erfolgt Umwandlung bei der Gleichgewichtstemperatur (F — Ferrit; P — Perlit; M_s — Martensit-Start) (nach [9.17]).

men beträchtliche Beiträge zur Festigkeitssteigerung von der Mischkristallhärtung des übersättigten trz α-Kristalls und von den elastischen Verzerrungen infolge der Martensitbildung. Darüber hinaus beschränken die Martensitplatten die Laufwege der Versetzungen, wodurch eine starke Verfestigung erzielt wird. Da der Anteil des Martensits durch die Temperatur bestimmt wird, lassen sich Festigkeit, Duktilität und Bruchzähigkeit des Materials wunschgemäß einstellen. Eine Vielzahl von Verfahren ist entwickelt worden, um die optimale Eigenschaftskombination mit und ohne Martensitbildung zu erreichen. Dazu gehört die Kornfeinung vor der Perlitumwandlung (z.B. „Ausforming") und die Aushärtung im weichen (nickelreichen und kohlenstoffarmen) Martensit („Maraging").

Eine besondere Variante sind die sog. TRIP-Stähle (TRansformation-Induced-Plasticity). Sie beruhen darauf, daß durch Verformung die Martensitumwandlung begünstigt wird. Durch entsprechende Zusammensetzung wird dafür gesorgt, daß die bei Verformung geltende Umwandlungstemperatur M_d etwas oberhalb der Einsatztemperatur des Werkstoffs liegt. Treten nun im Bauteil Belastungsfälle auf, die mit einer Verformung verbunden sind, dann wird das Material sich martensitisch umwandeln. Die mit der martensitischen Umwandlung verbundene Scherung trägt zur Verformung bei, wodurch gleichzeitig eine weitere starke Zunahme der Festigkeit verbunden ist und Rißbildung oder Rißfortschritt behindert werden. So zeichnet sich der Werkstoff durch Festigkeit, gute Duktilität und enorme Bruchzähigkeit aus. Zur Optimierung der Festigkeit wird der Stahl vor dem Einsatz zumeist einer zusätzlichen thermomechanischen Behandlung unterzogen.

Die Martensitumwandlung ist nicht auf das System Fe-C beschränkt, sondern findet in vielen anderen Systemen statt, in denen sich die Kristallstruktur ändert. Eine besondere Rolle nehmen die Formgedächtnis-Legierungen (im englischen Sprachgebrauch: „shape-memory-alloy"; SMA) ein. Sie haben die Eigenschaft, sich nach Verformung bei entsprechender Wärmebehandlung in die vor der Verformung bestehende Gestalt zurückzuverwandeln. Die physikalische Ursache für diesen Effekt besteht darin, daß die martensitische Umwandlung mit einer Scherverformung verbunden ist und sich verschiedene kristallographisch äquivalente Varianten der martensitischen Phase bilden können (Abb. 9.34). Bei der Abkühlung einer Probe auf Temperaturen unterhalb M_f werden die verschiedenen äquivalenten Varianten so eingestellt, daß sich die Gestalt der Probe nicht ändert. Bei der Verformung unterhalb M_f wird aber nicht die Bewegung von Versetzungen zur Formänderung benutzt, sondern die kristallographisch günstiger orientierte Variante wächst auf Kosten der anderen Varianten, wodurch die gewünschte Formänderung herbeigeführt wird. Wärmt man anschließend den Werkstoff über die A_f-Temperatur auf, verschwindet der Martensit und die ursprüngliche Form ist wieder hergestellt. Der Effekt wurde zunächst an einer InTl-Verbindung entdeckt, aber Bedeutung erlangte er erst durch die Entwicklung der NiTi-Legierungen (Nitinol). Heute gibt es eine Vielzahl von Formgedächtnis-Legierungen, wobei in der Regel die Hochtemperaturphase eine ungeordnete krz-Struktur hat, während

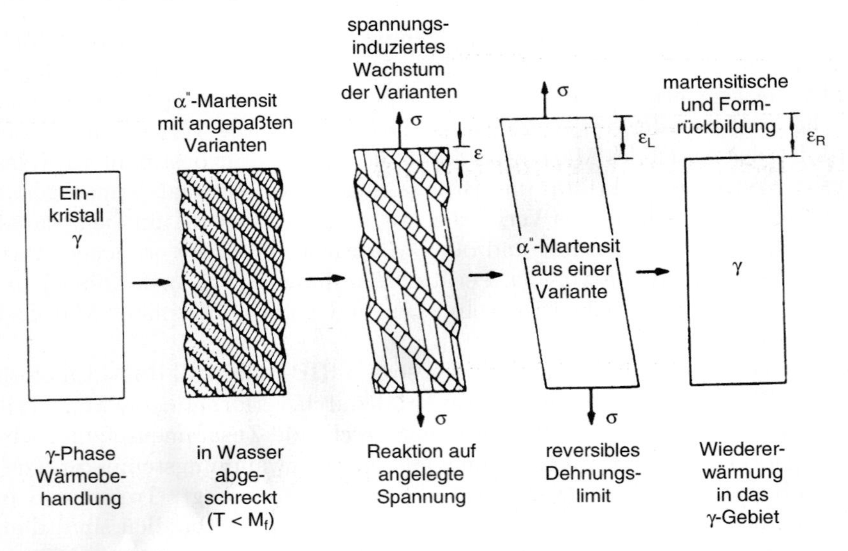

Abbildung 9.34. Wirkungsweise des Formgedächtnis-Effekts, schematisch für einen Einkristall.

die martensitische Phase eine geordnete krz oder orthorhombische Struktur besitzt. Es gibt zahllose Anwendungen für diesen Effekt, von der Medizin bis zur Raumfahrt.

Ein verwandter Effekt führt zur sog. Pseudoelastizität. Dabei wird die martensitische Phase durch die angelegte mechanische Spannung erzeugt, wodurch eine große obgleich nichtlineare Dehnung hervorgerufen wird, die sich bei Entlasten wieder zurückbildet. Diese sich leicht vollziehende Martensitbildung führt speziell zu hervorragenden Dämpfungseigenschaften, da die Energie einer mechanischen Einwirkung durch martensitische Umwandlung aufgezehrt und nicht in elastische Wellen (Schallwellen) umgesetzt wird. Sie findet u.a. Verwendung für unzerbrechliche Brillengestelle.

10

Physikalische Eigenschaften

10.1 Elektronentheoretische Grundlagen der Festkörpereigenschaften

Die Eigenschaften eines Festkörpers sind grundsätzlich Eigenschaften der Elektronenstruktur seiner Bauteile, nämlich der Atome. Die Existenz des festen Zustandes als stabiler Tieftemperaturaggregatzustand macht deutlich, daß es zwischen den Atomen eines Elementes eine Anziehungskraft gibt. Bei weiter Entfernung zweier Atome voneinander ist diese Anziehungskraft sehr klein und rührt von dem Dipolmoment der Elektronenstruktur her. Dieses Dipolmoment stammt, vereinfacht ausgedrückt, daher, daß die Schwerpunkte der positiven Ladung (Atomkern) und der negativen Ladung (Atomhülle) nie völlig gleich, sondern aufgrund von Fluktuationen immer etwas verschieden sind. Diese Dipolwechselwirkung führt zur Anziehung und daher zur Annäherung der Atome (Abb. 10.1). Mit abnehmendem Abstand nimmt die Anziehungskraft zu. Nähern sich die Atome so weit, daß sich ihre Hüllen gegenseitig beeinflussen, also praktisch berühren, dann kommt es zu einer Vielfalt von möglichen Prozessen, die zu den in Kap. 2 erklärten Bindungstypen führen. Bei noch weiterer Annäherung der Atome kommt es zur Überlappung der Atomhüllen. Da nach dem Pauli-Prinzip aber nicht zwei Elektronen den gleichen Zustand einnehmen dürfen, müssen einige Elektronen in freie, aber höherenergetische Zustände angehoben werden, was mit einer starken Energieerhöhung und damit einer abstoßenden Kraft verbunden ist. Die Summe der anziehenden und abstoßenden Kräfte ergibt die gesamte Wechselwirkungskraft der Atome (Abb. 10.2). Der Abstand, bei dem sich abstoßende und anziehende Kräfte kompensieren, ist der Gleichgewichtsabstand. Diese Betrachtung kann von der zweiatomigen Molekülbildung auf den vielatomigen Festkörper übertragen werden, wobei sich zwischen je zwei benachbarten Atomen qualitativ die gleiche Wechselwirkung wie im Molekülmodell ergibt.

Die periodische Anordnung der Atome in einem kristallinen Festkörper führt zu einer Besonderheit der elektronischen Struktur: Im Gegensatz zu den freien Elektronen ist nicht jeder beliebige Energiezustand erlaubt, sondern es gibt erlaubte Energiebereiche, die durch unerlaubte Zonen getrennt sind. Diese Situation wird im Bändermodell der Elektronentheorie beschrieben. Stark vereinfacht kann man sich die Situation folgendermaßen vorstellen. In einem isolierten Atom können die Elektronen nur ganz diskrete Energiewerte annehmen. Diese Energiewerte sind für alle Atome desselben Elements gleich, solange die Atome voneinander getrennt sind. Berühren sich zwei Atome mit der gleichen Elektronenstruktur, so muß ein Elektron in einen höheren Energiezustand gehoben werden, d.h. die Energiezustände spalten auf in zwei Energieniveaus (Abb. 10.3). Bei N Atomen erhält man entsprechend eine Aufspaltung in N Energieniveaus. Im Festkörper ist die Zahl der Atome und daher N sehr groß ($\approx 10^{23}\text{cm}^3$). Die N Energieniveaus bilden deshalb ein quasikontinuierliches Energieband. Diese Aufspaltung in Bänder ist dabei auf die äußeren Schalen der Elektronenhülle beschränkt, denn die inneren, stark gebundenen Elektronen sind von der Überlappung der Elektronenhüllen praktisch unbeeinflußt. In der Bändertheorie sind hauptsächlich zwei Bänder wichtig, nämlich das energetisch höchste, vollständig gefüllte Band, das sog. Valenzband, und das nächsthöhere, teilweise gefüllte oder völlig leere Band, das sog. Leitungsband.

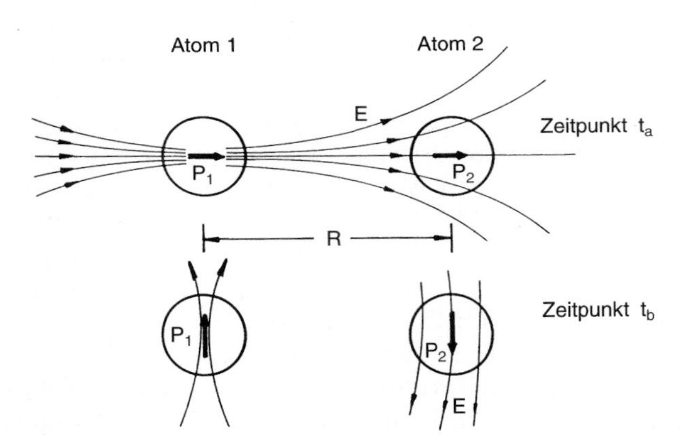

Abbildung 10.1. Ursprung der Dipol-Wechselwirkung im klassischen Bild: Das Dipolmoment P_1 des Atoms 1 führt zur Ausrichtung des Dipolmoments P_2 des Atoms 2. Aufgrund von Fluktuationen sind die Dipolmomente zeitlich nicht konstant, so daß die Ausrichtung der Momente parallel oder antiparallel erfolgen kann. Unabhängig davon führt die Wechselwirkung aber immer zu einer anziehenden Kraft zwischen den Atomen.

Die Ursache für diese komplizierte Struktur ist der Wellencharakter der Elektronen. Der Zustand von Elektronen läßt sich durch ihre Wellenfunktion $\psi(\mathbf{r}, t)$ ausdrücken, die eine Lösung der Schrödingergleichung

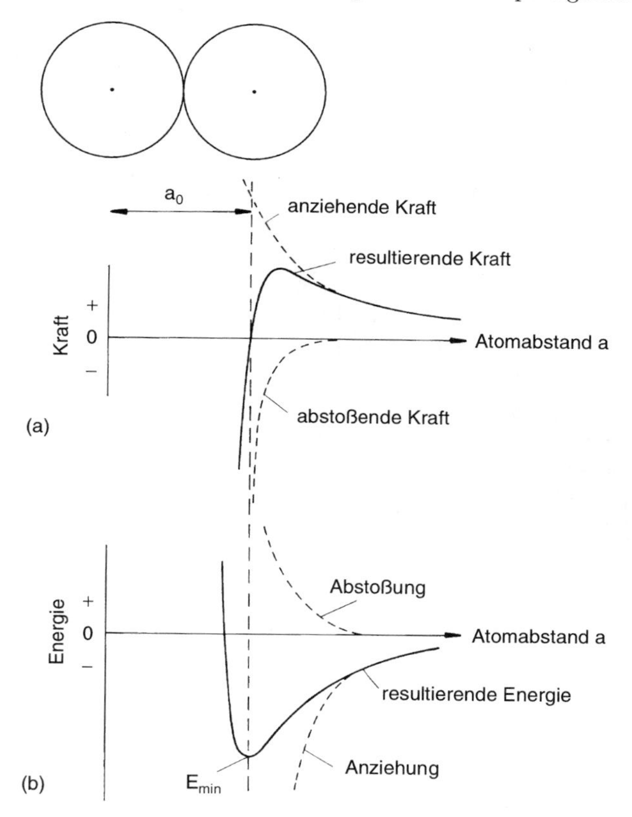

Abbildung 10.2. (a) Kraft zwischen zwei Atomen in Abhängigkeit vom Abstand; (b) Energie zweier Atome aufgetragen über den Atomabstand.

$$-\frac{\hbar^2}{2m}\nabla^2\psi + V\psi = i\hbar\dot{\psi} \tag{10.1}$$

ist, wobei m die Masse, h das Wirkungsquantum $= 6.63 \cdot 10^{-34}$Js, $\hbar = h/2\pi$ und V das Potential sind. Für den zeitunabhängigen Teil $\varphi(\mathbf{r})$ der Lösung $\Psi(\mathbf{r}, t) = \varphi(\mathbf{r}) \cdot \exp(-1[E/\hbar] \cdot t)$, wobei E die Energie des Zustandes Ψ ist, ergibt sich

$$\nabla^2\varphi + \frac{2m}{\hbar^2}(E - V)\varphi = 0 \tag{10.2}$$

Bei geeigneter Wahl des Potentials für einen gegebenen Fall kann man so die Zustände ψ der Elektronen berechnen, wenn man die entsprechenden Randbedingungen kennt.

Im Fall eines Kristallgitters läßt sich das Potential durch eine periodische Kastenfunktion mit der Höhe V_0 (Kronig-Penney-Potential Abb. 10.4) nähern. Die Lösung von Gl. (10.2) hat dann die Form

$$\varphi(x) = u(x) \cdot e^{ikx} \tag{10.3}$$

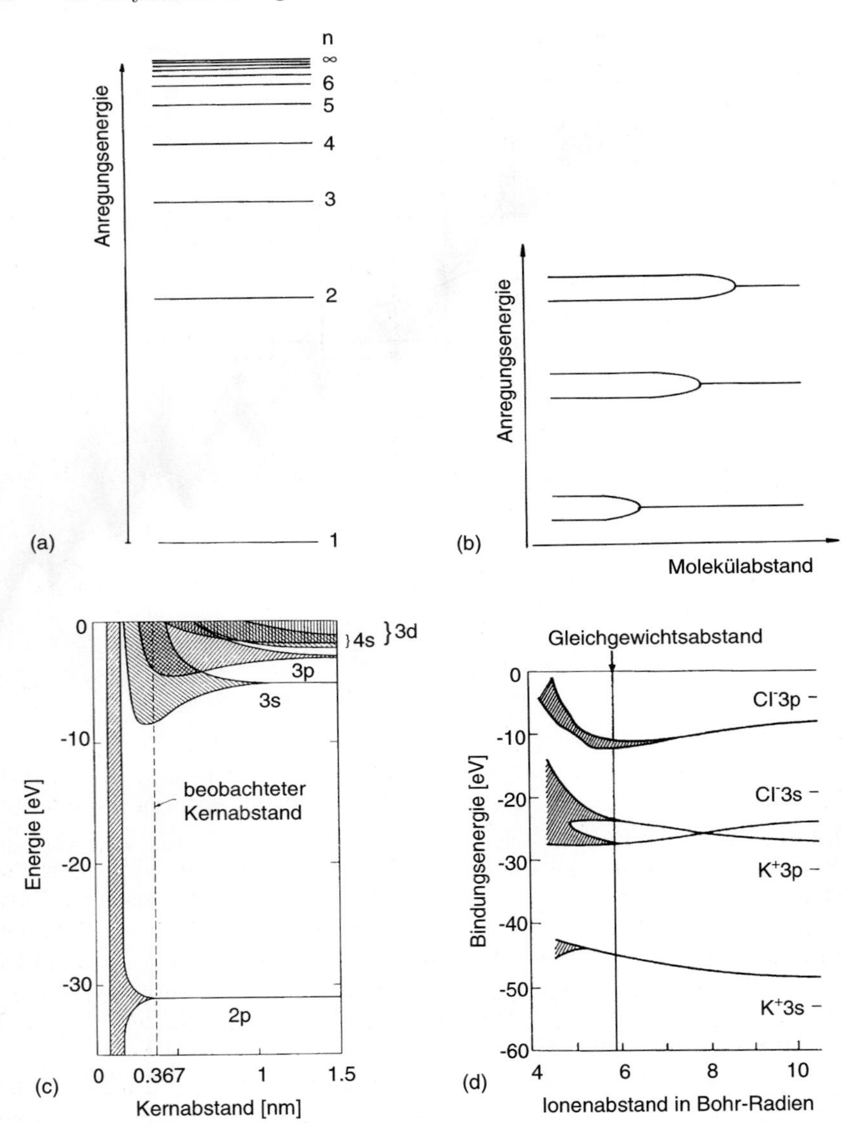

Abbildung 10.3. (a) Schematische Darstellung der Energieniveaus eines Elektrons in der Atomhülle; (b) Aufspaltung der Energieniveaus bei der Molekülbildung; (c) Energieniveaus im Festkörper am Beispiel des Natriums. Aus den Energieniveaus des Natriumatoms werden mit abnehmendem Kernabstand Bänder. In festem Natrium beträgt der Kernabstand 3.67 Å(nach [10.1]); (d) Beispiel einer Verbindung (KCl). Die vier höchst besetzten Energiebänder von KCl, gerechnet in Abhängigkeit vom Ionenabstand in Bohr-Radien ($a_0 = 5.29 \cdot 10^{-9}$ cm) (nach [10.2]).

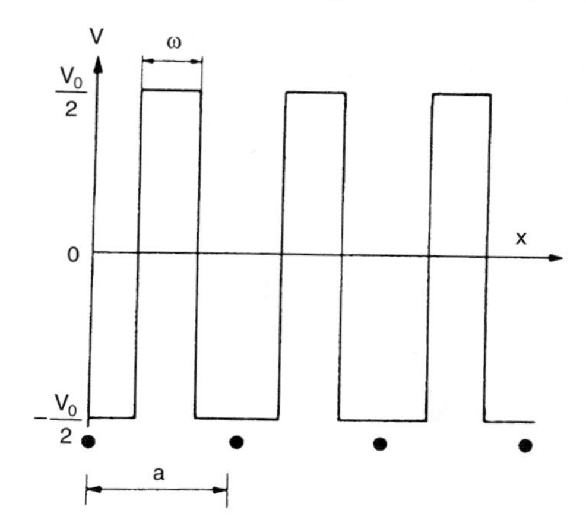

Abbildung 10.4. Kronig-Penney-Potential. Die vollen Kreise geben die Position der Ionenrümpfe an.

wobei $u(x)$ eine periodische Funktion und $k = 2\pi/\lambda$ die Wellenzahl sind. Die Lösung fordert nach einigen Näherungen

$$p\frac{\sin \alpha a}{\alpha a} + \cos \alpha a = \cos ka \tag{10.4}$$

wobei a der Abstand der Potentialwände (Abb. 10.4), $p = maV_0\omega/\hbar^2$ und $\alpha = \sqrt{2mE}/\hbar$ bedeuten. Je nach Potentialhöhe V_0 gibt es verschiedene Lösungen, die unterschiedlichen Situationen in der Wirklichkeit entsprechen (Abb. 10.5).

Für den Fall sehr niedriger Potentialhöhe V_0, d.h. $P \approx 0$, erhält man den Grenzfall freier Elektronen, mit $\alpha = k$ und $E = \hbar^2k^2/2m$, also beliebige Energiezustände (Abb. 10.5b). Im Fall eines sehr hohen Potentials existiert eine Lösung nur für $\sin\alpha a \approx 0$, weil $|\cos ka| \leq 1$, d.h. $\alpha = n \cdot \pi/a$ mit $n =$ 1,2,... d.h. diskrete Energiezustände. Das beschreibt die Zustände der stark gebundenen Elektronen, also die tiefer gelegenen Schalen der Elektronenhülle (Abb. 10.5a).

Für mittlere Werte von V_0 ergeben sich wegen $|\cos ka| \leq 1$ nicht für alle Werte von α Lösungen. Das heißt, es gibt energetisch unerlaubte Zonen, nämlich die Energielücken, welche die erlaubten Energiezustände, d.h. die Bänder, voneinander trennen (Abb. 10.5c). Dieser Fall entspricht der Realität in kristallinen Festkörpern und begründet das Bändermodell.

Teilchen mit halbzahligem Spin, also z.B. Elektronen mit $s = \pm 1/2$, unterliegen dem Pauli-Prinzip, d.h. zwei Teilchen können nicht den gleichen Zustand annehmen. Solche Teilchen werden als Fermionen bezeichnet. In Vielteilchensystemen, z.B. den freien Elektronen in einem Festkörper, füllen die Elektronen sukzessiv höhere Energieniveaus auf. Ohne thermische Aktivierung, d.h. bei $T = 0$K, sind alle Energieniveaus unterhalb einer Energie ε_F,

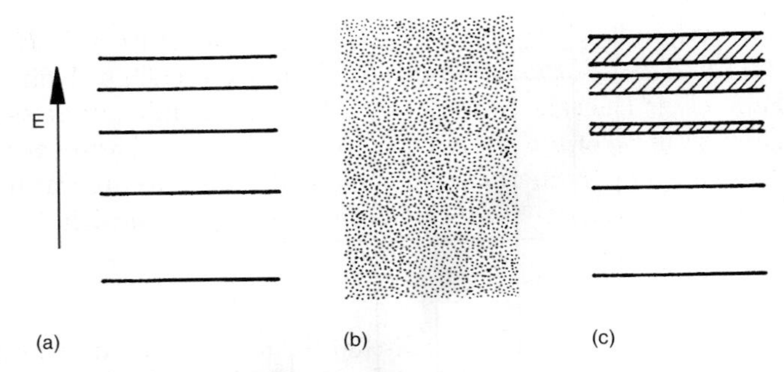

Abbildung 10.5. Erlaubte Energieniveaus für (a) gebundene Elektronen, (b) freie Elektronen und (c) Elektronen im Festkörper.

der Fermienergie, besetzt. Diese Fermienergie ist eine Materialkonstante. Bei höherer Temperatur können Elektronen durch Aufnahme thermischer Energie in höhere Energiezustände versetzt werden. Die thermische Energie kT ist im Verhältnis zur Fermienergie allerdings sehr klein. Deshalb gelingt nur solchen Elektronen, die eine Energie nahe der Fermienergie haben, ein Wechsel auf unbesetzte höhere Energieniveaus. Elektronen weit unterhalb der Fermikante bleiben dagegen von der thermischen Energie unberührt, denn sie können nicht auf geringfügig höherenergetische Zustände wechseln, da diese bereits besetzt sind. Die Temperaturabhängigkeit der Besetzungswahrscheinlichkeit eines Zustandes mit der Energie E wird durch die Fermiverteilung $f(E)$ beschrieben [Gl. (10.5)].

$$f(E) = \frac{1}{1 + e^{\frac{E-\varepsilon_F}{kT}}} \tag{10.5}$$

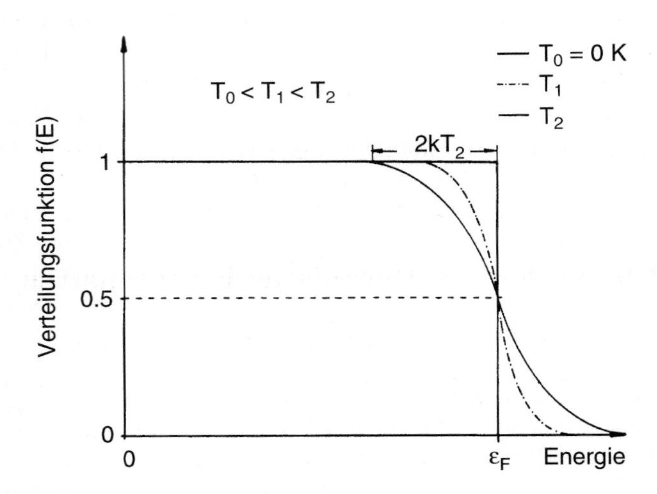

Abbildung 10.6. Fermi-Verteilung bei verschiedenen Temperaturen.

Am absoluten Nullpunkt ($T = 0$K) ist $f(E) = 1$, wenn die Energie $E < \varepsilon_F$ ist, und $f(E) = 0$ für $E > \varepsilon_F$. Bei höherer Temperatur ist $f(E) \approx 1$ für $E \ll \varepsilon_F$, jedoch im Falle einer Energie $E > \varepsilon_F$ ist $f(E) > 0$. Damit ergibt sich der in Abb. 10.6 dargestellte Verlauf (s. auch Abb. 10.13c). Der Fermienergie kann man formal auch eine Temperatur zuordnen, die Fermitemperatur. Sie ist diejenige Temperatur, die der thermischen Energie ε_F entspräche,

$$kT_F = \varepsilon_F \tag{10.6}$$

Da ε_F sehr groß ist, liegt T_F weit oberhalb der Schmelztemperatur der Festkörper (Tabelle 10.1). Analog ist die Angabe einer Fermigeschwindigkeit, gemäß der kinetischen Energie ε_F

$$\frac{1}{2}mv_F^2 = \varepsilon_F \tag{10.7}$$

Fermitemperatur und Fermigeschwindigkeit sind Eigenschaften von Elektronen mit Zuständen nahe der Fermienergie. Da $T_F \gg T_S$ in einem Festkörper, werden durch thermische Aktivierung die Eigenschaften dieser Elektronen aber nur geringfügig beeinflußt. Da es diese Elektronen nahe der Fermikante sind, die zu elektrischer und Wärmeleitfähigkeit beitragen, werden ihnen die Eigenschaft T_F und v_F zugeordned.

Teilchen, die nicht halbzahligen, sondern ganzzahligen Spin haben, z.B. Photonen (Lichtquanten) oder Phononen (Schwingungsquanten), werden Bosonen genannt. Sie unterliegen nicht dem Pauliprinzip. Deshalb können beliebig viele Teilchen den gleichen Zustand einnehmen, insbesondere den Grundzustand $E = 0$. Die Wahrscheinlichkeit zur Besetzung eines Zustandes ist daher bei fehlender thermischen Aktivierung, also $T = 0$K, gleich $f(E) = 1$ für $E = 0$ und $f(E) = 0$ für $E \neq 0$. Für $T > 0$K werden höhere Niveaus durch thermische Aktivierung angenommen, die für alle Bosonen möglich ist. In diesem Fall wird die Besetzungswahrscheinlichkeit durch die Bose-Einstein-Verteilung beschrieben:

$$f(E) = \frac{1}{e^{+\frac{E}{kT}} - 1} \tag{10.8}$$

Sie spielt bei Gitterschwingungen und zum Verständnis der Supraleitfähigkeit eine bedeutsame Rolle (vgl. Kap. 10.2 und 10.4).

10.2 Mechanische und thermische Eigenschaften

Die Atome in einem Festkörper ordnen sich so an, daß ihre Energie minimal ist, d.h. die auf sie wirkenden Kräfte verschwinden. Das ist der Fall im Minimum des interatomaren Potentials, das schematisch in Abb. 10.2b dargestellt ist. Die geschlossene Berechnung des interatomaren Potentials ist bisher nicht möglich. Gewöhnlich werden Näherungsfunktionen verwendet, die qualitativ den in Abb. 10.2 dargestellten Verlauf haben und deren Werte an meßbare

Tabelle 10.1. Berechnete Werte der Fermi-Energie und der Fermi-Temperatur für freie Elektronen in Metallen bei RT. (Nur für Na, K. Rb, Cs bei 5K und für Li bei 78K).

Wertigkeit	Metall	Fermi-Energie in $[eV]$	Fermi-Temperatur $T_F = \varepsilon_F/k$ in $[10^4 K]$
1	Li	4.72	5.48
	Na	3.23	3.75
	K	2.12	2.46
	Rb	1.85	2.15
	Cs	1.58	1.83
	Cu	7.00	8.12
	Ag	5.48	6.36
	Au	5.51	6.39
2	Be	14.14	16.41
	Mg	7.13	8.27
	Ca	4.68	5.43
	Sr	3.95	4.58
	Ba	3.65	4.24
	Zn	9.39	10.90
	Cd	7.46	8.66
3	Al	11.63	13.49
	Ga	10.35	12.01
	In	8.60	9.98
4	Pb	9.37	10.87
	Sn(ω)	10.03	11.64

Materialgrößen angepaßt sind. Die bekanntesten Potentialfunktionen sind das Morse-Potential (exponentielle Näherung)

$$V = D \cdot \left(e^{[-2\alpha(r-r_0)]} - 2\ e^{[-\alpha(r-r_0)]} \right) \tag{10.9}$$

oder das Lennard-Jones-Potential (Näherung durch Potenzgesetz)

$$V = \frac{A}{r^{12}} - \frac{B}{r^6} \tag{10.10}$$

wobei A, B, D, und α Konstanten sind, r_0 ist der Gleichgewichtsabstand.

Diese Potentiale beschreiben allerdings nur die paarweisen Wechselwirkungen zwischen nächsten Nachbaratomen. Häufig sind aber auch weiterreichende Wechselwirkungen von Bedeutung. Solche Fälle können mit sog. „Einbettpotentialen“ behandelt werden, in den der Einfluß aller anderen Atome pauschal berücksichtigt wird.

Der mechanische Gleichgewichtszustand ist erreicht, wenn sich die Atome auf den Gleichgewichtsabstand genähert haben, der durch das Minimum des interatomaren Potentials gegeben ist. Dieser Gleichgewichtsabstand bestimmt den Gitterparameter in einem Kristall und das Molvolumen des Festkörpers

(Abb. 10.2). Da bei dieser Betrachtung die thermische Ausdehnung unberücksichtigt bleibt, erhält man den Gitterparameter bei $T = 0\text{K}$. Fügt man Fremdatome hinzu, so ändert sich in der Regel der Gitterparameter, da das Atomvolumen des Fremdatoms vom Atomvolumen des Wirtsatoms verschieden ist. Bei Legierungen mit lückenloser Mischkristallbildung findet man, daß der Gitterparameter sich in erster Näherung linear mit der Konzentration ändert (Vegardsche Regel, Abb. 10.7).

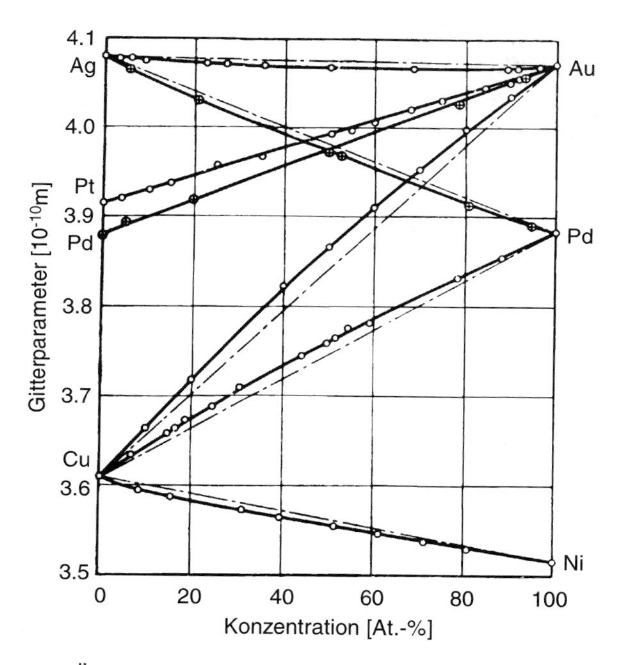

Abbildung 10.7. Änderung des Gitterparameters mit der Konzentration in einigen lückenlos mischbaren Legierungen. Die gestrichelte Kurve entspricht einer linearen Abhängigkeit, die offenen Kreise geben Meßergebnisse wieder (nach [10.3]).

Durch Differentiation des Potentials nach dem Abstand erhält man die Kraft, oder auf die Fläche bezogen die mechanische Spannung, die anzubringen ist, um den Abstand zu ändern (Abb. 10.2a). Beim Gleichgewichtsabstand ist die Spannung Null und steigt bei einer kleinen Längenänderung in erster Näherung linear an. Die Proportionalitätskonstante ist die Steigung der Kurve $\sigma = f(a)$ für $a = a_0$, also die 2. Ableitung des interatomaren Potentials bei a_0. Sie entspricht makroskopisch dem Elastizitätsmodul, und die Proportionalität zwischen Spannung σ und Dehnung $\varepsilon = \Delta a/a_0$ beschreibt das Hookesche Gesetz. Bei größeren Längenänderungen ändert sich die Spannung nicht mehr proportional zum Abstand. Dann versagt die lineare Elastizitätslehre. Statt der Längenänderung kann man auch die Volumenänderung mit der angebrachten hydrostatischen Spannung betrachten. Sie gibt einen ähnlichen Verlauf wie Abb. 10.2a. Die Steigung für $\Delta V/V_0 = 0$ ist dann der Kompressionsmodul.

Die Proportionalität von Spannung und Dehnung entspricht in der Mechanik dem Verhalten einer Feder. Die Energie nimmt quadratisch mit der Auslenkung zu. Übertragen auf den Festkörper würde das aber bedeuten, daß das interatomare Potential (Abb. 102b) nahe dem Potentialminimum parabelförming verläuft (harmonische Näherung). Das ist aber nicht der Fall, denn sonst gäbe es keine thermische Ausdehnung (s. unten). Allerdings ist das Federmodell ein sehr hilfreiches Modell zur Erklärung der thermischen Eigenschaften von Festkörpern. Durch Zufuhr von Wärme werden die Atome in einem Festkörper in Schwingungen versetzt, was wir als seine Temperatur erfahren. Je größer die Wärmezufuhr, desto höher die Temperatur und desto größer die Schwingungsamplitude der Atome. Wäre das Potential symmetrisch bezüglich seiner Energiemulde (harmonische Näherung), so wäre der Schwerpunkt der Schwingungen von der Schwingungsamplitude unabhängig, d.h. die Atome würden unabhängig von der Temperatur um ihre Ruhelage bei $T = 0$K schwingen, so daß sich auch der mittlere Atomabstand mit der Temperatur nicht ändern würde. Das wird aber nicht beobachtet, sondern für nicht zu tiefe Temperaturen ($T > \Theta_D/2$, Θ_D — Debye-Temperatur, s. unten) nimmt die thermische Ausdehnung $\Delta\ell/\ell$ linear mit der Temperatur zu (Abb. 10.8b), bzw. der thermische Ausdehnungskoeffizient $\alpha = (1/\ell)d\ell/dT$ ist konstant. Die Beobachtung der thermischen Ausdehnung bedeutet, daß das Potential unsymmetrisch zur Energiemulde verläuft, und zwar steigt es stärker an, wenn man die Atome aus der Gleichgewichtslage aufeinander zubewegt, als wenn man sie weiter voneinander entfernt. Die gleiche Energieerhöhung führt also zu einer größeren Auslenkung in Richtung größerer Atomabstände als in Richtung kleinerer Atomabstände. Daher verschiebt sich der Schwerpunkt der Schwingung mit zunehmender Amplitude (höherer Temperatur) zu höheren Werten, d.h. zu größeren Atomabständen (Abb. 10.8a). Diese Verschiebung des mittleren Atomabstandes hat Rückwirkungen auf die mechanischen Eigenschaften. Die elastischen Konstanten (Kompressionsmodul, etc.) ergeben sich ja, wie anfänglich erklärt, als die zweite Ableitung des Gitterpotentials an der Stelle des Gleichgewichtsabstandes. Während der Gleichgewichtsabstand bei $T = 0$K dem Energieminimum entspricht, wird er bei höherer Temperatur durch die thermische Ausdehnung zu größeren Werten verschoben. Bei größeren Atomabständen verläuft aber die Kraft-Abstands-Kurve flacher und entsprechend wird die zweite Ableitung kleiner (Abb. 10.2b). Deshalb nehmen mit steigender Temperatur die elastischen Konstanten ab, und zwar — bei nicht zu niedrigen Temperaturen — etwa linear mit der Temperatur (Abb. 10.9).

Die Energie der Gitterschwingungen bestimmt den Wärmeinhalt U und folglich die spezifische Wärme des Festkörpers. Bei konstantem Volumen gilt

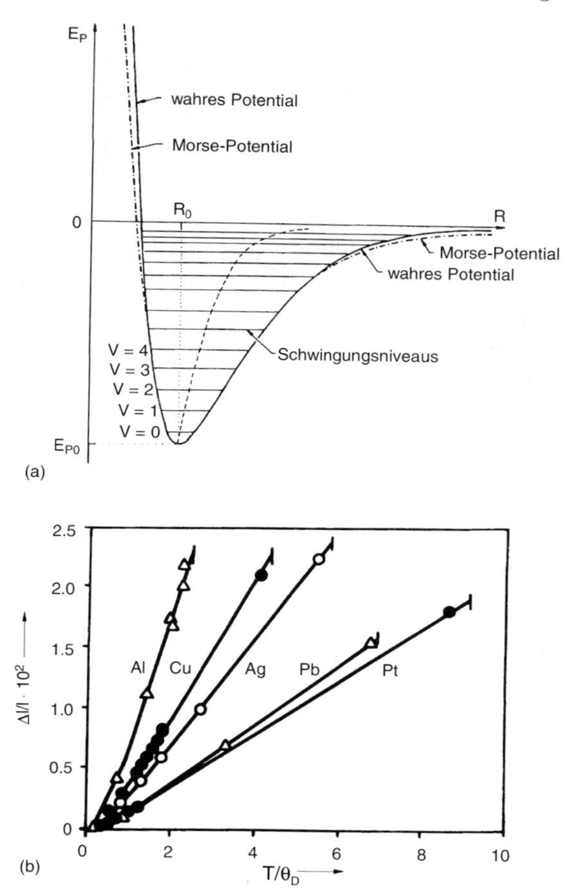

Abbildung 10.8. (a) Potentielle Energie eines zweiatomigen Moleküls aufgetragen über den Atomabstand (schematisch). Die gestrichelte Linie stellt die Schwerpunktsverschiebung mit ansteigenden Schwingungsniveaus, d.h. mit zunehmender Temperatur dar. (b) Thermische Ausdehnung einiger Metalle als Funktion der auf die Debye-Temperatur normierten Temperatur (nach [10.4]).

$$c_v = \left.\frac{dU}{dT}\right|_v \tag{10.11}$$

Der Wärmeinhalt ist die Gesamtschwingungsenergie der Atome. Bei hohen Temperaturen steigt der Wärmeinhalt pro Atom gemäß dem klassischen Gesetz von Dulong-Petit linear mit der Temperatur: $U = 3{\cdot}\mathrm{k}{\cdot}\mathrm{T}$, d.h. die spezifische Wärme ist temperaturunabhängig. Bei tiefen Temperaturen wird aber ein starker Abfall der spezifischen Wärme mit fallender Temperatur betrachtet. Diese Abweichung vom klassischen Verhalten konnte erstmalig von Einstein erklärt werden: Die Schwingungen der Atome kann man durch Oszilla-

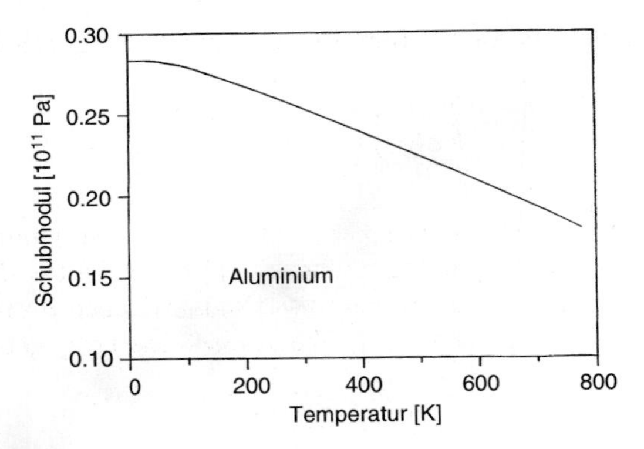

Abbildung 10.9. Temperaturverlauf des Schubmoduls von Aluminium.

toren beschreiben, die den Gesetzen der Quantenmechanik unterliegen, d.h. sie können nur diskrete Energiezustände annehmen. Die Quanten dieser Gitterschwingungen werden Phononen genannt. Nimmt man an, daß die Atome unabhängig voneinander alle mit derselben Frequenz schwingen, so kann man die spezifische Wärme leicht berechnen. Bei der Schwingungsfrequenz sind die möglichen Energiewerte des Oszillators $E_n = h\nu(n+\frac{1}{2})$, wobei n die Quantenzahl ist. Die Häufigkeitsverteilung der Quantenzustände n bei einem Oszillator mit Schwingungsfrequenz ist gegeben durch die Bose-Einstein-Verteilung

$$< n >= \frac{1}{e^{+\frac{h\nu}{kT}} - 1} \tag{10.12}$$

Damit ergibt sich bei N Atomen und Schwingungen in alle drei Raumrichtungen für die Gesamtenergie des Festkörpers

$$U = 3 \cdot N \cdot \left(< n > + \frac{1}{2}\right) h \cdot \nu \tag{10.13}$$

und mit Gl.(10.11) erhält man die spezifische Wärme

$$c_v = 3Nk \left(\frac{h\nu}{kT}\right)^2 \cdot \frac{\exp\left(\frac{h\nu}{kT}\right)}{\left(\exp\left(\frac{h\nu}{kT}\right) - 1\right)^2} \tag{10.14}$$

Diese exponentielle Temperaturabhängigkeit wird allerdings nicht beobachtet, sondern ein weniger starker Anstieg mit der Temperatur. Das liegt daran, daß die Atome nicht unabhängig voneinander mit der gleichen Frequenz schwingen, sondern — nach einem Vorschlag von Debye — als gekoppelte Oszillatoren mit einer Vielzahl von Schwingungen, nämlich von der kürzesten Wellenlänge, dem doppelten Atomabstand, bis zur größten Wellenlänge, der doppelten Probenlänge. Zur Berechnung des Wärmeinhalts müssen deshalb die Energiebeiträge der verschiedenen Frequenzen aufsummiert werden, was bei einem praktisch kontinuierlichen Frequenzspektrum durch Integration erfolgen kann.

$$U = \int_0^{\nu_D} D(\nu) \left(n(\nu) + \frac{1}{2} \right) h\nu \, d\nu \tag{10.15}$$

wobei ν_D die höchstmögliche Frequenz (Debye-Frequenz) und $n(\nu)$ wieder die Besetzungsdichte der Quantenzahlen ist. $D(\nu)$ bedeutet die Anzahl der Schwingungszustände in einem Frequenzintervall zwischen ν und $d\nu$ in einem Würfel der Kantenlänge L. Diese sog. Zustandsdichte ist gegeben durch:

$$D(\nu) = \frac{2\nu^2 \cdot L^3}{V_S^3} \tag{10.16}$$

(V_S = Schallgeschwindigkeit).

Definiert man die Debye-Temperatur $\Theta_D = (h\nu_D/k)$, so erhält man für $T \ll \Theta_D$

$$c_v \cong 234 \, Nk \left(\frac{T}{\Theta_D} \right)^3 \tag{10.17}$$

Diese T^3-Abhängigkeit bei tiefen Temperaturen ist für viele sehr unterschiedliche Festkörper bestätigt worden (Abb. 10.10).

Für $T \gg \Theta_D$ ergibt sich näherungsweise

$$c_v \cong 3Nk \tag{10.18}$$

entsprechend dem klassischen Gesetz von Dulong-Petit. In homogenen Legierungen oder mehrphasigen Systemen setzt sich die molare spezifische Wärme in erster Näherung additiv aus den spezifischen Wärmen der Komponenten zusammen (Neumann-Koppsche Regel).

Die Energie der Gitterschwingungen mach den größten Teil der thermischen Energie des Festkörpers aus. Gemäß der Bose-Einstein-Statistik [Gl. (10.8)] frieren die Schwingungen aber bei tiefen Temperaturen immer mehr ein, bis schließlich nur die sog. Nullpunktsschwingungen übrig bleiben ($< n > = 0$). Dann werden auch andere, bei höheren Temperaturen vernachlässigbare Beiträge zur spezifischen Wärme wichtig, nämlich die spezifische Wärme der freien Elektronen.

Elektronen sind Fermionen (Spin 1/2) und folgen daher nicht der Bose-Einstein-Statistik, sondern der Fermi-Statistik. Zur spezifischen Wärme können aber nur diejenigen Elektronen beitragen, die auch thermische Energie aufnehmen können, also die freien Elektronen, und der Beitrag ist deshalb nur bei Metallen erheblich. Bei einer Temperatur T ist in Metallen der Bruchteil der anregungsfähigen, d.h. freien Elektronen etwa T/T_F, wobei $T_F = \varepsilon_F/k$ die Fermitemperatur ist (ε_F – Fermienergie). Da jedes Elektron im klassischen Sinne die thermische Energie der Größe kT aufnimmt, ist bei N-Atomen die thermische Energie der Elektronen

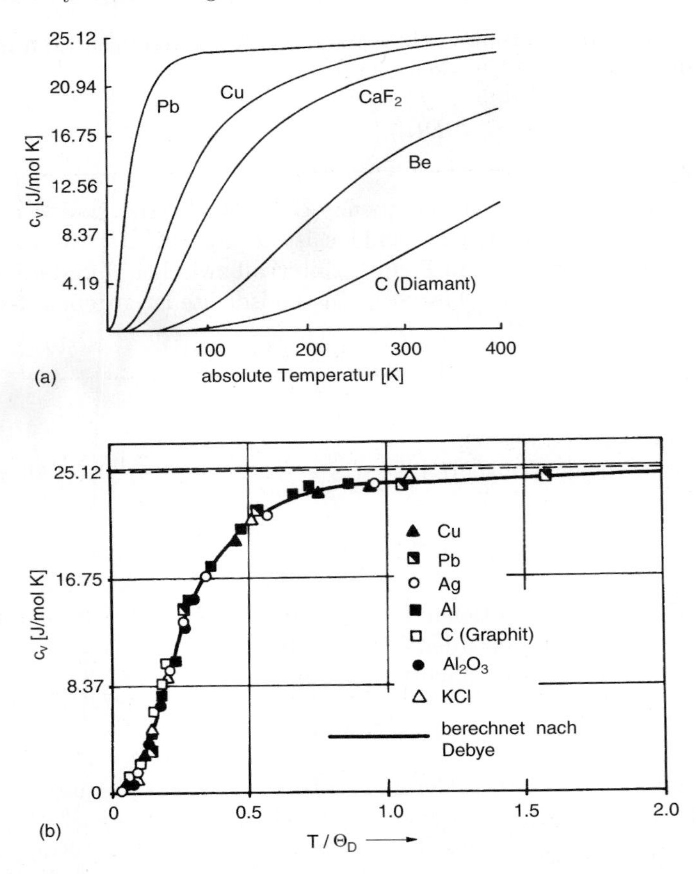

Abbildung 10.10. (a) Molare Wärmekapazität verschiedener Stoffe aufgetragen über der absoluten Temperatur; (b) Spezifische Wärme verschiedener Stoffe aufgetragen über der normierten Temperatur (Θ_D = Debyetemperatur). Gestrichelt ist der konstante Wert 25.12J/(mol K) eingezeichnet, der nach Dulong-Petit bei hohen Temperaturen erreicht wird (nach [10.5]).

$$E_{el} \cong N \frac{T}{T_F} \cdot kT \tag{10.19}$$

und der Beitrag der Elektronen zur spezifischen Wärme

$$c_v^{el} \sim T \tag{10.20}$$

Die gesamte spezifische Wärme ergibt sich dann als Summe aus den Beiträgen der Gitterschwingungen und der freien Elektronen

$$c_v = AT^3 + BT \tag{10.21}$$

Trägt man c_v/T über T^2 auf, erhält man bei tiefen Temperaturen auch tatsächlich eine lineare Abhängigkeit (Abb. 10.11).

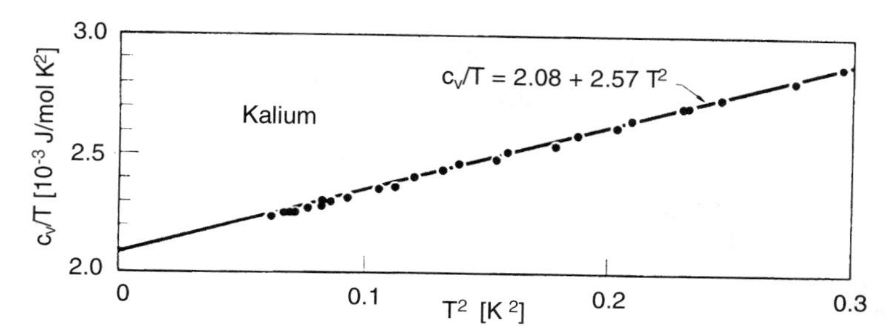

Abbildung 10.11. Experimentell bestimmte Werte der Molwärme c_v von Kalium aufgetragen in der Form: c_v/T als Funktion von T^2 [10.6].

10.3 Wärmeleitfähigkeit

Temperaturunterschiede in einem Festkörper führen zu einem Wärmefluß

$$\dot{q} = -\lambda \frac{dT}{dx} \tag{10.22}$$

wobei $\dot{q}$ die Wärmeflußdichte (thermische Energie, die pro Zeiteinheit durch eine Flächeneinheit fließt), T die Temperatur und λ die Wärmeleitzahl sind. Ob ein Material ein guter oder schlechter Wärmeleiter ist, wird durch die Größe von λ bestimmt. In der Regel gelten gute elektrische Leiter, also Metalle, auch als gute Wärmeleiter und Isolatoren als schlechte Wärmeleiter (Tabelle 10.2). Allerdings hängt die Wärmeleitfähigkeit von der Temperatur ab (Abb. 10.12). Bei tiefen Temperaturen haben auch einige Isolatoren hervorragende Wärmeleitfähigkeit.

Tabelle 10.2. Wäremeleitzahl λ in J$(/cm \cdot s \cdot K)$ bei Raumtemperatur.

Al	Cu	Na	Ag	NaCl	KCl	Cr-Al-Legierung
2.26	3.94	1.38	4.19	0.071	0.071	0.019

Aus der kinetischen Gastheorie läßt sich folgende Beziehung herleiten,

$$\lambda = \frac{1}{3} C \cdot v \cdot \ell \tag{10.23}$$

wobei C die spezifische Wärme pro Volumeneinheit, v die mittlere Teilchengeschwindigkeit und ℓ die mittlere freie Weglänge zwischen zwei aufeinanderfolgenden Zusammenstößen eines Teilchens sind. Die Temperatur in einem Festkörper beschreibt die Heftigkeit der Gitterschwingungen. Der Wärmefluß besteht daher in der Weitergabe der Gitterschwingungen an weniger angeregte Bereiche. Diese Weitergabe kann durch zwei grundsätzlich verschiedenen Mechanismen erfolgen, nämlich durch das Kristallgitter oder durch die freien Elektronen. In Isolatoren gibt es praktisch keine frei beweglichen Ladungsträger (Elektronen), deshalb wird die Wärmeleitung fast ausschließlich vom Kristallgitter verursacht. Bei Metallen ist die Zahl der freien Elektronen sehr groß, deshalb wird hier die Wärmeleitung hauptsächlich von den Elektronen getragen.

Die Wärmeleitung über das Gitter erfolgt derart, daß die Kopplung der Schwingungen der Atome dazu führt, daß hochenergetische Schwingungen weitergereicht werden. Am einfachsten läßt sich der Sachverhalt erklären, wenn man die Gitterschwingungen wie Teilchen behandelt, sog. virtuelle Teilchen, da es sie gar nicht gibt. Ein Phonon ist das Energiequant einer elastischen Welle. Die Vorstellung und Begriffsbildung ist ganz analog der elektromagnetischen Strahlung. Ein elektromagnetisches Energiequant (bspw. einer Lichtwelle) wird als Photon bezeichnet, was man zum Verständnis vieler Fälle auch mit einem Teilchen identifizieren kann. Ebenso sind die Schwingungen der Atome in einem Festkörper gequantelt, deren Einheit man als Phonon bezeichnet. Die Weitergabe von Gitterschwingungen erfolgt in diesem Bild durch den Zusammenstoß von Phononen mit anderen Phononen, wodurch Energie übertragen wird, nämlich Wärme. Die Größen C, v und ℓ beziehen sich somit auf die Phononen. Die spezifische Wärme der Phononen ist durch die spezifische Wärme des Gitters gegeben, v ist die Fortpflanzungsgeschwindigkeit elastischer Wellen, also die temperaturunabhängige Schallgeschwindigkeit. Bei hohen Temperaturen ist C konstant und ℓ nimmt etwa proportional $1/T$ ab, weil die Zahl der Phononen mit T ansteigt und die mittlere freie Weglänge umgekehrt proportional zur Zahl der Phononen, mit denen es zusammenstoßen kann, abnimmt. Bei tiefen Temperaturen wird ℓ schließlich so groß wie die Probendimensionen, dann ist die Temperaturabhängigkeit durch die spezifische Wärme gegeben, die mit T^3 abfällt (Abb. 10.12). Auf diese Weise kommt es zu dem beobachteten Maximum der Wärmeleitfähigkeit bei tiefen Temperaturen.

Störungen des Kristallaufbaus, bspw. Punktfehler, Versetzungen oder Fremdatome verursachen eine Streuung der Phononen und verringern deshalb die freie Weglänge. Durch Gitterfehler wird die Wärmeleitfähigkeit also stets verschlechtert. Sogar Isotope in einem sonst idealen Kristall verringern λ aus dem gleichen Grund (Abb. 10.12b).

Bei Metallen wird der Wärmestrom außer durch Phononen auch durch die freien Leitungselektronen getragen, wobei der Beitrag der Elektronen in reinen Metallen erheblich überwiegt. In Legierungen können beide Beiträge vergleichbar sein (Tabelle 10.2).

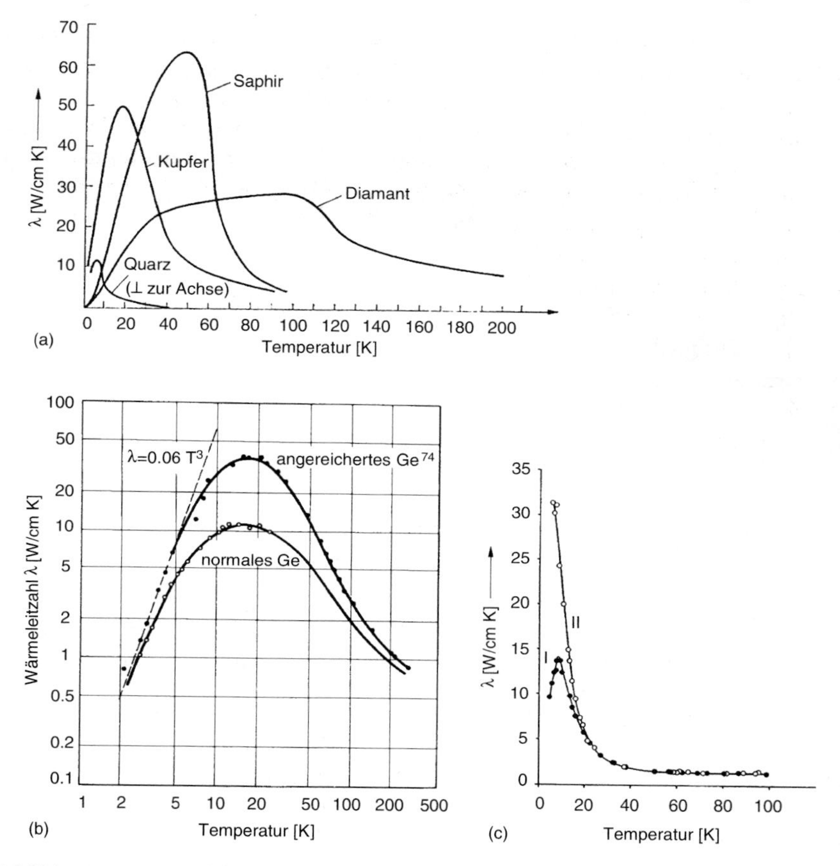

Abbildung 10.12. (a) Wärmeleitfähigkeit von Cu, Quarz, synthetischem Saphir und Diamant; (b) der Einfluß von Isotopen auf die Wärmeleitfähigkeit von Germanium („normales Ge" und Isotopengemisch). Unabhängig von der Höhe des Maximums verläuft die Wärmeleitfähigkeit bei tiefen Temperaturen proportional zu T^3; (c) Wärmeleitfähigkeit von einem Natriumkristall sehr hoher Reinheit (II) und verunreinigtem Natrium (I) (nach [10.7]).

Die Wärmeleitung durch Elektronen kann man sich so vorstellen, daß Elektronen durch den Zusammenstoß mit Atomen Energie aufnehmen und bei weiteren Stößen wieder abgeben. Die Atome setzen diese Stoßenergie in verstärkte Schwingungen um, wodurch sich die Temperatur erhöht. Die spezifische Wärme von Elektronen ändert sich proportional zur Temperatur. Die Elektronengeschwindigkeit ist durch die Fermi-Energie $\varepsilon_F = 1/2 \mathrm{m} v_F^2$ gegeben, also temperaturunabhängig, weil ε_F eine Materialkonstante ist. Die mittlere freie Weglänge ℓ wird bestimmt durch die Streuung der Elektronen an Phononen und an Gitterfehlern. Das Maximum von λ wird daher durch die gegenläufigen Einflüsse von mit fallender Temperatur abnehmender spezifischer Wärme und zunehmender freier Weglänge verursacht. Die maximale freie Weglänge wird hier in der Regel nicht durch die Probendimensionen, sondern durch den mittleren Abstand der Gitterstörungen, insbesondere der Fremdatome bestimmt, so daß sie mit zunehmender Reinheit größer wird (Abb. 10.12c). Da bei Metallen die freien Elektronen sowohl die Wärmeleitfähigkeit λ, als auch die elektrische Leitfähigkeit σ tragen, sind beide korreliert, was durch das Wiedemann-Franzsche Gesetz beschrieben wird,

$$\frac{\lambda}{\sigma} = L \cdot T \tag{10.24}$$

wobei L, die Lorenz-Zahl, einen für alle Metalle konstanten Wert von $L = 2.45 \cdot 10^{-8} W\Omega/K^2$ annimmt.

10.4 Elektrische Eigenschaften

10.4.1 Leiter, Halbleiter und Nichtleiter

Ob ein Festkörper ein Leiter oder Nichtleiter ist, wird durch seine Elektronenstruktur, genauer, durch seine Bandstruktur bestimmt (Abb. 10.13a). Das Valenzband, das immer vollständig gefüllt ist, wird vom Leitungsband durch eine Energielücke der Größe E_g getrennt. Ist das Leitungsband vollständig leer, ist das Material ein Nichtleiter oder Isolator, bspw. keramische Werkstoffe. Ist das Leitungsband teilweise gefüllt, ist der Festkörper ein elektrischer Leiter. Metalle sind sehr gute elektrische Leiter. Lassen sich durch thermische Aktivierung leicht Elektronen vom Valenzband in das Leitungsband heben, so spricht man von einem Halbleiter (Abb. 10.13b). Die Häufigkeit f für diesen Vorgang ist gegeben durch die Wahrscheinlichkeit, daß ein Elektron die thermische Energie aufnimmt, um die Schwelle E_g zu überwinden, was durch den Boltzmann-Faktor

$$f \sim e^{\left(-\frac{E_g}{kT}\right)} \tag{10.25}$$

beschrieben wird (Abb. 10.13c).

Die Anzahl der Elektronen N_e im Leitungsband eines Isolators oder Halbleiters ist daher $N_e \sim f$ und deshalb exponentiell von der Temperatur abhängig. Ist E_g sehr groß, (z.B. 5.33 eV für Diamant), dann bleibt im Temperaturbereich bis zum Schmelzpunkt die Anzahl der Leitungselektronen vernachlässigbar klein, das Material ist ein guter Isolator. Ist E_g dagegen sehr klein (z.B. 0.67 eV für Ge), dann ist bei Umgebungstemperatur die Anzahl der thermisch aktivierten Leitungselektronen beträchtlich. Halbleiter zeichnen sich durch eine starke Abnahme des spezifischen elektrischen Widerstandes mit steigender Temperatur aus (Abb. 10.14). Die Elemente Germanium und Silizium und die Verbindung GaAs sind bekannte Beispiele. Durch Dotierung mit Fremdatomen kann die Energielücke noch verkleinert werden, wodurch die Leitfähigkeit weiter zunimmt (Abb. 10.15).

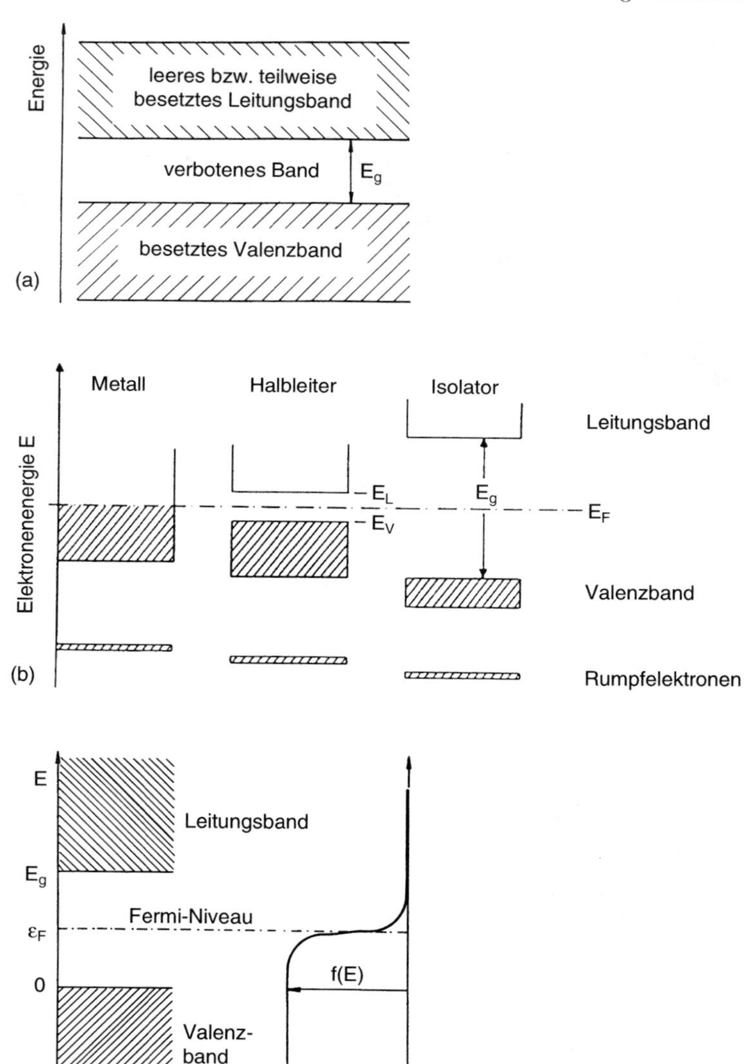

Abbildung 10.13. (a) Bänderschema, E_g ist die Größe der Bandlücke; (b) Schematische Darstellung der Besetzung der erlaubten Energiebänder durch Elektronen für ein Metall, einen Halbleiter und einen Isolator; (c) Bänderschema eines Eigenhalbleiters. Am absoluten Nullpunkt ist das Leitungsband leer und durch die Energielücke E_g vom besetzten Leitungsband getrennt. Ebenfalls eingezeichnet ist die Fermi-Verteilung für eine Temperatur T mit $kT > E_g$. Durch thermische Aktivierung können Elektronen entsprechend der Fermi-Verteilung ins Leitungsband gelangen. (Dabei ist zu beachten, daß die Fermi-Verteilung nur die Zustandswahrscheinlichkeit angibt. Die tatsächlich vorhandene Zahl der Elektronen ergibt sich aus dem Produkt der Fermi-Verteilung mit der Zustandsdichte, die im verbotenen Bereich (Energielücke) gleich Null ist.)

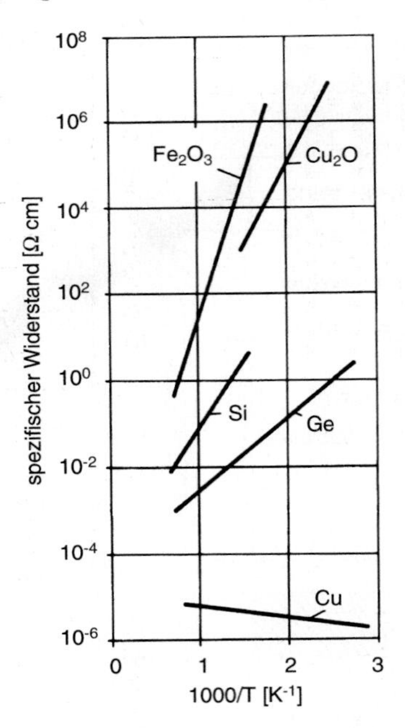

Abbildung 10.14. Arrheniusauftragung des spezifischen Widerstandes einiger Halbleiter über der reziproken Temperatur. Zum Vergleich ist der Widerstandsverlauf von Kupfer eingetragen.

Bei thermischer Erzeugung von Leitungselektronen fehlen im Valenzband entsprechend viele Elektronen. Diese „Löcher " tragen ebenfalls zur elektrischen Leitung bei und können als Ladungsträger mit positiver Ladung angesehen werden. In reinen Halbleitern ist die Anzahl von Elektronen und Löchern gleich groß, und die elektrische Leitung der Ladungsträger wird als Eigenleitung bezeichnet. Bei Dotierung mit Fremdatomen kommt es zu unterschiedlichen Konzentrationen von Elektronen und Löchern. Akzeptoratome nehmen Elektronen des Halbleiters auf und erzeugen somit ein Loch. Solche Halbleiter heißen p-Halbleiter, weil die überwiegende Zahl der Lagungsträger positiv ist. Entsprechend wird durch Zugabe eines Donator-Atoms ein Elektron freigesetzt, wodurch eine Mehrzahl von negativen Lagungsträgern und deshalb ein n-Halbleiter entsteht. Die Beiträge zur Leitfähigkeit durch Fremdatome bezeichnet man als Fremdleitung oder Störstellenleitung. Bei nicht zu hohen Temperaturen überwiegt immer die Fremdleitung (Abb. 10.16). Erst durch gezielte Dotierbarkeit und entsprechende Fremdleitfähigkeit haben Halbleiter technologische Bedeutung erlangt. Durch Verbindung von p- und n-Halbleitern erhält man bekanntlich Dioden und Transistoren, die Bausteine der modernen Mikroelektronik.

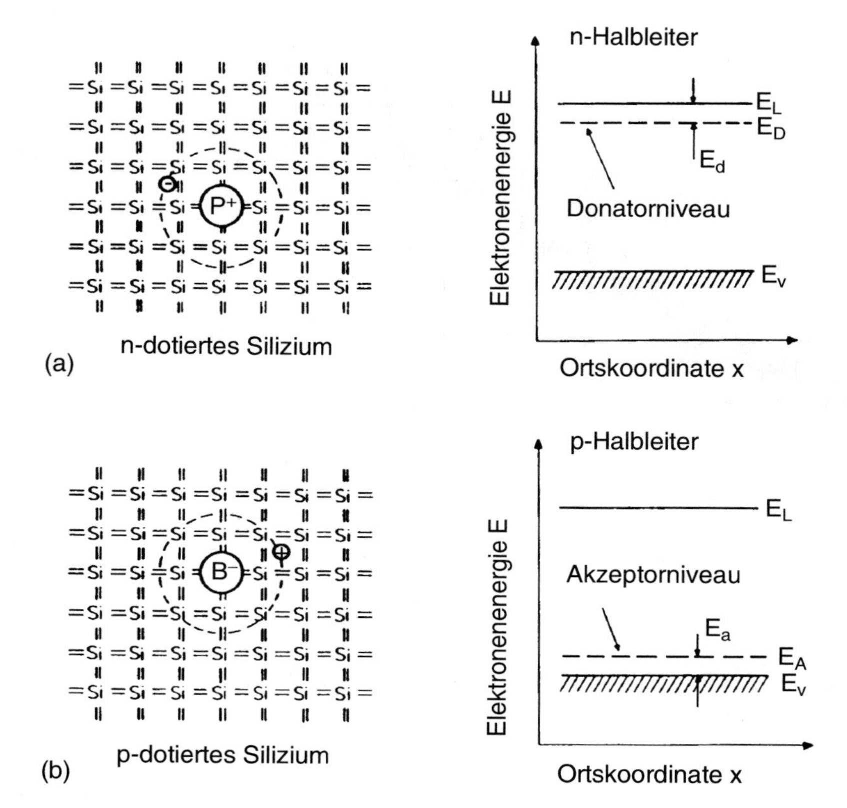

Abbildung 10.15. Schematische Darstellung der Wirkung eines (a) Phosphor-Atoms als Donator; (b) Bor-Atoms als Akzeptor in einem Si-Kristall. E_d = Ionisierungsenergie des Donators; E_a = Ionisierungsenergie des Akzeptors.

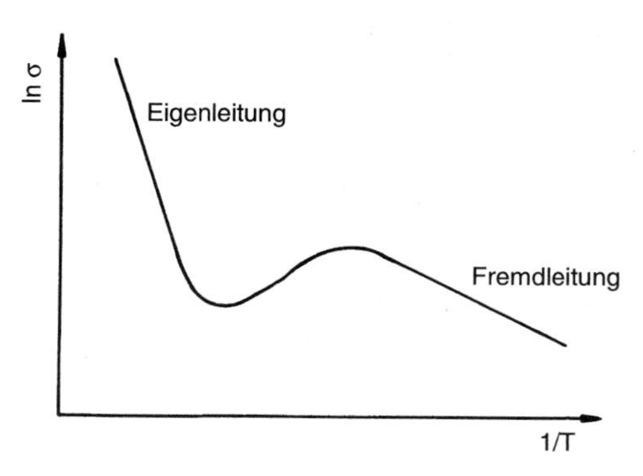

Abbildung 10.16. Arrheniusauftragung der Leitfähigkeit eines dotierten Halbleiters (von rechts nach links nimmt die Temperatur zu).

10.4.2 Leitfähigkeit in Metallen

Metalle sind gute elektrische Leiter. Die Anzahl ihrer Ladungsträger hängt praktisch nicht von der Temperatur ab, aber die Leitfähigkeit ist materialabhängig und wird stark beeinflußt von Temperatur, Verunreinigungen, Gitterfehlern, Phasenkonstruktion und Überstrukturen. Der spezifische elektrische Widerstand ρ ist der Kehrwert der elektrischen Leitfähigkeit: $\rho = 1/\sigma$. Er liegt bei Metallen in der Größenordnung $10^{-7}\Omega$m.

Genau genommen ist die Leitfähigkeit in kristallinen Festkörpern keine Zahl, sondern ein symmetrischer Tensor zweiter Stufe, denn die Leitfähigkeit ist abhängig von der kristallographischen Richtung. In kubischen Kristallen ist die Leitfähigkeit in allen Raumrichtungen gleich. Dann genügt zur Angabe der Leitfähigkeit ein einziger Zahlenwert. Bei hexagonalen (ebenso bei tetragonalen oder trigonalen) Metallen sind die Leitfähigkeit bzw. der Widerstand in der c- und a-Achse, $\rho_\perp$ bzw. $\rho_{||}$ (Abb. 10.17), verschieden. Für eine beliebige Richtung mit dem Neigungswinkel α gegen die Basisebene gilt

$$\rho_\alpha = \rho_\perp + \left(\rho_{||} - \rho_\perp\right) \cdot \cos^2\alpha \qquad (10.26)$$

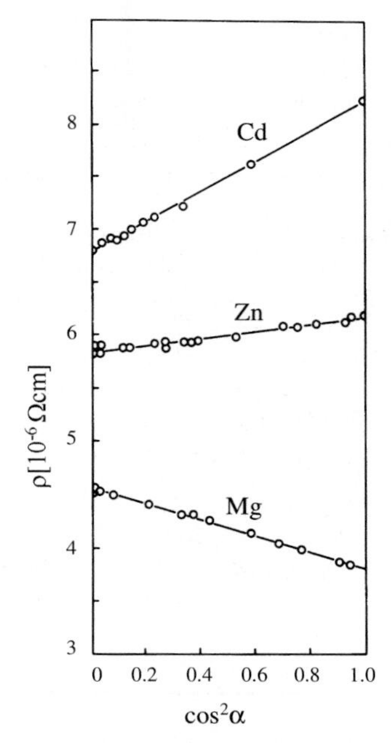

Abbildung 10.17. Spezifischer elektrischer Widerstand einiger hexagonaler Metalle als Funktion des Winkels α zur Basisebene. Der Widerstand ändert sich linear mit $\cos^2\alpha$ (nach [10.8]).

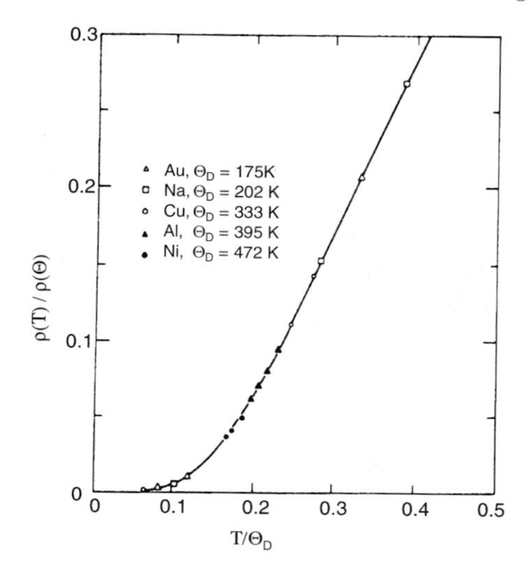

Abbildung 10.18. Theoretische Temperaturabhängigkeit (nach Grüneisen) des spezifischen elektrischen Widerstandes und experimentelle Werte für verschiedene Metalle (nach [10.9]).

Beispielsweise ist für Magnesium $\rho_{||} = 3.5 \cdot 10^{-8} \Omega m$ und $\rho_{\perp} = 4.2 \cdot 10^{-8} \Omega m$, und auch der Temperaturkoeffizient ist verschieden. Bei noch niedrigerer Kristallsymmetrie sind die Leitfähigkeitswerte in allen drei Raumrichtungen verschieden, z.B. Gallium (50.5; 16.1; 7.5) $\cdot 10^{-8} \Omega m$. Technische Werkstoffe sind aber in aller Regel vielkristallin. Dann erhält man nur einen Mittelwert, es sei denn, der Werkstoff besitzt eine ausgeprägte kristallographische Textur.

Der elektrische Widerstand ist auch von der Temperatur abhängig, aber im Gegensatz zu Halbleitern nimmt er mit steigender Temperatur zu (Abb. 10.18 – Abb. 10.19). Oberhalb einer materialabhängigen charakteristischen Temperatur steigt der Widerstand linear mit der Temperatur an (Abb. 10.19). Bei tiefen Temperaturen findet man erhebliche Abweichungen vom linearen Verlauf. Bei Temperaturen nahe am absoluten Nullpunkt bleibt der Widerstand praktisch konstant. Der Wert wird als Restwiderstand bezeichnet. Mit zunehmender Reinheit wird der Restwiderstand kleiner (Abb. 10.20), und es ist zu vermuten, daß bei ganz reinen, störungsfreien Metallen der Widerstand gegen Null geht.

Bei ansteigenden Temperaturen nimmt der Widerstand zunächst etwa mit der 5. Potenz der Temperatur zu, bevor er oberhalb einer charakteristischen Temperatur linear mit der Temperatur verläuft (Abb. 10.21).

Der Widerstand ist von der Zusammensetzung abhängig. Mit zunehmender Konzentration des Legierungselementes nimmt der Widerstand zu (Abb. 10.22a). Da das für die reinen Elemente auf beiden Seiten des Phasendiagramms zutrifft, muß bei binären Lösungen der Widerstand bei mittleren Konzentrationen ein Maximum durchlaufen, was, wie beim Ag-Pd (Abb. 10.22b) nicht notwendigerweise bei einer 50% Legierung liegen muß.

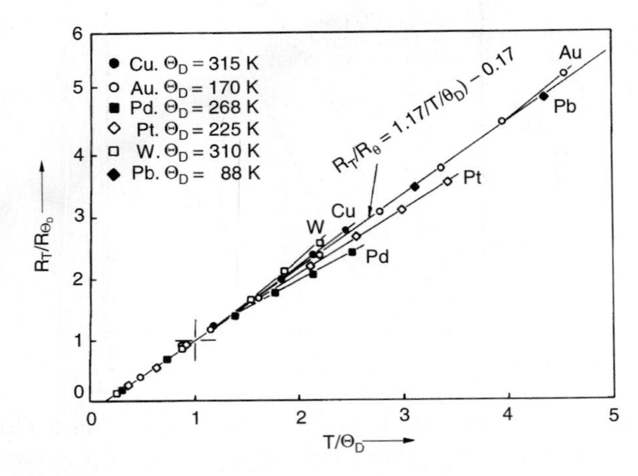

Abbildung 10.19. Spezifischer elektrischer Widerstand einiger Metalle als Funktion der normierten Temperatur (Θ_D = Debye-Temperatur) (nach [10.10]).

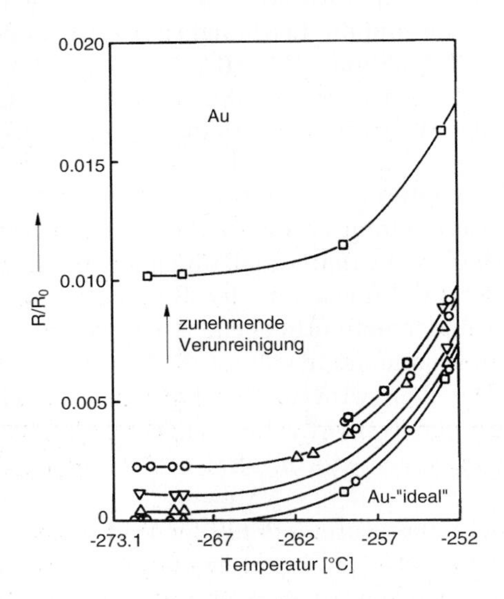

Abbildung 10.20. Spezifischer elektrischer Widerstand von Gold bei sehr tiefen Temperaturen. Der Restwiderstand nimmt mit zunehmender Anzahl an Kristallbaufehlern, d.h. Verunreinigungen, zu (nach [10.11]).

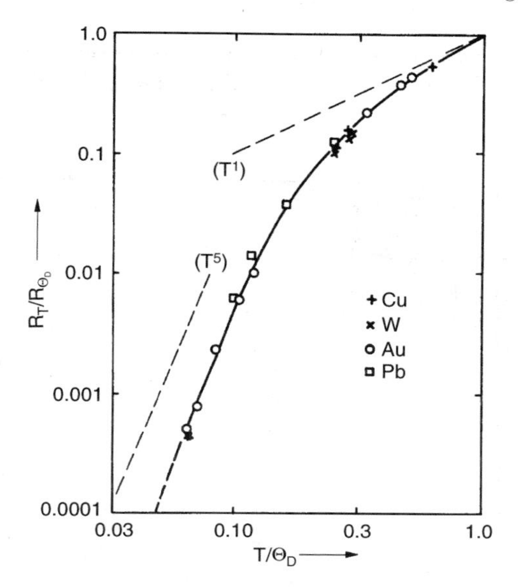

Abbildung 10.21. Normierte, doppeltlogarithmische Auftragung des spezifischen elektrischen Widerstandes verschiedener Metalle (nach [10.12]).

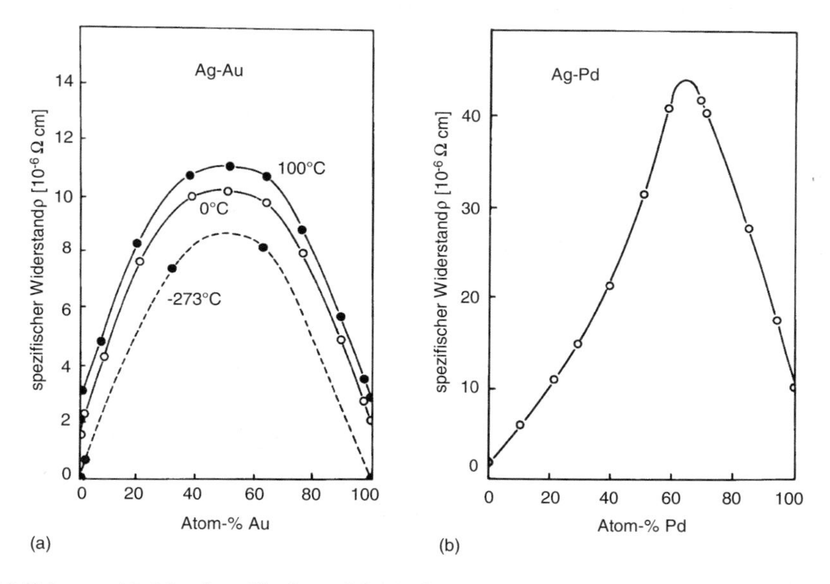

Abbildung 10.22. Spezifischer elektrischer Widerstand bei Raumtemperatur in Abhängigkeit von der Legierungskonzentration bei den lückenlos mischbaren Legierungen Ag-Au (a) und Ag-Pd (b) (nach [10.13]).

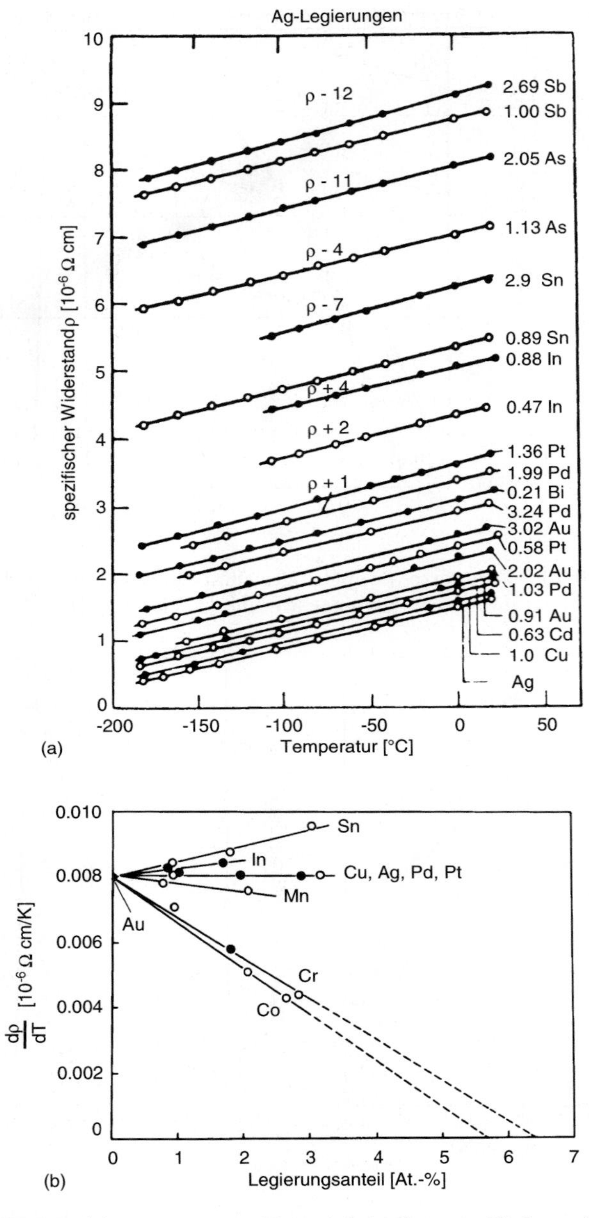

Abbildung 10.23. (a) Temperaturabhängigkeit des spezifischen elektrischen Widerstandes bei verdünnten Silberlegierungen. Die Temperaturabhängigkeit des Widerstandes ändert sich in erster Näherung nicht (Matthiessensche Regel). (b) Temperaturkoeffizient des elektrischen Widerstandes bei verschiedenen Goldlegierungen (nach [10.14]).

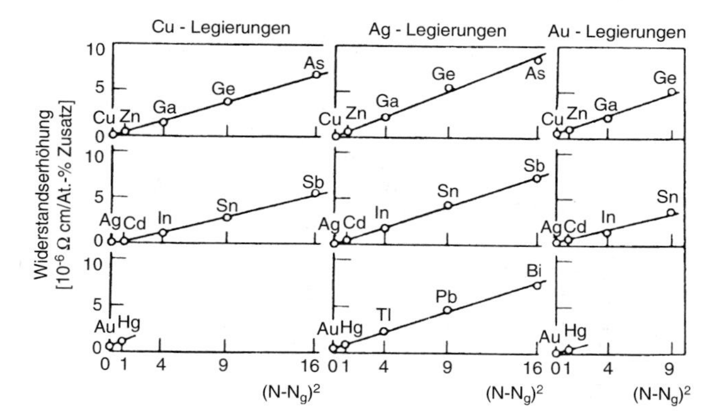

Abbildung 10.24. Atomare Widerstandserhöhung von Cu, Ag und Au durch metallische Zusätze in Abhängigkeit von der Wertigkeitsdifferenz. Die Widerstandserhöhung nimmt mit dem Quadrat der Wertigkeit zu (Norburysche Regel) (nach [10.15]).

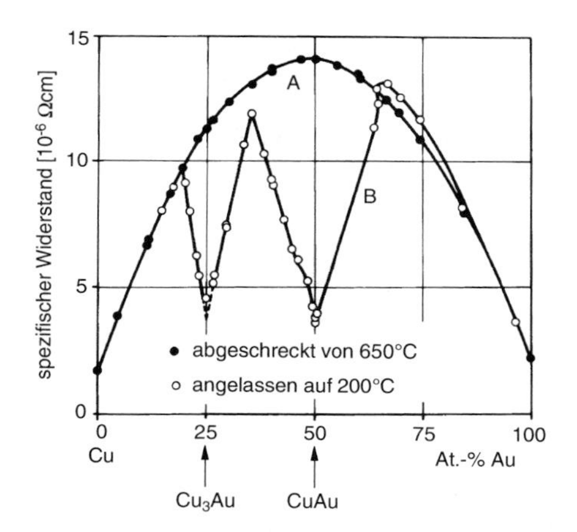

Abbildung 10.25. Durch Einstellung der geordneten Phasen Cu_3Au und CuAu wird der Widerstand grundsätzlich verringert (nach [10.16]).

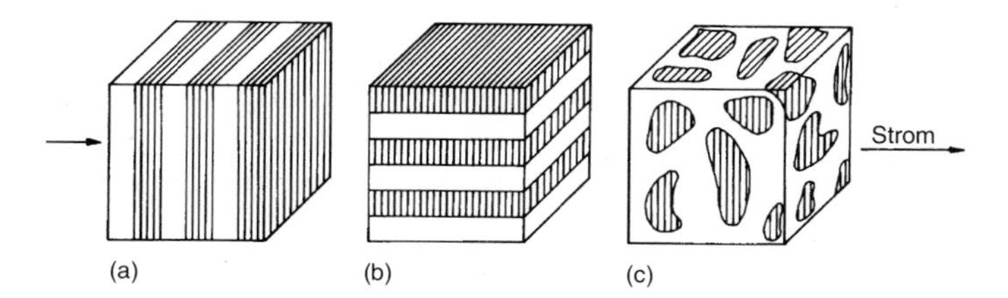

Abbildung 10.26. Abhängigkeit des elektrischen Widerstandes heterogener Legierungen von der geometrischen Anordnung der Phasen. (a) Addition der Widerstände; (b) Addition der Leitfähigkeiten beider Phasen; (c) Reale Verteilung, bei der eine Phase nicht vollständig zusammenhängend ist, verhält sich annähernd wie (b).

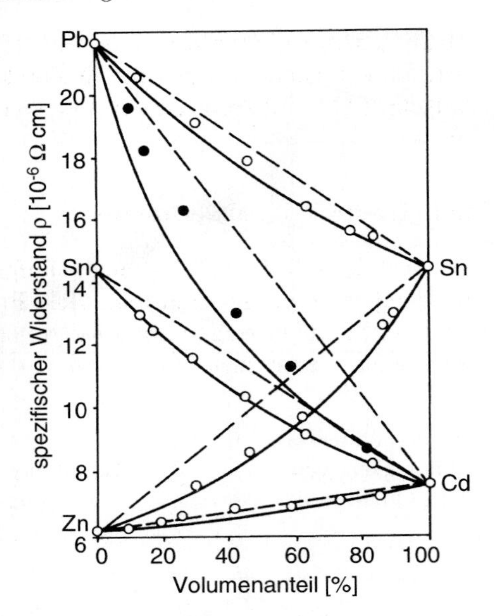

Abbildung 10.27. Elektrischer Widerstand einiger Gemenge als Funktion des Volumenanteils der beiden Phasen (—— Addition Leitfähigkeit; - - - Addition Widerstände) (nach [10.17]).

Während sich der Absolutwert des Widerstandes beträchtlich durch Zulegieren ändert, bleibt der Temperaturkoeffizient der Widerstandszunahme $d\rho/dT$ zumindest bei verdünnten Legierungen von der Konzentration praktisch unbeeinflußt (Abb. 10.23a). Dieser Sachverhalt ist als Matthiessensche Regel bekannt. Bei genauen Messungen stellt man aber fest, daß die Matthiessensche Regel nicht immer erfüllt ist und bei einigen Legierungspartnern starke Abweichungen zu beobachten sind, z.B. Cr in Au (Abb. 10.23b).

Der Betrag der Widerstandserhöhung beim Zulegieren ist vom Legierungspartner abhängig. Vielfach wird die Norburysche Regel erfüllt, wonach die Widerstandserhöhung proportional mit dem Quadrat der Wertigkeitsdifferenz zunimmt (Abb. 10.24). Ganz anderes Widerstandsverhalten wird beobachtet, wenn im Zustandsdiagramm intermetallische Phasen auftreten, also bei geordneten Atomverteilungen. Da gemäß der Wellennatur der Elektronen nicht die Streuung an einzelnen Atomen, sondern die Abweichungen vom periodischen Kristallaufbau die Widerstandserhöhung verursachen, tritt bei ordnenden Legierungen eine drastische Abnahme der Widerstände beim Übergang vom ungeordneten zum geordneten Zustand auf (Abb. 10.25).

In heterogenen Legierungen hängt der Widerstand von der geometrischen Anordnung der Gemengebestandteile ab. Wären Phasen schichtweise angeordnet, so erhielte man bei Stromrichtung senkrecht zu den Schichten eine Addition des Widerstandes (Abb. 10.26a), parallel zu den Schichten eine Addition der Leitfähigkeiten (Abb. 10.26b). Der Fall (b) entspricht besser den realen

Verhältnissen (Abb. 10.26c), wenn die zweite Phase vollständig in die Mutterphase eingebettet ist. Entsprechend werden die Widerstandsdaten besser durch eine Parallelschaltung (Abb. 10.26b) der Phasen wiedergegeben (Abb. 10.27).

10.4.3 Deutung der Leitfähigkeitsphänomene

Betrachtet man die Ladungsträger als freie Teilchen, die aufgrund des angelegten Feldes eine Kraftwirkung erfahren, so kann man viele Phänomene bereits hinreichend beschreiben. Bei Metallen tragen nur Elektronen zum Strom bei. Die elektrische Stromdichte ist entsprechend

$$j = -nv \cdot e \tag{10.27}$$

wobei n die Anzahl der Leitungselektronen pro Volumeneinheit, e die Elementarladung und v die mittlere Geschwindigkeit der Elektronen ist. Geht man davon aus, daß Elektronen bei Stößen mit Atomen ihre gesamte kinetische Energie verlieren und dann über eine Zeit τ zwischen zwei aufeinanderfolgenden Stößen frei beschleunigt werden, dann erhält man bei einer elektrischen Feldstärke E (Kraft F)

$$F = -eE = \frac{d}{dt}(mv)$$
$$v_{\mathrm{max}} = \int_0^\tau \frac{F}{m} dt = \int_0^\tau \frac{-eE}{m} dt = \frac{-eE}{m}\tau \tag{10.28}$$

Da die Geschwindigkeit proportional zur Zeit zunimmt, ist die mittlere Geschwindigkeit (Driftgeschwindigkeit) dann gegeben durch $v = v_{\mathrm{max}}/2$ und

$$j = n\frac{e^2 E}{2m} \cdot \tau \tag{10.29}$$

Vergleicht man mit dem Ohmschen Gesetz

$$j = \sigma E \tag{10.30}$$

so erhält man durch Vergleich von (10.29) mit (10.30) die elektrische Leitfähigkeit

$$\sigma = \frac{ne^2\tau}{2m} \tag{10.31}$$

oder unter Einführung der Beweglichkeit

$$\mu = \frac{v}{E} = \frac{e\tau}{2m} \tag{10.32}$$

$$\sigma = ne\mu \tag{10.33a}$$

Bei Halbleitern kommt noch der Beitrag der Löcher hinzu. Da beide Ladungsträger verschiedene Dichten (n und p) und Beweglichkeiten (μ_n und μ_p) haben können, aber den gleichen Absolutbetrag der Ladung, erhält man

$$\sigma = e\,(n\mu_n + p\mu_p) \tag{10.33b}$$

Dabei ist zu beachten, daß bei Metallen nur die Beweglichkeit, bei Halbleitern auch die Dichte der Ladungsträger von der Temperatur abhängt. Die Beweglichkeit wird nur über die Stoßzeit τ beeinflußt. Mit zunehmender Zahl von Störstellen nimmt τ ab. Störstellen sind hauptsächlich Gitterbaufehler (Fremdatome) und Gitterschwingungen (Phononen). Den Einfluß der Fremdatome erkennt man am Restwiderstand, denn er dominiert bei tiefen Temperaturen, wo die Gitterschwingungen im wesentlichen eingefroren sind. Der Restwiderstand steigt mit der Konzentration der Fremdatome an, weil τ mit der Konzentration abnimmt. Bei hohen Temperaturen dominiert der Störbeitrag der Phononen. Da die Amplitude der Gitterschwingungen mit steigender Temperatur größer wird, erhöht sich die Stoßwahrscheinlichkeit proportional zur Temperatur und daher $\tau \sim 1/T$. Daher steigt der Widerstand in Metallen proportional zur Temperatur an. Da die Gitterschwingungen in verdünnten Legierungen nur wenig von den Fremdatomen beeinflußt werden, ist auch die Matthiessensche Regel verständlich. Zu tieferen Temperaturen hin frieren die Gitterschwingungen ein. Gemäß Debye nehmen die Gitterschwingungen mit T^3 ab. Die beobachtete T^5-Abhängigkeit ist darauf zurückzuführen, daß das Spektrum der angeregten Phononen hauptsächlich aus langwelligen Phononen besteht, deren Impuls so gering ist, daß Elektronen nur um kleine Winkel abgelenkt werden können, was durch eine T^2 Abhängigkeit beschrieben werden kann.

Für Halbleiter ist die Leitfähigkeit nur für höhere Temperaturen wesentlich von Null verschieden, und deshalb von Interesse. Auch hier sind Fremdatome und Phononen die Streuzentren für die Ladungsträger. Im Gegensatz zu den freien Elektronen in Metallen hängen aber in Halbleitern sowohl die Anzahl der Ladungsträger als auch ihre Beweglichkeit von der Temperatur ab. Mit $\tau(T) = (Tv)^{-1}$ und $v = \sqrt{2E/m} = \sqrt{2kT/m}$ ergibt sich $\tau \sim T^{-3/2}$ und $n \sim \exp(-E/kT)$. Für die Löcher ergibt sich eine ganz analoge Betrachtung.

Man erkennt, daß hier gegenüber der Temperaturabhängigkeit der Ladungsträgerdichte diejenige der Beweglichkeit vernachlässigt werden kann, so daß die Leitfähigkeit im wesentlichen über einen Boltzmann-Faktor von der Temperatur abhängt (vgl. Abb. 10.14).

Mit dem einfachen Modell der freien Elektronen lassen sich jedoch nicht alle Phänomene vollständig erklären. Der Beitrag eines Fremdatoms oder eines Kristallbaufehlers zum Widerstand ist schwer zu berechnen. Das gleiche trifft zu für die Abnahme des Widerstandes in Überstrukturen. Hier kann nur die wellentheoretische Behandlung quantitative Resultate liefern, was bis heute nur sehr unvollkommen der Fall ist.

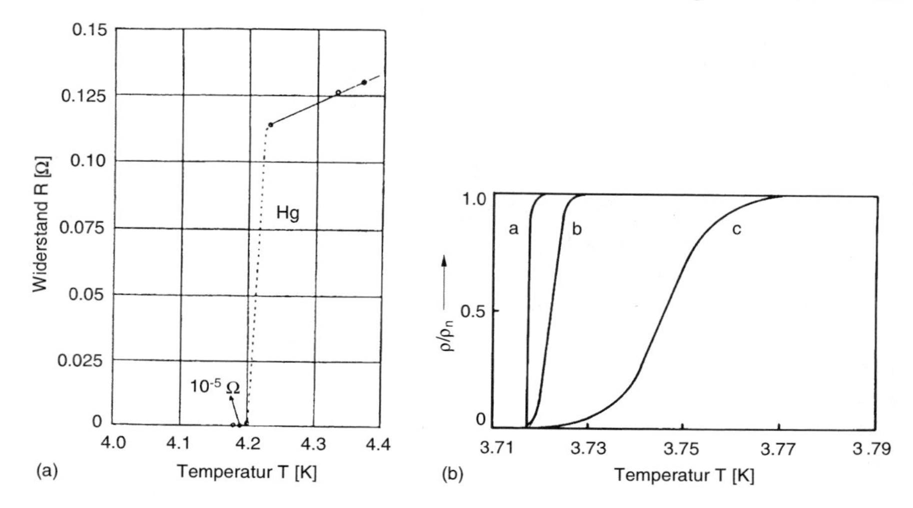

Abbildung 10.28. (a) Widerstand (in Ω) einer Quecksilber Probe in Abhängigkeit von der absoluten Temperatur. Dieses Diagramm von Kamerling Onnes kennzeichnet die Entdeckung der Supraleitung (nach [10.18]). (b) Charakteristischer Verlauf des spezifischen elektrischen Widerstandes supraleitender Materialien bei tiefen Temperaturen hier am Beispiel von Zinn (a) Einkristall; (b) Vielkristall; (c) verunreinigtes Material.

10.4.4 Supraleitung

Manche Metalle — und wie neuerdings bekannt, auch einige Oxidkeramiken — verlieren bei einer bestimmten, von Null verschiedenen Temperatur, dem Sprungpunkt, vollständig ihren elektrischen Widerstand (Abb. 10.28). Sie gehen dabei in einen neuen Zustand über, den man supraleitend nennt. Der normalleitende Zustand wird wieder angenommen, wenn entweder Temperatur, Stromdichte oder ein äußeres Magnetfeld einen kritischen Wert überschreiten, der für jedes Material verschieden ist. Der supraleitende Zustand ist also auf einen bestimmten Bereich von Bedingungen beschränkt (Abb. 10.29). Neben dem völligen Verschwinden des elektrischen Widerstandes zeigt der supraleitende Zustand noch eine andere bemerkenswerte Eigenschaft, nämlich das Verdrängen eines Magnetfeldes aus seinem Inneren (Abb. 10.30). Damit verhält sich ein Supraleiter wie ein idealer Diamagnet, die magnetische Induktion in seinem Innern ist Null (vgl. Kap. 10.5.1). Man bezeichnet diesen Effekt nach seinem Entdecker als Meissner-Ochsenfeld-Effekt. Er ist nicht eine Folge des Widerstandsverlustes. Würde man ein ideales Metall in einem Magnetfeld auf 0K abkühlen, so würde sein elektrischer Widerstand völlig verschwinden, jedoch das Magnetfeld im Innern verbleiben, im Gegensatz zum Supraleiter.

Man findet Supraleitung in vielen metallischen Systemen, in Elementen, Legierungen und intermetallischen Phasen (Tabelle 10.3 und Tabelle 10.4). In metallischen Systemen liegt der höchste Sprungpunkt heute bei $T_c = 23.1K$

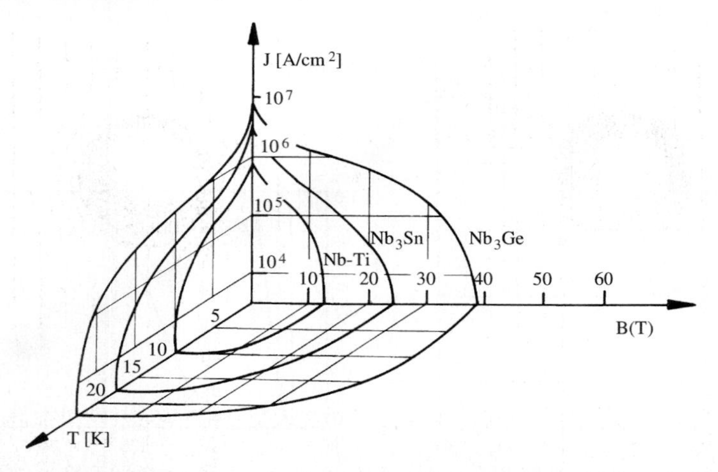

Abbildung 10.29. Darstellung der kritischen Werte von Stromdichte J, Magnetfeld B und Temperatur T für einige Supraleiter (nach [10.19]).

in Nb_3Ge. Für diese metallischen Systeme wird die Supraleitung durch die sog. BCS-Theorie erklärt (vorgeschlagen von Bardeen-Cooper-Schrieffer). Im Jahr 1986 wurde auch Supraleitung in dielektrischen Keramiken bei viel höheren Temperaturen gefunden, etwa 80K, allerdings mit viel kleineren kritischen Strömen als bei Metallen. Zur Zeit existiert noch keine brauchbare Theorie zur Erklärung solch hoher Sprungtemperaturen. Wir wollen uns hier auf metallische Systeme beschränken.

Tabelle 10.3. Sprungtemperatur einiger ausgewählter Verbindungen.

Verbindung	T_c in $[K]$	Verbindung	T_c in $[K]$
Nb_3Ge	23.1	Nb_3Au	11.5
Nb_3Sn	18.05	La_3In	10.4
Nb_3Al	17.5	Ti_2Co	3.44
V_3Si	17.1	Nb_6Sn_5	2.07
NbN	16.0	$InSn^{\#)}$	1.9
MoN	12.0	$(SN)_x$polymer	0.26
$YBa_2Cu_3O_7$	80	$HgBa_2Ca_3CuO_{8+x}$	134

#) metallische Phase

Man unterscheidet Supraleiter I. Art (weiche Supraleiter) und Supraleiter II. Art (harte Supraleiter) (Abb.10.31). Sie unterscheiden sich dadurch, daß harte Supraleiter das Magnetfeld oberhalb einer kritischen Feldstärke H_{C1} in eine dünne Oberflächenschicht des Materials eindringen lassen, aber weiterhin elektrisch supraleitend bleiben. Erst oberhalb H_{C2} wird das Material

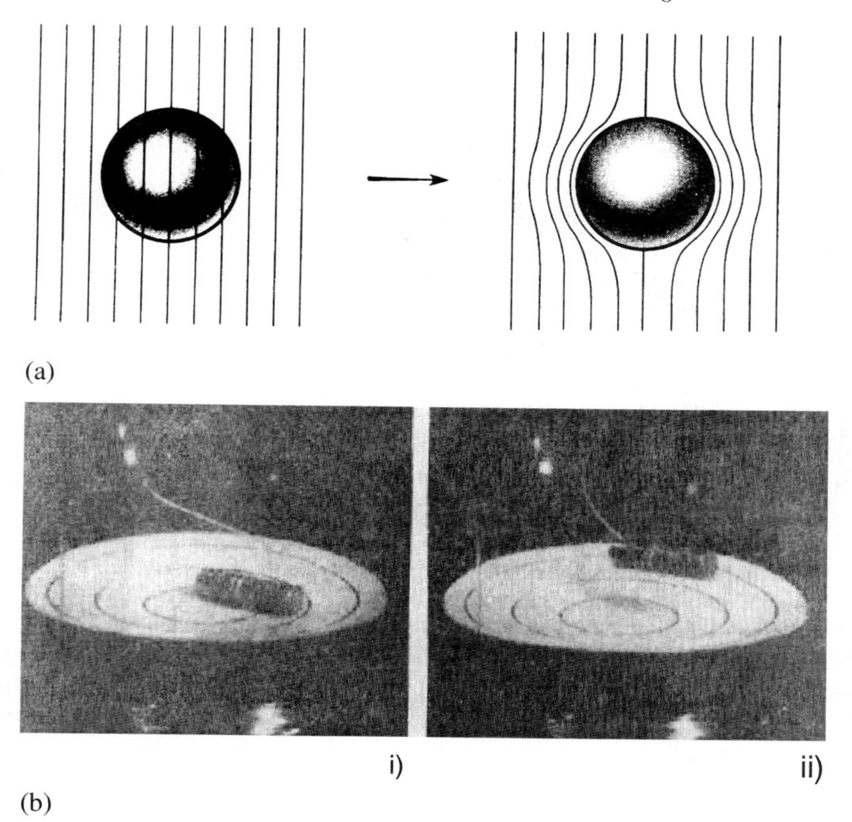

Abbildung 10.30. (a) Meissner-Ochsenfeld-Effekt in einer supraleitenden Kugel, die bei konstantem äußerem Magnetfeld abgekühlt wird; beim Unterschreiten der Sprungtemperatur werden die Induktionsfeldlinien aus der Kugel herausgedrängt (schematisch); (b) „Der schwebende Magnet" zur Demonstration des Meissner-Effekts aufgrund der Dauerströme, die beim Abenken durch Induktion angeworfen werden i) Ausgangslage ii) Gleichgewichtslage [10.20].

normalleitend. Das Feld H_{C2} kann das Hundertfache des kritisches Feldes von weichen Supraleitern betragen. Harte Supraleiter sind daher für die technische Anwendung, bspw. für supraleitende Magnetspulen, interessant.

Die Supraleitung läßt sich vereinfacht darauf zurückführen, daß sich zwei Elektronen mit entgegengesetztem Impuls $\pm\mathbf{p}$ und entgegengesetztem Spin $\uparrow\downarrow$ bei tiefen Temperaturen zu einem Cooper-Paar zusammenfinden. Die anziehende Wechselwirkung zwischen den Elektronen erfolgt über das Kristallgitter durch den Austausch von (sog. virtuellen) Phononen (Abb. 10.32). Ein solches Cooper-Paar bildet ein neues Teilchen $\{\mathbf{p}\uparrow, -\mathbf{p}\downarrow\}$ mit dem Gesamtimpuls und Gesamtspin Null. Ein Teilchen mit dem Gesamtspin Null unterliegt aber nicht, wie das einzelne Elektron, der Fermistatistik, sondern der Bose-Statistik. Des-

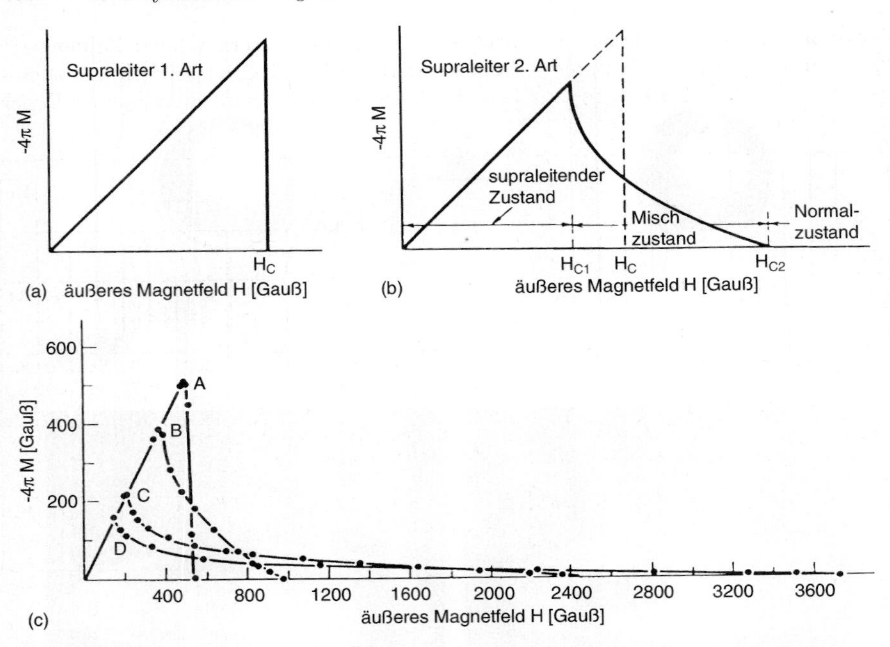

Abbildung 10.31. (a) Magnetisierungskurve eines Supraleiters 1. Art (idealer Diamagnet). (b) Magnetisierungskurve eines Supraleiters 2. Art. Bei der Feldstärke H_{c1} beginnt der Fluß in die Probe einzudringen. (c) Magnetisierungskurven von getemperten polykristallinen Blei-Indium-Legierungen bei 4.2 K, (A) Blei; (B) Blei 2.8 w/o Indium; (C) Blei 8.32 w/o Indium; (D) Blei 20.4 w/o Indium (nach [10.21]).

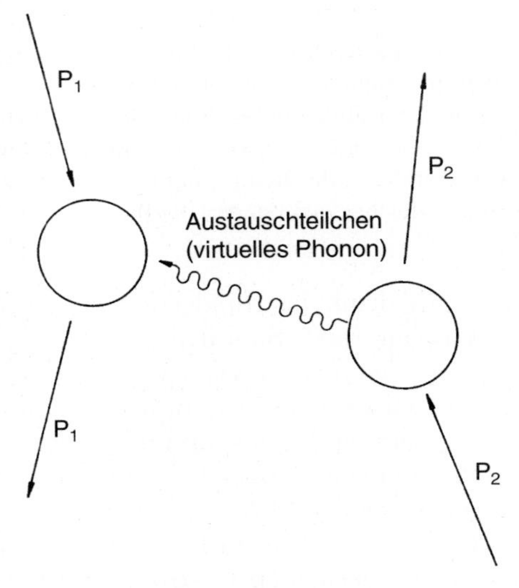

Abbildung 10.32. Elektron-Elektron-Wechselwirkung über Phononen.

Tabelle 10.4. Verteilung der Supraleiter im Periodensystem. Oberer Zahlenwert: Sprungtemperatur in K; unterer Zahlenwert: (soweit bekannt) kritisches Magnetfeld bei $T = 0K$ in 10^{-4} Tesla; *: nur in dünnen Filmen und unter hohem Druck supraleitend.

H																	He
Li	Be 0.026											B	C	N	O	F	Ne
Na	Mg											Al 1.140 105	Si* 6.7	P* 4.6-6.1	S*	Cl	Ar
K	Ca	Sc	Ti 0.39 100	V 5.38 1420	Cr	Mn	Fe	Co	Ni	Cu	Zn 0.875 53	Ga 1.091 51	Ge* 5.4	As* 0.5	Se* 6.9	Br	Kr
Rb	Sr	Y* 1.5-2.7	Zr 0.546 47	Nb 9.5 1980	Mo 0.92 95	Tc 7.77 1410	Ru 0.51 70	Rh 0.0003 0.049	Pd	Ag	Cd 0.56 30	In 3.4035 293	Sn 3.722 309	Sb* 3.6	Te* 4.5	I	Xe
Cs* 1.5	Ba* 1.8-5.1	*la.)*	Hf 0.12	Ta 4.483 830	W 0.012 1.07	Re 1.4 1.98	Os 0.655 65	Ir 0.14 19	Pt	Au	Hg 4.153 412	Tl 2.39 171	Pb 7.193 803	Bi* 3.9-8.5	Po	At	Rn
Fr	Ra	*ac.)*															

	La	Ce*	Pr	Nd	Pm	Sm	Eu	Gd	Tb	Dy	Ho	Er	Tm	Yb	Lu
la.) - lanthanoids	6.00 1100	1.7													0.1
ac.) - actinoids	Ac	Th 1.368 1.62	Pa 1.4	U 0.2	Np	Pu	Am	Cm	Bk	Cf	Es	Fm	Md	No	Lr

halb können alle Cooper-Paare den gleichen Quantenzustand annehmen. Erst diese makroskopische Besetzung eines einzelnen Quantenzustandes ergibt die Eigenschaften des Supraleiters. Die Gesamtheit der Cooper-Paare führt kollektive Bewegungen in Phase mit den Gitter-Nullpunktschwingungen aus. Bei geringer Energieaufnahme aus einem angelegten elektrischen Feld kann das kollektiv in einen nur wenig höheren Energiezustand übergehen, in welchem alle Paare den gleichen endlichen Impuls besitzen, was einen Suprastrom darstellt. Der supraleitende Zustand fordert den gleichen quantenmechanischen Zustand für alle Paare. Deshalb kann ein einzelnes Paar nicht mit dem Gitter wechselwirken, d.h. Impulse austauschen, ohne den supraleitenden Zustand zu verlassen, wozu eine endliche Energie aufzubringen ist, nämlich die Wechselwirkungsenergie der Cooper-Paare. Daher ist zu verstehen, daßbei großer Energieaufnahme im elektrischen oder magnetischen Feld die Eigenschaft der Supraleitfähigkeit verloren geht.

10.5 Magnetische Eigenschaften

10.5.1 Dia- und Paramagnetismus

Festkörper zeigen drei Hauptformen des Magnetismus, nämlich Diamagnetismus, Paramagnetismus und Ferromagnetismus. Jedes Material ist diamagnetisch, jedoch ist der Effekt bei paramagnetischen und ferromagnetischen Stoffen so klein, daß er weit überkompensiert wird und gar nicht in Erscheinung tritt.

Diamagnetismus beruht auf dem Induktionsprinzip. Ein äußeres magnetisches Feld H verursacht in der Elektronenhülle eines Atoms einen Strom, dessen Magnetfeld M dem äußeren Feld entgegengesetzt ist. Das induzierte magnetische Moment versucht also das äußere Magnetfeld zu schwächen, die Suszeptibilität χ_D

$$M = \chi_D H \tag{10.34}$$

(H = magnetische Feldstärke; M = Magnetisierung) ist negativ. Der Diamagnetismus ist für Festkörper nicht von besonderer Bedeutung, ausgenommen für spezielle Effekte in der Festkörperphysik (magnetische Resonanzen), auf die hier nicht eingegangen wird. Erwähnenswert ist noch, daß Supraleiter ideale Diamagneten sind, da sie das äußere Magnetfeld völlig aus dem Inneren verdrängen. Hier ist also $\chi_D = -1$. Bei anderen Substanzen ist χ_D sehr klein, in der Größenordnung von 10^{-8} und von der Temperatur unabhängig.

Paramagnetische Substanzen sind solche Stoffe, deren Atomhüllen ein magnetisches Moment besitzen, was immer dann der Fall ist, wenn die Elektronenschale nicht vollständig abgeschlossen ist (Abb. 10.33). Da das magnetische Moment aber in alle Raumrichtungen zeigen kann, ist die Magnetisierung eines paramagnetischen Festkörpers im Mittelwert Null. Bei Anlegen eines äußeren Feldes richten sich jedoch die magnetischen Momente aus, indem sie um die Richtung des äußeren Feldes präzedieren. Magnetische Momente, die dem äußeren Feld entgegengesetzt sind, haben eine höhere Energie (nämlich $\mu_z H$, μ_z-Komponente des magnetischen Momentes entgegen der Feldrichtung), so daß sie die Tendenz haben, in Feldrichtung einzudrehen. Auf diese Weise erhält der Festkörper eine Magnetisierung, die bei kleinen Feldstärken proportional zum äußeren Feld ist

$$M = \chi_P H \tag{10.35}$$

wobei nun $\chi_P > 0$. Bei großen Feldstärken richten sich schließlich alle Momente in Feldrichtung aus und es kommt zur magnetischen Sättigung (Abb. 10.34). Thermische Aktivierung wirkt der Ausrichtung entgegen, so daß χ_P mit höherer Temperatur immer kleiner wird. Es gilt das Curiesche Gesetz des Paramagnetismus

$$\chi_P = \frac{C}{T} \tag{10.36}$$

wobei C eine Konstante ist (Abb. 10.35).

Elektronen haben einen Eigendrehimpuls, den Spin, der sich entweder parallel oder antiparallel zur Feldrichtung einstellt. Freie Elektronen in einem

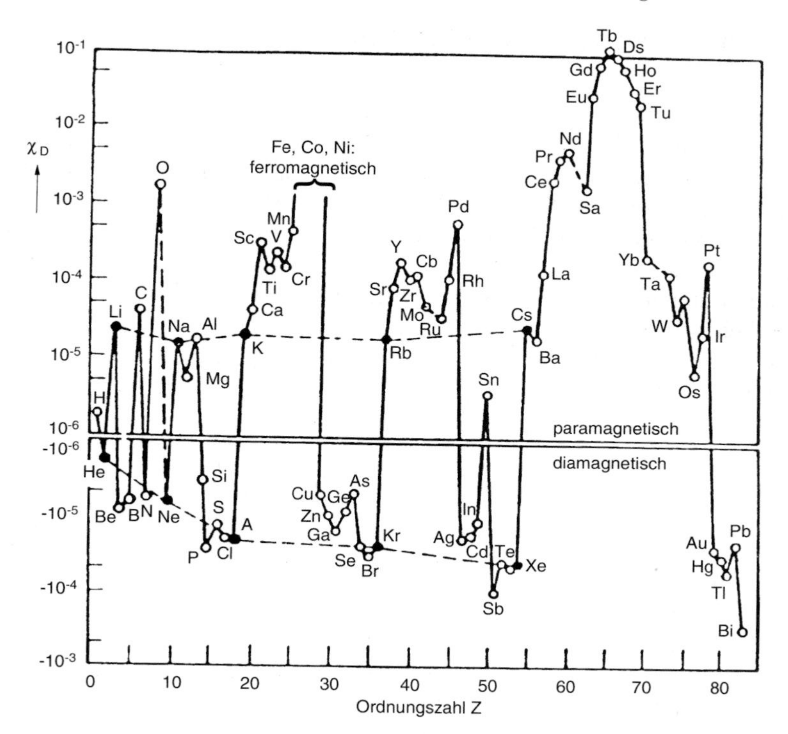

Abbildung 10.33. Atomare Suszeptibilität in Abhängigkeit von der Ordnungszahl (nach [10.22]).

Leiter, also insbesondere in Metallen, tragen daher zum Paramagnetismus bei. Dieser Beitrag wird als Pauli-Paramagnetismus bezeichnet. Er ist allerdings klein, weil nur die Elektronen nahe der Fermikante freie Energie aufnehmen können (also andere Energieniveaus annehmen können). Allerdings erregt ein Magnetfeld bei freien Elektronen auch einen Induktionsstrom, der diamagnetisches Verhalten verursacht (Landau-Diamagnetismus). Die diamagnetische (Landau-) Suszeptibilität ist allerdings noch kleiner als die paramagnetische (Pauli-) Suszeptibilität.

$$\chi_{\text{Landau}} = -\frac{1}{3}\chi_{\text{Pauli}} \tag{10.37}$$

Der Pauli-Magnetismus, verringert um den diamagnetischen (Landau-) Beitrag, ergibt den Unterschied zwischen dem Magnetismus von freien Atomen und den gleichen Atomen im Festkörperverband. Freie Edelmetallatome, wie Cu, Ag oder Au, sind diamagnetisch.

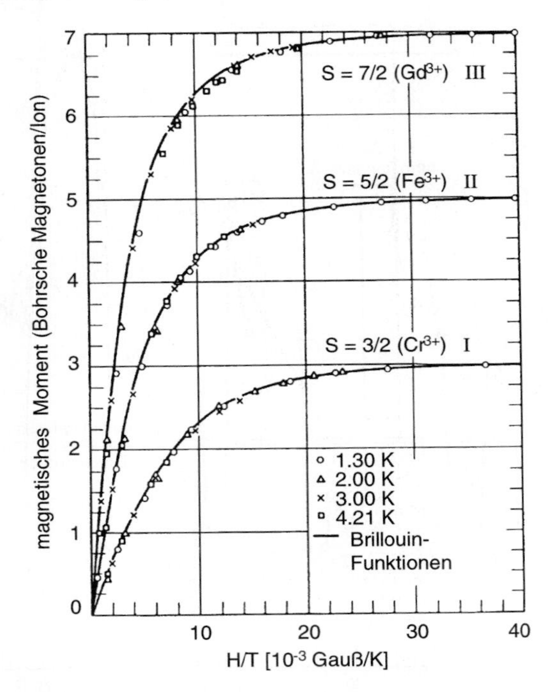

Abbildung 10.34. Abhängigkeit des magnetischen Momentes von H/T für kugelförmige Proben aus (I) Kalium-Chrom-Alaun, (II) Eisen-III-Alaun und (III) Gadolinium-Sulfat-Oktahydrat (nach [10.23]).

10.5.2 Ferromagnetismus

Die technologisch bei weitem wichtigste Art des Magnetismus in Festkörpern ist der Ferromagnetismus. Ferromagnete besitzen im Gegensatz zu paramagnetischen Stoffen ein spontanes magnetisches Moment, d.h. ein magnetisches Moment ohne Anwesenheit eines äußeren Magnetfeldes. Die spontane Magnetisierung beruht darauf, daß die Elektronenspins in einer Substanz in die gleiche Richtung ausgerichtet sind. Das Problem zur Erklärung des Ferromagnetismus ist die Ursache dieser Ausrichtung der Spins. Dazu muß offenbar ein inneres Magnetfeld H_E vorhanden sein, das durch die Wechselwirkung der Spins untereinander zustande kommt und Austauschfeld oder Molekularfeld genannt wird. Es ist sehr groß, nämlich bis zu 10^7 Gauß ($= 10^3$ Tesla). Die Magnetisierung (M) ist dem Feld proportional

$$H_E = \lambda M \tag{10.38}$$

wobei λ eine von der Temperatur unabhängige Material-Konstante ist. Wenn alle Spins ausgerichtet sind, befindet sich der Magnet im Zustand maximaler Magnetisierung, d.h. im Zustand der Sättigungsmagnetisierung. Das innere

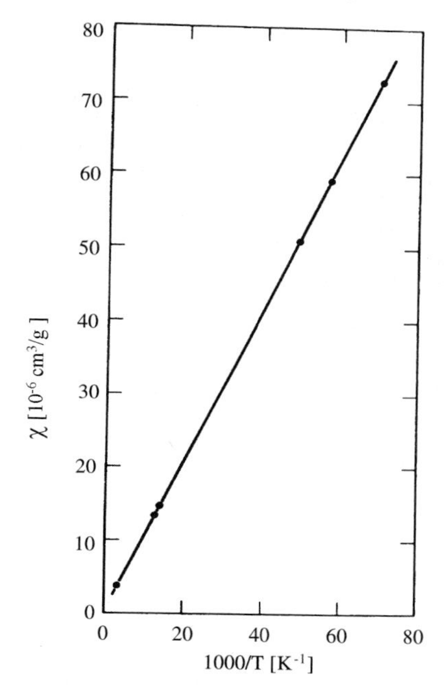

Abbildung 10.35. Abhängigkeit der Suszeptibilität von der reziproken Temperatur für pulverisiertes $CuSO_4{\cdot}K_2SO_4{\cdot}6H_2O$. Der Kurvenverlauf entspricht dem Curieschen Gesetz (nach [10.24]).

Feld H_E ist so groß, daß es praktisch alle Spins ausrichtet. Allerdings wirkt die Temperatur dieser Ausrichtung entgegen. Deshalb nimmt die Sättigungsmagnetisierung mit zunehmender Temperatur ab und wird bei einer kritischen Temperatur T_C, der Curie-Temperatur, zu Null (Abb. 10.36). Dort verschwindet die spontane Magnetisierung und das Material verhält sich bei $T > T_C$ paramagnetisch. T_C und λ stehen in einer Beziehung zueinander. Bei einem angelegten Feld H ist bei $T > T_C$

$$M = \chi \cdot (H + H_E) \tag{10.39}$$

und $\chi = C/T$. Damit wird

$$\chi = \frac{C}{T - C\lambda} \tag{10.40}$$

Bei $T = C\lambda$ hat χ eine Singularität; unterhalb dieser Temperatur existiert eine spontane Magnetisierung, also $T_C = C\lambda$. Für $T > T_C$ gilt also das Curie-Weisssche Gesetz

$$\chi = \frac{C}{T - T_C} \tag{10.41}$$

In einem technischen Ferromagneten wird häufig eine viel kleinere Magnetisierung als die Sättigungsmagnetisierung M_S gemessen, sie kann sogar Null

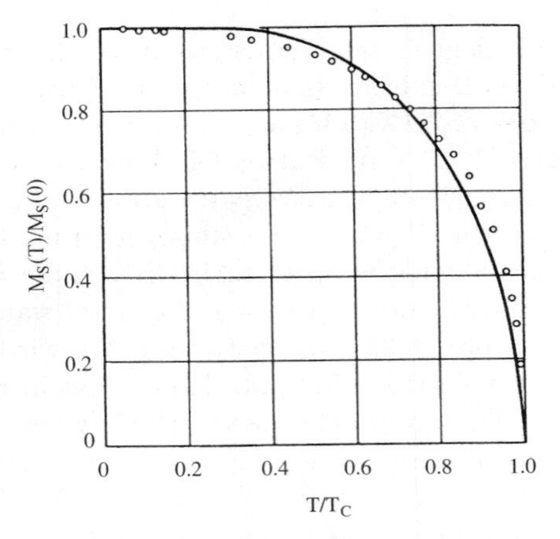

Abbildung 10.36. Sättigungsmagnetisierung von Nickel als Funktion der Temperatur; die theoretische Kurve ergibt sich aus der Weissschen Theorie des Molekularfeldes (nach [10.25]).

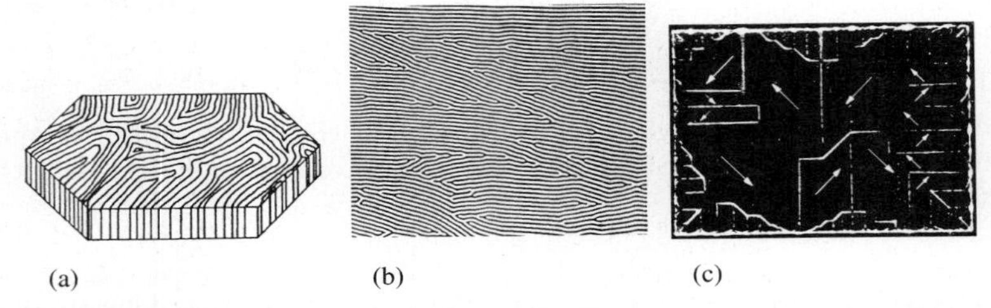

Abbildung 10.37. (a) Skizze der Blochwände in einem $BaFe_{12}O_{19}$ Kristall; (b) magn. Domänen in einem $Gd_{0.94}Tb_{0.75}Er_{1.31}Al_{0.5}Fe_{4.5}O_{12}$-Granat. Die schwarzen und weißen Bereiche repräsentieren Domänen mit unterschiedlicher Magnetisierungsrichtung; (c) Ferromagnetische Domänen auf der Oberfläche eines einkristallinen Nickelplättchens. Die Domänengrenzen sind mit Hilfe der Bittertechnik sichtbar gemacht (nach [10.26]).

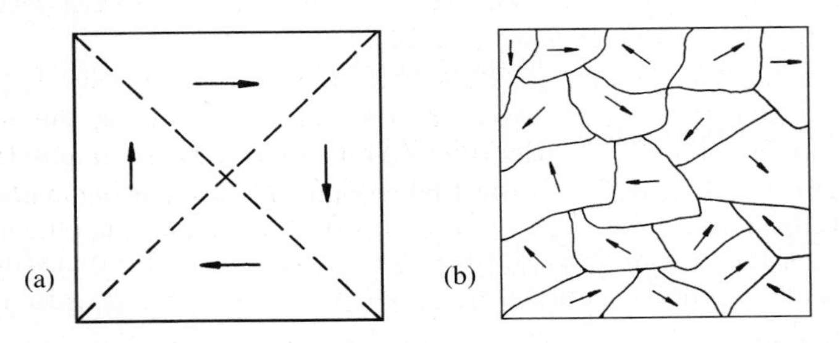

Abbildung 10.38. Schematische Darstellung der Domänenordnung in einem Ein- (a) und Polykristall (b). Das resultierende magnetische Moment verschwindet. Im allgemeinen fallen Korn- und Domänengrenzen nicht zusammen.

sein. Der Grund dafür liegt in der Mikrostruktur des ferromagnetischen Festkörpers. Er besteht aus Bereichen (Domänen), in denen die Spins einheitlich ausgerichtet sind, aber die Ausrichtung in den verschiedenen Domänen unterschiedlich ist (Abb. 10.37). Im Extremfall kann sich die Ausrichtung der Domänen gerade kompensieren, die Magnetisierung ist Null (Abb. 10.38). Die Grenzfläche zwischen den Domänen bezeichnet man als Blochwände. Durch Anlegen eines äußeren Magnetfeldes verschieben sich die Blochwände derart, daß die günstig zur Feldrichtung liegenden Domänen wachsen und die Magnetisierung ansteigt (Abb. 10.39). Die Sättigung M_S wird erreicht, wenn die Probe aus einer einzigen Domäne besteht, deren Spins in Feldrichtung liegen. Dazu sind letztlich nicht nur Blochwandverschiebungen, sondern auch Drehungen der Magnetisierungsrichtung erforderlich, wozu manchmal hohe Magnetfelder vonnöten sind. Schaltet man das Magnetfeld ab, so verbleibt eine permanente Magnetisierung, die Remanenz M_R. Erst bei einer Feldstärke H_C (Koerzitivfeldstärke), entgegen der Magnetisierungsrichtung, geht die Magnetisierung verloren. Die Magnetisierung eines Ferromagneten in Abhängigkeit von der Stärke eines äußeren Magnetfeldes beschreibt die Magnetisierungskurve, die auch als Hysteresekurve bezeichnet wird, da sie bei Richtungswechsel des Magnetfeldes eine offene Schleife durchläuft. Die Werte M_S, M_R und H_c definieren die technische Magnetisierungskurve (Abb. 10.40a). Sie können für verschiedene ferromagnetische Stoffe sehr unterschiedlich sein, was für vielfältige Anwendungen nutzbar gemacht werden kann. Erreicht man die Sättigung bereits bei kleinen Feldstärken, so spricht man von einem weichmagnetischen Werkstoff (Abb. 10.40b). Dann ist die Hysteresekurve sehr eng. Die Fläche unter der Hysteresekurve entspricht der Ummagnetisierungsarbeit, die durch das angelegte Magnetfeld aufzubringen ist und letztlich in Wärme umgesetzt wird. Ein weichmagnetischer Werkstoff läßt sich ohne große Verluste ummagnetisieren, da die aufzubringende Ummagnetisierungsarbeit sehr gering ist. Er ist daher gut für magnetische Speichermedien, bspw. als Computermemory, oder für Transformatorkerne zu gebrauchen. Hartmagnetische Werkstoffe haben eine hohe Sättigungsfeldstärke und daher eine breite Hysteresekurve (Abb. 10.40b). Sie sind schwer zu entmagnetisieren und eignen sich daher als Permanentmagnete, z.B. in Lautsprechern.

In Kristallen hängt die Magnetisierung und damit die Hysterese von der Kristallrichtung ab. In Eisen ist die $<100>$-Richtung die magnetisch weichste, in Ni die $<111>$-Richtung (Abb. 10.41). Diese magnetische Anisotropie rührt daher, daß sich die Elektronenverteilungen benachbarter Atome überlappen und damit die Ladungsverteilung nicht kugelförmig ist. In Vielkristallen mit regelloser Orientierungsverteilung mittelt sich die Orientierungsabhängigkeit der Magnetisierung heraus. Hat das Metall jedoch eine ausgeprägte kristallographische Textur, dann macht sich die Anisotropie bemerkbar (Abb. 10.40c). Das ist der Grund für die erwünschte Goss-Textur in Fe-Si-Transformatorblechen, die bekanntlich durch sekundäre Rekristallisation eingestellt wird (vgl. Kap. 7). In amorphen Metallen gibt es naturgemäß keine Richtungsabhängigkeit. Außerdem können die Blochwände nicht durch

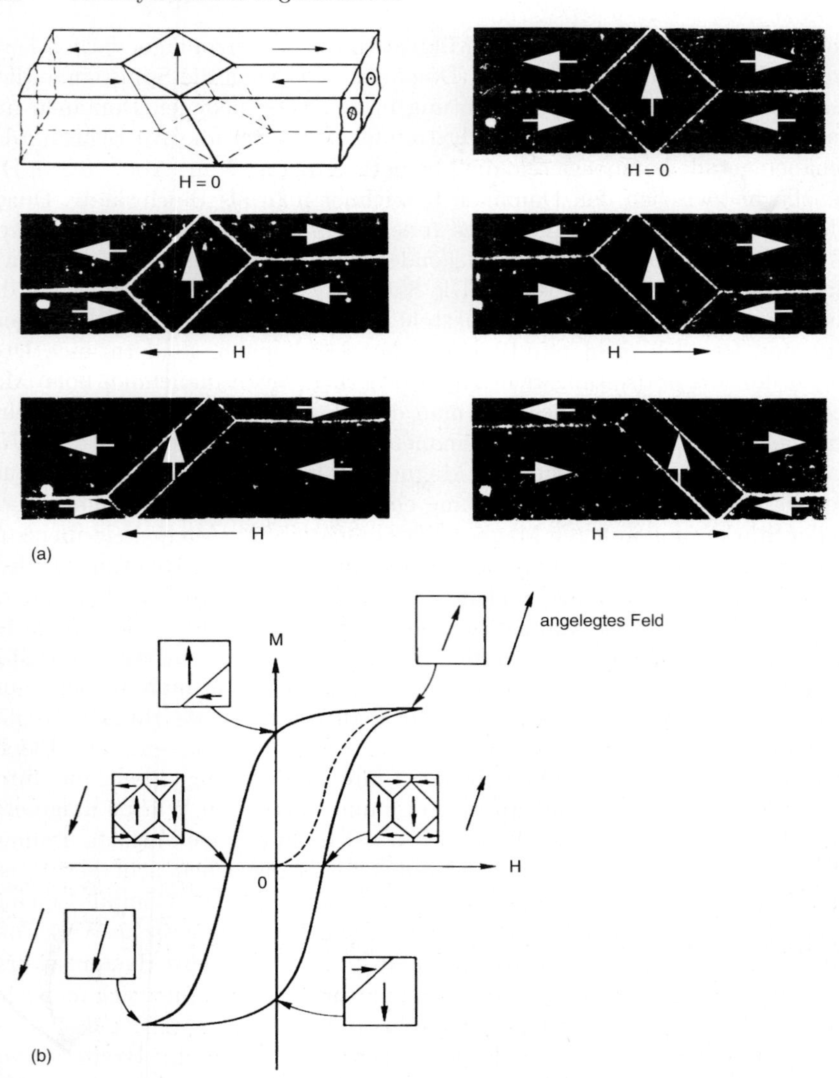

Abbildung 10.39. (a) Kontinuierliche und reversible Verschiebung einer Blochwand in einem Eisen-Kristall. Die Bezirke, die in Richtung des angelegten Magnetfeldes orientiert sind, wachsen auf Kosten der anderen [10.27]. (b) Veränderung der Domänen-Mikrostrukturen während des Durchfahrens der Magetisierungshysterese [10.28].

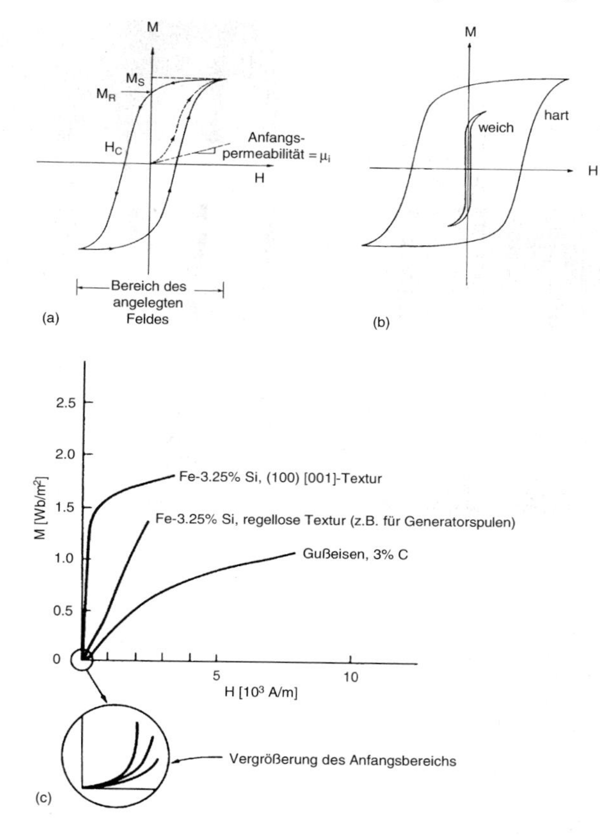

Abbildung 10.40. (a) Hysterese-Schleife eines ferromagnetischen Materials (- - - Neukurve; M_S = Sättigungsmagnetisierung; M_R = Remanenz; H_C = Koerzitivfeldstärke). (b) Schematische Abbildung der Hysterese für hart- und weichmagnetische Werkstoffe. (c) Vergleich der Neu-Kurven für drei Eisen-Legierungen.

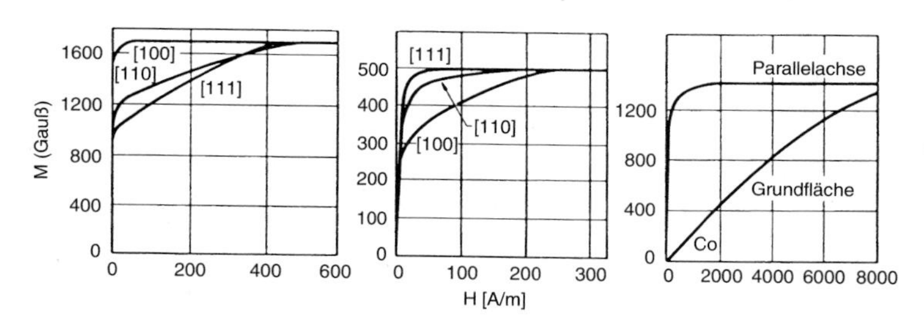

Abbildung 10.41. Magnetisierungskurven für Einkristalle aus Eisen, Nickel und Kobalt. Die Kurven für Eisen zeigen, daß <100> die Richtungen leichter Magnetisierung und <111> die Richtungen schwerer Magnetisierung sind (nach [10.29]).

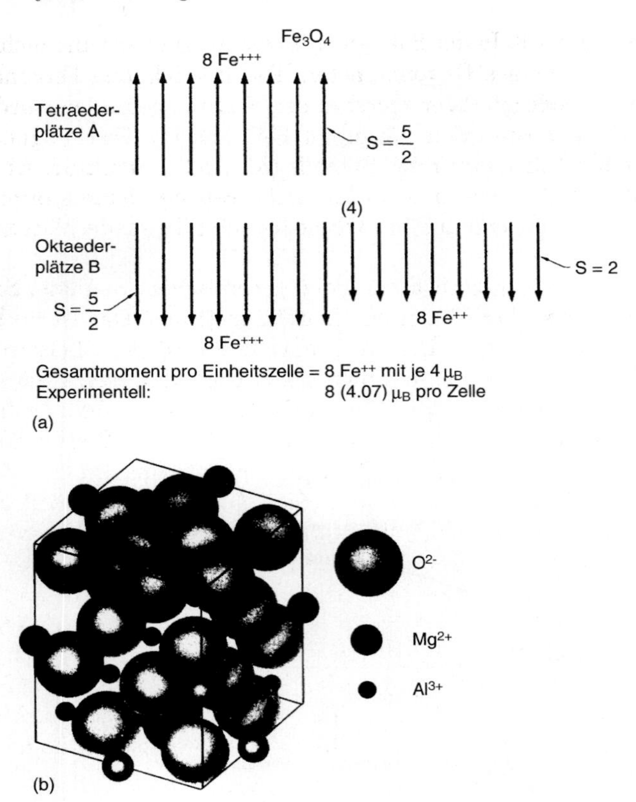

Abbildung 10.42. (a) Schematische Spinanordnung in Magnetit, $FeO{\cdot}Fe_2O_3$. Die Momente der Fe^{3+}-Ionen heben sich gegenseitig auf, nur die Momente der Fe^{++}-Ionen bleiben übrig. (b) Kristallstruktur von normalem Spinell $MgAl_2O_4$; die Mg^{++}-Ionen sitzen an den Ecken eines Tetraeders, und jedes ist von vier Sauerstoffionen umgeben; die Al^{3+}-Ionen besetzen die Ecken eines Oktaeders und sind jeweils von sechs Sauerstoffionen umgeben.

Kristallbaufehler in ihrer Bewegung behindert werden. Deshalb sind sie sehr weichmagnetisch.

Die Spin-Spin-Wechselwirkung kann in einigen Kristallstrukturen dazu führen, daß benachbarte Spins nicht parallel sondern antiparallel ausgerichtet werden. Dann ist das Material antiferromagnetisch, denn bei vollständiger Sättigung ist die Magnetisierung Null. Wie beim Ferromagnetismus gibt es auch hier eine Temperatur T_N, die Néel-Temperatur, wo der Antiferromagnetismus verschwindet und sich bei $T > T_N$ das Material paramagnetisch verhält.

Verwandt mit dem Antiferromagnetismus ist der Ferrimagnetismus. Hier sind bestimmte Gitterplätze mit parallelen bzw. antiparallelen Spins besetzt (Abb. 10.42a), wodurch die Anzahl der parallelen nicht gleich der der antiparallelen Spins sein muß. In der Sättigung ist die Magnetisierung nicht Null aber viel kleiner als die eines Ferromagneten. Die Bezeichnung Ferrimagnetismus ist geschichtlich bedingt, da er zuerst in den Ferriten gefunden wurde, also den Oxiden des Eisens, bspw. dem Magnetit $FeO \cdot Fe_2O_3$. Ferrimagnete kristallisieren in der Kristallstruktur des Spinells ($MgAl_2O_4$-Struktur, Abb. 10.42b). Im Magnetit befinden sich, in einer kubisch dichtesten Sauerstoffpackung, die magnetischen Eisenatome auf den Oktaeder- und Tetraederplätzen, aber mit umgekehrtem Spin.

Ferrite sind die technisch wichtigsten keramischen Magnete. Sie zeichnen sich durch eine schlechte elektrische Leitfähigkeit aus. Das ist vorteilhaft bei Hochfrequenzanwendungen. Bei Wechselfeldern wird ja in Leitern ein Strom induziert (Eddy-Strom), der letztlich in Wärme umgesetzt wird. Bei sehr hochfrequenten Wechselfeldern wären die Eddy-Strom-Verluste in Metallen zu groß. Das ist auch der Grund, warum man in Fe-Si-Bleche für Transformatorkerne den Siliziumgehalt so hoch wie möglich macht, weil dadurch die elektrische Leitfähigkeit — und deshalb die Eddy-Ströme — so klein wie möglich sind. In den schlechtleitende Ferriten dagegen spielen die Eddy-Ströme nur eine unbedeutende Rolle. Gebräuchliche Anwendungen für Ferrite sind bspw. die Ferrit-Antennen in Radios, aber auch Transformatorkerne und schließlich Magnetbänder. Diese Magnetbänder bestehen aus feinen γ-Fe_2O_3-Partikeln auf einem Plastikband. Fe_2O_3 ist sehr hartmagnetisch. Das durch den Schall verursachte elektrische Feld magnetisiert die Partikel, wobei die Magnetisierung proportional zur Feldstärke ist. Das gleiche Prinzip gilt auch für Disketten und Festplatten von Computern, bei denen eine Eisenoxidschicht auf eine Plastikscheibe aufgetragen ist.

10.6 Optische Eigenschaften

10.6.1 Licht

Optik ist die Lehre vom Licht. Licht besteht aus elektromagnetischen Wellen, bei denen das magnetische Feld senkrecht zum elektrischen Feld schwingt. Er wird durch die Wellenlänge λ charakterisiert, die mit seiner Frequenz ν durch die Beziehung

$$\nu\lambda = c \tag{10.42}$$

verbunden ist, wobei c die Lichtgeschwindigkeit ist, die im Vakuum $3 \cdot 10^{10}$m/s beträgt, im Festkörper aber kleiner ist. Im Teilchenbild besteht das Licht aus elementaren Einheiten, den Lichtquanten oder Photonen, die zwar keine Masse, aber die Energie

$$E = h\nu = hc/\lambda \tag{10.43}$$

besitzen (h – Plancksches Wirkungsquantum).

Sichtbares Licht ist nur die Erscheinungsform der elektromagnetischen

Wellen im Wellenlängenbereich $0.34\mu m \leq \lambda \leq 0.74\mu m$, die wir mit unseren Augen wahrnehmen können. Zu kürzeren Wellenlagen schließen sich die ultravioletten und schließlich die Röntgenstrahlen an, während sich zu größeren Wellenlagen die Infrarotstrahlung (Wärmestrahlung), Mikrowellen und Radiowellen erstrecken. Optische Eigenschaften von Festkörpern sind demnach die Erscheinungsformen der Wechselwirkung der Festkörper mit den elektromagnetischen Wellen, speziell im sichtbaren Spektrum.

Rein äußerlich kann man einem Festkörper zunächst die Eigenschaften Transparenz und Farbe zuordnen. Unter Transparenz versteht man die Durchlässigkeit eines Festkörpers für Licht. Viele elektrische Isolatoren sind transparent. Ist ein Festkörper nicht transparent, so absorbiert er das Licht — entweder vollständig, dann erscheint er schwarz, oder teilweise, dann erscheint er farbig — oder er reflektiert es. Die meisten Metalle reflektieren das Licht vollständig, deshalb erscheinen sie silbrig weiß, oder nur teilweise, dann sehen sie farbig aus, etwa rot wie das Kupfer oder gelb wie das Gold. Weißes Licht ist ein Gemisch aus allen sichtbaren Wellenlängen. Licht einer einzigen Wellenlänge heißt monochromatisches Licht, besitzt also eine bestimmte Farbe, die von der Wellenlänge bestimmt wird. Da mit unterschiedlichen Wellenlängen nach Gl. (10.43) auch unterschiedliche Photonenenergien verbunden sind, hängen die optischen Eigenschaften des Festkörpers in der Regel von der Wellenlänge ab, was in der Optik als Dispersion bezeichnet wird.

10.6.2 Reflexion metallischer Oberflächen

Genauer betrachtet beruhen die optischen Eigenschaften von Festkörpern auf der Wechselwirkung von elektromagnetischen Wellen, bzw. von Photonen, mit den Elektronen im Festkörper. Metalle besitzen freie Elektronen. Durch das schwingende elektrische Feld des Lichts werden sie zu Oszillationen angeregt. Da beschleunigte Ladung aber strahlt, gibt das oszillierende Elektron die aufgenommene Energie des Lichts als Strahlung wieder ab, was bedeutet, daß das Licht reflektiert wird. Berechnet man das Eindringen einer elektromagnetischen Welle in eine Metalloberfläche mit der quantenmechanischen Schrödingergleichung [Gl. 10.1)], so stellt man fest, daß die Amplitude der Lichtwelle exponentiell mit der Eindringtiefe abnimmt, was gleichbedeutend damit ist, daß sie gar nicht in das Metall eindringt, sondern an der Oberfläche reflektiert wird. Am einfachsten gestaltet sich die Betrachtung der Wechselwirkung von Licht und Festkörper im Teilchenbild der Welle und im Bändermodell des Festkörpers. Photonen einer Wellenlänge des sichtbaren Lichts ($0.34\mu m \leq \lambda \leq 0.74\mu m$) besitzen gemäß Gl. (10.44) eine Energie $1.7eV \leq E \leq 3.5eV$. Diese Energien können sie an Elektronen im Leitungsband oder im Valenzband abgeben und damit in angeregte Zustände höherer Energie überführen. Bei Halbleitern und Isolatoren setzt das allerdings voraus, daß die eingestrahlte Energie mindestens so groß ist wie die Energielücke E_g. Bei Metallen sind dagegen alle Anregungsenergien möglich. Fallen die angeregten Elektronen in ihren Grundzustand zurück, so wird der Energiegewinn wieder als Strahlung abgegeben. Werden bestimmte Energieniveaus besonders angeregt, so hat das zurückgestrahlte (reflektierte) Licht eine Farbe mit der Frequenz, die der Energiedifferenz zwischen angeregtem und Grundzustand entspricht (Abb. 10.43).

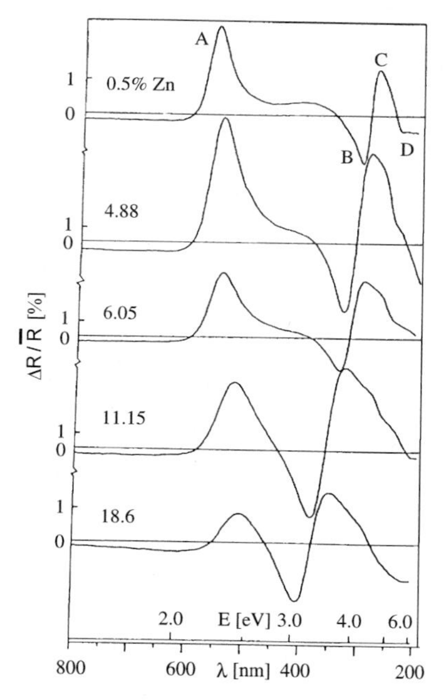

Abbildung 10.43. Experimentelle Reflectogramme für verschiedene Cu-Zn-Legierungen. Der angegebene Parameter ist die mittlere Zinkkonzentration in Atomprozent (nach [10.30]).

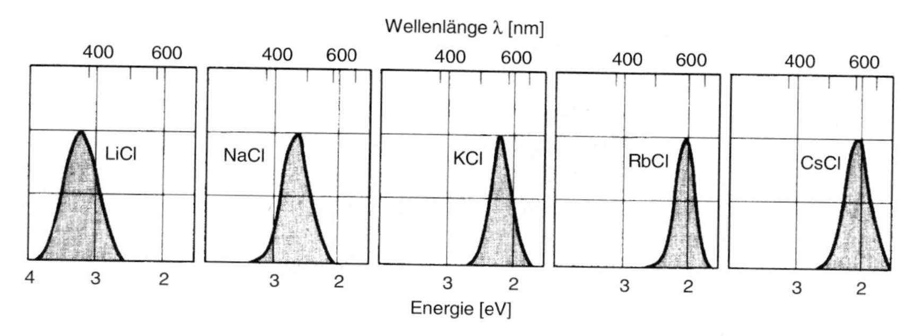

Abbildung 10.44. F-Bänder für verschiedene Alkalihalogenide: Optische Absorption als Funktion der Wellenlänge für Kristalle und F-Zentren.

10.6.3 Isolatoren

10.6.3.1 Farbe

Besonders vielfältig sind die optischen Eigenschaften von Isolatoren. Ganz reine Isolatoren sind zumeist vollständig transparent, erscheint also farblos. Durch Verunreinigungen auch in kleinen Konzentrationen können sie farbig werden. Beispiele sind der dunkelrote Rubin oder der blaue Saphir. Beides sind verunreinigte Kristalle aus Al_2O_3, welches in reinem Zustand farblos ist. Die rote Farbe des Rubins wird durch Verunreinigung mit etwa 0.5%Cr^{3+} Ionen hervorgerufen. Die blaue Farbe des Saphirs stammt dagegen von gelöstem Ti^{3+} Ionen. Die Anregungszustände der Verunreinigungsatome bestimmen die Wellenlänge des reflektierten Lichts und damit die Farbe des Kristalls.

Ist die Energielücke zwischen Valenz– und Leitungsband kleiner als die Energie des eingestrahlten Lichts, so wird die Lichtenergie, speziell bei hochenergetischem (blauem) Licht, dazu verwendet, ein Elektron-Loch-Paar zu bilden und wird deshalb im Kristall absorbiert. Die Farbe des Kristalls ist dann die Farbe des verbleibenden durchgelassenen Lichts. Deshalb erscheint beispielsweise CdS gelb-orange, weil das hochenergetische blaue Licht absorbiert wird. Übergangselemente haben häufig atomare Anregungszustände, die im sichtbaren Bereich liegen. Kristalle, die solche Übergangselemente enthalten, erscheinen auch dann farbig, wenn die Bandlücke nicht im Sichtbaren liegt.

Abbildung 10.45. Farbzentren (dunkler (blauer) Bereich) in NaCl, erzeugt durch das hohe elektrische Feld an der Spitze der (oberen) Elektrode.

Farblose Kristalle können eine Farbe erhalten, wenn man sie einer Röntgenstrahlung oder einem Elementarteilchenbeschuß aussetzt. Der Grund hierfür sind die Farbzentren, die nichts anderes als lokalisierte Elektronen in Anionleerstellen sind, die durch die Bestrahlung erzeugt wurden.

Das Elektron besitzt Anregungszustände mit Energien des sichtbaren Lichts, was zu Absorptionsbändern und damit zur Kristallfärbung führt. Die F-Bänder einiger (sonst transparenter) Alkalihalogenide zeigt Abb. 10.44. Es gibt auch noch kompliziertere Strukturen von Farbzentren, bei denen mehrere Atome und Verunreinigungen beteiligt sind. Dann kann es auch mehrere Absorptionsbänder geben.

Den gleichen Effekt erhält man auch durch Anlegen eines elektrischen Feldes an einem Isolator, wodurch eine Raumladungszone entsteht, in der Elektronen Anregungszustände im Sichtbaren haben (Abb.10.45).

10.6.3.2 Absorption

Durch Einstrahlung mit einer Energie, die über der Bandlücke liegt, wird ein Elektron ins Leitungsband gehoben und ein Loch bleibt im Valenzband zurück. Ist die Energiezufuhr etwas geringer als die Energielücke, so kann es ebenfalls zu einer Elektron-Loch-Paarbildung kommen, doch beide bleiben miteinander als Paar verbunden. Ein solch gebundenes Paar wird Exziton genannt (Abb. 10.46).

Im entsprechenden Energiebereich zeigt der Kristall dann Absorption, wie Abb. (10.47) am Beispiel des GaAs zeigt. Ganz charakteristische Exzitonenabsorption im ultravioletten Spektralbereich zeigen die Alkalihalogenide, weil dort das Elektron-Loch-Paar lokalisiert ist, die tieferliegende Anregungsniveaus als die positiven Alkalizonen besitzen.

10.6.3.3 Photoleitfähigkeit

Unter Photoleitfähigkeit versteht man die Erhöhung der elektrischen Leitfähigkeit eines kristallinen Isolators, wenn er elektromagnetischer Strahlung ausgesetzt wird. Der Grund dafür liegt einfach in der Erhöhung der Ladungsträgerkonzentration infolge der Elektron-Loch-Paarbildung, wenn die Photoenergie ausreicht. Werden im ganzen Kristall homogen solche Paare gebildet, kann man die Photoleitfähigkeit einfach berechnen. Ist A die Absorptionsrate der Photonen und R die Rekombinationskonstante für die Rekombination von Loch und Elektron, so ist die zeitliche Änderung der Ladungsträgerkonzentration n

$$dn/dt = A - Rn^2 \qquad (10.44)$$

Im stationären Zustand ist $\dot{n} = 0$, und man erhält die stationäre Photoelektronenkonzentration

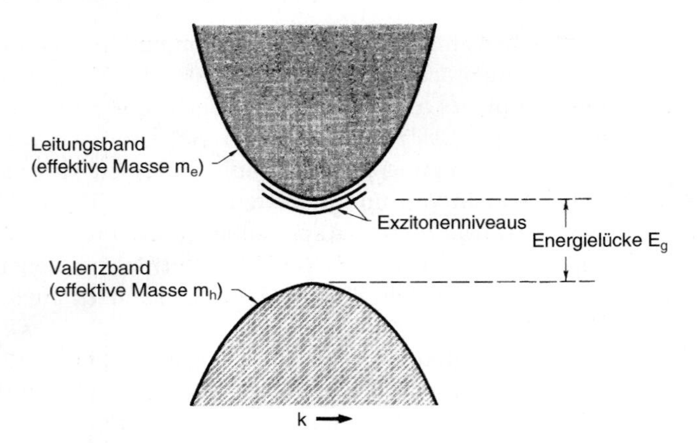

Abbildung 10.46. Lage des Exzitonniveaus relativ zur Kante des Leitungsbandes für eine einfache Bandstruktur: die Kanten sowohl des Leitungsbandes als auch des Valenzbandes liegen bei $k = 0$. Ein Exziton kann (kinetische) Translationsenergie besitzen. Ist jedoch die Translationsenergie größer als seine Bindungsenergie, so verhält es sich gegenüber dem Zerfall in ein freies Elektron und ein freies Loch metastabil. Jedes Exziton ist potentiell instabil gegenüber Strahlungsrekombination, bei der das Elektron in ein Loch im Valenzband zurückfällt und dabei ein Photon oder Phononen emittiert.

$$n_0 = \sqrt{\frac{A}{R}} \tag{10.45}$$

und die Photoleitfähigkeit mit Gl. (10.33a)

$$\sigma = ne\mu = \sqrt{\frac{A}{R}} e\mu \tag{10.46}$$

Anwendungen sind bekanntlich Belichtungsmesser, Kristalldetektoren etc.

10.6.3.4 Luminiszenz

An Festkörpern beobachtet man eine Reihe von optischen Erscheinungen, die unter dem Oberbegriff Luminiszenz zusammengefaßt sind. Dazu zählen Fluoreszenz und Phosphoreszenz. Unter Luminiszenz versteht man ganz allgemein Leuchterscheinungen aufgrund von absorbierter Energie, die durch Lichteinfall, mechanische Einwirkung, chemische Reaktionen oder Wärmezufuhr eingebracht sein kann. Findet die Emission schon während der Anregung oder in weniger als 10^{-8}s danach statt, spricht man von Fluoreszenz. Tritt die Lichtabgabe erst im Anschluß an die Anregung statt, so spricht man von Phosphoreszenz oder Nachleuchten. Die Verzögerungszeit kann zwischen Millisekunden und Stunden liegen. Kristalline Festkörper, die Luminiszenz zeigen, werden ganz allgemein als Phosphore bezeichnet. Luminiszenzerscheinungen werden dadurch verursacht, daß durch die eingebrachte Energie Elektronen

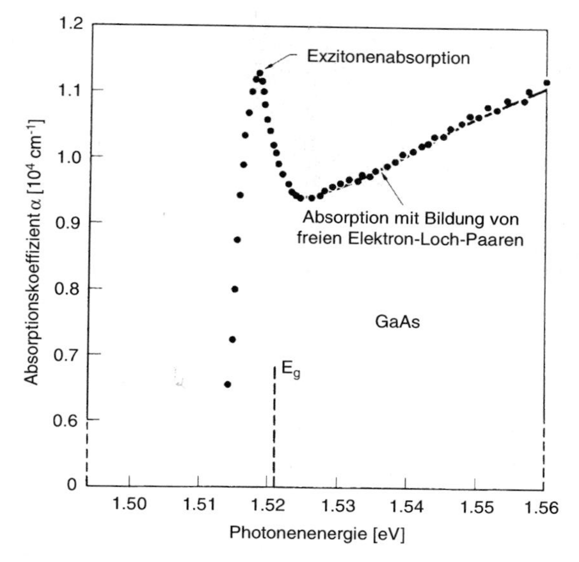

Abbildung 10.47. Auswirkung eines Exzitonniveaus auf die optische Absorption eines Halbleiters bei Photonenenergien nahe dem Bandabstand E_g. Das Diagramm zeigt die optische Absorptionskante und die Spitze der Exzitonabsorption in Galliumarsenid bei 21K (nach [10.31]). Die Ordinate gibt den Absorptionskoeffizienten α, der gemäß $I(x) = I_0 \cdot \exp(-\alpha x)$ definiert ist. Energielücke und Bindungsenergie des Exzitons können aus der Gestalt der Absorptionskurve bestimmt werden: der Bandabstand geträgt danach 1.521 eV, die Bindungsenergie des Exzitons 0.0034 eV.

sogenannter Aktivatoren, also eingebauter Fremdatome in Kristallen, in angeregte Zustände übergehen und unter Emission von sichtbarem Licht in ihren Grundzustand zurückfallen. Dabei betrachtet man eine gewisse Breite der absorbierten Energie, die sich dadurch erklären läßt, daß ein Teil der Energie auch zur Anregung von Schwingungen des betreffenden Atoms verwendet wird (Abb. 10.48).

10.6.4 Anwendungen

Optische Eigenschaften von Gläsern oder Kristallen haben heute große technische Bedeutung. Seit langem wird die bekannte Brechung des Lichtes in Gläsern für Linsen in optischen Instrumenten verwendet. Ein wichtiges Beispiel für großtechnische Anwendung von Absorption und Reflektion ist die Wärmedämmung. Durch entsprechende Beschichtungen versucht man ein Verhalten des Werkstoffs so einzustellen, daß er im infraroten Bereich, also die Wärmestrahlung, absorbiert oder reflektiert, das sichtbare Licht aber durchläßt. Fensterscheiben in klimatisierten Gebäuden sind deshalb gewöhnlich beschichtet und weisen eine charakteristische Färbung auf. Weitverbreitet sind auch

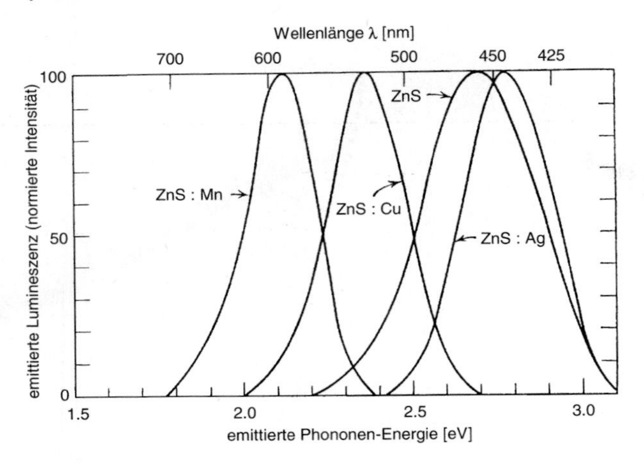

Abbildung 10.48. Lumineszenzemissionsspektrum für ZnS, ZnS:Ag, ZnS:Cu und ZnS:Mn (nach [10.32]).

Abbildung 10.49. Photochrome Gläser werden hauptsächlich für selbsttönende Sonnenbrillen verwendet. Hier ist selektiv eines der beiden Gläser ultraviolettem Licht ausgesetzt worden.

selbsttönende Brillen, bei denen je nach Lichtintensität und besonders bei UV-Bestrahlung eine Färbung hervorgerufen wird, indem entsprechende Absorptionsbänder durch die einwirkende UV-Strahlung (meist photochemisch) angeregt werden (Abb. 10.49).

Anwendungen der Luminiszenz finden sich bei Fluoreszenzlampen mit Oszillographenschirmen. Bei Belichtungsmessern und Kristalldetektoren wird die Photoleitfähigkeit ausgenutzt. Immer mehr werden auch Metalloberflächen für dekorative Zwecke eingesetzt, z.B. aus eloxiertem Aluminium. In diesem Zusammenhang spielt die Reflektivität von Metallen und das Licht der reflektierten Strahlung eine maßgebliche Rolle. Auf dem gleichen Prinzip beruht die Funktion von Präzisionsspiegeln durch metallisierte Oberflächen.

Literatur

[0.1] Stärkung der universitären Metallforschung in NRW, Herausg. Ministerium für Wissenschaft und Forschung des Landes Nordrhein-Westfalen, 1997

[0.2] Agricola, De Re Metallica, VDI-Verlag, Düsseldorf, 1961

[1.1] Archiv des Instituts für Eisenhüttenkunde, RWTH Aachen, unveröffentlicht

[1.2] G. Schmitz, P. Haasen, Acta metall. mater. 40 (1992), S. 2209-2217

[2.1] C.J. McHargue, L.K. Jetter, J.C. Ogle, in C. Barrett, T.B. Massalski, Structure of Metals, 1980, S. 546

[2.2] E. Hornbogen, Werkstoffe, Springer-Verlag, Berlin, 1979, S. 7

[2.3] D. Raabe, Archiv MPI Eisenforschung, Düsseldorf

[2.4] H. Eschrig, J. Fink, L. Schultz, Physik-Journal 1 (2002), S. 45

[3.1] P. Haasen, Physikalische Metallkunde, Springer-Verlag, Berlin, 1984, S. 198

[3.2] P. Haasen, Physikalische Metallkunde, Springer-Verlag, Berlin, 1984, S. 195

[3.3] T. Schröder, Max Planck Forschung 4 (2002), S. 33

[3.4] G. Cox, Forschungszentrum Jülich, Annual Report, 1992, S. 11

[3.5] G. Hosson et al. in: The Nature and Behaviour of Grain Boundaries, TMS-AIME, H. Hu (Hrsg.), S. 13

[3.6] W. Bollmann, Crystal Defects and Crystalline Interfaces, Springer-Verlag, Berlin, 1970, S. 125

[3.7] Progress in Materials Science 3, B. Chalmers (Hrsg.), Pergamon Press, London, 1952, S. 293-319

[3.8] W. Bollmann, Crystal Defects and Crystalline Interfaces, Springer-Verlag, Berlin, 1970, S. 187

[3.9] V. Vitek et al. in: Grain Boundary Structure and Kinetics, TMS-AIME, 1979, S. 115-148

[3.10] W. Krakow, J. Materials Research 5 (1990), S. 2660

[3.11] A. Ourmazd, MRS Bulletin 15 (1990), S. 58-64

[3.12] F.S. Shieu, S.L. Sass, Acta. metall. mater. 38 (1990), S. 1653

[3.13] A.G. Evans, M. Rühle, MRS Bulletin 15 (1990), S. 46-50

[3.14] Archiv des Institut für Metallkunde und Metallphysik, RWTH Aachen
[3.15] Archiv des Institut für Metallkunde und Metallphysik, RWTH Aachen

[4.1] T.B. Massalski, Binary Alloy Phase Diagrams, ASM Int., 1992
[4.2] Archiv des Instituts für Metallkunde und Metallphysik, RWTH Aachen
[4.3] W. Dahl, K. Lücke, Archiv Eisenhüttenwesen 25 (1954), S. 241-250
[4.4] Archiv des Instituts für Metallkunde und Metallphysik, RWTH Aachen
[4.5] G.E.R. Schulze, Metallphysik, Berlin, Akademie-Verlag, 1967, J9, J13, J15
[4.6] Progress in Metal Physics, B. Chalmers (Hrsg.), Pergamon Press, Oxford, 1952, S. 42-75
[4.7] K. Lücke, H. Haas, H.A. Schulze, J. Phys. Chem. Solids 37 (1976), S. 979
[4.8] J.F. Shackelford, Introduction to Materials Science for Engineers, New York, London, 1985

[5.1] W.M. Franklin in Norwick, Burton, Diffusion in Solids, Academic Press, New York, 1975, S. 2
[5.2] W. Seith, Diffusion in Metallen, Berlin, Göttingen, Heidelberg, Springer-Verlag, 1955, S. 39
[5.3] D.R. Askeland, The Science and Engineering of Materials, Boston PWS-KENT, 1989, Abb. 5-7
[5.4] L.H. Van Vlack, Elements of Materials Science and Engineering, Reading-Massachusetts, Addison-Wesley, 1985, Abb. 4-7
[5.5] D.R. Askeland, The Science and Engineering of Materials, Boston, PWS-KENT, 1989
[5.6] W. Seith, Diffusion in Metallen, Springer-Verlag, Berlin, 1955, S. 107
[5.7] W. Seith, Diffusion in Metallen, Springer-Verlag, Berlin, 1955, S. 99
[5.8] W. Seith, Diffusion in Metallen, Springer-Verlag, Berlin, 1955, S. 106
[5.9] W. Seith, Diffusion in Metallen, Springer-Verlag, Berlin, 1955, S. 130
[5.10] W. Seith, Diffusion in Metallen, Springer-Verlag, Berlin, 1955, S. 140
[5.11] W. Seith, Diffusion in Metallen, Springer-Verlag, Berlin, 1955, S. 186
[5.12] W. Seith, Diffusion in Metallen, Springer-Verlag, Berlin, 1955, S. 192
[5.13] N.L. Peterson, Grain Boundary Structure and Kinetics, ASM Int., Ohio, 1979, S. 219
[5.14] N.L. Peterson, Grain Boundary Structure and Kinetics, ASM Int., Ohio, 1979, S. 216
[5.15] P. Shewmon, Diffusion in Solids, TMS, 1989, S. 157
[5.16] P. Shewmon, Diffusion in Solids, TMS, 1989, S. 161

[6.1] J. Marin, Mechnical Behavior of Engineering Materials, Prentice Hall Inc., 1962, S. 24
[6.2] G. Masing, Lehrbuch der Allgemeinen Metallkunde, Springer-Verlag, Berlin, 1950, S. 346
[6.3] G. Masing, Grundlagen der Metallkunde, Springer-Verlag, Berlin, 1955, S. 108
[6.4] G. Masing, Grundlagen der Metallkunde, Springer-Verlag, Berlin, 1955, S. 106
[6.5] G. Masing, Grundlagen der Metallkunde, Springer-Verlag, Berlin, 1955, S. 106
[6.6] W. Boas, E. Schmid, Z. Phys. 54 (1929), S. 16

[6.7] G.E. Dieter, Mechanical Metallurgy, 3nd ed., McGraw-Hill Book Company, 1986, S. 124

[6.8] G.E. Dieter, Mechanical Metallurgy, 3nd ed., McGraw-Hill Book Company, 1986, S. 302

[6.9] P. Haasen, Physikalische Metallkunde, Springer-Verlag, Berlin, 1984, S. 239

[6.10] P. Haasen, Physikalische Metallkunde, Springer-Verlag, Berlin, 1984, S. 232

[6.11] J.D. Livingston, Acta metall. 10 (1962), S. 229

[6.12] T.H. Courtney, Mechanical Behavior of Materials, McGraw-Hill Publishing Company, New York, 1990, S. 127

[6.13] F. Kirch, Dissertation, RWTH Aachen, 1970

[6.14] Werkstoffkunde Eisen und Stahl Bd 1, Verlag Stahleisen mbH, Düsseldorf, 1983, S. 58

[6.15] T.E. Mitchell, R.A. Foxall, P.B. Hirsch, Phil. Mag. 8 (1963), S. 1895

[6.16] M.J. Whelan, P.B. Hirsch, R.W. Horne, W. Bollmann, Proc. Roy. Soc. A204 (1957), S. 524

[6.17] J. Guerland, Stereology and Qualitative Metallography, ASTM STP 504 (1972), S. 108

[6.18] E. Schmid, Phys. Zeitschrift 31 (1930), S. 892

[6.19] G. Sachs, J. Weets, Z. Phys. 62 (1930), S. 473

[6.20] J.O. Linde, S. Edwards, Arkiv Fysik 8 (1954), S. 511 und R.L. Fleischer, Acta metall. 11 (1963), S. 203, und T.J. Koppenal, M.E. Fine, Trans. TMS-AIME 224 (1962), S. 347 und C. Wert, Trans. TMS-AIME 188 (1950), S. 1242 und P.R.V. Evans, J. Less Common Metals 4 (1962), S. 78 und A.G. Evans, T. Langdon, Progress in Materials Science 21 (1976), S. 11

[6.21] R.L. Fleischer, Acta metall. 11 (1963), S. 203

[6.22] A.H. Cottrell, An Introduction to Metallurgy, Edward Arnold Ltd., London, 1967, S. 393

[6.23] P.B. Hirsch, F.J. Humphreys, Physics of Strength and Plasticity, A. Argon (Hrsg.), M.I.T. Press, Cambridge, 1969

[6.24] M.F. Ashby, Z. Metallkunde 55 (1964), S. 5

[6.25] P. Haasen, Physikalische Metallkunde, Springer-Verlag, Berlin, 1984, S. 295

[6.26] T.H. Courtney, Mechanical Behavior of Materials, McGraw-Hill Publishing Company, New York, 1990, S. 190

[6.27] R.E. Reed-Hill, Physical Metallurgy Principles, 2nd ed., D. Van Nostrand Company, New York, 1973, S. 842

[6.28] D.A. Holt, W.A. Backofen, Trans. Quart. ASM 61 (1968), S. 329

[6.29] N. Furushiro, S. Hori, Superplasticity in Metals, Ceramics and Intermetallics, M.J. Mayo, M. Kobayashi, J. Wadsworth (Hrsg.), 1990, MRS, S. 252

[6.30] O.D. Sherby, J. Wadsworth, Superplasticity in Metals, Ceramics and Intermetallics, M.J. Mayo, M. Kobayashi, J. Wadsworth (Hrsg.), 1990, MRS, S. 9

[6.31] W. Blum, B. Ilschner, Phys. Stat. Sol. 20 (1967), S. 629 und E.C. Norman, S.A. Duran, Acta metall. 18 (1970), S. 723 und C.Y. Cheng, A. Karim, T.G. Langdorn, J.E. Dorn, Trans. Met. Soc. AIME 242 (1968), S. 584

[6.32] R.E. Reed-Hill, Physical Metallurgy Principles, D. van Nostrand Company, New York, 1973, S. 854

[6.33] L.E. Poteat, C.S. Yust, Ceramic Microstructure, R.M. Fulrath, J.A. Pask (Hrsg.), Wiley, New York, 1968, S. 649
[6.34] T.H. Courtney, Mechanical Behavior of Materials, McGraw-Hill Publishing Company, New York, 1990, S. 287
[6.35] Archiv des Instituts für Metallkunde und Metallphysik, RWTH Aachen
[6.36] T.B. King, R.W. Cahn, B. Chalmers, Nature, London, 1948, S. 682
[6.37] T.S. Kê, Phys. Rev. LXXI (1947), S. 533
[6.38] T.S. Kê, Phys. Rev. LXXII (1947), S. 41
[6.39] T.S. Kê, Phys. Rev. LXXI (1947), S. 533
[6.40] H. Domininghaus, Die Kunststoffe und ihre Eigenschaften, VDI-Verlag, Düsseldorf, 1992, S. 187

[7.1] G. Gottstein, Rekristallisation metallischer Werkstoffe, DGM, Oberursel, 1984, S. 29
[7.2] F.L. Vogel jr., Acta metall. 3 (1955), S. 245
[7.3] S. Mader in: Moderne Probleme der Metallphysik, A. Seeger (Hrsg.), Vol. 1, Springer-Verlag, Berlin, 1965, S. 203
[7.4] W.R. Hibbard, C.Dunn, Acta metall. 4 (1956), S. 311
[7.5] L.M. Clarebrough, M.E. Hargreaves, M.H. Loretto, Recovery and Recrystallization of Metals, L. Himmel (Hrsg.), Interscience, N.Y., 1963, S. 63
[7.6] Hayendy in: Grundlagen der Wärmebehundlung von Stahl, Verlag Stahl-Eisen
[7.7] R.D. Doherty, R.W. Cahn, J. Less Common Metals Vol. 28 (1972), S. 279
[7.8] R.A. Vandermeer, P. Gordon, Trans AIME 215 (1959), S. 577
[7.9] E. Hornbogen, U. Köster in: Recrystallization of Metallic Materials, F. Haessner (Hrsg.), Dr. Riederer-Verlag, Stuttgart, 1978, S. 159-194
[7.10] B.B. Rath, H. Hu, Trans. TMS-AIME 245 (1969), S. 1243-1252 und 1577-1585
[7.11] B. Liebmann, K. Lücke, G. Masing, Z. Metallkunde 47 (1956), S. 57
[7.12] G. Gottstein, H.C. Murmann, G. Renner, C. Simpson, K. Lücke, Textures of Materials Vol. 1, Springer-Verlag, Berlin, 1978, S. 530
[7.13] D.W. Demianczuk, K.T. Aust, Acta metall. 23 (1975), S. 1149 und E.M. Friedman, C.V. Kopezky, L.S. Shvindlerman, Z. Metallk. 66 (1975), S. 533
[7.14] W.A. Anderson, R.F. Mehl, Trans. AIME 161 (1945), S. 140
[7.15] F.W. Rosenbaum, Dissertation, RWTH Aachen, 1972
[7.16] E. Hornbogen, Werkstoffe, Springer-Verlag, Berlin, 1979, S. 85
[7.17] W.A. Anderson, R.F. Mehl, Trans. AIME 161 (1945), S. 140
[7.18] O. Dahl, F. Pawlek, Z. Metallk. 28 (1936), S. 266
[7.19] K. Detert, K. Lücke, Report No. AFOSR - TN - 56 -103 AD - 82016, Brown Univ., 1956
[7.20] P. Gordon, R.A. Vandermeer, Recrystallisation, Grain Growth and Textures, ASM Metals Park, Ohio, 1956, S. 205
[7.21] C. Frois, O. Dimitrov, Mem. Sci. Rev. Met. 59 (1962), S. 643
[7.22] W. Grünwald, F. Haessner, Acta metall. 18 (1970), S. 217
[7.23] W.C. Leslie, J.T. Michalak, F.W. Aul, Iron and its Solid Solutions, Interscience Publishers, 1963, S. 119
[7.24] N. Hansen, H.R. Jones, Recovery and Recrystallization of Particle Containing Materials, 24 colloque de metallurgie, Sacley, 1981, S. 95
[7.25] G.E. Burke, D. Turnbull, Progress in Metal Physics 3 (1952), S. 274

[7.26] T. Grey, J. Higgins, Acta metall. 21 (1973), S. 310
[7.27] P.A. Beck, M.L. Holzwerth, P.R. Sperry, Trans. AIME 180 (1949), S. 163
[7.28] C. Rossard, Metaux 35 (1960), S. 102, 140, 190
[7.29] R.A. Petkovic, Dissertation, McGill University Montreal, 1975
[7.30] C.M. Sellars, W.J.McG. Tegart, Mem. Sci. Rev. Met. 63 (1966), S. 731
[7.31] R. Bromley, C.M. Sellars, Proc. Int. Conf. Strength of Metals and Alloys 3, Cambridge, 1973, Vol.1, S. 380
[7.32] M.J. Luton, C.M. Sellars, Acta metall.17 (1969), S. 1033
[7.33] C.M. Sellars, J.A. Whiteman, Met. Sci. 13 (1979), S. 187
[7.34] J. Poirier, M. Nicholson, J. Geol. 83 (1975)

[8.1] F. Sauerwald, Lehrbuch der Metallkunde des Eisens und der Nichteisenmetalle, Springer-Verlag, Berlin, 1929
[8.2] P. Debye, H. Menke, Ergebn. Techn. Röntgenkunde 2 (1938), S. 18
[8.3] G. Tammann, Aggregatzustände, Leipzig, S. 223
[8.4] E. Scheil, Z. Metallkunde 32 (1940), S. 171
[8.5] L. Horn, G. Masing, Z. Elektrochemie 46 (1940), S. 109
[8.6] L.E. Murr, Interfacial Phenomena in Metals and Alloys, Addison Publishing Company, London, 1975, S. 8
[8.7] Archiv des Instituts für Metallkunde und Metallphysik, RWTH Aachen
[8.8] Archiv des Instituts für Metallkunde und Metallphysik, RWTH Aachen
[8.9] W. Schatt, Einführung in die Werkstoffwissenschaften, VEB Verlag für Grundstoffindustrie, Leipzig, 1981, S. 121
[8.10] Esaka, Straunke, Kurz, Columnar Dendrite Growth in SCN-Acetone (Videobänder), EPFL-Lausanne, 1985
[8.11] S.C. Huang, M.E. Glicksman, Acta metall. 29 (1981), S. 717
[8.12] G. Gottstein, H.C. Murmann, G. Renner, C. Simpson, K. Lücke, Textures of Materials, Bd. 1, Springer-Verlag, Berlin, 1978, S. 530
[8.13] T. Donomoto, N. Miura, K. Funatani, N. Miyake, Ceramic Fiber Reinforced Piston for High Performance Diesel Engine, SAE Tech. Paper No. 83052, Detroit, MI, 1983
[8.14] A. Sieverts, Z. Metallkunde 21 (1929), S. 37
[8.15] Archiv des Instituts für Eisenhüttenkunde, RWTH Aachen
[8.16] G. Masing, Lehrbuch der Allgemeinen Metallkunde, Springer-Verlag, Berlin, 1950, S. 235
[8.17] G. Masing, Lehrbuch der Allgemeinen Metallkunde, Springer-Verlag, Berlin, 1950, S. 230, 231
[8.18] O. Greis, Nachr. Chem. Lab. 38 (1990), S. 1346-1350

[9.1] G. Masing, Lehrbuch der Allgemeinen Metallkunde, Springer-Verlag, Berlin, 1950, S. 479
[9.2] T.B. Massalski, Binary Alloy Phase Diagrams, ASM International, 1990
[9.3] J.E. Hilliard in Phase Transformation, ASM Metals Park, Ohio, 1970
[9.4] P. Haasen, Physikalische Metallkunde, Springer-Verlag, Berlin, 1984, S. 173
[9.5] T.B. Massalski, Binary Alloy Phase Diagrams, ASM International, 1990
[9.6] J.M. Silcock, J. Inst. Metals 89 (1960), S. 203-210
[9.7] E. Hornbogen, Aluminium 43 (1967), S. 41
[9.8] R.B. Nicholson et al, J. Inst. Metals 87 (1958), S. 431

[9.9] R.B. Nicholson, T. Nutting, J. Inst. Met. 87 (1958), S. 34
[9.10] H.K. Hardy, T.J. Heal, in Progress in Metal Physics 5 (1954), Pergamon Press, S. 177
[9.11] P.G. Shewmon, Transformations in Metals, McGraw-Hill Book Company, New York, 1969, S. 227
[9.12] D. Horstmann, Das Zustandsdiagramm Fe-C, Verlag Stahleisen, Düsseldorf, 1985
[9.13] E. Hornbogen in: Advanced Structural and Functional Material, W.G.J. Bunk (Hrsg.), Springer-Verlag, 1991, S. 140
[9.14] P.G. Shewmon, Transformations in Metals, McGraw-Hill Book Company, New York, 1969, S. 328
[9.15] E. Houdremont, Handbuch der Sonderstahlkunde, 3. Auflage, Band 1, Springer-Verlag, Berlin, 1956
[9.16] P. Haasen, Physikalische Metallkunde, Springer-Verlag, Berlin, 1974, S. 267
[9.17] H.P. Hougardy in: Werkstoffkunde Stahl Bd. 1, Verlag Stahleisen, Düsseldorf, 1984, S. 198-231

[10.1] J.C. Slater, Phys. Rev. 45 (1934), S. 794
[10.2] H. Ibach, H. Lüth, Festkörperphysik, Springer-Verlag, Berlin, 1989, S. 119
[10.3] G. Masing, Lehrbuch der Allgemeinen Metallkunde, Springer-Verlag, Berlin, 1950, S. 262
[10.4] G. Masing, Lehrbuch der Allgemeinen Metallkunde, Springer-Verlag, Berlin, 1950, S. 263
[10.5] G.E.R. Schulze, Metallphysik, Berlin, Akademie-Verlag, 1967, S. 150
[10.6] C. Kittel, Einführung in die Festkörperphysik, R. Oldenbourg-Verlag, München, 1968, S. 262
[10.7] C. Kittel, Einführung in die Festkörperphysik, R. Oldenbourg-Verlag, München, 1968, S. 240, 241
[10.8] G. Masing, Lehrbuch der Allgemeinen Metallkunde, Springer-Verlag, Berlin, 1950, S. 266
[10.9] C. Kittel, Einführung in die Festkörperphysik, R. Oldenbourg-Verlag, München, 1968, S. 72
[10.10] G. Masing, Lehrbuch der Allgemeinen Metallkunde, Springer-Verlag, Berlin, 1950, S. 267
[10.11] H.K. Hardy, T.J. Heal in: Progress in Metal Physics 5 (1954), Pergamon Press, Oxford, S. 177
[10.12] Archiv des Institut für Metallkunde und Metallphysik, RWTH Aachen
[10.13] G. Masing, Lehrbuch der Allgemeinen Metallkunde, Springer-Verlag, Berlin, 1950, S. 271
[10.14] G. Masing, Lehrbuch der Allgemeinen Metallkunde, Springer-Verlag, Berlin, 1950, S. 270
[10.15] G. Masing, Lehrbuch der Allgemeinen Metallkunde, Springer-Verlag, Berlin, 1950, S. 270
[10.16] Progress in Metal Physics, B. Chalmers (Hrsg.), Pergamon Press, Oxford, 1952, S. 42-75
[10.17] G. Masing, Lehrbuch der Allgemeinen Metallkunde, Springer-Verlag Berlin, 1950, S. 269
[10.18] C. Kittel, Einführung in die Festkörperphysik, R. Oldenbourg-Verlag, München, 1968, S. 398

[10.19] B. Stritzker, Anwendungen der Supraleitung I, Vortrag 24 in Vorlesungsmanuskripte des 19. IFF-Ferienkurses in der KFA Jülich, KFA Jülich (Hrsg.), 1988, Jülich
[10.20] W. Buckel, Supraleitung, Physik-Verlag, 1977, S. 12
[10.21] C. Kittel, Einführung in die Festkörperphysik, R. Oldenbourg-Verlag, München, 1968, S. 399
[10.22] K.M. Koch, W. Jellinghaus, Einführung in die Physik der magnetischen Werkstoffe, Franz Deuticke, Wien, 1957
[10.23] C. Kittel, Einführung in die Festkörperphysik, R. Oldenbourg-Verlag, München, 1968, S. 504
[10.24] C. Kittel, Einführung in die Festkörperphysik, R. Oldenbourg-Verlag, München, 1968, S. 507
[10.25] C. Kittel, Einführung in die Festkörperphysik, R. Oldenbourg-Verlag, München, 1968, S. 532
[10.26] C. Kittel, Einführung in die Festkörperphysik, R. Oldenbourg-Verlag, München, 1968, S. 565
[10.27] C. Kittel, Einführung in die Festkörperphysik, R. Oldenbourg-Verlag, München, 1968, S. 566
[10.28] J.F. Shackelford, Introduction to Materials Science for Engineers, Macmillan Publishing Company, New York, 1988
[10.29] C. Kittel, Einführung in die Festkörperphysik, R. Oldenbourg-Verlag, München, 1968, S. 568
[10.30] R.J. Nastasi, Andrews, R.E. Hummel, Phys. Rev. B16 (1977), S. 4314
[10.31] J. Sturge, Phys. Rev. 127 (1962), S. 768
[10.32] R.H. Bube, Photoconductivity of Solids, Wiley, New York, 1960

Weiterführende Literatur zu den Kapiteln

Kap. 1:

– J. Guerland	Stereology and Quantitative Metallography ASTM STP 504 (1972)
– H. Schumann	Metallographie, VEB Verlag Grundstoffindustrie, Leipzig, 1967
– V. Randle, O. Engler	Introduction to Texture Analysis Gordin and Breach, 2000

Kap.2:

– C.S. Barrett, T.B. Massalski	Structure of Metals Pergamon Press, 1980
– B.D. Cullity	Elements of X-Ray Diffraction Addison-Wesley, 1978

Kap.3:

– W. Bollmann	Crystal Defects and Crystalline Interfaces Springer-Verlag, 1970
– D. Hull, D.J. Bacon	Introduction to Dislocations Pergamon Press, 1989
– A.P. Sutton, R.W. Balluffi	Interfaces in Crystalline Materials Clarendon Press Oxford, 1995
– J. Weertmann, J.R. Weertmann	Elementary Dislocation Theory Oxford University Press, 1992

Kap.4:

– A.H. Cottrell	Theoretical Structural Metallurgy Edward Arnold Verlag, 1955
– P. Haasen	Physical Metallurgy Springer-Verlag, 1984

Kap.5:

- R.J. Borg, G.J. Dienes — An Introduction to Solid State Diffusion, Academic Press, 1991
- J. Crank — Mathematics of Diffusion, Oxford University Press, 1975
- Th. Heumann — Diffusion in Metallen, Springer-Verlag, 1992
- W. Seith — Diffusion in Metallen, Springer-Verlag, 1955
- P.G. Shewmon — Diffusion in Solids, TMS, 1989
- M.E. Glicksman — Diffusion in Solids State Principles, Wiley Interscience, 2000

Kap.6:

- J. Rösler, H. Hardens, M. Baker — Mechanisches Verhalten der Werkstoffe, Teubner-Verlag, Stuttgart, 2003
- H. Kopp, H. Wiegels — Einführung in die Umformtechnik, Augustinus-Verlag, Aachen, 1998
- T.H. Courtney — Mechanical Behavior of Materials, MacGraw-Hill, 1990
- G.E. Dieter — Mechanical Metallurgy, MacGraw-Hill, 1986
- J. Friedel — Dislocations, Pergamon Press, 1967
- J.P. Hirth, J. Lothe — Theory of Dislocations, Krieger Publishing Company, 1992
- R.W.K. Honeycombe — The Plastic Deformation of Metals, Edward Arnold Verlag, 1984
- D. Hull, D.J. Bacon — Introduction to Dislocations, Pergamon Press, 1989
- M.A. Meyers, K.K. Chawla — Mechanical Metallurgy: Principles and Applications, Prentice Hall, 1984
- F.R.N. Nabarro — Dislocations in Solids, North-Holland Publ., 1979ff, Vol. 1-8
- J.Weertmann, J.R.Weertmann — Elementary Dislocation Theory, Oxford University Press, 1992
- C. Zener — Elasticity and Anelasticity of Metals, The University of Chicago Press, 1965

Kap.7:

- P. Cotterill, P.R. Mould — Recrystallization and Grain Growth in Metals. Krieger Publishing Company, 1976
- G. Gottstein — Rekristallisation metallischer Werkstoffe. DGM, 1984
- F. Haessner — Recrystallization of Metallic Materials. Dr. Riederer-Verlag, 1978
- M. Hatherly, F.J. Humphreys — Recrystallization and Related Annealing Phenomena, Pergamon, 1995
- G. Gottstein, L.S. Shvindlerman — Grain Boundary Migration in Metals. CRC Press, 1999

Kap.8:

- B. Chalmers — Principles of Solidification. J. Wiley, 1964
- A.H. Cottrell — Theoretical Structural Metallurgy. Edward Arnold Verlag, 1955
- E. Murr — Interfacial Phenomena in Metals and Alloys. Techbooks, 1975
- D.A. Porter, K.E. Easterling — Phase Transformations in Metals. Van Nostrand Reinhold, 1992
- R.E. Reed-Hill — Physical Metallurgy Principles. PWS Publishers, 1992
- W. Schatt — Einführung in die Werkstoffwissenschaft. DV Grundstoffindustrie, 1991
- G. Schulze — Metallphysik. Akademieverlag, 1967
- R.E. Smallmann — Modern Physical Metallurgy. Butterworths, 1985

Kap.9:

- J.W. Christian — Transformation in Metals and Alloys. Pergamon Press, 1981
- D.A. Porter, K.E. Easterling — Phase Transformations in Metals. Van Nostrand Reinhold, 1992

Kap.10:

- R.H. Bube — Electrons in Solids, Academic Press, 1992
- W. Buckel — Supraleitung, VCH, 1989
- R.E. Hummel — Electronic Properties of Materials, Springer-Verlag, 1992
- H. Ibach, H. Lüth — Festkörperphysik, Springer-Verlag, 1990
- C. Kittel — Einführung in die Festkörperphysik, Oldenbourg, 1991
- G. Schulze — Metallphysik, Akademieverlag, 1967
- L. Solymar, D. Walsh — Lectures on Electrical Properties of Materials, Oxford Science Publications, 1993

Stichwortverzeichnis

Druck: Krips bv, Meppel, Niederlande
Verarbeitung: Stürtz, Würzburg, Deutschland